JN232563

日本湖沼誌 II
プランクトンから見た富栄養化の現状

田中正明 著

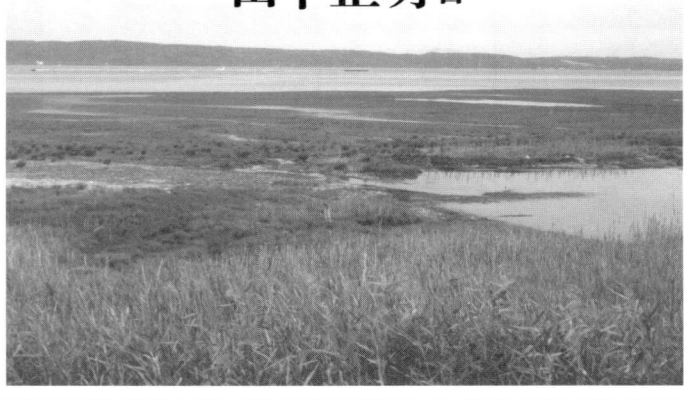

名古屋大学出版会

サロベツ原野の沼
湿原の中に水生植物に富んだ池沼が広がる（2002年8月30日撮影）

日暮ノ池（津軽十二湖）
日本キャニオンのふもとに在する湖沼群の一つ．遠方に大崩山が見える（2000年8月9日撮影）

諏訪池
三重県の太平洋岸に在する海跡湖．木の上に白く見られるものはカワウの排泄物である（2003年10月18日撮影）

ジュンサイ
主に北海道〜東北で見られる浮葉植物（サロベツ長沼，2002年8月29日撮影）

ミクリ
全国的に分布する挺水植物ではあるが，絶滅危惧種（サロベツ原野の長沼群の一池沼，2002年8月30日撮影）

オヒルギ
亜熱帯性のマングローブの一種（南大東島の大池，1998年2月27日撮影）

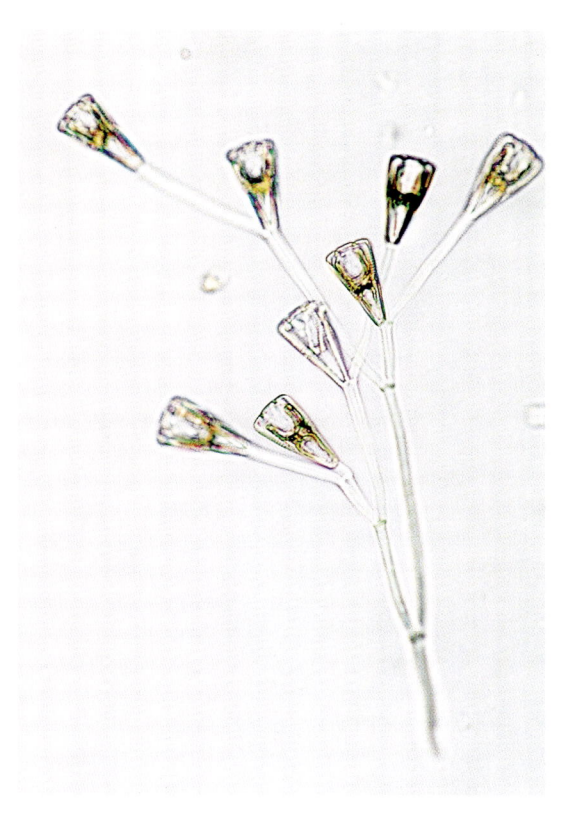

Gomphonema augur EHRENBERG
クサビケイソウの一種の群体（メグマ沼，2002年8月30日撮影）

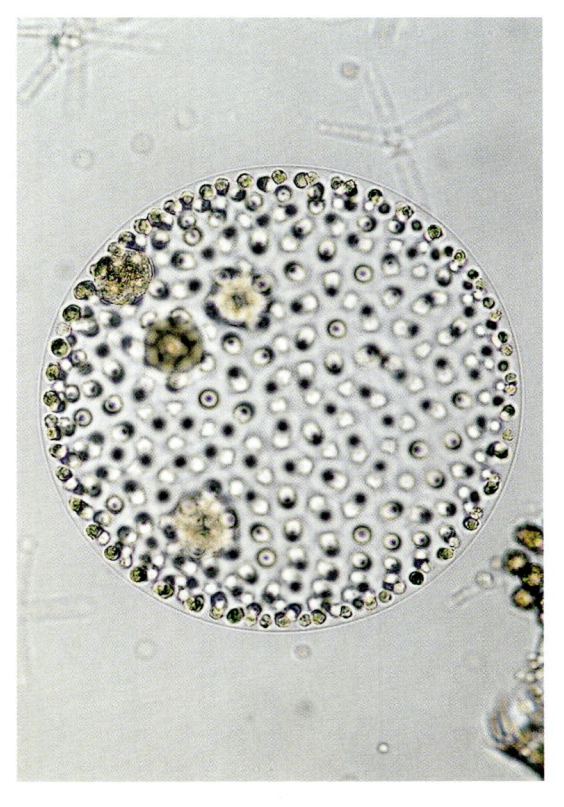

Volvox aureus EHRENBERG
ヒゲマワリの一種の群体（落口ノ池（津軽十二湖），2000年8月9日撮影）

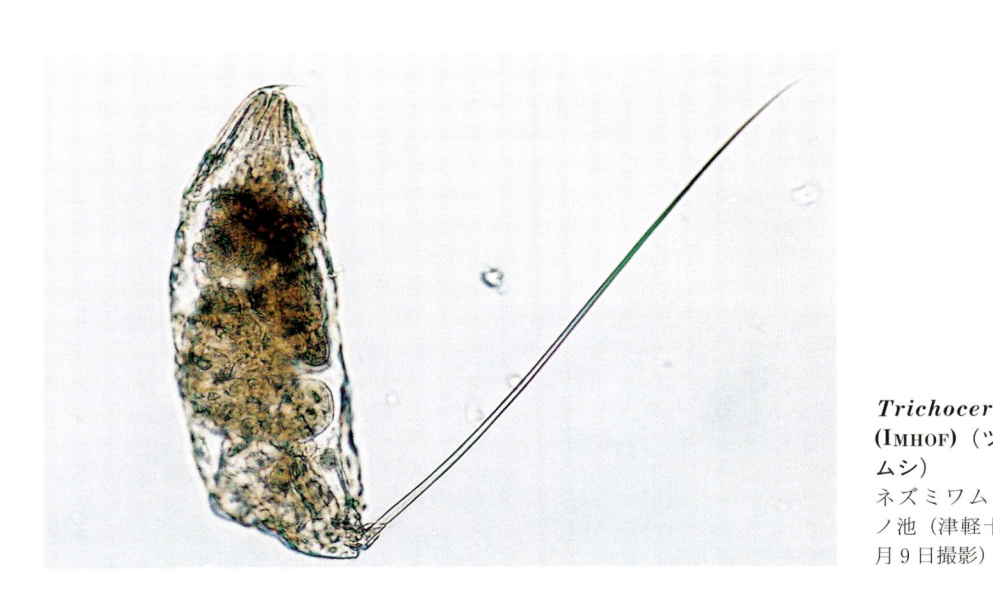

Trichocerca cylindrica (IMHOF)（ツメナガネズミワムシ）
ネズミワムシの一種（鶏頭場ノ池（津軽十二湖），2000年8月9日撮影）

Bosmina longirostris (O. F. Müller)（ゾウミジンコ）
中栄養型の代表種（八景ノ池（津軽十二湖），2000 年 8 月 9 日撮影）

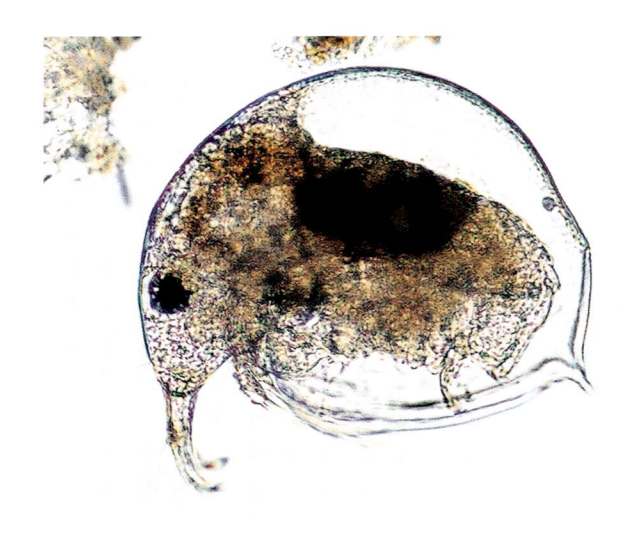

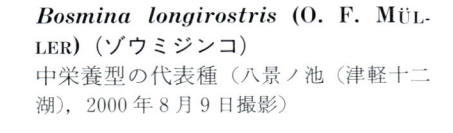

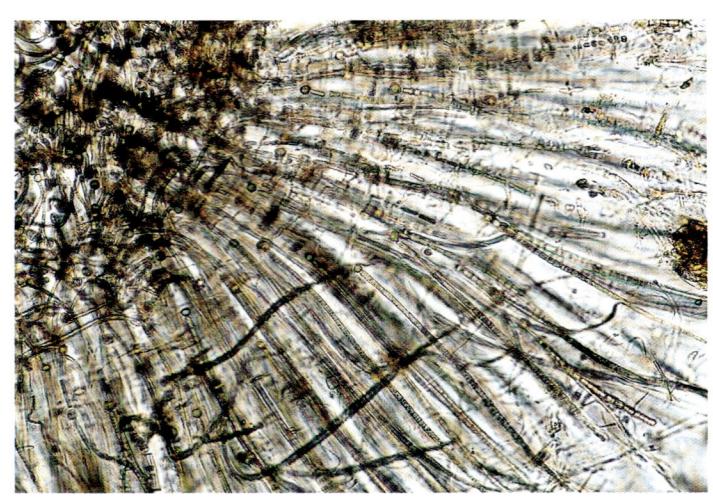

藍藻類の群集
中心（写真左上の位置）から糸状の群体が放射状に並ぶ（カムイト沼，2000 年 7 月 30 日撮影）

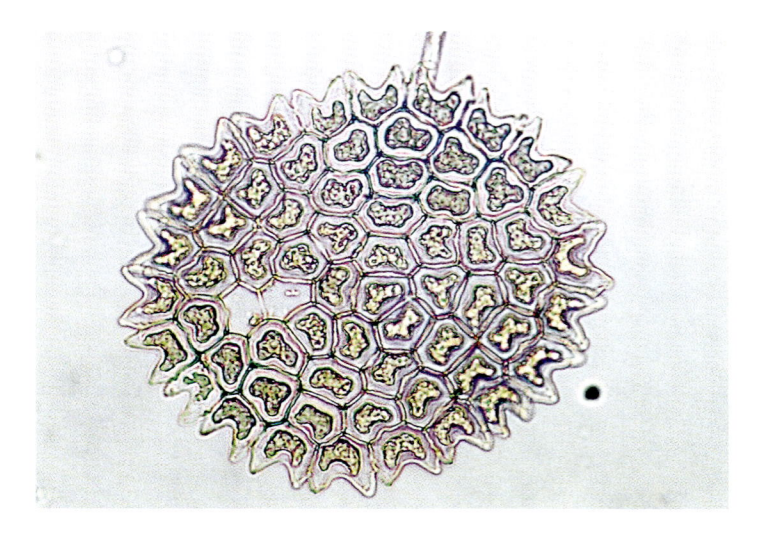

Pediastrum araneosum (Raciborski) G. M. Smith
クンショウモの一種の群体（メグマ沼，2002 年 8 月 30 日撮影）

は じ め に

　『日本湖沼誌』の初版第1刷の発刊は，1992年1月31日であったから，すでに12年余を経たことになる．

　当時，各地の湖沼では，生活様式の著しい変化や高度経済成長期に各種企業が排出した汚染物質や栄養塩によって，水質汚濁や富栄養化が進み，その様相が大きく変貌していた．湖岸や浅部の水草帯の消失，「淡水赤潮」や「水の華」の発生，水道水へのカビ臭の発生，魚貝類の大量斃死，奇形魚の発生等が問題になり，さらに底泥中の重金属汚染やゴルフ場，山林や農地で大量に散布された殺虫剤や除草剤，また農地に使用された窒素，リン等を含む化学肥料，家庭から流された合成洗剤等，その何れもが大きな社会問題となり，新聞やテレビを賑わせた．また，広域化する酸性雨や酸性雪が観測され，湖沼の酸性化を生じるとの危惧を懐かせるに十分な現象であった．さらに，「環境ホルモン」と呼ばれる内分泌攪乱物質による汚染も，最初海産のイボニシの雌に雄の生殖器が形成されるインポセックスが報告されたが，その後淡水魚や淡水産の貝類等でも知られるようになった．これは多くの原因物質が明らかになっているが，生体への影響や，複合的な物質どうしの影響等は現在でも十分には解明されていない．

　今日，これらの問題は様々な規制や監視の強化が図られ，また企業における排出を抑えた工程の改良や，水処理技術の進歩或いは企業努力等によって改善されたものも認められる．しかし，各地の湖沼の水質や生物相等を改めて見てみると，思った程には改善されておらず，かつて広く見られた動植物も失われたままであるのが認められる．

　さらに，各地の湖沼の陸水学的並びに陸水生物学的な情報の蓄積も，琵琶湖や霞ヶ浦等の特定の湖沼においては集中的に行われてはいるが，それ以外では『日本湖沼誌』を発刊する際に思ったのと同じ情報不足の感を今日でも受ける．

　『日本湖沼誌』は，その副題に「プランクトンから見た富栄養化の現状」とあるが，今日では各地の湖沼で，この富栄養化やその象徴的な現象の一つである「水の華」の発生は，従来程には問題とされていない．しかし，若干の水質的な改善や，護岸の改良工事等で多少の水草が再生した所があるものの，この問題が解決された訳ではない．

　各地の最近の調査結果を詳細に検討すると，外来魚種の分布域の拡大や，新たな外来生物の侵住，また，温暖化に伴った生殖周期の変化，南方系種の北進，ダムや水道水への導水等に伴って，異なる水系の生物の分布拡大や全国の湖沼の「琵琶湖化」とも言える，琵琶湖水系生物の分布拡大等が認められる．さらに，従来知られていなかった様々な化学物質による水質，底質の汚染が見られ，物質によっては生体への蓄積も確実に進んでいる．

　『日本湖沼誌II』は，『日本湖沼誌』で取り上げなかった全国各地の湖沼を，同じ手法で調査し，その現状を紹介するものである．12年余の年月が，その必要性や評価を異なるものにするであろうことは，十分に理解している．しかし，知見の乏しいこれらの湖沼の記録が，今後の環境保全や生物相等を知る上で，利用できる情報として一助となることもあればと取りまとめた．

まとめるに際しては，その調査時期として 1990 年代から最近の 2000 年代前半までの知見を中心に考えたが，例外的なものも含まれる．

また，生物の分類学的な扱いや，命名規約上の問題があるものがあるが，報文として発表されたものであれば，そのまま引用した．

本書をまとめるにあたっての基礎の部分は雑誌『水』の連載であり，2004 年 5 月現在で第 325 報を数え，現在も継続中である．この長い連載の執筆を許された月刊『水』発行所の小林伸光氏，渡辺淳一郎氏にまず感謝の意を表したい．

また，湖沼の調査や研究の過程で，様々な御教示をいただいた故門田定美博士に，本書をお見せできなかったことは残念の極みである．心から哀悼の意を表する．

加えて各地の湖沼の調査に際して，様々な協力をいただいた学生，友人の諸君に厚く御礼申し上げる．

最後に本書の出版について，理解を示され様々な労をとられた，名古屋大学出版会の橘宗吾氏と神舘健司氏に心から御礼を申し上げる次第である．

　2004 年 4 月 29 日

田　中　正　明

目　　次

　　はじめに　i
　　本書で用いるプランクトン群集型　vii

　　序　論　最近の湖沼研究の状況 ………………………………………………………… 1

第1章　北海道地方の湖沼

1-1　サロベツ原野の湖沼 ……………………………………………………………… 5

サロベツ原野の沼（調査番号10番沼）　6／サロベツ長沼　10／サロベツ小沼　11／メメナイ沼　15

1-2　オホーツク海沿岸の湖沼 ………………………………………………………… 20

メグマ沼　20／カムイト沼　23／リヤウシ湖　25

1-3　石狩川流域の河跡湖群 …………………………………………………………… 30

幌向大沼　30／モエレ沼　33／鶴　沼　34／ペケレット湖　37／鮒　沼　39／ピラ沼　40／トイ沼　42／長　沼　45／越後沼　47／袋地沼　50／西　沼　52／東　沼　54／鏡　沼　57／三角沼　60／手形沼　63／幌向蓴菜沼　65／新　沼　67／宮島沼　70／北光沼　73／天塩鏡沼（乙女ヶ池）　75

1-4　根室，釧路付近の湖沼 …………………………………………………………… 80

兼金沼　80／茨散沼　83／知西別沼　86／沖根辺沼　87／渡散布沼　89／恵茶人沼　90／幌戸沼　92／ホロニタイ沼　93／床潭沼　97／幌岡大沼　101／笹田沼（佐々田沼）　104／トイドッキ沼　107

1-5　胆振地方の湖沼 …………………………………………………………………… 110

ポロト湖　110／ポント沼　111／錦大沼　113／錦小沼　116／樽前大沼　119／丹治沼（白鳥湖）　122／千歳沼　123／龍神沼　126／三宅沼　130／瓢箪沼　133

第2章　東北地方の湖沼

2-1　下北半島の湖沼 …………………………………………………………………… 138

尻屋崎の池沼　138／下北大沼　140／吹越大沼　144

iii

2-2 津軽十二湖 ·· 147

　青　池　149／鶏頭場ノ池　150／落口ノ池　152／越口ノ池　153／王
　池　156／二ツ目ノ池　158／八景ノ池　159／日暮ノ池　161／糸畑ノ池
　163

2-3 秋田の湖沼 ·· 165

　一ノ目潟　165／二ノ目潟　167／三ノ目潟　168／男　潟　170／女　潟
　171／浅内沼　173／八郎潟（八郎潟調整池）　174

2-4 宮城，福島の湖沼 ·· 178

　阿川沼　178／仙台大沼　179／南長沼　180／伊豆沼　182／内　沼
　183／長　沼　184／蕪栗沼　185／広　浦　187／鳥ノ海　189／姫　沼
　190／女　沼　191／男　沼　192／松川浦　194／日　沼　198

第3章　関東地方の湖沼

3-1 茨城，埼玉の湖沼 ·· 202

　千波湖　202／山ノ神沼　205／大　沼　206／鳥羽井沼　206／油井ヶ島
　沼　208／別所沼　210／伊佐沼　212

3-2 東京の湖沼 ·· 215

　不忍池　215

3-3 千葉の湖沼 ·· 218

　乾草沼　218／海老川沼　220／吉治落堀　221／庄九郎池　222／平四郎
　沼　223／和田沼　224／外甚兵衛沼　225／内甚兵衛沼　226

第4章　中部地方の湖沼

4-1 頸城湖沼群 ·· 230

　坂田池　230／朝日池　232／鵜ノ池　234／大　池　235／小　池　237

4-2 新潟の湖沼 ·· 239

　鳥屋野潟　239／清五郎潟　240

4-3 静岡の湖沼 ·· 242

　明神池　242／野守ノ池　243／大瀬崎神池　244

4-4 岐阜の湖沼 ·· 246

　　八神池　246／小敷池　247

第 5 章　近畿地方の湖沼

5-1 三重沿岸の湖沼 ·· 252

　　白石湖　252／船越池　253／大白池　254／片上池　255／諏訪池
　　256／大前池　258／かさらぎ池　259／壺ノ池　260／蓑ノ池　260

5-2 琵琶湖内湖 ··· 262

　　堅田内湖　262／乙女ヶ池　263／五反田沼　264／十ヶ坪沼　265／浜分
　　沼　266／貫川内湖（北湖，南湖）　269／平　湖　272

5-3 京都の湖沼 ··· 274

　　離　湖　274

第 6 章　中国・四国地方の湖沼

6-1 中国の湖沼 ··· 280

　　西潟ノ内　280／東潟ノ内　282／蓮　池　283／大作古池　285／只　池
　　287／浮布池　290／水尻池　291

6-2 四国の湖沼 ··· 294

　　海老ヶ池　294

第 7 章　九州地方の湖沼

7-1 鹿児島の湖沼 ·· 298

　　藺牟田池　298／中原池（薩摩湖）　299

7-2 南大東島の湖沼 ··· 302

　　大　池　302／瓢箪池　306／霞　池　307／鴨　池　308／帯　池
　　308／淡水池　310／水汲池　311／朝日池　312／豊作池　313／忍　池
　　313／月見池　315／潮水池　316／見晴池　317

付　論　陸水生物の分布とその変化

付論 1　陸水生物地理区分 …………………………………………………320
付論 2　生物分布の人為的変化 ……………………………………………325

付　表　わが国に分布する湖沼の形態一覧表

　　湖沼名索引　393

本書で用いるプランクトン群集型

　『日本湖沼誌』においては，プランクトン型の区分とその指標種について述べているが，本書では動物プランクトンと植物プランクトンの各々の群集型の区分のみ示した．湖沼は，湖齢が進むに伴って貧栄養型から富栄養型へと栄養型が変遷する．これを富栄養化というが，プランクトン型はその進行程度を判断することができる．
　各プランクトン群集型は，優占種を基にして区分する．

動物プランクトン群集型

第 I 型	貧栄養型鞭毛虫類群集（*Dinobryon* 型）	
第 II 型	貧栄養型輪虫類群集	
第 III 型	貧栄養型鰓脚類群集（*Daphnia* 型）	貧栄養型
第 IV 型	貧栄養型甲殻類混合型群集	
第 V 型	貧栄養型橈脚類群集	
第 VI 型	中栄養型鞭毛虫類群集（*Ceratium* 型）	
第 VII 型	中栄養型鰓脚類群集（*Bosmina, Bosminopsis* 型）	
第 VIII 型	中栄養型甲殻類混合型群集	中栄養型
第 IX 型	中栄養型橈脚類群集（*Mesocyclops* 型）	
第 X 型	中栄養型甲殻類，輪虫類混合型群集	
第 XI 型	中栄養型輪虫類群集	
第 XII 型	富栄養型鞭毛虫類群集，又は富栄養型根足虫類群集	
第 XIII 型	富栄養型鰓脚類群集（*Moina* 型）	富栄養型
第 XIV 型	富栄養型甲殻類，輪虫類混合型群集	
第 XV 型	富栄養型輪虫類群集（*Brachionus* 型）	
第 XVI 型	富栄養型（汚濁性）輪虫類群集（*Philodina* 型）	
第 XVII 型	富栄養型（汚濁性）繊毛虫類群集	汚濁水域
第 XVIII 型	バクテリア群集	

植物プランクトン群集型

第 I 型	貧栄養型藍藻類群集	
第 II 型	貧栄養型ツヅミ藻類群集	
第 III 型	貧栄養型緑藻類群集	貧栄養型
第 IV 型	貧栄養型腐植性珪藻類群集	
第 V 型	貧栄養型珪藻類群集	
第 VI 型	中栄養型珪藻類群集	中栄養型
第 VII 型	中・富栄養型珪藻類混合群集	
第 VIII 型	富栄養型珪藻類群集	
第 IX 型	富栄養型珪藻類・緑藻類混合型群集	富栄養型
第 X 型	富栄養型緑藻類群集	
第 XI 型	富栄養型藍藻類群集	
第 XII 型	富栄養型汚濁性藍藻類群集	汚濁水域
第 XIII 型	バクテリア群集	

序 論

最近の湖沼研究の状況

　日本の湖沼の研究史として，『日本湖沼誌』では1980年代後半までをまとめたが，その後の10年余の間にも，この分野の研究は大きく発展した．
　1970～1980年代には，湖沼の人為的な汚染，汚濁が社会問題となり，富栄養化に対する様々な調査，判定方法の検討，対策や処理技術の改良等が進められたが，さらに，1990年代には汚染物質として「環境ホルモン」が注目を集めた．
　環境ホルモンは，外来性内分泌攪乱物質とも呼ばれるもので，体内に入り込むと女性ホルモン（エストロゲン）と同じような働きをし，生殖機能が破壊される等の深刻な症状を生じるものである．陸水生物についても，ニジマスの雄の雌化や，英国においてはコイの仲間のローチで雌雄同体の個体が増加した例等，多くの生殖異変が報告された．その原因物質については，ダイオキシンを始め，PCB（ポリ塩化ビフェニール），DDT（ジクロロ・ジフェニル・トリクロロエタン）やクロルデン，プラスチックの一つであるポリカーボネート樹脂の原料のビスフェノールA，工業用洗剤のノニルフェノール等，多くの化学物質が考えられている．環境庁が1997年7月に，内分泌攪乱作用の可能性のある化学物質として67種を発表したが，我々の身の回りに存在する合成化学物質は，7～8万種類と考えられ，しかも日々新たな物質が造り出されており，その安全性も環境ホルモンとしての可能性も，明らかでないのが実状である．
　また，湖沼の研究において中心的な役割を果してきた日本陸水学会は，創立100周年を1999年にむかえ，全国での陸水観測調査を同時に行い，琵琶湖においても全域一斉調査等が実施された．
　さらに，他の学会でも同様の傾向が認められるが，雑誌の一層の充実が図られ，2000年には英文論文誌の「Limnology」1巻1号が発刊となった．また，同様に日本プランクトン学会，日本藻類学会，日本水産学会，日本甲殻類学会，日本植物分類学会等でも，英文論文集の発刊或いはB5版のA4版への大形化が図られている．
　最近の研究の中で，注目されるものとしては，陸水学会大会シンポジウムに見られるように，他の学会や異なる研究分野との合同の研究である．
　例えば日本陸水学会第66回（2001）大会における『集水域の生物地球化学，その意義と展望』では，森林生態系とのかかわりから，それまで湖沼を閉鎖的な系として位置付けてきたのとは対照的に，他の系との相互作用を考える開放的な系として位置付けた，新たな視点が示された．また，同じく第67回大会（2002）では，日本水環境学会との合同シンポジウムが開催され，『流域と海洋を語る』と題して，大気と海洋間の相互作用をとらえる試みが論じられた．このような，従来は合同での研究や交流の乏しかった学会や研究会との協力の試みは，今後もさらに活発に行われることと思われるが，湖沼研究がよ

り科学的な発展をするものとして期待できる.

　また，学会の活動が単に一部研究者のみのものであったが，陸水学会第64回大会（1999）の公開シンポジウム『水と共に生きる—陸水から探る環境教育の展開』，或いは第68回大会（2001）の公開シンポジウム『山，川，海を通じて広域にわたる環境保全，共生のありかたを考える』等，一般の社会人，行政機関等へ向けた啓蒙活動も活発に行われ，評価を得るに至っている.

　湖沼の調査研究については，様々な精度の高い機器の開発と普及が進められ，分析方法の統一が図られた．生物の分類等では，走査型電子顕微鏡や蛍光顕微鏡等が一般化し，ピコプランクトンの観察やクリプトスポリジウムの検出等を容易に行うことができるようになった．また，琵琶湖を代表する珪藻類として知られてきた *Melosira solida* が新種の *Aulacoseira nipponica* として（TUJI, 2002），*Stephanodiscus carconensis* が新種 *Stephanodiscus suzukii* として記載された（TUJI, KOCIOLEK, 2000）等，新たな分類学的な検討が進んでいる．しかし，珪藻類の研究者は別として，大部分の動植物についての分類を可能とする研究者が著しく不足しており，後継者の養成が望まれる.

　この時期を代表する著作をあげると，西條八束，坂本充編『メソコスム 湖沼生態系の解析』（1993），渡辺真利代，原田健一，藤木博太編『アオコ，その出現と毒素』（1994），手塚泰彦訳『陸水学』（1999），沖野外輝夫著『湖沼の生態学』（2002），『河川の生態学』（2002），田中正明著『日本淡水産動植物プランクトン図鑑』（2002）等がある.

沖野外輝夫（2002）　新・生態学への招待，湖沼の生態学．1-194，共立出版，東京
沖野外輝夫（2002）　新・生態学への招待，河川の生態学．1-132，共立出版，東京
西條八束，坂本充編（1993）　メソコスム 湖沼生態系の解析．1-346，名古屋大学出版会，名古屋
田中正明（2002）　日本淡水産動植物プランクトン図鑑．1-584，名古屋大学出版会，名古屋
手塚泰彦（1999）　陸水学，原著第2版．1-638，京都大学学術出版会，京都
TUJI, A., and J. P. KOCIOLEK（2000）　Morphology and taxonomy of *Stephanodiscus suzukii* sp. nov. and *Stephanodiscus pseudosuzukii* sp. nov（Bacillariophyceae）from Lake Biwa, Japan, and *S. carconensis* from North America．Phycological Research, 48, 1, 231-239
TUJI, A.（2002）　Observation on *Aulacoseira nipponica* from Lake Biwa, Japan, and *Aulacoseira solida* from North America（Bacillariophyceae）．Phycological Research, 50, 4, 313-316
渡辺真利代，原田健一，藤木博太（1994）　アオコ．その出現と毒素．1-257，東京大学出版会，東京

第1章

北海道地方の湖沼

　北海道には，大小 233 の湖沼があり，これは日本の全湖沼の 25.1％が位置することになる．『日本湖沼誌』では，北海道に位置する湖沼の中から，面積が大きな湖沼を中心に 34 湖沼を取り上げた．しかし，これは北海道の湖沼の 14.6％に過ぎず，様々な成因や性状，変化に富んだ北方性の動植物相等から見て，決して十分なものではない．

　筆者は，1999 年から 2003 年の間に合計 5 回の調査を行い，北海道全域の湖沼のプランクトン相の把握に努めてきた．

　本書では，これらの成果を基に湖沼ごとの水質の現状とプランクトン相，或いは底生動物，魚類，水生植物相について整理した．

　北海道の湖沼は，数が多く，交通の手段のない様な所に存在するものもあり，産業的な利用価値も乏しいことから，今日でもほとんど調査されていないか，或いは全く調査対象となったことがないものも少なくない．このため，人為的な影響が少なく，本来の自然を保持している池沼も多く，学術的には貴重な情報を得ることができる．

　北海道は，北は北緯 45 度 30 分の宗谷岬から，南は北緯 41 度 24 分の松前半島の白神岬までの間にあり，かなり寒冷な気候下である．このことから，北海道の湖沼は全てが，平地において腐植性湖沼が存在し得る緯度にあり，水の色が茶色から褐色を呈するものが多い．これらは，一般に「褐色湖」と呼ば

図-1　稚内の日本海側の海岸に広がる湿地．右手前がサジオモダカ，長い葉を有するものがガマ及びミクリの群落．このすぐ手前まで埋め立てが進んでいる（2002 年 8 月 30 日撮影）

れている．北海道の湖沼を理解するためには，これらの褐色湖が存在し得る地理的な位置付けを認識することも重要である．

　また，北海道では，開発によって多くの湖沼の改変や，産業的な利用価値がない小池沼の埋め立てが進んでいる．さらに，池沼の中には観光コースから大きく外れた所や，一時は農地化や畜産利用が進められたが，目的が果されず放置され，原野や湿原に戻りつつある所も多く，その池沼に至る道路さえ失われている場合も認められる．このために池沼によっては，豊かな自然が戻り，貴重な動植物が保持されている例も少なくないのは皮肉な現象とも言える．

1-1. サロベツ原野の湖沼

　サロベツ原野（図-2）は，北海道の北端近くの日本海側に広がる広大な原野と湿地で，北部を上サロベツ，南部を下サロベツと呼んでいる．原野は，天塩川に注ぐサロベツ川と下エベコロベツ川の広大な氾濫域で，大小の池沼が数百点在している．

　これらの池沼は，パンケ沼，ペンケ沼，兜沼等の海跡湖や，河川の蛇行によって形成された三日月湖（河跡湖），及び稚咲内の海岸に海岸と平行して南北に細長く延びた堤間湖沼群等，様々である．

　堤間湖沼群は，サロベツの長沼群と呼ばれるもので（図-3），他にはこれほどの規模の湖沼群は知られていない．堤間湖沼群は，約6000年前の縄文前期には気候が温暖で，海が現在よりも内陸にまで入り込んでいたが，気候の変化に伴って海が後退して行く過程で，浜堤と呼ばれる砂礫を打ち上げて何列もの帯状の丘を形成し，その間の凹

図-2　パンケ沼の南のサロベツ原野（2002年8月29日撮影）

図-3　サロベツ原野の長沼群の一池沼．沼のほぼ全域に水生植物の群落が発達する（2002年8月30日撮影）

地に湛水してできたものである.

サロベツ原野は，昭和49年（1974年）に利尻，礼文の二島と共に国立公園に指定され，自然の保護が計られている．しかし，公園の指定域外では，開発が進み，湿原が急速に失われ牧草地に変わっている．また，一方では開拓者が引きあげ，クマザサが被い，トドマツやミズナラの鬱蒼とした混交林に覆われた所も認められる.

1-1-1. サロベツ原野の沼（調査番号10番沼）

この沼は，北緯45度05分，東経141度39分に位置し，海抜10 m，長さ130 m，最大幅80 m，湖岸線長は290 mである．沼は，長沼群と呼ばれる南北に長い湖沼群の南にあり，稚内天塩線（106号線）に444号線の道路が合流する南に相当する.

この沼の付近は，トドマツ，ミズナラ，カシワの混交林が広がり，流入する人為的な汚濁源はない.

この沼の名称はなく，田中（2002）が2000年7月31日に調査を行い，調査番号10番池としたのを，ここでは10番沼として用いた.

なお，この湿原池沼については，巻末付表の湖沼としては取り上げていない.

〈水　質〉

田中（2002）によれば，水色はウーレの水色計の第XVIII号から第XIX号と腐植性傾向の著しいことを想起させるもので，透明度は0.40 m（底まで全透）であった．また，表層水温は25.9℃，pHは7.8であった.

〈プランクトン〉

プランクトン相については，動植物プランクトン共に種数は多くはない.

優占種といえる程に出現した種は，動植物プランクトン共にないが，動物では原生動物のArcella discoides, A. conica, Difflugia claviformis, Euglypha acanthopora, 輪虫類のLecane ungulata, L. lunaris, Lophocharis salpina, Testudinella patina, Colurella adriatica 等の出現が目立った.

植物プランクトンでは，緑藻類のClosterium leibleinii, C. venus, 珪藻類のNitzschia sp. 等が多く認められ，他に緑藻類のOedogonium sp., Pleurotaenium ehrenbergii, Coenococcus?, Xanthidium antilopaeum, X. cristatum, Euastrum didelta, E. boldtii var. isthmochondrum, E. dubium var. snowdoniense 等も目立った.

図-4　サロベツ原野の沼（2000年7月31日撮影）
上；沼の北岸から南を望む（全域に水生植物が生育する）
中；エゾヒツジグサ
下；エゾノミズタデ

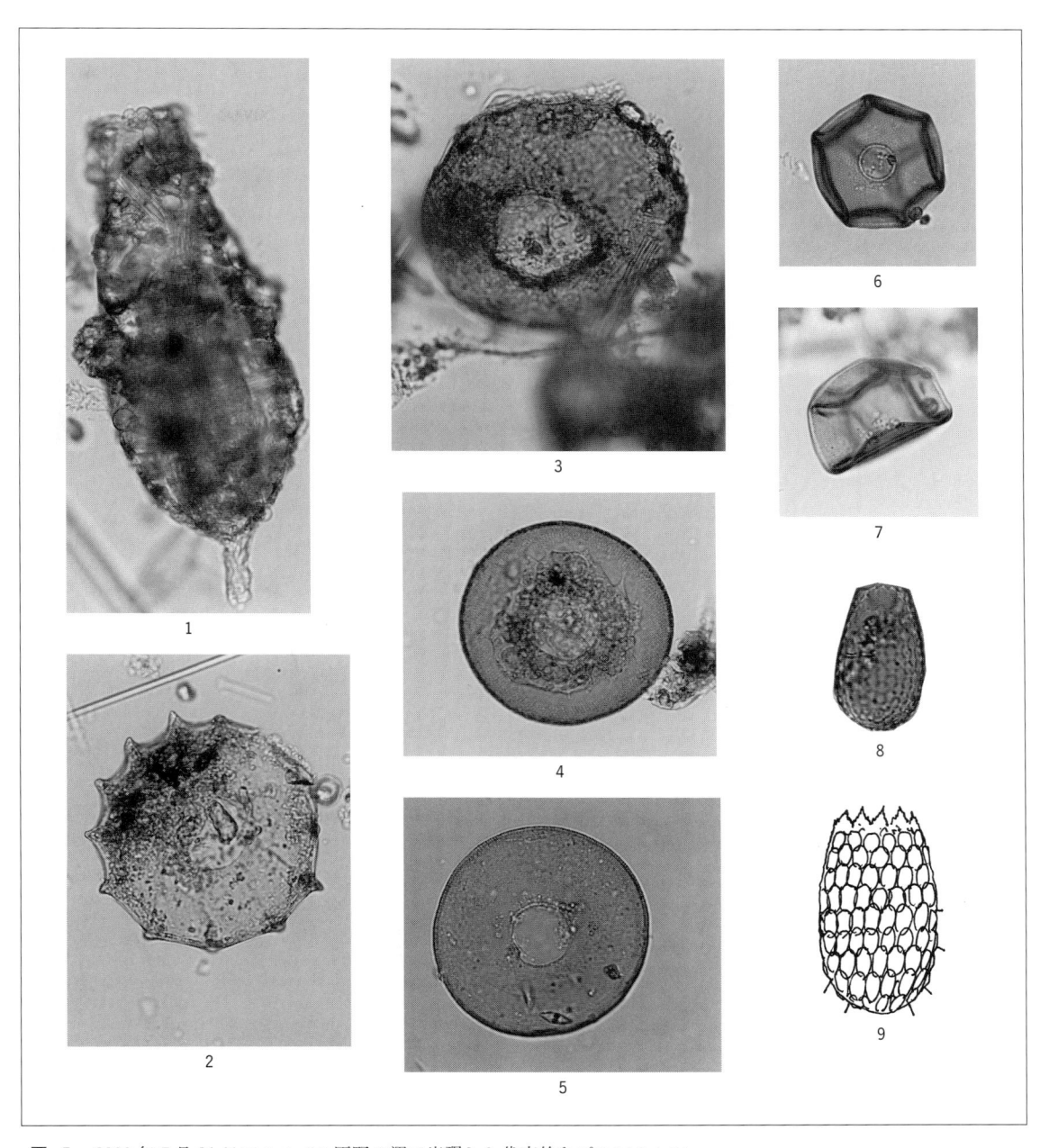

図-5 2000年7月31日にサロベツ原野の沼で出現した代表的なプランクトン
1. *Difflugia claviformis*, 2. *Arcella dentata*, 3. *Centropyxis discoides*, 4-5. *Arcella discoides*, 6-7. *Arcella conica*, 8. *Euglypha* sp., 9. *Euglypha acanthophora*

このように，出現種の多くは，動植物共に腐植性水域に多い種であった．また，鰓脚類はほとんど認められず，*Chydorus sphaericus* の脱殻が見られたのみであった．橈脚類については，属種名は明らかでないが，Harpacticoida（ソコミジンコ）の Copepodid 幼生がわずかに出現したのみであった．

プランクトン型については，動物プランクトンが第 XII 型，富栄養型根足虫類群集，植物プランクトンは少し疑問が残るが，第 IX 型，富栄養

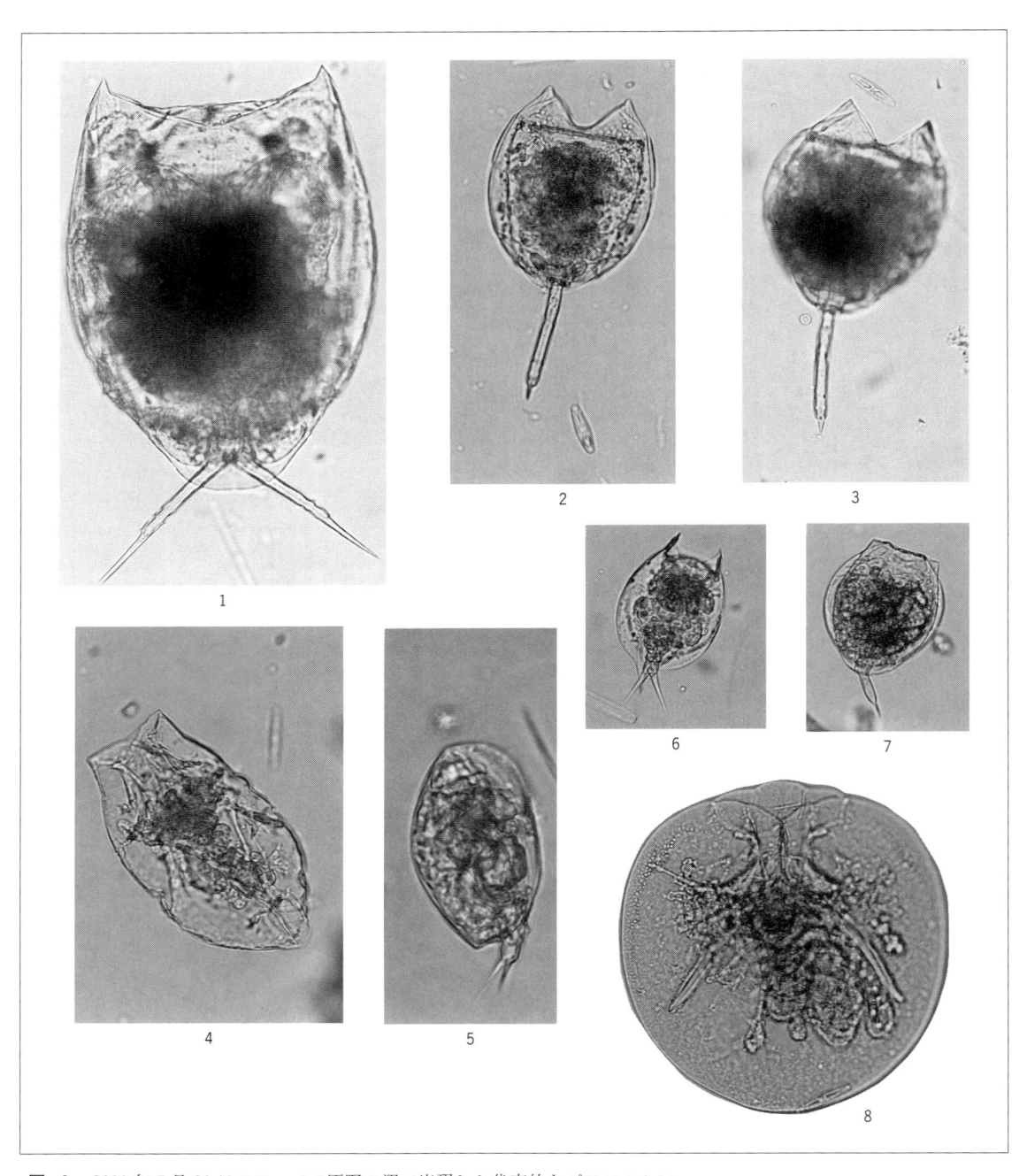

図-6 2000年7月31日にサロベツ原野の沼で出現した代表的なプランクトン
　　1. *Lecane ungulata*, 2-3. *Lecane lunaris*, 4. *Lophocharis salpina*, 5. *Colurella adriatica*, 6. *Lepadella serra*, 7. *Lecane pyriformis*, 8. *Testudinella patina*

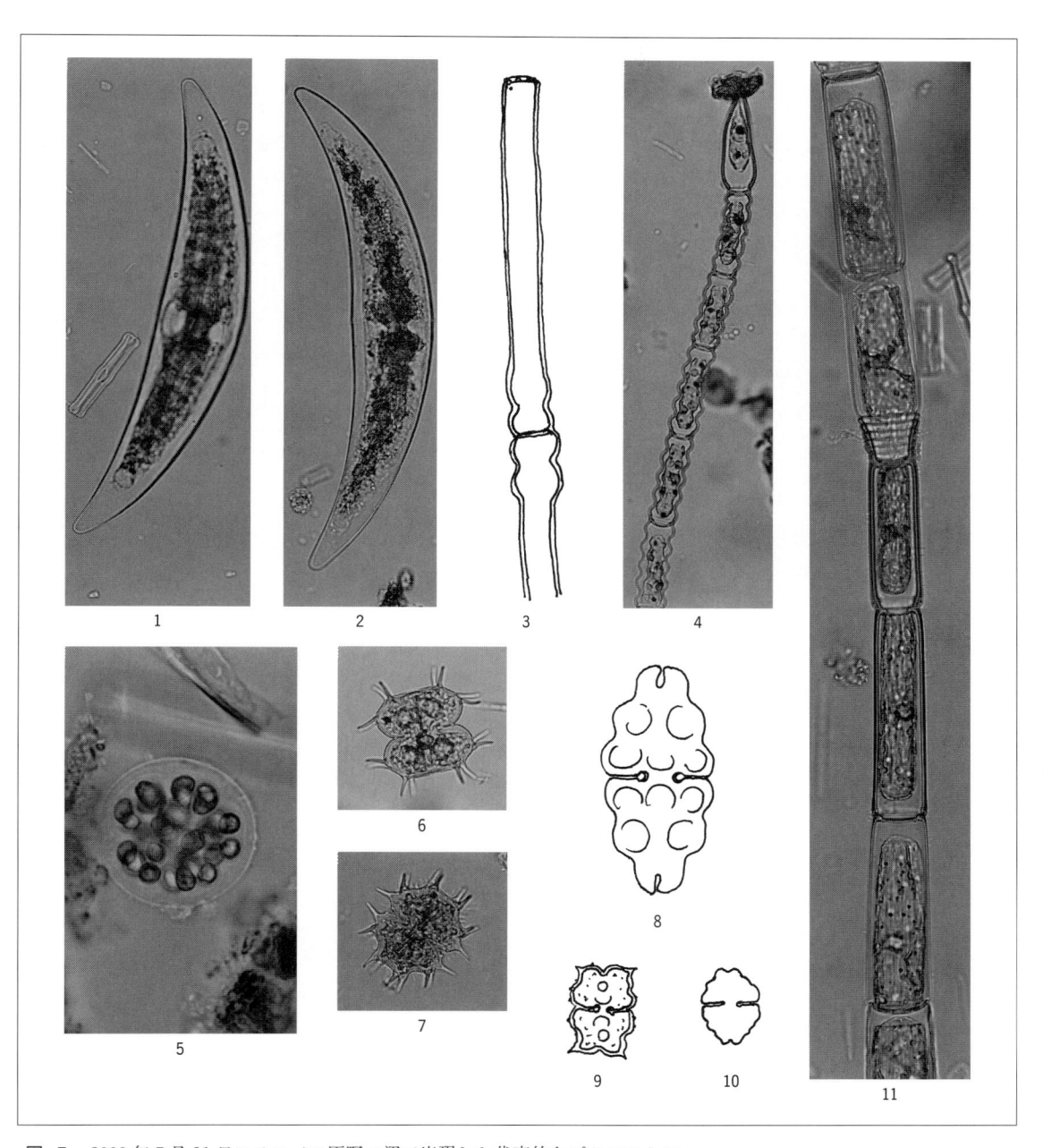

図-7 2000年7月31日にサロベツ原野の沼で出現した代表的なプランクトン
1-2. *Closterium leibleinii*, 3. *Pleurotaenium ehrenbergii*, 4. *Oedogonium undulatum*, 5. *Coenococcus* ?, 6. *Xanthidium antilopaeum*, 7. *Xanthidium cristatum*, 8. *Euastrum didelta*, 9. *Euastrum boldtii* var. *isthmochondrum*, 10. *Euastrum dubium* var. *snowdoniense*, 11. *Oedogonium* sp.

型珪藻類，緑藻類混合型群集に相当するものと考えられる．

〈底生動物〉

田中（2002）によれば，プランクトン試料中から，ユスリカ類の幼虫3種，線虫類1種，及びタンスイカイメンの骨片が観察され，これらが棲息しているものと思われる．

〈魚　類〉

魚類については，全く知見がない．

〈水生植物〉

水生植物は，田中（2002）によれば沼のほぼ全域に生育し，コウホネ，エゾヒツジグサ，クログワイ，エゾノミズタデ，タヌキモが確認された（図-4）．

田中正明（2002）プランクトンから見た本邦湖沼の富栄養化の現状（306），再び北海道の湖沼⑬．水，44，12，632，59-63

1-1-2．サロベツ長沼

サロベツ長沼は，サロベツ小沼の南に位置する細長い「く」の字状を呈した沼で，パンケ沼の東岸から湿原の中に敷かれた木道を経て，長沼西岸を通じる散策路を幌延ビジターセンターまで至ることができる．観光客の多くは，長沼の南端付近まで歩いて帰るが，この原野の散策コースは，雄大なサロベツの自然を知るには恰好なものであり，季節ごとに異なる顔を見せる北海道らしい所の一つである．

サロベツ長沼の周辺は，全くの原野であり，沼の東岸及び南部では湿地が広がっている．

本沼についての陸水学的並びに陸水生物学的な知見は乏しく，田中（2003）による2000年7月31日及び2002年8月29日の調査結果が知られる程度である．

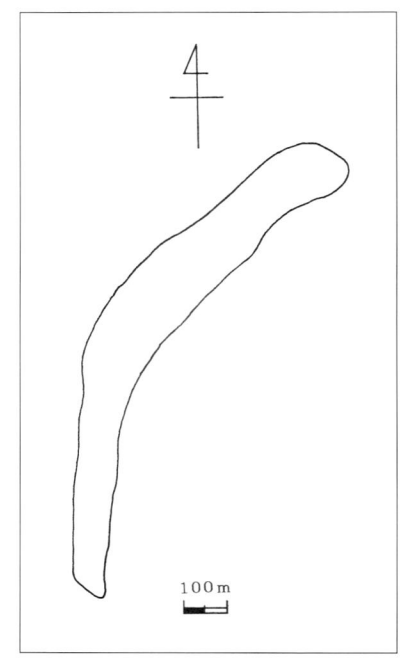

図-8　サロベツ長沼の池沼概念図

図-9　サロベツ長沼（2002年8月29日撮影）

〈水　質〉

　サロベツ長沼の水質について，田中（2003）は2000年7月31日の調査では，水色がウーレの水色計の第XX号，表層水温が22.4℃，pHが6.2，溶存酸素が7.69 mg/l，電気伝導度が87 μS/cm，CODが20.8 mg/l，塩素イオンが17.4 mg/lと報告している．また，2002年8月29日の調査では，水色はウーレの水色計の第XIII号，透明度が0.8 m（底まで全透），表層水温が21.2℃，pHが5.4，溶存酸素が8.22 mg/l，電気伝導度が62 μS/cm，塩素イオンが5.16 mg/lであった．

　2002年8月29日には，パンケ沼及びサロベツ小沼でも調査が行われ，測定された値はサロベツ小沼とは比較的よく似たものであったが，パンケ沼とは大きく異なり，サロベツ長沼が海水の影響を受けていないことが認められた．

〈プランクトン〉

　サロベツ長沼のプランクトン相について，田中（2003）は2002年8月29日の調査で，動物プランクトンが42種，植物プランクトンが51種の合計93種の出現を認めた．

　出現種数の綱別の内訳は，原生動物が11属19種，輪虫類が7属9種，鰓脚類が10属11種，橈脚類が3属3種，藍藻類が5属9種，珪藻類が14属21種，及び緑藻類が16属21種であった．

　出現種の中で，動物プランクトンは優占種といえる程に多産した種はないが，原生動物のArcella discoides，A. vulgaris，Epistylis sp.，Dinobryon divergens，鰓脚類のAlona guttata，Alonella excisa，Monospilus dispar，Strebloceruss serricaudatus 等が比較的多く認められた．

　植物プランクトンは，緑藻類のBotryococcus braunii が優占種で，これに珪藻類のTabellaria fenestrata，Asterionella formosa，Frustulia rhomboides，Melosira varians，緑藻類のSpirogyra sp.，Mougeotia sp.，Staurastrum coarctatum ?，S. dickiei var. latum ? 等が続いた．

　プランクトン型については，動物プランクトンが第XII型，富栄養型根足虫類群集，植物プランクトンは第X型，富栄養型緑藻類群集に相当するものと思われる．

〈底生動物〉

　サロベツ長沼の底生動物については，田中（2003）がプランクトン試料中から，ヒドラ（Hydra）の一種，ユスリカ類の幼虫3種，線虫類1種を見出し，本沼に棲息することを推定している．

〈魚　類〉

　サロベツ長沼の魚類については，知見がなく，筆者の調査では確認し得た種はない．

〈水生植物〉

　サロベツ長沼の水生植物について，田中（2003）はヨシ，ミツガシワ，コウホネ，ヒオウギアヤメ，フトイ，ジュンサイを確認している．本沼では，ジュンサイが広い範囲を占めているが，挺水植物群落も場所によっては発達し，沖出し幅は最大7 mに達している．

田中正明（2003）プランクトンから見た本邦湖沼の富栄養化の現状（320），再び北海道の湖沼㊲．水，45，14，650，59-61

1-1-3．サロベツ小沼

　サロベツ小沼は，パンケ沼の南約400 mに位置した小さな沼で，パンケ沼から原野の中の木道を経て，東端に至ることができる．この木道は，さらに南の長沼の西岸を経て，幌延ビジターセンターまで至ることができる．

　小沼には，流出入河川はなく，周囲は湿地が広がり，水生植物や水質もよく自然が保持されている．

〈水　質〉

　小沼の水質について田中（2003）は，2002年8月29日に調査を行い，水色がウーレの水色計の第XIV号，透明度が0.4 m（底まで全透），表層水温が21.5℃，pHが5.5，溶存酸素が7.90 mg/l，電気伝導度が55 μS/cm，塩素イオンが4.2 mg/lと報告している．

　本沼と直接水の連絡はないが，パンケ沼で測定された値は，水色はウーレの水色計の第XVIII号，透明度は0.1 m，水温は21.0℃，pHは7.6，溶存酸素は8.20 mg/l，電気伝導度は0.74

mS/cm，塩素イオンは 67.2 mg/l であり，パンケ沼が海水の影響を受けるに比べ，小沼では影響を受けていないものと思われる．

〈プランクトン〉

サロベツ小沼のプランクトン相について，田中（2003）は動物プランクトンが 41 種，植物プランクトンが 72 種の 113 種の出現を報告している．

出現種数の綱別の内訳は，原生動物が 6 属 11 種，輪虫類が 11 属 14 種，鰓脚類が 11 属 12 種，橈脚類が 4 属 4 種，藍藻類が 9 属 14 種，珪藻類が 17 属 34 種，及び緑藻類が 14 属 24 種であった．

出現種の中で，動物プランクトンでは特に優占種はないが，輪虫類の *Polyarthra euryptera*，鰓脚類の *Bosmina longirostris*，原生動物の *Arcella discoides*，*Centropyxis aculeata* 等が，比較的多く見られた．

一方，植物プランクトンでは，藍藻類の *Microcystis aeruginosa* 及び *Chroococcus dispersus* の 2 種が優占種で，これに緑藻類の *Dictyosphaerium pulchellum*，*Pediastrum duplex*，*Mougeotia* sp.，珪藻類の *Tabellaria fenestrata*，*Asterionella formosa*，*Nitzschia* sp. 等が続いた．また，これら以外には藍藻類の *Aphanothece microscopica*，*Anabaenopsis circularis*，*Symploca* sp. 等も比較的多く見られた．

サロベツ小沼のプランクトン型は，動物プランクトンが第 XII 型，富栄養型根足虫類群集，植物プランクトンが第 XI 型，富栄養型藍藻類群集と判断される．

〈底生動物〉

サロベツ小沼の底生動物について，田中（2003）はプランクトン試料中から，ユスリカ類の幼虫 2 種，ヒドラ（Hydra）の一種，線虫類 1 種を見出し，本沼に棲息するものと思われる．

〈魚　類〉

サロベツ小沼の魚類については，全く知見がない．

〈水生植物〉

サロベツ小沼の水生植物について，田中（2003）はヨシ，ミツガシワ，コウホネ，ヒオウギアヤメを確認し，挺水植物群落は発達してお

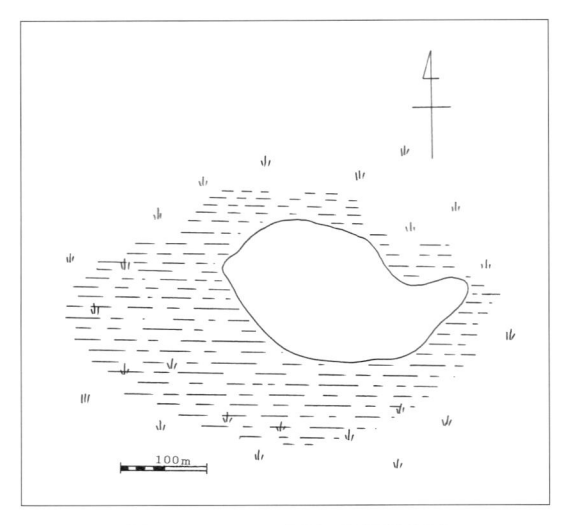

図-10　サロベツ小沼の池沼概念図

図-11　サロベツ小沼（2002 年 8 月 29 日撮影）

図-12 2002年8月29日にサロベツ小沼で出現した代表的なプランクトン
1. *Lecane luna*, 2. *Trichoptera bicristata*, 3. *Macrotrachela multispinosa*, 4. *Polyarthra euryptera*, 5. *Brachionus quadridentatus*, 6. Hydra（ヒドラ）の一種, 7. *Trichotoria tetractis*

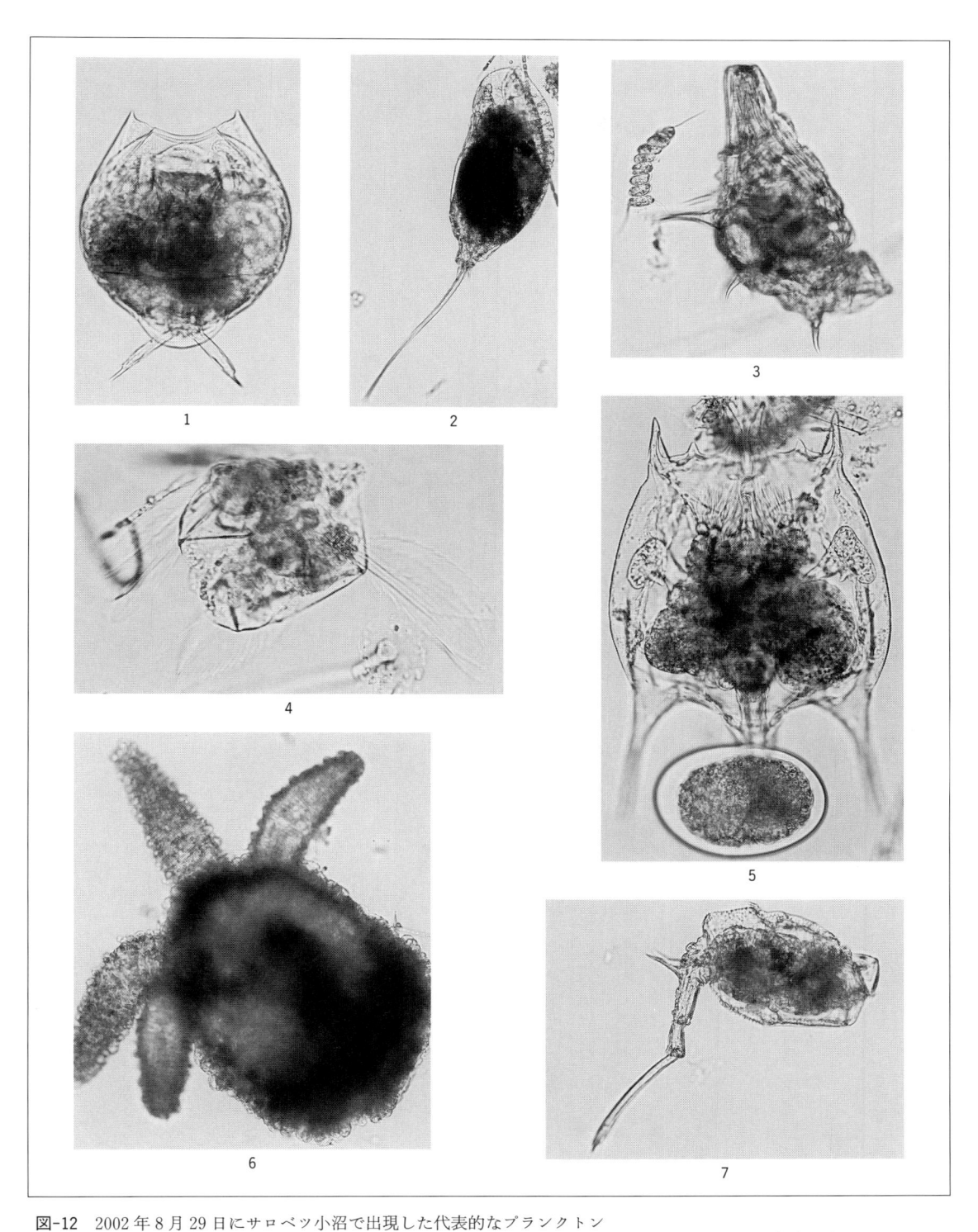

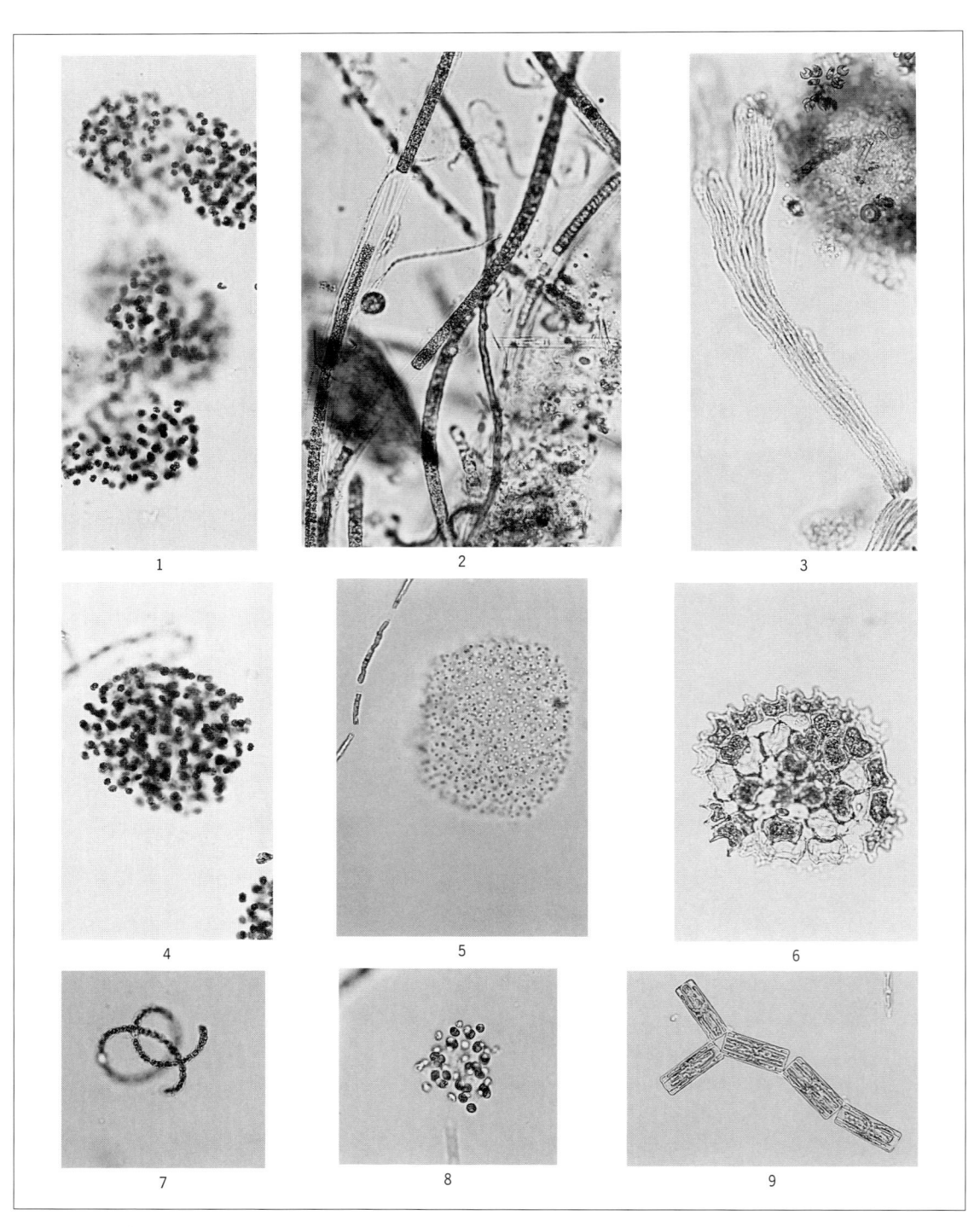

図-13 2002年8月29日にサロベツ小沼で出現した代表的なプランクトン
1, 4. *Microcystis aeruginosa*, 2. *Symploca* sp., 3. 藍藻類の一種（属種名は明らかでない）, 5. *Aphanothece microscopica*, 6. *Pediastrum boryanum*, 7. *Anabaenopsis circularis*, 8. *Dictyosphaerium pulchellum*, 9. *Tabellaria fenestrata*

り，最大沖出し幅は5mに達すると述べている．

田中正明（2003）プランクトンから見た本邦湖沼の富栄養化の現状（319），再び北海道の湖沼⑯．水，45, 13, 648, 36-40

1-1-4. メメナイ沼

北海道最北端の稚内市の利尻水道と呼ばれる日本海側の海岸には，小さな池沼や湿原が点在している．これらには，他では少なくなった水生植物が生育していたり，貴重な北方性の生物の分布地であったり，興味深い自然が残されている．しかし，産業的な利用価値は乏しく，観光的にも注目されるものではなく，一部では産業廃棄物の埋め立て場所となった所もある．

メメナイ沼もこのような池沼の一つであり，稚内市浜勇知に位置するが，面積的にも小さく，名称があることさえ不思議と思われる程のものである．地元の観光パンフレット等では，コウホネ沼と記されたものも見られる．

沼の成因については，十分な知見がないが，田中（2003）によれば，沼の南北2kmが海岸に平行する湿地であり，南に勇知川が流れ海に注ぐことから，本沼はこの海への古い開口部が堰止められ残ったものであることが考えられる．

メメナイ沼についての知見は，筆者の知る限り，この田中（2003）の調査報告以外はない．

〈水　質〉

メメナイ沼の水質について，田中（2003）は2002年8月29日に調査を行っている．これによれば，水色はウーレの水色計の第XIII号，透明度は0.3m（底まで全透），表層水温は19.7℃，pHは6.9，溶存酸素は6.72 mg/l，電気伝導度は0.28 mS/cm，CODは13.4 mg/l，塩素イオンは25.4 mg/lであった．

また，底質は，大部分が砂泥であり，一部は黒灰色の軟泥が見られた．

〈プランクトン〉

メメナイ沼のプランクトン相については，田中（2003）は動物プランクトンが35種，植物プランクトンが65種の合計100種の出現を報告している．

出現種数の綱別の内訳は，原生動物が7属11種，輪虫類が9属11種，鰓脚類が5属8種，橈脚類が4属4種，介形類が1属1種，藍藻類が7属9種，珪藻類が15属31種，及び緑藻類が16属25種であった．

出現種の中で，優占種となったのは動物プランクトンでは特になく，植物プランクトンの場合も珪藻類の *Fragilaria construens*，緑藻類の *Mougeotia* sp.，藍藻類の *Rivularia beccariana* ?，*Gloeocapsa* sp.（*atrata* ?），*Anabaena azollae* ?等が多産した．この中で，*Anabaena azollae* ?と同定した種は，アカウキクサに寄生する種に似ているが，メメナイ沼にはアカウキクサが生育せず，ウキクサが見られることから，このウキクサに寄生するものかとも思われるが，今後の検討が必要である．

動物プランクトンは，量的にやや少ないが，原生動物の *Arcella polypora*，*A. catinus*，*Centropyxis aculeata* 等の有殻アメーバ類，輪虫類の *Lecane luna*，*Euchlanis parva*，*Trichocerca bicristata*，鰓脚類の *Graptoleberis testudinar*-

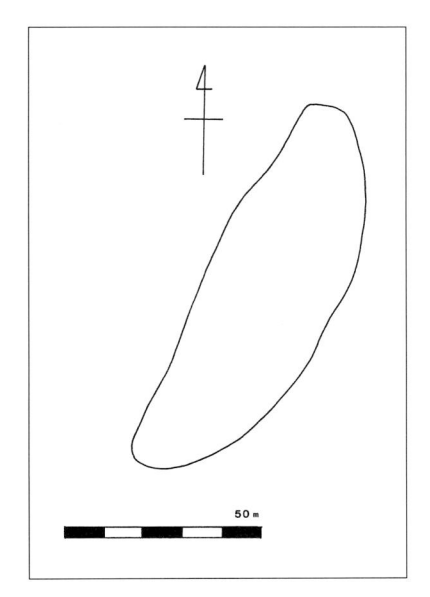

図-14　メメナイ沼の池沼概念図

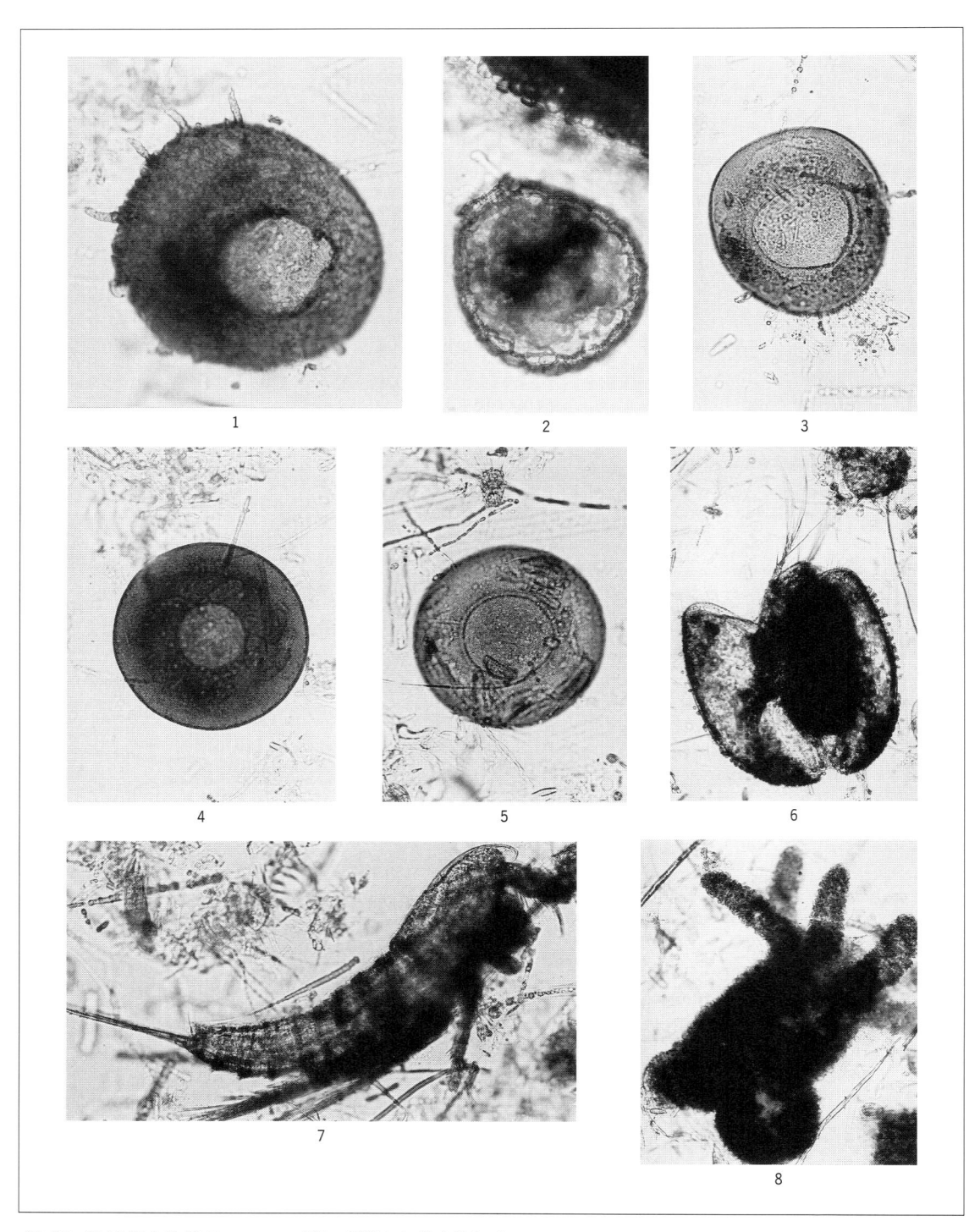

図-15 2002年8月29日にメメナイ沼で出現した代表的なプランクトン
1. *Centropyxis aculeata*, 2. *Difflugia lithophila* ?, 3. *Arcella catinus*, 4. *Arcella discoides*, 5. *Arcella polypora*, 6. 介形類（Ostracoda）の一種, 7. Harpacticoida の一種, 8. ヒドラ（Hydra）の一種

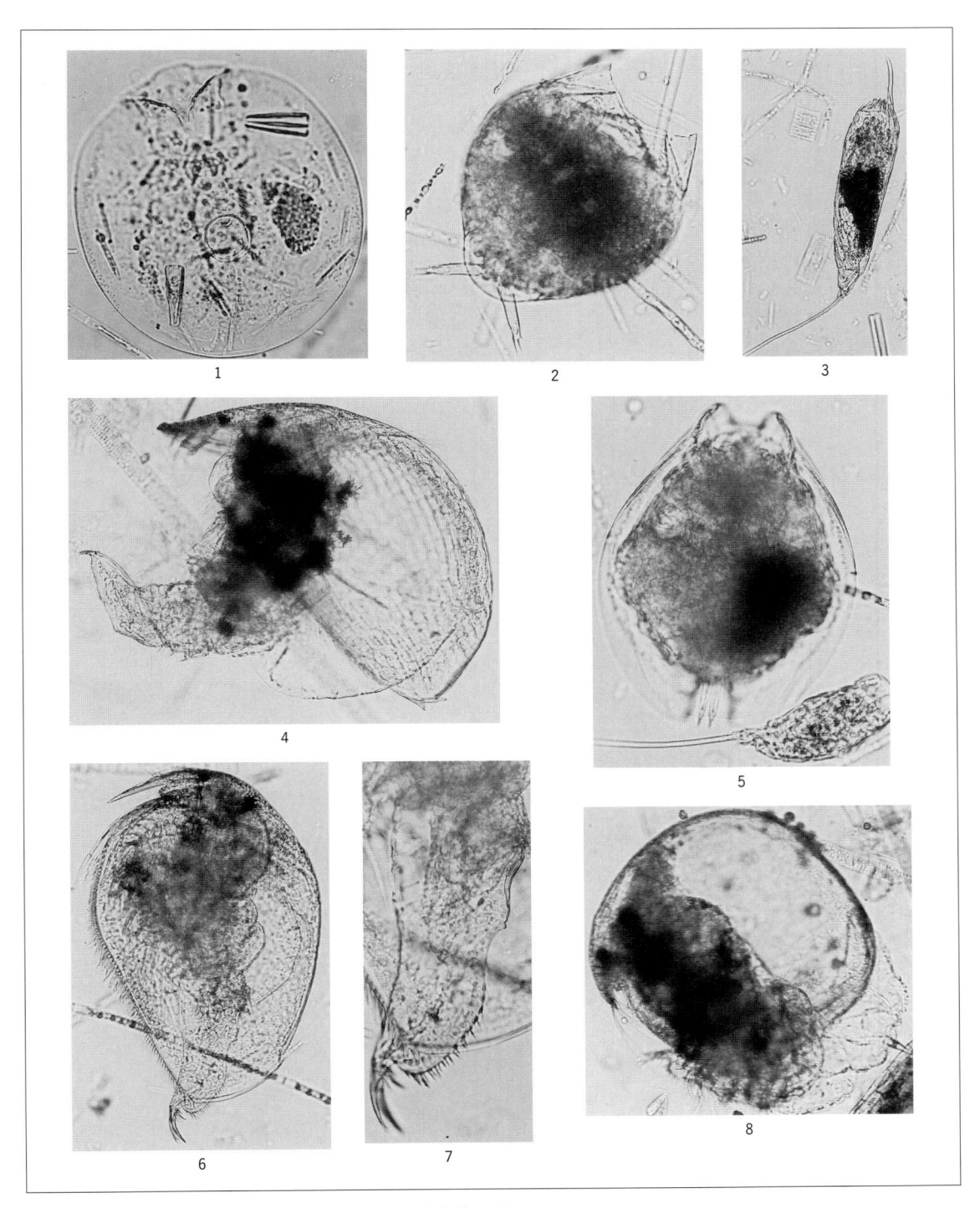

図-16 2002年8月29日にメメナイ沼で出現した代表的なプランクトン
1. *Testudinella patina*, 2. *Lecane luna*, 3. *Trichocerca longiseta*, 4. *Graptoleberis testudinaria*, 5. *Euchlanis parva*, 及び *Trichocerca bicristata*（下），6-7. *Pleuroxus trigonellus* 及び後腹部, 8. *Chydorus sphaericus*

1-1. サロベツ原野の湖沼

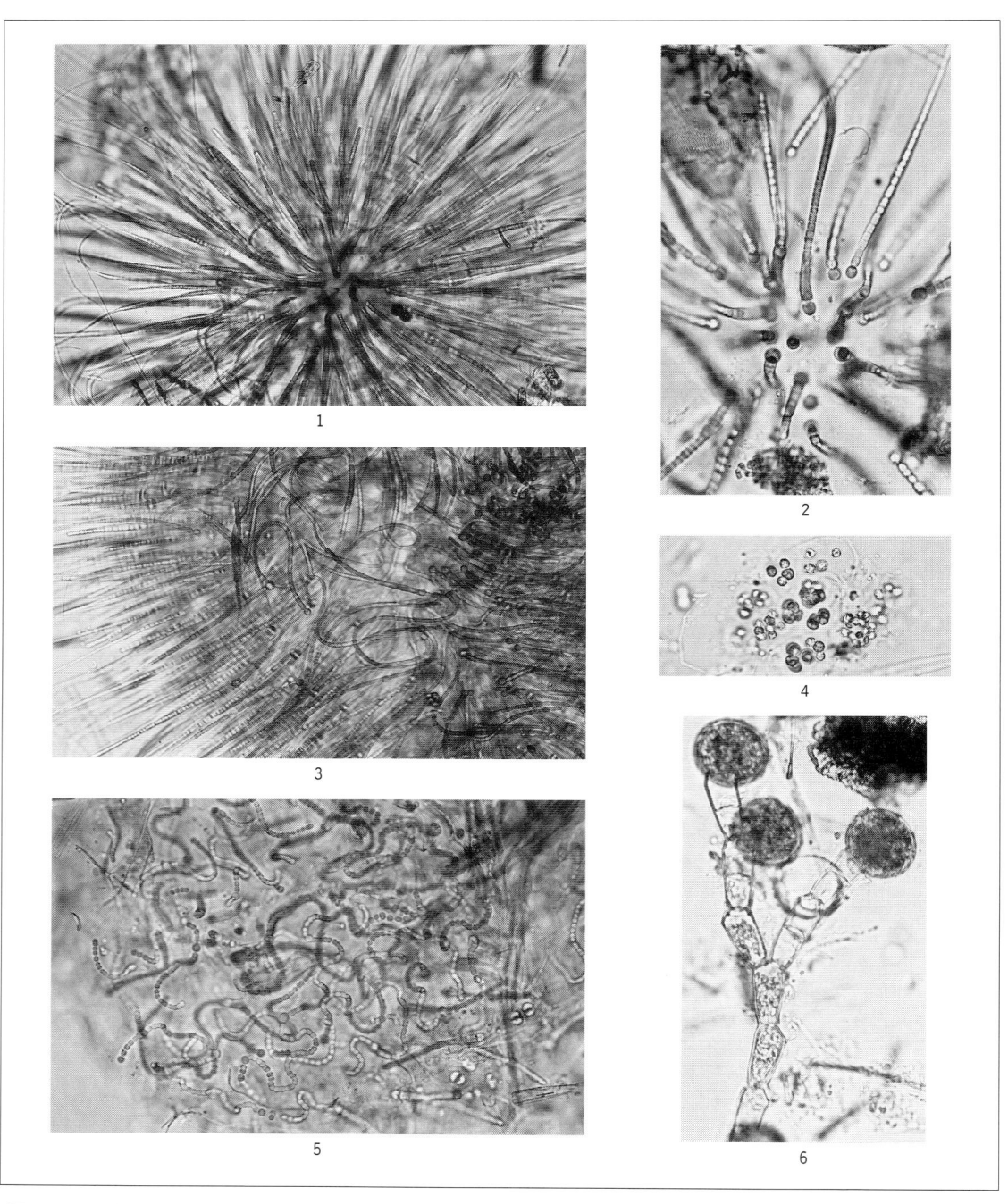

図-17　2002年8月29日にメメナイ沼で出現した代表的なプランクトン
　　　1-3. *Rivularia beccariana* ?, 4. *Gloeocapsa* sp. (*atrata* ?), 5. *Anabaena azollae* ?, 6. *Bulbochaete* sp.

ia, *Pleuroxus trigonellus* 等の出現が目立った．

プランクトン型は，動物プランクトンが第XII型，富栄養型根足虫類群集，植物プランクトンが第XI型，富栄養型藍藻類群集と判断される．

〈底生動物〉

メメナイ沼の底生動物についての知見はないが，田中（2003）によれば，プランクトン試料中からユスリカ類の幼虫が3種，線虫類が1種，ヒドラ（Hydra）が1種認められ，本沼に棲息するものと思われる．

〈魚　類〉

メメナイ沼の魚類については，全く知見がない．

〈水生植物〉

メメナイ沼の水生植物について，田中（2003）は調査が十分に行われたものではないが，ウキクサ，ネムロコウホネ，タヌキモ，ショウブ，ホタルイ，フトイ，クログワイ等が認められたと述べている．また，挺水植物の沖出し幅は，最大5m程であった．

田中正明（2003）プランクトンから見た本邦湖沼の富栄養化の現状（318），再び北海道の湖沼 ㊗．水，45，12，647，59-62

1-2. オホーツク海沿岸の湖沼

　オホーツク海沿岸には，多くの海跡湖が点在している．湖沼の中には，サロマ湖，能取湖，網走湖等のように，面積が大きく，水産的に重要な湖沼もあるが，多くは産業的な利用は行われていない．しかし，周辺に原生花園が広がる湖沼も多く，夏季にはエゾカンゾウ，エゾスカシユリ，ハマナス等の花々が色取っている．

　オホーツク海沿岸の湖沼は，その大部分が陸水学的並びに陸水生物学的な知見が乏しい．

　また，この地域の気候は，年間降水量は少なく，積雪も少ないが，冬季の流氷の影響によって－20℃を下回ることがある．

1-2-1. メグマ沼

　メグマ沼は，稚内から東へ15 km程の原野にある海跡湖である．

　沼には流入河川は特になく，周辺の集水域は湿原であり，現在は散策ができるような木道が敷かれている．流出河川は，北東端から小さな流れが流出しており，オホーツク海に注いでいる．

　メグマ沼に関する陸水学的並びに陸水生物学的な知見は多くはないが，栗谷川（1982），環境庁（1987，1993），北海道公害防止研究所（1990），田中（2000，2000）等の報告が知られる．

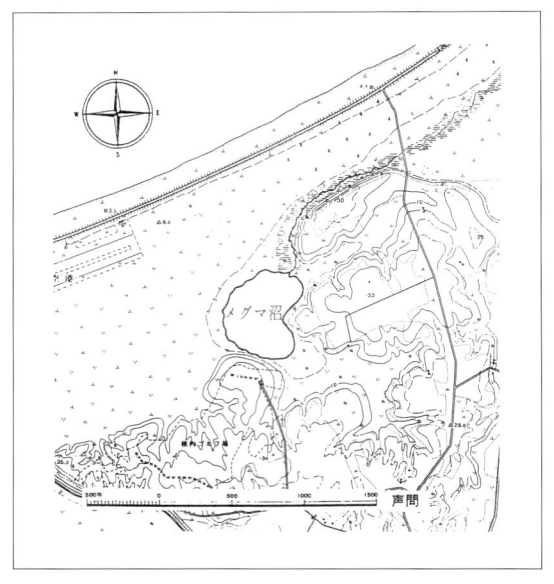

図-18　メグマ沼の池沼概念図

図-19　メグマ沼（2002年8月30日撮影）

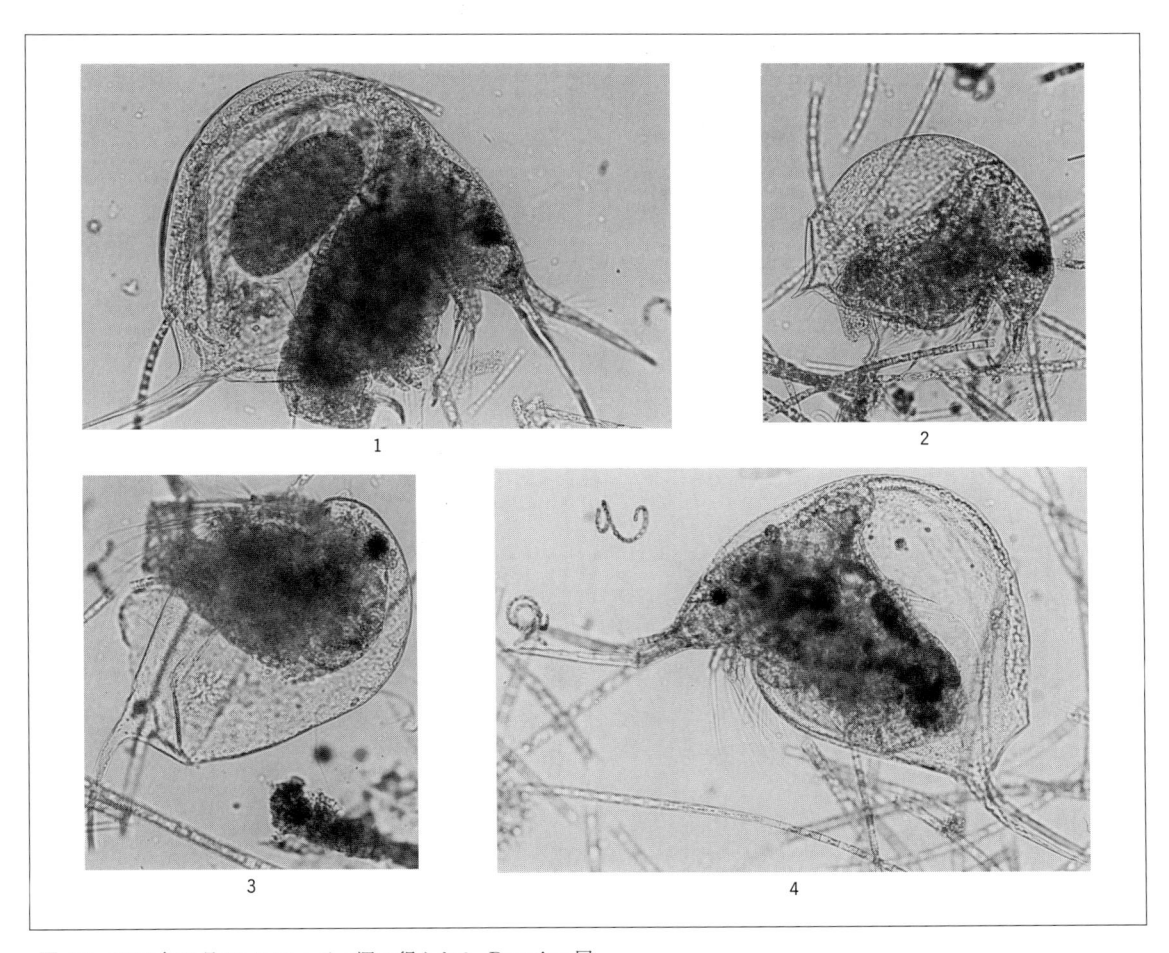

図-20 2000年7月30日にメグマ沼で得られたBosmina属
1. B. fatalis 成体雌, 2. B. longirostris, 3. B. fatalis 成体雄, 4. B. fatalis 成体雌

〈水　質〉

　メグマ沼の水質は，環境庁（1987）による1985年8月27日の調査では，透明度が0.5 m，表層の水温が21.5℃，pHが7.1-8.2，溶存酸素が7.7-8.6 ppm，塩素イオンが20-21.5 ppm，クロロフィルaが100-112 μg/lと報告されている．また，7月の測定では，全窒素が0.95 ppm，全リンが0.085 ppmであった．

　北海道公害防止研究所（1990）によれば，1984年7月から1985年8月の間に行った4回の調査の平均値は，CODで18.5 mg/l，全窒素で0.95 mg/l，全リンで0.076 mg/l，クロロフィルaで67.1 μg/lと，高い値が報告されている．

　田中（2000）によれば，2000年7月30日の調査では，水色がウーレの水色計の第XIV号，透明度が0.6 m，表層の水温が25.7℃，pHが7.7，溶存酸素が7.84 mg/l，電気伝導度が96 μS/cm，塩素イオンが6.4 mg/lであった．

　また，筆者が2002年8月30日に行った調査では，水色がウーレの水色計の第XIX号，透明度が0.8 m，表層の水温が22.7℃，pHが7.8，溶存酸素が9.84 mg/l，電気伝導度が103 μS/cm，CODが14.2 mg/l，塩素イオンが7.9 mg/lであった．

　本沼の湖沼型については，田中（2000）が腐植性の富栄養湖と位置付けている．

〈プランクトン〉

　メグマ沼のプランクトン相について，栗谷川

表-1　2002年8月30日のメグマ沼のプランクトン出現種

PROTOZOA	*Cyclotella stelligera*
Euglena sciotensis ?	*Cyclotella* sp.
Trachelomonas armata	*Aulacoseira distans*
Trachelomonas armata var. *steinii*	*Aulacoseira ambigua*　　　　　　　　+
Trachelomonas hispida	*Asterionella formosa*
Epistylis sp.	*Synedra acus*
Arcella discoides	*Navicula exigua*
Centropyxis hirsuta	*Cymbella turgidula*
ROTATORIA	*Cymbella lanceolata*
Asplanchna priodonta	*Pinnularia major*
Hexarthra mira　　　　　　　　+	*Pinnularia* sp.
Keratella cochlearis var. *hispida*　　+	*Gomphonema augur*
Trichocerca cylindrica	*Surirella capronii*
Trichocerca capucina	*Surirella robusta*
Ploesoma truncatum	*Surirella elegans*
BRANCHIOPODA	*Nitzschia frustulum*
Bosmina fatalis	*Nitzschia* sp. 1
Bosmina longirostris	*Nitzschia* sp. 2
Ilyocryptus spinifer	*Nitzschia* sp. 3
Acroperus harpae	*Nitzschia* sp. 4
Pleuroxus laevis	**CHLOROPHYCEAE**
Monospilus dispar	*Pediastrum araneosum*
COPEPODA	*Pediastrum araneosum* var. *rugulosum*　+
Cyclopoida	*Pediastrum duplex* var. *gracillimum*
Calanoida	*Tetrastrum punctatum*
CYANOPHYCEAE	*Oocystis crassa* var. *marssonii*
Microcystis wesenbergii　　　　　+	*Palmellocystis planctonica*
Microcystis firma	*Crucigenia neglecta*
Anabaena mucosa	*Crucigenia crucifera*
Anabaena minispora	*Monoraphidium convolutum*
Anabaenopsis ?	*Tetraedron minimum*
Aphanizomenon flos-aquae	*Scenedesmus acutus*
Pseudanabaena mucicola	*Scenedesmus acuminatus*
Chroococcus minutus	*Scenedesmus quadricauda*
Chroococcus dispersus	*Scenedesmus armatus*
Oscillatoria sp.	*Scenedesmus opoliensis*
BACILLARIOPHYCEAE	*Scenedesmus nanus*
Tabellaria fenestrata	*Bulbochaete* sp.
Tabellaria flocculosa	*Spirogyra* sp. 1
	Spirogyra sp. 2
	Mougeotia sp.

(1982) は合計28種の動物プランクトンを同定し，輪虫類の *Asplanchna herricki* が優占種で，1 l 当り201個体，次いで *A. priodonta* が186個体/l，さらに橈脚類の *Cyclops strenuus* が63個体/l，鰓脚類の *Camptocercus rectirostris* が57個体/l の順に出現したことを報告している．

田中 (2000) によれば，2000年7月30日の採集試料からは，動物プランクトンでは鰓脚類の *Bosmina fatalis*, *Bosmina longirostris*, 輪虫類の *Ploesoma truncatum*, *Keratella cochlearis* var. *hispida*, 植物プランクトンでは藍藻類の *Anabaena mucosa*, *A. flos-aquae*, *Microcystis wesenbergii*, *M. aeruginosa*, 珪藻類の *Aulacoseira* sp.等が比較的多く認められた．

この時のプランクトン型は，動物プランクトンが第XIII型，富栄養型鰓脚類群集，植物プランクトンが第XI型，富栄養型藍藻類群集と判断された．

筆者は，2002年8月30日に調査を行ったが，この時の採集試料からは，動物プランクトンが

21種，植物プランクトンが52種の合計73種が同定された．

出現種数の綱別の内訳は，原生動物が5属7種，輪虫類が5属6種，鰓脚類が5属6種，橈脚類が2属2種，藍藻類が7属10種，珪藻類が11属22種，及び緑藻類が11属20種であった．

優占種となった種は，動物プランクトンでは輪虫類の *Hexarthra mira* で，これに *Keratella cochlearis* var. *hispida* が次いだ．植物プランクトンでは，珪藻類の *Aulacoseira ambigua* が優占種で，これに藍藻類の *Microcystis wesenbergii*，緑藻類の *Pediastrum araneosum* var. *rugulosum* 等が続いた．

プランクトン型は，動物プランクトンでは第XV型，富栄養型輪虫類群集，植物プランクトンは第VIII型，富栄養型珪藻類群集と判断される．

〈底生動物〉

メグマ沼の底生動物については，全く知見がない．

〈魚類〉

メグマ沼の魚類については，コイ，フナ，ドジョウ，トミヨが棲息する．

〈水生植物〉

メグマ沼の水生植物は，田中（2000）によればヨシ，ミツガシワ，ネムロコウホネ，ヒツジグサ，ヒシ，ヒルムシロ，コウキクサが生育する．

挺水植物群落は発達しており，群落の沖出し幅の最大値は8mに達する．

北海道公害防止研究所（1990） 北海道の湖沼．1-445

環境庁（1987） 第3回自然環境保全基礎調査，湖沼調査報告書，北海道版．1-839

環境庁（1993） 第4回自然環境保全基礎調査，湖沼調査報告書，北海道版．1-636

栗谷川 晃（1982） 北海道北部（宗谷地方）湖沼の動物性プランクトン．昭和56年度文部省科学研究費補助金奨励研究(B)報告書，1-12

田中正明（2000） プランクトンから見た本邦湖沼の富栄養化の現状（284），再び北海道の湖沼(51)．水，42，15，605，59-63

田中正明（2000） 日本産 *Bosmina fatalis* BURCKHARDT の分類学的研究．四日市大学環境情報論集，4，1，1-16

1-2-2. カムイト沼

カムイト沼は，猿払村のオホーツク沿岸から約4km内陸に位置する海跡湖である．

沼の周囲は，エゾマツ，トドマツ等の原生林に囲まれ，湿地帯には多数の水生植物が分布している．

本沼は，古くは「鴨居沼」と書いたが，今日ではほとんど忘れられており，片仮名書きされているが，その語源は「神々の住む沼」の意である．

カムイト沼に関する陸水学的並びに陸水生物学的な知見は乏しく，環境庁（1987，1993），北海道公害防止研究所（1990）等の報告が知られる程度である．

図-21 カムイト沼（2002年8月30日撮影）

表-2　2002年8月30日のカムイト沼のプランクトン出現種

PROTOZOA		BACILLARIOPHYCEAE	
Ceratium hirundinella		*Tabellaria fenestrata*	C
Arcella polypora		*Tabellaria flocculosa*	
Arcella discoides		*Cyclotella stelligera*	
Arcella gibbosa		*Synedra acus*	
Arcella vulgaris		*Synedra rumpens*	
Trinema sp.		*Cymbella minuta*	
Centropyxis aculeata		*Navicula* sp.	
Centropyxis hirsuta		*Stauroneis anceps*	
ROTATORIA		*Stauroneis phoenicenteron*	
Polyarthra euryptera		*Frustulia rhomboides*	C
Brachionus quadridentatus		*Frustulia rhomboides* var. *saxonica*	
Euchlanis deflexa		*Gomphonema subclavatum*	
Euchlanis dilatata		*Gomphonema gracile*	
Lepadella ovalis		*Gomphonema truncatum*	
Lecane brachydactyla		*Eunotia pectinalis*	
Lecane luna		*Eunotia pectinalis* var. *minor*	
Colurella obtusa		*Eunotia* sp.	
Ploesoma truncatum		*Nitzschia dissipata*	
Testudinella patina		*Nitzschia frustulum*	
BRANCHIOPODA		*Nitzschia amphibia*	
Ilyocryptus spinifer		*Nitzschia* sp. 1	
Macrothrix rosea		*Nitzschia* sp. 2	
Graptoleberis testudinaria		*Nitzschia* sp. 3	
Acroperus harpae		CHLOROPHYCEAE	
Alona quadrangularis		*Pediastrum araneosum*	
Alona costata		*Pediastrum araneosum* var. *rugulosum*	
Alona guttata		*Pediastrum duplex*	
COPEPODA		*Crucigenia crucifera*	
Cyclopoida		*Scenedesmus ecornis*	
CYANOPHYCEAE		*Scenedesmus spinosus*	
Microcystis wesenbergii	C	*Oocystis pusilla*	
Chroococcus turgidus	+	*Oedogonium* sp. 1	+
Chroococcus minutus	+	*Oedogonium* sp. 2	
Gloeocapsa ?		*Bulbochaete* sp. 1	
Calothrix braunii ?	+	*Bulbochaete* sp. 2	
Calothrix sp.		*Spirogyra* sp. 1	
Aphanizomenon flos-aquae		*Spirogyra* sp. 2	
Aphanocapsa biformis ?	+	*Zygnema* sp. 1	
Pseudanabaena mucicola		*Zygnema* sp. 2	
Homoeothrix ?		*Mougeotia* sp.	+
Hydrocoryne ?		*Pleurotaenium ehrenbergii* var. *elongatum*	
Microchaete ?		*Desmidium swartzii*	
		Micrasterias crux-melitensis	
		Ulothrix sp.	
		Chaetophora ?	

〈水　質〉

カムイト沼の水質について，北海道公害防止研究所（1990）は，1979年8月2日から1985年8月21日の間に6回の調査を行っているが，透明度は1.7-2.0 m，pHは6.8-7.9，溶存酸素は6.4-7.8 mg/l，CODは14.0 mg/l，全窒素は0.21-0.24 mg/l，全リンは0.012-0.014 mg/l，クロロフィルaは0.7-6.9 μg/lであった．

環境庁（1993）によれば，1991年7月16日の調査では透明度が2.3-2.5 m，表層水温が20.4-20.7℃，pHが7.1-7.3，溶存酸素が7.0-8.2 mg/l，電気伝導度が0.079-0.089 mS/cm，アルカリ度が

0.136-0.140 meq/l, COD が 9.2-9.3 mg/l, 全窒素が 0.47 mg/l, 全リンが 0.010-0.023 mg/l, クロロフィル a が 6.98-7.34 μg/l であった.

筆者が行った 2000 年 7 月 30 日の調査では, 水色がウーレの水色計の第 XX 号, 透明度が 1.8 m, 水温が 26.5℃, pH が 7.0, 溶存酸素が 7.60 mg/l, 電気伝導度が 76 μS/cm, COD が 8.85 mg/l, 塩素イオンが 5.12 mg/l であった.

さらに, 筆者の 2002 年 8 月 30 日の調査では, 水色はウーレの水色計の第 XX 号, 透明度は 1.2 m (底まで全透), 表層水温は 21.1℃, pH は 7.6, 溶存酸素は 9.62 mg/l, 電気伝導度は 77 μS/cm, COD は 9.83 mg/l, 塩素イオンは 4.97 mg/l, 全窒素は 0.32 mg/l, 全リンは 0.021 mg/l であった.

〈プランクトン〉

カムイト沼のプランクトン相について, 筆者の 2002 年 8 月 30 日の調査では, 動物プランクトンが 26 種, 植物プランクトンが 56 種の合計 82 種が出現した.

出現種数の綱別の内訳は, 原生動物が 4 属 8 種, 輪虫類が 8 属 10 種, 鰓脚類が 5 属 7 種, 橈脚類が 1 属 1 種, 藍藻類が 10 属 12 種, 珪藻類が 10 属 23 種, 及び緑藻類が 14 属 21 種であった.

これらの中で, 優占種となったのは, 動物プランクトンでは特にないが, 植物プランクトンでは, 藍藻類の *Microcystis wesenbergii* で, これに同じ藍藻類の *Calothrix braunii* ?, 珪藻類の *Tabellaria fenestrata*, *Frustulia rhomboides* が続いた.

本沼のプランクトン出現種は, 腐植性傾向が大きいと思われるが, 珪藻類の *Pinnularia* 属, *Eunotia* 属等が少なく, また緑藻類の中の接合藻類も数種が出現したに過ぎず, やや特異な構成であるように思われる.

プランクトン型については, 動物プランクトンが第 XII 型, 富栄養型根足虫類群集, 植物プランクトンが第 XI 型, 富栄養型藍藻類群集と判断される.

〈底生動物〉

カムイト沼の底生動物については, 知見がない. 筆者は, 2000 年 7 月 30 日の調査で Chironomidae が 3 種棲息するのを確認した. また, 2002 年 8 月 30 日に採集したプランクトン試料中から, 線虫類 2 種, 及びコケムシ類の休芽を見出した. また, オオタニシ, ヌマカイメンの棲息を確認した.

〈魚　類〉

カムイト沼の魚類について, 北海道公害防止研究所 (1990) はウグイ, アメマス, フナ, イトウ, コイを報告している.

〈水生植物〉

カムイト沼の水生植物は, 筆者の 2002 年 8 月 30 日の調査では, 挺水植物のヨシ, オモダカ, ミツガシワ, エゾホソイ, アヤメ, ミズバショウ, 浮葉植物のオヒルムシロ, オゼコウホネ, ヒツジグサ, オニビシ, ヒシ, ウキクサ, 沈水植物のホザキノフサモ, マツモ, タヌキモが確認された.

挺水植物群落は, 発達した所では沖出し幅は最大 10 m に達するが, 全く生育していない所も少なくない.

北海道公害防止研究所 (1990) 北海道の湖沼. 1-445
環境庁 (1987) 第 3 回自然環境保全基礎調査, 湖沼調査報告書, 北海道版. 1-837
環境庁 (1993) 第 4 回自然環境保全基礎調査, 湖沼調査報告書, 北海道版. 1-636

1-2-3. リヤウシ湖

リヤウシ湖は, 網走湖の北西に位置する小湖であり, 網走国定公園内に入っている. 本湖は, 陸水学研究者の間では比較的古くからその名称は知られていたが, 実際に湖を訪れたことがある研究者は多くはないものと思われる. それは, この湖が網走刑務所用地内にあることと, 観光開発された網走湖等とは異なり, 面積的にも小さく, 目立たないことによると思われる.

本湖の成因は, 海跡湖と考えられている.

流出入河川は, 各々 1 本ずつあり, 南岸に流入して, 北端から流出し網走湖へ注いでいる.

リヤウシ湖に関する陸水学的並びに陸水生物学

的な知見は，上野（1937），元田（1950），環境庁（1987，1993），田中（2000）等が知られている．

〈水　質〉

リヤウシ湖の水質は，環境庁（1987）による1985年9月11日の調査結果では，水温が0mで20.6℃，4.2mで19.8℃，pHは表層で8.6-8.9，溶存酸素が9.0-10.6 mg/l，塩素イオンが1250-1330 mg/l，CODが1964年7月の分析値で11.17 ppm，全窒素が1979年7月の分析値で2.3 ppmと報告されている．

田中（2000）による1999年8月19日の調査では，水色がウーレの水色計の第XV号，透明度が0.85 m，表層水の水温は28.1℃，pHは9.1，溶存酸素は10.8 mg/l，電気伝導度は440 μS/cm，塩素イオンは29.4 mg/lであった．

さらに，筆者が2002年8月31日に行った調査では，水色がフォーレルの水色計の第VI号，透明度は0.80 m，表層水温は23.6℃，pHは9.6，溶存酸素は13.34 mg/l，電気伝導度は310 μS/cm，CODが9.8 mg/l，塩素イオンは19.3 mg/lが測定された．

田中（2000）は，塩素イオンの値が調査時期によって大きく異なり，周年の変動がかなり大きいことを推定している．

リヤウシ湖は，水色や湖岸に発達した湖棚状の地形からも認められるが，泥炭地に見られるような典型的な腐植性湖沼といえる．

〈プランクトン〉

リヤウシ湖のプランクトン相については，上野（1937）が藍藻類の *Coelosphaerium Naegelianum* を主とした水の華の発生を報告し，*Ceratium hirundinella* が77.4%を占めたことを述べている．

また，本湖からは特徴的な形態の *Daphnia longispina* と *Bosmina coregoni* が発見され，後者は *B. coregoni yezoensis* UÉNO と命名された．

田中（2000）によれば，1999年8月19日に採集された動物プランクトンは13種，植物プランクトンは38種の合計51種であった．

出現種数の綱別の内訳は，原生動物が4属5種，輪虫類が4属4種，鰓脚類が2属3種，橈脚類が1属1種，藍藻類が3属3種，珪藻類が11属19種，及び緑藻類が8属16種であった．

出現種の中で，比較的多く認められた種は，動

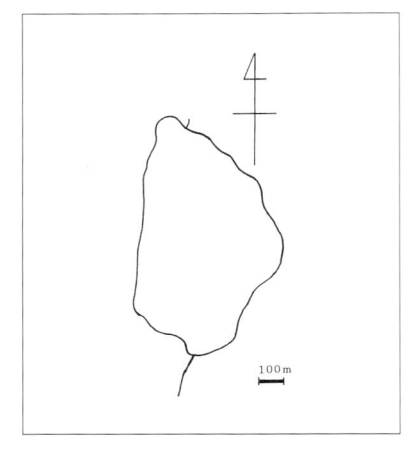

図-22　リヤウシ湖の池沼概念図

図-23　リヤウシ湖．南岸の流入河川から北西及び北岸を望む（1999年8月19日撮影）

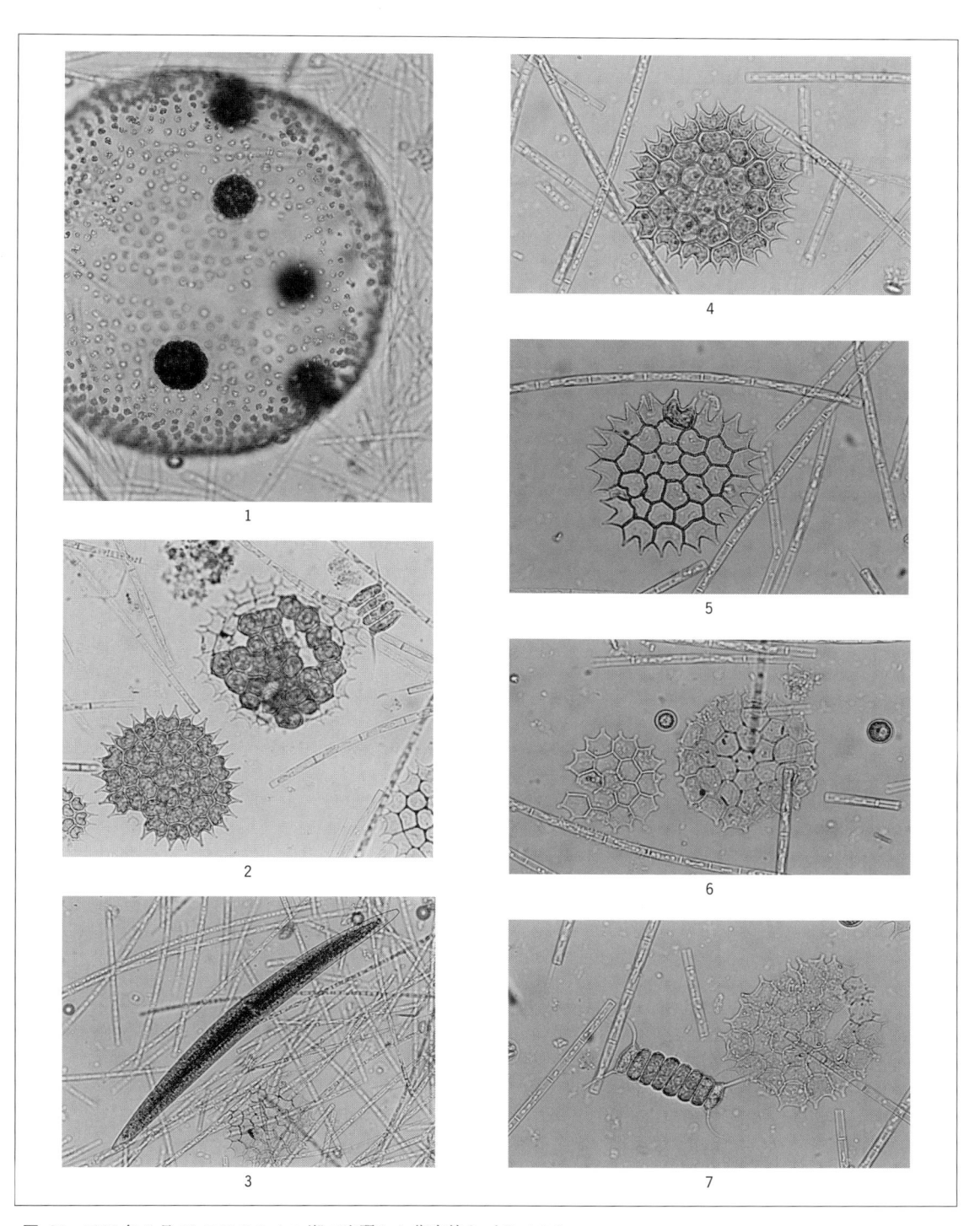

図-24 1999年8月19日にリヤウシ湖で出現した代表的なプランクトン.
1. *Volvox aureus*, 2. *Aulacoseira*, *Scenedesmus*, 及び *Pediastrum* 等の出現種, 3. *Closterium pritchardianum* ? 4-5. *Pediastrum boryanum*, 6. *Pediastrum boryanum*（左）, *Pediastrum muticum* var. *brevicorne*（右）, 7. *Scenedesmus quadricauda*（左）, *Pediastrum muticum* var. *brevicorne*（右）

表-3 2002年8月31日のリヤウシ湖のプランクトン出現種

PROTOZOA	
Ceratium hirundinella	C
Trachelomonas hispida	
ROTATORIA	
Synchaeta sp.	
Polyarthra dolichoptera	
Keratella valga	+
Keratella cochlearis var. *tecta*	+
Pompholyx complanata	+
Pompholyx sulcata	
Anuraeopsis fissa	
BRANCHIOPODA	
Daphnia galeata	
Bosmina longirostris	
Chydorus sphaericus	
COPEPODA	
Cyclopoida 1	
Cyclopoida 2	
Cyclopoida 3	
CYANOPHYCEAE	
Chroococcus dispersus	
Microcystis aeruginosa	
Microcystis firma	
Woronichinia naegeliana	
Anabaena flos-aquae	
Anabaena smithii	
Anabaenopsis arnordii	
Oscillatoria sp.	
BACILLARIOPHYCEAE	
Cyclotella sp.	
Aulacoseira granulata	+
Nitzschia sp. 1	
Nitzschia sp. 2	
CHLOROPHYCEAE	
Pediastrum muticum var. *brevicorne*	
Pediastrum boryanum	
Pediastrum tetras	
Oocystis apiculata	
Tetraedron minimum	
Monoraphidium minutum	
Scenedesmus ecornis	
Scenedesmus dactyloccoides	
Scenedesmus quadricauda	
Scenedesmus protuberans	
Mougeotia sp.	
Penium silvae-nigrae	
Closterium pritchardianum	
Closterium acerosum	
Cosmarium sp.	
Staurastrum submanfeldtii	
Staurastrum paradoxum	

物プランクトンでは鰓脚類の *Daphnia pulex* で，他には *Bosmina longirostris*，*Daphnia galeata*，輪虫類の *Pompholyx complanata* 等が目立った．

リヤウシ湖では，*Bosmina longirostris*，*Daphnia pulex* は，従来知られていない種である．前者は，従来知られていた *B. coregoni yezoensis*（現在は *B. longispina yezoensis*）と交替したことも考えられる．また，後者は，分類同定にやや疑問があり，*D. pulex* 系のどの種とすべきかは，今後検討の必要性が認められる．

植物プランクトンは，珪藻類の *Aulacoseira granulata* が優占種であり，これに緑藻類の *Pediastrum boryanum* が次いだ．また，これら以外には，*Pediastrum muticum* var. *brevicorne*（=*P. boryanum* var. *brevicorne*），*Scenedesmus quadricauda*，*Closterium pritchardianum* 等が比較的多く見られた．

プランクトン型は，動物プランクトンが第XIII型，富栄養型鰓脚類群集，植物プランクトンが第X型，富栄養型緑藻類群集と判断され，出現種からは，特に腐植性傾向は認められなかった．

筆者は，2002年8月31日にプランクトンの採集を行い，動物プランクトンが15種，植物プランクトン29種の合計44種を同定した．

出現種数の綱別の内訳は，原生動物が2属2種，輪虫類が5属7種，鰓脚類が3属3種，橈脚類が3属3種，藍藻類が6属8種，珪藻類が3属4種，及び緑藻類が10属17種であった．

出現種の中で，動物プランクトンの優占種は原生動物の *Ceratium hirundinella* で，他はこれに比べると極く少数であったが，輪虫類の *Keratella valga*，*K. cochlearis* var. *tecta*，*Pompholyx complanata* が続いた．

植物プランクトンでは，藍藻類の *Anabaena smithii*，*Anabaenopsis arnordii*，*Microcystis aeruginosa*，珪藻類の *Aulacoseira granulata*，緑藻類の *Pediastrum boryanum* 等が比較的多く見られたが，優占種といえる程に多産した種はなかった．

今回の結果を基にプランクトン型を考えると，動物プランクトンは第VI型，中栄養型鞭毛虫類

群集，植物プランクトンは第XI型，富栄養型藍藻類群集と判断される．

このように，リヤウシ湖のプランクトン相は，調査時によってかなり異なり，しかも種の交替も著しい．その原因としては，本湖の塩素イオン濃度の変化が大きいことが推定されるが，環境庁（1987，1993）により，し尿処理排水の流入汚染が指摘されており，これらの影響によって塩素イオン濃度が変化することも考えられる．今後の調査研究に期待したい．

〈底生動物〉

リヤウシ湖の底生動物については，筆者はプランクトン試料中から2種のユスリカ類の幼虫を見出したが，他に本湖の底生動物の知見はない．

〈魚　類〉

リヤウシ湖の魚類について，環境庁（1993）はコイ，フナ，ウナギが棲息すると報告している．

〈水生植物〉

リヤウシ湖の水生植物について，田中（2000）はヨシ，ヌマハリイが生育するが，同じ水系の網走湖において，1999年8月19日の調査で7種の水生植物が得られたに比べて貧弱であり，挺水植物群落の沖出し幅も最大10mに達するが，大部分は2-3mで群落の発達も悪いと述べている．

環境庁（1987）第3回自然環境保全基礎調査，湖沼調査報告書，北海道版．1-837
環境庁（1993）第4回自然環境保全基礎調査，湖沼調査報告書，北海道版．1-636
元田　茂（1950）北海道湖沼誌．水産孵化場試験報告，湖沼特揖号，5，1，1-96
田中正明（2000）プランクトンから見た本邦湖沼の富栄養化の現状（275），再び北海道の湖沼㊷．水，42，4，594，61-65
上野益三（1937）北海道網走リヤウシ湖のプランクトン．陸水学雑誌，7，2，85-87
上野益三（1967）北海道湖沼産ゾウミジンコ属の補訂．甲南女子大学研究紀要，4，149-168

1-3. 石狩川流域の河跡湖群

　石狩川は，流路延長約268 kmの北海道一の大河であるが，著しく蛇行した河川であり，春先の増水期や台風等の出水で流域一帯に大きな被害を与えてきた．

　河口域や大きな湾曲部分は，明治以来何度もの流路変更が行われ，旧河道が人工的な三日月湖として残り，茨戸湖，石狩古川，雁里沼等と呼ばれている．また，中流域には出水のたびに湾曲部分が短絡されて流れ，その後が三日月湖として残り，場所によっては両岸がその連続といえる所もある．三日月湖の形成年代は，その大部分のものは明らかでないが，自然に乾固し，形状をとどめるにすぎないものから，かなりの深度を有し，水産や農業に利用されているもの等，様々である．

　陸水学的に見ても，各々の湖沼が特徴的であり，生物相も興味深いものであるが，調査研究は必ずしも十分に行われておらず，全く調査対象となったことがないものも多い．

　また，これらの湖沼の中で，「産業廃棄物の一時的保管場所」等という不可解な名称の処分場として，埋め立てられ消失したものが幾つか認められる．産廃の埋め立て処分地の確保は，都会でなくとも確保が困難であり，利用価値の乏しい小池沼が恰好の場所とされたものと思われるが，一度失った自然の再生は不可能であり，十分な検討が必要である．

　また，気候的には，下流域では比較的温暖で，中流域の空知支庁付近では低温で寒暖の差が大きい．冬季は，気象変化が激しく，積雪量が多いことが特徴といえる．

1-3-1. 幌向大沼

　幌向大沼は，空知郡北村の石狩川東岸に位置する小湖で，成因についての知見はないが，石狩川と何らかの関係を持つことは明らかであろうと思われる．筆者は，石狩川の後背湿地に起源するものと考えている．

　沼の北東岸では，一部埋め立てが進み，多くの水生植物群落が消失した．

〈水　質〉

　幌向大沼の水質について，環境庁（1987）の1985年10月の調査では，透明度が1.0-1.1 m，表層水の水温は14.2℃，pHは7.2，溶存酸素は9.9 mg/l，塩素イオンは17.6 mg/l，クロロフィルaが18.7 μg/lと測定されている．

　田中（2000）によれば，1999年8月17日の調査では，水色がウーレの水色計の第XVII号に相当し，透明度が0.4 m，表層水の水温が27.7℃，pHが8.5，溶存酸素が5.6 mg/l，電気伝導度が177 μS/cm，塩素イオンが11.8 mg/lであった．

〈プランクトン〉

　幌向大沼のプランクトン相については，田中（2000）が動物プランクトンが42種，植物プランクトンが62種の合計104種の出現を報告している．

　出現種数の綱別の内訳は，原生動物が10属18種，輪虫類が11属18種，鰓脚類が4属5種，橈脚類が1属1種，藍藻類が6属11種，珪藻類が12属31種，及び緑藻類が11属20種であった．

　優占種は，動物プランクトンでは輪虫類の*Schizocerca diversicornis*で，これに*Keratella cochlearis, Asplanchna priodonta, Brachionus budapestinensis, Filinia longiseta*等が続いた．一方，植物プランクトンは，特に優占種といえる程に多産した種は認められなかったが，藍藻類の*Microcystis aeruginosa, M. wesenbergii, Anabaenopsis* sp.，珪藻類の*Bacillaria paradoxa*，緑藻類の*Closterium gracile*等が比較的多

く出現した.

プランクトン型は，動物は第 XI 型，中栄養型輪虫類群集，植物は第 XI 型，富栄養型藍藻類群集に相当する.

〈底生動物〉

幌向大沼の底生動物についての知見はないが，1999年8月17日採集のプランクトン試料中から，少なくとも3種のユスリカ類の幼虫と，線虫類1種が出現した.

また，貝類としては，カラスガイ，タニシの棲息を確認した.

〈魚　類〉

幌向大沼に棲息する魚類は，フナ，コイ，モツゴ，ウグイ，ナマズ，ドジョウの6種が確認されたが，調査は十分ではない.

〈水生植物〉

幌向大沼に生育する水生植物は，ヨシ，ガマ，ミクリ，フトイ，コウホネ，ヒシ等で，ヨシ帯の沖出し幅が最大で約7m，これに続くコウホネ帯が約19mで，最大20m程の水生植物群落の発達が見られた.

本沼では，湖岸の一部の埋め立てや，道路の建設工事等で，水生植物の生育環境の悪化が認められる．ミクリを始めとする貴重種も見られ，保護対策の必要性が認められる．

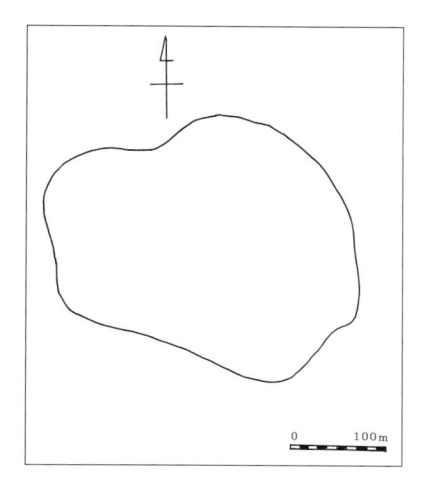

図-25　幌向大沼の池沼概念図

図-26　幌向大沼（1999年8月17日撮影）

北海道公害防止研究所（1990）　北海道の湖沼．1-445
環境庁（1979）　第2回自然環境保全基礎調査，湖沼調査報告書．1-442
環境庁（1987）　第3回自然環境保全基礎調査，湖沼調査報告書．1-839
環境庁（1993）　第4回自然環境保全基礎調査，湖沼調査報告書．1-636
元田　茂（1950）　北海道湖沼誌．水産孵化場試験報告，湖沼特揖号，5, 1, 1-96
田中正明（2000）　プランクトンから見た本邦湖沼の富栄養化の現状（274），再び北海道の湖沼㊶．水，42, 3, 593, 76-80

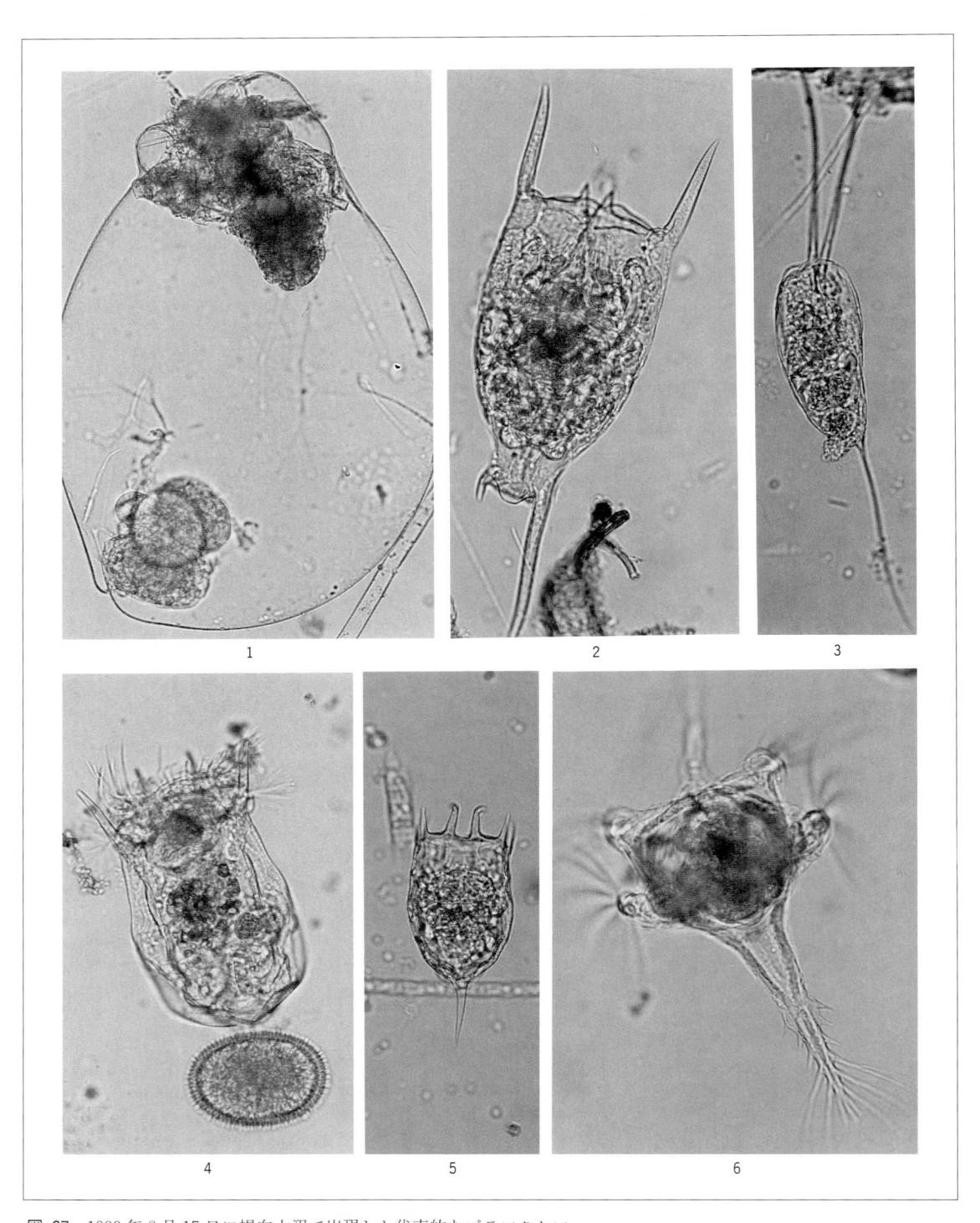

図-27　1999 年 8 月 17 日に幌向大沼で出現した代表的なプランクトン
　　1．*Asplanchna priodonta*, 2．*Schizocerca diversicornis*, 3．*Filinia longiseta*, 4．*Brachionus budapestinensis*, 5．*Keratella cochlearis*, 6．*Hexarthra mira*

1-3-2. モエレ沼

　モエレ沼は，石狩川が形成した三日月湖の一つで，東部が湾曲した釣り針型を呈する，浅い腐植性の湖沼である．

　モエレ沼は，札幌市内に位置することもあって，一時期は周辺の宅地の造成に伴った生活排水の流入等で，汚濁の進行も知られたが，現在はモエレ沼公園として整備が進み，豊かな自然地として残されている．

　流入河川及び流出河川は，各々1本ずつ有る．

〈水　質〉

　モエレ沼の水質については，環境庁（1987）による1985年10月8日の調査では，透明度が0.1 m，表層水温が14.0℃，pHが5.9，溶存酸素が9.7 mg/l，塩素イオンが21.5 mg/l，クロロフィルaが18.4 mg/lが測定されている．また，環境庁（1993）の1991年8月8日の調査では，透明度が1.0 m，表層水温が22.3℃，pHが7.0，溶存酸素が5.6 mg/l，電気伝導度が0.314 mS/cm，CODが30.3 mg/l，全窒素が1.05 mg/l，全リンが0.099 mg/l，塩素イオンが16.6 mg/l，クロロフィルaが34.9 μg/lが報告されている．

　田中（1999）による1999年8月17日の調査では，水色はウーレの水色計の第XX号に相当し，透明度は0.3 m，表層水温は29.0℃，pHは6.9，溶存酸素は3.5 mg/l，電気伝導度は240 μS/cm，塩素イオンは16.2 mg/lであった．

〈プランクトン〉

　田中（1999）によれば，モエレ沼の1999年8月17日の調査で出現した種数は，動物プランクトンが31種，植物プランクトンが60種の合計91種であった．

　出現種数の綱別の内訳は，原生動物が5属7種，輪虫類が6属11種，腹毛類が3属3種，鰓脚類が5属6種，介形類が1属1種，橈脚類が3属3種，藍藻類が5属9種，珪藻類が14属27種，及び緑藻類が17属24種であった．

　優占種といえる程多産した種は，動物，植物共にないが，動物プランクトンでは輪虫類の *Lecane lunaris, L. hamata, L. flexilis, Lepadella oblonga, Brachionus quadridentatus, Euchlanis*

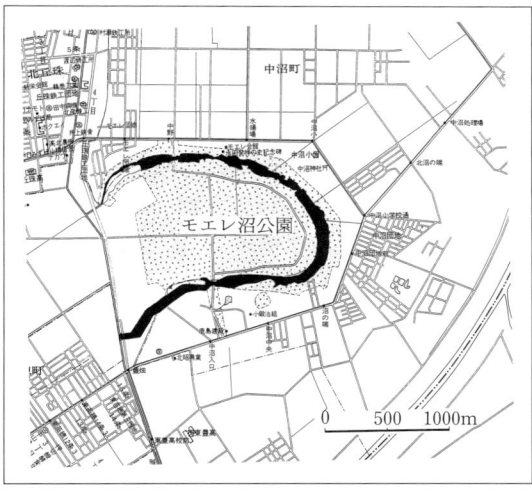

図-28　モエレ沼の池沼概念図

図-29　モエレ沼．沼の北岸から南東岸を望む（1999年8月17日撮影）

dilatata, 鰓脚類の *Pleuroxus trigonella*, *Alona rectangula*, *Chydorus sphaericus* 等が比較的多く見られ，植物プランクトンでは珪藻類の *Nitzschia* sp. 緑藻類の *Scenedesmus acuminatus*, *Cosmarium* sp., *Spirogyra* sp. 等が目立った．

プランクトン型は，動物プランクトンでは第 XI 型，中栄養型輪虫類群集，植物プランクトンは第 X 型，富栄養型緑藻類群集に相当するものと思われる．

〈底生動物〉

モエレ沼の底生動物については，知見はないが，1999 年 8 月 17 日に採集されたプランクトン試料からは，少なくとも 3 種のユスリカ類の幼虫が得られた．また，オオタニシの棲息を確認した．

〈魚　類〉

モエレ沼の魚類については，知見はないがコイ，フナの棲息を確認した．

〈水生植物〉

モエレ沼の水生植物は，田中（1999）によればヒシ，ガマ，ヨシ，タヌキモ，ウキクサが生育し，環境庁（1987，1993）はこれら以外にフトイ，コウホネを報告している．

挺水植物群落の沖出し幅は，最大で 5 m に達し，浮葉植物（ヒシ）が開水面がほとんどない程に，湖のほぼ全域をおおっている．

環境庁（1987）第 3 回自然環境保全基礎調査，湖沼調査報告書．1-839

環境庁（1993）第 4 回自然環境保全基礎調査，湖沼調査報告書．1-636

田中正明（1999）プランクトンから見た本邦湖沼の富栄養化の現状（272），再び北海道の湖沼㊴．水，41, 15, 590, 36-40

1-3-3. 鶴　沼

鶴沼は，樺戸郡浦臼町に位置する湖沼であるが，現在はキャンプ場やテニスコートを持つ公園のボート池として整備され，従来の面積の 2 倍程になっている．

なお，林（1935, 1935），元田（1950）が報告している鶴沼は，同じ名称ではあるが，旧夕張川と江別川が合流する付近にあった湖沼で，この沼とは異なる．

〈水　質〉

鶴沼の水質について田中（2000）は，1999 年 8 月 18 日の調査で，水色がウーレの水色計の第 XIII 号，透明度が 0.25 m，表層水温が 29.5℃，pH が 9.7，溶存酸素が 12.95 mg/l，電気伝導度が 147 μS/cm，塩素イオンが 9.8 mg/l と報告している．調査時は，沼のほぼ全域で「水の華」の発生が見られ，光合成による溶存酸素の高い値が測定されたが，1.5 m 層でも 12.50 mg/l と低下は認められなかった．

〈プランクトン〉

鶴沼のプランクトン相については，田中（2000）が 1999 年 8 月 18 日の調査によって，動物プランクトンが 14 種，植物プランクトンが 39 種の合計 53 種を報告している．

出現種数の綱別の内訳は，原生動物が 3 属 3 種，輪虫類が 8 属 9 種，鰓脚類が 1 属 1 種，橈脚類が 1 属 1 種，藍藻類が 6 属 7 種，珪藻類が 11 属 19 種，及び緑藻類が 9 属 13 種であった．

優占種は，動物プランクトンでは輪虫類の *Brachionus forficula* で，これに *Schizocerca diversicornis*，原生動物の *Vorticella campanula* が次いだ．植物プランクトンは，「水の華」を形成した *Microcystis aeruginosa* が優占種で，これに同じ藍藻類の *Pseudanabaena mucicora*, *Microcystis wesenbergii*，珪藻類の *Aulacoseira granulata*, *A. islandica* 等が続いた．

プランクトン型は，動物が第 XV 型，富栄養型輪虫類群集，植物が第 XI 型，富栄養型藍藻類群集に相当する．鶴沼は，著しい「水の華」の発生する典型的な富栄養湖であるが，湖底まで光が十分に届き，全層が高い生産層となる浅い皿状の湖盆形態に加え，公園としての利用形態や管理も大きく影響しているものと考えられる．

〈底生動物〉

鶴沼の底生動物については，全く知見がないが，採集されたプランクトン試料中からは，2 種のユスリカ類の幼虫が見られた．

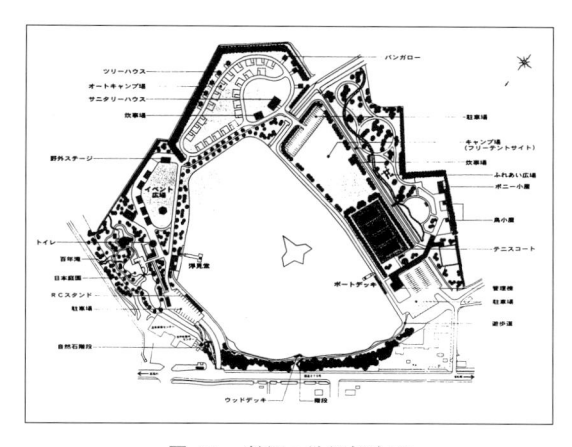

図-30 鶴沼の池沼概念図

〈魚　類〉

鶴沼の魚類については，知見がないが，放流されたコイ，フナが棲息する．

〈水生植物〉

鶴沼の水生植物については，知見がなく，公園整備のために植栽されたショウブが生育するのみと思われる．

林　一正（1935）　北海道鶴沼の調査．陸水学雑誌，5, 1, 4-14
林　一正（1935）　鶴沼の冬期観測．陸水学雑誌，5, 1, 15-25
元田　茂（1950）　北海道湖沼誌．水産孵化場試験報告，湖沼特揖号，5, 1, 1-96
田中正明（2000）　プランクトンから見た本邦湖沼の富栄養化の現状（277），再び北海道の湖沼㊹．水，42, 6, 596, 36-40

図-31　鶴沼（1999年8月18日撮影）

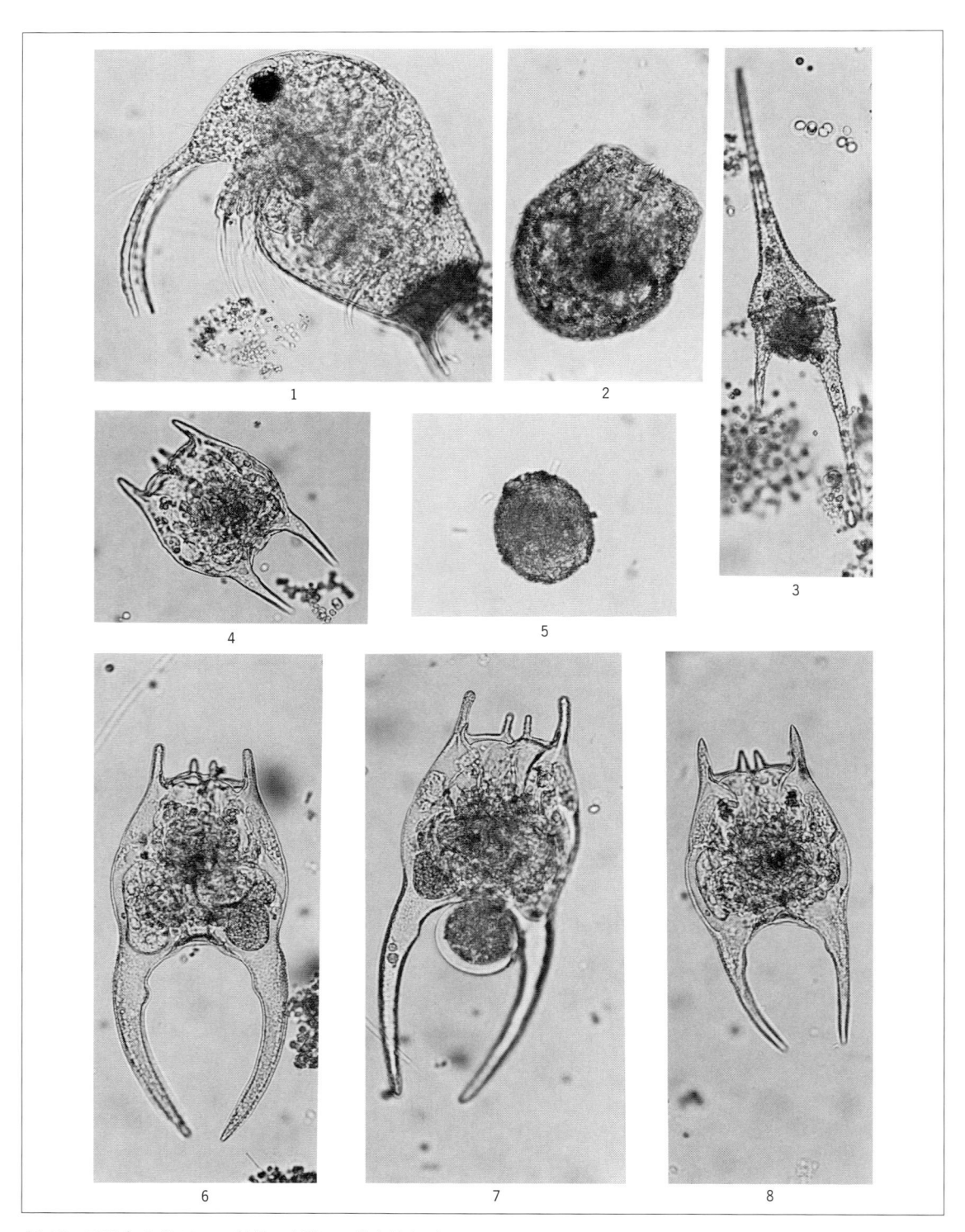

図-32 1999年8月18日に鶴沼で出現した代表的なプランクトン
　1. *Bosmina longirostris*, 2. *Brachionus angularis*, 3. *Ceratium hirundinella*, 4, 6-8. *Brachionus forficula*, 5. *Difflugia corona*

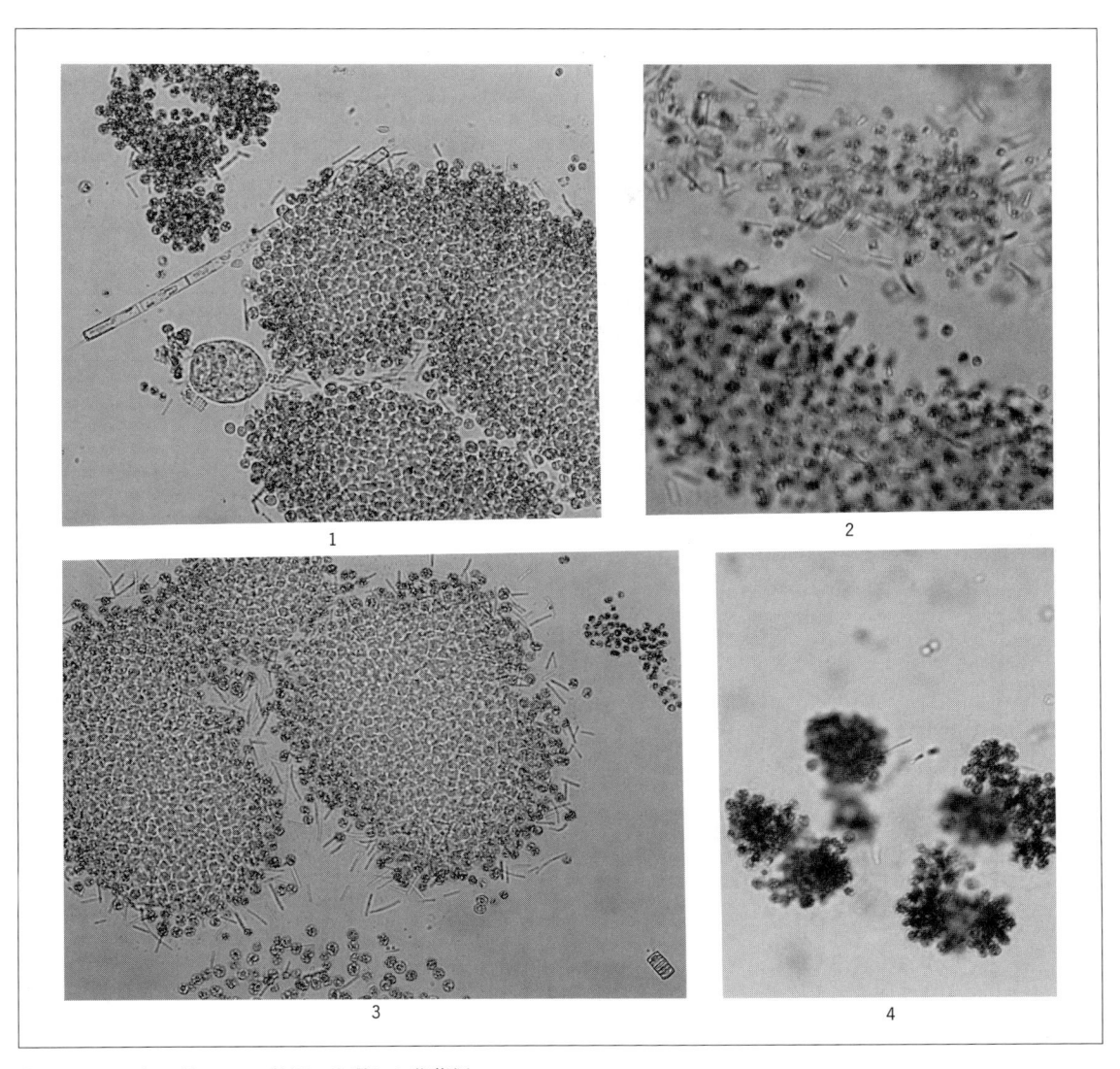

図-33 1999年8月18日に鶴沼で出現した藍藻類
  1. *Microcystis aeruginosa*, 丸いものは *Vorticella* sp., 長いものは *Aulacoseira granulata*, 2. *Microcystis aeruginosa*, 細長いものは *Pseudanabaena mucicola*, 3. *Microcystis aeruginosa*, 4. *Microcystis viridis*

1-3-4. ペケレット湖

　ペケレット湖は，札幌市北部の郊外に位置する小湖で，旧石狩川が遮断された馬蹄形の河跡湖である．

　湖の一帯は，個人が造った湖園となっており，ヤチダモ，トドマツ，セン，ナナカマド，シラカバ等が茂った，有料ではあるが市民の憩いの場となっている．

　ペケレット湖の語源は，アイヌ語の「ペケレット」，木の無い湖岸の意に由来すると考えられている．

　湖に流入する河川は，特にないが，流出水は旧石狩川の茨戸川に注いでいる．

　湖の集水域は，大部分は畑地と牧草地であるが，地理的に見て周辺の宅地化が進むことも，今後は十分に考えられる．

〈水　質〉

ペケレット湖の水質は，環境庁（1987）が1985年8月15日に調査を行い，透明度が0.10-0.15m，水温が22.6℃，pHが8.3，溶存酸素が10.7 mg/l，塩素イオンが57.5 mg/l，CODが23 mg/l，全窒素が4.9 mg/l，全リンが0.508 mg/l，クロロフィルaが138 μg/lと報告している．また，環境庁（1993）は，1991年8月8日の調査で，透明度が0.1 m，水温が24.0℃，pHが8.9，溶存酸素が9.3 mg/l，電気伝導度が0.339 mS/cm，塩素イオンが42.0 mg/l，CODが62.2 mg/l，全窒素が5.33 mg/l，全リンが0.263 mg/l，クロロフィルaが157 μg/lと報告している．

田中（1999）は，1999年8月17日の調査で水色はウーレの水色計の第XVI号，透明度は0.35 m，水温は28.0℃を測定している．

〈プランクトン〉

ペケレット湖のプランクトン相について，田中（1999）は1999年8月17日の調査で，動物プランクトンが32種，植物プランクトンが42種の合計74種を同定している．

出現種数の綱別の内訳は，原生動物が9属21種，輪虫類が5属7種，鰓脚類が3属3種，橈脚類が1属1種，藍藻類が4属4種，珪藻類が11属24種，及び緑藻類が9属14種であった．

優占種は，原生動物の *Euglena spirogyra* で，これに *Trachelomonas armata* var. *longa* が次いだ．これら以外には，原生動物の *Arcella discoides, A. vulgaris, Peridinium* sp., *Phacus longicauda* var. *major, P. undulatus, P. acuminatus* var. *acuminatus* 等が多く見られた．

植物プランクトンでは，特に優占種といえる程に多産した種はないが，珪藻類の *Stauroneis phoenicenteron, Navicula cryptocephala, N.* sp., *Gomphonema augur*，緑藻類の *Scenedesmus opoliensis, S. carinatus, Spirogyra* sp. 等の出現が目立った．

プランクトン型は，動物プランクトンが第XII型，富栄養型鞭毛虫類群集，植物プランクトンが

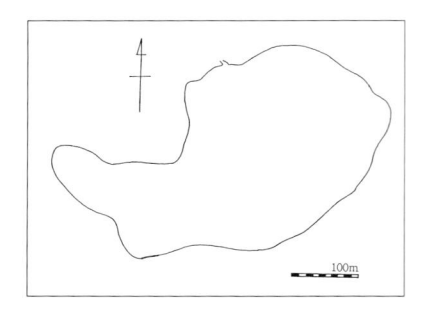

図-34　ペケレット湖の池沼概念図

図-35　ペケレット湖（1999年8月17日撮影）

第VIII型，富栄養型珪藻類群集（腐植性）或いは第IX型，富栄養型珪藻類，緑藻類混合型群集に相当するものと思われる．
〈底生動物〉

ペケレット湖の底生動物については，全く知見がないが，1999年8月17日の調査ではオオタニシの棲息を確認した．
〈魚　類〉

ペケレット湖の魚類について，環境庁（1993）はドジョウ，トゲウオ，フナ，コイ，ワカサギ，ウキゴリを報告している．
〈水生植物〉

ペケレット湖の水生植物について，田中（1999）はヨシ，コウホネ，ウキクサ，ヒシを報告しているが，環境庁（1993）はこれら以外にガマを記録している．

挺水植物群落の沖出し幅は，田中（1999）によれば最大5mに達する．

北海道公害防止研究所（1990）北海道の湖沼．1-445
堀　淳一，正富宏之（1987）太古への想いをさそう三日月湖，石狩川の河跡湖群．今西錦司，井上　靖監修，日本の湖沼と渓谷，2，北海道，II，60-65
環境庁（1987）第3回自然環境保全基礎調査，湖沼調査報告書．1-839
環境庁（1993）第4回自然環境保全基礎調査，湖沼調査報告書．1-636
元田　茂（1950）北海道湖沼誌．水産孵化場試験報告，湖沼特掲号，5，1，1-96

田中正明（1999）プランクトンから見た本邦湖沼の富栄養化の現状（271），再び北海道の湖沼㊳．水，41，13，588，68-70

1-3-5. 鮒　沼

鮒沼は，岩見沢市に位置し，特に産業的な利用価値がある訳でもなく，また陸水学的な研究対象として注目されたこともない小湖の一つである．

沼の成因は，付近に点在する他の小池沼と同様に，石狩川の河道跡或いは蛇行に伴って形成されたもので，水蝕湖と考えることができる．この付近は，かつては幌達不原野と呼ばれた低湿地であったが，今日では大部分が農地となっている．
〈水　質〉

鮒沼の水質について田中（2000）は，1999年8月17日の調査で，水色がウーレの水色計の第XVIII号，透明度が0.15m，水温が22.5℃，pHが6.7，溶存酸素が5.6mg/l，電気伝導度が118μS/cm，塩素イオンが7.87mg/lを測定している．
〈プランクトン〉

鮒沼のプランクトン相については，田中（2000）は動物プランクトンが33種，植物プランクトンが32種の合計65種を報告している．

出現種数の綱別の内訳は，原生動物が8属10種，輪虫類が13属17種，鰓脚類が4属4種，橈脚類が2属2種，藍藻類が4属6種，珪藻類が7

図-36　鮒沼（1999年8月17日撮影）

属12種，及び緑藻類が7属14種であった．

優占種は，動物プランクトンでは原生動物の *Eudorina elegans* で，これに鰓脚類の *Bosminopsis deitersi*, 原生動物の *Arcella vulgaris* が次いだ．これら以外には，輪虫類の *Keratella cochlearis* var. *hispida*, *K. valga*, *Mytilina ventralis*, *Trichotoria tetractis*, *Platyias patulus*, *Testudinella patina*, 原生動物の *Epistylis* sp. 等の出現が目立った．

植物プランクトンでは，何れの種も量的には貧弱であったが，珪藻類の *Tabellaria fenestrata*, 緑藻類の *Closterium moniliferum* var. *concavum*, *C.* sp., *Pediastrum Biwae* 等の出現が目立った．

プランクトン型は，動物プランクトンが第XII型，富栄養型鞭毛虫類群集，或いは富栄養型根足虫類群集に相当し，植物プランクトンは第IV型，貧栄養型腐植性珪藻類群集と判断される．鮒沼のプランクトン型は，このように動物と植物とでは，著しく異なる栄養型を示したが，植物プランクトンではより強く腐植性傾向を示しており，動物プランクトンの結果がより正確に栄養段階を示しているように思われる．

〈底生動物〉

田中（2000）によれば，鮒沼のプランクトン試料中から，少なくとも3種のユスリカ類の幼虫，タンスイカイメンの骨片，カンテンコケムシ類（種は同定できていない）の休芽が得られている．

〈魚　類〉

鮒沼の魚類については，知見がない．

〈水生植物〉

鮒沼の水生植物について，田中（2000）はヨシ，ガマ，コウホネ，アオウキクサ，ヒシが生育するとし，挺水植物群落の沖出し幅が最大5mに達することを述べている．

田中正明（2000）プランクトンから見た本邦湖沼の富栄養化の現状（278），再び北海道の湖沼㊺．水，42, 7, 597, 63-66

1-3-6．ピラ沼

ピラ沼は，空知支庁樺戸郡に位置する三日月湖で，南に同じ成因のトイ沼，西には鶴沼がある．沼は，川の蛇行跡を十分に想起させるもので，周囲の植生も豊かであり，水生植物も多い．

〈水　質〉

ピラ沼の水質についての知見は，筆者の知る限り少ないが，田中（2000）による1999年8月18日の調査では，水色がウーレの水色計の第XIV号，透明度が0.4 m，表層水温が29.0℃，pHが8.9，電気伝導度が176 μS/cm，塩素イオンが11.7 mg/lと測定されている．

〈プランクトン〉

ピラ沼のプランクトン相について，田中（2000）は1999年8月18日の調査で，動物プランクトンが29種，植物プランクトンが57種の合計86種を報告している．

出現種数の綱別の内訳は，原生動物が8属11種，輪虫類が9属12種，鰓脚類が3属3種，橈

図-37　ピラ沼（1999年8月18日撮影）

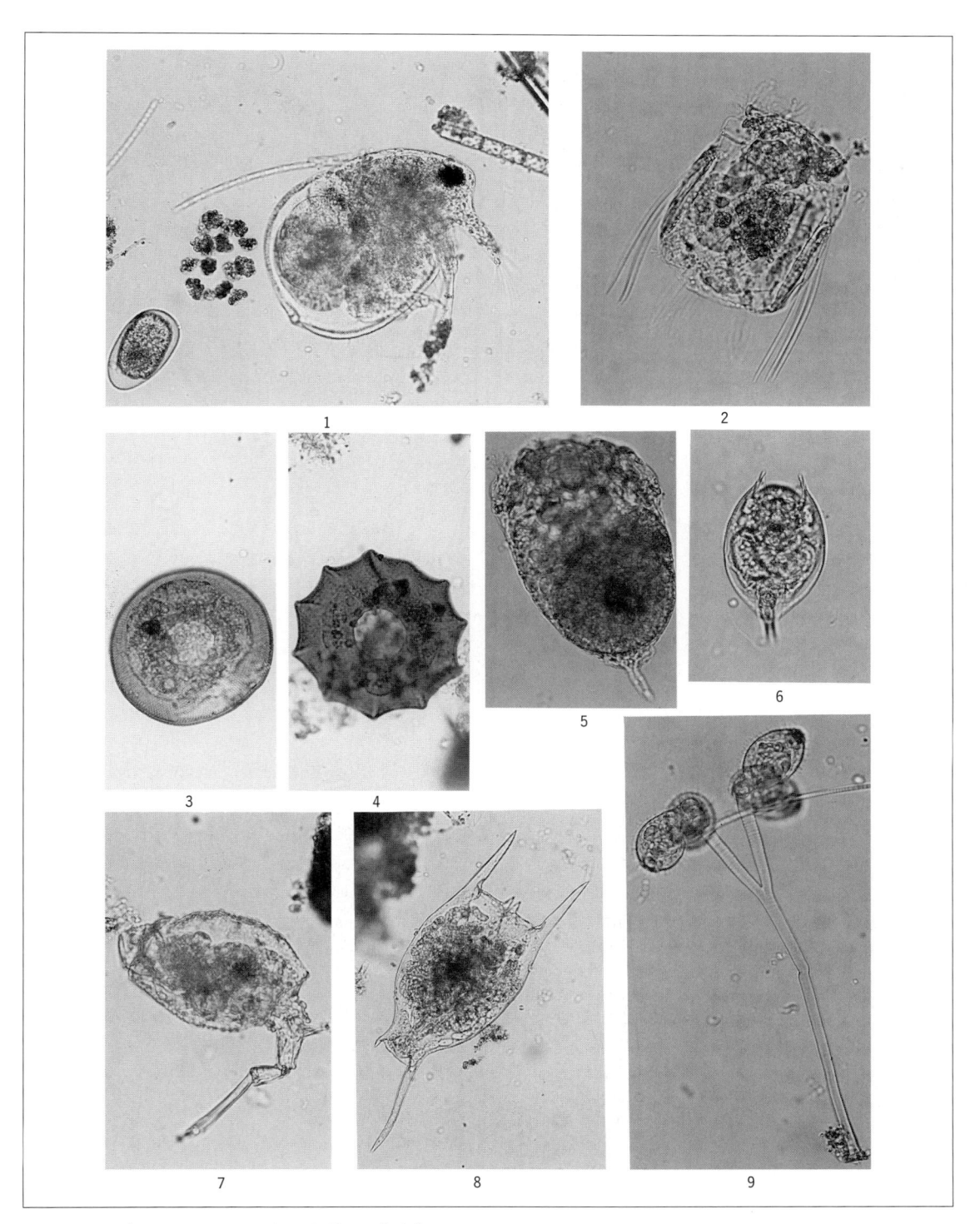

図-38 1999年8月18日にピラ沼で出現した代表的なプランクトン
1. *Bosminopsis deitersi*, 2. *Polyarthra dolichoptera*, 3. *Arcella discoides*, 4. *Arcella dentata*, 5. *Synchaeta* sp., 6. *Lepadella acuminata*, 7. *Trichotoria tetractis*, 8. *Schizocerca diversicornis*, 9. *Epistylis* sp.

脚類が3属3種，藍藻類が6属11種，珪藻類が12属25種，及び緑藻類が14属21種であった．

優占種は，動物プランクトンでは特にないが，輪虫類の *Schizocerca diversicornis*, *Synchaeta* sp., 原生動物の *Arcella dentata*, *A. discoides*, *Epistylis* sp., 鰓脚類の *Bosminopsis deitersi* 等の出現が目立った．

植物プランクトンでは，藍藻類の *Microcystis aeruginosa* が優占し，これに *M. wesenbergii* が次いだが，「水の華」を形成する程ではなかった．また，これら以外に藍藻類の *Merismopedia elegans*, 緑藻類の *Pediastrum duplex* var. *rugulosum*, *Scenedesmus denticulatus*, 珪藻類の *Melosira varians*, *Surirella elegans*, *Nitzschia frustulum* 等が比較的多く出現した．

プランクトン型は，動物プランクトンが第XI型，中栄養型輪虫類群集，植物プランクトンが第XI型，富栄養型藍藻類群集と判断される．

ピラ沼のプランクトン相は，種数も量も少なくないが，腐植性水域に多く見られる珪藻類の *Tabellaria fenestrata*, *Pinnularia* 属, *Eunotia* 属, 緑藻類の *Closterium* 属, *Pleurotaenium* 属等の接合藻がほとんど出現せず，原生動物の根足虫類も限られた種が認められたにすぎない等，腐植性傾向が小さいことが推定された．

〈底生動物〉

ピラ沼の底生動物については，田中（2000）がオオタニシを確認し，さらにプランクトン試料中から，少なくとも3種のユスリカ類の幼虫，線虫類1種，タンスイカイメン（種は同定できていない）1種を確認している．

〈魚 類〉

ピラ沼の魚類についての知見は乏しいが，コイ，フナの棲息を確認した．

〈水生植物〉

ピラ沼の水生植物について，田中（2000）はヨシ，ショウブ，マコモ，フトイ，コウホネ，ヒシ，ハスが生育し，挺水植物群落の発達は沖出し幅で最大3m程度と述べている．

堀 淳一，正富宏之（1987）太古への想いをさそう三日月湖，石狩川の河跡湖群．今西錦司，井上 靖監修，日本の湖沼と渓谷，2，北海道，II，60-65

田中正明（2000）プランクトンから見た本邦湖沼の富栄養化の現状（281），再び北海道の湖沼㊽．水，42，11，601，65-69

1-3-7．トイ沼

トイ沼は，空知支庁樺戸郡に位置する三日月湖で，石狩川とは排水場で切り離されている．沼の大部分は護岸化がなされ，湖岸の一部は人為的に改変されている．

本沼の北には，同じ成因と考えられる三日月湖のピラ沼が位置している．

〈水 質〉

トイ沼の水質について，田中（2000）による1999年8月18日の調査では，水色がウーレの水色計の第XV号，透明度が0.30m，水温が29.3℃，pHは8.9，溶存酸素は8.32mg/l，電気伝導度は189μS/cm，塩素イオンは12.5mg/lであった．

〈プランクトン〉

トイ沼のプランクトン相について，田中（2000）は1999年8月18日の調査で，動物プランクトンが28種，植物プランクトンが51種の合計79種を報告している．

出現種数の綱別の内訳は，原生動物が8属10種，輪虫類が9属12種，鰓脚類が4属4種，橈脚類が2属2種，藍藻類が6属9種，珪藻類が9属18種，及び緑藻類が13属24種であった．

優占種は，動物プランクトンでは輪虫類の *Schizocerca diversicornis* で，これに *Brachionus angularis*, *Asplanchna priodonta*, *A. herricki*, *Filinia longiseta*, *Trichotoria tetractis*, *Keratella valga*, 鰓脚類の *Bosmina longirostris*, *Bosminopsis deitersi* 等が続いた．

植物プランクトンは，*Microcystis aeruginosa* が優占種で，これに同じ藍藻類の *Pseudanabaena mucicola*, *Microcystis wesenbergii*, 緑藻類の *Pediastrum boryanum*, *P. duplex*, 珪藻類の *Melosira varians*, *Aulacoseira granulata*,

Gomphonema augur 等が続いた．

　プランクトン型は，動物プランクトンが第 XI 型，中栄養型輪虫類群集，植物プランクトンが第 XI 型，富栄養型藍藻類群集と判断される．

　なお，プランクトン出現種の中に，*Tabellaria fenestrata* を始め，腐植性水域に多い珪藻類や，*Closterium* 属，*Pleurotaenium* 属，*Euastrum* 属等の接合藻類も多く，本沼が腐植性傾向が強いことも推定された．

〈底生動物〉

　トイ沼の底生動物について，田中（2000）は1999年8月18日の調査で，ドブガイ，オオタニシが多く，プランクトン試料中からは少なくとも3種のユスリカ類の幼虫，線虫類1種，タンスイカイメン（種は同定できていない）1種を確認している．

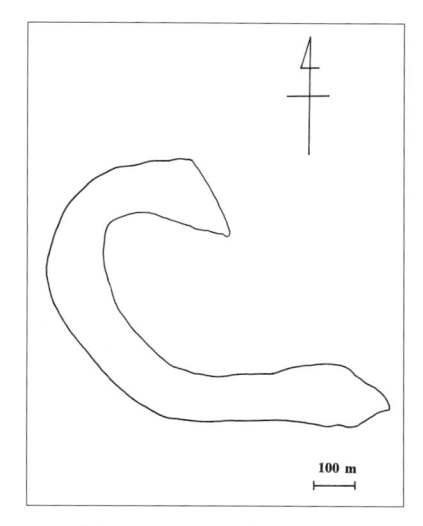

図-39　トイ沼の池沼概念図

図-40　トイ沼（1999年8月18日撮影）
　　　上；石狩川とをへだてる排水場のゲート，下；沼の南岸から北東岸を望む

1-3. 石狩川流域の河跡湖群

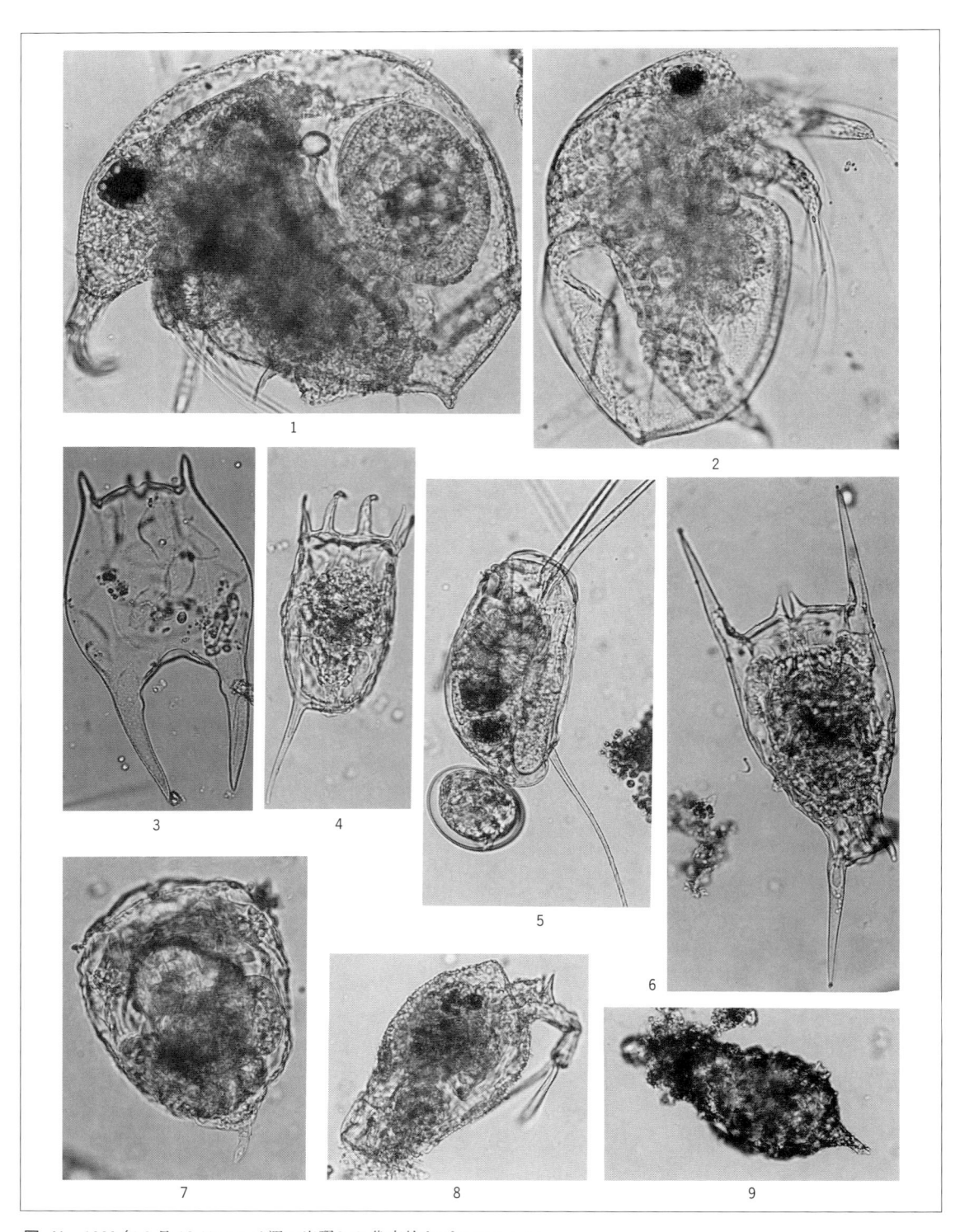

図-41 1999年8月18日にトイ沼で出現した代表的なプランクトン
1. *Bosmina longirostris*, 2. *Bosminopsis deitersi*, 3. *Brachionus forficula*, 4. *Keratella valga*, 5. *Filinia longiseta*, 6. *Schizocerca diversicornis*, 7. *Synchaeta* sp., 8. *Trichotoria tetractis*, 9. *Difflugia* sp.

〈魚　類〉

トイ沼の魚類については，全く知見がない．筆者は，コイ，フナを確認した．

〈水生植物〉

トイ沼の水生植物について，田中（2000）はヨシ，ガマ，フトイ，コウホネが生育し，挺水植物の沖出し幅は，最大3m程度と述べている．

堀　淳一，正富宏之（1987）太古への想いをさそう三日月湖，石狩川の河跡湖群．今西錦司，井上　靖監修，日本の湖沼と渓谷，2，北海道，II，60-65

田中正明（2000）プランクトンから見た本邦湖沼の富栄養化の現状（280），再び北海道の湖沼㊼．水，42，10，600，67-71

1-3-8. 長　沼

長沼は，岩見沢市と石狩川の中間に位置する小湖で，かつては低湿地が拡がっていた幌達布原野と呼ばれた所で，付近には鮒沼，猫沼等，数多くの小池沼が点在する．

長沼の成因については，疑問もあるが，石狩川の河道跡，或いは蛇行に伴って形成された水蝕湖と考えることができる．

〈水　質〉

長沼の水質については，北海道公害防止研究所（1990）により，1979年8月から1986年8月までの間に行われた合計6回の調査結果が知られている．この結果によると，透明度は0.2-0.3m，pHは6.6-8.3，全窒素は1.0mg/l，全リンは0.162mg/l，CODは10.0mg/l，クロロフィルaが9.2-42.6μg/lであった．また，沼の性状にも大きく影響を与える気象条件として，年平均気温は6.3℃，平均降水量は1292mmと報告されている．

田中（2000）によれば，1999年8月17日の調査では，透明度が0.25m，pHが7.2，電気伝導度は174μS/cm，塩素イオンが11.6mg/lと測定されている．

〈プランクトン〉

長沼のプランクトン相について田中（2000）は，1999年8月17日の調査で，動物プランクトンが23種，植物プランクトンが33種の合計56種を確認した．

出現種数の綱別の内訳は，原生動物が5属9種，輪虫類が5属7種，鰓脚類が4属5種，橈脚類が2属2種，藍藻類が3属4種，珪藻類が7属13種，及び緑藻類が9属16種であった．

優占種といえる程に多産した種は，動植物プランクトン共にないが，比較的多く見られた種は，動物では原生動物の *Ceratium hirundinella*，*Eudorina elegans*，鰓脚類の *Bosmina longirostris*，輪虫類の *Testudinella patina*，*Ploesoma truncatum* 等であった．また，植物では緑藻類の *Spirogyra* sp., *Pediastrum duplex* var. *rugulosum*，*Scenedesmus acuminatus*，藍藻類の *Merismopedia convoluta* 等が比較的多く見られた．

プランクトン型は，動物プランクトンが第XI型，中栄養型輪虫類群集，植物プランクトンが第

図-42　長沼（1999年8月17日撮影）

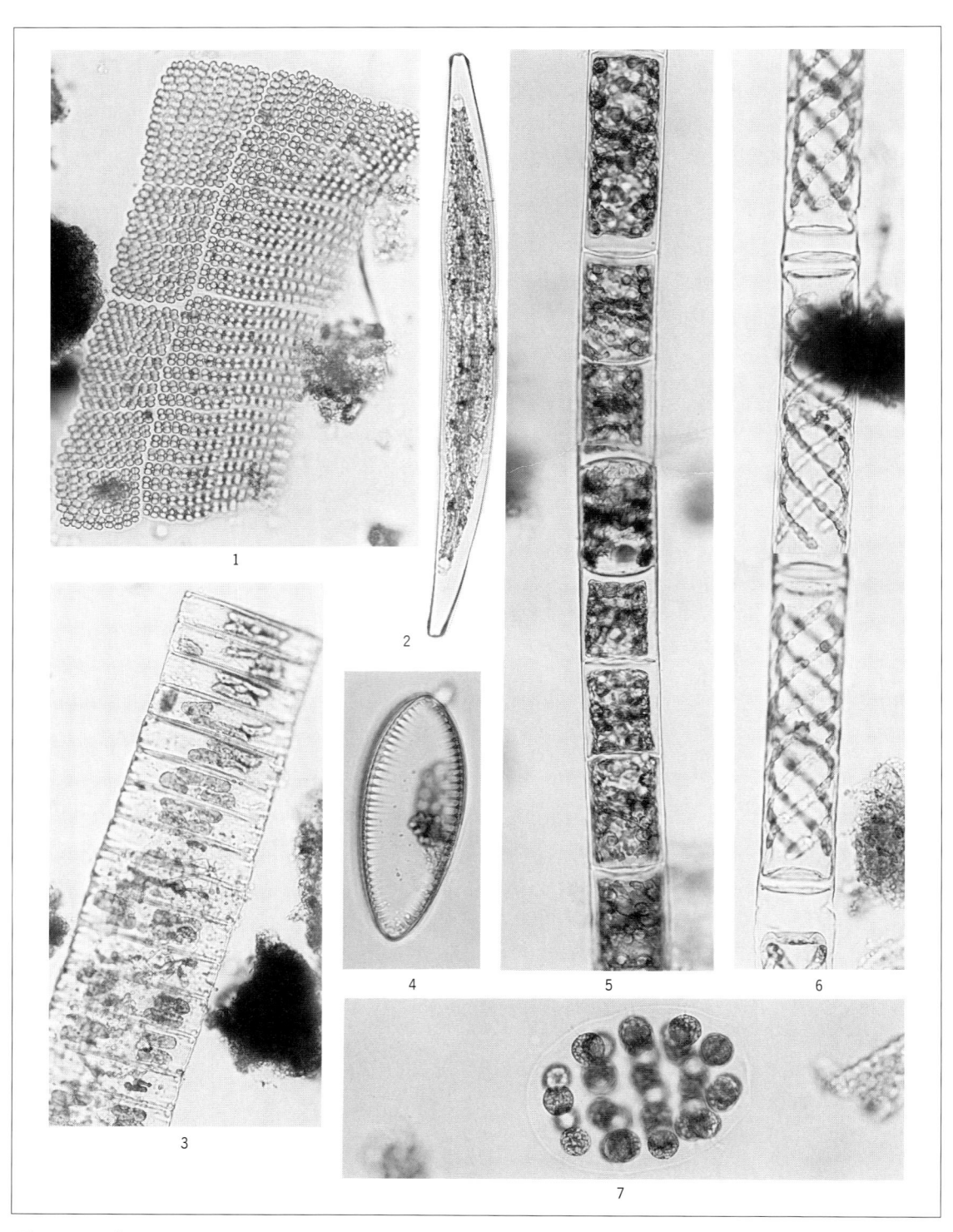

図-43 1999 年 8 月 17 日に長沼で出現した代表的なプランクトン
1. *Merismopedia convoluta*, 2. *Closterium nematodes*, 3. *Diatoma hyemalis*, 4. *Surirella elegans*, 5-6. *Spirogyra* sp., 7. *Eudorina elegans*

X型，富栄養型緑藻類群集に相当するものと判断された．

〈底生動物〉

長沼の底生動物については，田中（2000）が1999年8月17日の調査で，オオタニシ，さらにプランクトン試料中から，少なくとも3種のユスリカ類の幼虫，線虫1種を確認した．

〈魚　類〉

長沼の魚類について，北海道公害防止研究所（1990）はコイ，フナ，ドジョウを記録している．

〈水生植物〉

長沼に生育する水生植物について，田中（2000）はヨシ，ガマの大群落が広がっており，他にアオウキクサ，ヒシ，マツモが見られると述べている．

北海道公害防止研究所（1990）　北海道の湖沼．1-445
田中正明（2000）　プランクトンから見た本邦湖沼の富栄養化の現状（282），再び北海道の湖沼㊾．水, 42, 12, 602, 37-40

1-3-9. 越後沼

越後沼は，江別市に位置する小湖で，石狩川の支流の夕張川と江別川とが合流する付近に形成された，古い河跡湖或いは後背湿地に起源するものと推定され，筆者は後者によると考えている．

本沼に関する陸水学的並びに陸水生物学的な知見は乏しく，環境庁（1987, 1993），田中（2000）等が知られるにすぎない．

〈水　質〉

越後沼の水質について，環境庁（1987）は1985年10月8日の調査で，透明度が1.1 m，表層の水温が14.0℃，pHが7.2，溶存酸素が9.6 mg/l，塩素イオンが14.5 mg/l，クロロフィルa

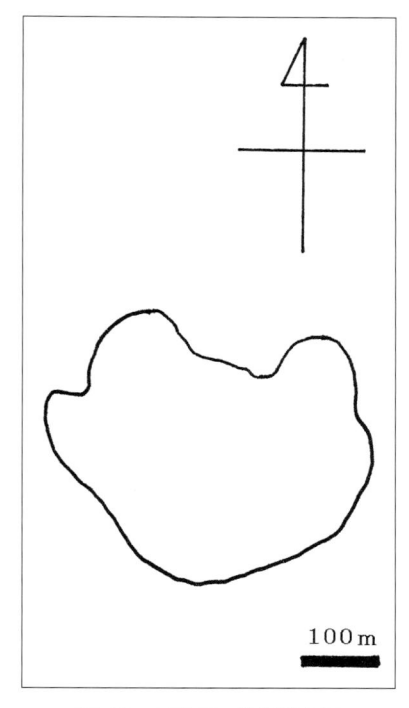

図-44　越後沼の池沼概念図

図-45　越後沼（1999年8月17日撮影）

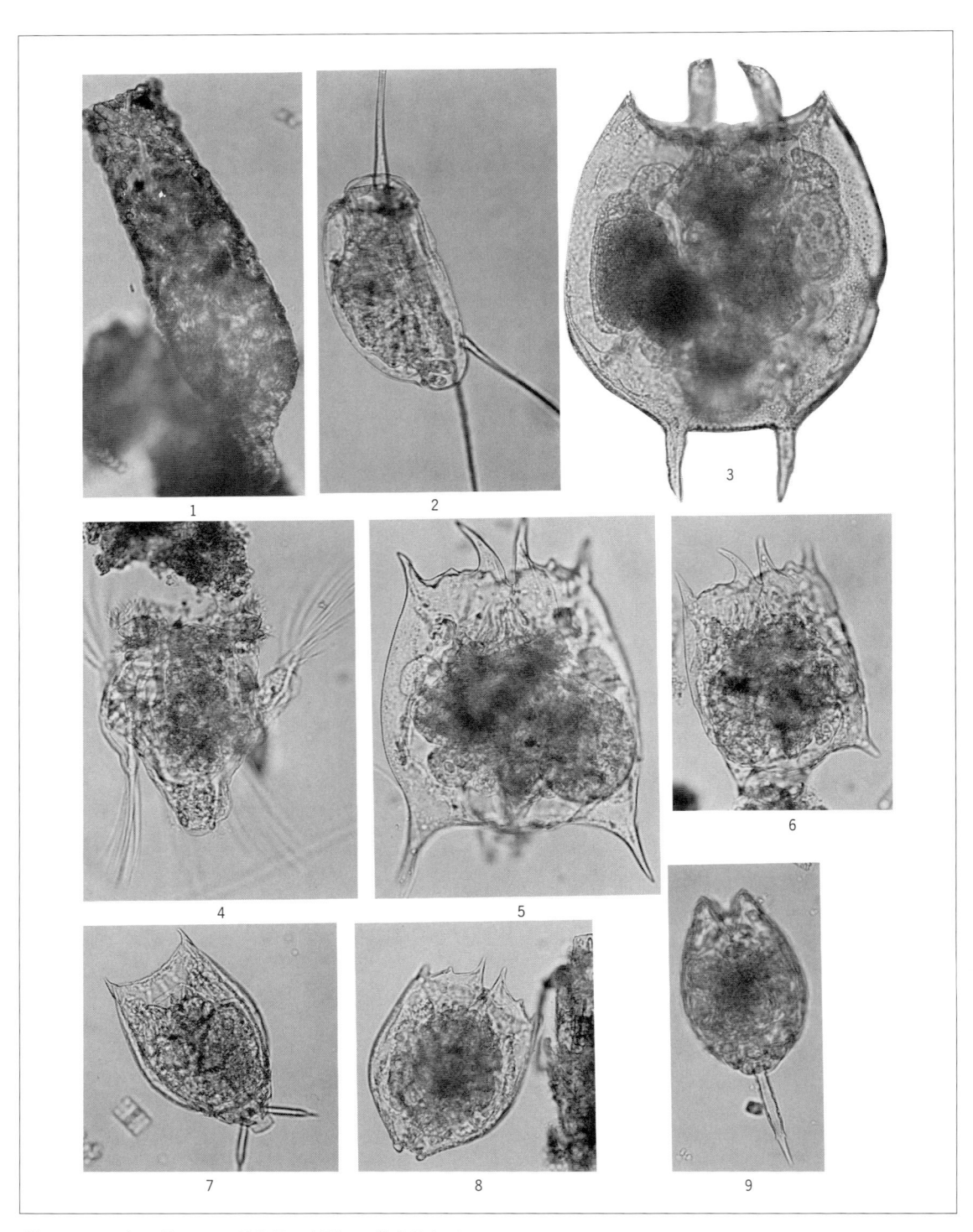

図-46　1999年8月17日に越後沼で出現した代表的なプランクトン
　1. *Difflugia acuminata*, 2. *Filinia longiseta*, 3. *Platyias quadricornis*, 4. *Hexarthra mira*, 5. *Brachionus quadridentatus*, 6. *Brachionus quadridentatus* var. *brevispina*, 7. *Lecane ludwigi* f. *laticaudata*, 8. *Brachionus urceolaris* f. *bennini*, 9. *Lecane bulla*

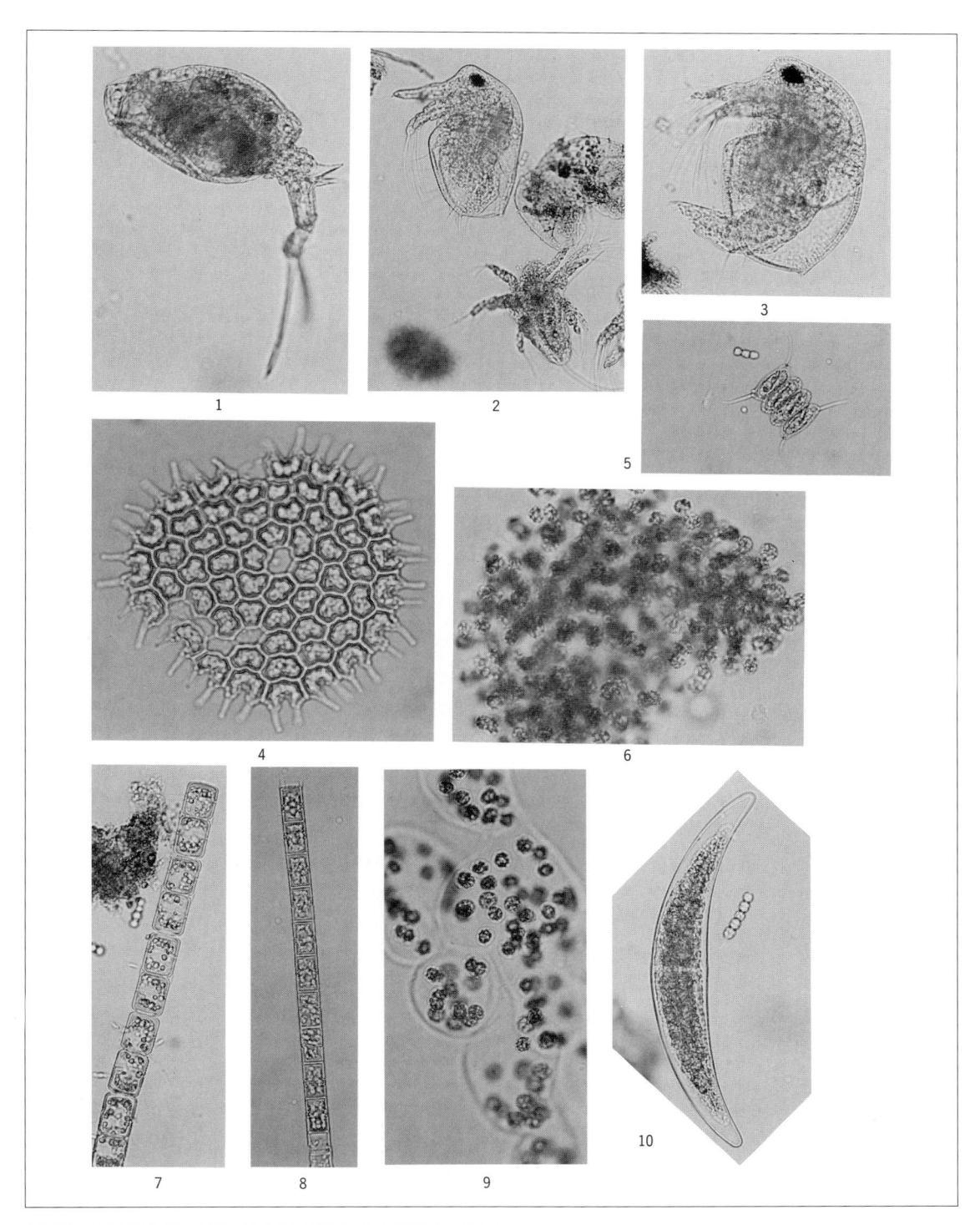

図-47 1999年8月17日に越後沼で出現した代表的なプランクトン
1. *Trichotoria tetractis*, 2. *Bosminopsis deitersi*（上）及び Nauplius 幼生, 3. *Bosminopsis deitersi*, 4. *Pediastrum boryanum* var. *longicorne*, 5. *Scenedesmus oahuensis*, 6. *Microcystis aeruginosa*, 7. *Melosira varians*, 8. *Aulacoseira granulata*, 9. *Microcystis wesenbergii*, 10. *Closterium tumidulum*？

1-3．石狩川流域の河跡湖群

が 13.0 μg/l，また環境庁（1993）の 1991 年 8 月 8 日の調査では，透明度が 1.0-1.2 m，表層の水温が 23.2℃，pH が 7.7，溶存酸素が 8.2 mg/l，電気伝導度が 0.171 mS/cm，COD が 12.7 mg/l，全窒素が 0.73 mg/l，全リンが 0.081 mg/l，塩素イオンが 18.0 mg/l，クロロフィル a が 11.6 μg/l と測定されている．

田中（2000）による 1999 年 8 月 17 日の調査では，水色はウーレの水色計の第 XVI 号，透明度は 0.35 m で，表層の水温は 30.0℃，pH は 8.3，溶存酸素は 8.3 mg/l，電気伝導度は 136 μS/cm，塩素イオンは 9.7 mg/l であった．

〈プランクトン〉

越後沼のプランクトン相については，田中（2000）が動物プランクトンが 41 種，植物プランクトンが 61 種の合計 102 種を報告している．

出現種数の綱別の内訳は，原生動物が 8 属 15 種，輪虫類が 12 属 19 種，鰓脚類が 5 属 5 種，橈脚類が 2 属 2 種，藍藻類が 6 属 11 種，珪藻類が 14 属 29 種，及び緑藻類が 16 属 21 種であった．

優占種は，動物プランクトンでは特に多産したといえる種はないが，鰓脚類の *Bosmina longirostris*，輪虫類の *Hexarthra mira*, *Brachionus quadridentatus*, *B. quadridentatus* var. *brevispinus*, *B. urceolaris* f. *bennini*, *Lecane ludwigi* f. *laticaudata*，原生動物の *Arcella discoides*, *A. vulgaris*, *Difflugia acuminata* 等が比較的多く見られた．

また，植物プランクトンは *Microcystis aeruginosa* が優占し，これに同じ藍藻類の *M. wesenbergii*, *Anabaena* sp.，緑藻類の *Pediastrum boryanum*, *P. boryanum* var. *longicorne*, *Scenedesmus oahuensis*, *Closterium tumidulum*?，珪藻類の *Melosira varians*, *Aulacoseira granulata* 等が続いた．

プランクトン型は，動物プランクトンが第 X 型，中栄養型甲殻類，輪虫類混合型群集，植物プランクトンは第 XI 型，富栄養型藍藻類群集に相当するものと思われる．

〈底生動物〉

越後沼の底生動物については，ほとんど知見がないが，田中（2000）はプランクトン試料中から，少なくとも 3 種のユスリカ類の幼虫と，タンスイカイメン（種は同定できていない）の骨片を確認している．

〈魚　類〉

越後沼の魚類については，環境庁（1993）がコイ，フナ，ドジョウ，トゲウオを記録している．

〈水生植物〉

越後沼の水生植物について田中（2000）は，ヨシ，フトイ，サンカクイ，コウホネ，アオウキクサ，ヒシを報告し，挺水植物群落の沖出し幅が最大 10 m に達すると述べている．

環境庁（1987）　第 3 回自然環境保全基礎調査，湖沼調査報告書．1-839
環境庁（1993）　第 4 回自然環境保全基礎調査，湖沼調査報告書．1-636
田中正明（2000）　プランクトンから見た本邦湖沼の富栄養化の現状（276），再び北海道の湖沼㊸．水，42，5，595，36-40

1-3-10．袋地沼

袋地沼は，新十津川町と砂川市の境界に当り，石狩川の西側に位置する水蝕湖である．この地域は，アイヌ族の居住したところから，アイヌ地と呼ばれていた．沼が位置する砂川領袋地付近は，石狩川が大きく湾曲することから，出水の被害が著しく，1898 年（明治 31 年）と 1899 年（明治 32 年）の出水では，湾曲部分が短絡され，1901 年（明治 34 年）には全く遮断された（北海道公害防止研究所，1990）．

沼は，現在は春にハクチョウが飛来することから，ハクチョウ公園の別名で親しまれ，フナの釣り場としても知られている．

〈水　質〉

袋地沼の水質については，北海道公害防止研究所（1990）が行った 1986 年 5 月 26 日の調査結果があるが，これによると透明度は 0.3 m，pH は 6.8-8.9，溶存酸素は 10.3-10.7 mg/l，COD は 8.6-9.6 mg/l，全窒素は 1.7-1.8 mg/l，全リンは 0.283-0.439 mg/l，クロロフィル a は 3.2-3.3 μg/l であった．

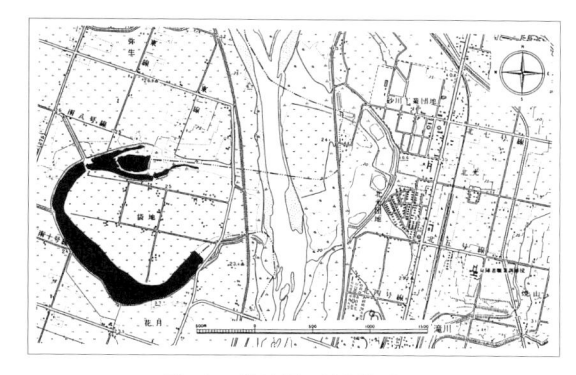

図-48　袋地沼の池沼概念図

田中（2000）による1999年8月18日の調査では，水色がウーレの水色計の第XVI号，透明度は0.4m，表層水温は28.5℃，pHは7.2，溶存酸素は6.3 mg/l，電気伝導度は130 μS/cm，塩素イオンが8.6 mg/lであった．

〈プランクトン〉

袋地沼のプランクトンについては，田中（2000）が1999年8月18日の調査で，動物プランクトンが20種，植物プランクトンが55種の合計75種を報告している．

出現種数の綱別の内訳は，原生動物が4属6種，輪虫類が6属8種，鰓脚類が4属4種，橈脚類が2属2種，藍藻類が5属7種，珪藻類が11

図-49　袋地沼．沼の東端から西方を望む（1999年8月18日撮影）

図-50　袋地沼の水生植物（1999年8月18日撮影）
左；カンガレイ，中；フトイ，右；ヒシ

1-3．石狩川流域の河跡湖群

属21種,及び緑藻類が13属27種であった.

優占種は,動物プランクトンでは鰓脚類の *Bosminopsis deitersi* で,これに輪虫類の *Asplanchna priodonta, A. herricki, Synchaeta* sp., *Lecane stenroosi* 等が続いた.植物プランクトンは,特に優占種といえる程に多産した種はないが,緑藻類の *Spirogyra* sp., *Pediastrum duplex*,珪藻類の *Gomphonema acuminatum, Surirella capronii* 等の出現が目立った.

プランクトン型は,動物プランクトンが第VII型,中栄養型鰓脚類群集,植物プランクトンがやや疑問があるが第X型,富栄養型緑藻類群集に相当するものと考えられる.

〈底生動物〉

袋地沼の底生動物については,特に知見はないが,田中(2000)によればプランクトン試料中から3種のユスリカ類の幼虫,線虫類1種が確認されている.

〈魚　類〉

北海道公害防止研究所(1990)によれば,袋地沼にはフナが棲息する.

〈水生植物〉

袋地沼の水生植物について田中(2000)は,ヨシ,フトイ,カンガレイ,コウホネ,ヒルムシロ,マツモ,ヒシを確認している(図-50).水生植物群落の発達は悪く,挺水植物の群落の沖出し幅は,最大でも3 m程度である.

北海道公害防止研究所(1990)　北海道の湖沼.1-445

田中正明(2000)　プランクトンから見た本邦湖沼の富栄養化の現状(283),再び北海道の湖沼⑤.水,42, 13, 603, 61-64

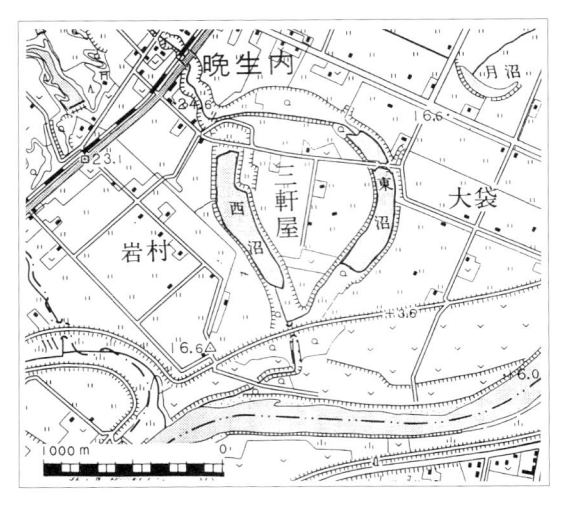

図-51　西沼及び東沼の池沼概念図

図-52　西沼（1999年8月18日撮影）
上；沼の北端から南を望む
下；西沼で見られたオオマリコケムシ

1-3-11. 西　沼

西沼は,樺戸郡浦臼町に位置する石狩川の西岸に形成された三日月湖で,東側の東沼と平仮名の「い」を成すような位置で並んでいる.

〈水　質〉

西沼の水質についての知見は乏しく,田中

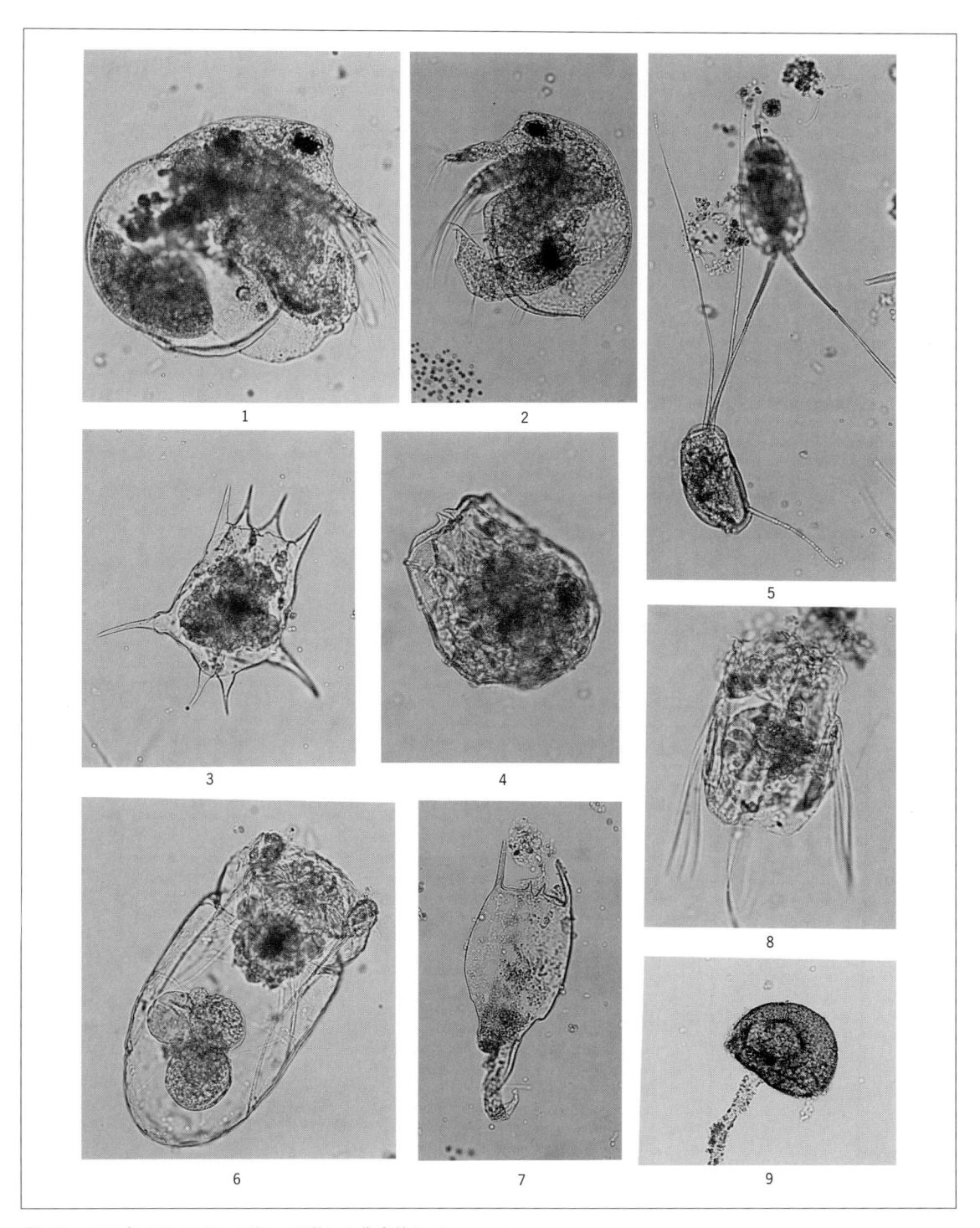

図-53 1999年8月18日に西沼で出現した代表的なプランクトン
1-2. *Bosminopsis deitersi*, 3. *Brachionus calyciflorus* f. *anuraeiformis*, 4. *Brachionus angularis*, 5. *Filinia longiseta*, 6. *Asplanchna priodonta*, 7. *Schizocerca diversicornis*, 8. *Polyarthra dolichoptera*, 9. *Centropyxis* sp.

1-3. 石狩川流域の河跡湖群　53

（2001）による1999年8月18日の調査結果が知られる程度である．これによると，水色はウーレの水色計の第XV号，透明度が0.3 m，表層水温が27.0℃，pHが8.3，溶存酸素が9.0 mg/l，電気伝導度が169 μS/cm，塩素イオンが13.0 mg/lであった．

〈プランクトン〉

西沼のプランクトン相について田中（2001）は，動物プランクトンが33種，植物プランクトンが28種の合計61種の出現を報告している．

出現種数の綱別の内訳は，原生動物が11属16種，輪虫類が7属11種，鰓脚類が4属4種，橈脚類が2属2種，藍藻類が4属6種，珪藻類が10属15種，及び緑藻類が6属7種であった．

優占種は，動植物プランクトン共になく，動物プランクトンでは，輪虫類の Brachionus calyciflorus var. anuraeiformis と Filinia longiseta の2種が多く，この他には同じ輪虫類の Brachionus angularis, Polyarthra dolichoptera, Asplanchna priodonta, 鰓脚類の Bosminopsis deitersi が比較的多く見られた．

植物プランクトンでは，Microcystis aeruginosa が最も多く，これに珪藻類の Surirella capronii, Nitzschia frustulum 等が次いだ．

プランクトン型は，動物プランクトンが第XV型，富栄養型輪虫類群集，植物プランクトンが第XI型，富栄養型藍藻類群集に相当するものと判断された．

なお，田中（2001）は，西沼のプランクトン相は，他の石狩川流域の水蝕湖の多くが，腐植性傾向の高い出現種を含むに比べ，その傾向が小さいことを指摘している．

〈底生動物〉

西沼の底生動物について，田中（2001）はプランクトン試料中から，2種のユスリカ類の幼虫，線虫類1種，及びタンスイカイメン（種は同定できていない）の骨片を確認し，さらにカンテンコケムシ（オオマリコケムシ）Pectinatella gelatinosa の群体（直径50 cm）を報告している（図-52）．

〈魚 類〉

西沼の魚類については，知見がないが，フナの棲息を確認した．

〈水生植物〉

西沼の水生植物について，田中（2001）はヨシ，マコモの分布を確認し，湖岸が急深であり，挺水植物の群落はほとんど発達していないと述べている．

田中正明（2001） プランクトンから見た本邦湖沼の富栄養化の現状（287），再び北海道の湖沼㊴．水，43，4，609，61-64

1-3-12. 東　沼

東沼は，西沼の東に「い」の字を成すように並ぶ石狩川の三日月湖で，南北に細長く湾曲する．

図-54　東沼（1999年8月18日撮影）

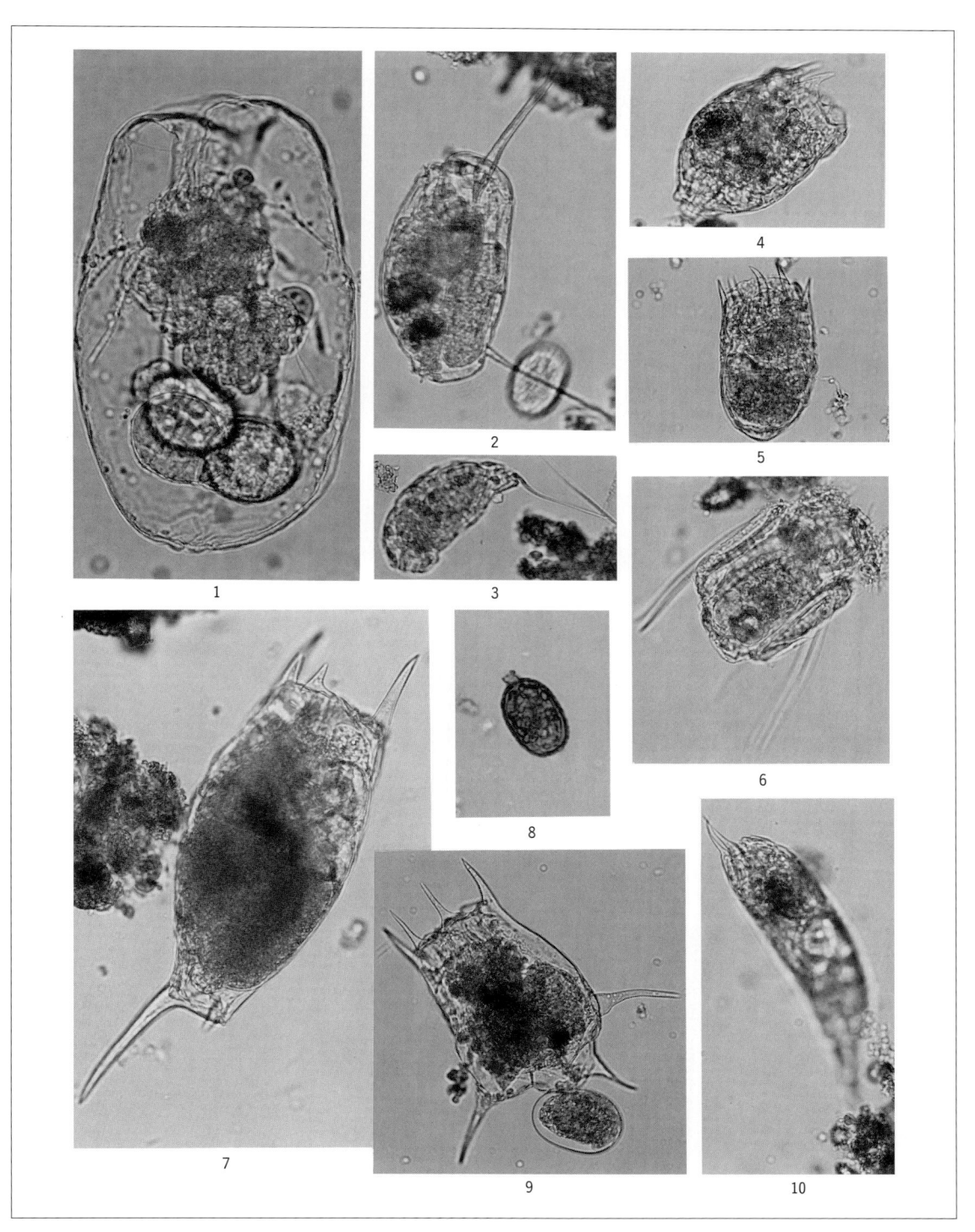

図-55 1999年8月18日に東沼で出現した代表的なプランクトン
1. *Asplanchna priodonta*, 2. *Filinia longiseta*, 3. *Trichocerca stylata*, 4. *Brachionus urceolaris*, 5. *Keratella cochlearis* var. *tecta*, 6. *Polyarthra dolichoptera*, 7. *Schizocerca diversicornis*, 8. *Trachelomonas crebea*, 9. *Brachionus calyciflorus* var. *anuraeiformis*, 10. *Trichocerca birostris*

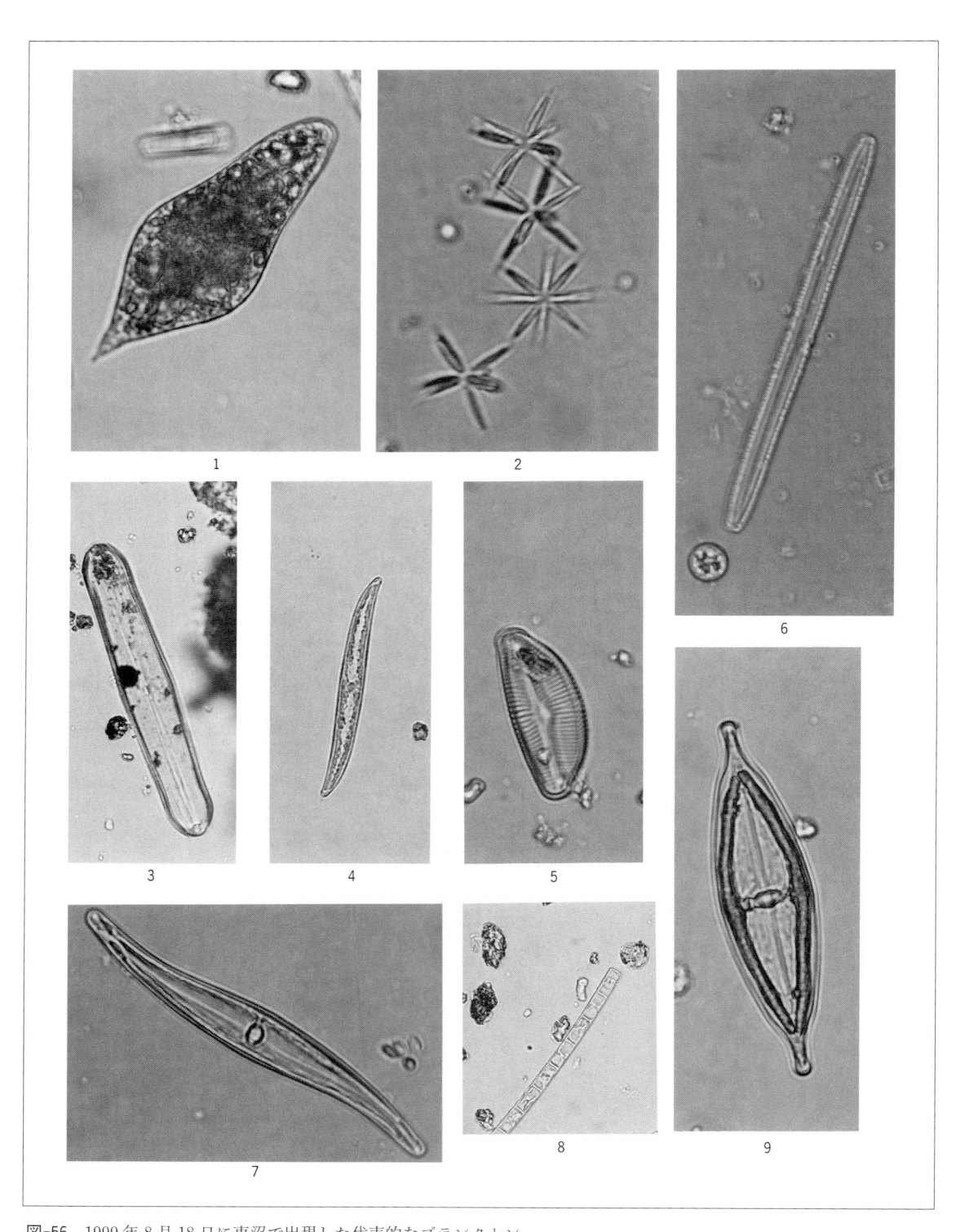

図-56　1999年8月18日に東沼で出現した代表的なプランクトン
1. *Euglena* sp., 2. *Actinastrum hantzschii*, 3. *Neidium* sp., 4. *Gyrosigma* sp., 5. *Cymbella prostrata*, 6. *Nitzschia* sp., 7. *Gyrosigma* sp., 8. *Aulacoseira ambigua*, 9. *Stauroneis phoenicenteron*

〈水　質〉

東沼の水質について，田中（2001）は1999年8月18日の調査で，水色がウーレの水色計の第XV号，透明度が0.2 m，表層水温が27.0℃を測定した．

また，田中（2001）は，東沼の特徴的な水質として，湖岸や浅部が著しく赤褐色を呈することに注目し，鉄バクテリアによることを指摘し，石狩川流域の三日月湖の中でも，この沼の特徴といえることを述べている．

〈プランクトン〉

東沼のプランクトン相について，田中（2001）は1999年8月18日の調査で，動物プランクトンが32種，植物プランクトンが43種の合計75種の出現を報告している．

出現種数の綱別の内訳は，原生動物が10属14種，輪虫類が9属16種，鰓脚類が1属1種，橈脚類が1属1種，藍藻類が5属7種，珪藻類が11属27種，及び緑藻類が6属9種であった．

優占種は，動植物プランクトン共にないが，動物プランクトンでは輪虫類の *Brachionus calyciflorus* var. *anuraeiformis* と *Polyarthra dolichoptera* が最も多く，他に *Trichocerca birostris*, *Filinia longiseta*, *Brachionus urceolaris*, *Schizocerca diversicornis* 等が目立った．植物プランクトンでは，珪藻類の *Aulacoseira ambigua*, *A. granulata*, *Gyrosigma* sp., *Stauroneis phoenicenteron*，緑藻類の *Actinastrum hantzschii* 等が比較的多く出現した．

プランクトン型は，動物プランクトンが第XV型，富栄養型輪虫類群集，植物プランクトンが第VII型，中・富栄養型珪藻類混合型群集に相当するものと思われる．

プランクトン相から見て，地理的に近い西沼とはかなり異なる群集構造であるのが認められる．

〈底生動物〉

東沼の底生動物について，田中（2001）はプランクトン試料中から，ユスリカ類の幼虫2種，線虫類1種を見出し，タニシの棲息を報告している．

〈魚　類〉

東沼の魚類についての知見はないが，筆者はフナの棲息を確認した．

〈水生植物〉

東沼の水生植物について，田中（2001）はヨシ，ヒシの生育を報告し，挺水植物群落の湖岸における発達は，ほとんどないことを述べている．

田中正明（2001）　プランクトンから見た本邦湖沼の富栄養化の現状（289），再び北海道の湖沼㊻．水，43，6，611，61-65

1-3-13. 鏡　沼

鏡沼は，その成因についての知見はないが，西側を流れる石狩川の旧河道や，氾濫によって形成された付近の小池沼の存在等から見れば，本沼も石狩川に関連した水蝕湖であろうと思われる．

沼の周辺は，イタヤカエデ，ヤチダモ等を中心とした天然広葉樹林が残され，昭和49年3月に豊里環境緑地保護地区に指定されている．

しかし，鏡沼に関する陸水学的並びに陸水生物学的な知見は乏しく，田中（2000）の報告を見るにすぎない．

〈水　質〉

鏡沼の水質について，田中（2000）は1999年8月18日に調査を行い，水色がウーレの水色計の第XIII号，透明度が0.4 m（底まで全透），表層水温が26.0℃，pHが7.0，溶存酸素が5.6 mg/l，電気伝導度が106 μS/cm，塩素イオンが7.1 mg/l を測定している．

図-57　鏡沼（1999年8月18日撮影）

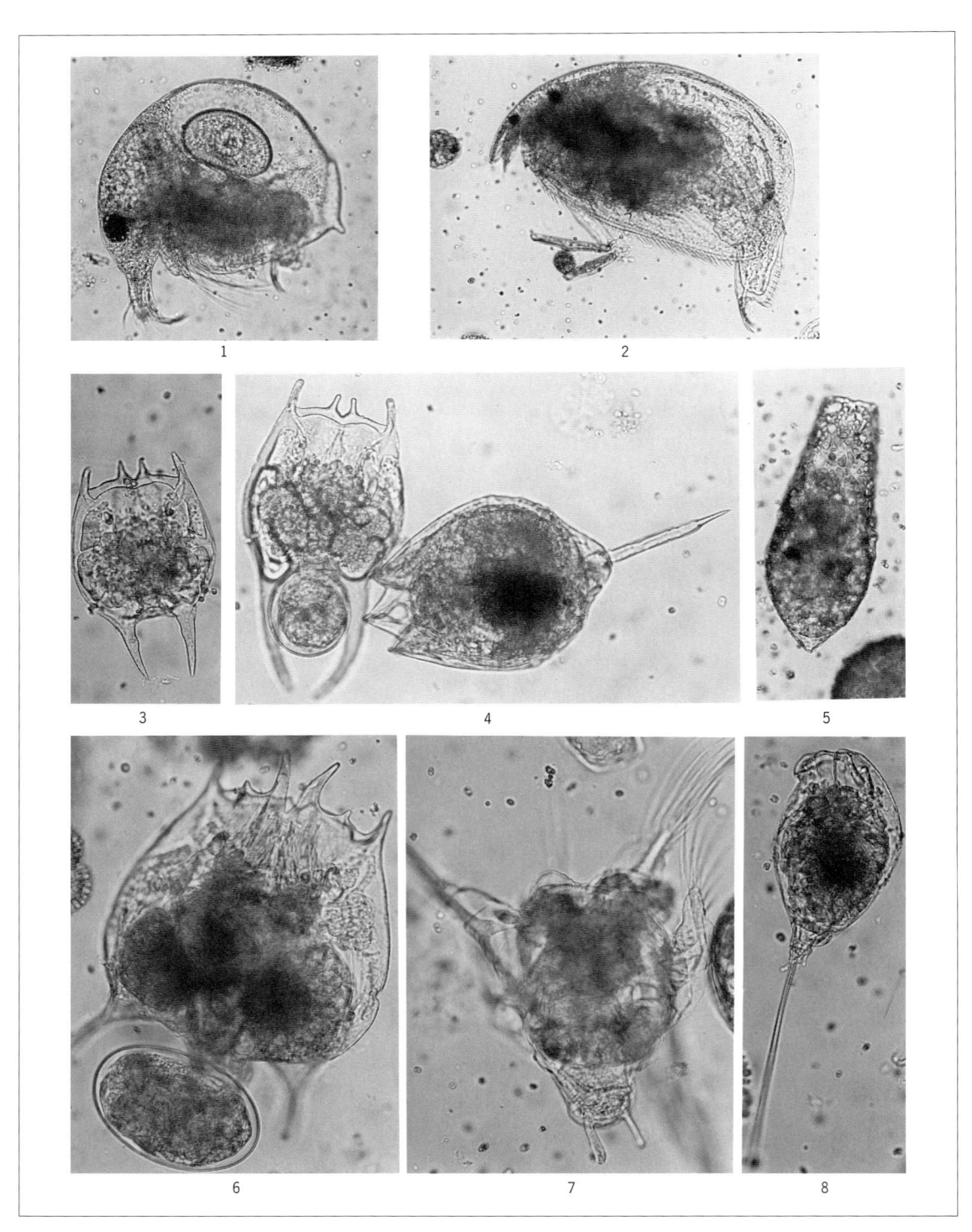

図-58 1999年8月18日に鏡沼で出現した代表的なプランクトン
1. *Bosmina longirostris*, 2. *Alona guttata*, 3. *Brachionus forficula*, 4. *Brachionus forficula*（左）及び *Monostyla quadridentata*（右）, 5. *Difflugia acuminata*, 6. *Brachionus quadridentatus*, 7. *Hexarthra mira*, 8. *Trichocerca rattus*

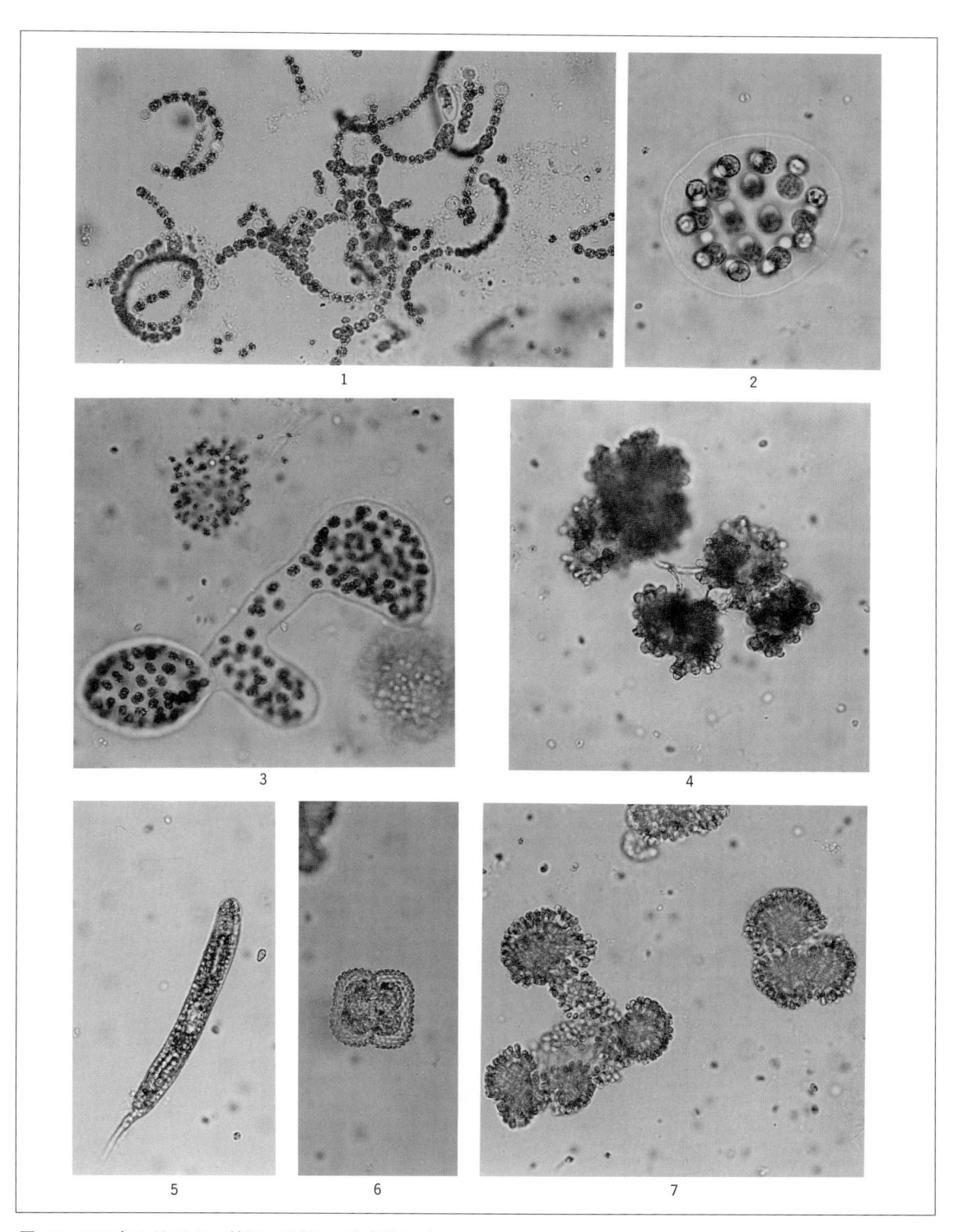

図-59 1999年8月18日に鏡沼で出現した代表的なプランクトン
1. *Anabaenopsis* sp., 2. *Eudorina elegans*, 3. *Microcystis wesenbergii*, 4. *Botryococcus braunii*, 5. *Euglena spirogyra*, 6. *Cosmarium margarinatum*, 7. *Woronichinia naegeliana*

1-3. 石狩川流域の河跡湖群

〈プランクトン〉

　鏡沼のプランクトン相について，田中（2000）は動物プランクトンが28種，植物プランクトンが33種の合計61種の出現を報告している．

　出現種数の綱別の内訳は，原生動物が7属9種，輪虫類が7属10種，鰓脚類が5属6種，介形類が1属1種，橈脚類が2属2種，藍藻類が6属8種，珪藻類が8属12種，及び緑藻類が7属13種であった．

　優占種は，動物プランクトンでは輪虫類の *Brachionus forficula* と *Lecane quadridentata* の2種が卓越し，優占種群といってもよいものであった．この2種以外には，輪虫類の *Trichocerca rattus*, *Hexarthra mira*, *Brachionus quadridentatus*, 原生動物の *Difflugia acuminata* 等が比較的多く見られた．また，量的には多くないが，鰓脚類の *Macrothrix rosea*（ケブカミジンコ），*Graptoleberis testudinaria*（ヒロハシミジンコ）等も認められた．

　一方，植物プランクトンは，藍藻類の *Woronichinia naegeliana* が優占種で，これに同じ藍藻類の *Microcystis wesenbergii*, *M. aeruginosa*, *Anabaenopsis* sp., 緑藻類の *Botryococcus braunii* が次いだ．

　プランクトン型は，動物プランクトンが第XV型，富栄養型輪虫類群集，植物プランクトンが第XI型，富栄養型藍藻類群集に相当するものと思われる．

〈底生動物〉

　鏡沼の底生動物について田中（2000）は，プランクトン試料中から，少なくとも3種のユスリカ類の幼虫とタンスイカイメン（種は同定できていない）の骨片を確認した．

〈魚　類〉

　鏡沼の魚類については，全く知見がない．

〈水生植物〉

　鏡沼の水生植物について，田中（2000）はミズバショウ，ヒシ，ウキクサ，アカウキクサ，ネムロコウホネが生育することを述べている．

　湖岸の挺水植物群落は，ほとんど見られない．

田中正明（2000）プランクトンから見た本邦湖沼の富栄養化の現状（279），再び北海道の湖沼㊻．水，42，8，598，64-67

1-3-14．三角沼

　三角沼は，宮島沼の南約2.5 kmに位置する，石狩川の水蝕湖と考えられる小湖である．

　この沼の周辺には，丸沼，手形沼等，同じ成因と考えられる小池沼が点在するが，最近になって丸沼のように，廃棄物による埋め立て場として消失したものが，幾つか知られている．産業的な利用価値が乏しく，廃棄物の埋め立て地の確保が困難な時代ではあるが，安易な改変や開発行為は，慎重であってほしいものである．

図-60　三角沼（1999年8月18日撮影）

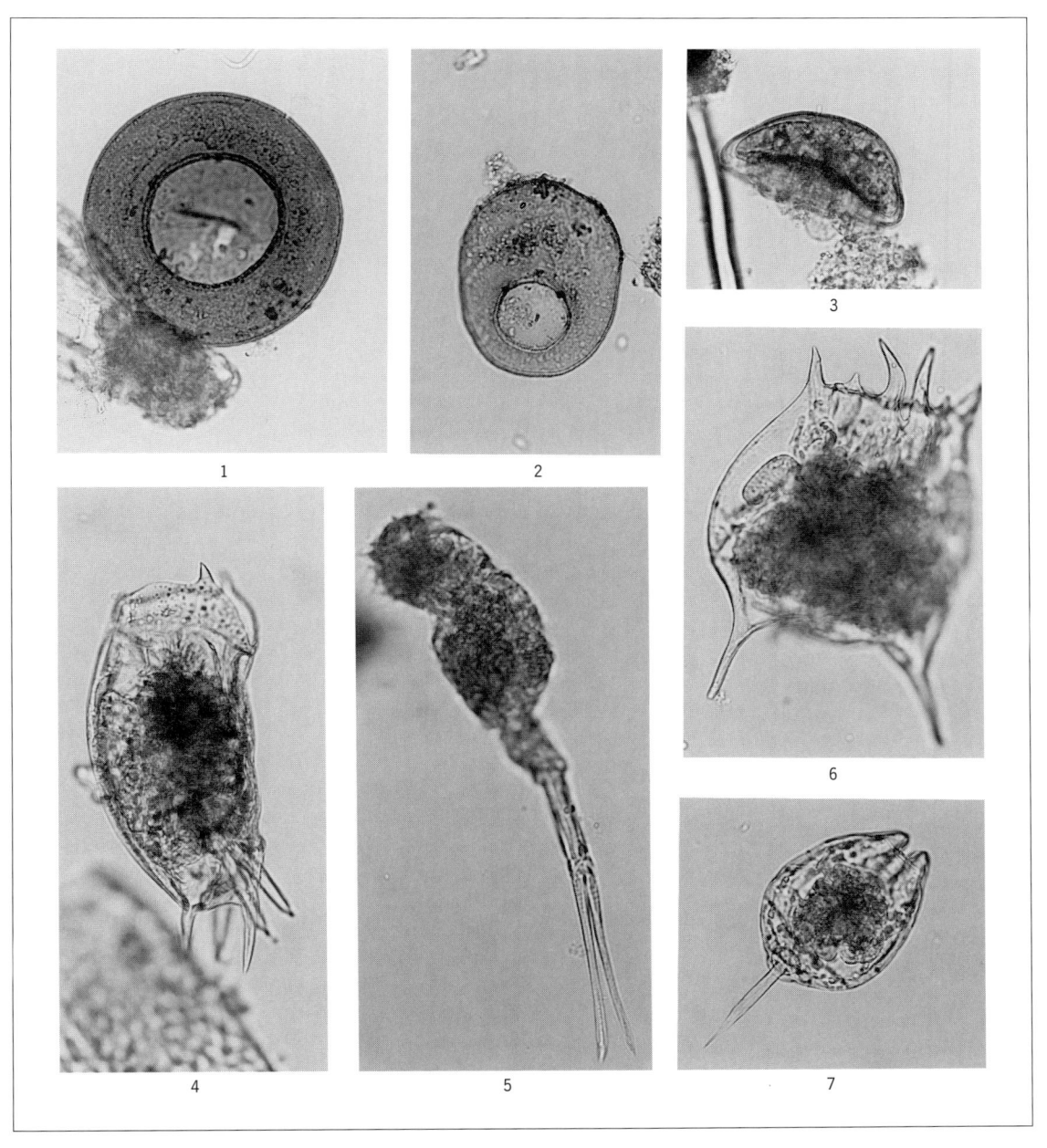

図-61 1999年8月18日に三角沼で出現した代表的なプランクトン
1. *Arcella polypora* ?, 2. *Centropyxis constricta*, 3. *Arcella crenulata*, 4. *Mytilina ventralis* var. *macracantha*, 5. *Scaridium longicaudum*, 6. *Brachionus quadridentatus*, 7. *Lecane bulla*

〈水　質〉

　三角沼の水質については，田中（2002）の1999年8月18日の調査結果があるが，水色はウーレの水色計の第XVII号，透明度は0.4m，表層水温は28.6℃，pHは8.2，電気伝導度は134μS/cm，塩素イオンは9.6mg/lであった．

〈プランクトン〉

　三角沼のプランクトン相について，田中（2002）は1999年8月18日の調査で，動物プランクトンが31種，植物プランクトンが38種の合

1-3. 石狩川流域の河跡湖群

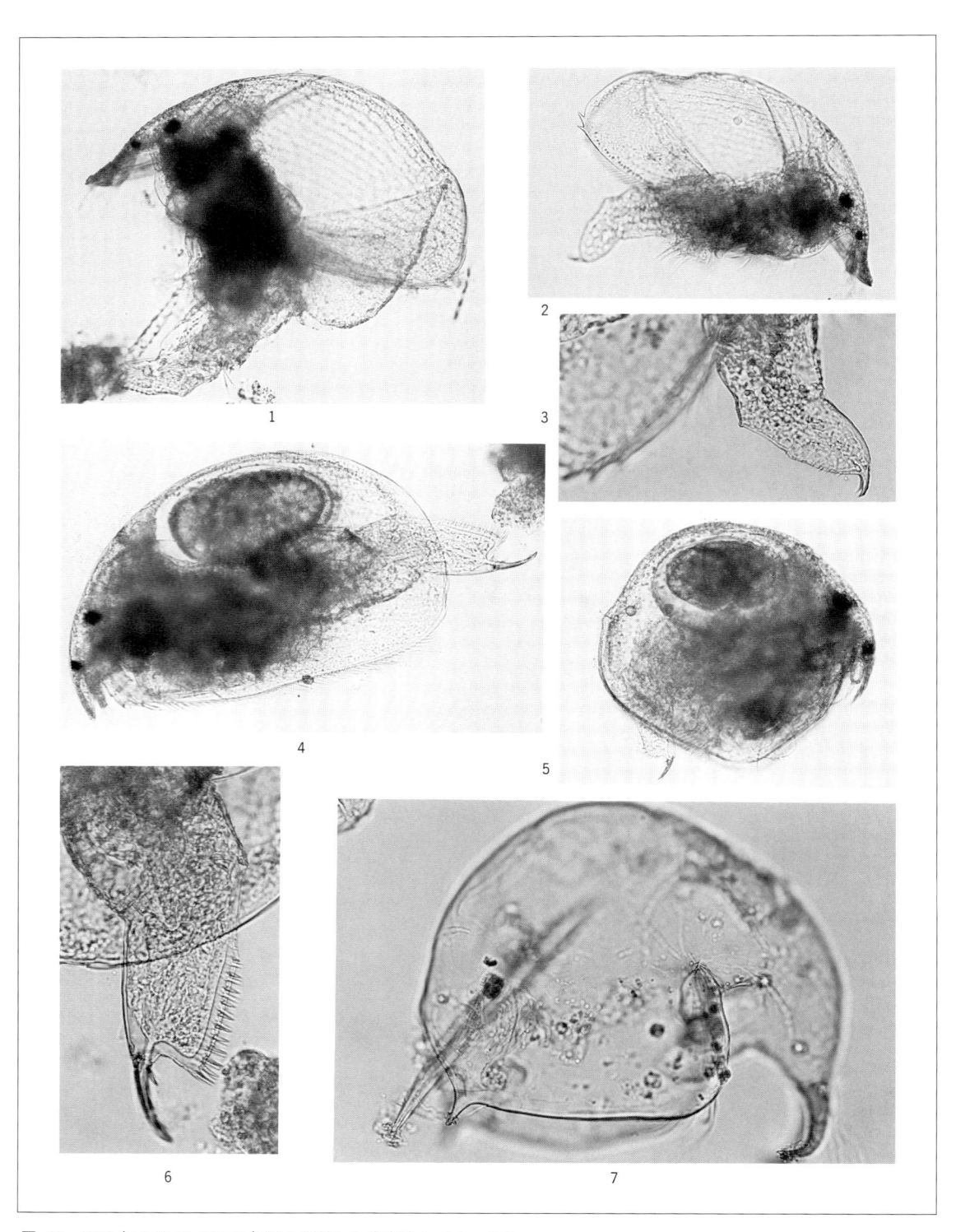

図-62 1999年8月18日に三角沼で出現した代表的なプランクトン
1-3. *Graptoleberis testudinaria*, 4, 6. *Alona costata*, 5. *Chydorus sphaericus*, 7. *Bosmina longirostris*

計69種の出現を報告している.

出現種数の綱別の内訳は,原生動物が7属11種,輪虫類が8属11種,鰓脚類が5属6種,橈脚類が3属3種,藍藻類が5属7種,珪藻類が9属17種,及び緑藻類が8属14種であった.

今回の出現種では,動植物プランクトン共に優占種といえる程多産した種は認められなかった.

動物プランクトンでは,原生動物の *Arcella discoides*, *A. polypora*, *Centropyxis constricta*, 輪虫類の *Lecane bulla*, *L. hamata*, *Mytilina ventralis* var. *macracantha*, *Scaridium longicaudum*, 鰓脚類の *Graptoleberis testudinaria*, *Alona costata*, *Chydorus sphaericus*, *Bosmina longirostris* 等が比較的多く見られた.

植物プランクトンでは,緑藻類の *Pediastrum duplex*, *Cosmarium* sp., 藍藻類の *Microcystis aeruginosa*, *M. wesenbergii* 等が目立った.

プランクトン型は,動物プランクトンは第XII型,富栄養型根足虫類群集,植物プランクトンは第X型,富栄養型緑藻類群集と判断される.

〈底生動物〉

三角沼の底生動物について,田中(2002)はプランクトン試料中から,少なくとも3種のユスリカ類の幼虫が認められると述べている.

〈魚　類〉

三角沼の魚類については,全く知見がない.

〈水生植物〉

三角沼の水生植物について,田中(2002)はヨシ,フトイ,ヒシ,コウホネ,ショウブが生育し,ショウブは人為的に植栽されたことを推定している.また,挺水植物群落は沼の北半分で著しく発達し,ヨシを主体とした群落の沖出し幅は最大で70mに達し,昆虫類,ダニ類,鳥類に格好な住み場所を提供している.

田中正明(2002)　プランクトンから見た本邦湖沼の富栄養化の現状(302),再び北海道の湖沼㊻.水,44,7,627,36-40

1-3-15. 手形沼

手形沼は,三角沼の北東1.8kmに位置する石

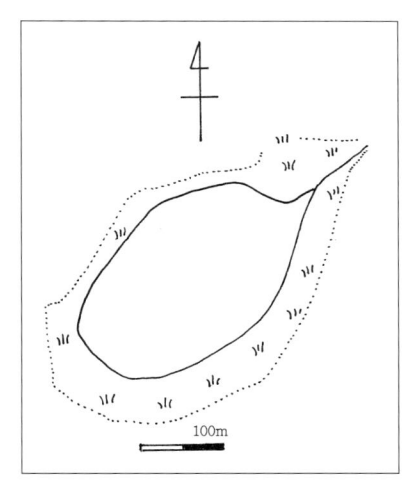

図-63　手形沼の池沼概念図

図-64　手形沼.沼の南西端から北方を望む(1999年8月18日撮影)

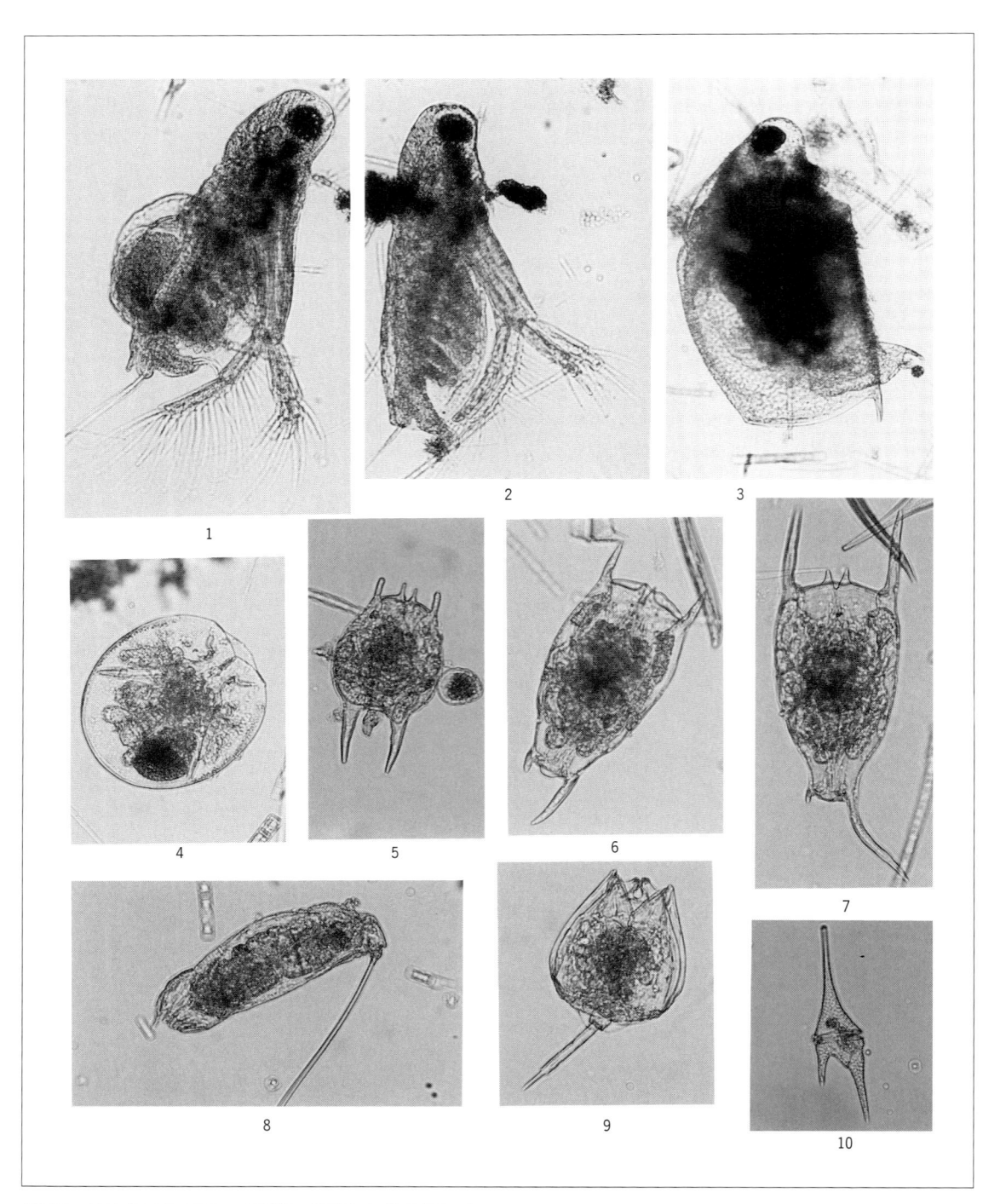

図-65 1999年8月18日に手形沼で出現した代表的なプランクトン
1-2. *Diaphanosoma macrophthalma*, 3. *Scapholeberis kingi*, 4. *Testudinella patina*, 5. *Brachionus forficula*, 6-7. *Schizocerca diversicornis*, 8. *Trichocerca scipio*, 9. *Lecane quadridentata*, 10. *Ceratium hirundinella*

狩川の水蝕湖と考えられる小湖である.
〈水　質〉
　手形沼の水質については，田中（2002）は1999年8月18日の調査で，水色がウーレの水色計の第XVII号，透明度は0.2 m，表層水温は29.2℃，pHは8.2，溶存酸素が9.9 mg/l，電気伝導度は126 μS/cm，塩素イオンが9.0 mg/lと報告している.

〈プランクトン〉
　手形沼のプランクトン相について，田中（2002）は動物プランクトンでは，原生動物の *Ceratium hirundinella* が優占種で，これに輪虫類の *Schizocerca diversicornis*, *Brachionus budapestinensis*, *B. forficula*, *Testudinella patina*, *Polyarthra vulgaris*, 原生動物の *Arcella vulgaris*, *A. discoides*, 鰓脚類の *Diaphanosoma macrophthalma*, *Scapholeberis kingi* 等が続いた.
　植物プランクトンでは，優占種は珪藻類の *Aulacoseira ambigua* で，これに *A. granulata*, 緑藻類の *Spirogyra* sp. が続いた．これら以外には，*Microcystis aeruginosa*, 緑藻類の *Scenedesmus* 属，*Ankistrodesmus* 属，*Crucigenia* 属，*Tetraedron* 属，*Pediastrum* 属等の小形種が数多く出現し，手形沼のプランクトン群集を特徴付けているといえる.
　なお，手形沼では，腐植性水域に広く見られる珪藻類の *Tabellaria fenestrata*, *Pinnularia* 属，*Eunotia* 属，緑藻類の接合藻類等はほとんど出現しなかった.
　プランクトン型は，動物プランクトンが第XI型，中栄養型輪虫類群集，植物プランクトンが第VI型，中栄養型珪藻類群集と判断される.

〈底生動物〉
　手形沼の底生動物について田中（2002）は，オオタニシが著しく多く，プランクトン試料中からは少なくとも3種のユスリカ類の幼虫，線虫類が1種，タンスイカイメン（種は同定できていない）の骨片，コケムシ類（種は同定できていない）の休芽が認められたと述べている.

〈魚　類〉
　手形沼の魚類については，全く知見がない．筆者はコイ，フナの棲息を確認した.

〈水生植物〉
　手形沼の水生植物について田中（2002）は，沈水植物は明らかでないが，マコモ，ヨシ，ミズアオイが生育すると述べている．また，挺水植物群落の沖出し幅は，北岸については調査を行っていないが，それ以外では最大5-8 mに達する.

田中正明（2002）プランクトンから見た本邦湖沼の富栄養化の現状（303），再び北海道の湖沼 ⑦．水，44, 8, 628, 63-66

1-3-16．幌向蓴菜沼

　幌向蓴菜沼は，空知郡北村に位置する石狩川の三日月湖の一つである.
〈水　質〉
　幌向蓴菜沼の水質について，田中（2001）は

図-66　幌向蓴菜沼（1999年8月17日撮影）

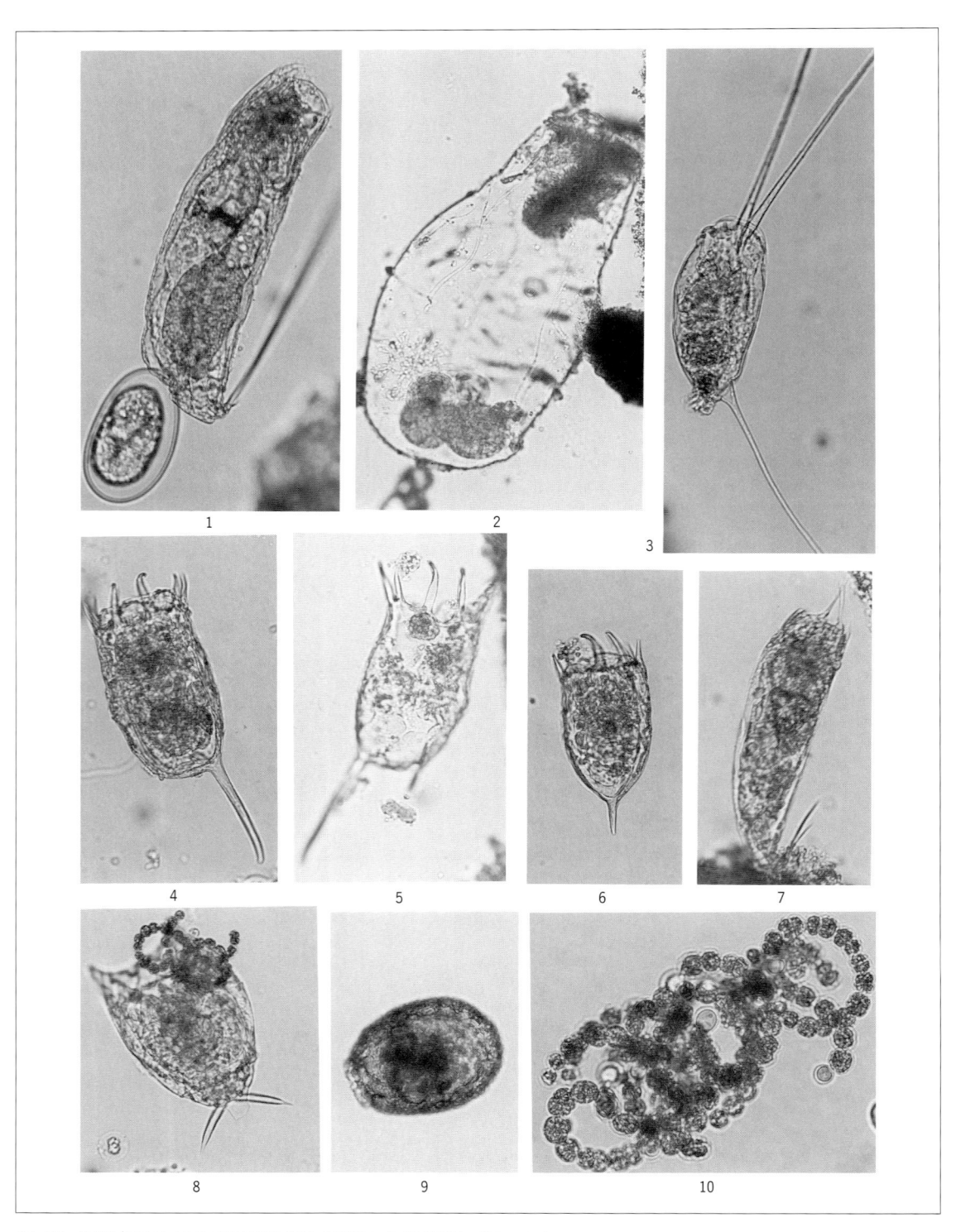

図-67 1999 年 8 月 17 日に幌向蓴菜沼で出現した代表的なプランクトン
1. *Trichocerca scipio*, 2. *Asplanchna herricki*, 3. *Filinia longiseta*, 4-5. *Keratella valga*, 6. *Keratella cochlearis*, 7. *Trichocerca birostris*, 8. *Lecane ludwigi*, 9. *Difflugia* sp., 10. *Anabaena* sp.

1999年8月17日の調査を行い，水色がウーレの水色計の第XV号，透明度が0.2m，表層水温が27.0℃，pHが8.3を測定している．
〈プランクトン〉
　幌向蓴菜沼のプランクトン相については，田中（2001）が動物プランクトンが27種，植物プランクトンが34種の合計61種の出現を報告している．

　出現種数の綱別の内訳は，原生動物が8属10種，輪虫類が9属13種，鰓脚類が2属2種，橈脚類が2属2種，藍藻類が3属4種，珪藻類が10属19種，及び緑藻類が6属11種であった．

　出現種の中に優占種といえる程に多産した種は，動植物プランクトン共にないが，動物プランクトンでは，原生動物の *Difflugia* sp., *Euglypha ciliata*, *Euglena* sp., 輪虫類の *Filinia longiseta*, *Trichocerca scipio*, *Keratella valga*, *Lecane ludwigi*, *Asplanchna herricki* 等が比較的多く見られた．植物プランクトンでは，何れも量的には少ないが，藍藻類の *Anabaena* sp. がやや目立ち，*Microcystis* 属や *Aphanocapsa* 属等は全く出現しなかった．

　プランクトン型は，動物プランクトンが第XII型，富栄養型根足虫類群集，植物プランクトンはやや疑問があるが，第XI型，富栄養型藍藻類群集に位置付けられるものと思われる．
〈底生動物〉
　幌向蓴菜沼の底生動物について，田中（2001）はプランクトン試料中から，ユスリカ類の幼虫が1種，線虫類が1種，タンスイカイメン（種は同定できていない）の骨片を認めたと述べている．
〈魚　類〉
　幌向蓴菜沼の魚類については，全く知見がない．
〈水生植物〉
　幌向蓴菜沼の水生植物については，田中（2001）がジュンサイ，コウホネ，ヨシを確認し，挺水植物群落の沖出し幅が3-5mで，沼の比較的限られた場所に発達するだけで，全体としては貧弱であると述べている．

田中正明（2001）　プランクトンから見た本邦湖沼の富栄養化の現状（291），再び北海道の湖沼㊱．水, 43, 8, 613, 63-66

1-3-17. 新　沼

　新沼は，西沼及び東沼の北東約2kmに位置する石狩川の三日月湖で，大きく湾曲したC型を成す．この付近には，同様の成因の小池沼が多く，ウツギ沼，月沼等が並んでいる．
〈水　質〉
　新沼の水質についての知見はほとんどないが，田中（2001）が1999年8月18日に調査を行い，水色がウーレの水色計の第XVI号，透明度が0.35mを測定している．
〈プランクトン〉
　新沼のプランクトン相について，田中（2001）は動物プランクトンが28種，植物プランクトンが46種の合計74種の出現を報告している．

　出現種数の綱別の内訳は，原生動物が9属11種，輪虫類が9属11種，鰓脚類が4属4種，橈脚類が2属2種，藍藻類が3属5種，珪藻類が11属27種，及び緑藻類が9属14種であった．

　出現種の中で，優占種といえる程に多産した種は，動植物プランクトン共にないが，動物プランクトンでは，輪虫類の *Asplanchna priodonta*, *A. herricki*, *Euchlanis dilatata*, *Brachionus quadridentatus* var. *brevispinus*, *Polyarthra vulgaris*, 原生動物の *Trachelomonas crebea*, *Arcella vulgaris*, 鰓脚類の *Bosminopsis deitersi*, 橈脚類の Nauplius 幼生等が比較的多く認められた．

　植物プランクトンでは，何れの種も少なかったが，珪藻類の *Melosira varians*, *Surirella capronii*, 緑藻類の *Pediastrum duplex* var. *gracillimum* がやや多く見られた．

　プランクトン型は，動物プランクトンが第XI型，中栄養型輪虫類群集，植物プランクトンは疑問があるが第IX型，富栄養型珪藻類，緑藻類混合型群集と判断された．
〈底生動物〉
　新沼の底生動物について田中（2001）は，プラ

ンクトン試料中からユスリカ類の幼虫１種，線虫類１種，タンスイカイメン（種は同定できていない）の骨片，及びコケムシ類（種は同定できていない）の休芽が認められた．

〈魚　類〉

新沼の魚類については，筆者の知る限り全く知見がない．

〈水生植物〉

新沼の水生植物について，田中（2001）はヨシ，ヒシ，コウホネの生育を報告している．挺水植物群落の沖出し幅は，最大 140 m に達し，平均的な所でも 15-20 m であった．

田中正明（2001）　プランクトンから見た本邦湖沼の富栄養化の現状（290），再び北海道の湖沼(57)．水，43，7，612，65-68

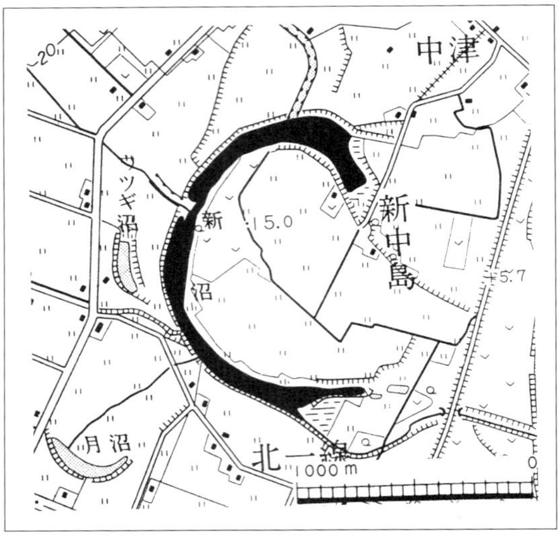

図-68　新沼の池沼概念図

図-69　新沼（1999 年 8 月 18 日撮影）

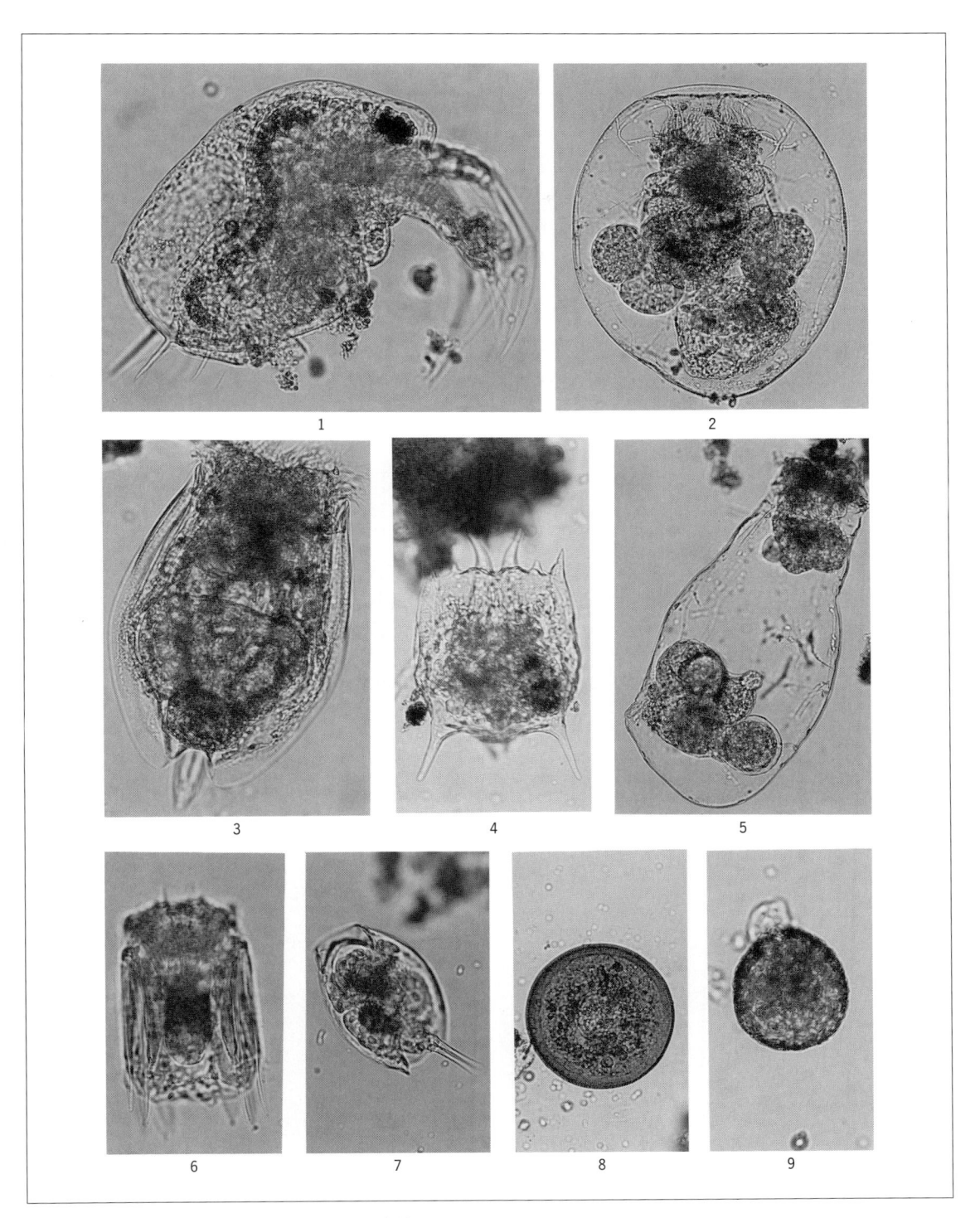

図-70 1999年8月18日に新沼で出現した代表的なプランクトン
1. *Bosminopsis deitersi*, 2. *Asplanchna priodonta*, 3. *Euchlanis dilatata*, 4. *Brachionus quadridentatus* var. *brevispinus*, 5. *Asplanchna herricki*, 6. *Polyarthra vulgaris*, 7. *Lepadella* sp., 8. *Arcella vulgaris*, 9. *Nebela* sp.

1-3-18. 宮島沼

　宮島沼は，美唄市の南端の石狩川の東約500mに位置する後背湿地を起源とする湖沼で，一般には日本最大のマガンの飛来地として知られる．

　本沼は，雁満沼（カリマントー）とも呼ばれ，マガン以外にもオオハクチョウ，コハクチョウ，マガモ，カルガモ，オナガガモ，コガモ，ヒドリガモ，ホシハジロ，キンクロハジロ，オオヒシクイ等が飛来する渡り鳥の中継地となっている．

　沼では，1989年4月にカモ猟に用いられた散弾の鉛が原因のハクチョウの鉛中毒斃死が問題となり，猟銃使用の自粛や環境整備の措置が取られた．湖岸には，野鳥観察舎が設置され，ラムサール条約の登録湿地として保護されるに至っている．

〈水　質〉

　宮島沼の水質については，北海道公害防止研究所（1990）の調査結果があるが，これによると透明度は0.8-1.1m，pHは7.2-7.4，溶存酸素は8.6-10.9mg/l，CODは10.0-11.0mg/l，全窒素は1.2mg/l，全リンは0.049-0.056mg/l，クロロフィルaは4.8-15.8μg/lであった．

　また，田中（2002）による1999年8月18日の調査では，水色がウーレの水色計の第XVII号，

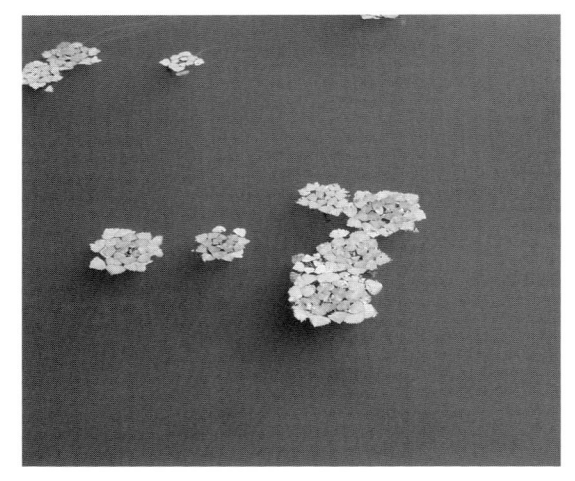

図-71　宮島沼（1999年8月18日撮影）
　　　　上；沼の南岸から北方を望む
　　　　左下；沼に広く見られるヒシ（コオニビシ？）
　　　　右下；オオタニシ．宮島沼では個体数が多い種類

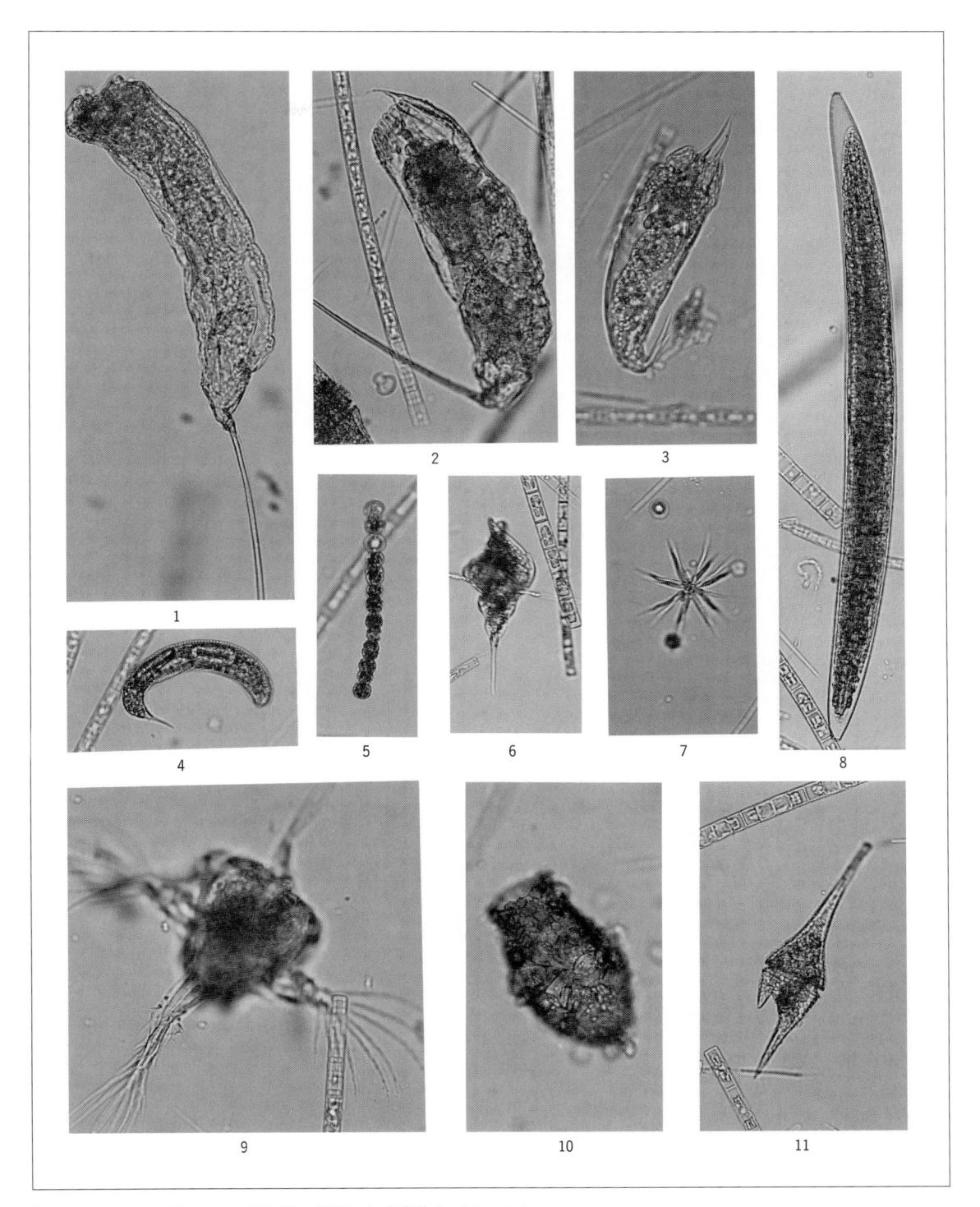

図-72 1999年8月18日に宮島沼で出現した代表的なプランクトン
1. *Trichocerca elongata*, 2. *Trichocerca cylindrica*, 3. *Trichocerca birostris*, 4. *Euglena* sp., 5. *Anabaena* sp., 6. *Phacus helicoides*, 7. *Ankistrodesmus falcatus*, 8. *Closterium acerosum*, 9. *Hexarthra mira*, 10. *Difflugia* sp., 11. *Ceratium hirundinella*

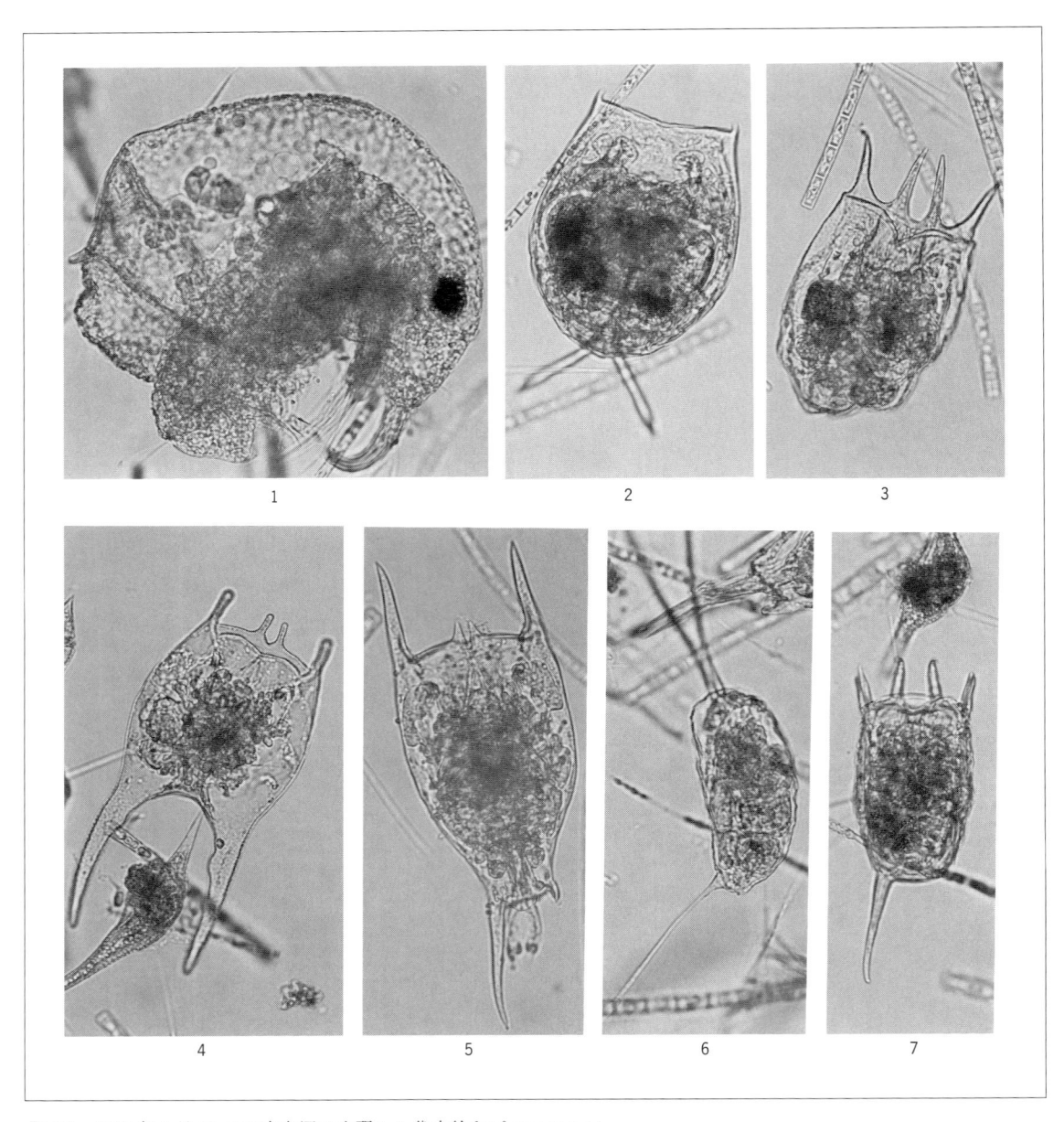

図-73 1999年8月18日に宮島沼で出現した代表的なプランクトン
1. *Bosmina longirostris*, 2. *Lecane rhenana* ?, 3. *Brachionus budapestinensis*, 4. *Brachionus forficula*, 5. *Schizocerca diversicornis*, 6. *Filinia longiseta*, 7. *Keratella valga*

透明度が 0.6 m, 表層水温が 27.0℃, pH が 8.7, 溶存酸素が 7.4 mg/l, 電気伝導度が 134 µS/cm, COD が 9.4 mg/l, 塩素イオンが 8.9 mg/l と報告されている.

〈プランクトン〉

宮島沼のプランクトン相について田中(2002)は, 輪虫類と珪藻類を主体とした群集であると述べている.

1999年8月18日の調査で採集された試料からは, 動物プランクトンの優占種として原生動物の *Ceratium hirundinella*, 植物プランクトンの優占種として珪藻類の *Aulacoseira ambigua*, 亜優占

種として A. granulata が報告されている．

また，これらに次ぐ種としては，動物プランクトンでは，輪虫類の Schizocerca diversicornis, Trichocerca cylindrica, Keratella valga, Hexarthra mira, Brachionus forficula, B. budapestinensis, Filinia longiseta 等が，さらに植物プランクトンでは，藍藻類の Microcystis aeruginosa, Anabaena sp., 緑藻類の Pediastrum duplex, Ankistrodesmus falcatus, Scenedesmus opoliensis, S. acuminatus 等が報告されている．

プランクトン型は，動物プランクトンは第 XI 型，中栄養型輪虫類群集，植物プランクトンは第 VI 型，中栄養型珪藻類群集に相当するものと考えられる．

〈底生動物〉

宮島沼の底生動物については，田中（2002）がオオタニシの個体数が多いことを述べている（図-71）．また，プランクトン試料中から，少なくとも 2 種のユスリカ類の幼虫，トンボ類（属種名は明らかでない）の幼虫 1 種を確認している．

〈魚 類〉

宮島沼の魚類については，北海道公害防止研究所（1990）がコイ，フナ，ウグイ，ヤチウグイ，ドジョウ，ナマズを報告している．

〈水生植物〉

宮島沼の水生植物について田中（2002）は，ヨシ，マコモ，フトイ，コウホネ，ガマ，コオニビシ（？），ウキクサが生育すると述べている（図-71）．また，環境庁（1993）によれば，これら以外にヘラオモダカ，ヒルムシロが記録されている．

挺水植物群落は，湖岸の大部分で発達しており，沖出し幅は最大 20 m に達している．

北海道公害防止研究所（1990）　北海道の湖沼．1-445

環境庁（1987）　第 3 回自然環境保全基礎調査，湖沼調査報告書．1-839

環境庁（1993）　第 4 回自然環境保全基礎調査，湖沼調査報告書．1-636

大木隆志（2000）　北海道，湖沼と湿原，水辺の散歩道．1-215，北海道新聞社，札幌

田中正明（2002）　プランクトンから見た本邦湖沼の富栄養化の現状（300），再び北海道の湖沼㊻．水，44，5，625，36-40

1-3-19．北光沼

北光沼は，砂川市にある小湖で，北海道公害防止研究所（1990）によれば，明治 31 年（1898年）の大水害の際に，石狩川が西方に流れを変え，取り残された半月湖が本沼となったとされている．

北光沼は，砂川市の上水道水源として 1955 年から導水されているが，水質の悪化が懸念されている．

沼の西側から北側にかけては，北光公園となっており，この付近が古くは「ヤシュンピタラ」と呼ばれており，ヤは内陸，シュンは柳，ピタラは河原の意味のアイヌ語で，中島に柳のある河原の景観を今日もよく示している．また，沼は水生植物に富み，釣りや花見等市民の憩いの場として親しまれている．

北光沼に関する陸水学的並びに陸水生物学的な知見は多くはないが，北海道公害防止研究所（1990）がまとめた『北海道の湖沼』に水質分析値やプランクトン相が報告され，田中（1991）も調査結果をまとめている．

〈水　質〉

北光沼の水質について，北海道公害防止研究所（1990）は 1985 年 8 月 19 日に調査を行い，透明度が 1.4 m，pH が 8.1-8.2，溶存酸素が 8.7-9.1 mg/l，COD が 5.3-6.2 mg/l，全窒素が 2.0-2.3 mg/l，全リンが 0.041-0.059 mg/l，クロロフィル a が 11.2-17.0 μg/l を測定している．

田中（1991）は 1987 年 10 月 9 日の調査で，水色がウーレの水色計の第 XV 号，透明度が 0.50 m，表層水温が 15.9℃，pH が 7.9，溶存酸素が 8.60 mg/l，電気伝導度が 140 μS/cm，COD が 3.02 mg/l，塩素イオンが 11.9 mg/l，全窒素が 2.1 mg/l，アンモニア態窒素が 0.20 mg/l，硝酸態窒素が 0.14 mg/l，亜硝酸態窒素が 0.003 mg/l 以下，全リンが 0.032 mg/l と報告している．

表-4　1987年10月9日の北光沼のプランクトン出現種

PROTOZOA
　　Dinobryon bavaricum
　　Ceratium hirundinella
　　Trachelomonas playfairi
　　Trachelomonas sp.
　　Arcella vulgaris
　　Arcella sp.
　　Vorticella sp.

ROTATORIA
　　Synchaeta tremula
　　Schizocerca diversicornis
　　Brachionus angularis
　　Brachionus angularis var. *bidens*　　　　＋
　　Brachionus dimidiatus f. *intermis*
　　Polyarthra major
　　Lophocharis (*Lepadella*) *salpina*
　　Keratella valga
　　Keratella cochlearis var. *tecta*

BRANCHIOPODA
　　Diaphanosoma brachyurum
　　Bosmina longirostris　　　　＋
　　Bosminopsis deitersi　　　　＋

COPEPODA
　　Heliodiaptomus nipponicus　　　　C

CYANOPHYCEAE
　　Oscillatoria sp.

BACILLARIOPHYCEAE
　　Aulacoseira ambigua
　　Aulacoseira granulata　　　　＋
　　Aulacoseira distans
　　Melosira varians　　　　＋
　　Cyclotella sp.
　　Asterionella formosa
　　Fragilaria construens
　　Synedra delicatissima var. *angustissima*
　　Synedra rumpens
　　Navicula sp.
　　Surirella biseriata
　　Surirella sp. 1
　　Surirella sp. 2

CHLOROPHYCEAE
　　Tetraedron minimum
　　Mougeotia sp. 1
　　Mougeotia sp. 2
　　Spirogyra sp.　　　　＋

　また，筆者は1999年8月18日と，2000年7月29日に調査を行ったが，1999年8月18日の場合は，水色がウーレの水色計の第XVI号，透明度が0.65 m，表層水温が28.3℃，pHが8.3，溶存酸素が8.32 mg/l，電気伝導度が113 μS/cm，CODが4.75 mg/l，塩素イオンが7.5 mg/l，2000年7月29日の場合は，水色がウーレの水色計の第XV号，透明度が0.55 m，表層水温が25.9℃，pHが8.1，溶存酸素が8.75 mg/l，電気伝導度が139 μS/cm，CODが4.04 mg/l，塩素イオンが8.6 mg/l，全窒素が2.4 mg/l，全リンが0.030 mg/lであった．

〈プランクトン〉

　北光沼のプランクトン相について，北海道公害防止研究所（1990）は植物プランクトンでは，珪藻類の *Synedra* sp., *Melosira* sp. を代表的な種として報告している．

　田中（1991）は，1987年10月9日に採集した試料から，動物プランクトンが20種，植物プランクトンが18種の合計38種を同定している．

　出現種数の綱別の内訳は，原生動物が5属7種，輪虫類が6属9種，鰓脚類が3属3種，橈脚類が1属1種，藍藻類が1属1種，珪藻類が8属13種，及び緑藻類が3属4種であった．

　この時の優占種は，動物プランクトンでは橈脚類の *Heliodiaptomus nipponicus* で，これに鰓脚類の *Bosminopsis deitersi*, *Bosmina longirostris*, 輪虫類の *Brachionus angularis* var. *bidens* が次いだ．

　植物プランクトンは，特に優占種といえる程に多産した種は認められなかったが，珪藻類の *Aulacoseira granulata*, *Melosira varians*, 緑藻類の *Spirogyra* sp. の3種がやや多く見られた．

　プランクトン型は，動物プランクトンは第IX型，中栄養型橈脚類群集，或いは第X型，中栄養型甲殻類，輪虫類混合型群集，植物プランクトンは第VI型，中栄養型珪藻類群集に相当するものと思われる．

　また，筆者が行った1999年8月18日の調査では，動物プランクトンが28種，植物プランクトンが78種の合計106種が出現した．

　出現種の綱別の内訳は，原生動物が9属15種，輪虫類が7属8種，鰓脚類が1属1種，橈脚類が4属4種，藍藻類が9属12種，珪藻類が14属33種，及び緑藻類が16属33種であった．また，これには加えてないが，菌類の *Planctomyces Bêkefii* 及び *P. guttaeformis* の2種が比較的多く見られた．

優占種となったのは，動物プランクトンでは，輪虫類の *Schizocerca diversicornis* で，これに *Conochilus unicornis, Polyarthra vulgaris*, 原生動物の *Ceratium hirundinella*, 橈脚類の *Heliodiaptomus nipponicus* が次いだ．

植物プランクトンの優占種は，珪藻類の *Aulacoseira distans* で，これに同じ珪藻類の *A. ambigua, A. granulata*, 藍藻類の *Aphanizomenon issatschenkoi, Microcystis firma, Pseudanabaena mucicola* 等が続いた．

今回の調査で出現した種数の中で，緑藻類のクロロコックム目が非常に多くを占めたが，その各々の種の量は少ない．

プランクトン型は，動物プランクトンは第XI型，中栄養型輪虫類群集，植物プランクトンはやや疑問があるが第VII型，中・富栄養型珪藻類混合型群集と判断される．

〈底生動物〉

北光沼の底生動物については，オオタニシが非常に多く棲息している．また，プランクトン試料中からは，少なくとも3種のユスリカ類の幼虫，線虫類が1種見出されている．また，水草帯では多くの水生昆虫の棲息が認められる．

〈魚　類〉

北光沼の魚類について，田中（1991）はフナ，ニゴイを報告している．筆者は，2000年7月29日の調査でコイの棲息を確認している．

〈水生植物〉

北光沼の水生植物について，筆者は1999年8月18日及び2000年7月29日の調査で，ヨシ，クサヨシ，ガマ，カンガレイ，ミズドクサ，オモダカ，ヘラオモダカ，ミクリ，ショウブ（園芸種），コウホネ，トチカガミ，エゾヒツジグサ，スイレン（園芸種），ヒシ，ウキクサ，ミジンコウキクサ，タヌキモを確認した．

水生植物は，池の北岸から北部の島の周囲を中心に生育し，大きな群落を形成している．水道水源湖沼と公園湖沼としての水質，生物の棲息環境を両立させ保全していくことは，必ずしも容易ではなく，北光沼はやや富栄養化が進みすぎてはいるが，良好な状況にあるといえる．

北海道公害防止研究所（1990）　北海道の湖沼. 1-445

田中正明（1991）　プランクトンから見た本邦湖沼の富栄養化の現状（174），再び北海道の湖沼㉛．水，33, 13, 468, 82-84

1-13-20．天塩鏡沼（乙女ヶ池）

天塩鏡沼は，天塩川の河口近くに形成された細長い河跡湖で，かつては天塩川との連絡があったものである．天塩鏡沼は，一般に鏡沼と呼ばれることが多いが，石狩川が形成した鏡沼も存在する．

沼は，現在は「鏡沼公園」と呼ばれ，日本オロロンライン観光ルートの唯一の海浜観光レジャー基地の名の基に整備され，キャンプや沼でのシジミ採り，釣り場として親しまれている．付近は，海浜植物が多く，ハマナスを始め，エゾカンゾウ，エゾスカシユリ，ハマヒルガオ，スズラン等の花園も自然を満喫する多くの人々を集めている．

本沼は，産業的な利用は全く行われておらず，陸水学的並びに陸水生物学的な知見も乏しく，北海道公害防止研究所（1990），田中（2002）の報告が知られるに過ぎない．

〈水　質〉

天塩鏡沼の水質は，北海道公害防止研究所（1990）によれば，1984年7月24日の調査で透明度が1.0-1.5 m，pHが9.2-9.3，溶存酸素が9.6-10.6 mg/l，CODが6.3-7.5 mg/l，全窒素が0.36-0.41 mg/l，全リンが0.031-0.038 mg/l，クロロフィルaが1.4-2.3 μg/lであった．

また，田中（2002）による2000年7月31日の調査では，水色はウーレの水色計の第XIV号，透明度は1.4 m，表層水温は28.4℃，pHは7.8，溶存酸素は9.72 mg/l，電気伝導度は470 μS/cm，CODは5.85 mg/l，塩素イオンは138 mg/l，全窒素は0.38 mg/l，全リンは0.027 mg/lであった．

なお，本沼の底質は，大部分が黒灰色の砂質から成り，場所によっては腐植性の泥が混じるのが

認められた．

〈プランクトン〉

天塩鏡沼のプランクトン相について，北海道公害防止研究所（1990）は植物プランクトンの *Oscillatoria* sp.，動物プランクトンの *Rotaria* sp. の出現を報告している．

田中（2002）によれば，動物プランクトンが23種，植物プランクトンが31種の合計54種が出現した．

出現種数の綱別の内訳は，原生動物が5属7種，輪虫類が8属10種，鰓脚類が4属4種，橈脚類が2属2種，藍藻類が5属6種，珪藻類が10属14種，及び緑藻類が9属11種であった．その大部分は淡水種であり，珪藻類の *Tabellaria* や *Arcella*，*Centropyxis* 等の有殻アメーバ，*Ilyocryptus spinifer* 等の腐植性水域に多産する種が目立ち，鏡沼の性状を示すものとして注目される．汽水種としては，珪藻類の *Stephanodiscus* sp.，*Campylodiscus* sp. 等が若干認められた．

出現種の中で出現頻度が高かった種は，動物プランクトンでは輪虫類の *Brachionus angularis*，*Pompholyx complanata*，*Hexarthra mira*，*Polyarthra vulgaris*，*Asplanchna priodonta*，*Trichocerca elongata*，鰓脚類の *Bosmina longirostris* 等で，植物プランクトンは珪藻類の *Tabellaria fenestrata* が優占種で，これに *Asterionella formosa*，緑藻類の *Spirogyra* sp.，*Bulbochaeta* sp. 等が次いだ．

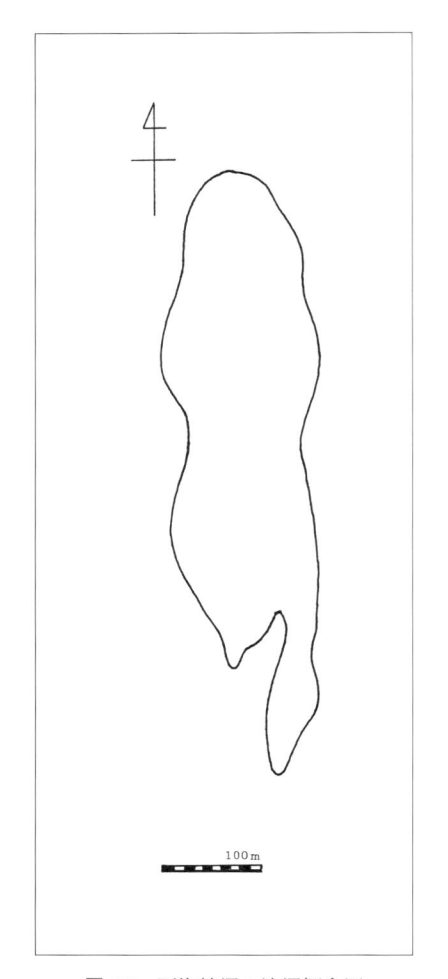

図-74 天塩鏡沼の池沼概念図

図-75 天塩鏡沼（2000年7月31日撮影）
上；天塩鏡沼西岸のフトイ群落
下；天塩鏡沼北東岸の観光施設

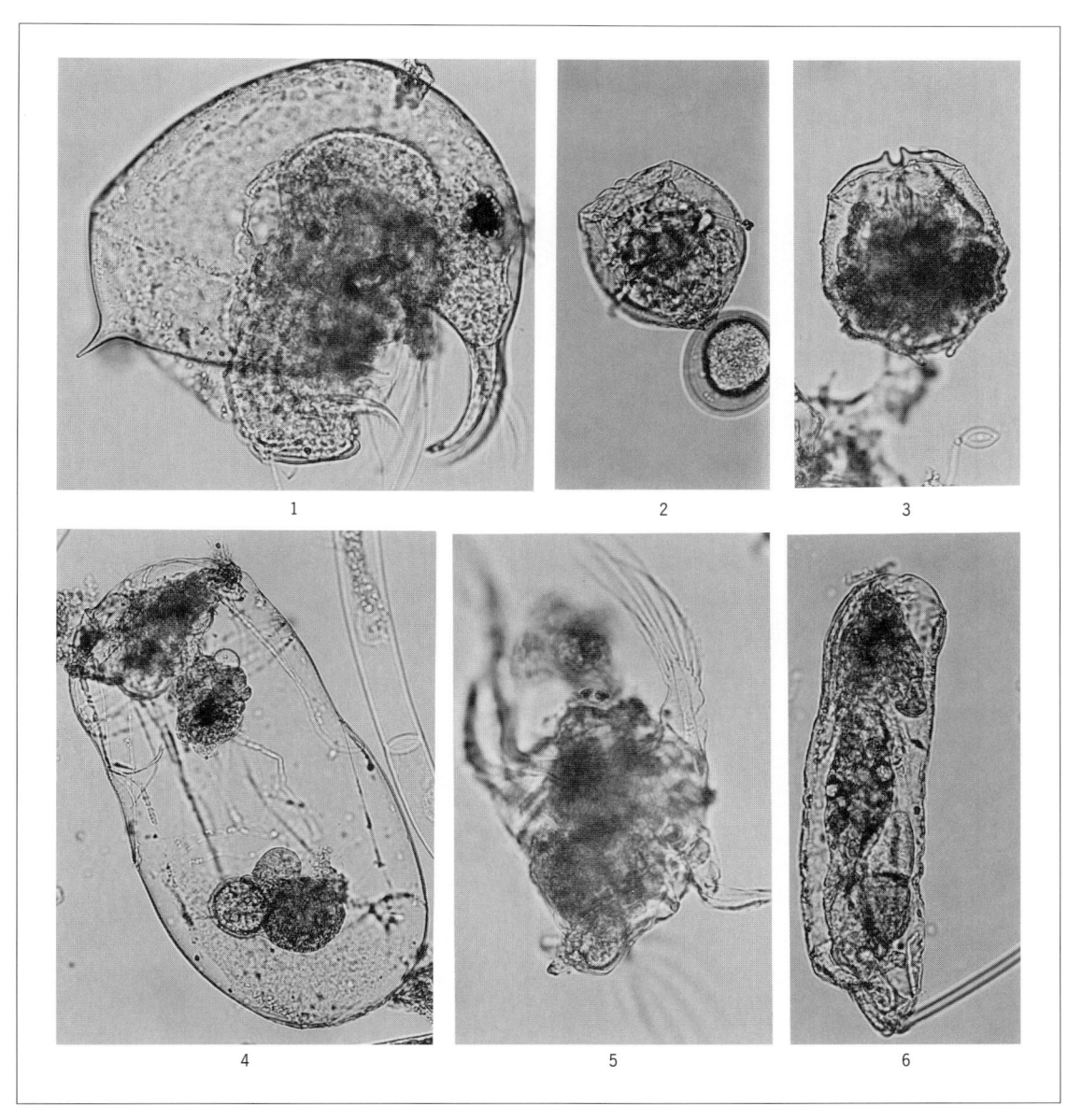

図-76 2000年7月31日に天塩鏡沼で出現した代表的なプランクトン
1. *Bosmina longirostris*, 2. *Pompholyx complanata*, 3. *Brachionus angularis*, 4. *Asplanchna priodonta*,
5. *Hexarthra mira*, 6. *Trichocerca elongata*

プランクトン型は，動物プランクトンが第XI型，中栄養型輪虫類群集，植物プランクトンは第IV型，貧栄養型腐植性珪藻類群集或いは第VI型，中栄養型珪藻類群集と判断される．

〈底生動物〉

天塩鏡沼の底生動物は，田中（2002）によればシジミ，オオタニシが棲息する．また，プランクトン試料中から，線虫類が1種，ユスリカ類の幼虫が1種認められた．

〈魚　類〉

天塩鏡沼の魚類については，全く知見がない．筆者はコイ，フナを確認した．

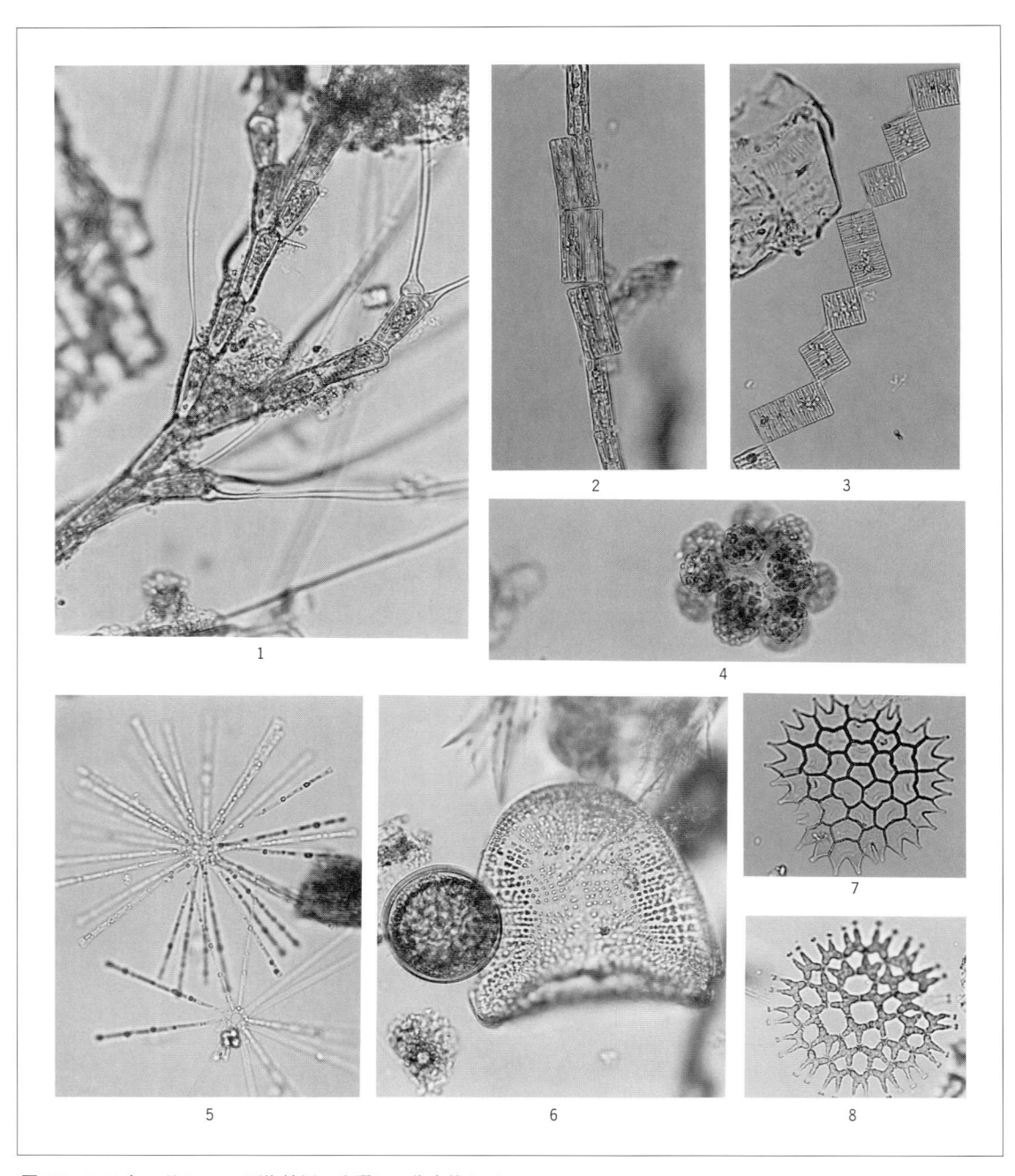

図-77 2000年7月31日に天塩鏡沼で出現した代表的なプランクトン
1. *Bulbochaete* sp., 2. *Tabellaria fenestrata*, 3. *Tabellaria flocculosa*, 4. *Coelastrum reticulatum*, 5. *Asterionella formosa*, 6. *Stephanodiscus* sp.(左)及び *Campylodiscus* sp.(右), 7. *Pediastrum boryanum*, 8. *Pediastrum duplex*

〈水生植物〉

　天塩鏡沼の水生植物について，田中（2002）はヨシ，フトイが生育し，ヨシ群落の沖出し幅は南岸で著しく，最大80mに達するが北岸では貧弱であったと報告している．

北海道公害防止研究所（1990）　北海道の湖沼．1-445

田中正明（2002）　プランクトンから見た本邦湖沼の富栄養化の現状（301），再び北海道の湖沼㊿．水，44，6，626，37-40

1-4. 根室，釧路付近の湖沼

　根室半島から釧路付近は，年平均気温が5-6℃と北海道の中でも寒冷な気候で知られ，釧路湿原や霧多布湿原を始めとする広大な湿地と，大小多くの池沼が点在している．

　これらの池沼は，腐植性傾向を有し，生物相では千島と共通する種が分布するが，調査研究は十分に行われていない．特に太平洋岸の汽水湖の中には，全く調査対象となったことがないものも多く，私有地の放牧地内に位置するものでは，その存在が記された知見が全くないものさえある．

　気候は，寒冷であることに加え，年間100日前後が海霧におおわれ，春から夏にかけては特に著しい．しかし，降雨量は少なく，年平均1000 mm程度である．

1-4-1. 兼金沼

　兼金沼は，北海道東部の知床半島と根室半島の中間にあり，別海町の南東10 kmの西別原野と呼ばれる10-20 mの丘陵地に位置している．

　この地域は，最近まで森林と自然地であり，カモ類を始めとする水鳥やタンチョウヅルの繁殖地で，キタキツネやヒグマ，エゾシカ等の個体数も多い所であった．しかし，新酪農村の建設事業が進み，原始美を有する森のジュンサイを産する湖という佇まいは，今日では失われている．

　兼金沼の流出入河川は，特に定常的な流入河川はないが，沼の南東から流出して小さな無名川に注いでいる．なお，この兼金沼の南東には，大小3つの沼が点在するが，名称もなく，陸水学的並びに陸水生物学的な調査対象となったこともない．

　兼金沼に関する調査研究としては，環境庁（1987，1993）による『自然環境保全基礎調査（緑の国勢調査）』の水質分析値，北海道公害防止研究所（1990）の水質分析値，田中（2001，2003）の報告が知られるにすぎない．

〈水　質〉

　兼金沼の水質について，環境庁（1987）は1985年10月の調査で，水温が14.8℃，pHが7.2，溶存酸素が8.6 mg/l，塩素イオンが8.7 mg/l，クロロフィルaが3.96 μg/l，透明度が1.8 mと報告している．また，環境庁（1993）は1991年8月の調査で，水温が18.9℃，pHが7.5，溶存酸素が8.6 mg/l，電気伝導度が0.062 mS/cm，CODが14.3 mg/l，全窒素が0.90 mg/l，全リンが0.028 mg/l，塩素イオンが8.0 mg/l，クロロフィルaが24.5 μg/l，透明度が0.9 mと報告している．

　北海道公害防止研究所（1990）は，表層水の水質の年平均値として，全窒素が0.29 mg/l，全リンが0.006 mg/l，CODが8.7 mg/l，クロロフィルaが3.0 μg/lと，腐植性の貧から中栄養湖と位置付けている．

　田中（2001）による1999年8月20日の調査では，水色はウーレの水色計の第XVI号を呈し，表面水温が22.5℃，pHが7.6，溶存酸素が8.1 mg/l，電気伝導度が55 μS/cm，塩素イオンが5.6 mg/l，さらに2002年9月1日の調査では，水色がウーレの水色計の第XIX号，透明度が1.20 m，表面水温が22.8℃，pHが7.0，溶存酸素が8.40 mg/l，電気伝導度が58 μS/cm，CODが10.1 mg/l，塩素イオンが4.5 mg/lであった（田中，2003）．

　兼金沼の水質の知見は乏しいが，最近15年程の間に行われた調査結果からは，急速な富栄養化の進行は認められず，湖沼型とすれば腐植性傾向を有する貧から中栄養湖と判断される．

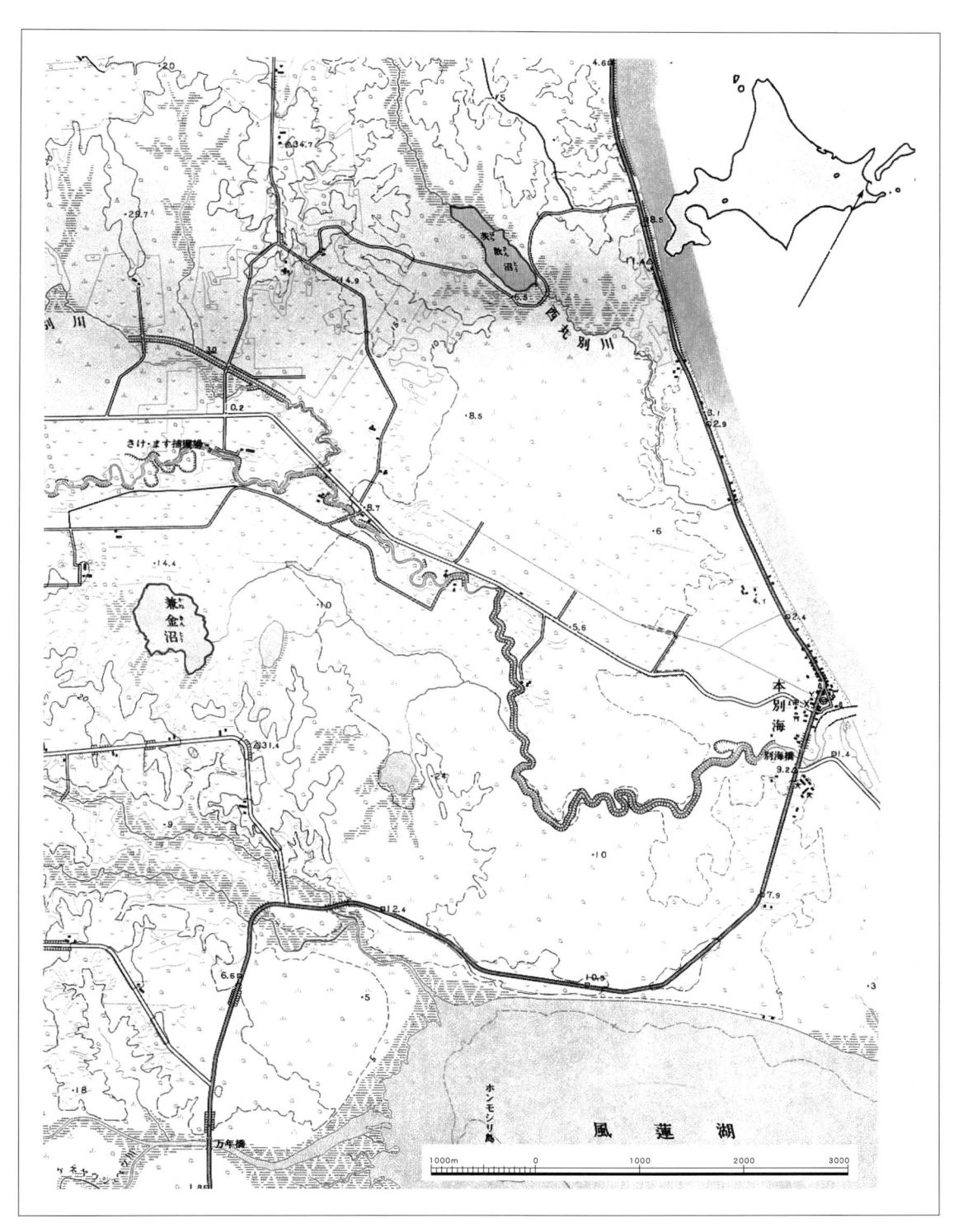

図-78 兼金沼及び茨散沼の池沼概念図

〈プランクトン〉

兼金沼のプランクトンについては，田中（2003）が2002年9月1日の出現種として，底泥の巻き上げや，採集時の付着藻や底性種の混入があるが，動物プランクトンが107種，植物プランクトンが272種の合計379種を同定している．

出現種数の網別の内訳は，原生動物が27属55種，輪虫類が18属26種，鰓脚類が12属16種，介形類が2属2種，橈脚類が8属8種，藍藻類が8属13種，珪藻類が31属194種，及び緑藻類が20属65種であった．

出現した種数が多い例としては，ウトナイ湖の248種（田中，藤田，2002）があるが，兼金沼はこれを上廻るものであった．

優占種は，動物プランクトンでは *Keratella cochlearis* var. *hispida* で，これに *K. cochlearis*, *Polyarthra dolichoptera*, 及び *Arcella discoides*, *A. arenaria* 等の根足虫類が続いた．植物プランクトンは，*Fragilaria construens* が全珪藻類の46.3%を占め，これに *Aulacoseira ambigua* が14.2%，*Tabellaria fenestrata* が11.2%，*T. flocculosa* が8.9%，*Skeletonema subsalsum* が7.6%，*Cyclotella stelligera* が2.6%の順であった．

本沼のプランクトン相の特徴は，接合藻が24種，有殻アメーバが21種と多く，腐植性傾向を強く示すものであった．田中（2003）によれば，珪藻類の *Eunotia* 属と *Pinnularia* 属の種数が，全珪藻類の種数に占める割合で，湖沼の腐植性傾向を判断する方法があるが，これによると兼金沼は28.3%であり，青森県津軽地方の腐植性湖沼の平滝沼の7.1%，下北半島の大沼の7.6%を上廻り，月山の湿原の31.0%や大雪山の37.0%に近い値であり，高い腐植性と判断された．

また，兼金沼のプランクトン型は，動物プランクトンが第XI型，中栄養型輪虫類群集，植物プランクトンが第IV型，貧栄養型腐植性珪藻類群集と判断された．

〈底生動物〉

兼金沼の底生動物については，十分な知見はない．筆者は，2002年9月の調査で3種のユスリカ類の幼虫を得たが，個体数は少なかった．

〈魚　類〉

兼金沼の魚類についての知見は乏しく，棲息する魚種並びにその量等は明らかでない．

〈水生植物〉

兼金沼の水生植物は，1999年8月及び2002年9月の調査で，挺水植物のヨシ，フトイ，ヌマハリイ，浮葉植物のバイカモ，ジュンサイ，ネムロコウホネ，ヒツジグサ，オヒルムシロ，沈水植物のスギナモ，ヒロハノエビモ，タヌキモが確認された．

挺水植物群落の沖出し幅は，最大10mに達する．また，ジュンサイは明治時代に採取が始まり，現在も続けられている．

藤田智子，田中正明（2001）　北海道の茨散沼，兼金沼の珪藻類．日本珪藻学会第22回大会

図-79　兼金沼（2002年9月1日撮影）

北海道公害防止研究所（1990）北海道の湖沼．1-445
環境庁（1979）第2回自然環境保全基礎調査，湖沼調査報告書．1-442
環境庁（1987）第3回自然環境保全基礎調査，湖沼調査報告書．1-839
環境庁（1993）第4回自然環境保全基礎調査，湖沼調査報告書．1-636
田中正明（2000）プランクトンから見た本邦湖沼の富栄養化の現状（273），再び北海道の湖沼㊵．水，42，1，591，61-65
田中正明，藤田智子（2002）ウトナイ湖のプランクトン相について．四日市大学環境情報論集，6，1，1-25
田中正明（2003）兼金沼のプランクトン相について．四日市大学環境情報論集，6，2，137-162

1-4-2. 茨散沼

茨散沼は，兼金沼の北東約5kmの西別原野に位置する腐植性湖沼である．沼の語源は，沼が西丸別川の途中にあり，流れが途中で広くなり，再び狭い川となることから「拡がり下る沼」の意味で付けられたとされるが，確実な資料はない．

本沼は，現在でも周辺に自然地が残され，カモ類を始めとする水鳥やタンチョウヅルの繁殖地であり，キタキツネやヒグマ，エゾシカの出没も多い所として知られている．

本沼に関する陸水学的並びに陸水生物学的な知見は乏しく，環境庁（1979，1987，1993），北海道公害防止研究所（1990），田中（2001），藤田，田中（2001）等の研究が知られるにすぎない．

〈水　質〉

茨散沼の水質については，北海道公害防止研究所（1990）が1979年7月から1985年10月の間に，合計8回の調査を行っている．これによれば，透明度は1.3-2.0 m，pHは6.9-7.0，溶存酸素は7.8-9.1 mg/l，CODは8.2-9.1 mg/l，全窒素は0.41 mg/l，全リンは0.006-0.014 mg/l，クロロフィルaは0.7-18.8 μg/lであった．

田中（2001）は，1999年8月21日に水温が23.1℃，pHが7.5，溶存酸素が9.0 mg/l，電気伝導度が104 μS/cm，塩素イオンが6.9 mg/lで，水色がウーレの水色計の第XVI号を呈すると報告した．

また，筆者は2002年9月1日の調査で，水温が20.6℃，pHが7.4，溶存酸素が6.76 mg/l，電気伝導度が114 μS/cm，CODが8.65 mg/l，塩素イオンが7.6 mg/l，水色がウーレの水色計の第XVII号，透明度が0.80 mを測定した．

このように茨散沼は，腐植性の貧から中栄養湖と判断され，特に目立った汚濁や急速な富栄養化の進行も知られていない．

〈プランクトン〉

茨散沼のプランクトン相について，田中（2001）は1999年8月21日の出現種として動物プランクトンでは，*Bosmina longirostris*, *Bosminopsis deitersi*, *Asplanchna herricki*, *Keratella cochlearis* var. *irregularis*, *Polyarthra*

図-80　茨散沼（2002年9月1日撮影）

minor, *Centropyxis* sp. 等が比較的多く，植物プランクトンでは *Urosolenia longiseta* が優占種で（図-81），他に珪藻類の *Eunotia* 属，*Pinnularia* 属（図-81），*Cymbella* 属，緑藻類の *Pediastrum araneosum* var. *rugulosum*, *P. boryanum*, *Scenedesmus quadricauda*, *Staurastrum* sp., 藍藻類の *Chroococus* sp. 等が比較的多く出現した．また，藤田，田中（2001）は，*Urosolenia longiseta* が優占種で，*Aulacoseira ambigua* がこれに次いだことを述べている．

さらに，筆者が行った2002年9月1日の調査では，動物プランクトンが40種，植物プランクトンが62種の合計102種が同定された．

出現種数の綱別の内訳は，原生動物が8属17種，輪虫類が10属15種，鰓脚類が7属7種，橈脚類が1属1種，藍藻類が7属9種，珪藻類が18属36種，及び緑藻類が8属17種であった．優占種は，動物プランクトンでは *Dinobryon divergens* で，これに *D. bavaricum*, *D. sertularia*, *Keratella cochlearis* が次いだ．植物プランクトンは，*Synedra delicatissima* var. *angustissima* が優占し，これに *Aulacoseira italica*, *Asterionella formosa* 等の珪藻類が続いた．

本沼の腐植性傾向について田中（2001）は，*Eunotia* 属と *Pinnularia* 属の出現種数が全珪藻出現種数に占める割合から腐植性傾向を判断し，その値が27.8％と，地理的に近い兼金沼とよく似た値であり，高い腐植性を有すると述べている．プランクトン型は，2002年9月1日の結果では，動物プランクトンが第Ⅰ型，貧栄養型鞭毛虫類群集，植物プランクトンが第Ⅵ型，中栄養型珪藻類群集と判断された．

〈底生動物〉

茨散沼の底生動物については，ほとんど知見がない．筆者の調査では，カラスガイの棲息と，少なくとも3種以上のユスリカ類の幼虫を得たが，個体数は少なかった．

〈魚類〉

茨散沼の魚類は，イトウ，ウグイ，アメマスの棲息が知られるが（環境庁，1987），個体数は少ない．

〈水生植物〉

茨散沼の水生植物については，2002年9月1日の調査で，挺水植物のヨシ，ミズドクサ，イヌスギナ，フトイ，ミツガシワ，浮葉植物のジュンサイ，ネムロコウホネ，ヒルムシロ，ヒツジグサ，沈水植物のスギナモ，ヒロハノエビモ，ホザキノフサモ，タヌキモを確認した．環境庁（1987）によれば，今回確認できなかったバイカモが記録されており，かなり豊かな水生植物相を

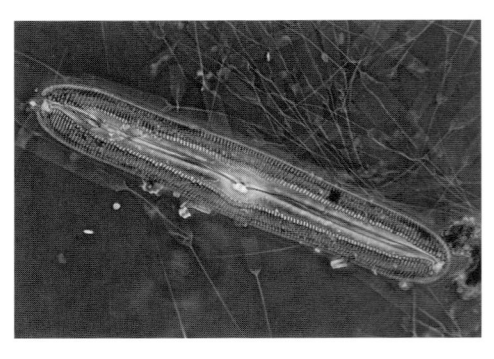

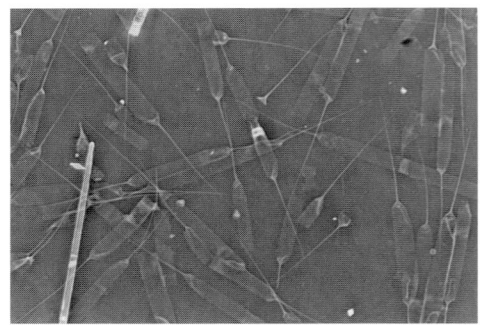

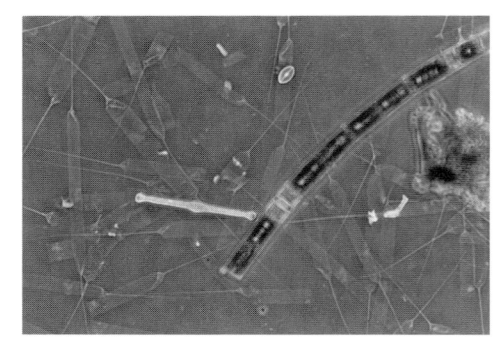

図-81　1999年8月21日に茨散沼で出現した珪藻類（位相差顕微鏡写真）
　　上；*Pinnularia* sp.
　　中；*Urosolenia longiseta*
　　下；*Urosolenia longiseta* 及び *Tabellaria*, *Aulacoseira*

表-5 2002年9月1日の茨散沼のプランクトン出現種

PROTOZOA	
Dinobryon bavaricum	C
Dinobryon sertularia	C
Dinobryon divergens	CC
Gymnodinium sp.	
Ceratium hirundinella	
Trachelomonas hispida	
Trachelomonas armata	
Trachelomonas superba	
Trachelomonas oblonga	
Arcella gibbosa	
Arcella discoides	
Arcella vulgaris	
Arcella polypora	
Difflugia gramen	
Centropyxis discoides	
Centropyxis hirsuta	
Nebela dentistoma	
ROTATORIA	
Habrotrocha ?	
Rotaria ?	
Conochilus hippocrepis	+
Conochiloides dossuarius	
Synchaeta sp. 1	
Synchaeta sp. 2	
Polyarthra vulgaris	+
Polyarthra minor	
Asplanchna priodonta	+
Asplanchna herricki	
Keratella cruciformis	
Keratella cochlearis	C
Keratella cochlearis var. hispida	
Euchlanis dilatata	
Lecane pyriformis	
BRANCHIOPODA	
Diaphanosoma macrophthalma	
Bosminopsis deitersi	+
Disparalona rostrata	
Alona costata	
Monospilus dispar	
Chydorus sphaericus	
COPEPODA	
Nauplius of Cyclopoida	
CYANOPHYCEAE	
Chroococcus dispersus	
Gloeocapsa ?	
Aphanocapsa elachista	
Aphanocapsa koordersi	
Coelosphaerium dubium ?	
Nostoc ?	
Oscillatoria sp. 1	
Oscillatoria sp. 2	
Symploca ?	
BACILLARIOPHYCEAE	
Melosira varians	+
Aulacoseira italica	+
Aulacoseira ambigua	
Tabellaria fenestrata	+
Tabellaria flocculosa	
Diatoma vulgare	
Urosolenia longiseta	
Fragilaria construens	
Asterionella formosa	+
Synedra acus	+
Synedra delicatissima var. angustissima	C
Achnanthes lanceolata	
Neidium iridis var. ampliatum	
Stauroneis phoenicenteron	
Stauroneis anceps	
Gyrosigma sp. 1	
Gyrosigma sp. 2	
Pinnularia major	
Pinnularia viridis	
Pinnularia viridis var. minor	
Pinnularia subcapitata	
Pinnularia gibba f. subundulata	
Pinnularia biceps	
Navicula sp. 1	
Navicula sp. 2	
Navicula sp. 3	
Gomphonema angustatum var. productum	
Cymbella turgidula	
Cymbella aspera	
Cymbella cuspidata	
Nitzschia sp. 1	
Nitzschia sp. 2	
Nitzschia sp. 3	
Nitzxchia sp. 4	
Surirella linearis	
Surirella biseriata var. bifrons	
CHLOROPHYCEAE	
Pediastrum araneosum	+
Pediastrum araneosum var. rugulosum	
Pediastrum boryanum	+
Pediastrum tetras	
Coelastrum cambricum	
Coelastrum sphaericum	
Kirchneriella danubiana	
Scenedesmus quadricauda	
Scenedesmus dispar	
Closterium angustatum	
Closterium abruptum	
Euastrum dubium	
Euastrum sublobatum	
Euastrum sp.	
Cosmarium sp.	
Staurastrum sp. 1	
Staurastrum sp. 2	

有することが認められる.

また, 本沼のジュンサイは, 商業ベースで採取されている.

挺水植物群落は, 湖岸の全域で発達しており, 沖出し幅で最大 50 m に達する.

藤田智子, 田中正明 (2001) 北海道の茨散沼, 兼金沼の珪藻類. 日本珪藻学会第 22 回大会
北海道公害防止研究所 (1990) 北海道の湖沼. 1-445
環境庁 (1979) 第 2 回自然環境保全基礎調査, 湖沼調査報告書. 1-442
環境庁 (1987) 第 3 回自然環境保全基礎調査, 湖沼調査報告書. 1-839
環境庁 (1993) 第 4 回自然環境保全基礎調査, 湖沼調査報告書. 1-636
田中正明 (2001) プランクトンから見た本邦湖沼の富栄養化の現状 (293), 再び北海道の湖沼 ㊿. 水, 43, 11, 616, 67-70

1-4-3. 知西別沼

知西別沼は, 知床半島の根室海峡側に位置する小湖で, 成因については明らかでない. 本沼は, 北海道の各地に点在する小湖の中でも, 陸水学的並びに陸水生物学的にも知見の乏しい代表的なもの一つで, 環境庁 (1987, 1993) による『自然環境保全基礎調査』の対象湖沼の一つでありながら, データらしいものはほとんど記されていな

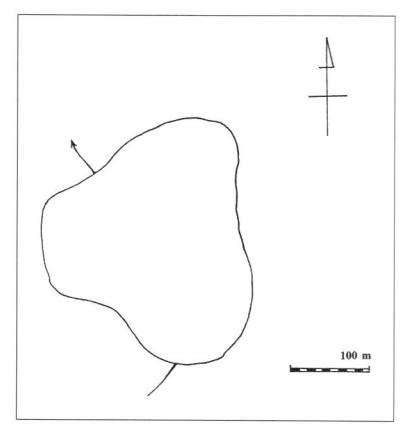

図-82 知西別沼の池沼概念図

い. プランクトン相については, 田中 (1991) が 1989 年 6 月 28 日に採集した試料について, 出現種を報告したものが知られる.

〈水　質〉

知西別沼の水質については, 田中 (1991) がウーレの水色計の第 XVI 号から第 XVIII 号を呈することが多く, 1987 年 10 月の表層水の pH は 5.9-6.1 と酸性を示し, 腐植傾向の高いものであったと述べている.

〈プランクトン〉

田中 (1991) によれば, 知西別沼の試料から同定されたプランクトンは, 動物が 12 種, 植物が 44 種の合計 56 種であった. この中には, 付着性種或いは底生種が混じっているものと思われるが, 採集試料中から見出された種を全てプランクトン出現種としている.

出現種数の綱別の内訳は, 原生動物が 3 属 5 種, 輪虫類が 4 属 4 種, 鰓脚類が 2 属 2 種, 橈脚類が 1 属 1 種, 藍藻類が 4 属 8 種, 珪藻類が 11 属 22 種, 及び緑藻類が 8 属 14 種であった.

緑藻類では, 14 種中 12 種が接合藻類であり, 腐植性を示すものとして興味深い.

出現頻度が高かった種は, 動物プランクトンでは鰓脚類の Chydorus sphaericus で, これに橈脚類の Diaptomidae が次いだ. 他には量的に多い種はないが, 強いてあげるとすれば原生動物の Euglypha sp., Arcella discoides, 輪虫類の Rotaria sp., Lecane ungulata, Conochilus hippocrepis 等が目立った.

一方, 植物プランクトンは, 珪藻類の Tabellaria fenestrata var. intermedia が最も多く, これに Synedra rumpens, Navicula sp., 緑藻類 (接合藻) の Hyalotheca mucosa, 藍藻類の Chroococcus dispersus 等が次いだが, 植物プランクトン全体に量は乏しい.

これらの出現種を基にプランクトン型を考えると, 動物プランクトンはやや疑問があるが第 IV 型, 貧栄養型甲殻類混合型群集, 植物プランクトンが第 IV 型, 貧栄養型腐植性珪藻類群集に相当するものと考えられる.

〈底生動物〉

知西別沼の底生動物については, 全く知見がな

い．
〈魚　類〉
　ニジマスの釣り人が入っているが，知見はない．
〈水生植物〉
　知西別沼の水生植物について知見はないが，筆者はミツガシワ，フトヒルムシロ，ミズドクサを確認している．

環境庁（1987）第3回自然環境保全基礎調査，湖沼調査報告書．1-839
環境庁（1993）第4回自然環境保全基礎調査，湖沼調査報告書．1-636
田中正明（1991）プランクトンから見た本邦湖沼の富栄養化の現状（175），再び北海道の湖沼㉜．水，33，15，470，38-40

1-4-4．沖根辺沼

　沖根辺沼は，根室市東部の根室半島の太平洋側に位置する小湖で，成因は海跡湖と考えられているものである．
　本沼に関する陸水学的並びに陸水生物学的な知見は乏しく，田中（1989）による報告が知られる程度である．
〈水　質〉
　沖根辺沼の水質について，筆者は1999年8月21日に調査を行ったが，水色はウーレの水色計の第XIV号，透明度は0.8m，表層水温は21.8℃，pHは7.3，溶存酸素は7.40 mg/l，電気伝導度は200 μS/cm，CODは11.2 mg/l，塩素イオンは15.3 mg/lであった．
〈プランクトン〉
　沖根辺沼のプランクトン相について，田中（1989）は1989年6月26日に採集された試料から，動物プランクトンが26種，植物プランクトンが69種の合計95種を報告している．
　その綱別種数の内訳は，原生動物が4属8種，輪虫類が6属10種，鰓脚類が5属6種，橈脚類が2属2種，藍藻類が2属3種，珪藻類が19属47種，及び緑藻類が8属19種であった．
　この時の優占種は，動物プランクトンでは輪虫類の Brachionus urceolaris で，これに Euchlanis dilatata が次ぎ，他には Polyarthra vulgaris，鰓脚類の Alona guttata，Chydorus gibbus の出現が目立った．
　一方，植物プランクトンでは珪藻類の Melosira varians が優占種で，Tabellaria fenestrata が次いだ．また，緑藻類の Pediastrum duplex，P. araneosum，Desmidium sp.，Hyalotheca sp.，珪藻類の Synedra ulna，Cymbella prostrata 等の出現が目立った．
　この調査で得られた沖根辺沼のプランクトン出現種は，Calanoida（Heterocopa appendiculata ?），Nitzschia scalaris，N. commutata，Campylodiscus sp. 等の数種は汽水域に見られる種であったが，大部分は淡水種から成っていた．
　プランクトン型は，動物プランクトンが第XV型，富栄養型輪虫類群集，植物プランクトンが第IX型，富栄養型珪藻類，緑藻類混合型群集に相当するものと判断される．
〈底生動物〉
　沖根辺沼の底生動物については，知見がないが，田中（1989）によれば，プランクトン試料中から3種のユスリカ類の幼虫，貝類（二枚貝）の幼体，タンスイカイメンの骨片，コケムシ類の休芽が確認された．また，ヨコエビ類（属種は明らかでない）の個体数が多い．
〈魚　類〉
　沖根辺沼の魚類については，知見がない．
〈水生植物〉
　沖根辺沼の水生植物については，筆者は1999年8月21日の調査で，ヨシ，アシカキ，フトイ，ヒルムシロ，ハリイ，ウキクサ，ミツガシワを確認した．
　挺水植物群落は発達しており，最大沖出し幅は10mに達する．

田中正明（1989）プランクトンから見た本邦湖沼の富栄養化の現状（149），再び北海道の湖沼㉑．水，31，12，437，72-73，76

表-6　1989年6月26日の沖根辺沼のプランクトン出現種

PROTOZOA		*Gyrosigma* sp.	
Arcella vulgaris		*Navicula* sp. 1	
Arcella discoides		*Navicula* sp. 2	
Centropyxis aculeata		*Gomphonema acuminatum*	
Difflugia corona		*Gomphonema longiceps* var. *subclavata*	
Difflugia globulosa		*Gomphonema sphaerophorum*	
Difflugia limnetica		*Gomphonema parvulum*	
Euglypha sp. 1		*Gomphonema* sp.	
Euglypha sp. 2		*Amphora pediculus*	
ROTATORIA		*Cymbella aspera*	
Brachionus urceolaris	C	*Cymbella prostrata*	+
Trichotoria tetractis		*Cymbella turgida*	+
Trichotoria pocillum		*Cymbella lunata*	
Testudinella patina		*Cymbella minuta*	
Testudinella parva		*Cymbella tumida*	
Euchlanis dilatata	C	*Cymbella parva*	
Euchlanis deflexa		*Cymbella* sp.	
Filinia terminalis		*Rhopalodia gibba*	
Polyarthra dolichoptera		*Epithemia* sp.	
Polyarthra vulgaris	+	*Nitzschia scalaris* ?	
BRANCHIOPODA		*Nitzschia commutata*	
Streblocerus serricaudatus		*Nitzschia* sp. 1	
Acroperus harpae		*Nitzschia* sp. 2	
Graptoleberis testudinaria		*Surirella biseriata*	
Alona guttata	+	*Surirella robusta*	
Alona affinis		*Surirella linearis*	
Chydorus gibbus	+	*Surirella capronii*	
COPEPODA		*Surirella pantocsekii*	
Calanoida (*Heterocopa appendiculata* ?)		*Surirella* sp.	
Harpacticoida		*Cymatopleura solea*	
		Campylodiscus sp.	
CYANOPHYCEAE		CHLOROPHYCEAE	
Chroococcus limneticus		*Pediastrum duplex*	C
Oscillatoria sp. 1		*Pediastrum duplex* var. *rugulosum*	
Oscillatoria sp. 2		*Pediastrum boryanum*	
BACILLARIOPHYCEAE		*Pediastrum boryanum* var. *undulatum*	
Melosira varians	C	*Pediastrum tetras*	
Melosira sp.		*Pediastrum araneosum*	+
Cyclotella sp. 1		*Pediastrum araneosum* var. *rugulosum*	
Cyclotella sp. 2		*Ankistrodesmus falcatus*	
Tabellaria fenestrata	C	*Crucigenia apiculata*	
Tabellaria fenestrata var. *intermedia*		*Scenedesmus acuminatus*	
Diatoma elongatum		*Scenedesmus quadricauda*	
Diatoma vulgare var.?		*Scenedesmus armatus*	
Fragilaria construens		*Scenedesmus armatus* var. *bicaudatus*	
Fragilaria sp.		*Scenedesmus intermedius*	
Synedra ulna	+	*Blubochaeta* sp.	
Synedra ulna var.?		*Ulthrix* sp.	
Synedra acus		*Desmidium* sp.	+
Synedra sp.		*Hyalotheca* sp. 1	+
Asterionella formosa		*Hyalotheca* sp. 2	
Frusturia rhomboides			

1-4-5. 渡散布沼

渡散布沼は，釧路支庁厚岸郡に位置する三角形を成す小湖で，成因は海跡湖と考えられるものである．

沼は，北西から流入河川があり，東南から流出して海に連絡している．最近，沼は北西半分が埋め立てられ，コンブの天日乾燥場となり，さらに沼の全域で護岸化が進められた．

本沼に関しては，陸水学的並びに陸水生物学的な知見は，筆者の知る限り田中（2001）の報告以外はない．

〈水 質〉

渡散布沼の水質について，田中（2001）は1999年8月22日の調査で，水色はウーレの水色計の第XV号，透明度は1m（底まで全透），表層水温は23.8℃，pHが7.9，溶存酸素が8.9 mg/lと報告している．

〈プランクトン〉

渡散布沼のプランクトン相について，田中（2001）は動物プランクトンが19種，植物プランクトンが28種の合計47種の出現を報告している．

出現種数の綱別の内訳は，原生動物が4属5種，輪虫類が5属7種，鰓脚類が2属2種，橈脚類が4属5種，藍藻類が4属7種，珪藻類が9属14種，及び緑藻類が5属7種であった．

出現種は，動植物プランクトン共に種数は少ないが，淡水種に汽水種が混在して見られた．

優占種は，動物プランクトンでは輪虫類の*Brachionus plicatilis*で（図-84），これに*Notholca japonica* var. *kisselevi*が次いだ．これら以外には，輪虫類の*Euchlanis dilatata*, *Colurella uncinata* f. *bicuspidata*, 鰓脚類の*Chydorus sphaericus*等の出現が目立った．

一方，植物プランクトンでは，珪藻類の*Melosira lineata*が優占し，これに藍藻類の*Oscillatoria princeps*？が次いだ．他には，珪藻類の*Bacillaria paradoxa*, *Nitzschia* sp., *Pleurosigma* sp., 藍藻類の*Oscillatoria* sp., *Lyngbya* sp.等が出現した．

プランクトン型は，汽水種の指標性について疑問もあり，また属種名が明らかにできていない珪藻類や橈脚類が少なくないが，動物プランクトンは第XI型，中栄養型輪虫類群集，植物プランクトンは第VI型，中栄養型珪藻類群集に相当するものと考えられる．

〈底生動物〉

渡散布沼の底生動物については，知見がないが，田中（2001）はプランクトン試料中から線虫類1種が認められたことを述べている．

〈魚 類〉

渡散布沼の魚類については，全く知見がない．

〈水生植物〉

渡散布沼の水生植物について，田中（2001）はヨシ，フトイが生育し，その群落の沖出し幅は場所によっては数m程度になると述べている．

図-83 渡散布沼（1999年8月22日撮影）

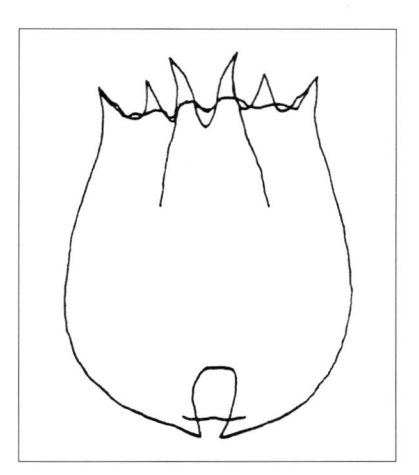

図-84 1999年8月22日に渡散布沼で出現した*Brachionus plicatilis*（輪虫類）

田中正明（2001）プランクトンから見た本邦湖沼の富栄養化の現状（285），再び北海道の湖沼㊾．水，43，1，606，38-40

1-4-6．恵茶人沼

恵茶人沼は，釧路支庁厚岸郡に位置する汽水湖で，渡散布沼の東方に当たる．成因は海跡湖で，沼の南東端から200m程の排水河川で海に注ぐが，高潮や台風等の際には，海水の侵入があり，比較的塩分濃度が高い汽水湖といえる．

沼の周辺は，人家はほとんどなく，馬の放牧地が拡がるが，これは沼の汚濁原因となっている．

沼の名称について，大木（2000）はアイヌ名を「イチャシュ・ト」と言い，沼のほとりで熊を走らせたという故事から「走り・沼」の意味を持つと述べている．

恵茶人沼に関する陸水学的並びに陸水生物学的な知見は乏しく，筆者の知る限り田中（2001）の報告があるにすぎない．

〈水　質〉

恵茶人沼の水質について，田中（2001）は，1999年8月22日の調査で，水色はフォーレルの水色計の第Ⅳ号，透明度は0.4m（底まで全透），表層水温は22.6℃，pHは7.9であった．

田中（2001）は，恵茶人沼の水はこの地方に多い腐植性池沼のような茶褐色ではなく，透明度の高いもので，底質も砂質或いは砂泥で，腐植性の泥質は一部で見られたにすぎないと述べている．

〈プランクトン〉

恵茶人沼のプランクトン相について，田中（2001）は珪藻類については検討が不十分であり，種数が増すとしているが，動物プランクトンが19種，植物プランクトンが30種の合計49種の出現を報告している．

出現種数の綱別の内訳は，原生動物が5属9種，輪虫類が3属4種，鰓脚類が1属1種，介形

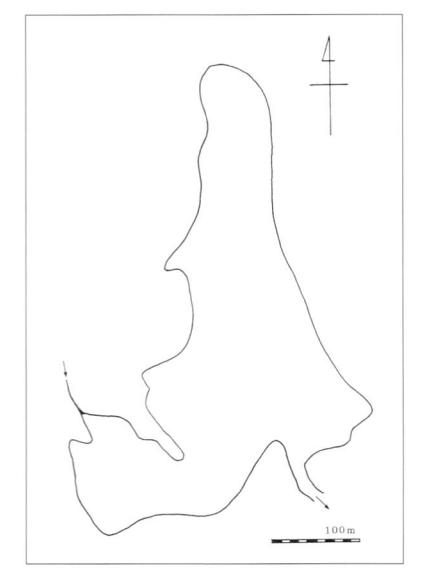

図-85　恵茶人沼の池沼概念図

図-86　恵茶人沼（1999年8月22日撮影）

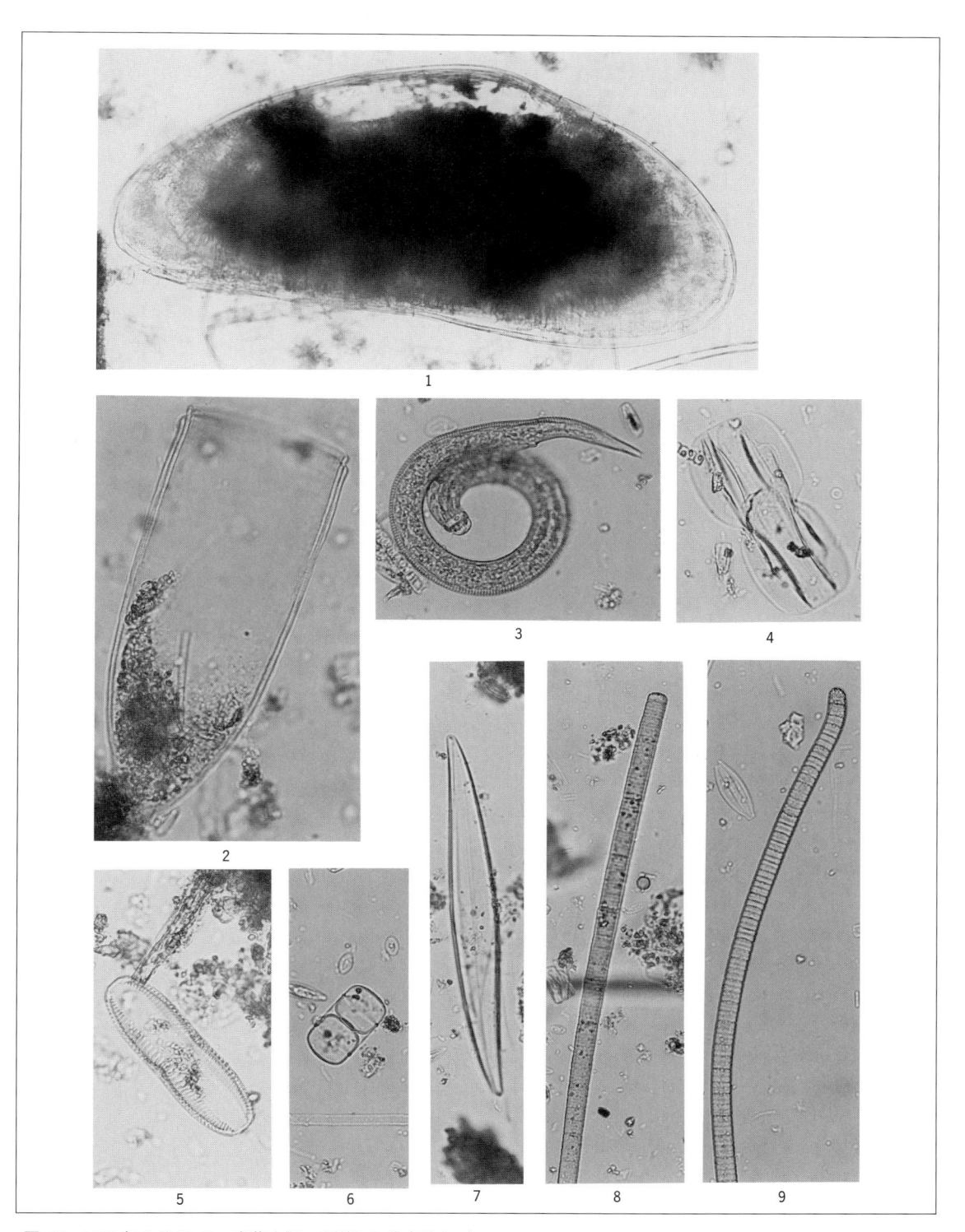

図-87 1999年8月22日に恵茶人沼で出現した代表的なプランクトン
1. 介形類の一種, 2. *Favella taraikaensis*, 3. 線虫類の一種, 4. *Amphiprora alata*, 5. *Amphora* sp.,
6. *Melosira borreri*, 7. *Pleurosigma* sp., 8. *Oscillatoria* sp., 9. *Oscillatoria* sp.

1-4. 根室, 釧路付近の湖沼

類が2属3種，橈脚類が2属2種，藍藻類が5属8種，珪藻類が9属16種，及び緑藻類が4属6種であった．

出現種の大部分は，汽水種とされるもので，海水の影響を強く受けたものであることが明らかとなった．

優占種は，動植物プランクトン共にないが，比較的多く見られた種は，動物では有殻アメーバの仲間で，特に *Difflugia* sp.，及び介形類の一種（属種名は明らかでない）であった．植物プランクトンでは，藍藻類の *Oscillatoria* sp.，珪藻類の *Pleurosigma* sp.，*Nitzschia* sp.，*Melosira borreri*，*Campylodiscus taeniatus* ?，*Amphiprora alata* 等であった．

プランクトン型については，汽水種の指標性について疑問があるが，動物プランクトンは第XII型，富栄養型根足虫類群集，植物プランクトンは第VII型，中・富栄養型珪藻類混合型群集か，これに近いものと判断される．

〈底生動物〉

恵茶人沼の底生動物について，田中（2001）は端脚類（Amphipoda）が多く採集されたと述べている．種名については，やや疑問もあるが，*Orchestia ditmari* DERSHAVIN と思われる．

〈魚　類〉

恵茶人沼の魚類については，全く知見がない．

〈水生植物〉

恵茶人沼の水生植物について，田中（2001）は生育する種数も量的にも貧弱であるが，ヨシ，フトイが分布し，その群落は沼の西側と中央部に島状に発達し，北岸では一部分に5m程度の沖出し幅で見られ，西側では30m程に発達していると述べている．また，流出口付近では，褐藻類や紅藻類等の海藻が生育している．

大木隆史（2000）　北海道，湖沼と湿原，水辺の散歩道．1-215，北海道新聞社，札幌
田中正明（2001）　プランクトンから見た本邦湖沼の富栄養化の現状（286），再び北海道の湖沼㊺．水，43，3，608，65-68

1-4-7．幌戸沼

幌戸沼は，釧路支庁厚岸郡にあり，幌戸川と姉別方面から流れ込む小河川が海に至る所に形成した海跡湖である．

沼の名称は，アイヌ語の「ポロ・トー」，「大きな沼」の意に漢字を当てたものと思われる．

沼には，2本の流入河川があり，その流域一帯は幌戸湿原と呼ばれ，タンチョウヅルの営巣地として知られる．流出河川は，南端から排水され200m程流れて海に注いでいるが，海抜高度が2mと低く，高潮や台風時には海水が侵入する．

沼は，全域が浅く，底質は沖積層の砂礫と，一部で粘土層が認められる．

〈水　質〉

幌戸沼の水質について，田中（2002）は1999年8月22日に調査を行い，水色がフォーレルの水色計の第IV号，透明度は0.9m（底まで全透），表層水温が22.0℃，pHが8.2，溶存酸素が9.4mg/l と報告している．

本沼では，水色でも明らかであるが，この地方に多く見られるような腐植性の傾向は，認められなかった．

〈プランクトン〉

幌戸沼のプランクトン相について，田中（2002）は汽水種が多く，わずかに淡水種が混在する程度と述べている．出現種数は，動物プランクトンが11種，植物プランクトンが20種の合計31種と少ない．

出現種数の綱別の内訳は，原生動物が4属5種，輪虫類が3属3種，橈脚類が3属3種，藍藻類が3属4種，珪藻類が7属10種，及び緑藻類が5属6種であった．

出現種の中で，優占種といえる程に多産した種は，動植物プランクトン共になかったが，植物プランクトンでは，珪藻類の *Gyrosigma spencerii*，*G. balticum*，*Nitzschia* sp.，*Campylodiscus* sp. 等が比較的多く見られた．動物プランクトンについては，属種名が明らかではないが，輪虫類の一種，及び同様に属種名は明らかではないが，橈脚類の底生種で，渡散布沼でも得られた Harpacticoida の一種が目立った．また，動物プランクトンの出現種として加えていないが，イサザアミ（Neomysis）が多く採集され，幌戸沼の重要種と見做すことができる．

幌戸沼のプランクトン型は，汽水種の指標性，及びイサザアミの扱い方等，多くの問題があるが，動物プランクトンについては第XI型，中栄養型輪虫類群集，植物プランクトンは第VI型，中栄養型珪藻類群集に相当するものと考えられる．

〈底生動物〉

幌戸沼の底生動物については，田中（2002）がプランクトン試料から線虫類1種を見出しているのが唯一で，これ以外の知見はない．

〈魚　類〉

幌戸沼の魚類については，全く知見がない．

〈水生植物〉

幌戸沼の水生植物は，田中（2002）によればヨシが生育し，群落の沖出し幅は数 m 程度である．また，流出河川付近では，数種の海藻類が認められた．

　　田中正明（2002）プランクトンから見た本邦湖沼
　　　の富栄養化の現状（307），再び北海道の湖沼
　　　⑭．水，44，13，633，84-86

1-4-8．ホロニタイ沼

ホロニタイ沼は，根室半島の付け根に位置するホロニタイ湿原の湖沼である．

ホロニタイ湿原は，根室市別当賀海岸に広がる湿原で，ホロニタイ川と五本松川が形成した湿地で，その周辺は台地が海岸までのび，切り立った断崖を成すが，南側では約1kmにわたって砂浜が広がっている．この湿原内には，ホロニタイ沼を始めとして海跡湖と考えられる大小の池沼が5

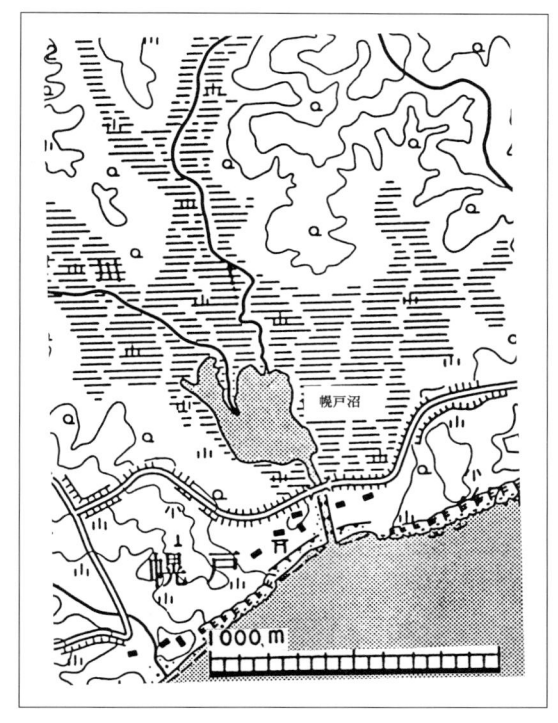

図-88　幌戸沼の池沼概念図

図-89　幌戸沼（1999年8月22日撮影）

つ程点在し，五本松川も幅広い池沼状を呈する．

これらの池沼の大部分は，私有地の牧場内にあることもあって，一般にはほとんど知られず，陸水学的並びに陸水生物学的な調査対象とされたのは，田中（2003）による2002年9月1日の調査のみと思われる．

〈水　質〉

ホロニタイ沼の水質について，田中（2003）は2002年9月1日の調査で，水色はウーレの水色計の第XVI号，透明度は0.5 m（底まで全透），表層水温は20.1℃，pHは8.7，溶存酸素は8.36 mg/l，電気伝導度は3.8 mS/cm，CODは13.4 mg/l，塩素イオンは31.7 mg/lと報告している．

〈プランクトン〉

ホロニタイ沼のプランクトン相については，田中（2003）が動物プランクトンが24種，植物プランクトンが23種の合計47種の出現を報告している．

出現種数の綱別の内訳は，原生動物が7属11種，輪虫類が5属6種，鰓脚類が2属2種，介形類が1属1種，橈脚類が4属4種，藍藻類が4属4種，珪藻類が5属8種，及び緑藻類が8属11種であった．

出現した種の中で，動物プランクトンでは橈脚類（Cyclopoida）のNauplius幼生が最も多く，これに輪虫類の*Brachionus urceus*が次いだ．さらに，*B. urceus* f. *nilsonii*，原生動物の*Difflugia* sp.，*Centropyxis discoides*等も目立った．

また，植物プランクトンは全体に量は少なかったが，緑藻類の*Pediastrum araneosum*が最も多く，これに珪藻類の*Tabellaria fenestrata*が次いだ．

プランクトン型は，動物プランクトンが第IX型，中栄養型橈脚類群集，植物プランクトンは第III型，貧栄養型緑藻類群集，或いは第IV型，貧栄養型腐植性珪藻類群集に相当するものと考えられる．

図-90　ホロニタイ沼の池沼概念図

図-91　ホロニタイ沼（2002年9月1日撮影）
上；沼の東岸から南西を望む
下；沼周辺に放牧された馬

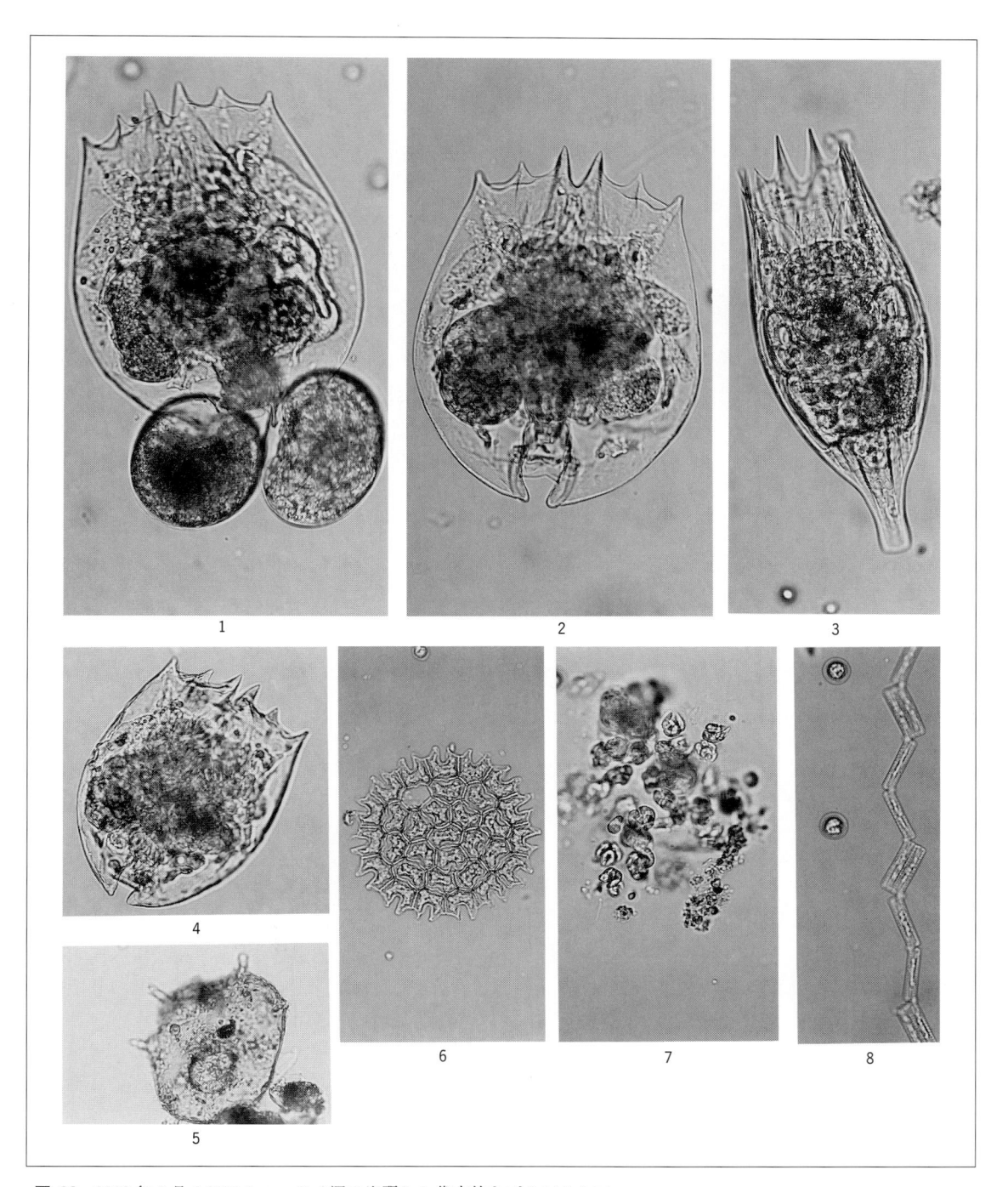

図-92 2002年9月1日にホロニタイ沼で出現した代表的なプランクトン
1-2. *Brachionus urceus*, 3. *Notholca acuminata* f. *extensa*, 4. *Brachionus urceus* f. *nilsonii*, 5. *Centropyxis discoides*, 6. *Pediastrum araneosum*, 7. *Kirchneriella obesa*, 8. *Tabellaria fenestrata*

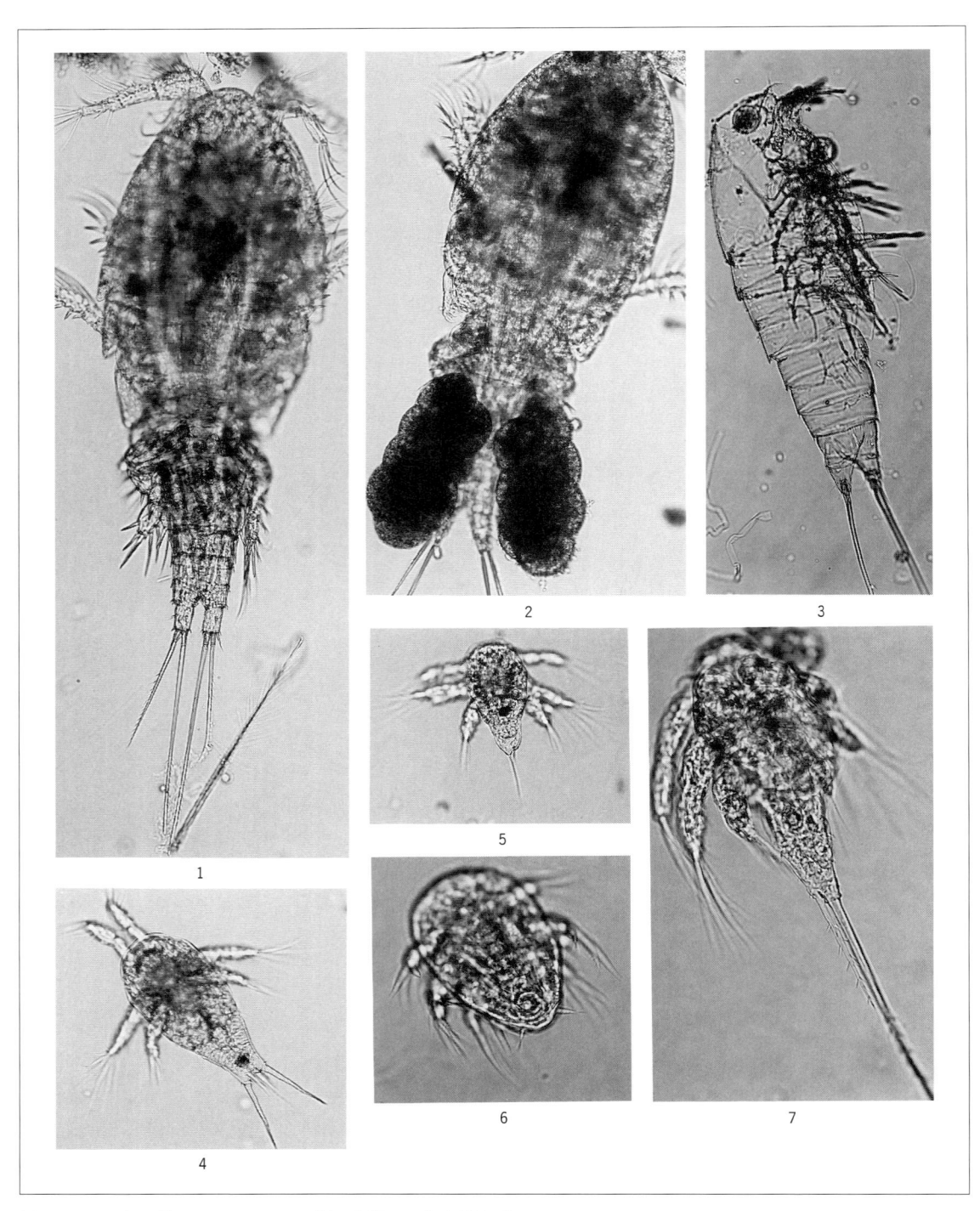

図-93 2002年9月1日にホロニタイ沼で出現した代表的なプランクトン
　　　1-2. Cyclopoida, 3. Harpacticoida, 4-7. Nauplius幼生

〈底生動物〉

ホロニタイ沼の底生動物としては，ヨコエビ類（Gammars）が個体数も多く，重要な役割を果しているものと思われる．また，田中（2003）は，プランクトン試料中から少なくとも2種のユスリカ類の幼虫を確認している．

〈魚　類〉

ホロニタイ沼の魚類については，全く知見がない．

〈水生植物〉

ホロニタイ沼の水生植物は，田中（2003）によればヒロハノエビモが生育する．

田中正明（2003）プランクトンから見た本邦湖沼の富栄養化の現状（310），再び北海道の湖沼⑰．水，45，3，638，72-75

1-4-9. 床潭沼

床潭沼は，北海道東部の太平洋岸に位置した腐植性の小湖で，厚岸湖を抱き込むようにのびた南側の半島にある．

沼の名称は，アイヌ語の「トウ・コタン（失われた村）」とする説と，「トー・コタン（沼の村）」とする説があるが，筆者は後者が妥当と考えている．

本沼は，観光地として知られるところではないが，古くからヒブナの棲息地として知られ，1960年（昭和35年）には厚岸町教育委員会によって，「床潭沼緋鮒棲息地」として天然記念物に指定され，さらに1971年（昭和46年）には，北海道の天然記念物に追認されている（図-95）．

〈水　質〉

床潭沼の水質については，北海道公害防止研究所（1990）が1979年7月から1985年9月までに，6回の調査を行っている．これによると，透明度の平均値は0.4m，pHが8.1-8.9，溶存酸素が4.4-11.5 mg/l，CODが10-12 mg/l，全窒素が1.41-1.58mg/l，全リンが0.105-0.118 mg/l，クロロフィルaが38.5-65.8μg/lと報告されている．

また，環境庁（1993）によれば，1991年9月3日の調査では，透明度が0.5-0.6 m，水温が20.9-21.0℃，pHが6.8-6.9，溶存酸素が7.7-7.8mg/l，CODが14-15 mg/l，塩素イオンが16.8-19.8 mg/l，クロロフィルaが48.3μg/lと報告されている．

田中（2003）による2002年9月2日の調査では，水色はウーレの水色計の第XV号，透明度は0.65 m，表面水温は19.8℃，pHは7.1，溶存酸素は6.64 mg/l，電気伝導度は162μS/cm，CODは17.3 mg/l，塩素イオンは11.6 mg/lであった．

〈プランクトン〉

床潭沼のプランクトン相について，北海道公害防止研究所（1990）は，*Pandorina morum*，*Synura uvella*，*Bosmina* sp.，*Eurytemora* sp.，*Polyarthra* sp. 等を報告している．

田中（2003）によれば，2002年9月2日の調査では，動物プランクトンの中で優占種といえる程に多産した種はないが，原生動物の *Arcella catinus*，*A. polypora*，*A. discoides*，*Difflugia curvicaulis*，*Centropyxis aculeata*，鰓脚類の

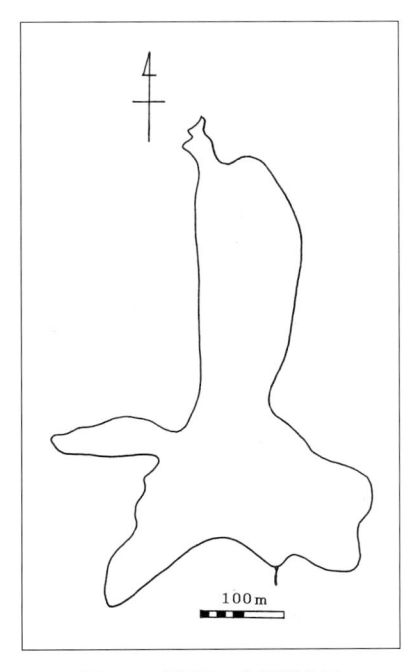

図-94　床潭沼の池沼概念図

Bosmina longirostris, *Bosminopsis deitersi* 等が比較的多く見られた．また，*Trachelomonas* 属や *Phacus* 属では，多くの種の出現が認められた．

一方，植物プランクトンでは，珪藻類の *Aulacoseira ambigua* が優占種で，これに緑藻類の *Spirogyra* sp. が次いだ．

プランクトン型は，動物プランクトンが第XII型，富栄養型根足虫類群集，植物プランクトンは疑問が残るが第IX型，富栄養型珪藻類，緑藻類混合型群集に相当するものと思われる．

〈底生動物〉

床潭沼の底生動物については知見が乏しいが，田中（2003）によれば，プランクトン試料中から少なくとも3種のユスリカ類の幼虫と，線虫類1種が認められた．

〈魚　類〉

床潭沼の魚類は，北海道公害防止研究所（1990）によれば，ヒブナ，ウグイ，フナ，コイ，ワカサギ，チチブ，トミヨ，イバラトミヨ，イトヨ，ドジョウ，ウキゴリが棲息している．

〈水生植物〉

床潭沼の水生植物について，田中（2003）は挺水植物のヨシ，ガマ，ミズドクサ，スギナモ，ミツガシワ，浮葉植物のネムロコウホネ，沈水植物のホザキノフサモ，センニンモ，タヌキモを確認し，中でもネムロコウホネ，ホザキノフサモ，タヌキモは量的に多く，沼全域に広く見られると述べている（図-95）．

北海道公害防止研究所（1990）　北海道の湖沼．1-445

図-95　床潭沼（2002年9月2日撮影）
　　　　上；沼の東岸から南岸を望む
　　　　左下；天然記念物の碑と地元小学生の手によるヒブナ保護の標識
　　　　右下；ネムロコウホネ，タヌキモ等の水生植物

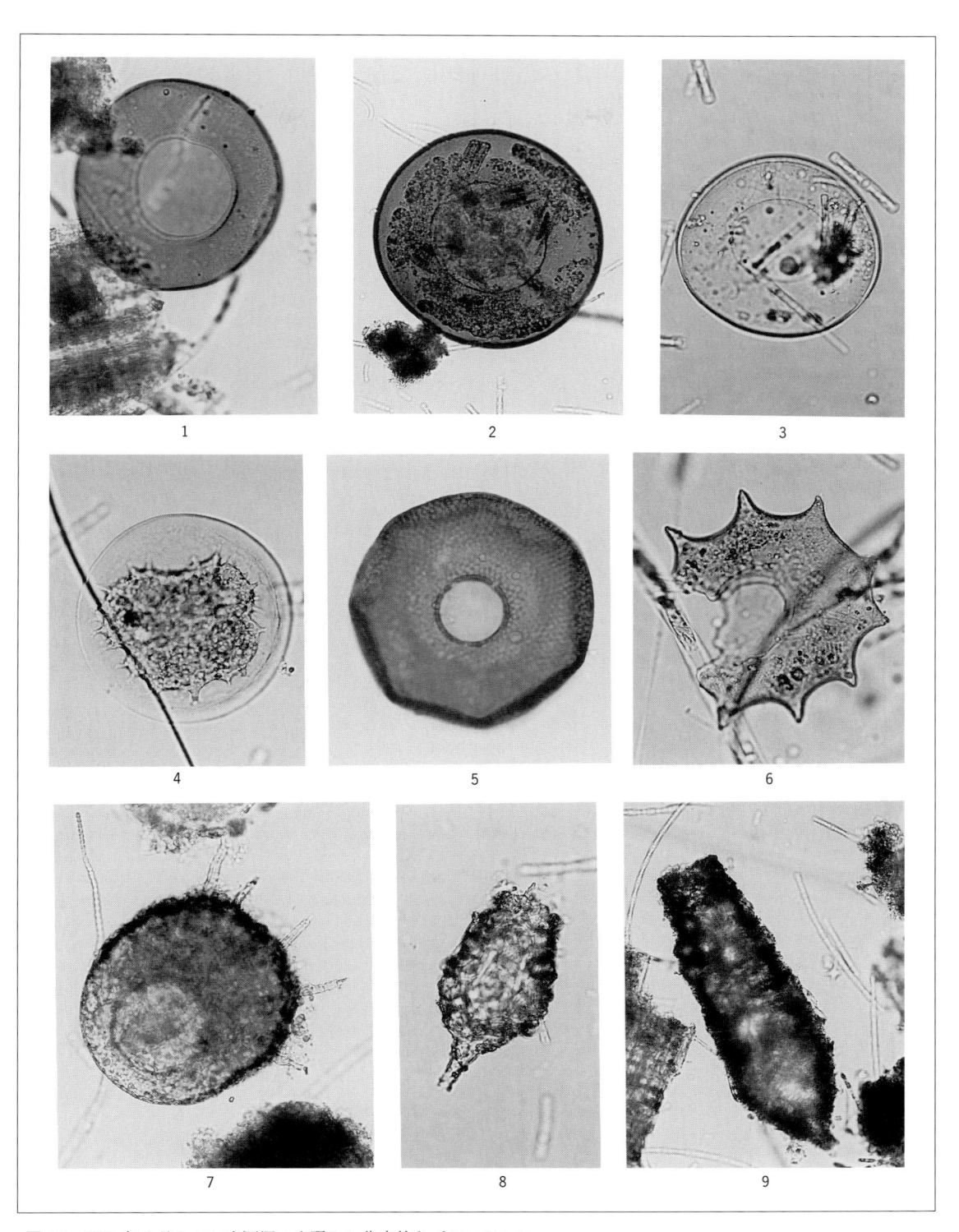

図-96 2002年9月2日に床潭沼で出現した代表的なプランクトン
1-3. *Arcella catinus*, 4. *Arcella discoides*, 5. *Arcella gibbosa*, 6. *Arcella dentata*, 7. *Centropyxis aculeata*, 8. *Difflugia curvicaulis*, 9. *Difflugia acuminata*

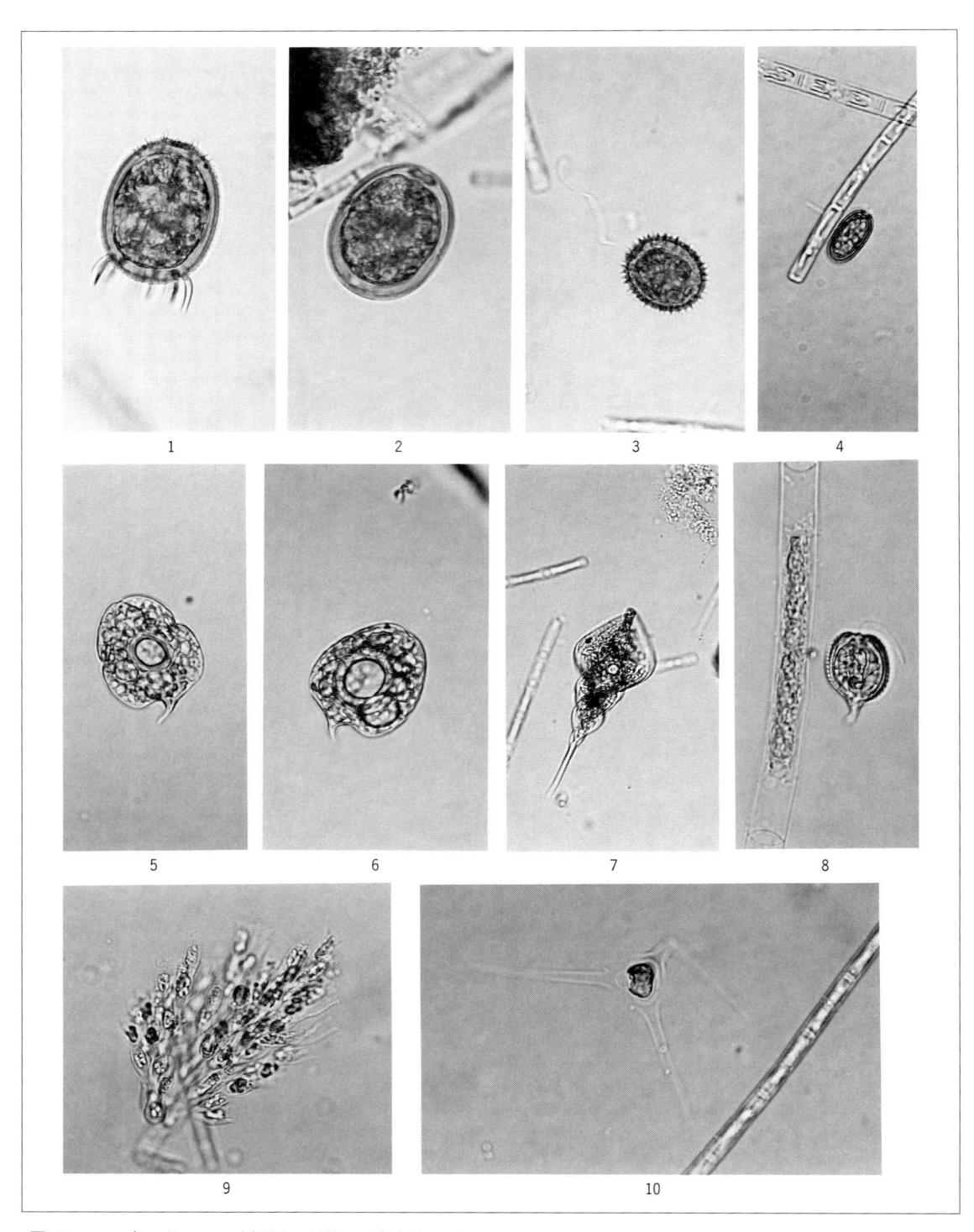

図-97 2002年9月2日に床潭沼で出現した代表的なプランクトン
1. *Trachelomonas armata* var. *longispina*, 2. *Trachelomonas armata*, 3. *Trachelomonas superba*, 4. *Trachelomonas cylindrica*, 5. *Phacus myersi*, 6. *Phacus acuminatus* var. *megaparamylica*, 7. *Phacus helicoides*, 8. *Phacus suecicus*, 9. *Dinobryon sertularia*, 10. *Treubaria schmidlei*

環境庁（1977）第2回自然環境保全基礎調査，湖沼調査報告書．1-442
環境庁（1987）第3回自然環境保全基礎調査，湖沼調査報告書．1-939
環境庁（1993）第4回自然環境保全基礎調査，湖沼調査報告書．1-636
田中正明（2003）プランクトンから見た本邦湖沼の富栄養化の現状（311），再び北海道の湖沼㊲．水，45，4，639，36-40

1-4-10．幌岡大沼

幌岡大沼は，十勝川と利別川が形成した幅3km程の河成平野に点在する後背湿地を起源とする湖沼の一つであり，一般に大沼と呼ばれるが，他の大沼と区別するために，位置する場所の幌岡を付して呼ばれることが多い．

本沼についての，陸水学的並びに陸水生物学的な知見は，大東，黒萩ほか（1967），田中（2003）の報告が知られている．

〈水　質〉

幌岡大沼の水質について，田中（2003）は2002年9月2日の調査で，水色がウーレの水色計の第XIV号，透明度が1.1m，表層水温が18.9℃，pHが6.6，溶存酸素が4.24 mg/l，電気伝導度が0.22 mS/cm，CODが12.5 mg/l，塩素イオンが14.7 mg/lを測定している．

〈プランクトン〉

幌岡大沼のプランクトンについて，田中（2003）は動物プランクトンでは，原生動物の *Ceratium hirundinella* が優占種であるが，植物プランクトンは種数並びにその量も乏しいことを述べている．

動物プランクトンは，他に原生動物の *Arcella discoides*，*A. crenulata*，輪虫類の *Brachionus quadridentatus*，*Keratella cochlearis*，*Lecane bulla*，*Platyias quadricornis* 等が比較的多く，植物プランクトンでは珪藻類の *Synedra ulna*，*Nitzschia* sp.，*Melosira varians*，藍藻類の *Chroococcus dispersus*，*Oscillatoria* sp. 等が認められた．

プランクトン型は，動物プランクトンが第VI型，中栄養型鞭毛虫類群集，植物プランクトンは種数も量的に乏しく，何れとも判断がむずかしいが，おそらく中栄養程度と推定される．

〈底生動物〉

幌岡大沼の底生動物については，田中（2003）はプランクトン試料中から，少なくとも2種のユスリカ類の幼虫，線虫類1種が棲息することを確認している．

〈魚　類〉

幌岡大沼の魚類については，知見がない．

〈水生植物〉

幌岡大沼の水生植物については，知見がない．調査は十分ではないが，挺水植物群落の沖出し幅は，最大70-80 mに達する．

大東信一，黒萩　尚，疋田豊彦，田中寿雄（1967）北海道十勝地方幌岡大沼の予察調査．水産孵化場研究報告，31，69-82
田中正明（2003）プランクトンから見た本邦湖沼の富栄養化の現状（314），再び北海道の湖沼㊶．水，45，7，642，69-72

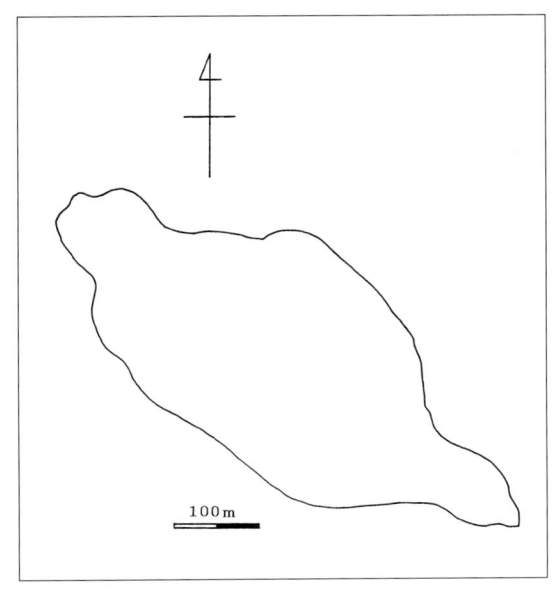

図-98　幌岡大沼の池沼概念図

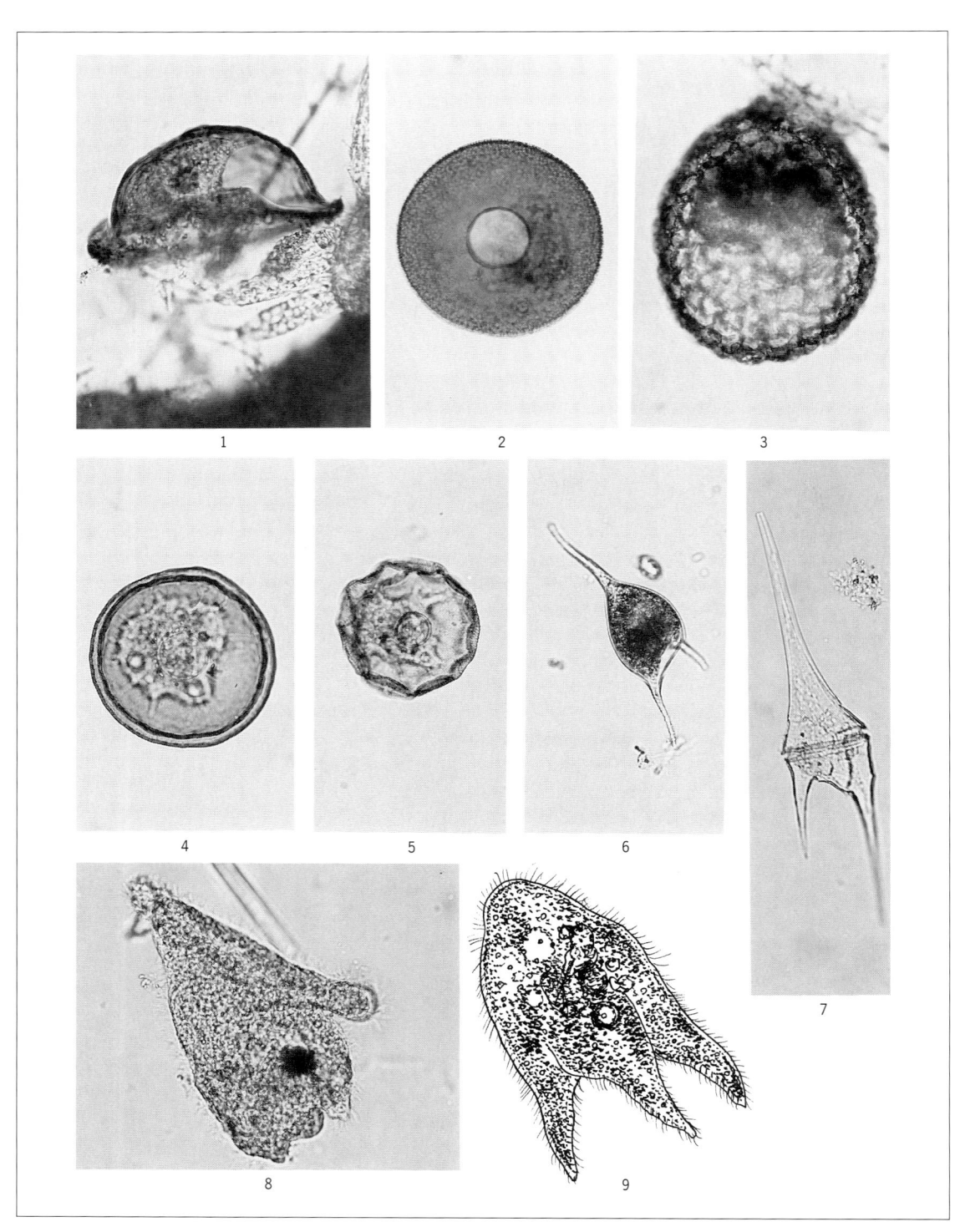

図-99　2002年9月2日に幌岡大沼で出現した代表的なプランクトン
　　1, 4. *Arcella crenulata*, 2. *Arcella discoides*, 3. *Nebela vitraea* ?, 5. *Arcella gibbosa*, 6-7. *Ceratium hirundinella*, 8-9. *Teuthophrys trisulcata*

102　第1章　北海道地方の湖沼

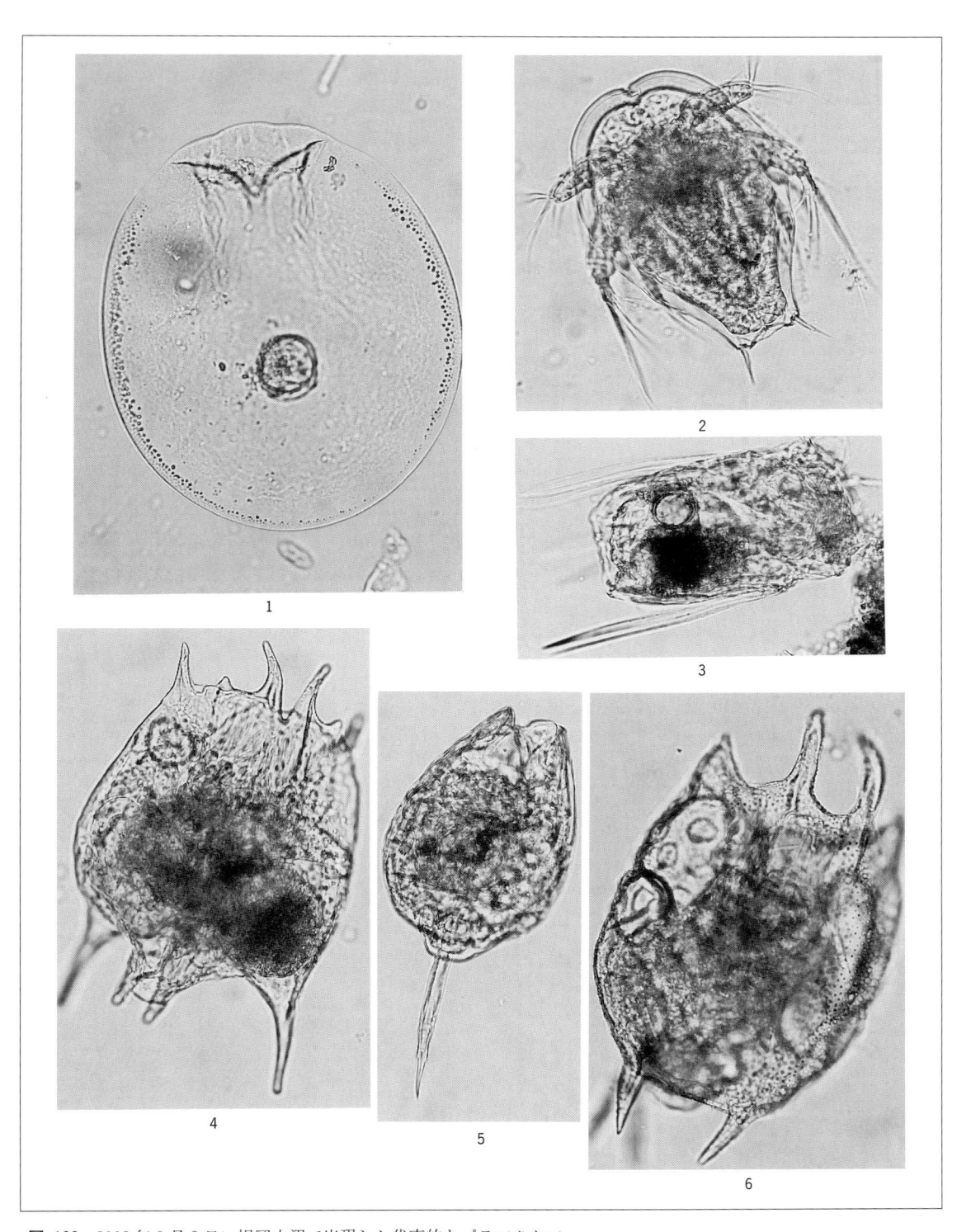

図-100 2002年9月2日に幌岡大沼で出現した代表的なプランクトン
1. *Testudinella patina*, 2. Nauplius, 3. *Polyarthra dolichoptera*, 4. *Brachionus quadridentatus*,
5. *Lecane bulla*, 6. *Platyias quadricornis*

1-4-11. 笹田沼（佐々田沼）

　笹田沼は，十勝支庁にあり，十勝川と利別川とが形成した幅が 3 km 程の，河成平野に点在する堰止め湖の一つである．

　沼の周辺は，カラマツを主体とした公園となっており，特に汚濁源となるような人家や施設はない．

　本沼に関する陸水学的並びに陸水生物学的な知見は乏しく，田中（2003）による 2002 年 9 月 2 日の調査結果が知られるにすぎない．

〈水　質〉

　笹田沼の水質は，田中（2003）によれば，水色がウーレの水色計の第 XIII 号，透明度が 0.50 m，表層水温は 22.1℃，pH は 7.6，溶存酸素は 10.5 mg/l，電気伝導度は 110 μS/cm，COD は 13.4 mg/l，塩素イオンは 7.8 mg/l であった．

〈プランクトン〉

　笹田沼のプランクトン相について，田中（2003）は採集試料からは，原生動物の *Ceratium hirundinella* を優占種とした群集が認められたとし，これに輪虫類の *Keratella cochlearis*，*K. cochlearis* var. *hispida* が次ぎ，他に輪虫類の *Trichocerca bicristata*，*Trichotoria tetractis*，*Conochilus unicornis*，*Euchlanis dilatata* 等が続き，原生動物の *Arcella gibbosa*，*Difflugia* sp. 等も目立ったと述べている．

　植物プランクトンについては，種数も量的にも少なく，緑藻類の *Spirogyra* sp.，藍藻類の *Chroococcus dispersus*，珪藻類の *Nitzschia* sp.，*Achnanthes* sp. 等がわずかに認められたにすぎない．

　プランクトン型は，動物プランクトンが第 VI 型，中栄養型鞭毛虫類群集，植物プランクトンが出現種からは第 X 型，富栄養型緑藻類群集か，これに珪藻類が混合する群集と考えられるが，植物プランクトンの量が著しく乏しいことを考えると，中栄養程度と判断する方がよいと思われる．

〈底生動物〉

　笹田沼の底生動物については，田中（2003）がプランクトン試料中から見出した，3 種のユスリカ類の幼虫，線虫類 1 種以外は知見がない．

〈魚　類〉

　笹田沼の魚類については，全く知見がない．

〈水生植物〉

　笹田沼に生育する水生植物について，田中（2003）は種数も量も多くはないとし，ヨシとヒシを報告している．

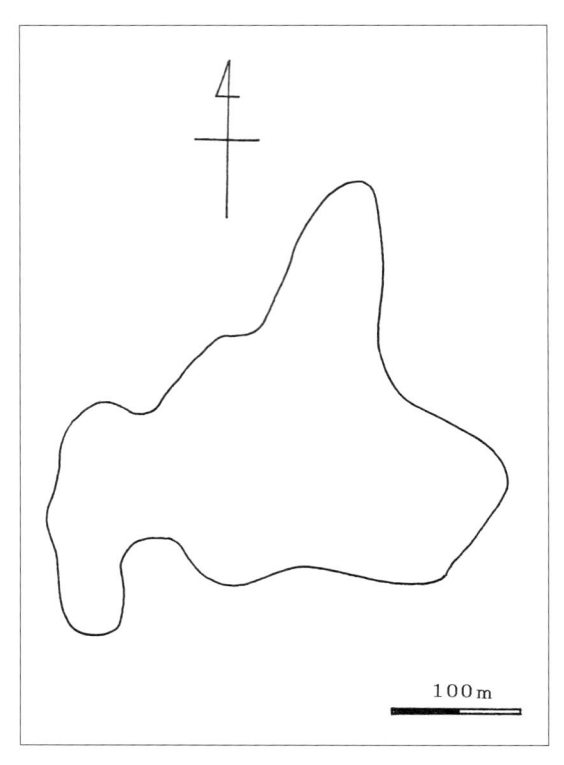

図-101　笹田沼の池沼概念図

図-102　笹田沼（2002 年 9 月 2 日撮影）

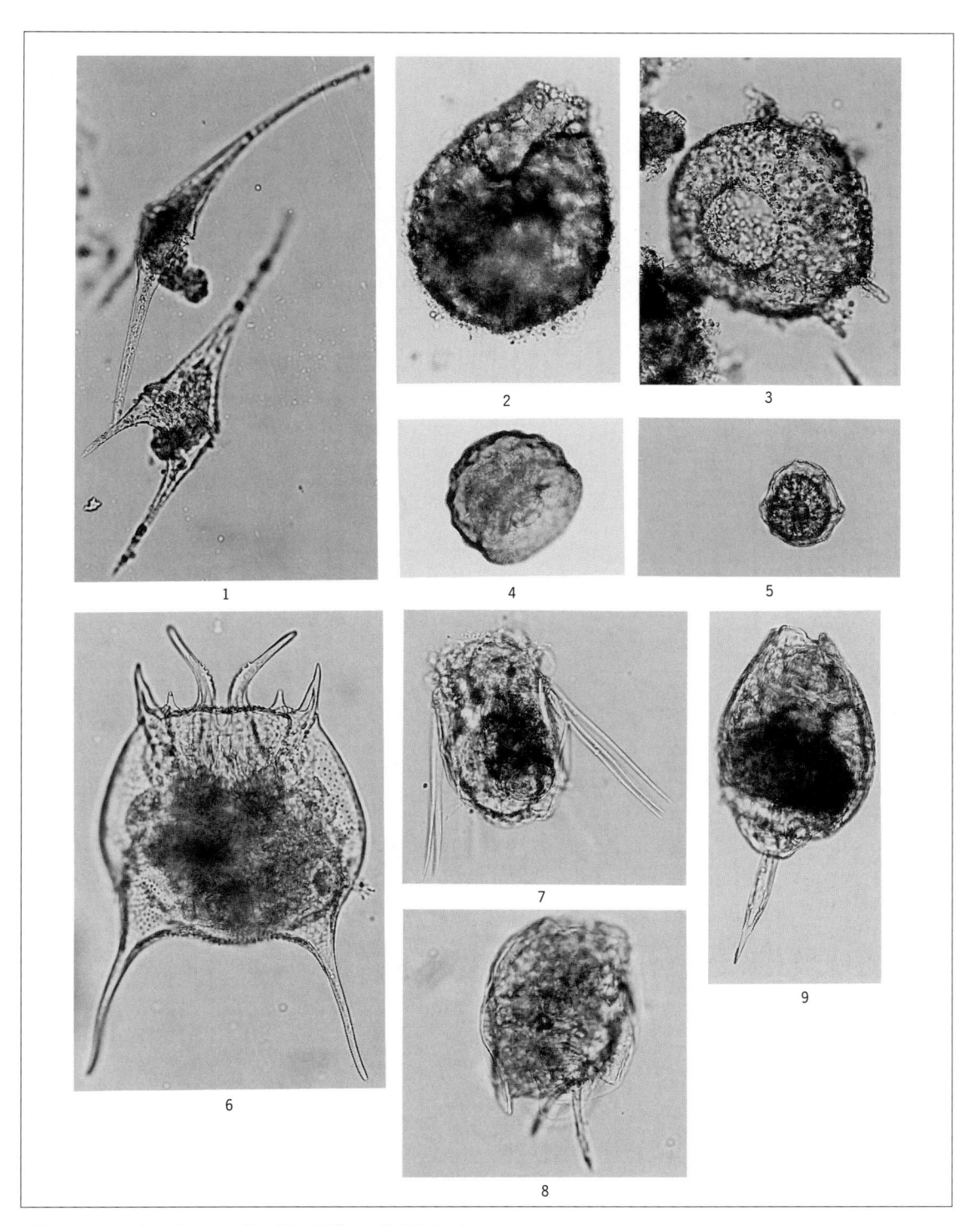

図-103 2002年9月2日に笹田沼で出現した代表的なプランクトン
1. *Ceratium hirundinella*, 2. *Pontigulasia compressa*, 3. *Centropyxis aculeata*, 4. *Arcella gibbosa*, 5. *Peridinium* sp., 6. *Brachionus quadridentatus*, 7. *Polyarthra dolichoptera*, 8. *Euchlanis dilatata*, 9. *Lecane bulla*

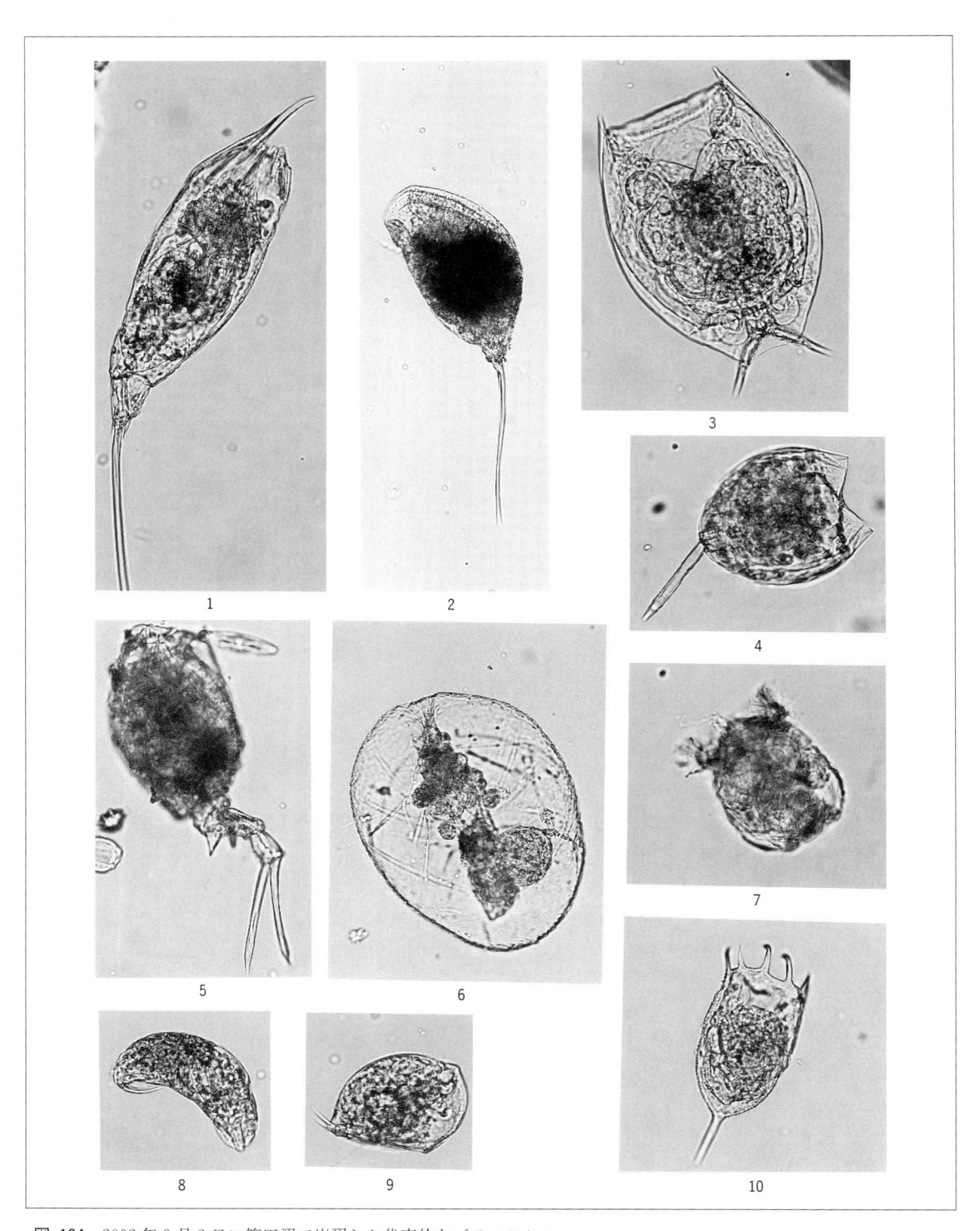

図-104 2002年9月2日に笹田沼で出現した代表的なプランクトン
1. Trichocerca longiseta, 2. Trichocerca bicristata, 3. Lecane brachydactyla, 4. Lecane lunaris, 5. Trichotoria tetractis, 6. Asplanchna priodonta, 7. Conochilus unicornis, 8. Trichocerca obtusidens ?, 9. Colurella nucinata f. bicuspidata, 10. Keratella cochlearis

106 第1章 北海道地方の湖沼

田中正明（2003）　プランクトンから見た本邦湖沼の富栄養化の現状（313），再び北海道の湖沼⑧．水，45，6，641，37-40

1-4-12. トイドッキ沼

トイドッキ沼は，十勝川と浦幌十勝川にはさまれた河口部に存在する河跡湖の一つである．

トイドッキ沼の名称は，アイヌ語の「トイ・トッキ」，「沼の端」の意味と考えられている．

この付近には，幾つかの同じ成因と推定される小池沼が点在するが，多くは挺水植物が拡がる浅い沼沢性となり，草地化が進み，面積的にも小さくなっている．

本沼の陸水学的並びに陸水生物学的な知見は，田中（2003）による調査結果の報告が唯一であり，他には大木隆志著の『北海道，湖沼と湿原』に写真が示されたものが知られるにすぎない．

〈水　質〉

トイドッキ沼の水質について，田中（2003）は，2002年9月2日の調査で，水色がウーレの水色計の第XX号と腐植性傾向が著しいことを推定させる水色を測定し，透明度が0.3 m，表層水温が22.0℃，pHが6.9，電気伝導度が0.35 mS/cm，塩素イオンが31.9 mg/lと報告している．

〈プランクトン〉

トイドッキ沼のプランクトン相について，田中（2003）は動物プランクトンが37種，植物プランクトンが62種の，合計99種の出現が認められたと述べている．

出現種数の綱別の内訳は，原生動物が6属9種，輪虫類が9属14種，鰓脚類が7属11種，橈脚類が3属3種，藍藻類が5属9種，珪藻類が13属24種，及び緑藻類が17属29種であった．

優占種は，動物プランクトンでは原生動物の $Ceratium\ hirundinella$ で，全体の80％を占めた．植物プランクトンでは，$Melosira\ varians$ が最も多く見られたが，他には目立つ種は認められなかった．

動物プランクトンは，他に輪虫類の $Keratella\ cochlearis$ var. $hispida$, $K.\ cochlearis$ f. $angulifera$, 原生動物の $Arcella\ vulgaris$, $A.\ polypora$, 鰓脚類の $Acroperus\ angustatus$, $Camptocercus\ rectirostris$? 等が比較的多く出現した．

プランクトン型は，動物プランクトンが第VI型，中栄養型鞭毛虫類群集，植物プランクトンは疑問が残るが第VI型，中栄養型珪藻類群集に相当する．

〈底生動物〉

トイドッキ沼の底生動物について，田中（2003）はプランクトン試料中から，3種のユスリカ類の幼虫，線虫類1種，コケムシ類の休芽を見出している．これら以外の底生動物については，全く知見がない．

〈魚　類〉

トイドッキ沼の魚類については，全く知見がない．

〈水生植物〉

トイドッキ沼の水生植物については知見がない．ヨシを中心とした挺水植物群落は，沖出し幅で最大30 m程に発達している．

大木隆志（2000）　北海道，湖沼と湿原，水辺の散歩道．1-215，北海道新聞社，札幌
田中正明（2003）　プランクトンから見た本邦湖沼の富栄養化の現状（312），再び北海道の湖沼⑲．水，45，5，640，59-62

図-105　トイドッキ沼（2002年9月2日撮影）

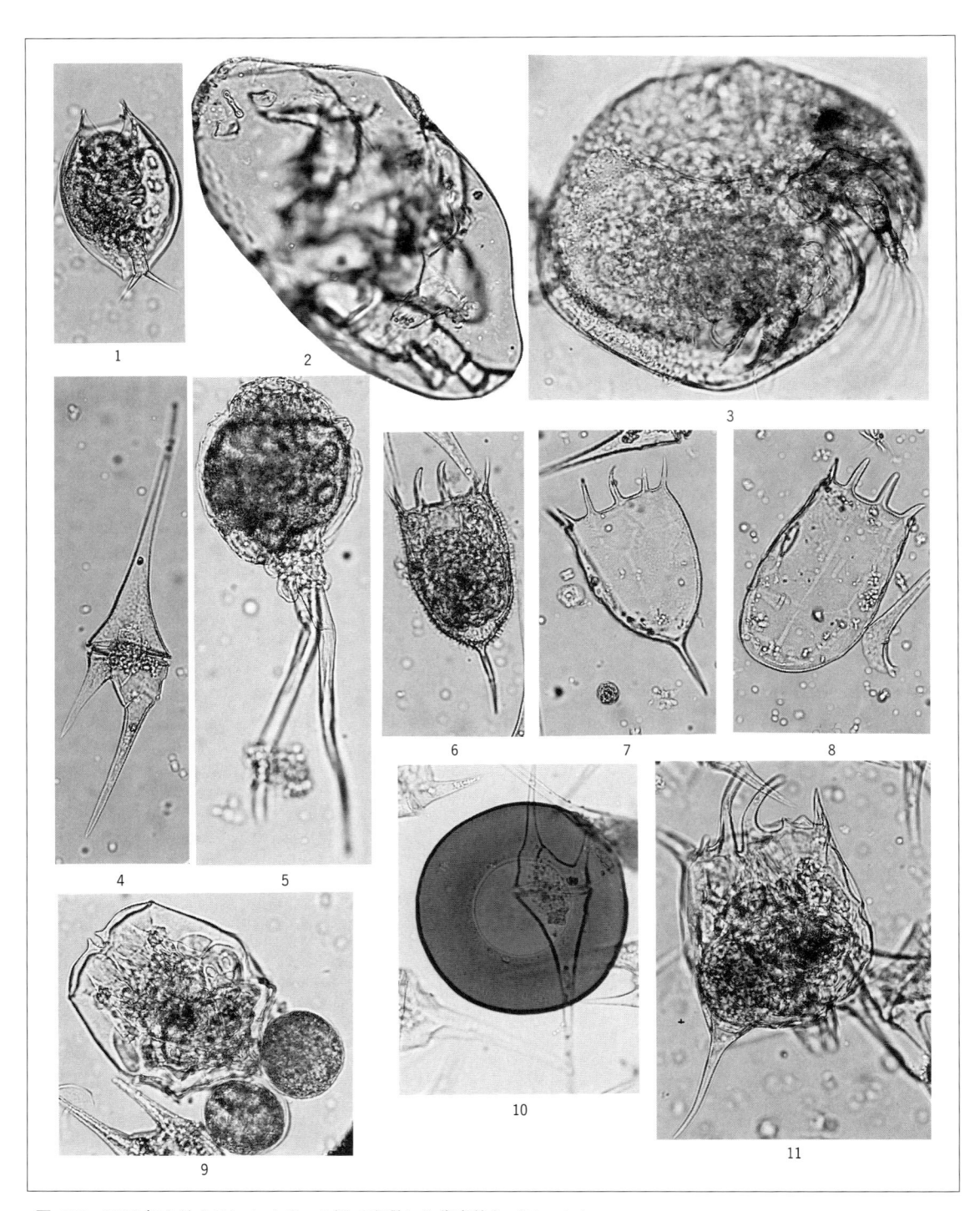

図-106 2002年9月2日にトイドッキ沼で出現した代表的なプランクトン
 1. *Lepadella patella*, 2. *Alona costata* の頭部, 3. *Chydorus sphaericus*, 4. *Ceratium hirundinella*, 5. *Monomata arndti* ?, 6. *Keratella cochlearis* var. *hispida*, 7. *Keratella cochlearis* f. *angulifera*, 8. *Keratella cruciformis* f. *eichwaldi*, 9. *Brachionus angularis orientalis*, 10. *Arcella polypora*, 11. *Brachionus quadridentatus*

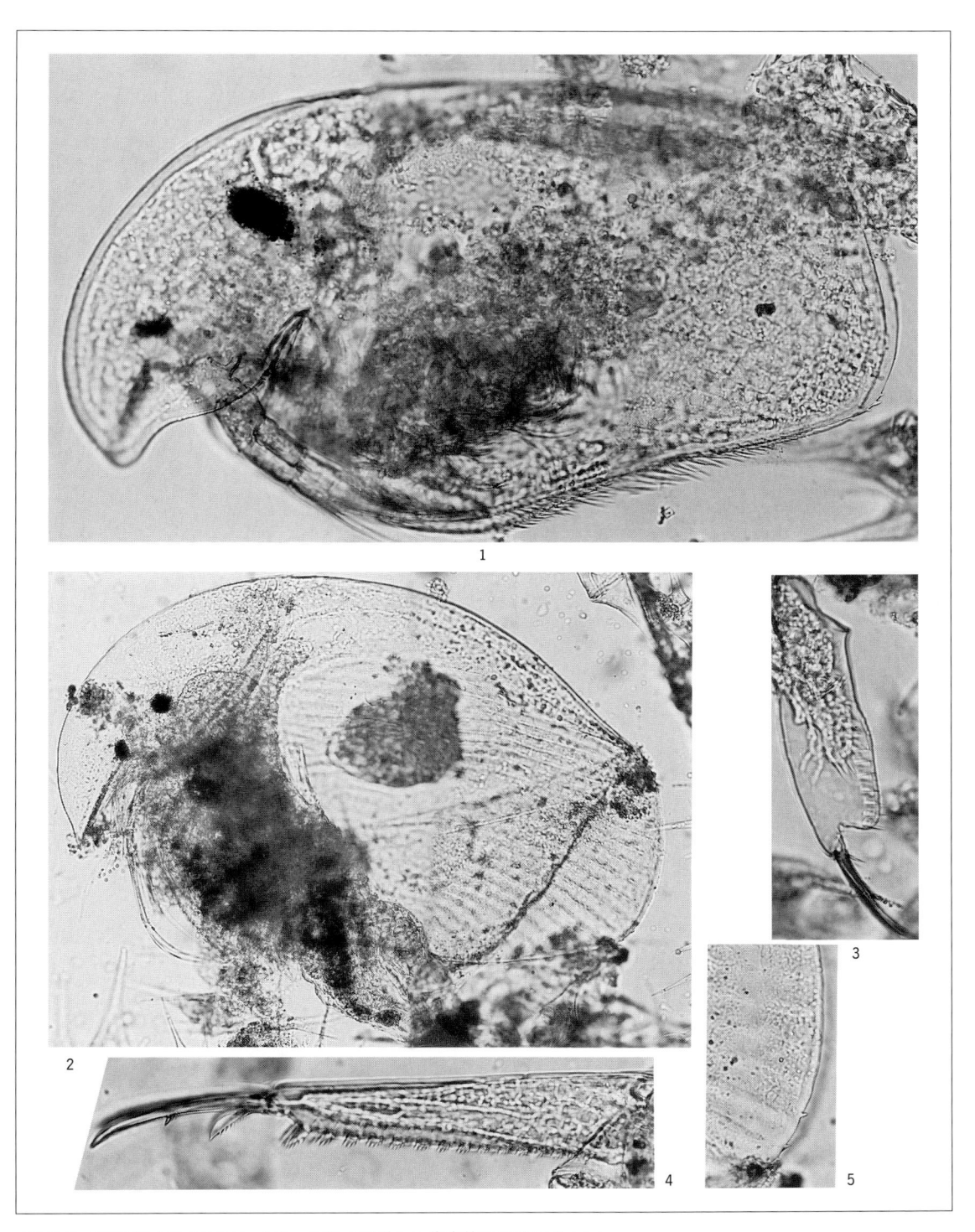

図-107 2002年9月2日にトイドッキ沼で出現した代表的なプランクトン
1, 3. *Acroperus angustatus*（3.後腹部尾爪），2, 4-5. *Camptocercus rectirostris*？（4.後腹部尾爪，5.殻後腹隅）

1-5. 胆振地方の湖沼

　胆振地方は，北海道の中央南部の太平洋岸の4市9町2村から成る，胆振支庁をいう．

　この地方の西部は，有珠火山系に属する有珠山，オロフレ岳，昭和新山等の火山群があり，東部は変形した扇状の地形が広がり，中央からやや北西部に勇払原野が展開している．

　勇払原野は，泥炭地域であるが，日本で最初にバードサンクチュアリに指定されたウトナイ沼を始め，丹治沼，朝日沼，大沼，錦大沼等，大小の池沼が点在している．

　また，洞爺湖や倶多楽湖等，広く知られた湖沼があり，支笏洞爺国立公園に指定されている．

　この地方は，気候的には海霧の発生や冷涼な地域も知られるが，対馬海流の影響を受け，山間部の一部を除き，温暖で積雪量が少ない臨海性として知られている．

1-5-1. ポロト湖

　ポロト湖は，胆振支庁白老町に位置する海跡湖である．

　ポロト湖は，アイヌコタンの湖として知られるが，本来は大きな沼の意味である「ポロトー」に起因した名称である．

　湖の西側には，ポロトーに対して，小さい沼の意味である「ポントー（ポント沼）」が存在する．

　本湖への流出入河川は，北西の自然休養林を経て流入する小河川があり，南東岸から流出して無名川に注いでいる．

〈水　質〉

　ポロト湖の水質については，北海道公害防止研究所（1990）が透明度が3.0-3.6 m，pHが7.6-7.7，CODが5.3-5.4 mg/l，全窒素が0.32-0.35 mg/l，全リンが0.018-0.022 mg/l，クロロフィルaが16.3-20.0 μg/lと報告している．

　環境庁（1993）によれば，1991年9月の調査では透明度が2.0 m，pHが7.4，溶存酸素が8.6-9.0 mg/l，CODが5.8-6.3 mg/l，全窒素が0.15-0.25 mg/l，全リンが0.015-0.019 mg/l，塩素イオンが15-17 mg/lであった．

　田中（2001）による2000年8月2日の調査では，水色はウーレの水色計の第VIII号，透明度は2.3-2.5 m，表層水温は28.2℃，pHは7.2，溶存酸素は8.28 mg/l，電気伝導度は72 μS/cm，

図-108　ポロト湖（2000年8月2日撮影）

塩素イオンは6.8 mg/lが測定された.

さらに，筆者が2002年9月4日に行った調査では，水色はウーレの水色計の第XV号，透明度は2.6 m，表層水温は22.4℃，pHは8.2，溶存酸素は11.9 mg/l，電気伝導度は78 μS/cm，CODは4.9 mg/l，塩素イオンは7.1 mg/lであった.

〈プランクトン〉

ポロト湖のプランクトン相について，田中（2001）は2000年8月2日の調査で，動物プランクトンが45種，植物プランクトンが70種の合計115種の出現を報告している.

出現種数の綱別の内訳は，原生動物が10属16種，輪虫類が6属12種，腹毛類が2属2種，鰓脚類が10属12種，橈脚類が3属3種，藍藻類が10属14種，珪藻類が19属45種，及び緑藻類が8属11種であった.

優占種は，動物プランクトンでは特にないが，原生動物の Ceratium hirundinella，輪虫類の Asplanchna priodonta, Ploesoma truncatum, Trichocerca capucina, T. cylindrica, Keratella cochlearis，鰓脚類の Disparalona rostrata 等が多く認められた.

植物プランクトンでは，珪藻類の Aulacoseira ambigua が優占種で，これに同じ珪藻類の Fragilaria crotonensis, Tabellaria fenestrata が次いだ.

プランクトン型は，動物プランクトンが第XI型，中栄養型輪虫類群集，植物プランクトンは第VI型，中栄養型珪藻類群集に近いものと判断される.

〈底生動物〉

ポロト湖の底生動物についての知見は乏しいが，田中（2001）はプランクトン試料中から，少なくとも3種のユスリカ類の幼虫，線虫類が1種，コケムシ類（種は同定できていない）の休芽，タンスイカイメン（種は同定できていない）の骨片が認められたと述べている.

〈魚類〉

ポロト湖の魚類について，田中（2001）はワカサギとコイを確認している．また，環境庁（1993）は町関係者からの知見としてウグイを記録している.

〈水生植物〉

ポロト湖の水生植物については，田中（2001）がヨシ，コウホネ，ヒシを報告している．筆者は，2003年8月8日の調査においても同様の種を確認した．また，挺水植物群落については，北岸の調査を行っていないが貧弱であり，沖出し幅を有する程のヨシ帯の形成は認められない.

北海道公害防止研究所（1990）　北海道の湖沼. 1-445
環境庁（1987）　第3回自然環境保全基礎調査，湖沼調査報告書. 1-839
環境庁（1993）　第4回自然環境保全基礎調査，湖沼調査報告書. 1-636
田中正明（2001）　プランクトンから見た本邦湖沼の富栄養化の現状（295），再び北海道の湖沼 ㉒．水，43, 12, 618, 63-66

1-5-2. ポント沼

ポント沼は，胆振支庁白老町のポロト湖の西側に位置する小湖で，周囲は森林に囲まれ，自然がよく保持された湖である．流入河川は特にないが，南東から1本の小河川が流出し，無名川に注いでいる.

ポント沼の陸水学的な知見は，筆者の知る限りほとんどない.

〈水質〉

2000年8月2日に田中（2001）が行った調査では，水色はウーレの水色計の第XIV号，透明度は1.5 m（底まで全透），表層水温は28.0℃，pHは7.4，電気伝導度は78 μS/cmで，塩素イオンが5.6 mg/lであった.

また，筆者が2002年9月4日に行った調査では，水色がウーレの水色計の第XIV号，透明度は1.2 m，表層水温は24.0℃，pHは7.8，溶存酸素は14.5 mg/l，電気伝導度は67 μS/cm，CODは4.6 mg/l，塩素イオンは4.5 mg/lであった.

〈プランクトン〉

ポント沼のプランクトン相については，田中

（2001）が 2000 年 8 月 2 日の調査で，動物プランクトンが 36 種，植物プランクトンが 80 種の合計 116 種の出現を報告している．

出現種数の綱別の内訳は，原生動物が 7 属 13 種，輪虫類が 9 属 12 種，鰓脚類が 7 属 9 種，橈脚類が 2 属 2 種，藍藻類が 4 属 7 種，珪藻類が 24 属 51 種，及び緑藻類が 14 属 22 種であった．

出現種は，種数が多いが，量的に出現頻度の高い種はかなり限られており，優占種は緑藻類の Botryococcus braunii で，他には動物プランクトンでは，鰓脚類の Bosminopsis deitersi，輪虫類の Asplanchna priodonta，Keratella cochlearis var. tecta，原生動物の Centropyxis aculeata，Arcella vulgaris，植物プランクトンでは珪藻類の Tabellaria fenestrata，T. fenestrata var. intermedia，Gomphonema acuminatum，G. sphaerophorum，緑藻類の Pediastrum boryanum 等が多く見られた．

出現種の中では，珪藻類，緑藻類及び鰓脚類で，腐植性水域に多く見られる種の出現が目立った．

プランクトン型は，動物プランクトンが第 X 型，中栄養型甲殻類，輪虫類混合型群集，植物プランクトンはやや疑問が残るが，第 X 型，富栄養型緑藻類群集に近いものと判断される．

〈底生動物〉

ポント沼の底生動物としては，田中（2001）はプランクトン試料中から，少なくとも 3 種のユス

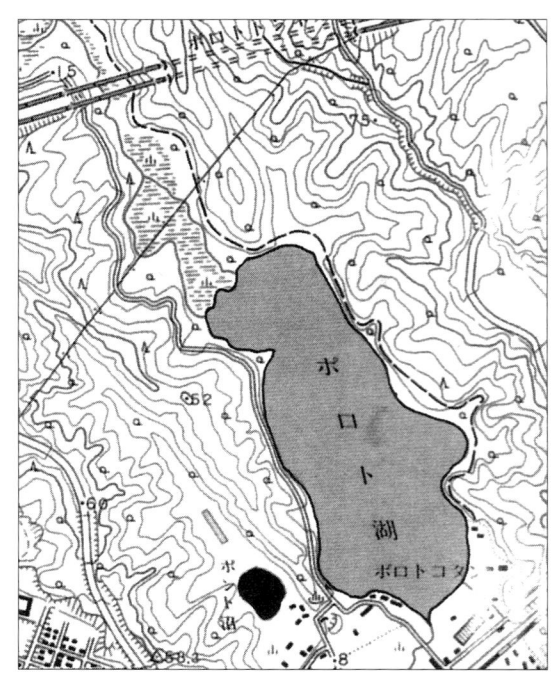

図-109　ポント沼（黒）及びポロト湖の池沼概念図

図-110　ポント沼（2000 年 8 月 2 日撮影）

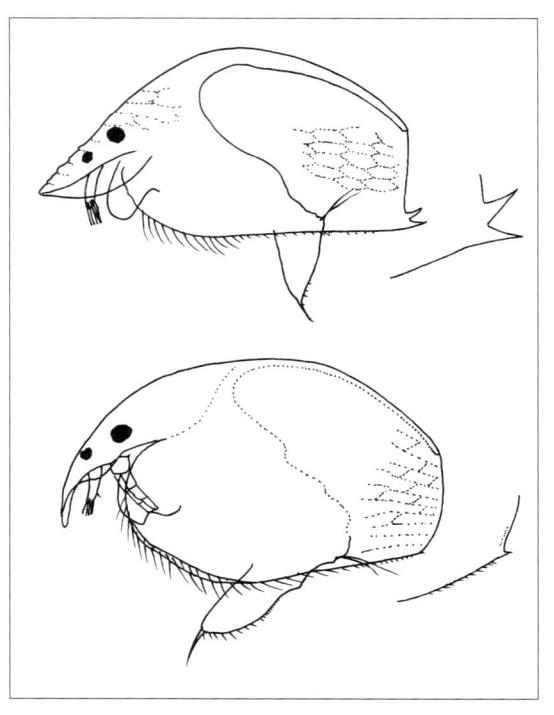

図-111　ポント沼から得た鰓脚類
　　上；Graptoleberis testudinaria（FISCHER）
　　下；Disparalona rostrata（KOCH）

リカ類の幼虫，線虫類1種の出現を認めた．

〈魚　類〉

ポント沼の魚類については，知見がない．

〈水生植物〉

ポント沼の水生植物について，田中（2001）はヨシ，ヒツジグサ，コウホネが生育し，挺水植物の群落の発達は貧弱であり，沖出し幅で最大3m程と述べている．なお，筆者は2002年9月4日の調査で，ヨシ，ヒツジグサ，タヌキモ，コウホネを確認し，さらに2003年8月8日の調査でもこれらと，ヒシを確認した．

田中正明（2001）プランクトンから見た本邦湖沼の富栄養化の現状（294），再び北海道の湖沼㉖．水，43，12，617，61-63

1-5-3．錦大沼

錦大沼は，苫小牧市錦岡の北面約2kmに位置する堰止め湖で，戦前は単に大沼と呼ばれていたが，昭和51年（1976年）の「錦大沼公園」の整備により一般にも知られるようになり，錦大沼の名称が使われている．

錦大沼に関する陸水学的並びに陸水生物学的な知見は乏しく，北海道公害防止研究所（1990），田中（2001）による水質や生物相の調査結果が知られるにすぎない．

〈水　質〉

錦大沼の水質については，北海道公害防止研究所（1990）が1984年7月に調査を行っているが，これによると透明度は2.8-3.0m，pHは7.2-7.4，溶存酸素は9.1-9.6mg/l，CODは3.5-3.9mg/l，全窒素は0.38-0.44mg/l，全リンは0.012-0.017mg/lであった．

田中（2001）による2000年8月1日の調査では，水色はウーレの水色計の第XV号，透明度は2.5m，表層水温は18.5℃，pHが7.6，電気伝導度が130μS/cm，CODが3.2mg/l，塩素イオンが8.1mg/lであった．

〈プランクトン〉

錦大沼のプランクトン相について，北海道公害防止研究所（1990）は *Fragilaria construens*, *Cyclotella comta*, *Dinobryon divergens*, *Peridinium bipes* を報告している．

田中（2001）によれば，動物プランクトンの出現種数は33種，植物プランクトンは41種の合計74種が同定された．

出現種数の綱別の内訳は，原生動物が11属14種，輪虫類が8属10種，腹毛類が1属1種，鰓脚類が4属5種，橈脚類が3属3種，藍藻類が5属7種，珪藻類が13属21種，及び緑藻類が8属13種であった．

優占種は，動物プランクトンでは原生動物の *Dinobryon bavaricum* で，これに *D. cylindricum* が次いだ．これら以外には，*Ceratium hirundinella*，輪虫類の *Asplanchna priodonta*,

図-112　錦大沼（2000年8月1日撮影）

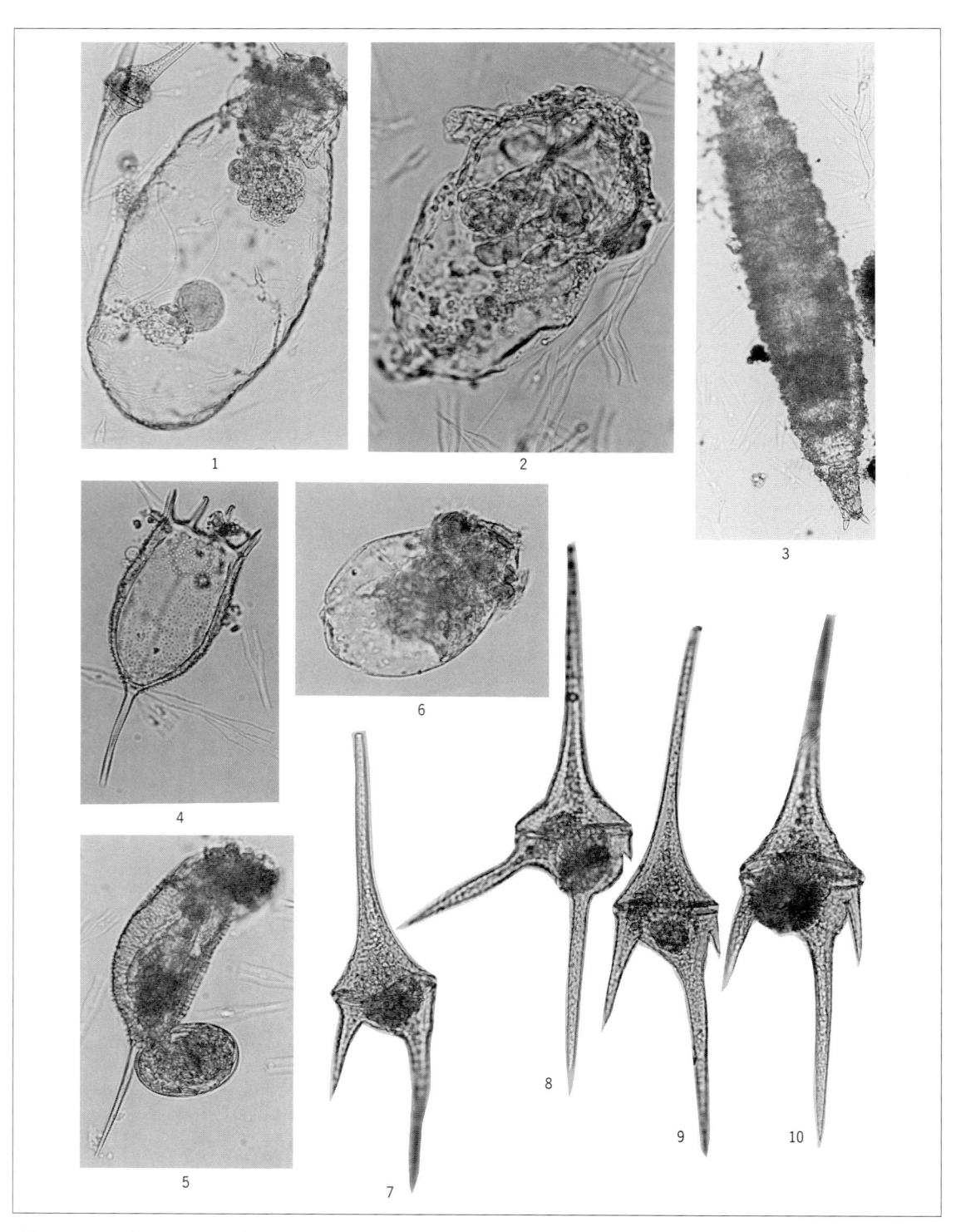

図-113　2000年8月1日に錦大沼で出現した代表的なプランクトン
　1. *Asplanchna priodonta*, 2. *Synchaeta* sp., 3. Habrotrochidae の一種, 4-5. *Keratella cochlearis* var. *hispida*, 6. *Ascomorpha ecaudis*, 7-10. *Ceratium hirundinella*

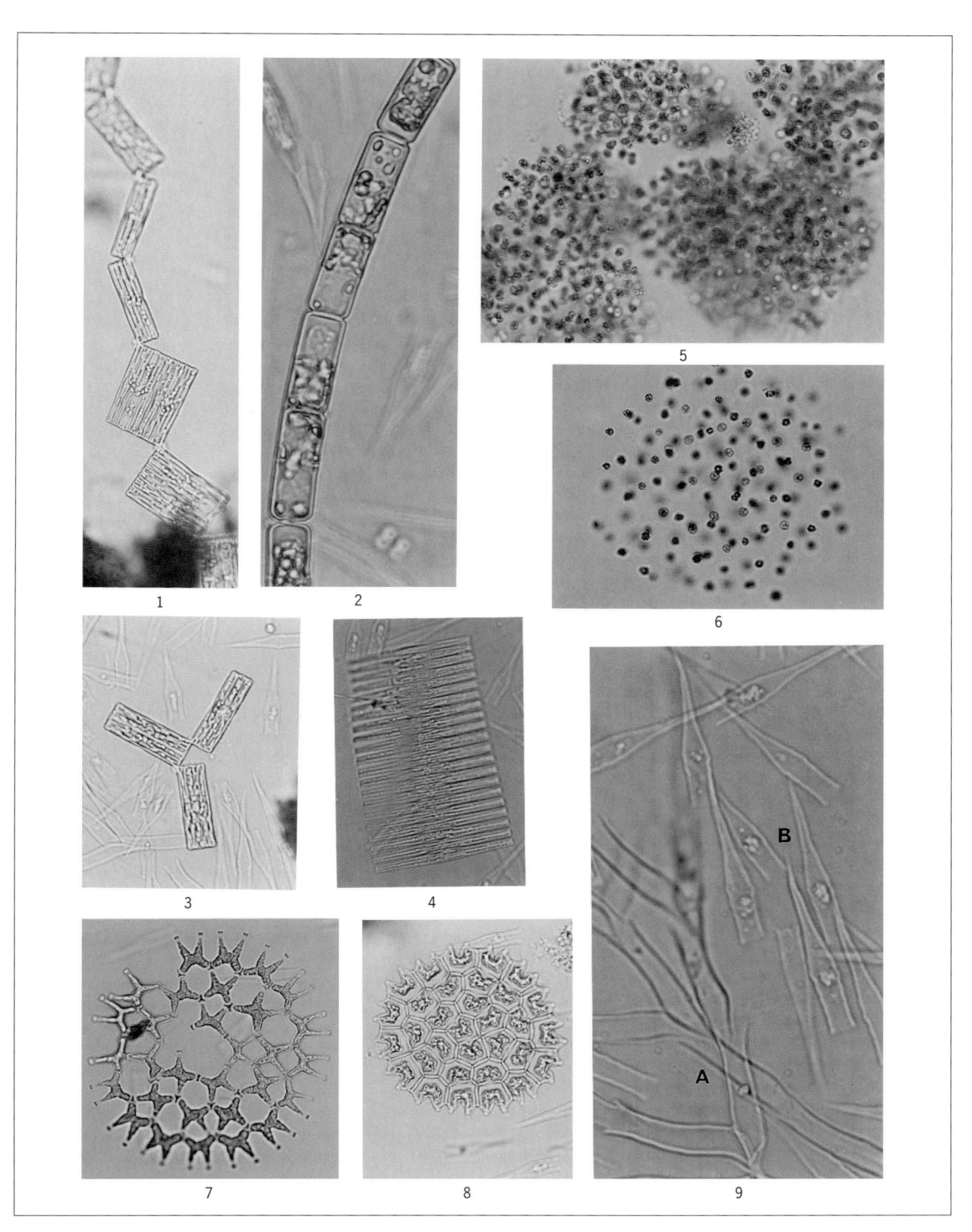

図-114 2000年8月1日に錦大沼で出現した代表的なプランクトン
1, 3. *Tabellaria fenestrata*, 2. *Melosira varians*, 4. *Fragilaria crotonensis*, 5. *Microcystis aeruginosa*, 6. *Aphanocapsa elachista*, 7. *Pediastrum duplex*, 8. *Pediastrum boryanum*, 9. (A) *Dinobryon cylindricum*, (B) *Dinobryon divergens*

Habrotrochidae の一種, *Synchaeta* sp., *Ascomorpha ecaudis*, *Keratella cochlearis* var. *hispida* 等の出現が目立った.

植物プランクトンは, 緑藻類の *Pediastrum duplex*, *P. boryanum*, 藍藻類の *Microcystis aeruginosa*, *Aphanocapsa elachista*, 珪藻類の *Tabellaria fenestrata*, *Melosira varians*, *Fragilaria crotonensis* 等が比較的多く出現したが, 特に優占種といえる程多産した種は認められなかった.

プランクトン型は, 動物プランクトンは第Ⅰ型, 貧栄養型鞭毛虫類群集, 植物プランクトンは第Ⅳ型, 貧栄養型腐植性珪藻類群集に相当するものと思われるが, 窒素やリンの値とは大きく異なる結果であり, 今後の検討が必要と思われる.

〈底生動物〉

錦大沼の底生動物については, 北海道公害防止研究所 (1990) がユスリカ (Chironomid) 幼虫, *Branchiura sowerbyi*, フサカ (Chaoboridae) 幼虫, *Molanna* sp., *Neuronema albostigma*, *Cercion sieboldii*, *Anisocentropus immunis* を報告している. また, 田中 (2001) はプランクトン試料中から, 3種のユスリカ類の幼虫, 線虫類1種, タンスイカイメン (種は同定できていない) の骨片を見出している.

〈魚　類〉

錦大沼に棲息する魚類は, 北海道公害防止研究所 (1990) によればフナ, コイ, ワカサギ, ソウギョである.

〈水生植物〉

錦大沼の水生植物について田中 (2001) は, ヨシ, フトイ, ガマ, ミツガシワ, コウホネが生育し, 流出部でミクリが認められたと述べている.

北海道公害防止研究所 (1990) 北海道の湖沼. 1-445
田中正明 (2001) プランクトンから見た本邦湖沼の富栄養化の現状 (296), 再び北海道の湖沼 ㊳. 水, 43, 15, 620, 36-40

1-5-4. 錦小沼

錦小沼は, 苫小牧市錦岡の北面約2kmにあり, 北に位置する錦大沼と共に「錦大沼公園」を成す小湖である.

戦前は, 単に小沼と呼ばれたが, 現在では大沼と共に錦を付けて呼ばれている.

成因は, 大沼と同様に堰止め湖と考えられている.

〈水　質〉

錦小沼の水質について, 北海道公害防止研究所 (1990) は, 1984年7月に調査を行い, 透明度が2.8-3.0 m, pHが7.2-7.4, 溶存酸素が9.1-9.6 mg/l, CODが3.5-3.9 mg/l, 全窒素が0.38-0.44 mg/l, 全リンが0.012-0.017 mg/l と報告している.

田中 (2001) によれば, 2000年8月1日の調

図-115　錦小沼 (2000年8月1日撮影)
　　　　上；沼の北東岸から西方を望む
　　　　下；沼に生育するコウホネの群落

査では，水色がウーレの水色計の第XIV号，透明度が 2.5 m，表層水温が 16.0℃，pH が 7.6，電気伝導度が 146 μS/cm，COD が 3.4 mg/l，塩素イオンが 9.7 mg/l であった．

〈プランクトン〉

錦小沼のプランクトン相については，北海道公害防止研究所（1990）が植物プランクトンの種名のみ報告しているが，これによると *Fragilaria construens*, *Cyclotella comta*, *Dinobryon divergens*, *Peridinium bipes* が出現した．

田中（2001）によれば，錦小沼のプランクトン出現種数は，動物プランクトンが 29 種，植物プランクトンが 35 種の合計 64 種であった．

出現種数の綱別の内訳は，原生動物が 11 属 15 種，輪虫類が 6 属 8 種，鰓脚類が 3 属 4 種，橈脚類が 2 属 2 種，藍藻類が 5 属 8 種，珪藻類が 11 属 16 種，及び緑藻類が 6 属 11 種であった．

優占種となったのは，動物プランクトンでは，原生動物の *Dinobryon bavaricum* で，これに *D. cylindricum* が次いだ．他には，輪虫類の *Asplanchna priodonta*, *A. herricki*, *Polyarthra vulgaris*, *Keratella cochlearis* var. *hispida*, 原生動物の *Ceratium hirundinella* 等が，比較的多く見られた．

植物プランクトンでは，特に優占種といえる程に多産した種はなかったが，緑藻類の *Pediastrum duplex*, *P. boryanum*, *Zygnema* sp., 珪藻類の *Tabellaria fenestrata* var. *intermedia*, *Cyclotella comta*, 藍藻類の *Merismopedia elegans* 等の出現が目立った．

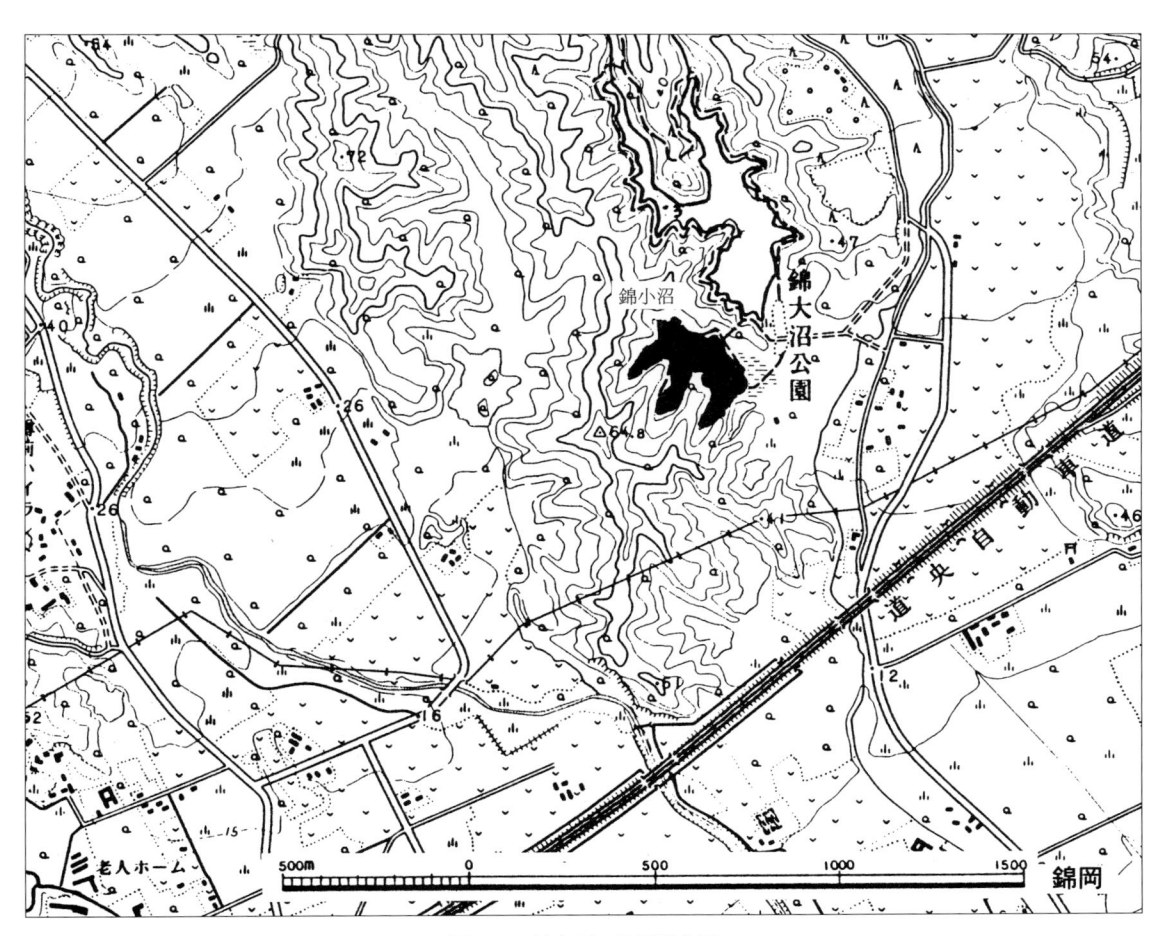

図-116　錦小沼の池沼概念図

1-5. 胆振地方の湖沼

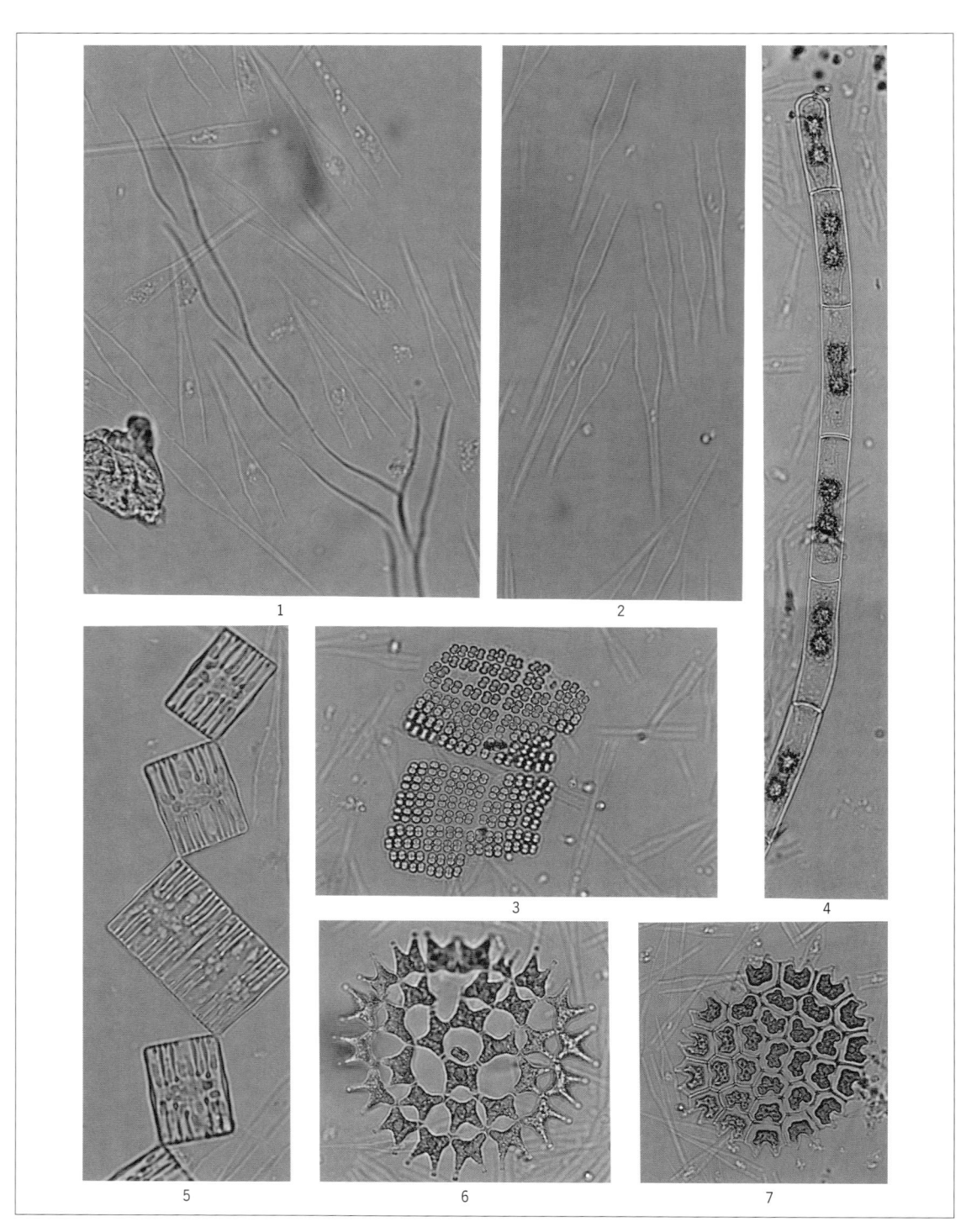

図-117　2000年8月1日に錦小沼で出現した代表的なプランクトン
　　1. Dinobryon cylindricum（Y字型の群体）と Dinobryon bavaricum, 2. Dinobryon bavaricum, 3. Merismopedia elegans, 4. Zygnema sp., 5. Tabellaria fenestrata var. intermedia, 6. Pediastrum duplex, 7. Pediastrum boryanum

プランクトン型は，動物プランクトンが第Ⅰ型，貧栄養型鞭毛虫類群集，植物プランクトンが第Ⅳ型，貧栄養型腐植性珪藻類群集に相当するものと判断される．

　このように，錦小沼のプランクトン群集は，貧栄養型を示すものであったが，水質では全窒素が0.38-0.44 mg/l，全リンが0.012-0.017 mg/l，CODが3.4-3.9 mg/lと，富栄養型の範疇に入ることが認められる．また，北海道公害防止研究所（1990）は，中栄養型と判断しており，今後の調査研究の必要性が認められる．

〈底生動物〉

　錦小沼の底生動物について，北海道公害防止研究所（1990）は，*Branchiura sowerbyi*，ユスリカ（Chironomid）幼虫，フサカ（Chaoboridae）幼虫を報告している．また，田中（2001）は，プランクトン試料中からユスリカ類の幼虫2種，線虫類1種が認められたと述べている．

〈魚　類〉

　錦小沼の魚類は，フナ，コイ，ソウギョ，ワカサギが知られている．

〈水生植物〉

　錦小沼の水生植物について，田中（2001）はコウホネ，ヒツジグサ，ミツガシワ，ヨシ，フトイ，イヌスギナが生育し，コウホネとミツガシワの群落が発達していると述べている（図-115）．

　北海道公害防止研究所（1990）　北海道の湖沼．1-445
　田中正明（2001）　プランクトンから見た本邦湖沼の富栄養化の現状（288），再び北海道の湖沼㉟．水，43，5，610，61-65

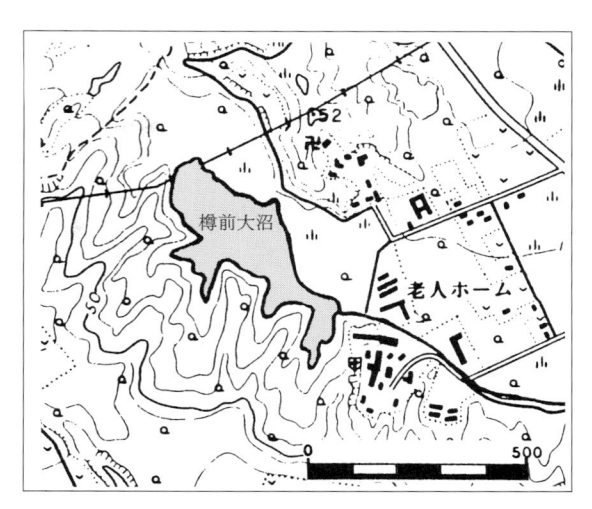

図-118　樽前大沼の池沼概念図

図-119　樽前大沼（2000年8月1日撮影）

1-5-5．樽前大沼

　樽前大沼は，苫小牧市の西端の樽前山の南麓に位置する堰止め湖である．大沼の南東には，かつては樽前小沼と呼ばれた小沼が存在したが，現在は埋め立てられ消失している．

　樽前大沼は，流入河川といえるような定常的な流れは1本のみで，流出河川は南東端からポン樽

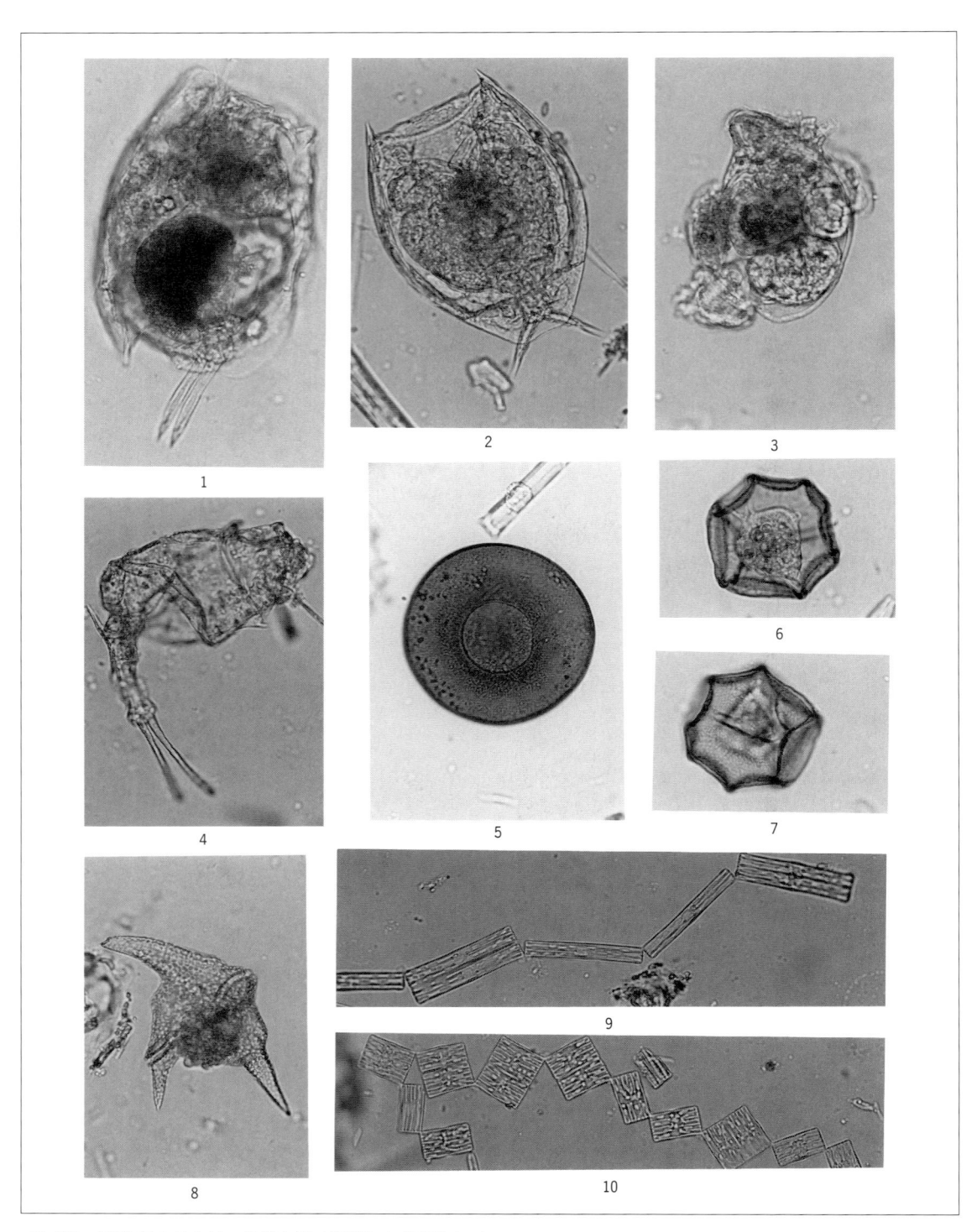

図-120 2000年8月1日に樽前大沼で出現した代表的なプランクトン
1. *Euchlanis dilatata*, 2. *Lecane depressa*, 3. *Conochilus unicornis*, 4. *Trichotoria tetractis*, 5. *Arcella polypora*, 6-7. *Arcella conica*, 8. *Ceratium cornutum*, 9. *Tabellaria fenestrata*, 10. *Tabellaria fenestrata* var. *intermedia*

前川，現在は赤川と呼ばれる小河川に注いでいる．

沼の周辺は，一時期観光地或いは別荘地としての開発が行われたが，現在は中止され，山林と自然地であり，特に汚濁源となるような施設もない．また，戦前には淡水魚の養殖が試みられたこともあるが，現在は狩猟禁止区域に指定され，自然がよく保持されている．

本沼に関する陸水学的並びに陸水生物学的な知見は乏しいが，環境庁（1987, 1993），北海道公害防止研究所（1990），田中（2002）等の水質分析値や調査報告が知られる．

〈水　質〉

樽前大沼の水質については，北海道公害防止研究所（1990）が，1979年7月から1985年10月までの間に，合計6回の調査を行って測定した結果を報告している．これによると，透明度は1.1-1.5 m，pHが6.9-7.9，溶存酸素は8.0-9.9 mg/l，CODは3.0-3.6 mg/l，全窒素は0.31-1.4 mg/l，全リンは0.008-1.017 mg/l，クロロフィルaは2.1-2.5 μg/lであった．

環境庁（1995）によれば，1991年8月の測定では，水温が17.5℃，pHが7.1，溶存酸素が8.6-8.9 mg/l，電気伝導度が0.135-0.137 mS/cm，CODが3.1-4.2 mg/l，全窒素が0.17-0.26 mg/l，全リンが0.017-0.024 mg/l，塩素イオンが20 mg/l，クロロフィルaが5.35 mg/lであった．

田中（2002）によれば，2000年8月1日の調査では，水色はウーレの水色計の第XV号，透明度は0.9 m，表層水温は24.5℃，pHは7.2，溶存酸素は9.60 mg/l，電気伝導度は139 μS/cm，塩素イオンが9.9 mg/lであった．

〈プランクトン〉

樽前大沼のプランクトン相について，北海道公害防止研究所（1990）は，動物プランクトンの *Bosmina longirostris*, *Bosminopsis deitersi*, *Asplanchna priodonta*, *Conochiloides dossuarius*, *Trichotoria tetractis*, *Polyarthra trigla*, 植物プランクトンの *Melosira italica*, *Cyclotella comta*, *Scenedesmus quadricauda*, *Fragilaria construens*, *F. crotonensis*, *Achnanthes* sp. を報告している．

田中（2002）は，2000年8月1日の調査においては，動物プランクトンでは特に優占種といえる程に多産した種はないが，原生動物の *Ceratium hirundinella*, *Arcella conica*, *A. polypora*, 輪虫類の *Conochilus unicornis*, *Trichotoria tetractis*, *Lecane depressa*, *Euchlanis dilatata* 等が比較的多く認められた．

一方，植物プランクトンでは，珪藻類の *Synedra ulna* var. *biceps* が優占種で，これに *Tabellaria fenestrata* 及び，その変種である var. *intermedia* が次いだ．他には，珪藻類の *Cymbella aspera*, *C.* sp., *Surirella tenera*, 緑藻類の *Scenedesmus denticulatus* var. *linearis* 等が比較的多く見られた．

プランクトン型は，動物プランクトンが第XI型，中栄養型輪虫類群集，植物プランクトンが第VI型，中栄養型珪藻類群集と判断される．また，出現種の中に *Arcella conica*, *A. polypora*, *Euglypha* 属，*Tabellaria fenestrata*, 及びその変種等，腐植性傾向が大きいことを想起させる種が多く含まれ，樽前大沼のプランクトン群集を特徴付けているといえる．

〈底生動物〉

樽前大沼の底生動物については，知見がないが，2000年8月1日に採集されたプランクトン試料からは，少なくとも3種のユスリカ類の幼虫，線虫類1種が認められた．

〈魚　類〉

樽前大沼の魚類については，戦前に養殖が試みられたこともあり，人為的に持ち込まれた種も知られるが，現在はイバラトミヨ，ビリンゴ，チチブ，ワカサギ，フナ，コイ，ヨシノボリ，ヌマガレイ，アメマス，ウグイが棲息する．

〈水生植物〉

樽前大沼の水生植物について田中（2002）は，沼の全域で水生植物の生育が見られ，挺水植物群落は発達し，南部の沖出し幅は20 mに達する．田中（2002）によれば，2000年8月1日の調査で確認された種は，ヨシ，ガマ，コウホネ，タヌキモ，ガガブタ，フサモ，ミクリである．

北海道公害防止研究所（1990）北海道の湖沼. 1-445
環境庁（1987）第3回自然環境保全基礎調査，湖沼調査報告書. 1-839
環境庁（1993）第4回自然環境保全基礎調査，湖沼調査報告書. 1-636
田中正明（2002）プランクトンから見た本邦湖沼の富栄養化の現状（297），再び北海道の湖沼㉖. 水, 44, 1, 621, 63-66

1-5-6. 丹治沼（白鳥湖）

丹治沼は，苫小牧原野のウトナイ沼の北に位置する海跡湖である．本来，丹治沼は「チライウシト」或いは「チライウシュナイト」と呼ばれ，イトウが群れを成している所の川の意味とされている．今日では，昭和38年（1963年）に苫小牧町が白鳥湖と，観光用パンフレットに使って以来，一般には白鳥湖と呼ばれるが，国土地理院では丹治沼としており，筆者もこれに基づいた．丹治沼の名称は，大正6年（1917年）に丹治索氏がこの地域一帯を国有未開地として，払い下げを受けて入植したが，それ以後一般に呼ばれるようになったものである．

沼には，流入河川は特にないが，南東端から流出して，東方の小河川を経て美々川に注いでいる．

沼の集水域は，主に山林と湿原であり，汚濁源となるような施設はない．

丹治沼に関する陸水学的並びに陸水生物学的な知見は乏しく，北海道公害防止研究所（1990），田中（2002）等の報告が知られるにすぎない．

〈水　質〉

丹治沼の水質については，北海道公害防止研究所（1990）が，1984年8月から1985年9月の間に5回の調査を行い，透明度が0.7-1.8m，pHが7.4-8.8，溶存酸素が8.0-10.0mg/l，CODが4.1-8.8mg/l，全窒素が0.21-0.51mg/l，全リンが0.008-0.023mg/l，クロロフィルaが4.1-5.1μg/lと報告している．

田中（2002）によれば，2000年8月1日の調査では，水色はウーレの水色計の第XIV号，透明度は0.7m，表層水温は17.5℃，pHは8.0，溶存酸素は9.4mg/l，電気伝導度は137μS/cm，CODは4.85mg/l，塩素イオンは10.5mg/lであった．

〈プランクトン〉

丹治沼のプランクトン相については，田中（2002）による2000年8月1日の調査報告が知られるにすぎないが，これによると動物プランクトンが19種，植物プランクトンが30種の合計49種が出現した．

出現種数の綱別の内訳は，原生動物が4属6種，輪虫類が6属8種，鰓脚類が3属4種，橈脚

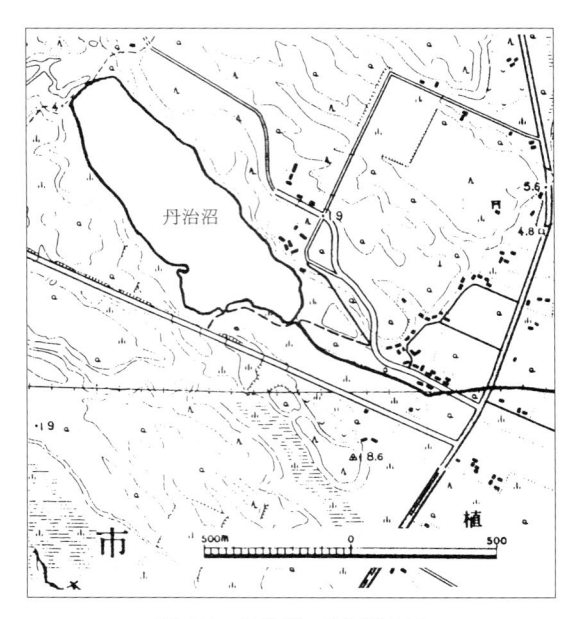

図-121　丹治沼の池沼概念図

図-122　丹治沼（2000年8月1日撮影）

類が1属1種,藍藻類が4属6種,珪藻類が12属16種,及び緑藻類が6属8種であった.

優占種は,植物プランクトンでは珪藻類の *Aulacoseira italica* var. *valida* で,これに緑藻類の *Pediastrum duplex*, *P. araneosum*,藍藻類の *Chroococcus minutus* 等が次いだ.

動物プランクトンは,輪虫類の *Brachionus angularis* var. *bidens*,鰓脚類の *Bosminopsis deitersi* 等の出現が目立ったが,特に優占種といえる程に多産した種は認められなかった.

プランクトン型は,動物プランクトンが第X型,中栄養型甲殻類,輪虫類混合型群集,植物プランクトンが第VI型,中栄養型珪藻類群集と判断される.

〈底生動物〉

丹治沼の底生動物について,北海道公害防止研究所(1990)は *Cipangopaludina chinensis* を報告している.筆者は,2000年8月1日に採集されたプランクトン試料中から,ユスリカ類の幼虫1種と,線虫類1種を認めた.また,タニシ,カラスガイを採集している.

〈魚 類〉

丹治沼の魚類は,北海道公害防止研究所(1990)によればウグイ,フナ,コイ,ワカサギ,ナマズ,ウナギ,ソウギョが棲息する.田中(2002)は,ソウギョの放流は丹治沼の水生植物群落に壊滅的な打撃を与えたが,安易な魚類の放流が,生態系に大きな影響を及ぼした例として記憶すべきであろうと述べている.

〈水生植物〉

北海道公害防止研究所(1990)によれば,丹治沼の水生植物はヨシ,ヒシが生育する.しかし,田中(2002)の調査では,極くわずかなヨシが生育しているのが認められたにすぎない.

北海道公害防止研究所(1990) 北海道の湖沼. 1-445.
田中正明(2002) プランクトンから見た本邦湖沼の富栄養化の現状(298),再び北海道の湖沼㊺.水,44,3,623,38-40

1-5-7. 千歳沼

千歳沼は,新千歳空港の滑走路の東側に位置する小湖沼である.沼は,美々川が流れ出した地点の林の中にあって,2つの小池沼と湿地から成っていたが,今日では千歳科学技術大学の建設や周辺の開発等で大きく変わり,源流の湖沼を想起させる景観は全くない.

沼の名称は,鶴が棲息していたことに因んで付けられたもので,古くは大きい沢の意味である「シ・コッ」と呼ばれていた.

〈水 質〉

千歳沼は,環境庁(1979, 1987, 1993)による「自然環境保全基礎調査,湖沼調査」の対象湖沼として位置付けられていることから,定期的な水質測定が行われている.

環境庁(1987)による1985年9月18日の調査では,水温が18.6-20.4℃,pHが6.9-7.2,溶

図-123 千歳沼(2002年9月4日撮影)

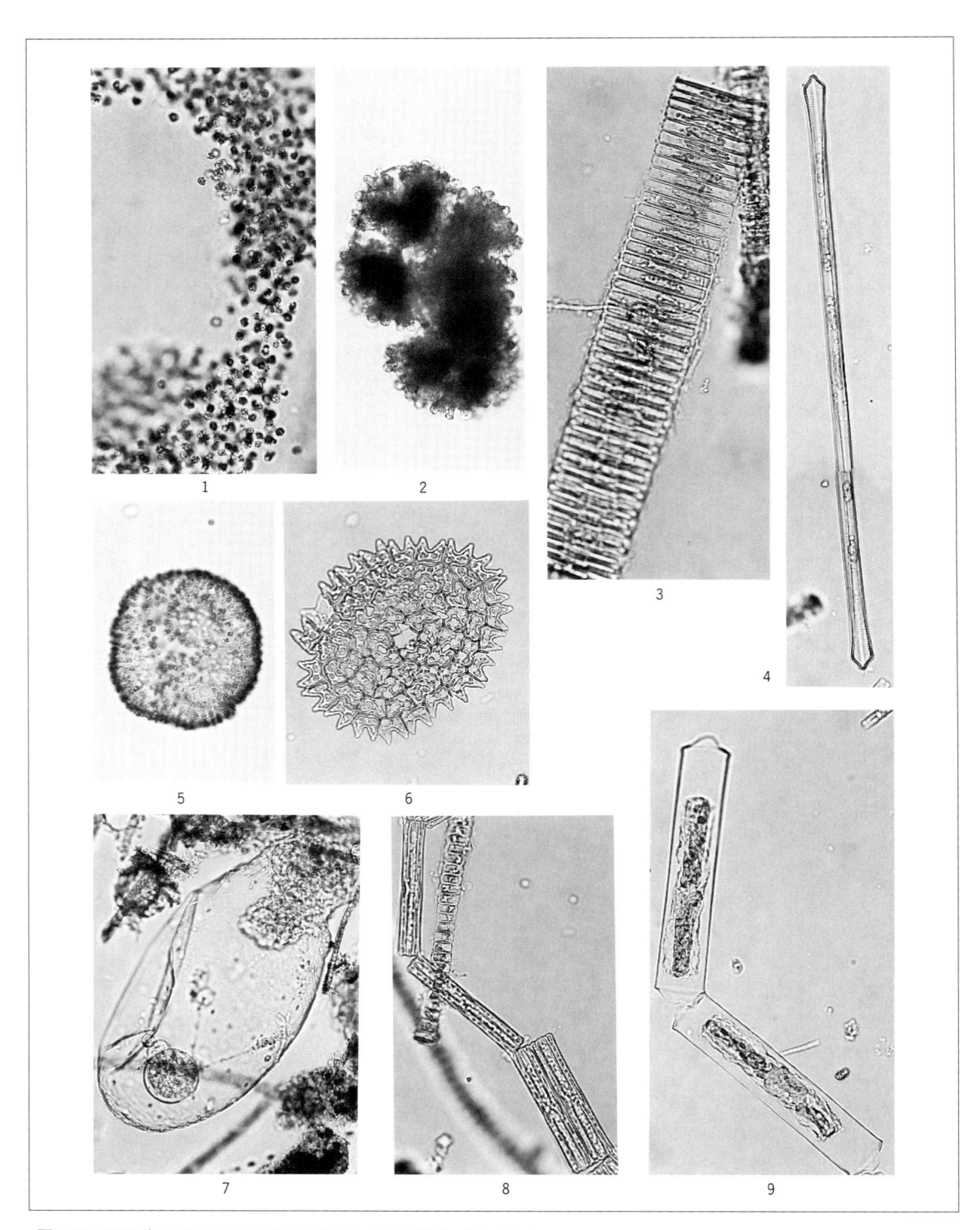

図-124 2002年9月4日に千歳沼で出現した代表的なプランクトン
1. *Microcystis aeruginosa*, 2. *Botryococcus braunii*, 3. *Fragilaria virescens*, 4. *Synedra capitata*, 5. *Woronichinia naegeliana*, 6. *Pediastrum araneosum*, 7. *Asplanchna priodonta*, 8. *Tabellaria fenestrata*, 9. *Mougeotia* sp.

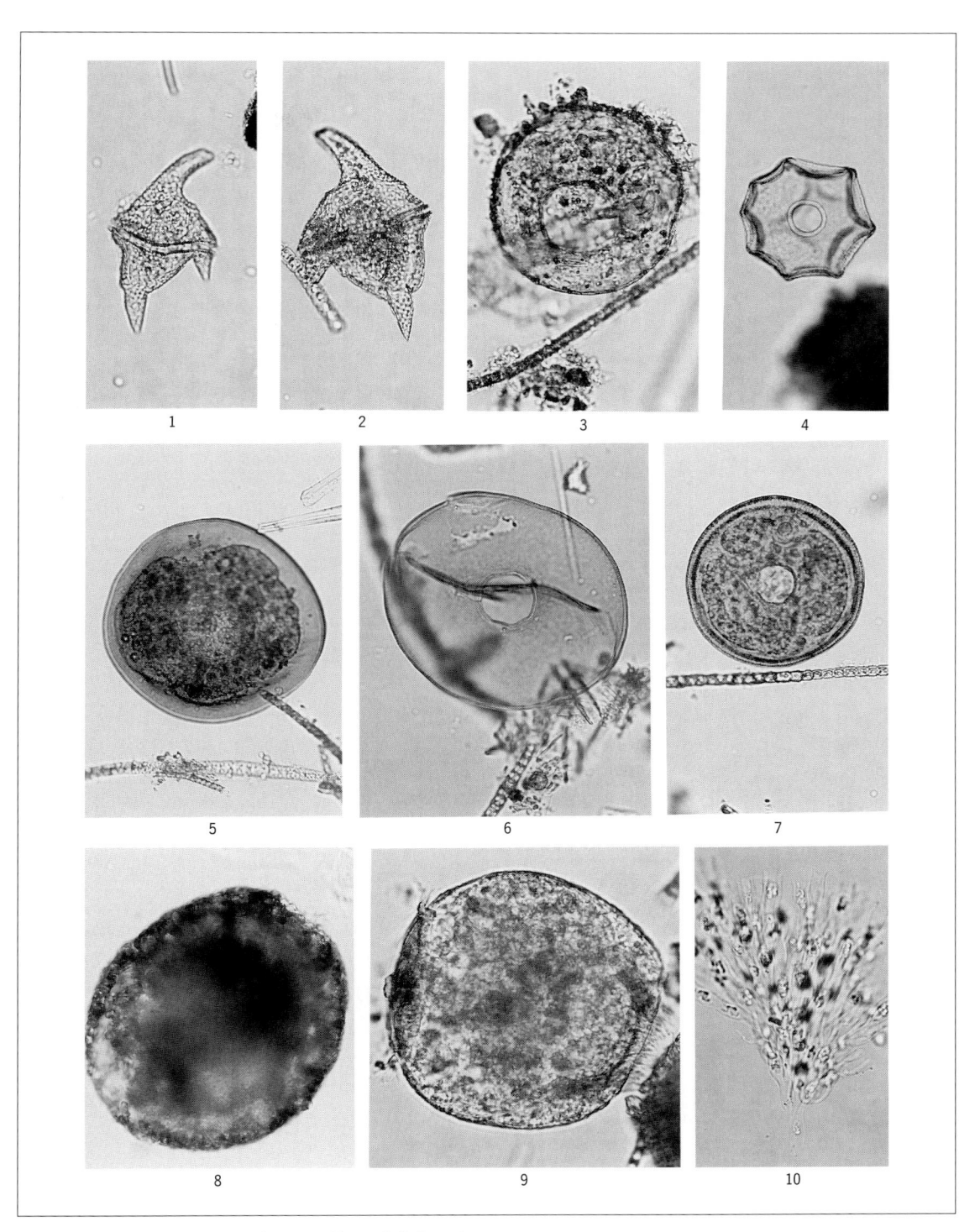

図-125　2002年9月4日に千歳沼で出現した代表的なプランクトン
1-2. *Ceratium cornutum*, 3. *Centropyxis hirsuta*, 4. *Arcella bathystoma*, 5. *Arcella catinus*, 6. *Arcella artocrea*, 7. *Arcella gibbosa*, 8. *Difflugia* sp., 9. 繊毛虫の一種（*Didinium* ?), 10. *Dinobryon sertularia*

1-5. 胆振地方の湖沼

存酸素が 7.2-8.9 mg/l，COD が 3.5-4.5 mg/l，全窒素が 0.30-0.57 mg/l，全リンが 0.012-0.067 mg/l，クロロフィル a が 0.30-0.57 mg/l，透明度は 1.5 m（底まで全透）であった．

田中（2003）によれば，2002 年 9 月 4 日の調査では，水色はウーレの水色計の第 XIV 号，透明度は 1.4 m（底まで全透），表層水温は 17.6℃，pH が 7.0，溶存酸素は 8.7 mg/l，電気伝導度は 146 µS/cm，COD は 3.9 mg/l，塩素イオンは 9.7 mg/l であった．

〈プランクトン〉

千歳沼のプランクトン相について田中（2003）は，動物プランクトンが 40 種，植物プランクトンが 79 種の合計 119 種の出現を報告している．

出現種数の綱別の内訳は，原生動物が 9 属 14 種，輪虫類が 10 属 19 種，鰓脚類が 4 属 4 種，橈脚類が 3 属 3 種，藍藻類が 5 属 8 種，珪藻類が 19 属 40 種，及び緑藻類が 17 属 31 種であった．

優占種は，動物プランクトンでは特にないが，原生動物の *Arcella gibbosa*, *A. discoides*, *Centropyxis hirsuta* 等が多く，これに *Dinobryon sertularia*, *Ceratium cornutum* が続いた．

植物プランクトンは，珪藻類の *Fragilaria virescens* が優占し，これに *Synedra capitata*, *Fragilaria construens*, *Tabellaria fenestrata* が続いた．また，藍藻類の *Microcystis aeruginosa*, *M. wesenbergii*, *Woronichinia naegeliana* 等の出現も目立った．

プランクトン型は，動物プランクトンが第 XII 型，富栄養型根足虫類群集，植物プランクトンがやや疑問が残るが，第 VIII 型，富栄養型珪藻類群集に相当するものと考えられる．

〈底生動物〉

千歳沼の底生動物について，筆者はタニシを確認している．また，田中（2003）は，プランクトン試料中から，ユスリカ類の幼虫が 3 種，線虫類が 1 種，認められたと述べている．

〈魚類〉

千歳沼の魚類については，環境庁（1987）がウグイ，コイ，フナの棲息を報告している．また，田中（2003）はフナを確認したことを述べている．

〈水生植物〉

千歳沼の水生植物について田中（2003）は，ヨシ，マコモ，ガマ，コウホネ，ヒルムシロが認められたことを報告している．また，挺水植物群落の沖出し幅は，場所によってかなり異なるが，最大 12 m に達する．

環境庁（1979）第 2 回自然環境保全基礎調査，湖沼調査報告書．1-442
環境庁（1987）第 3 回自然環境保全基礎調査，湖沼調査報告書．1-939
環境庁（1993）第 4 回自然環境保全基礎調査，湖沼調査報告書．1-636
田中正明（2003）プランクトンから見た本邦湖沼の富栄養化の現状（316），再び北海道の湖沼 ㊳．水，45，10，645，59-62

1-5-8．龍神沼

龍神沼は，勇払郡厚真町に位置する小湖で，厚真川の支流の当麻内川と軽舞川にはさまれる所に当たる．

付近には，朝日沼，平木沼，三宅沼等，多くの小池沼が，勇払湖沼群を形成する所で，疑問のあるものがあるが，多くは海跡湖と考えられる．

龍神沼については，陸水学的並びに陸水生物学的な知見は乏しく，田中（2003）の調査報告が知られるにすぎない．

〈水　質〉

龍神沼の水質について，田中（2003）は 2002 年 9 月 3 日に調査を行い，水色がウーレの水色計の第 XIX 号，透明度が 0.3 m（底まで全透），表層水温が 25.6℃，pH が 6.6，溶存酸素が 6.48 mg/l，電気伝導度が 65 µS/cm，COD が 6.4 mg/l，塩素イオンが 6.8 mg/l を測定した．

〈プランクトン〉

龍神沼のプランクトン相について，田中（2003）は動物プランクトンが 41 種，植物プランクトンが 83 種の合計 124 種が同定されたと述べている．

その綱別の種数内訳は，原生動物が 8 属 13 種，輪虫類が 15 属 22 種，鰓脚類が 3 属 4 種，橈脚類

が2属2種,藍藻類が5属8種,珪藻類が18属38種,及び緑藻類が20属37種であった.

出現種の中で,優占種は動物プランクトンでは,原生動物の *Ceratium hirundinella* で,これに輪虫類の *Keratella cochlearis* var. *hispida* が次いだ.また,これら以外には,輪虫類の *Lecane bulla*, *L. lunaris*, *Trichocerca tenuior*, 鰓脚類の *Alonella*？ の一種が比較的多く見られた.

一方,植物プランクトンは,藍藻類の *Microcystis wesenbergii* が優占種で,これに同じ藍藻類の *Woronichinia naegeliana*, 緑藻類の *Botryococcus braunii* が次いだ.また,これら以外には,緑藻類の *Pediastrum duplex* var. *gracillimum*, *Bulbochaete* sp., *Xanthidium antilopaeum*, *Kirchneriella danubiana*, 珪藻類の *Tabellaria fenestrata*, *Aulacoseira granulata* 等が比較的多く出現した.今回出現した緑藻類の中には, *Micrasterias crux-melitensis*, *Closterium ralfsii* var. *hybridum* 等の接合藻（ツヅミ藻）類が11種あり,龍神沼の性状が腐植性であることを示す種群として注目される.

プランクトン型は,動物プランクトンが第VI型,中栄養型鞭毛虫類群集,植物プランクトンが第XI型,富栄養型藍藻類群集,或いは第X型,富栄養型緑藻類群集に相当する.

〈底生動物〉

龍神沼の底生動物については,田中(2003)がプランクトン試料中から,ユスリカ類2種,線虫類1種,コケムシ類の休芽が認められたことを述べているが,これ以外の知見はない.

〈魚　類〉

龍神沼の魚類については,全く知見がない.

〈水生植物〉

龍神沼の水生植物については,ヨシ,フトイ,コウホネ,ヒルムシロ等が生育する.挺水植物群落の沖出し幅は,最大3m程度である.

田中正明(2003)　プランクトンから見た本邦湖沼の富栄養化の現状(315),再び北海道の湖沼⑧.水, 45, 8, 643, 37-40

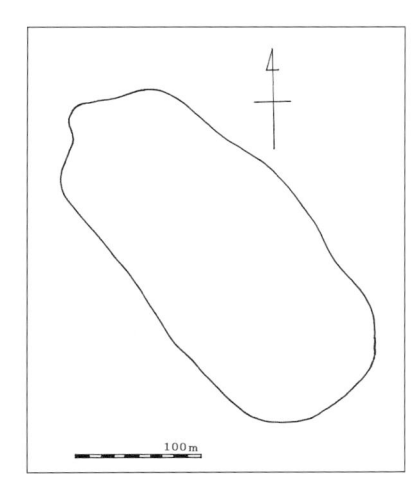

図-126　龍神沼の池沼概念図

図-127　龍神沼（2002年9月3日撮影）

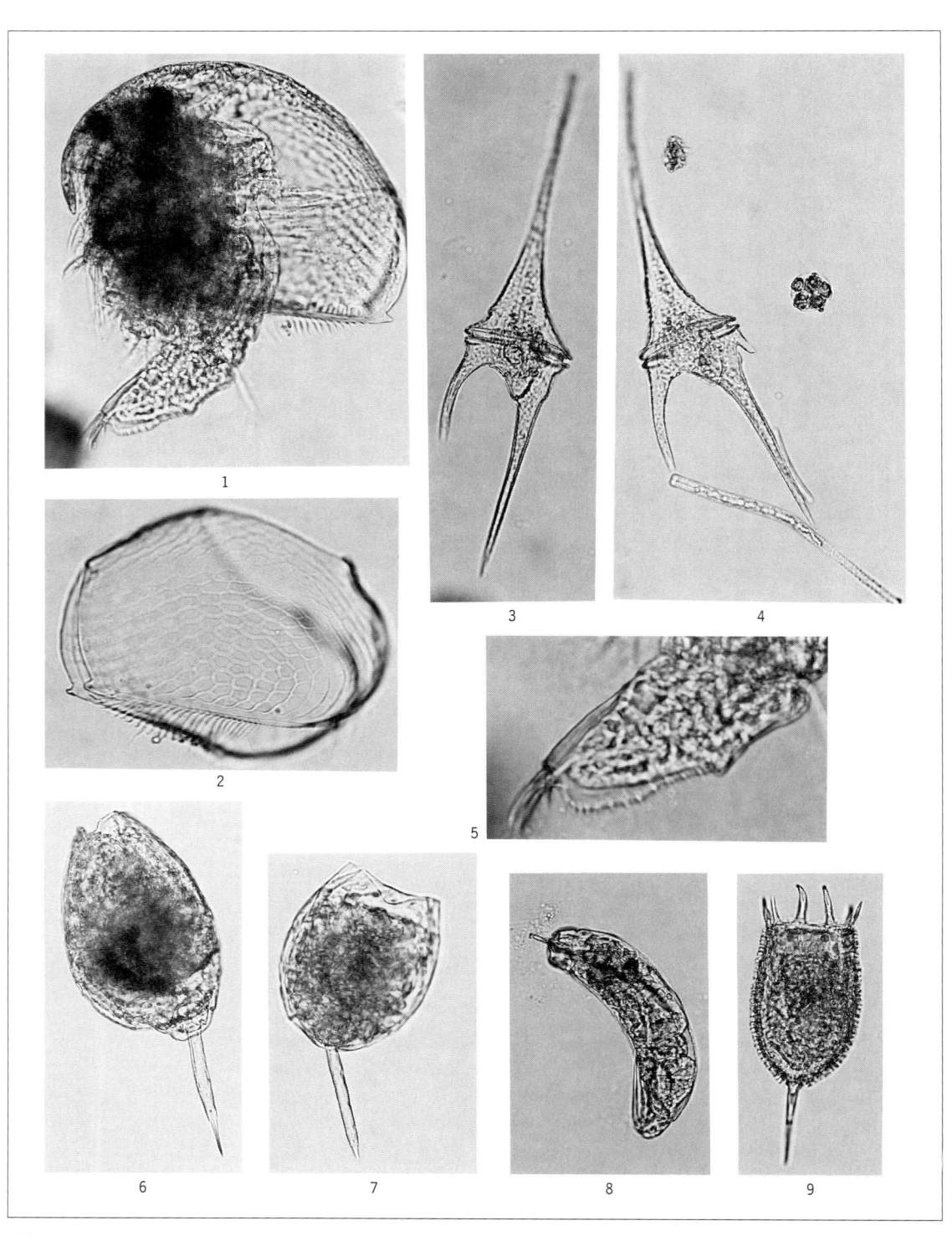

図-128 2002年9月3日に龍神沼で出現した代表的なプランクトン
1-2, 5. *Alonella* ?, 3-4. *Ceratium hirundinella*, 6. *Lecane bulla*, 7. *Lecane lunaris*, 8. *Trichocerca tenuior*, 9. *Keratella cochlearis* var. *hispida*

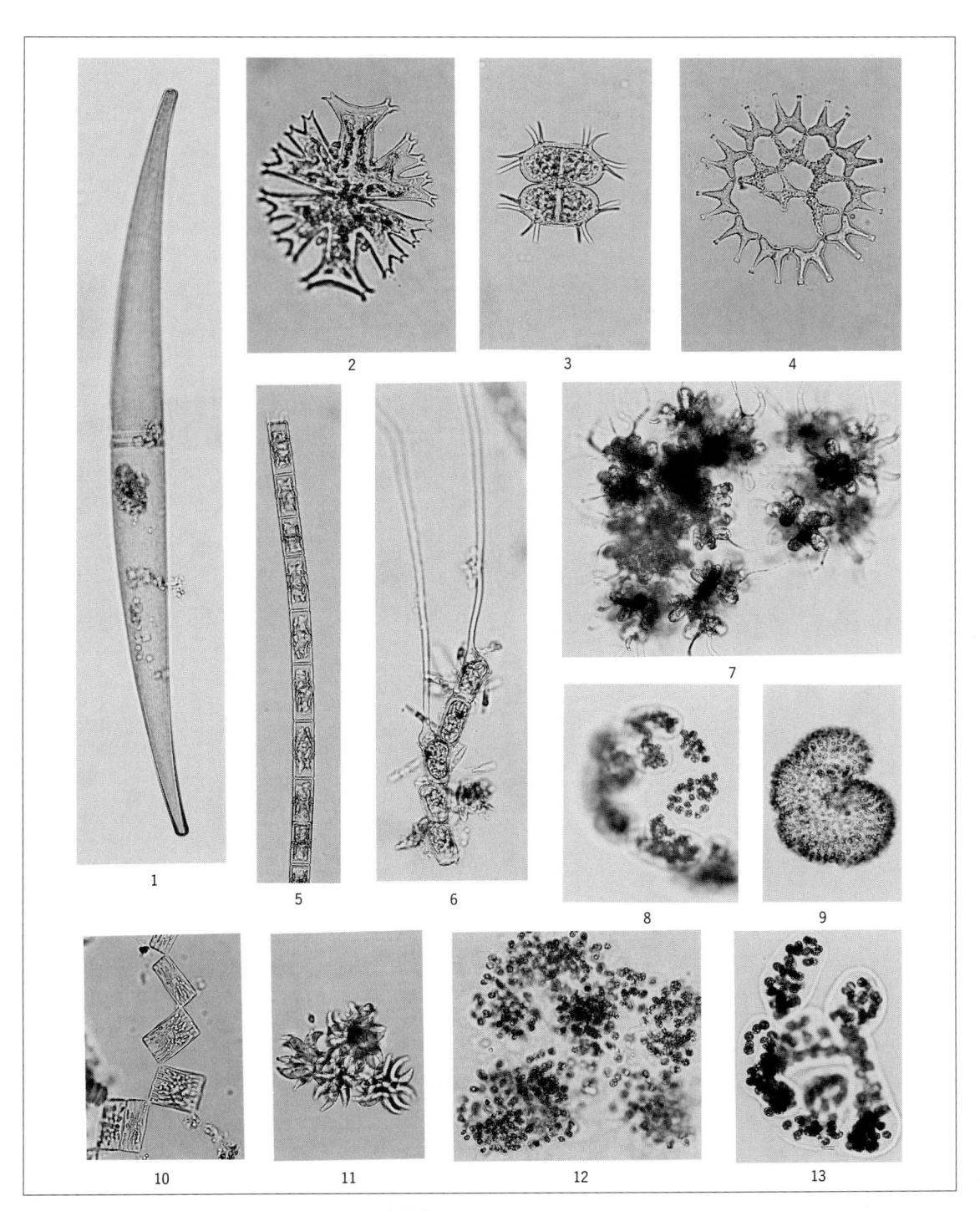

図-129 2002年9月3日に龍神沼で出現した代表的なプランクトン
1. *Closterium ralfsii* var. *hybridum*, 2. *Micrasterias crux-melitensis*, 3. *Xanthidium antilopaeum*, 4. *Pediastrum duplex* var. *gracillimum*, 5. *Aulacoseira granulata*, 6. *Bulbochaete* sp., 7. *Botryococcus braunii*, 8, 13. *Microcystis wesenbergii*, 9. *Woronichinia naegeliana*, 10. *Tabellaria fenestrata*, 11. *Kirchneriella danubiana*, 12. *Microcystis aeruginosa*

1-5. 胆振地方の湖沼

1-5-9. 三宅沼

三宅沼は，勇払郡厚真町に位置する小湖で，勇払湖沼群と呼ばれる海跡湖の一つである．

本沼には，流入河川といえる定常的な流れはなく，主として湧水によって保持されていると思われるが，南端から流出する小河川が1本存在する．

沼の底質は，浅い所では火山灰が主体であり，深くなると黒色或いは黒灰色の軟泥から成っている．

三宅沼に関する陸水学的並びに陸水生物学的な知見は乏しく，大東，黒萩，長内（1964），田中（2003）による調査結果が知られる程度である．

〈水　質〉

三宅沼の水質について，大東，黒萩，長内（1964）による，1961年8月の調査では，透明度が1.3 m，水温が24.6℃，pHが7.0，溶存酸素が8.9 ppm，塩素イオンが10.8 ppm，硫酸イオンが1.2 ppm，カルシウムが3.8 ppm，リンが0.0217 ppm，溶存珪酸が27.19 ppm，過マンガン酸カリウム消費量が21.0 ppmであった．

田中（2003）による2002年9月3日の調査では，水色はウーレの水色計の第XVII号，透明度は0.45 m，水温は24.6℃，pHは8.3，溶存酸素は12.36 mg/l，電気伝導度は174 μS/cm，塩素イオンは11.6 mg/lであった．

このように三宅沼は，カルシウムが低く，珪酸に富んだ火山灰地に多く見られるような池沼の水質を有し，加えて腐植性傾向も小さくないが，pHの上昇傾向があるように思われる．

〈プランクトン〉

三宅沼のプランクトンについて，大東，黒萩，長内（1964）は動物プランクトンが9種，植物プランクトンが14種の合計23種が出現したと述べている．この時の出現種は，動物プランクトンでは *Bosmina longirostris*，植物プランクトンでは *Microcystis aeruginosa* が優占し，これに *Ceratium hirundinella*, *Dinobryon sertularia*, *Tabe-*

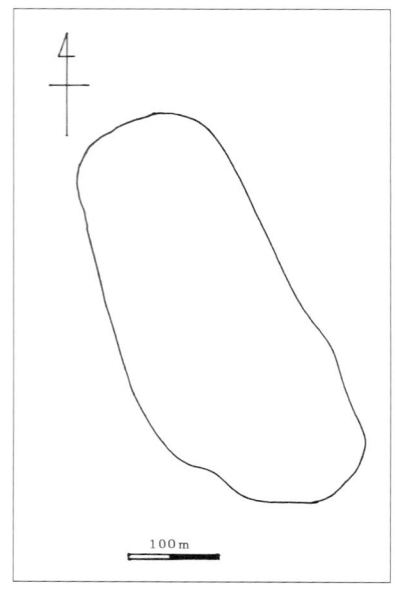

図-130　三宅沼の池沼概念図

図-131　三宅沼（2002年9月3日撮影）

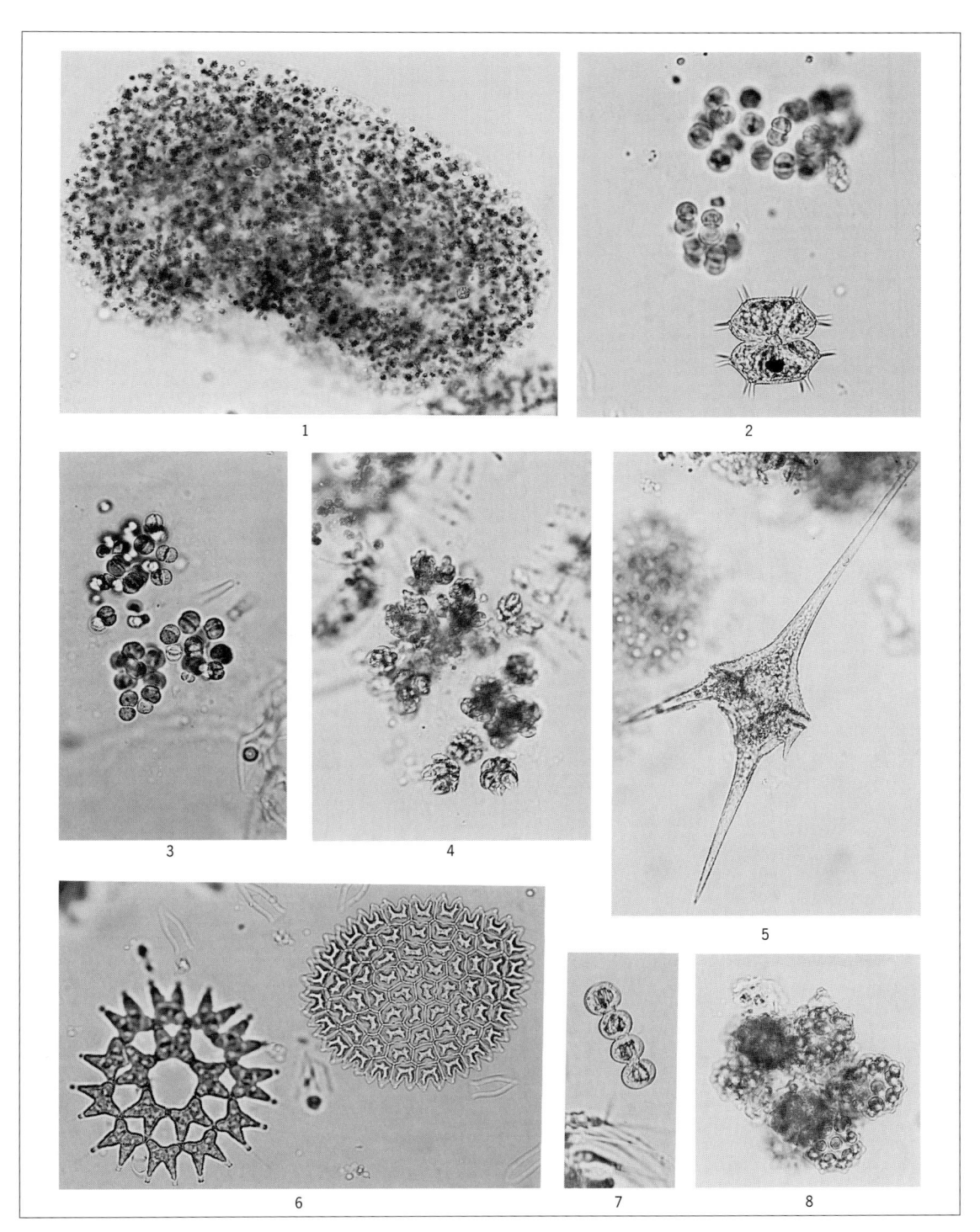

図-132 2002年9月3日に三宅沼で出現した代表的なプランクトン
1. *Microcystis aeruginosa*, 2. *Chroococcus minutus*（上）及び *Xanthidium antilopaeum*（下）, 3. *Chroococcus minutus*, 4. *Kirchneriella lunaris* ?, 5. *Ceratium hirundinella*, 6. *Pediastrum duplex* （左）及び *Pediastrum boryanum*（右）, 7. *Spondylosium luetkemuelleri*, 8. *Coelastrum cambricum*

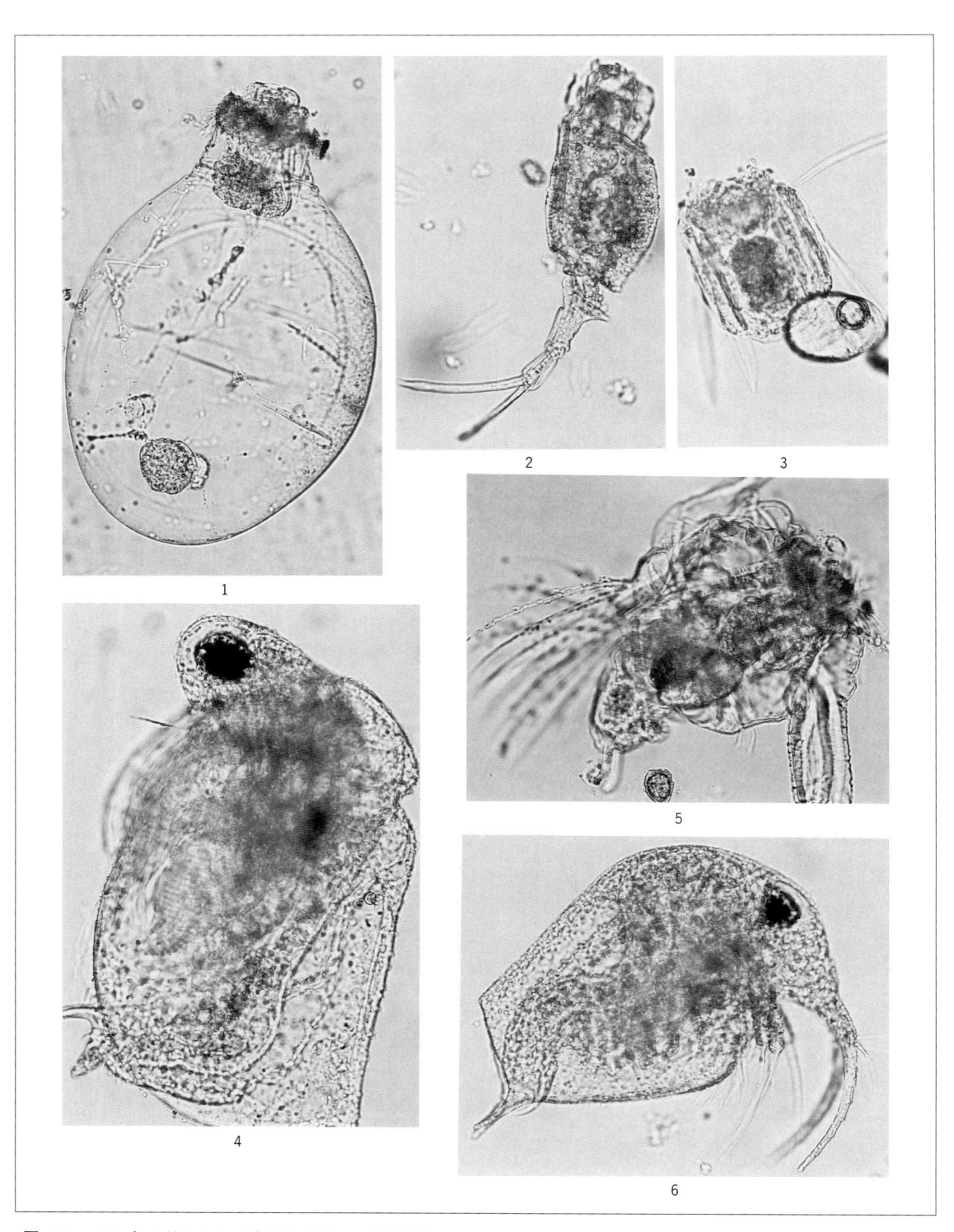

図-133 2002年9月3日に三宅沼で出現した代表的なプランクトン
1. *Asplanchna priodonta*, 2. *Trichotoria tetractis*, 3. *Polyarthra vulgaris*, 4. *Ceriodaphnia pulchella*, 5. *Hexarthra mira*, 6. *Bosmina longirostris*

132 第1章 北海道地方の湖沼

llaria fenestrata, T. flocculosa, Closterium sp. 等が続いた.

田中（2003）によれば，動物プランクトンは33種，植物プランクトンは68種で，合計101種が出現した.

出現種数の綱別の内訳は，原生動物が7属11種，輪虫類が10属14種，鰓脚類が5属5種，橈脚類が3属3種，藍藻類が5属7種，珪藻類が17属31種，及び緑藻類が18属30種であった.

出現種の中で，優占種となったのは，動物プランクトンでは輪虫類の Hexarthra mira で，これに同じ輪虫類の Asplanchna priodonta が次いだ. これら以外には，原生動物の Dinobryon sertularia, Ceratium hirundinella 等が比較的多く見られた.

植物プランクトンは，藍藻類の Chroococcus minutus が優占種で，この他には緑藻類の Pediastrum duplex, P. boryanum, Kirchneriella lunaris ?, Coelastrum cambricum, 藍藻類の Microcystis aeruginosa, M. wesenbergii 等の出現が目立った.

プランクトン型については，動物プランクトンが第XI型，中栄養型輪虫類群集，植物プランクトンは疑問があるが第X型，富栄養型緑藻類群集に相当する.

〈底生動物〉

三宅沼の底生動物については，田中（2003）がプランクトン試料中から，ユスリカ類の幼虫が2種，線虫類が1種，出現したことを述べている. これ以外の知見はない.

〈魚　類〉

三宅沼の魚類については，知見がない.

〈水生植物〉

三宅沼の水生植物について，田中（2003）はヨシ，ガマ，ヒシ，ヒツジグサ，フトイ，ヒルムシロ，ジュンサイ，マツバイ等が認められたと述べている. 挺水植物群落の発達は，場所によって大きく異なり，沖出し幅の最大は2-3mであったが，群落が認められない所が大部分であった.

大東信一，黒萩尚，長内稔（1964）勇払郡厚真町池沼群の陸水学的条件. 水産孵化場研究報告，19，119-131

田中正明（2003）プランクトンから見た本邦湖沼の富栄養化の現状（317），再び北海道の湖沼⑭. 水，45，11，646，37-40

1-5-10. 瓢箪沼

北海道の渡島半島には，大沼湖沼群が知られるが，それ以外はほとんど存在さえも知られていない. この地域は，北海道の中でも湖沼の数が少ない所ではあるが，鹿部町の海岸近く，駒ヶ岳東麓の出来潤崎に位置するのが瓢箪沼である.

瓢箪沼は，沖積世の駒ヶ岳火山灰による堰止め湖と考えられており，定常的な流入或いは流出河川はなく，主に地下水と降雨時の周辺からの流入水によって保持されている.

沼は，最近公園化が進められ，駐車場や散策のための木道が整備され，水生植物の移植等が行わ

図-134　瓢箪沼（2002年9月5日撮影）

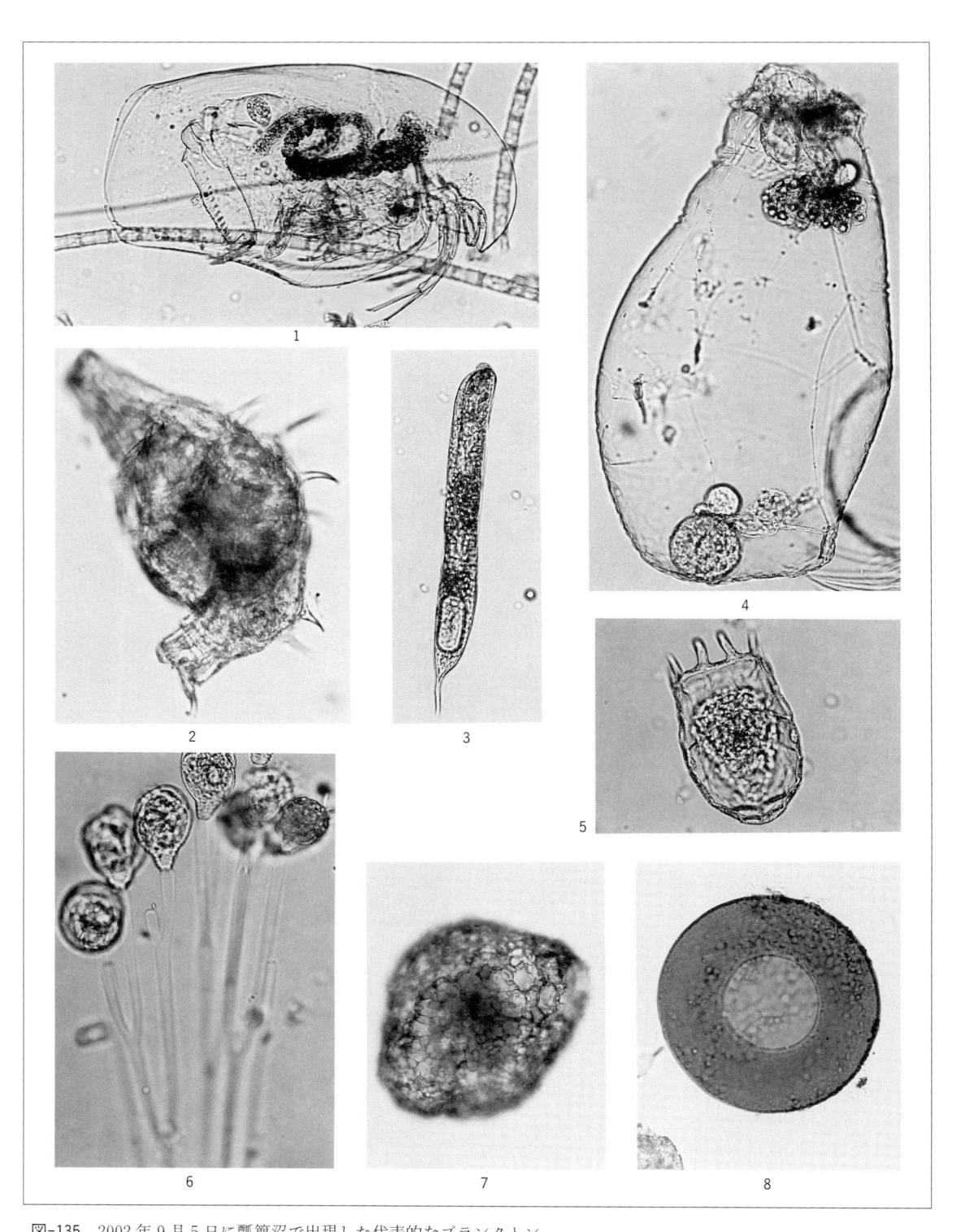

図-135 2002年9月5日に瓢箪沼で出現した代表的なプランクトン
1. *Acroperus harpae*, 2. *Macrotrachela multispinosa*, 3. *Euglena spirogyra*, 4. *Asplanchna herricki*,
5. *Keratella cochlearis* var. *tecta*, 6. *Epistylis* sp., 7. *Difflugia* sp., 8. *Arcella discoides*

れた．

瓢簞沼に関する陸水学的並びに陸水生物学的な知見は乏しく，田中（2002）による2002年9月5日の調査報告が知られるに過ぎない．

〈水　質〉

瓢簞沼の水質について，田中（2002）は水色がウーレの水色計の第XV号，透明度が0.8 m（底まで全透）で，表層水温が21.3℃，pHが7.2，溶存酸素が10.9 mg/l，電気伝導度が520 μS/cm，CODが8.7 mg/l，塩素イオンが38.4 mg/lと報告している．

〈プランクトン〉

瓢簞沼のプランクトン相については，田中（2002）は動物プランクトンが38種，植物プランクトンが55種の合計93種の出現を報告している．

出現種の綱別種数の内訳は，原生動物が9属17種，輪虫類が10属12種，腹毛虫類が1属1種，鰓脚類が5属5種，橈脚類が3属3種，藍藻類が5属6種，珪藻類が15属31種，及び緑藻類が14属18種であった．

出現種の中で優占種となったのは，動物プランクトンでは原生動物の *Ceratium hirundinella* で，これに輪虫類の *Asplanchna herricki*, *Macrotrachela multispinosa* 等が続き，他に鰓脚類の *Acroperus harpae* の出現も目立った．

一方，植物プランクトンは，特に優占種といえる程に多産した種はないが，珪藻類の *Tabellaria fenestrata*, *T. flocculosa*, *Synedra rumpens* 等が比較的多く出現した．

プランクトン型は，動物プランクトンは第VI型，中栄養型鞭毛虫類群集，或いは第XI型，中栄養型輪虫類群集，植物プランクトンは第IV型，貧栄養型腐植性珪藻類群集と判断される．

〈底生動物〉

瓢簞沼の底生動物については，田中（2002）がプランクトン試料中から，コケムシ類（種名は明らかでない）の休芽や，クマムシ類1種，線虫類1種，ユスリカ類の幼虫3種を確認している．

〈魚　類〉

筆者が瓢簞沼で確認し得た魚類は，コイ，フナのみであるが，放流されたものである可能性が高いと考えている．

〈水生植物〉

瓢簞沼の水生植物については，知見がないが，ハス，ヒシ，ヨシの生育を確認した．挺水植物の群落の沖出し幅は，最大5 mに達する．

田中正明（2002）プランクトンから見た本邦湖沼の富栄養化の現状（308），再び北海道の湖沼⑦．水，44, 15, 635, 37-40

第 2 章

東北地方の湖沼

　東北地方の湖沼は，『日本湖沼誌』では 31 湖沼が取り上げられているが，東北地方にはわが国の湖沼の 29.8％が位置し，しかも青森県が平地における腐植性湖沼の南限とされる等，重要な地域の一つであり，十分とは言いがたい．

　面積が大きな湖沼については，すでに取り上げたが，津軽十二湖や下北半島の湖沼群，太平洋岸に点在する海跡湖等，興味深い湖沼が少なくない．しかし，陸水学的並びに陸水生物学的な知見は乏しいものも多く，全く調査研究の対象となったことがないと思われる池沼も多々存在する．

2-1. 下北半島の湖沼

　下北半島の湖沼は，最北が尻屋崎の池沼群であり，その南に下北湖沼群，さらに上北湖沼群が位置している．

　湖沼の数は，非常に小さなものや，自然に消失したものもありはっきりしないが，對馬，山内（2001）は，尻屋崎湿原池沼群が5池沼，下北湖沼群が22池沼，陸奥湾岸砂丘堰止湖が6池沼，その他が4池沼で，人工湖沼が35池沼の合計72池沼が上北湖沼群の北だけで点在すると述べている．

　また，この地域の生物相は北海道の東部，特に根室や釧路付近のものと共通する北方性種が見られ，生物地理学的に興味深い．

　気候は，寒冷な地域であり，海岸近くに位置する湖沼では，海霧におおわれることも多い．

　對馬康夫，山内　智（2001）下北丘陵に分布する
　　湖沼の水質化学特性．下北丘陵の自然，下北丘
　　陵自然調査報告，青森県立郷土館，45，自然，
　　5，101-111

2-1-1. 尻屋崎の池沼

　青森県の下北半島の東端に尻屋崎が突出するが，この先端付近には湿原と，その中に小さな湿原池沼が5箇所点在している．この湿原は，尻屋崎が底辺が2km，高さ3km程の二等辺三角形の形状を呈し，津軽海峡と太平洋に突き出すため，気象条件は厳しく，海水の飛沫が吹き付け，冬季には著しく低温の環境となることが知られている．

　また，最近暗渠排水が施され，道路の補修が進められたりしたことによって，湿原の乾燥化が進み，水生植物の中には消失した種も認められる．

　これらの池沼は，産業的な利用価値は乏しく，生物の分布地としての興味から一部の研究者が注目した程度で，調査研究も少なく，對馬，山内（2001），柿崎，高谷ほか（2001），田中（2004）の報告が知られる程度である．

　なお，これらの5つの湿原池沼については，巻末付表の湖沼として取り上げていない．

〈水　質〉

　尻屋崎の湿原内に点在する池沼5箇所については，對馬，山内（2001）が詳細な分析値を報告している．

図-136　下北半島尻屋崎の池沼（2002年9月6日撮影）
　　　　上；第1池
　　　　下；第2池，この奥に第3池が位置する

これによると，津軽海峡側の4池を反時計廻りに第1池（No. 1）から第4池（No. 4），太平洋側のものを第5池（No. 5）としている．

第1池の水質は，pHが7.13，濁度が25.4 mg/l，色度が25 mg/l，過マンガン酸カリウム消費量が42.0 mg/l，電気伝導度が574 μS/cm，ナトリウムイオンが83.2 mg/l，カリウムイオンが9.3 mg/l，カルシウムイオンが8.2 mg/l，マグネシウムイオンが9.4 mg/l，塩素イオンが152.0 mg/l，硫酸イオンが24.3 mg/l，溶性珪酸が1.0 mg/l，全鉄が0.49 mg/lであった．

第2池は，pHが7.29，濁度が1.7 mg/l，色度が26 mg/l，過マンガン酸カリウム消費量が22.6 mg/l，電気伝導度が554 μS/cm，ナトリウムイオンが78.6 mg/l，カリウムイオンが8.2 mg/l，カルシウムイオンが11.2 mg/l，マグネシウムイオンが8.7 mg/l，塩素イオンが145.5 mg/l，硫酸イオンが17.0 mg/l，溶性珪酸が1.1 mg/l，全鉄が0.52 mg/lであった．

第3池は，pHが6.76，濁度が0.9 mg/l，色度が20 mg/l，過マンガン酸カリウム消費量が20.6 mg/l，電気伝導度が401 μS/cm，ナトリウムイオンが62.8 mg/l，カリウムイオンが6.5 mg/l，カルシウムイオンが4.5 mg/l，マグネシウムイオンが6.6 mg/l，塩素イオンが106.5 mg/l，硫酸イオンが13.6 mg/l，溶性珪酸が0.8 mg/l，全鉄が0.16 mg/lであった．

第4池は，pHが7.32，濁度が11.0 mg/l，色度が56 mg/l，過マンガン酸カリウム消費量が42.1 mg/l，電気伝導度が842 μS/cm，ナトリウムイオンが135.9 mg/l，カリウムイオンが21.5 mg/l，カルシウムイオンが19.7 mg/l，マグネシウムイオンが6.9 mg/l，塩素イオンが236.1 mg/l，硫酸イオンが24.3 mg/l，溶性珪酸が2.0 mg/l，全鉄が0.63 mg/lであった．

第5池は，pHが8.04，濁度が1.4 mg/l，色度が28 mg/l，過マンガン酸カリウム消費量が28.9 mg/l，電気伝導度が844 μS/cm，ナトリウムイオンが108.0 mg/l，カリウムイオンが7.0 mg/l，カルシウムイオンが55.4 mg/l，マグネシウムイオンが13.4 mg/l，塩素イオンが176.0 mg/l，硫酸イオンが21.5 mg/l，溶性珪酸が1.4 mg/l，全鉄が0.29 mg/lであった．

田中（2004）は，この中で第1池，第3池及び第4池の調査を行っている．

第1池については，2000年8月5日の調査では，水温は23.2℃，pHが6.8，溶存酸素が8.86 mg/l，電気伝導度が380 μS/cm，塩素イオンが95.4 mg/l，2002年9月6日の調査では，水色がウーレの水色計の第XVI号，透明度は0.30 m（底まで全透），水温が19.1℃，pHが7.1，溶存酸素が9.82 mg/l，電気伝導度が370 μS/cm，塩素イオンが120.4 mg/lであった．

第3池については，2000年8月5日の調査では，水温が24.0℃，pHが6.9，溶存酸素が9.02 mg/l，電気伝導度が290 μS/cm，塩素イオンが64.4 mg/l，2002年9月6日の調査では，水色がウーレの水色計の第XVII号，透明度は0.30 m（底まで全透），水温が19.1℃，pHが7.1，溶存酸素が9.40 mg/l，電気伝導度が230 μS/cm，塩素イオンが67.6 mg/lであった．

第4池については，2000年8月5日の調査では，水温が24.4℃，pHが7.0，溶存酸素が9.45 mg/l，電気伝導度が270 μS/cm，塩素イオンが77.1 mg/l，2002年9月6日の調査では，水色がウーレの水色計のXVIII号，透明度は0.15 m，水温が18.8℃，pHが6.9，溶存酸素が10.12 mg/l，電気伝導度が135 μS/cm，塩素イオンが24.5 mg/lであった．

對馬，山内（2001）は，第4池及び第5池は降雨前の測定で塩水であったと述べており，海水の飛沫が吹き付け，これが水質に大きく影響すると述べている．しかし，筆者の調査では，池ごとにかなり異なり，周年的な変化が大きいことが認められる．

〈プランクトン〉

尻屋崎の池沼に出現するプランクトンについて田中（2004）は，第1池，第3池及び第4池の調査を行っているが，2000年8月5日と2002年9月6日の採集試料は，比較的似た構成種が認められたと述べている．また，第1池と第3池の出現種は大部分が共通したが，第4池は異なっている．

第1池及び第3池では，動物プランクトンの優

占種は Keratella tropica で，これに Brachionus angularis が次いだ．これら以外には，鰓脚類の Diaphanosoma macrophthalma, Moina rectirostris, Daphnia galeata が出現した．また，植物プランクトンでは多産した種はなく，緑藻類の Pediastrum duplex, 藍藻類の Chroococcus dispersus がやや目立った程度であった．

一方，第4池ではプランクトンの量が豊富であり，その大部分は輪虫類の Keratella tropica が占めた．これ以外には，大型の橈脚類の Calanoida の一種，鰓脚類の Moina rectirostris が出現したが，植物プランクトンは藍藻類の Chroococcus dispersus がわずかに見られたにすぎない．

これらの池沼は，明らかに腐植性のものであり，水生植物も豊富であるが，それを示すような接合藻や根足虫等が出現しなかった．塩素イオンの値が著しく変化するように，その環境は苛酷であり，限られた種しか棲息できないことも推定される．

これらの池沼のプランクトン型は，疑問があるが，動物プランクトンが第XI型，中栄養型輪虫類群集，植物プランクトンが第III型，貧栄養型緑藻類群集或いは同程度の群集に位置付けられるものと思われる．

〈底生動物〉

尻屋崎の池沼群の底生動物については，筆者の知る限り全く知見がない．

〈魚類〉

魚類に関する知見はないが，田中（2004）が調査した第1池，第3池及び第4池では棲息しておらず，第2池及び第5池においても知見がなく，同様と思われる．

〈水生植物〉

尻屋崎の池沼群に生育する水生植物は，田中（2004）によれば第4池でやや少ないが，ツルヨシ，フトイ，アギナシ，ミズニラ，ヘラオモダカ，オモダカ，コタヌキモ，ヒメタヌキモ，イヌタヌキモ，ヒルムシロ，オヒルムシロ，カキツバタ等が多く見られ，他にサギスゲ，ニッコウキスゲ，クサレダマ，サワギキョウ，ナガボノシロワレモコウ，ヒメズイ，ツマトリソウ等が周辺の草地に生育している．

また，第3池及び第4池で得られたヘラオモダカは，極めて矮小化したもので興味深いものであった．さらにタヌキモ3種が，同じ池沼に生育しており，貴重な産地といえる．

柿崎敬一，高谷秦三郎，小林範士，齋藤信夫，太田正文（2001）下北丘陵の植物．下北丘陵の自然，下北丘陵自然調査報告，青森県立郷土館，45，自然，5，25-58

田中正明（2004）プランクトンから見た本邦湖沼の富栄養化の現状（325），再び本州の湖沼⑱．水，46，6，656，74-76

對馬康夫，山内　智（2001）下北丘陵に分布する湖沼の水質化学特性．下北丘陵の自然，下北丘陵自然調査報告，青森県立郷土館，45，自然，5，101-111

2-1-2．下北大沼

下北大沼は，下北半島の北部の太平洋岸に点在する大小23湖沼中で，面積が最も大きなもので，通常は大沼と呼ばれている．

この大沼は，他の池沼と同様に砂丘堰止め湖と考えられるものである．沼の周辺は，大部分が森林であり，古くは農地としての開拓が行われたが，今日ではそのほとんどが荒廃地となっている．流入河川は，定常的なものはなく，東端から流出して海に注いでいる．

大沼に関する陸水学的並びに陸水生物学的な研

図-137　下北大沼（2002年9月6日撮影）

究は，古くは KOKUBO, MASIKO（1939）が知られるが，その後の調査研究は継続したものはなく，工藤（1981），大八木（1987），環境庁（1987, 1993），對馬，山内（2001），田中（2004）等の報告が知られるに過ぎない．

〈水　質〉

下北大沼の水質については，KOKUBO, MASHIKO（1939）の報告から，1938年8月30日の調査結果を見ることができるが，水色は第X号，透明度が5.5 m と測定されている．表層の水温は25.65℃，pH は7.2，溶存酸素は5.26 cc/l，飽和度で87.9％，塩素イオンは25 mg/l であったが，3 m から水温，pH，溶存酸素の急激な低下が見られた．7 m における水温は19.25℃，pH は6.5，溶存酸素は0.08 cc/l，飽和度で1.2％，8.5 m では水温が17.45℃，pH は6.6，溶存酸素は0 cc/l で，塩素イオンが56 mg/l と増加が報告されている．

これよりも50年程後の調査であるが，環境庁（1993）による1991年9月7日の調査結果では，透明度が2.7-3.5 m でやや低下しているが，水温，溶存酸素の垂直分布はほぼ同様の傾向が測定されている．この時の表層水の値は，水温が25.0℃，pH が7.5，溶存酸素が8.0 mg/l，電気伝導度が130 μS/cm，アルカリ度が0.23 meq/l，COD が4.4 mg/l，SS が1 mg/l，塩素イオンが44 mg/l，全窒素が0.11 mg/l，全リンが0.003 mg/l 以下，クロロフィル a が3.8 μg/l であった．

また，對馬，山内（2001）によれば，pH が7.45，濁度が2.8 mg/l，色度が7 mg/l，電気伝導度が130 μS/cm，ナトリウムイオンが18.2 mg/l，カリウムイオンが1.9 mg/l，カルシウムイオンが4.0 mg/l，マグネシウムイオンが2.5 mg/l，塩素イオンが26.8 mg/l，硫酸イオンが5.2 mg/l，溶性珪酸が8.2 mg/l，全鉄が0.14 mg/l と報告されている．

田中（2004）が行った2002年9月6日の調査では，水色がウーレの水色計の第XIV号，透明度が1.65 m，表層水温が22.1℃，pH が7.3，溶存酸素が9.25 mg/l，電気伝導度が127 μS/cm，COD が3.95 mg/l，塩素イオンが40.3 mg/l，全窒素が0.13 mg/l，全リンが0.002 mg/l であった．

〈プランクトン〉

下北大沼のプランクトン相について，KOKUBO, MASIKO（1939）は，*Bosminopsis deitersi, Ceratium hirundinella, Chrysopharella longispina* を主体とした19種が出現し，5 m 層で最も多くの量が見られ，10 l 当り5288個体と報告されている．

環境庁（1987）によれば，1985年8月26日の調査で動物プランクトンが26種，植物プランクトンが64種の合計90種が出現した．綱別に見た出現種数は，原生動物が7属11種，輪虫類が8属8種，鰓脚類が5属6種，橈脚類が1属1種，藍藻類が7属8種，珪藻類が14属26種，及び緑藻類が17属30種であった．

田中（2004）は，2002年9月6日に調査を行ったが，この時の採集試料からは，動物プランクトンが24種，植物プランクトンが36種の合計60種が同定された．

出現種数の綱別の内訳は，原生動物が5属8種，輪虫類が5属10種，鰓脚類が3属4種，橈脚類が2属2種，藍藻類が3属4種，珪藻類が10属17種，及び緑藻類が10属15種であった．

優占種となったのは，動物プランクトンでは原生動物の *Ceratium hirundinella* で，これに *Arcella gibbosa*，鰓脚類の *Bosminopsis deitersi*，輪虫類の *Keratella cochlearis* var. *hispida, Polyarthra vulgaris, Trichocerca cylindrica* が次いだ．

植物プランクトンでは，珪藻類の *Acanthoceras zachariasii* が優占種で，これに *Aulacoseira italica* var. *varida* が続いたが，この2種以外は極めて量的には乏しかった．

これらの出現種を見ると，60年以上前に本池から KOKUBO, MASIKO（1939）が報告した種と共通し，優占種や量的に多く出現した種は，ほとんど同じ種であることが認められる．本湖は，周辺に人家はなく，防衛庁技術研究本部下北試験場の試射実験場として立ち入りが制限されていることもあり，人為的な影響が非常に小さいことにより，自然のまま富栄養化が進行しているものと考えられるが，今日では貴重なものといえる．

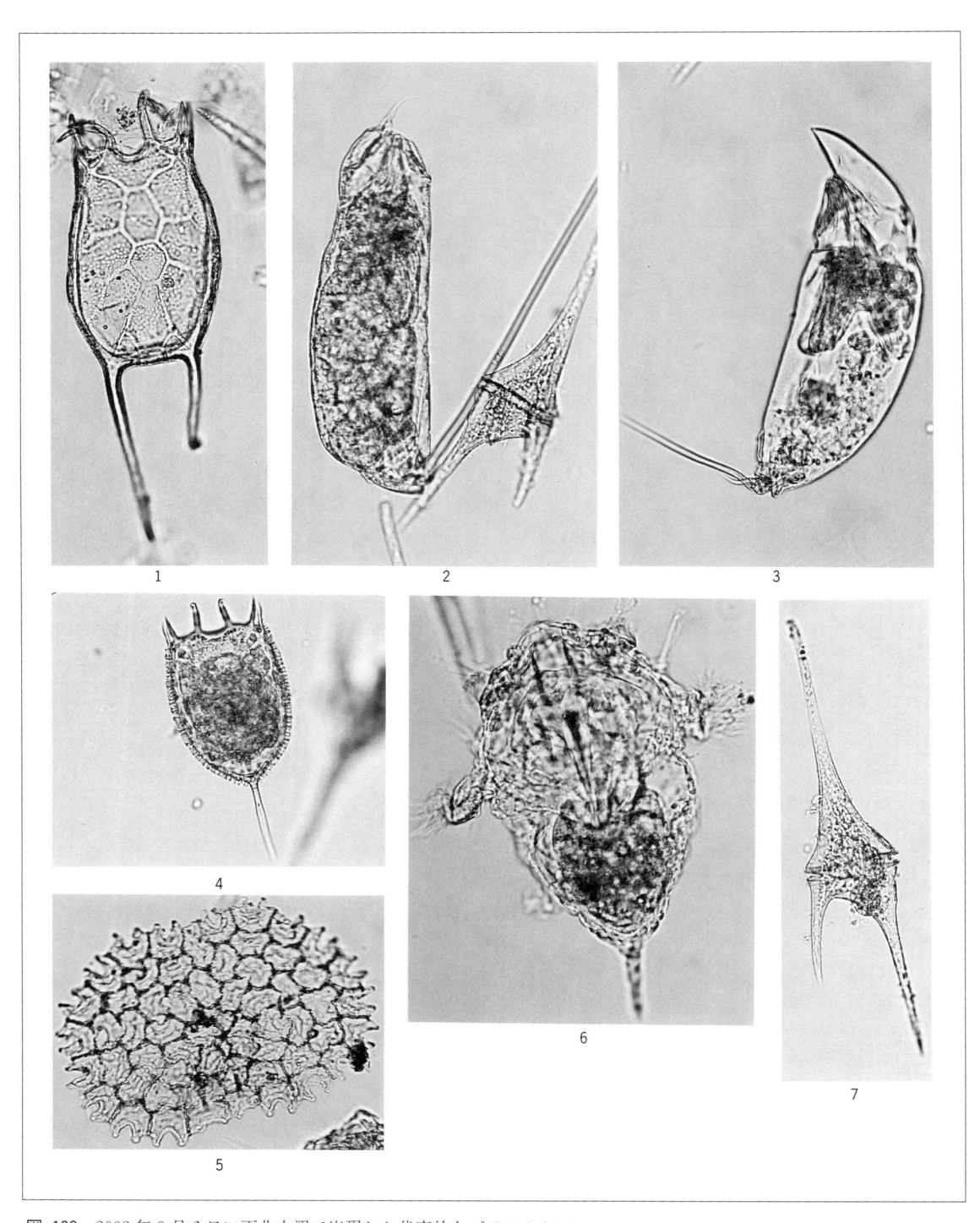

図-138 2002年9月6日に下北大沼で出現した代表的なプランクトン
1. *Keratella tropica*, 2. *Trichocerca cylindrica*, 3. *Trichocerca capucina*, 4. *Keratella cochlearis* var. *hispida*, 5. *Pediastrum araneosum* var. *rugulosum*, 6. *Synchaeta pectinata*, 7. *Ceratium hirundinella*

表-7　2002年9月6日の下北大沼のプランクトン出現種

```
PROTOZOA
    Dinobryon divergens
    Ceratium hirundinella                       C
    Uroglena volvox
    Trachelomonas sp. 1
    Trachelomonas sp. 2
    Arcella gibbosa                             +
    Arcella polypora
    Arcella discoides
ROTATORIA
    Synchaeta pectinata                         +
    Synchaeta tremula ?
    Trichocerca capucina
    Trichocerca cylindrica                      +
    Trichocerca tenuior
    Polyarthra vulgaris                         +
    Keratella tropica
    Keratella cochlearis var. micracantha
    Keratella cochlearis var. hispida           +
    Hexarthra mira
BRANCHIOPODA
    Bosminopsis deitersi                        +
    Graptoleberis testudinaria
    Alona costata
    Alona affinis
COPEPODA
    Cyclopoidae
    Harpacticoidae
CYANOPHYCEAE
    Chroococcus minutus
    Chroococcus dispersus
    Oscillatoria sp.
    Phormidium sp.
BACILLARIOPHYCEAE
    Acanthoceras zachariasii                    C
    Aulacoseira ambigua
    Aulacoseira italica var. varida             +
    Tabellaria fenestrata
    Fragilaria construens
    Synedra rumpens
    Achnanthes sp. 1
    Achnanthes sp. 2
    Amphora sp.
    Cymbella aspera
    Cymbella ehrenbergii
    Cymbella naviculiformis
    Surirella capronii
    Surirella elegans
    Nitzschia sp. 1
    Nitzschia sp. 2
    Nitzschia sp. 3
CHLOROPHYCEAE
    Pediastrum araneosum
    Pediastrum araneosum var. rugulosum
    Oocystis parva
    Monoraphidium minutum
    Tetraedron minimum
    Scenedesmus actus
    Scenedesmus dispar
    Scenedesmus quadricauda
    Scenedesmus microspina
    Mougeotia sp.
    Spirogyra sp.
    Cosmarium sp. 1
    Cosmarium sp. 2
    Hyalotheca dissiliens
    Desmidium swartzii
```

プランクトン型は，動物プランクトンが第VI型，中栄養型鞭毛虫類群集，植物プランクトンが第V型，貧栄養型珪藻類群集と判断されるが，やや腐植性傾向が認められる．

〈底生動物〉

下北大沼の底生動物については，知見がない．筆者は，2種のユスリカ類の幼虫を得た．

〈魚　類〉

下北大沼の魚類は，コイ，フナ，ウグイ，ソウギョ，レンギョ，ワカサギ，ウナギが知られている．

〈水生植物〉

下北大沼の水生植物は，かつてはジュンサイ，ヒツジグサ等が多産した．しかし，戦後ソウギョの放流が行われて激減し，大きな群落は消失した．現在，沼では挺水植物のヨシ，ヒメガマ，浮葉植物のジュンサイ，ヒツジグサ，沈水植物のコアマモ，エビモ，マツモ等が見られるが少ない．

挺水植物の群落は，発達した所では最大7mの沖出し幅を有するが，全く見られない所が多い．

大八木昭（1987）砂丘と沼と生き物たち，下北湖沼群．日本の湖沼と渓谷，3，東北，I，52-56，ぎょうせい，東京

環境庁（1987）第3回自然環境保全基礎調査，湖沼調査報告書，東北版（I）．2，1-221

環境庁（1993）第4回自然環境保全基礎調査，湖沼調査報告書，東北版（I）．2，1-265

KOKUBO, S. & K. MASIKO (1939) A Limnological study of the Simokita Group of Lakes, Aomori Prefecture, Japan. 矢部教授還暦記念論文集，157-174，Pl. 10-11

工藤英明（1981）青森県湖沼研究(2)，青森県下北半島地域の湖沼．三沢高校紀要，5，35-54

田中正明（2004）プランクトンから見た本邦湖沼の富栄養化の現状（321），再び本州の湖沼⑱．水，46，1，651，61-64

對馬康夫，山内　智（2001）下北丘陵に分布する湖沼の水質化学特性．下北丘陵の自然，下北丘陵自然調査報告，青森県立郷土館，45，自然，5，101-111

2-1-3. 吹越大沼

吹越大沼は，下北半島の陸奥湾側に位置する砂丘堰止め湖で，この北方約 300 m には吹越小沼が存在する．

吹越大沼に関する陸水学的並びに陸水生物学的な調査研究は，田中（1983），對馬，山内（2001）の調査報告が知られる．また上野（1966）の報告の中にも，腐植性湖沼の一つとして分析値が使われている．

〈水　質〉

吹越大沼の水質について，田中（1983）は 1982 年 8 月 4 日の調査で，水色がウーレの水色計の第 XIX 号から第 XX 号に相当し，透明度が 0.7 m（底まで全透）と測定している．また，表層水の水温が 24.9℃，pH が 6.6，溶存酸素が 7.6-7.8 mg/l，COD が 9.9 mg/l と報告している．

對馬，山内（2001）によれば，pH は 7.14，濁度は 2.8 mg/l，色度は 11 mg/l，過マンガン酸カリウム消費量は 8.3 mg/l，電気伝導度は 285 μS/cm，ナトリウムイオンは 29.4 mg/l，カリウムイオンは 3.8 mg/l，カルシウムイオンは 8.9 mg/l，マグネシウムイオンは 6.0 mg/l，塩素イオンは 91.8 mg/l，硫酸イオンは 7.8 mg/l，溶性珪酸は 11.6 mg/l，全鉄は 0.39 mg/l であった．

また，對馬，山内（2001）は，同時に吹越小沼の水質を報告し，極めて似たものであることを認めている．小沼の水質は，pH が 7.20，濁度が 3.2 mg/l，色度が 9 mg/l，過マンガン酸カリウム消費量は 7.5 mg/l，電気伝導度が 285 μS/cm，ナトリウムイオンが 30.7 mg/l，カリウムイオンが 2.7 mg/l，カルシウムイオンが 9.1 mg/l，マグネシウムイオンが 6.0 mg/l，塩素イオンは 90.0 mg/l，硫酸イオンが 8.6 mg/l，溶性珪酸は 13.4 mg/l，全鉄は 0.45 mg/l であった．

また，筆者は 2000 年 8 月 5 日に調査を行い，水色がウーレの水色計の第 XIX 号，透明度が 0.9 m（底まで全透），表層水温が 26.1℃，pH が 7.28，溶存酸素が 8.05 mg/l，電気伝導度が 270 μS/cm，COD が 8.50 mg/l，塩素イオンが 54.2 mg/l を測定した．

〈プランクトン〉

吹越大沼のプランクトン相について，田中（1983）は 1982 年 8 月 4 日の調査で，動物プランクトンが 26 種，植物プランクトンが 64 種の合計 90 種を同定している．

出現種数の綱別の内訳は，原生動物が 7 属 11 種，輪虫類が 8 属 8 種，鰓脚類が 5 属 6 種，橈脚類が 1 属 1 種，藍藻類が 7 属 8 種，珪藻類が 14 属 26 種，及び緑藻類が 17 属 30 種であった．

この時の優占種は，動物プランクトンでは特になく，原生動物の *Epistylis* sp.，鰓脚類の *Bosminopsis deitersi* が多く，これに輪虫類の *Ploesoma truncatum*，原生動物の *Trachelomonas* 属が続いた．植物プランクトンでは，藍藻類の *Microcystis aeruginosa* が優占種となり，わずかではあるが「水の華」を形成していた．これ以外の植物プランクトンでは，藍藻類の *Merismopedia punctatum*，緑藻類の *Pediastrum duplex* var. *gracillimum* 等が多く出現し，湖岸の水草帯の間で得た試料では，接合藻の出現が目立った．

筆者が行った 2000 年 8 月 5 日の調査では，採集試料から動物プランクトンが 57 種，植物プランクトンが 82 種の合計 139 種が同定された．

出現種数の綱別の内訳は，原生動物が 13 属 25 種，輪虫類が 13 属 17 種，鰓脚類が 10 属 12 種，橈脚類が 3 属 3 種，藍藻類が 4 属 7 種，珪藻類が 15 属 30 種，及び緑藻類が 18 属 45 種であった．

これらの種の中で，動物プランクトン，植物プランクトン共に優占種といえる程に，多産した種はないが，動物では原生動物の *Arcella gibbosa*，*Difflugia corona*，輪虫類の *Brachionus quadridentatus*，*B. rubens*，鰓脚類の *Streblocerus serricaudatus*，植物では藍藻類の *Chroococcus dispersus*，*Merismopedia convoluta*，緑藻類の *Pediastrum araneosum*，*P. boryanum*，*Tetraedron minimum*，*Closterium dianae* が比較的多く見られた．

また，出現種の中で 24 種の接合藻が認められるが，緑藻類の 53.3% を占め，腐植性傾向が高いことを示すものとして注目される．

プランクトン型については，やや疑問もあるが

表-8　2000年8月5日の吹越大沼のプランクトン出現種

PROTOZOA
  Gymnodinium sp.
  Ceratium hirundinella
  Euglena sp. 1
  Euglena sp. 2
  Trachelomonas armata
  Trachelomonas armata var. *longispina*
  Trachelomonas raciborskii var. *nova*
  Trachelomonas volvocina
  Paulinella chromatophora
  Arcella gibbosa　　　　　　　　　　　　＋
  Arcella vulgaris
  Arcella discoides
  Arcella polypora
  Arcella sp.
  Nebela carinata
  Nebela dentistoma
  Euglypha acanthophora
  Euglypha sp.
  Trinema sp.
  Difflugia corona　　　　　　　　　　　　＋
  Difflugia gramen
  Centropyxis hirsuta
  Centropyxis spinosa
  Vorticella sp.
  Epistylis sp.
ROTATORIA
  Habrotrocha sp.
  Rotaria ?
  Rotaria ?
  Conochilus hippocrepis
  Synchaeta pectinata ?
  Polyarthra vulgaris
  Trichocerca similis
  Trichocerca tenuior
  Brachionus quadridentatus　　　　　　　＋
  Brachionus rubens　　　　　　　　　　　＋
  Brachionus urceus f. *bennini*
  Keratella cochlearis var. *hispida*
  Colurella adriatica
  Trichotoria tetractis
  Lecane lunaris
  Ascomorpha agilis
  Ploesoma truncatum
BRANCHIOPODA
  Simocephalus serrulatus
  Bosmina longirostris
  Bosminopsis deitersi
  Streblocerus serricaudatus　　　　　　　＋
  Alona guttata
  Alona affinis
  Alona rectangula
  Acroperus harpae
  Graptoleberis testudinaria
  Disparalona rostrata
  Monospilus dispar

  Chydorus sphaericus
COPEPODA
  Cyclopoida 1
  Cyclopoida 2
  Harpacticoida
CYANOPHYCEAE
  Chroococcus dispersus　　　　　　　　　　＋
  Chroococcus minutus
  Merismopedia convoluta　　　　　　　　　＋
  Merismopedia punctatum
  Genus ?
  Oscillatoria princeps
  Oscillatoria sp.
BACILLARIOPHYCEAE
  Aulacoseira ambigua
  Aulacoseira distans
  Cyclotella stelligera
  Tabellaria fenestrata
  Tabellaria fenestrata var. *intermedia*
  Diatoma mesodon
  Fragilaria construens
  Synedra rumpens
  Synedra ulna
  Achnanthes minutissima
  Achnanthes linearis
  Achnanthes sp.
  Neidium iridis
  Neidium dubium
  Gyrosigma sp.
  Navicula sp. 1
  Navicula sp. 2
  Gomphonema acuminatum
  Gomphonema angustatum
  Cymbella aspera
  Cymbella inaequalis
  Cymbella subapiculata
  Cymbella cymbiformis
  Cymbella minuta
  Eunotia lunaris
  Eunotia pectinalis var. *minor*
  Nitzschia frustulum
  Nitzschia sp. 1
  Nitzschia sp. 2
  Surirella linearis
CHLOROPHYCEAE
  Pediastrum duplex var. *gracillimum*
  Pediastrum araneosum　　　　　　　　　　＋
  Pediastrum boryanum　　　　　　　　　　＋
  Ankistrodesmus bibraianus
  Kirchneriella danubiana
  Tetraedron minimum　　　　　　　　　　　＋
  Tetraedron triangulare
  Tetraedron trilobatum
  Actinastrum gracillimum
  Oocystis crassa

Oocystis parva	*Euastrum* sp.
Oocystis pusilla	*Xanthidium triangularis* var. *acuminatum*
Monoraphidium minutum	*Xanthidium* sp.
Scenedesmus actus	*Cosmarium meneghinii*
Scenedesmus denticulatus var. *linearis*	*Cosmarium vexatum* ?
Scenedesmus acuminatus	*Cosmarium rectangulare*
Scenedesmus spinosus	*Cosmarium* sp. 1
Scenedesmus quadricauda	*Cosmarium* sp. 2
Bulbochaete sp.	*Cosmarium* sp. 3
Mougeotia sp. 1	*Staurastrum omearii* ?
Mougeotia sp. 2	*Staurastrum submanfeldtii*
Netrium digitus var. *rectum*	*Staurastrum* sp. 1
Closterium acerosum	*Staurastrum* sp. 2
Closterium praelongum	*Staurastrum* sp. 3
Closterium parvulum	*Staurastrum* sp. 4
Closterium dianae	*Hyalotheca dissiliens*
Closterium archerianum	*Desmidiun swartzii*
Euastrum dubium	

動物プランクトンが第XII型，富栄養型根足虫類群集，或いは第XV型，富栄養型輪虫類群集，植物プランクトンは第X型，富栄養型緑藻類群集に相当するものと思われる．

田中（1983）は，「水の華」の発生及び出現種数を基に算出した単純商，珪藻商の値から，富栄養に達しているが，腐植性が大きく影響していることを指摘している．

〈底生動物〉

吹越大沼の底生動物について，田中（1983）はオオタニシ（*Cipangopaludina japonica*）の殻が認められたことを述べており，2000年8月5日の調査でも棲息を認めた．また，プランクトン試料中から，ユスリカ類の幼虫1種，線虫類1種を確認している．

〈魚 類〉

吹越大沼に棲息する魚類について，地元における聞き取り調査であるが，コイ，フナ類，ソウギョが棲息する．

〈水生植物〉

吹越大沼の水生植物について，田中（1983）はヨシ，ヒメガマ，コウホネ，サンショウモ，コバノヒルムシロ，ホザキノフサモ，マツモ，センニンモ，タヌキモを確認したが，沈水植物及び浮葉植物はあまり多くはないと報告している．また，挺水植物群落の発達は著しく，沼の周囲にほぼ5-10mの沖出し幅で認められた．

筆者の2000年8月5日の調査では，ヨシ，ガマ，コウホネ，ホザキノフサモ，エビモ，シャジクモ，タヌキモが確認された．また，挺水植物群落の沖出し幅は，最大10mに達し，1982年8月の調査時よりも発達したことを認めた．

田中正明（1983）プランクトンから見た本邦湖沼の富栄養化の現状(71)，再び本州の湖沼㉓．水，25，5，340，65-69

對馬康夫，山内 智（2001）下北丘陵に分布する湖沼の水質化学特性．下北丘陵の自然，下北丘陵自然調査報告，青森県立郷土館，45，自然，5，101-111

上野益三（1966）湖の富栄養化とそれに関連する二三の問題．甲南女子大学紀要，3，113-131

2-2. 津軽十二湖

　津軽十二湖は，青森県南西部の西津軽郡岩崎村の大崩山（海抜940 m）と，濁川に沿って峨々とそびえ立つ日本キャニオンと命名された凝灰岩の景勝地にはさまれた，海抜150 mから250 mの起伏の多い台地に点在する小湖沼群である．

　湖沼は，数え方によって若干異なるが33湖沼とするのが一般的である（吉村，1934，田中，1983，OHTAKA, MORI, SAITO, 1996）．湖沼は地形によって便宜上5区に分けて整理されることが多いが，これは七ツ池湖群（越口ノ池湖群）として，青池，鶏頭場ノ池，蟇沼，沸壺ノ池，落口ノ池，中ノ池，越口ノ池，王池（東湖盆），王池（西湖盆），二ツ目ノ池，八景ノ池，日暮群（日暮ノ池湖群）として仲道ノ池，八光ノ池，日暮ノ池，小夜ノ池，影坂ノ池，糸畑群として長池，四五郎ノ池，子宝ノ池，埋釜ノ池，道芝ノ池，石殻ノ池，萱原ノ池，金山ノ池，糸畑ノ池，面子坂群（面子坂ノ池群）として三蔵ノ池，牛蒡ノ池，千鳥池，面子坂ノ池，最も南に位置する濁池群（大池湖群）として濁池，大池東湖盆，大池西湖盆，破池の区分である．

　これらの湖沼群は，その成因について火山湖とする説，陥没湖とする説，氷河起原とする説，堰止め湖とする説等，様々なものがあり，筆者は堰止め湖と考えているが，火山砕屑物間の凹地に生じたとする火山性の成因も推定されている（堀江，石田，金成，岡本，1980）．

　湖沼群は，一時はニジマスやオームリを始め，淡水魚類の養殖場としての水産利用が試みられたが，現在では自然公園としての保全が計られ，白神山地の貴重な湖沼群として位置付けられるに至っている．

　津軽十二湖に関する調査研究は，比較的古くからなされており，吉村，木場（1933），吉村（1934, 1935, 1937），小久保，川村（1940, 1940, 1940, 1941, 1941, 1941），川村，小久保（1941, 1942），小久保，松谷（1942），松谷，小久保（1942），石田，小久保，川村（1944, 1944），平野（1954），堀江，石田，金成，岡本（1980, 1980），青森県（1979），環境庁（1987, 1993），田中（1983, 1984, 1984, 1984, 1984, 1984, 1992），水野（1987），斎藤ほか（1987, 1988, 1990, 1991），大高ほか（1992），OHTAKA, MORI, SAITO（1996）等が知られている．

　また，これらの湖沼群は，津軽国定公園に指定された白神山地内に位置しており，1992年には世界遺産条約の自然遺産として，鹿児島県の屋久島と共に保護が図られている．

青森県（1977）第2回自然環境保全基礎調査，湖沼調査報告書．1-218

平野　実（1954）津軽十二湖の植物プランクトン．植物分類地理，15，161-164

堀江正治，石田志郎，金成誠一，岡本州弘（1980）津軽十二湖の陸水学的研究，その1，地質学的，地形学的性状．日本陸水学会第45回大会，新潟

堀江正治，石田志郎，金成誠一，岡本州弘（1980）津軽十二湖の陸水学的研究，その2，水文学的，生物学的性状．日本陸水学会第45回大会，新潟

石田周三，小久保清治，川村輝良（1944）津軽十二湖の研究，第13報，七ツ池湖群（越口ノ池湖群）の季節的変化について．水産学雑誌，52，10-22

環境庁（1987）第3回自然環境保全基礎調査，湖沼調査報告書，東北版（Ⅰ）．2，1-221

環境庁（1993）第4回自然環境保全基礎調査，湖沼調査報告書，東北版（Ⅰ）．2，1-265

川村輝良，小久保清治（1941）津軽十二湖の湖沼学的研究．動物学雑誌，53，2，135

川村輝良，小久保清治（1942）津軽十二湖の研究，第12報．陸水学雑誌，12，3，81-93

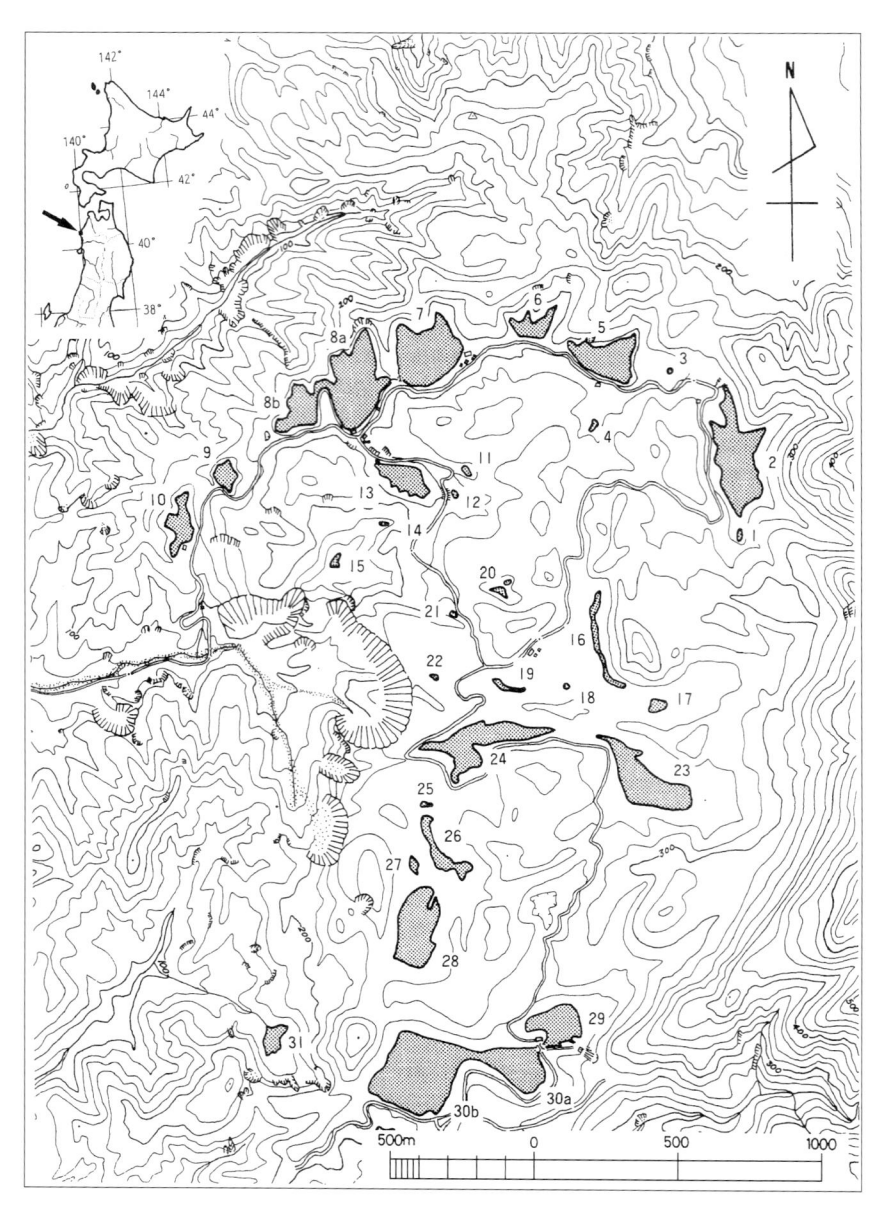

図-139　津軽十二湖湖沼群（大高，対馬，斎藤，1992）
　　　1．青池，2．鶏頭場ノ池，3．蟇沼，4．沸壺ノ池，5．落口ノ池，6．中ノ池，7．越口ノ池，8a．王池東湖盆，8b．王池西湖盆，9．二ツ目ノ池，10．八景ノ池，11．仲道ノ池，12．八光ノ池，13．日暮ノ池，14．小夜ノ池，15．影坂ノ池，16．長池，17．四五郎ノ池，18．子宝ノ池，19．埋釜ノ池，20．道芝ノ池，21．石殻ノ池，22．萱原ノ池，23．金山ノ池，24．糸畑ノ池，25．三蔵ノ池，26．牛蒡ノ池，27．千鳥池，28．面子坂ノ池，29．濁池，30a．大池東湖盆，30b．大池西湖盆，31．破池

小久保清治, 川村輝良 (1940) 湖水の滴定曲線とpH緩衝価の垂直分布に就て. 日本水産学会誌, 9, 2, 71-78

小久保清治, 川村輝良 (1940) 津軽十二湖のプランクトンに就て. 植物及動物, 8, 12, 6-18

小久保清治, 川村輝良 (1940) 湖水の滴定曲線の変化に就て. 陸水学雑誌, 10, 3-4, 189-193

小久保清治, 川村輝良 (1941) 津軽十二湖の湖沼学的研究. 日本水産学会誌, 9, 5, 215-224

小久保清治, 川村輝良 (1941) 津軽十二湖の湖沼学的研究, 続報. 日本水産学会誌, 10, 2, 97-108

小久保清治 (1941) 津軽十二湖のプランクトンの其の季節的変化. 水産学雑誌, 49, 17-40

小久保清治, 松谷善三 (1942) 津軽十二湖越口池湖群の湖沼学的研究. 水産学雑誌, 50, 20-29

小久保清治, 川村輝良 (1941) 津軽十二湖鶏頭場池のプランクトンと其の環境条件. 動物学雑誌, 53, 12, 572-581

松谷善三, 小久保清治 (1942) 津軽十二湖越ロノ池湖群湖水の溶存化学成分. 日本水産学会誌, 11, 1, 5-15

水野 裕 (1987) 切り立つ白い断崖と33の湖沼, 十二湖・日本キャニオン. 日本の湖沼と渓谷, 東北I, 62-65, ぎょうせい, 東京

大高明史, 対馬康夫, 斎藤捷一 (1992) 津軽十二湖湖沼群における湖沼名の検討. 弘前大学教育学部紀要, 67, 35-44

OHTAKA, A., MORI, N., and S. SAITO (1996) Zooplankton Composition in the Tsugaru-Jūniko Lakes, Northern Japan, with Reference to Predation Impact. Jap. Jour. Limnol., 57, 1, 15-26

斎藤捷一, 市村 治ほか (1987) 津軽十二湖湖沼群の陸水生物学的研究 (I). 日本陸水学会第52回大会, 札幌

斎藤捷一, 古川一夫ほか (1988) 津軽十二湖湖沼群の陸水生物学的研究 (I), 津軽十二湖湖沼群の概要と数湖沼に関する湖沼環境の変遷. 弘前大学教育学部紀要, 59, 33-45

斎藤捷一, 大高明史ほか (1990) 津軽十二湖湖沼群の陸水生物学的研究 (II). 日本陸水学会第55回大会, 山形

斎藤捷一, 大高明史ほか (1991) 津軽十二湖湖沼群の陸水生物学的研究 (IV), 動, 植物プランクトンの変遷. 日本陸水学会第56回大会, 奈良

田中正明 (1983) プランクトンから見た本邦湖沼の富栄養化の現状(79), 再び本州の湖沼㉜. 水, 25, 15, 350, 65-69

田中正明 (1984) プランクトンから見た本邦湖沼の富栄養化の現状(80), 再び本州の湖沼㉝. 水, 26, 1, 351, 65-68

田中正明 (1984) プランクトンから見た本邦湖沼の富栄養化の現状(81), 再び本州の湖沼㉞. 水, 26, 3, 353, 22-25

田中正明 (1984) プランクトンから見た本邦湖沼の富栄養化の現状(82), 再び本州の湖沼㉟. 水, 26, 4, 354, 63-65

田中正明 (1984) プランクトンから見た本邦湖沼の富栄養化の現状(83), 再び本州の湖沼㊱. 水, 26, 5, 355, 65-68

田中正明 (1984) プランクトンから見た本邦湖沼の富栄養化の現状(84), 再び本州の湖沼㊲. 水, 26, 6, 356, 37-40

田中正明 (1984) プランクトンから見た本邦湖沼の富栄養化の現状(85), 再び本州の湖沼㊳. 水, 26, 7, 357, 80-83

田中正明 (1992) プランクトンから見た本邦湖沼の富栄養化の現状(178), 再び本州の湖沼⑩. 水, 34, 4, 474, 37-40

吉村信吉, 木場一夫 (1933) 青森県岩崎村松神十二湖の湖沼学的予察研究. 地理学評論, 9, 12, 1046-1068

吉村信吉 (1934) 津軽十二湖の湖盆形態. 科学, 4, 11, 455-457

吉村信吉 (1935) 津軽十二湖の水温, 透明度. 津軽十二湖の研究其の二. 地理学評論, 11, 4, 342-366, 5, 437-454

吉村信吉 (1937) 津軽十二湖湖水の水素イオン濃度, 溶解性酸素, 炭酸. 津軽十二湖研究其の三. 地理学評論, 13, 10, 900-912, 11, 1013-1032

2-2-1. 青 池

青池は, 津軽十二湖の中で, 七ツ池湖群或いは越ロノ池湖群と呼ばれる最も北側に東西に連なる湖沼群の一つで, 鶏頭場ノ池の上流に位置する.

青池の最大の特徴は, その碧色の水色であり, 9mの湖底まで十分に明視できる. 吉村, 木場 (1933) は, 青池の透明度は20m程の値になると述べている.

〈水 質〉

青池の水質については, 吉村, 木場 (1933) による報告が古いが, 水温について8月の調査で, 気温が21℃の時に表層で9.5℃, 8mで9.19℃と寒冷な水を湛える湖水であると報告している. また, 小久保, 松谷 (1942) は, 本池が湧水に

よって涵養されるため水温が低いが，周年的な変化或いは垂直分布についても大きな変化はないと述べている．

pHについては，季節的な変化は小さく，垂直的にもほとんど同程度の値が測定される．吉村,木場（1933）によれば，0 mで6.9，8 mで6.8，小久保,松谷（1942）は7.1-7.2を報告しているが，筆者の2000年8月9日の調査では7.5と，若干上昇していることが推定される．

溶存酸素は，湖底から湧出する湧水の酸素が65%（約5 cc/l）程であることから，底層でも減少傾向は認められない．筆者の測定は，表層水について行ったのみであるが，8.62 mg/lであった．

また，窒素及びリンについては，松谷,小久保（1942）はアンモニア態窒素は10月が最も高く0.08 mg/l，最低は12月で0.02 mg/l，亜硝酸態窒素はほとんど検出されないが，硝酸態窒素は著しく高く，7月に0.32 mg/l，12月でも0.14 mg/lと報告している．リンについては，7月に0.034 mg/l，12月に0.019 mg/lが測定されている．

筆者の2000年8月9日の調査では，水色がフォーレルの水色計の第Ⅰ号，透明度が9 m（底まで全透），全窒素が0.22 mg/l，全リンは0.017 mg/l，CODは2.21 mg/l，電気伝導度は200 μS/cm，塩素イオンは27.4 mg/l，溶性珪酸が15.1 mg/lであった．

〈プランクトン〉

青池のプランクトンについて，OHTAKA, MORI, SAITO（1996）は輪虫類17種，橈脚類1種の出現を報告している．

筆者の2000年8月9日の調査では，動物プランクトンが16種，植物プランクトンが13種の合計29種が同定された．

出現種数の綱別の内訳は，原生動物が4属6種，輪虫類が7属9種，橈脚類が1属1種，藍藻類が3属4種，珪藻類が5属7種，及び緑藻類が2属2種であった．量的には，動植物プランクトン共に貧弱であった．

動物プランクトンで最も多く見られたのは，輪虫類の*Lepadella ovalis*で，これに原生動物の*Centropyxis aculeata, Difflugia tuberculata, D. gramen*等が続き，植物プランクトンでは*Nitzschia obtusa, N. frustulum*等が目立ったが少ない．

プランクトン型は，プランクトンの量があまりにも貧弱であり疑問もあるが，動物プランクトンは第Ⅱ型，貧栄養型輪虫類群集，植物プランクトンは第Ⅴ型，貧栄養型珪藻類群集と判断される．

〈底生動物〉

青池の底生動物については，知見が乏しく，筆者の2001年8月8日の調査では，ユスリカ類の幼虫が2種得られたが，量的には極めてわずかであった．

〈魚　類〉

青池の魚類については，知見がない．筆者の調査でも，棲息を確認していない．

〈水生植物〉

青池の水生植物については，全く知られていない．筆者の何回かの調査でも，生育は認められない．

小久保清治,松谷善三（1942）　津軽十二湖越口池湖群の湖沼学的研究．水産学雑誌，50，20-29

松谷善三,小久保清治（1942）　津軽十二湖越ロノ池湖群湖水の溶存化学成分．日本水産学会誌，11，1，5-15

OHTAKA, A., MORI, N., and S. SAITO (1996) Zooplankton Composition in the Tsugaru-Jūniko Lakes, Northern Japan, with Reference to Predation Impact. Jap. Jour. Limnol., 57, 1, 15-26

田中正明（1984）　プランクトンから見た本邦湖沼の富栄養化の現状(84)，再び本州の湖沼㊲．水，26，6，356，37-40

吉村信吉,木場一夫（1933）　青森県岩崎村松神十二湖の湖沼学的予察研究．地理学評論，9，12，1046-1068

2-2-2．鶏頭場ノ池

鶏頭場ノ池は，津軽十二湖の中で最も東に位置し，吉村（1934）の区分にしたがうならば，七ツ池湖群（越ロノ池湖群）に属し，最上流の青池に

郵便はがき

464-8790

092

料金受取人払
千種局承認
2028

差出有効期間
平成18年3月
31日まで

名古屋市千種区不老町名古屋大学構内

財団法人 **名古屋大学出版会** 行

ご注文書

書名	冊数

ご購入方法は下記の二つの方法からお選び下さい

A．直 送	B．書 店
「代金引換えの宅急便」でお届けいたします 代金＝定価(税込)＋手数料210円 ※手数料は何冊ご注文いただいても 210円です	書店経由をご希望の場合は下記にご記入下さい ＿＿＿＿＿＿市区町村 ＿＿＿＿＿＿書店

読者カード

(本書をお買い上げいただきまして誠にありがとうございました。
このハガキをお返しいただいた方には図書目録をお送りします。)

本書のタイトル

ご住所　〒

　　　　　　　　　　　　　　　　　　TEL（　　）　―

お名前（フリガナ）　　　　　　　　　　　　　　　　年齢

　　　　　　　　　　　　　　　　　　　　　　　　　　　歳

勤務先または在学学校名

関心のある分野　　　　　　　　所属学会など

本書ご購入の契機（いくつでも○印をおつけ下さい）
A．新聞広告(紙名　　　)　B．雑誌広告(誌名　　　)　C．小会目録
D．書評(　　　)　E．人にすすめられた　F．テキスト・参考書
G．店頭で現物をみて　　J．その他(　　　　)

| ご購入書店名 | 都道府県 | 市区町村 | 書店 |

本書並びに小会の刊行物に関するご意見・ご感想

続く池に当たる．

池の周囲は，森林が湖岸近くまでせまり，汚濁源はない．流入河川は，青池からの1本が南端に，またもう1本の流れが南東からの合計2本有り，北端から排水されて落口ノ池に流下する．

〈水　質〉

鶏頭場ノ池の水質については，1930年からの測定値が知られるが，吉村，木場（1933）は水色がフォーレルの水色計の第VIII号で，透明度は3.7mと報告している．また，この時代に，夏季に15mで溶存酸素が0.07cc/l（1％），20mで無酸素層となることが観測されている．

環境庁（1993）によれば，1991年9月13日の調査で溶存酸素が12mで1.9-2.4mg/l，15mで0.6-1.1mg/lと減少傾向が著しいことを報告している．この時の表層水の水温は18.4℃，pHは8.0，電気伝導度は160μS/cm，アルカリ度は0.84meq/l，CODは2.2mg/l，SSは1mg/l，塩素イオンは18mg/l，全窒素は0.16mg/l，全リンは0.012mg/l，クロロフィルaは4.0μg/lで，透明度は5.0mであった．

筆者の2000年8月9日の調査では，水色はフォーレルの水色計の第IV号，透明度は5.4m，表層水温は24.8℃，pHは8.5，溶存酸素は9.08mg/l，電気伝導度は170μS/cm，CODは2.05mg/l，塩素イオンは23.0mg/l，全窒素は0.12mg/l，全リンは0.009mg/lであった．

〈プランクトン〉

鶏頭場ノ池のプランクトン相について，吉村，木場（1933）は，*Melosira granulata*, *Dinobryon* sp., *Brachionus bakeri*, *Asplanchna priodonta*, *Triarthra longiseta*, *Bosmina longirostris*, *Daphnia longispina*, *Diaptomus pacificus* 等を報告しており，中栄養段階にあったことが推定できる．

OHTAKA, MORI, SAITO（1996）によれば，*Keratella cochlearis* が71.3％を占めて優占種であり，これに *Bosmina longirostris* が15.5％，*Polyarthra* spp. が8.1％，*Filinia* spp. が4.5％，*Diurella stylata* が0.2％の順で出現したが，動物プランクトンは合計で11種と少ない．

筆者の2000年8月9日の調査では，動物プランクトンが32種，植物プランクトンが63種の合計95種が同定された．今回の調査で得た試料を見る限り，本湖のプランクトン種数は貧弱であるということは全くない．

出現種数の綱別の内訳は，原生動物が9属12種，輪虫類が11属14種，腹毛虫類が1属1種，鰓脚類が2属3種，橈脚類が2属2種，藍藻類が3属3種，珪藻類が14属36種，及び緑藻類が14属24種であった．

出現種の中で，優占種となったのは原生動物の *Ceratium hirundinella* と，緑藻類の *Spirogyra* sp. であった．

動物プランクトンでは，この他に原生動物の *Eudorina elegans*，輪虫類の *Testudinella patina*, *Trichocerca cylindrica*, *T. elongata*, *T. similis*,

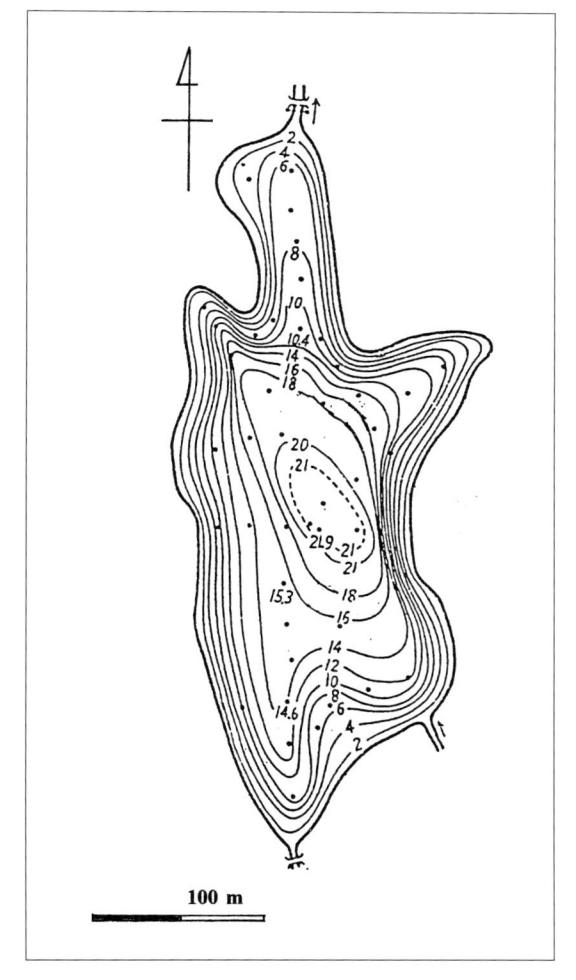

図-140　鶏頭場ノ池の湖盆図

Asplanchna priodonta, *Anuraeopsis fissa* 等が比較的多く出現した．しかし，植物プランクトンでは，他に *Mougeotia* sp., *Tetraedron minimum* 等が目立った程度で，量的に多い種は少なかった．

プランクトン型については，動物プランクトンが第VI型，中栄養型鞭毛虫類群集，植物プランクトンが第III型，貧栄養型緑藻類群集と判断される．

鶏頭場ノ池のプランクトン相は，吉村，木場（1933），小久保，川村（1941）等の調査時と比べると，*Daphnia longispina* を始めとする鰓脚類や，*Acanthodiaptomus pacificus* を始めとする橈脚類が，今日では消失するか，或いは著しく減少している．これは，ニジマス，コイ，フナ，ワカサギの放流による養殖が試みられたことに起因し，捕食者の存在がプランクトン組成を大きく変化させた典型的な例ということができる．

〈底生動物〉

鶏頭場ノ池の底生動物については，ほとんど知見がない．筆者の2000年8月9日及び2001年8月8日の調査では，ユスリカ類3種の出現を確認したが，個体数は極めて少なかった．

〈魚　類〉

鶏頭場ノ池の魚類は，コイ，フナ，イワナ，ニジマス，ワカサギ等が知られる．

〈水生植物〉

鶏頭場ノ池の水生植物は，生育が報告された種はなく，筆者の2000年8月9日，及び2001年8月8日の調査でも確認できなかった．

環境庁（1987）　第3回自然環境保全基礎調査，湖沼調査報告書，東北版（I）．2, 1-221

環境庁（1993）　第4回自然環境保全基礎調査，湖沼調査報告書，東北版（I）．2, 1-265

小久保清治，川村輝良（1941）　津軽十二湖鶏頭場池のプランクトンと其の環境条件．動物学雑誌，53, 12, 572-581

OHTAKA, A., MORI, N., and S. SAITO (1996) Zooplankton Composition in the Tsugaru-Jūniko Lakes, Northern Japan, with Reference to Predation Impact. Jap. Jour. Limnol., 57, 1, 15-26

田中正明（1984）　プランクトンから見た本邦湖沼の富栄養化の現状（85），再び本州の湖沼㊳．水, 26, 7, 357, 80-83

吉村信吉，木場一夫（1933）　青森県岩崎村松神十二湖の湖沼学的予察研究．地理学評論, 9, 12, 1046-1068

吉村信吉（1934）　津軽十二湖の湖盆形態．科学, 4, 11, 455-457

2-2-3．落口ノ池

落口ノ池は，津軽十二湖の北側に連なる七ツ池湖群と呼ばれる湖沼群の一つで，深度が20mを超えることもあって，湖沼群の中では研究報告が多い池といえる．

流入河川は，上流の鶏頭場ノ池からのものと，南に位置する沸壺ノ池からのもの，及び南岸にもう1本流入水があり，西端から流出して中ノ池に流入する．

〈水　質〉

落口ノ池の水質については，川村，小久保（1941）以来，比較的多くの知見がある．

透明度については，青森県（1979）が4.40mと高い値を測定しているが，川村，小久保（1941）は *Asterionella formosa* の増加によって，0.95mと低い値を測定している．水色について

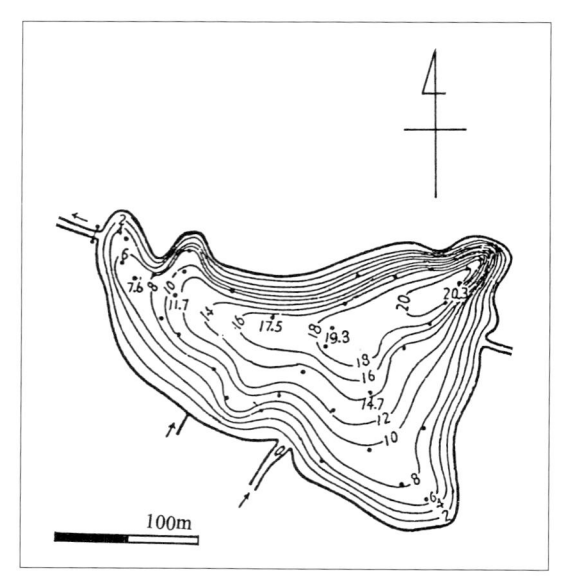

図-141　落口ノ池の湖盆図

は，フォーレルの水色計の第XI号と黄緑の色相が強いことが知られるが，筆者の2000年8月9日の調査では，フォーレルの水色計の第V号，2001年8月8日の調査では第VI号であった．

水温は，川村，小久保（1941）によれば，周年正列成層を呈し，王池や越ロノ池の垂直分布とは趣を異にする．水温躍層は12月を除いて，5-10 mの間に形成される．

pHは，筆者の測定では表層水で8.8であったが，深層水では低下し，6.8-7.0であった．このような，深層水の低下は川村，小久保（1941），環境庁（1993）も同様の傾向を報告している．

溶存酸素は，川村，小久保（1941）が深層における無酸素層の発達を述べており，8月には10m以深で無酸素となることが観測されている．

最近の水質を知り得る測定値としては，環境庁（1993）による1991年9月10日のものがあるが，表層水の水温は15.8℃，pHは8.3，溶存酸素は10 mg/l，電気伝導度は190 μS/cm，アルカリ度は1.0 meq/l，CODは1.6 mg/l，SSは2 mg/l，塩素イオンは16 mg/l，全窒素は0.13 mg/l，全リンは0.027 mg/l，クロロフィルaが9.5 μg/lであった．

筆者の2000年8月9日の調査では，表層水の水温が21.2℃，pHが8.8，溶存酸素が10.54 mg/l，電気伝導度が200 μS/cm，CODが2.08 mg/l，塩素イオンが22.4 mg/l，全窒素が0.21 mg/l，全リンは0.021 mg/lであった．

〈プランクトン〉

落ロノ池のプランクトン相について，小久保，川村（1940）は原生動物が3属3種，輪虫類が4属4種，鰓脚類が3属3種，橈脚類が3属4種，緑藻類が1属1種，及び珪藻類が6属7種の合計20属22種を報告している．この時の優占種は，Asterionella formosaで，動物プランクトンではKeratella quadrata, Eudorina elegans, Cyclops strenuus等が多いとされている．

筆者の2000年8月9日の調査では，動物プランクトンが10種，植物プランクトンが10種の合計20種が出現した．

出現種数の綱別の内訳は，原生動物が3属3種，輪虫類が4属5種，鰓脚類が1属1種，橈脚類が1属1種，珪藻類が4属5種，及び緑藻類が4属5種であった．

優占種は，動物プランクトンでは原生動物のEudorina elegansで，これにVolvox aureus, Ceratium hirundinella，輪虫類のSynchaeta pectinata, Polyarthra vulgarisが続いた．植物プランクトンでは，Asterionella formosaが優占し，これにAulacoseira granulataが次いだ．

プランクトン型は，動物プランクトンが第XII型，富栄養型鞭毛虫類群集，植物プランクトンは第VII型，中・富栄養型珪藻類混合型群集に相当する．

〈底生動物〉

落ロノ池の底生動物については，2000年8月9日の調査及び2001年8月8日の調査では，ユスリカ類が2種得られたが，個体数は非常に少なかった．また，プランクトン試料中からは，線虫類が1種確認されている．

〈魚類〉

落ロノ池の魚類は，コイ，フナ，ニジマス，オームリが放流され，養殖されている．

〈水生植物〉

落ロノ池の水生植物については，知見が乏しいが，筆者は2000年8月9日の調査で，バイカモの生育を確認した．

青森県（1979）第2回自然環境保全基礎調査，湖沼調査報告書．1-218
環境庁（1987）第3回自然環境保全基礎調査，湖沼調査報告書．東北版（I）．2, 1-221
環境庁（1993）第4回自然環境保全基礎調査，湖沼調査報告書．東北版（I）．2, 1-265
川村輝良，小久保清治（1941）津軽十二湖の研究，第7報．水産学雑誌，49, 79-92
小久保清治，川村輝良（1940）津軽十二湖のプランクトンに就て．植物及動物，8, 12, 6-18
田中正明（1983）プランクトンから見た本邦湖沼の富栄養化の現状（79），再び本州の湖沼㉜．水，25, 15, 350, 65-69

2-2-4. 越ロノ池

越ロノ池は，津軽十二湖の中で，七ツ池湖群と

呼ばれている北側の湖沼群にあり，その上流が中ノ池，さらに落口ノ池と連なっている．

本池に関する陸水学的並びに陸水生物学的な研究は，落口ノ池，王池等と共に比較的多く，小久保，川村（1940）の調査研究を始め，1940年代から行われている．

〈水　質〉

越口ノ池の水色は，フォーレルの水色計の第V号から第X号を呈することが知られるが，最も多く見られるのは，第VII号で緑色の色彩が強い．

透明度は，川村，小久保（1942）が1942年3月に9.0 mを観測しているが，多くは2-4 mであり，環境庁（1987）は1985年8月22日に4.0 m，環境庁（1993）は1991年9月10日に3.0 m，筆者は2000年8月9日に4.2 mを測定している．

水温は，3月以外はかなり顕著に成層が発達し，5月には10-15 m層に見られ，10.5℃から4.2℃に下降し，12月でも14-16 mの間で，やや傾度は小さいが存在することが知られる．他の季節では，5-10 m層に発達し，4-6 m層で最大傾度が3.2-3.3℃程度である．

川村，小久保（1941）は，深水層について5-6月は異状水温成層，7-9月及び12月は正列成層，さらに3月は逆列成層を成すが，16 m以深では秋季循環の影響を受けずに底部に存在し，12月が最高水温となり，湧水が温度を支配していると述べている．

pHは，表層水では高く，筆者の2000年8月9日の測定では，9.1-9.2であったが，深層水では低下し，5 mで8.0，10-15 mでは7.2，20 mでは6.8であった．また，川村，小久保（1941）は，2-5 mにおいて逆転がしばしば認められると述べている．

溶存酸素については，表層の最大値は8月に認められる．垂直傾度の最大は，7-8月で，最小は12月となっており，何れも水温躍層をへて深水層に至り急激に減少し，多くは全く消失する．無酸素の発生は，6月に始まり，7月には16 m付近まで発達するが，8月ごろから衰えて18 m以深となり，秋季の循環後は底層にのみ認められる．

これら以外の水質については，環境庁（1993）によれば，表層水の電気伝導度が180 μS/cm，アルカリ度が1.0 meq/l，CODが2.2 mg/l，SSが2 mg/l，塩素イオンが16 mg/l，全窒素が0.16 mg/l，全リンが0.024 mg/l，クロロフィルaが7.1 μg/l であった．

〈プランクトン〉

越口ノ池のプランクトン相について，小久保，川村（1940）は動物プランクトンが21種，植物プランクトンが9種の合計30種の出現を報告している．

その出現種数の綱別の内訳は，原生動物が5属6種，輪虫類が7属9種，鰓脚類が3属3種，橈脚類が3属3種，珪藻類が5属7種，及び緑藻類が2属2種であった．

この時に出現頻度が高かった種は，動物プランクトンでは橈脚類の *Acanthodiaptomus pacificus*，輪虫類の *Keratella quadrata*，原生動物の *Eudorina elegans* の3種，植物プランクトンでは落口ノ池と同様に珪藻類の *Asterionella formosa* が優占種で，これに *Synedra acus* var. *radidus*，*Melosira varians* が続いた．

OHTAKA, MORI, SAITO（1996）によれば，輪

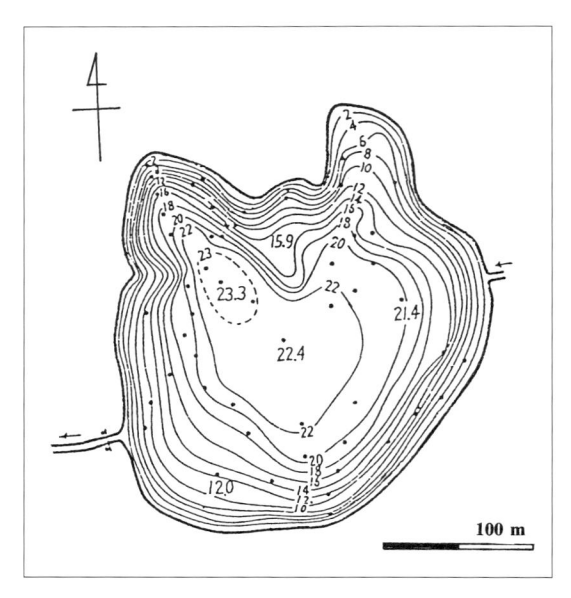

図-142　越口ノ池の湖盆図

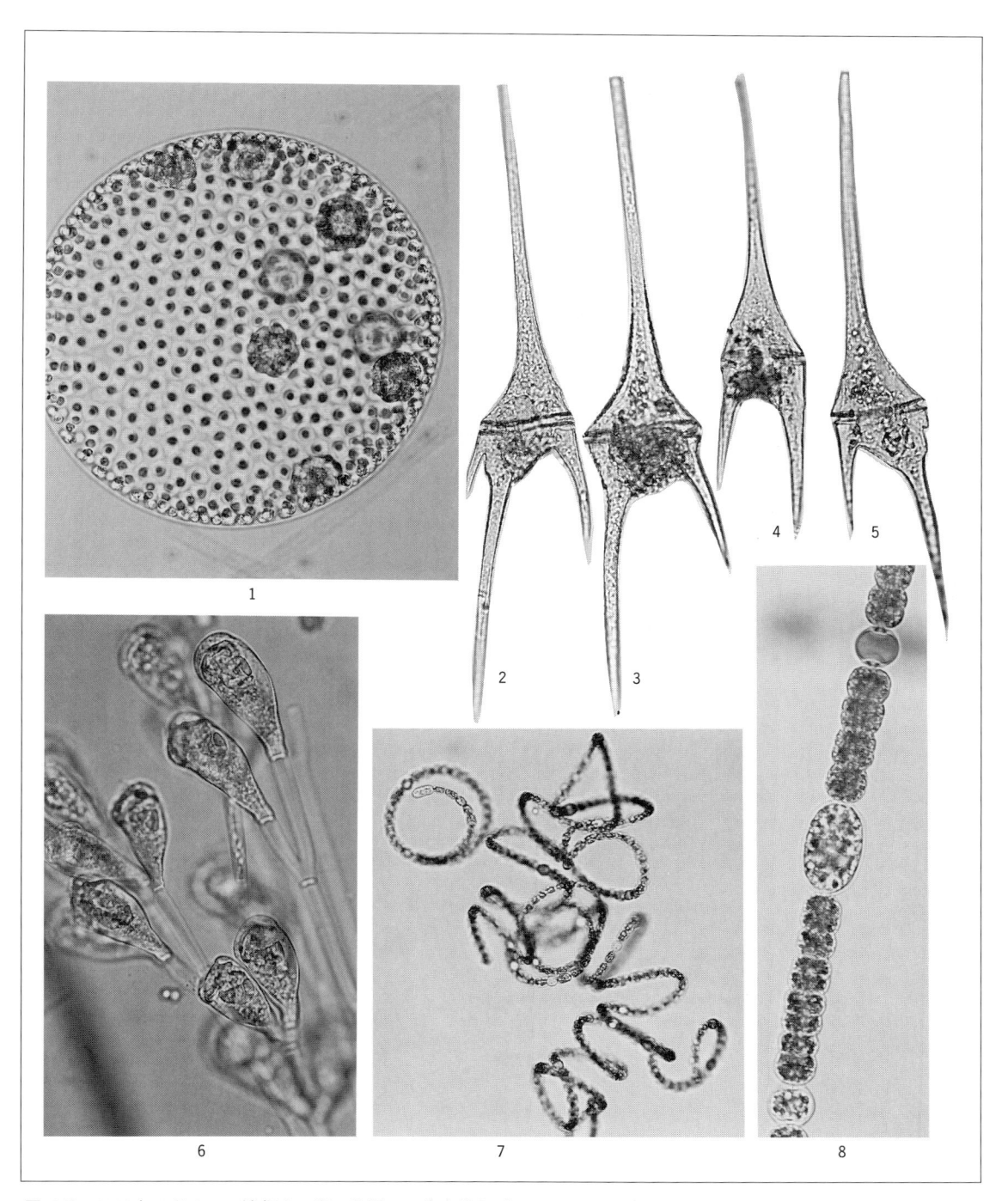

図-143 2000年8月9日に津軽十二湖で出現した代表的なプランクトン
1. *Volvox aureus*（落口ノ池），2-5. *Ceratium hirundinella*（2. 鶏頭場ノ池，3-4. 落口ノ池，5. 越口ノ池），6. *Epistylis* sp.（越口ノ池），7. *Anabaena flos-aquae*（越口ノ池），8. *Anabaena affinis*（越口ノ池）

虫類が7種，橈脚類が1種，鰓脚類が1種の合計9種の動物プランクトンが出現した．出現種の割合は，*Keratella cochlearis* が74.2%，*Polyarthra* spp. が15.5%，*Bosmina longirostris* が7.6%，*Keratella quadrata* が1.5%，*Filinia* spp. が0.7%，*Cyclopoida* spp. が0.7%の順であった．

筆者の2000年8月9日の調査では，動物プランクトンが14種，植物プランクトンが15種の合計29種が出現した．

出現種数の綱別の内訳は，原生動物が5属6種，輪虫類が3属4種，鰓脚類が3属3種，橈脚類が1属1種，藍藻類が4属5種，珪藻類が4属5種，及び緑藻類が3属5種であった．

優占種は，動物プランクトンでは原生動物の *Volvox aureus* で，これに *Ceratium hirundinella*，輪虫類の *Polyarthra vulgaris* が続いた．植物プランクトンでは，*Anabaena affinis* が優占種で，これに *Anabaena flos-aquae* が次いだ．

プランクトン型は，動物プランクトンが第XII型，富栄養型鞭毛虫類群集，植物プランクトンが第XI型，富栄養型藍藻類群集に相当するものと判断される．

越ロノ池のプランクトン相は，小久保，川村(1941)の調査時の *Acanthodiaptomus pacificus* を代表種とする，貧栄養型の甲殻類の群集から，今日では大きく異なっている．これは，鶏頭場ノ池や八景ノ池と同様に，ニジマスを始めとする魚類の放流による養殖が行われたことに起因し，捕食者の存在がプランクトン組成を大きく変化させたものと推定される．

〈底生動物〉

越ロノ池の底生動物については，十分な知見がない．筆者の2000年8月9日の調査，及び2001年8月8日の調査では，ユスリカ類が3種と，わずかな個体数であったが *Tubifex* sp. が得られた．また，プランクトン試料中からは，線虫類1種，クマムシ類1種が認められた．

〈魚類〉

越ロノ池の魚類は，ニジマス，コイ，フナ，イトウ，ワカサギが放流されている．

〈水生植物〉

越ロノ池の水生植物については，知見が乏しいが，筆者は2000年8月9日及び2001年8月8日の調査で，わずかではあるがバイカモを確認した．

環境庁(1987) 第3回自然環境保全基礎調査，湖沼調査報告書，東北版(I)．2，1-221
環境庁(1993) 第4回自然環境保全基礎調査，湖沼調査報告書，東北版(I)．2，1-265
川村輝良，小久保清治(1941) 津軽十二湖の研究，第7報．水産学雑誌，49，79-92
川村輝良，小久保清治(1942) 津軽十二湖の研究，第12報．陸水学雑誌，12，3，81-93
小久保清治，川村輝良(1940) 津軽十二湖の湖沼学的研究．日本水産学会誌，9，5，215-224
小久保清治，川村輝良(1941) 津軽十二湖のプランクトンの其の季節的変化．水産学雑誌，49，17-40
OHTAKA, A., MORI, N., and S. SAITO (1996) Zooplankton Composition in the Tsugaru-Jūniko Lakes, Northern Japan, with Reference to Predation Impact. Jap. Jour. Limnol., 57, 1, 15-26
田中正明(1984) プランクトンから見た本邦湖沼の富栄養化の原状(80)，再び本州の湖沼㉝．水，26，1，351，65-68

2-2-5．王 池

王池は，津軽十二湖の中で，七ツ池湖群と呼ばれる北側の湖沼群にあり，深度が2.5m程の細い水路状のくびれで，東西に分かれた湖盆を有する．東西の湖盆は，独立性が高く，王池東湖盆，王池西湖盆として，別々に扱う研究者が多い．

流入河川は，越ロノ池から流入するものが1本であるが，流出河川は西湖盆の北岸から平沢川へ流出する流れと，南西端から二ツ目ノ池へ流出する流れの2つの排水口がある．

〈水質〉

王池の水質について，環境庁(1993)は1991年9月19日の調査で，東湖盆の透明度が5.5m，表層水の水温が18.7℃で，5-10mが変水層で9.9℃まで低下し，20mで6.6℃であった．pH

は，表層から5mまでは8.1-8.0，10mで7.2，15m以深で6.9であった．溶存酸素は表層水で8.6mg/lで，10mで6.3mg/l，15mでは1.6mg/l，20mでは0.5mg/l以下と減少が認められる．また，表層水の電気伝導度は180μS/cm，アルカリ度は0.98meq/l，CODは2.1mg/l，SSは1mg/l，塩素イオンは16mg/l，全窒素は0.10mg/l，全リンは0.017mg/l，クロロフィルaは4.3μg/lであった．

一方，西湖盆では透明度は5.0m，水温は表層水で19.0℃で，6-9mに変水層が発達し，10.8℃に低下し，さらに12mでは8.8℃であった．pHは表層で8.1，6mで7.8，9mで7.0，12mで6.9であった．溶存酸素は，表層水で8.6mg/lで，6mで7.8mg/l，9mでは減少して1.6mg/l，12mでは1.0mg/lであった．表層水の電気伝導度は190μS/cm，アルカリ度は0.99meq/l，CODは2.2mg/l，SSは1mg/l，塩素イオンは16mg/l，全窒素は0.18mg/l，全リンは0.018mg/l，クロロフィルaは6.7μg/lであった．

王池の東西湖盆の水質は，互いによく似たものであった．また，底層における無酸素層の発達は，すでに小久保，川村（1941，1942）の調査時の6月から8月には観測されており，22m以深が無酸素層であった．

筆者の2000年8月9日の調査では，東湖盆の水色はフォーレルの水色計の第V号，透明度は6.2m，表層水温は27.0℃，pHは8.7，溶存酸素は9.24mg/l，電気伝導度は200μS/cm，CODは2.12mg/l，塩素イオンは17.2mg/l，全窒素は0.18mg/l，全リンは0.021mg/lであった．また，西湖盆の水色はフォーレルの水色計の第VI号，透明度は5.6m，表層水温は27.0℃，pHは9.0，溶存酸素は9.05mg/l，電気伝導度は189μS/cm，CODは2.05mg/l，塩素イオンは16.3mg/l，全窒素は0.18mg/l，全リンは0.022mg/lであった．

〈プランクトン〉

王池のプランクトン相について，小久保，川村（1941）は原生動物が5属5種，輪虫類が4属5種，鰓脚類が2属2種，橈脚類が4属4種，珪藻類が6属7種，及び緑藻類が3属3種の合計24属26種を報告している．

優占種は，植物プランクトンでは珪藻類の*Asterionella formosa*で，動物プランクトンでは優占種といえる程多産した種はないが，原生動物の*Peridinium willei*，輪虫類の*Keratella quadrata*，鰓脚類の*Daphnia longispina*等が多く見られたことが報告されている．

OHTAKA, MORI, SAITO（1996）によれば，王池東湖盆では12種，西湖盆では9種の動物プランクトンが出現した．出現した種の割合は，東西湖盆とも*Polyarthra* spp.が最も多く，東湖盆で96.6%，西湖盆で62.4%，これに次ぐのが*Keratella cochlearis*で，東湖盆で3.1%，西湖盆で34.7%と，やや異なる割合であった．

筆者の2000年8月9日の調査では，東西湖盆の大きな違いはなかったが，動物プランクトンでは輪虫類の*Ploesoma truncatum*，*Mytilina ventralis*，原生動物の*Epistylis* sp.等が多く，植物プランクトンでは藍藻類の*Anabaena flos-aquae* f. *spiroides*が多く見られた．

プランクトン型は，動物プランクトンが第XI型，中栄養型輪虫類群集，植物プランクトンが第XI型，富栄養型藍藻類群集に相当する．

王池のプランクトン相は，小久保，川村（1941）の調査時には*Daphnia longispina*を始めとする，貧栄養型の甲殻類プランクトンが主体の群集構造であったが，今日ではこれらが消失して

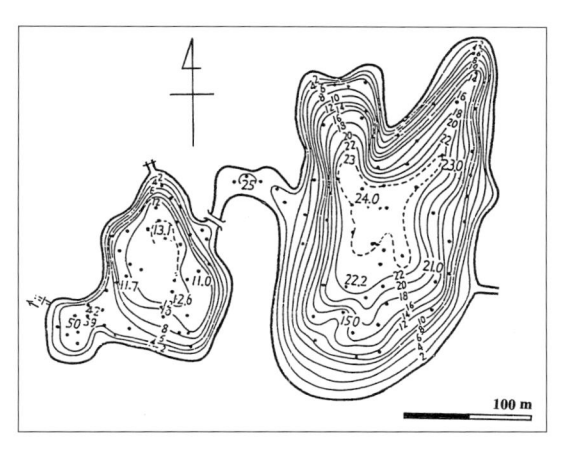

図-144 王池の湖盆図

いる．これは，鶏頭場ノ池や八景ノ池等と同様に，ニジマス，コイ，フナ，ワカサギ等の放流による養殖が行われたことに起因し，捕食者の存在がプランクトン組成を変化させたものと考えられる．

〈底生動物〉

王池の底生動物については，ほとんど知見がない．筆者の2000年8月9日及び2001年8月8日の調査では，ユスリカ類が2種得られたが量的には乏しい．また，プランクトン試料中からは，線虫類1種が確認されている．

〈魚類〉

王池の魚類は，コイ，フナ，ニジマス，ワカサギが知られている．

〈水生植物〉

王池の水生植物は，田中（1984）によればオヒルムシロ，ヒツジグサ，センニンモが生育し，2000年8月9日の調査ではエビモが確認された．

環境庁（1987）第3回自然環境保全基礎調査，湖沼調査報告書，東北版（Ｉ）．2，1-221

環境庁（1993）第4回自然環境保全基礎調査，湖沼調査報告書，東北版（Ｉ）．2，1-265

小久保清治，川村輝良（1941）津軽十二湖の湖沼学的研究，続報．日本水産学会誌，10，2，97-108

小久保清治，川村輝良（1941）津軽十二湖の研究，第12報．陸水学雑誌，12，3，81-93

OHTAKA, A., MORI, N., and S. SAITO (1996) Zooplankton Composition in the Tsugaru-Jūniko Lakes, Northern Japan, with Reference to Predation Impact. Jap. Jour. Limnol., 57, 1, 15-26

田中正明（1984）プランクトンから見た本邦湖沼の富栄養化の現状(81)，再び本州の湖沼㉞．水，26，3，353，22-25

2-2-6．二ツ目ノ池

二ツ目ノ池は，津軽十二湖の七ツ池湖群の中で，文字通り最下流から二番目に位置する小湖で，上流側には王池の西湖盆が，また下流側には八景ノ池が存在する．

池の周辺は，森林が広がり，風による影響が小さく安定度が大きいと考えられる．池の水質は，上流の王池西湖盆に近いことが知られている（田中，1992）．

二ツ目ノ池についての陸水学的並びに陸水生物学的な調査研究は，最近では田中（1992），齋藤ほか（1987，1990，1991），OHTAKA, MORI, SAITO（1996）等の報告が知られている．

〈水質〉

二ツ目ノ池の水質について，田中（1992）は1990年10月7日の調査で，水色がウーレの水色計の第XIII号を測定したが，台風による降雨の影響が残っていたことから，通常はフォーレルの水色計の水色に相当するであろうと述べている．透明度は3.2 m，水温は17.6℃，pHは7.4，溶存酸素は9.8 mg/l，電気伝導度は165 μS/cm，CODは1.72 mg/l，塩素イオンは17.6 mg/l，全窒素は0.15 mg/l，硝酸態窒素及び亜硝酸態窒素は0.001 mg/l以下，全リンは0.07 mg/lであった．

筆者が行った2000年8月9日の調査では，水色はフォーレルの水色計の第Ｖ号，透明度は3.8 m，水温は26.0℃，pHは8.3，溶存酸素は8.38 mg/l，電気伝導度は184 μS/cm，CODは1.85 mg/l，塩素イオンは20.4 mg/l，全窒素は0.18 mg/l，全リンは0.022 mg/lであった．

〈プランクトン〉

二ツ目ノ池のプランクトン相について，田中（1992）は1990年10月7日の調査で，動物プランクトンが16種，植物プランクトンが25種の合計41種の出現を報告している．

その綱別種数の内訳は，原生動物が5属8種，輪虫類が5属5種，鰓脚類が2属2種，橈脚類が1属1種，藍藻類が2属3種，珪藻類が12属19種，及び緑藻類が2属3種であった．

優占種は，動物プランクトンでは原生動物の*Dinobryon sertularia*で，これに鰓脚類の*Bosmina longirostris*，輪虫類の*Keratella cochlearis* f. *angulifera*が次いだ．植物プランクトンでは，*Synedra delicatissima* var. *angustissima*が最も多く，これに同じ珪藻類の*Asterionella formosa*, *Synedra acus*, *Aulacoseira granulata* var. *angus-*

tissima が続いた．量的には，珪藻類が大部分であり，緑藻類や藍藻類は非常に少なかった．

また，OHTAKA, MORI, SAITO（1996）は1992年から1994年の調査から，二ツ目ノ池の動物プランクトンとして，輪虫類が12種，鰓脚類が1種，橈脚類が1種出現したことを報告し，輪虫類の *Polyarthra* spp. が全体の61.3%，*Keratella cochlearis* が33.8%，鰓脚類の *Bosmina longirostris* が1.4%を占めたと述べている．

筆者の2000年8月9日の調査では，動物プランクトンが29種，植物プランクトンが32種の合計61種が同定された．

出現種数の綱別の内訳は，原生動物が6属6種，輪虫類が13属17種，鰓脚類が4属5種，橈脚類が1属1種，藍藻類が2属2種，珪藻類が11属18種，及び緑藻類が9属12種であった．

出現種の中で優占種或いは比較的量が多かった種は，動物プランクトンでは輪虫類の *Polyarthra vulgaris* が優占種で，これに原生動物の *Ceratium hirundinella* が次いだ．これ以外には，輪虫類の *Ploesoma truncatum*, *Synchaeta pectinata*?, *Conochilus unicornis*, 鰓脚類の *Bosmina longirostris* 等が比較的多く見られた．植物プランクトンは，量的には少ないが，珪藻類の *Rhizosolenia longiseta* が優占し，これに *Aulacoseira granulata* var. *angustissima*, *Asterionella formosa*, 緑藻類の *Mougeotia* sp., *Staurastrum paradoxum* が続いた．

二ツ目ノ池のプランクトン相は，少なくともここ10年程は，それ程大きくは変っていないことが認められる．

プランクトン型は，動物プランクトンが第XI型，中栄養型輪虫類群集，植物プランクトンがやや疑問があるが第VI型，中栄養型珪藻類群集に相当するものと思われる．

〈底生動物〉

二ツ目ノ池の底生動物について，筆者は2000年8月9日及び2001年8月8日の調査で，ユスリカ類の幼虫4種を確認した．また，田中（1992）はプランクトン試料中から，種は明らかでないが，タンスイカイメンの骨片を見出し，二ツ目ノ池に棲息することを推定している．

〈魚類〉

二ツ目ノ池の魚類については，十分な知見がない．

〈水生植物〉

二ツ目ノ池の水生植物は，センニンモ，エビモが確認されている．

水野　裕（1987）切り立つ白い断崖と三三の湖沼，十二湖・日本キャニオン．日本の湖沼と渓谷，東北 I，62-65，ぎょうせい，東京

斎藤捷一，市村　治ほか（1987）津軽十二湖湖沼群の陸水生物学的研究（I）．日本陸水学会第52回大会，札幌

斎藤捷一，大高明史ほか（1990）津軽十二湖湖沼群の陸水生物学的研究（II），越ロの池湖沼群について．日本陸水学会第55回大会，山形

斎藤捷一，大高明史ほか（1991）津軽十二湖湖沼群の陸水生物学的研究（IV），動，植物プランクトンの変遷．日本陸水学会第56回大会，奈良

OHTAKA, A., MORI, N. and S. SAITO（1996）Zooplankton Composition in the Tsugaru-Jūniko Lakes, Northern Japan, with Reference to Predation Impact. Jap. Jour. Limnol., 57, 1, 15-26

田中正明（1992）プランクトンから見た本邦湖沼の富栄養化の現状（178），再び本州の湖沼⑩．水，34，4，474，37-40

2-2-7．八景ノ池

八景ノ池は，津軽十二湖の中で，七ツ池湖群と呼ばれる最も北側に連なる湖沼群の最下流に位置し，南北に細長く，北東から二ツ目ノ池からの排水が流入し，西南から流出する．

池は，西南の湖岸に旅館と食堂があり，手こぎボート等の観光利用がなされ，ニジマス，ワカサギ，フナ，コイが養殖されている．

〈水　質〉

八景ノ池の水質については，川村，小久保（1942）による詳細な報告があるが，最近のものでは環境庁（1987, 1993）の測定値が知られている．環境庁（1993）による1991年9月19日の調査では，透明度が4.5 m，表層の水温が19.2℃，

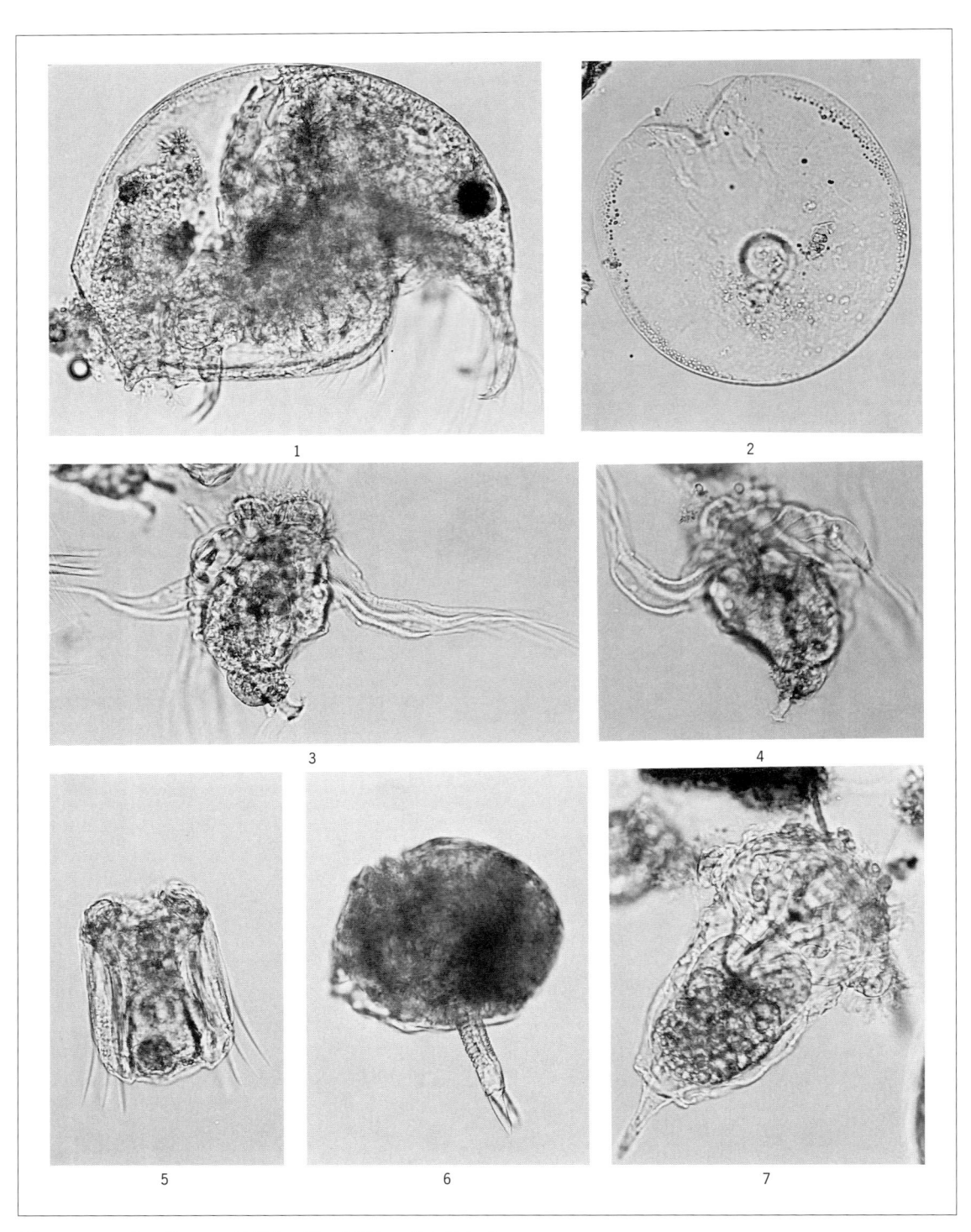

図-145　2000年8月9日に津軽十二湖で出現した代表的なプランクトン
　　1. *Bosmina longirostris*（八景ノ池），2. *Testudinella patina*（八景ノ池），3-4. *Hexarthra mira*（八景ノ池），5. *Polyarthra vulgaris*（八景ノ池），6. *Ploesoma truncatum*（八景ノ池），7. *Synchaeta* sp.（八景ノ池）

pHが7.8，溶存酸素が8.0 mg/l，電気伝導度が180 μS/cm，アルカリ度が0.96 meq/l，CODが1.9 mg/l，SSが1 mg/l，塩素イオンが16 mg/l，全窒素が0.13 mg/l，全リンが0.011 mg/l，クロロフィルaが5.6 μg/lであった．

筆者の2000年8月9日の調査では，水色がフォーレルの水色計の第Ⅵ号，透明度は4.2 m，表層水温は24.2℃，pHは8.2，溶存酸素は8.18 mg/l，電気伝導度は191 μS/cm，CODは1.88 mg/l，塩素イオンは21.2 mg/l，全窒素は0.18 mg/l，全リンは0.021 mg/lであった．

〈プランクトン〉

八景ノ池のプランクトンについて，小久保，松谷（1942）は10月の出現種として，珪藻類の *Melosira granulata* var. *angustissima*，橈脚類の *Acanthodiaptomus pacificus*，鰓脚類の *Daphnia longispina* を報告している．

OHTAKA, MORI, SAITO (1996) によれば，出現した動物プランクトンは15種で，*Polyarthra* spp. が74.1%，*Keratella cochleais* が14.2%，*Bosmina longirostris* が10.5%の順であった．

筆者の2000年8月9日の調査では，動物プランクトンが26種，植物プランクトンが23種の合計49種が出現した．

出現種数の綱別の内訳は，原生動物が9属12種，輪虫類が7属9種，鰓脚類が3属4種，橈脚類が1属1種，藍藻類が2属2種，珪藻類が8属12種，及び緑藻類が6属9種であった．

出現種の中で，優占種は動物プランクトンでは輪虫類の *Synchaeta oblonga* で，これに *Hexarthra mira*, *Polyarthra vulgaris*, 原生動物の *Ceratium hirundinella* が次いだ．植物プランクトンは，量的に少なく，優占種といえる程に多産した種はないが，緑藻類の *Staurastrum paradoxum*, *Mougeotia* sp., 珪藻類の *Synedra acus* 等が目立った．

プランクトン型は，動物プランクトンは第Ⅺ型，中栄養型輪虫類群集，植物プランクトンは第Ⅵ型，中栄養型珪藻類群集に近いものと判断される．

本池のプランクトン相は，小久保，松谷（1942）の調査時には，*Daphnia longispina* や *Acanthodiaptomus pacificus* が優占する群集構造であったが，今日ではこれらはほとんど消失している．これは，鶏頭場ノ池等と同様に，ニジマス，コイ，フナ，ワカサギ等の放流による養殖が行われたことに起因し，捕食者の存在がプランクトンの組成を変化させたものと考えられる．

〈底生動物〉

八景ノ池の底生動物については，ほとんど知見がない．筆者の2000年8月9日及び2001年8月8日の調査では，ユスリカ類3種が得られた．また，プランクトン試料中からは，線虫類1種が確認されている．

〈魚　類〉

八景ノ池の魚類は，コイ，フナ，ニジマス，ワカサギが知られる．

〈水生植物〉

八景ノ池に生育する水生植物は，筆者の2000年8月9日及び2001年8月8日に確認し得た種は，ヨシ，ヒツジグサ，ヒルムシロ，ヒロハノエビモである．

環境庁（1987）第3回自然環境保全基礎調査，湖沼調査報告書，東北版（Ⅰ）. 2, 1-221

環境庁（1993）第4回自然環境保全基礎調査，湖沼調査報告書，東北版（Ⅰ）. 2, 1-265

川村輝良，小久保清治（1942）津軽十二湖の研究，第12報．陸水学雑誌，12, 3, 81-93

小久保清治，松谷善三（1942）津軽十二湖越口池湖群の湖沼学的研究．水産学雑誌，50, 20-29

OHTAKA, A,. MORI, N., and S. SAITO (1996) Zooplankton Composition in the Tsugaru-Jūniko Lakes, Northern Japan, with Reference to Predation Impact. Jap. Jour. Limnol., 57, 1, 15-26

田中正明（1984）プランクトンから見た本邦湖沼の富栄養化の現状(81)，再び本州の湖沼㉞．水，26, 3, 353, 22-25

2-2-8. 日暮ノ池

日暮ノ池は，津軽十二湖の中で，日暮群（日暮ノ池湖群）とよばれる湖沼群に属する．

本池に関する陸水学的並びに陸水生物学的な研

究は，吉村，木場（1933），吉村（1934）を始め比較的古くから行われているが，調査研究の年代が片寄り，知見がほとんどない年代も40年程あるのが実状である．

〈水　質〉

日暮ノ池の水質について，環境庁（1993）は1991年9月10日の調査で，透明度が0.5 m，表層水温が24.5℃，3 mで19.0℃，6 mで15.7℃，9 mで10.3℃，12 mで7.8℃，pHが0 mで10，3 mで7.5，6 mで6.9，9 mで6.7，12 mで6.6を報告している．また，溶存酸素は0 mで12 mg/l，3 mで6.1 mg/l，6 mで5.2 mg/l，9 mで1.7 mg/l，12 mで0.7 mg/lと，底層における減少を観測している．表層水の電気伝導度については110 μS/cmで，深度が増すに伴って値が増加し，12 mでは140 μS/cmであった．CODは2.2 mg/l，アルカリ度は0.39 meq/l，SSは27 mg/l，塩素イオンは16 mg/l，全窒素は2.0 mg/l，全リンは0.040 mg/l，クロロフィルaは130 μg/lであった．

筆者の2000年8月9日の調査では，水色はフォーレルの水色計の第VII号，透明度は2.9 m，表層水温は26.5℃，pHは8.7，溶存酸素は10.4 mg/l，電気伝導度は265 μS/cm，CODは3.15 mg/l，塩素イオンは20.4 mg/l，全窒素は0.18 mg/l，全リンは0.007 mg/lであった．

〈プランクトン〉

日暮ノ池のプランクトン相について，吉村，木場（1933）の報告で，70年以上前の群集構造を知ることができるが，これによると植物プランクトンでは *Melosira granulata* が優占種とされており，動物プランクトンでは *Volvox* sp., *Brachionus bakeri*, *Anuraea cochlearis*, *Asplanchna priodonta*, *Daphnia longispina*, *Cyclops strenuus*, *Diaptomus pacificus* 等が報告されている．

OHTAKA, MORI, SAITO（1996）によれば，輪虫類が13種，橈脚類が1種，鰓脚類が1種の合計15種の動物プランクトンが出現した．その出現頻度を見ると，*Polyarthra* spp. が50.0%，*Keratella quadrata* が19.3%，*Trichocerca cylindrica* が16.2%，*Keratella cochlearis* が7.1%の順であった．

筆者が行った2000年8月9日の調査では，原生動物が5属6種，輪虫類が6属7種，鰓脚類が4属4種，橈脚類が2属2種，藍藻類が1属2種，珪藻類が2属3種の，動物プランクトン19種，植物プランクトン5種，合計20属24種が同定された．

優占種は，動物プランクトンでは鰓脚類の *Bosmina longirostris* で，全個体数の97%を占めた．植物プランクトンでは，藍藻類の *Anabaena affinis* が優占種で，これに *A. flos-aquae* f. *spiroides* が次いだ．

プランクトン型は，動物プランクトンが第VII型，中栄養型鰓脚類群集，植物プランクトンが第XI型，富栄養型藍藻類群集に相当する．

本池のプランクトン群集は，吉村，木場（1933）の調査時に見られた *Daphnia longispina*, *Acanthodiaptomus pacificus* 等の甲殻類プランクトンが，今日では消失し大きく変化している．これは，鶏頭場ノ池や八景ノ池，王池等の七ツ池湖群の幾つかでも認められるが，ニジマス，コイ，フナ，ワカサギ等の放流による養殖が行われた結果，捕食者が存在するようになり，これに伴ってプランクトン組成が変化したと考えられている．

〈底生動物〉

日暮ノ池の底生動物については，ほとんど知見がない．筆者の2000年8月9日及び2001年8月8日の調査では，ユスリカ類が2種得られたが，量的には乏しい．

〈魚　類〉

日暮ノ池の魚類は，コイ，フナ，ニジマス，ワカサギが知られている．

〈水生植物〉

日暮ノ池の水生植物については，知見が乏しい．筆者は2000年8月9日の調査，及び2001年8月8日の調査でも，確認し得た種はない．

環境庁（1987）　第3回自然環境保全基礎調査，湖沼調査報告書，東北版（I）. 2, 1-221
環境庁（1993）　第4回自然環境保全基礎調査，湖沼調査報告書，東北版（I）. 2, 1-265
OHTAKA, A,. MORI, N., and S. SAITO（1996）Zooplankton Composition in the Tsugaru-Jūniko Lakes, Northern Japan, with Reference to

Predation Impact. Jap. Jour. Limnol., 57, 1, 15-26

田中正明（1984）プランクトンから見た本邦湖沼の富栄養化の現状(85)，再び本州の湖沼㊳．水，26，7，357，80-83

吉村信吉，木場一夫（1933）青森県岩崎村松神十二湖の湖沼学的予察研究．地理学評論，9，12，1046-1068

吉村信吉（1934）津軽十二湖の湖盆形態．科学，4，11，455-457

2-2-9．糸畑ノ池

糸畑ノ池は，津軽十二湖の中で，その中央部に点在する糸畑群と呼ばれる湖沼群の一つである．

糸畑群の湖沼は，七ツ池湖群と呼ばれる北側に連なる湖沼群に比べ，陸水学的並びに陸水生物学的な知見は乏しい．

〈水　質〉

糸畑ノ池の水質について，環境庁（1993）は1991年9月26日の調査で，透明度が2.0m，表層水温が17.8℃，pHが7.5，溶存酸素が7.7 mg/l，8mで1.9 mg/l，12m以深では0.5 mg/l以下に減少することを観測している．電気伝導度は110μS/cm，アルカリ度は0.41 meq/l，CODが5.1 mg/l，SSが2 mg/l，塩素イオンが17 mg/l，全窒素が0.52 mg/l，全リンが0.016 mg/l，クロロフィルaが10μg/lであった．

筆者の2000年8月9日の調査では，水色がウーレの水色計の第XIII号，透明度が3.8m，表層水の水温が30.0℃，pHが9.8，溶存酸素が11.2 mg/l，電気伝導度が115μS/cm，CODが3.65 mg/l，塩素イオンが14.7 mg/l．全窒素が0.33 mg/l，全リンが0.009 mg/lであった．

〈プランクトン〉

糸畑ノ池のプランクトン相について，OHTAKA, MORI, SAITO（1996）は輪虫類が8種，橈脚類が1種，鰓脚類が1種の合計10種の動物プランクトンが出現し，*Keratella cochlearis*が36.7％，*Polyarthra* spp.が28.1％，*Trichocerca cylindrica*が23.9％，*Diurella stylata*が4.3％，*Keratella quadrata*が3.8％の順であったことを報告している．

筆者の2000年8月9日の調査では，動物プランクトンが33種，植物プランクトンが47種の合計80種が出現した．

出現種数の綱別の内訳は，原生動物が10属18種，輪虫類が7属10種，鰓脚類が3属4種，橈脚類が1属1種，藍藻類が4属6種，珪藻類が7属20種，及び緑藻類が12属21種であった．

優占種は，動物プランクトンでは輪虫類の*Hexarthra fennica*で，これに*Mytilina ventralis*，*Trichocerca cylindrica*，*T. iernis*等が続いた．植物プランクトンは量的に少なく，特に優占種といえる程に多産した種はないが，緑藻類の*Mougeotia* sp.，*Spirogyra* sp.等の出現が目立った．

プランクトン型は，動物プランクトンが第XI型，中栄養型輪虫類群集，植物プランクトンが第X型，富栄養型緑藻類群集と判断される．

本池においては，かつては*Daphnia longispina*を始めとする甲殻類プランクトンが優勢であったが，コイ，フナ，ワカサギ等の放流が試みられた結果，これらが消失し，プランクトン組成が著しく変化したことが知られている．

〈底生動物〉

糸畑ノ池の底生動物については，ほとんど知見がない．筆者の2000年8月9日の調査では，ユスリカ類が3種得られた．また，プランクトン試料中からは，線虫類が1種認められた．

〈魚　類〉

糸畑ノ池の魚類は，コイ，フナ，ニジマス，ワカサギが知られている．

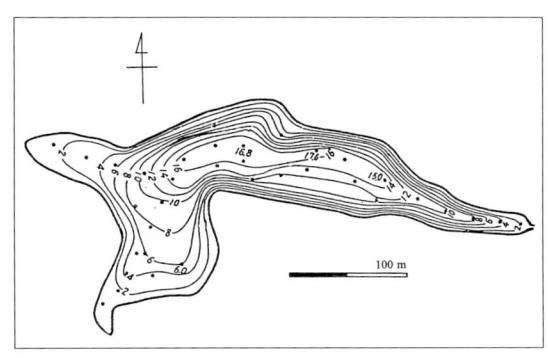

図-146　糸畑ノ池の湖盆図

〈水生植物〉

　糸畑ノ池の水生植物についての知見は，ほとんど知られていない．筆者の2000年8月9日の調査では，ヨシ，ヒメガマが確認され，ヒメガマは最大4m程の沖出し幅で，群落が発達している．

環境庁（1987）第3回自然環境保全基礎調査，湖沼調査報告書，東北版（Ⅰ）. 2, 1-221

環境庁（1993）第4回自然環境保全基礎調査，湖沼調査報告書，東北版（Ⅰ）. 2, 1-265

OHTAKA, A,. MORI, N., and S. SAITO（1996）Zooplankton Composition in the Tsugaru-Jūniko Lakes, Northern Japan, with Reference to Predation Impact. Jap. Jour. Limnol., 57, 1, 15-26

2-3. 秋田の湖沼

　秋田県は，日本海側に位置し，東部に山地を有し，多くの火山が点在する．冬季には寒冷で積雪も多い．

　秋田県の北西部には，男鹿半島が突出し，かつてはその基部に八郎潟が広がっていたが，大部分が干拓により消失した．また，深湖として知られた田沢湖は，中央東部に位置している．

　秋田県は多くの池沼を有するが，その大部分は小面積であり，産業的な利用価値の乏しいものが多い．

2-3-1. 一ノ目潟

　一ノ目潟は，秋田県の男鹿半島の先端に位置する湖沼である．この湖の成因は，我国では少ないマールと考えられており，宮城（1987）はその形成は第四紀沖積世の初めごろ，今から約1万年前以降と推定し，湖底堆積物中の埋れ木の「^{14}C法」による年代測定法で，9040年±1400年という値が得られたと述べている．

　現在，本湖は男鹿市の上水道水源として管理され，流入する汚濁源もなく，自然がよく保持されている．

　一ノ目潟に関する陸水学的並びに陸水生物学的な知見は，行政機関による定期調査結果を別にすれば，田中（1925），YOSHIMURA（1933），吉村（1934，1935），環境庁（1987，1993），宮城（1987），田中（1991）等の報告が知られている．

〈水　質〉

　一ノ目潟の水質については，比較的古い測定値が残されている．例えば，透明度についてYOSHIMURA（1933）は，1933年8月に4.5mを報告している．

　透明度については，本湖で測定された値は4-6 mが普通であり，10 m以上の値を測定した報告を筆者は見ていない．最近の測定値をあげると，田中（1991）が1990年10月8日に水色がフォーレルの水色計の第IV号で，透明度が6.9mであったと報告し，環境庁（1993）は1991年7月29日に2.5mと低い値を報告している．

　田中（1991）によれば，表層水の水温は18.1℃，pHは6.89，溶存酸素は9.6 mg/l，電気伝導度は143 μS/cm，CODは3.84 mg/l，塩素イオンは23.21 mg/l，硫酸イオンは7.7 mg/l，

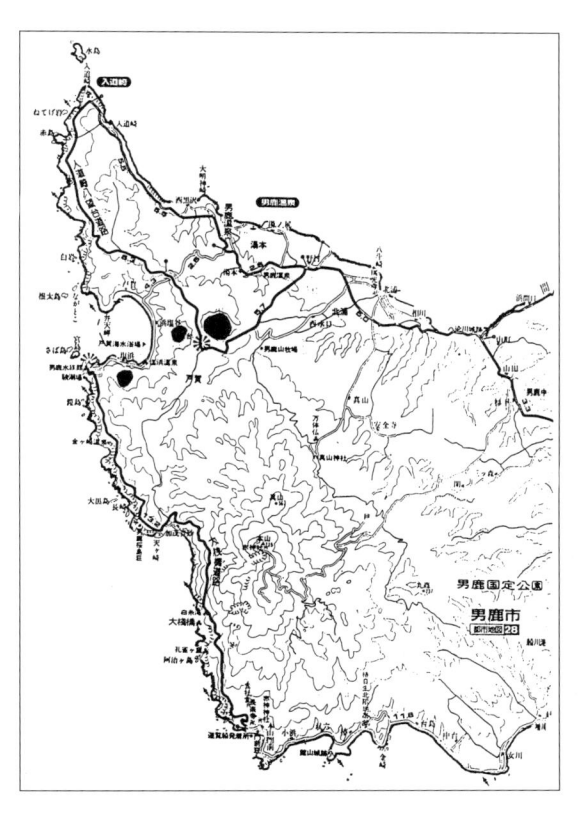

図-147　男鹿半島における一ノ目潟，二ノ目潟及び三ノ目潟の地理的位置．東から一ノ目潟，二ノ目潟，三ノ目潟の順に位置する

カルシウムは 3.4 mg/l, カリウムは 1.6 mg/l, ナトリウムは 16.8 mg/l, マグネシウムは 2.7 mg/l, 溶性珪酸は 14.7 mg/l, 全窒素は 0.24 mg/l, アンモニア態窒素は 0.02 mg/l, 硝酸態窒素は 0.01 mg/l 以下, 亜硝酸態窒素は 0.01 mg/l 以下, 全リンは 0.01 mg/l 以下であった.

また, 環境庁 (1993) による 1991 年 7 月 29 日の測定では, 表層水温が 25.0-25.3℃で, 5-10 m に変水層があり, 20 m では 7.0℃であった. pH は表層水で 8.4, 溶存酸素は 10 ppm, 電気伝導度が 151 μS/cm, COD が 3.8-4.4 ppm, 全窒素が 0.28-0.42 ppm, 全リンが 0.010-0.012 ppm であった.

〈プランクトン〉

一ノ目潟のプランクトン相について, 田中 (1991) は 1990 年 10 月 8 日の調査で動物プランクトンが 15 種, 植物プランクトンが 13 種の合計 28 種の出現を報告している.

出現種数の綱別の内訳は, 原生動物が 4 属 5 種, 輪虫類が 6 属 7 種, 鰓脚類が 2 属 2 種, 橈脚類が 1 属 1 種, 藍藻類が 2 属 2 種, 珪藻類が 3 属 5 種, 及び緑藻類が 5 属 6 種であった.

出現種の中で, 動物プランクトンでは輪虫類の *Conochilus unicornis*, *Trichocerca capucina*, 鰓脚類の *Bosmina longirostris* の 3 種が比較的多く見られたが, 他の種は少なく, 植物プランクトンでは, 何れの種も量的には稀であった.

一ノ目潟のプランクトン型は, 動物プランクトンは第 XI 型, 中栄養型輪虫類群集, 植物プランクトンはやや疑問も残るが第 VI 型, 中栄養型珪藻類群集に近いものと判断される.

環境庁 (1987) によれば, 一ノ目潟のクロロフィル a は 1985 年 7 月の測定で, 最大 3.12 μg/l, 田中 (1991) の測定では 1.90 μg/l と比較的低い値であった.

田中 (1991) は, 生物相も陸水学的な性状も 60 年前と大きく変化していないものと思われると述べているが, 中栄養段階にあり, 急速な富栄養化は認められない.

〈底生動物〉

一ノ目潟の底生動物については, 知見が乏しい. 筆者の調査では, Chironomidae が 3 種, 及び *Tubifex* sp. が得られた.

〈魚類〉

一ノ目潟の魚類は, 環境庁 (1993) によればエゾイワナ, ワカサギ, シマドジョウ, カジカ, ヨシノボリが棲息する.

〈水生植物〉

一ノ目潟の水生植物については, 知見がなく, 筆者も生育する種を全く確認していない.

環境庁 (1987) 第 3 回自然環境保全基礎調査, 湖沼調査報告書, 東北版 (I). 5, 1-146

環境庁 (1993) 第 4 回自然環境保全基礎調査, 湖沼調査報告書, 東北版 (I). 5, 1-159

宮城一男 (1987) 地球の深部をのぞく穴, 男鹿半島一の目潟・二の目潟・三の目潟. 日本の湖沼と渓谷, 3, 東北 I, 十和田・田沢湖と久慈渓谷, 86-89, ぎょうせい, 東京

田中阿歌麿 (1925) 男鹿半島の湖沼研究紀行. 地理教育, 2, 5, 423-430

田中正明 (1991) プランクトンから見た本邦湖沼の富栄養化の現状 (171), 再び本州の湖沼⑩. 水, 33, 10, 465, 69-74

YOSHIMURA, S. (1933) Limnology of the Three Crater (Maar) Lakes of Oga Peninsula, Akita Prefecture, Japan. Proc. Imp. Acad., IX, 10, 631-634

吉村信吉 (1934) 海岸近くにある淡水湖の化学成分に及ぼす塩風の影響. 海と空, 14, 4, 143-146

吉村信吉 (1935) 男鹿半島三火口湖の湖沼学的予察研究. 地理学評論, 11, 872-892

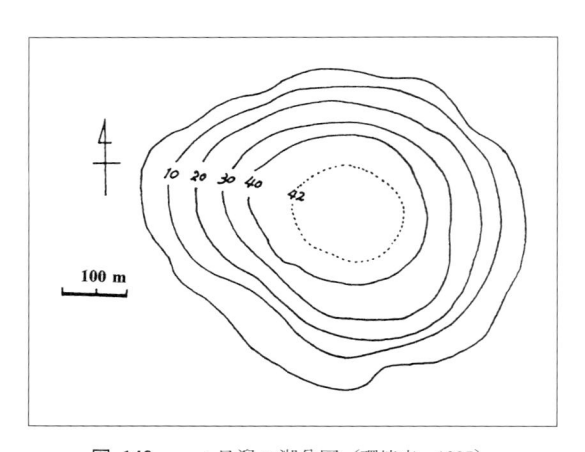

図-148 一ノ目潟の湖盆図 (環境庁, 1987)

2-3-2. 二ノ目潟

　二ノ目潟は，秋田県の男鹿半島の先端に位置し，八望台と呼ばれる展望台から一ノ目潟と共に見ることができ，男鹿半島の観光の中心ともいえる所である．

　二ノ目潟の成因は，一ノ目潟，三ノ目潟と同様にマールと考えられている．

　本湖に関する陸水学的並びに陸水生物学的な知見は，多くはないが，古くは田中（1925）を始めとして，YOSHIMURA（1933），吉村（1934，1935），環境庁（1987，1993），宮城（1987），田中（1991）等の報告が知られている．

〈水　質〉

　二ノ目潟の水質について，環境庁（1987）は1985年7月23日の調査で，透明度が4.5m，表層水の水温が24.5-25.5℃，pHが7.61-7.63，溶存酸素が8.8-9.0ppm，CODが1.6-2.0ppm，SSが0.4-0.8ppm，全窒素が0.21ppm，アンモニア態窒素が0.01-0.02ppm，硝酸態窒素及び亜硝酸態窒素が0.01ppm以下，全リンが0.01ppm以下，塩素イオンが41-43ppm，硫酸イオンが6.9ppm，ナトリウムが21.9ppm，カリウムが1.2ppm，カルシウムが5.3-5.7ppm，マグネシウムが3.5ppmと報告している．

　田中（1991）は，1990年10月8日の調査で，水色がフォーレルの水色計の第Ⅵ号，透明度は4.85mを測定した．また，表層水の水温は19.0℃，pHは6.83，溶存酸素は10.6mg/l，電気伝導度は198.5μS/cm，CODは4.12mg/l，塩素イオンは32.21mg/l，硫酸イオンは6.9mg/l，全窒素は0.41mg/l，全リンは0.01mg/lであった．

　さらに環境庁（1993）によれば，1991年8月9日の調査で，透明度が3.2-3.4m，表層水の水温は24.4-24.5℃，pHは7.5-7.6，溶存酸素は8.9-9.1ppm，電気伝導度は199μS/cm，CODが3.8-3.9ppm，SSが1-2ppm，全窒素が0.34-0.53ppm，全リンが0.003ppm以下と報告されている．

〈プランクトン〉

　二ノ目潟のプランクトン相について，田中（1991）は動物プランクトンが15種，植物プランクトンが27種の合計42種の出現を報告している．

　出現種数の綱別の内訳は，原生動物が5属8種，輪虫類が5属6種，鰓脚類は出現せず，橈脚類が1属1種，藍藻類が2属4種，珪藻類が8属12種，及び緑藻類が7属11種であった．

　優占種は，動物プランクトンでは原生動物の

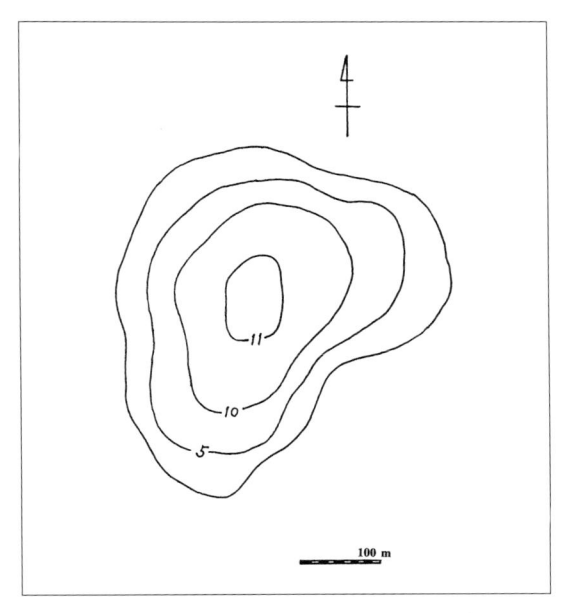

図-149　二ノ目潟の湖盆図（環境庁，1987）

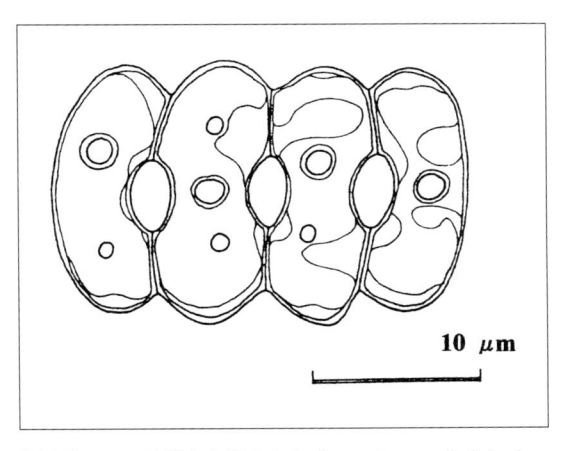

図-150　二ノ目潟から得られた *Scenedesmus balatonicus*

Eudorina elegans 及び輪虫類の *Ploesoma truncatum* の 2 種で，これに原生動物の *Ceratium hirundinella* が続いた．

また，鰓脚類については，環境庁（1987）が *Bosmina* を報告しており，季節によっては多産することも推定される．

一方，植物プランクトンは，珪藻類の *Synedra delicatissima* var. *angustissima* が優占種で，これに珪藻類の *Acanthoceras zachariasii*，緑藻類の *Pediastrum duplex* var. *clathratum* が続いた．

二ノ目潟のプランクトン量は，一ノ目潟及び三ノ目潟に比べ明らかに多いが，環境庁（1987）によれば，表層水のクロロフィルaの値が 15.2 μg/l であり，一ノ目潟の5倍，三ノ目潟の6倍程度であることが認められる．

二ノ目潟のプランクトン型は，動物プランクトンが第 XI 型，中栄養型輪虫類群集，植物プランクトンが第 VI 型，中栄養型珪藻類群集と判断され，群集構造は一ノ目潟とよく似たものである．

〈底生動物〉

二ノ目潟の底生動物については，知見が乏しいが，筆者の調査では Chironomidae が3種，及び *Tubifex* sp. が得られた．

〈魚　類〉

二ノ目潟に棲息する魚類は，環境庁（1987）によれば，ヨシノボリ，チチブ，アカヒレタビラ等である．

〈水生植物〉

二ノ目潟の水生植物は，田中（1991）によればヨシ，エビモ，マツモ，センニンモ，ホザキノフサモが確認され，挺水植物群落の最大沖出し幅は 3 m に達する．

環境庁（1987）　第3回自然環境保全基礎調査，湖沼調査報告書，東北版（I）．5，1-146
環境庁（1993）　第4回自然環境保全基礎調査，湖沼調査報告書，東北版（I）．5，1-159
宮城一男（1987）　地球の深部をのぞく穴，男鹿半島一ノ目潟・二ノ目潟・三ノ目潟．日本の湖沼と渓谷，3，東北 I，十和田・田沢湖と久慈渓谷，86-89，ぎょうせい，東京
田中阿歌麿（1925）　男鹿半島の湖沼研究紀行．地理教育，2，5，423-430
田中正明（1991）　プランクトンから見た本邦湖沼の富栄養化の現状（172），再び本州の湖沼⑩．水，33，11，466，81-83
YOSHIMURA, S. (1933) Limnology of the Three Crater (Maar) Lakes of Oga Peninsula, Akita Prefecture, Japan. Proc. Imp. Acad., IX, 10, 631-634
吉村信吉（1934）　海岸近くにある淡水湖の化学成分に及ぼす塩風の影響．海と空，14，4，143-146
吉村信吉（1935）　男鹿半島三火口湖の湖沼学的予察研究．地理学評論，11，872-892

2-3-3．三ノ目潟

三ノ目潟は，秋田県の男鹿半島の先端に位置するマールであるが，一ノ目潟や二ノ目潟とは異なり，八望台と呼ばれる展望台からは全く見えず，観光客が訪れることは極めて稀である．

本湖に関する陸水学的並びに陸水生物学的な知見は乏しく，田中（1925），YOSHIMURA（1933），吉村（1934，1935），環境庁（1987，1993），田中（1991）等の報告が知られるにすぎない．

〈水　質〉

三ノ目潟の水質については，YOSHIMURA（1933）が 1933 年8月に行った調査があり，70

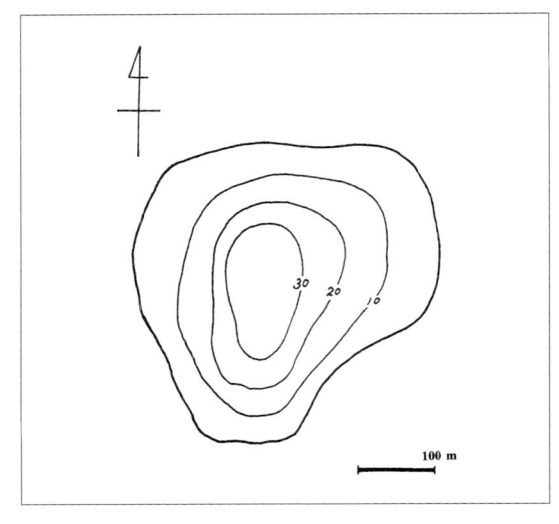

図-151　三ノ目潟の湖盆図（環境庁，1987）

年以上前の状態を知ることができる．これによると，水色はフォーレルの水色計の第V号から第VI号を呈し，透明度は11.0 mであった．

水温は，0 mで28.2℃，9 mで13.87℃，19 mで5.88℃，30 mで4.73℃，pHは0 mで7.0，底層で6.6が報告されている．また，溶存酸素は0 mから19 mまでは過飽和であり，30 mの底層でも8.34 cc/l，飽和度にして96％と典型的な貧栄養湖であることが認められる．

これら以外の水質については，過マンガン酸カリウム消費量が9.0 mg/l，ナトリウムが26.3 mg/l，カルシウムが7.5 mg/l，マグネシウムが0.0 mg/l，鉄が0.00 mg/l，塩素イオンが31.0 mg/l，硫酸イオンが7.5 mg/l，溶性珪酸が2.0 mg/lが報告されている．

環境庁（1987）による1985年7月の測定によれば，pHは表層で7.64，20 mで6.7，溶存酸素は0 mで9.6 ppm，10 mで12.5 ppm，20 mで8.2 ppm，底層においても十分に存在する．さらに，表層水のCODは1.2 ppm，全窒素は0.38 ppm，全リンは0.01 ppm以下，TOCは4.5 ppm，塩素イオンは41.4 ppm，硫酸イオンは6.9 ppmであった．

田中（1991）による1990年10月8日の調査では，水色はフォーレルの水色計の第III号から第IV号であり，透明度は8.80 mであった．また，表層水の水温は20.1℃，pHは6.7，溶存酸素は10.5 mg/l，電気伝導度は171 μS/cm，CODは2.86 mg/l，全窒素は0.22 mg/l，全リンは0.01 mg/l以下，塩素イオンは32.3 mg/lであった．

環境庁（1993）によれば，1991年8月28日の測定値は透明度が7.5-8.0 m，表層水の水温は26.0℃，pHは7.1-7.2，溶存酸素は8.1-8.3 ppm，電気伝導度は171-172 μS/cm，CODが3.6 ppm，TOCが1.9-2.0 ppm，SSが2.4-2.6 ppm，全窒素が0.15-0.25 ppm，全リンが0.003 ppm，クロロフィルaが0.6-0.7 μg/lであった．

〈プランクトン〉

三ノ目潟のプランクトン相について，田中（1991）は1990年10月8日に採集した試料から，動物プランクトンが15種，植物プランクトンが

表-9　1990年10月8日の三ノ目潟のプランクトン出現種

PROTOZOA	
Ceratium hirundinella	+
Gymnodinium sp.	+
Arcella vulgaris	
Eudorina elegans	
ROTATORIA	
Rotaria ?	
Polyarthra minor	
Asplanchna priodonta	+
Asplanchna herricki	
Keratella cochlearis var. *tecta*	
Ploesoma truncatum	
BRANCHIOPODA	
Bosmina longirostris	+
Bosminopsis deitersi	+
Monospilus dispar	
Alona guttata	
COPEPODA	
Cyclopidae (Copepodid)	
CYANOPHYCEAE	
Oscillatoria sp. 1	
Oscillatoria sp. 2	
Lyngbya sp.	
BACILLARIOPHYCEAE	
Synedra ulna	
Synedra delicatissima var. *angustissima*	+
Synedra rumpens	
Achnanthes lanceolata	
Navicula sp.	
Rhopalodia gibba	
Epithemia turgida	
CHLOROPHYCEAE	
Pediastrum duplex var. *clathratum*	+
Pediastrum duplex var. *gracillimum*	
Oedogonium sp.	
Mougeotia sp.	
Zygnema sp.	

15種の合計30種を同定している．

出現種数の綱別の内訳は，原生動物が4属4種，輪虫類が5属6種，鰓脚類が4属4種，橈脚類が1属1種，藍藻類が2属3種，珪藻類が5属7種，及び緑藻類が4属5種であった．

優占種は，動物プランクトンは鰓脚類の *Bosmina longirostris* で，これに *Bosminopsis deitersi* が次ぎ，他に輪虫類の *Asplanchna priodonta*，原生動物の *Ceratium hirundinella*，*Gymnodinium* sp. 等が多く出現した．また，植物プランクトンは優占種といえる程多くはない

が，緑藻類の *Pediastrum duplex* var. *clathratum* が最も多く，これに珪藻類の *Synedra delicatissima* var. *angustissima* が次いだ．

プランクトン型は，動物プランクトンは第VI型，中栄養型鞭毛虫類群集，或いは第X型，中栄養型甲殻類，輪虫類混合型群集，植物プランクトンは第VI型，中栄養型珪藻類群集，或いは第X型，富栄養型緑藻類群集に近いものと判断される．

なお，本湖で測定されたクロロフィルaの値は，環境庁（1987）の1985年7月の表層水における最大4.8μg/l，田中（1991）による1990年10月の1.1μg/l，環境庁（1993）による1991年8月の0.6-0.7μg/lのように，大きく変動するが値は低く，群集構造は中－富栄養型を示したが，貧栄養型の範疇に入るものと思われる．

〈底生動物〉

三ノ目潟の底生動物について，筆者はカワニナ，イシガイ，Chironomidaeが2種，及び量的には少ないが*Tubifex* sp.を得た．また，プランクトン試料中からは，線虫類1種が見出されている．

〈魚　類〉

三ノ目潟の魚類については，環境庁（1993）はヨシノボリを報告している．

〈水生植物〉

三ノ目潟の水生植物については，環境庁（1993）がシャジクモを報告しているが，筆者は本湖から水生植物を確認していない．

環境庁（1987）　第3回自然環境保全基礎調査，湖沼調査報告書，東北版（I）．5，1-146
環境庁（1993）　第4回自然環境保全基礎調査，湖沼調査報告書，東北版（I）．5，1-159
田中阿歌麿（1925）　男鹿半島の湖沼研究紀行．地理教育，2，5，423-430
田中正明（1991）　プランクトンから見た本邦湖沼の富栄養化の現状（165），再び本州の湖沼⑮．水，33，3，458，93-96
YOSHIMURA, S. (1933) Limnology of the Peninsula, Akita (Maar) Lakes of Oga Peninsula, Akita Prefecture, Japan. Proc. Imp. Acad., IX, 10, 631-634
吉村信吉（1934）　海岸近くにある淡水湖の化学成分に及ぼす塩風の影響．海と空，14，4，143-146
吉村信吉（1935）　男鹿半島三火口湖の湖沼学的予察研究．地理学評論，11，872-892

2-3-4. 男　潟

男潟は，秋田市北部に位置し，南の女潟と水路で連絡している．湖の周辺は，公園として整備され，博物館や旧奈良家住宅等がある．

男潟は，環境庁（1987，1993）による『環境保全基礎調査』の対象湖沼であり，水質分析値等が報告されているが，他には田中（1991）による1990年10月8日の調査結果が知られる程度である．

〈水　質〉

男潟の水質について，環境庁（1987）は1985年8月19日の調査で，水温が表層で32.0-32.5℃，pHが8.37-8.43，溶存酸素が8.4-8.5ppm，CODが10-10.4ppm，全窒素が0.67-0.70ppm，全リンが0.04-0.05ppm，TOCが9.2-12.6ppm，塩素イオンが24.0-24.2ppm，硫酸イオンが11.1-11.2ppm，ナトリウムが15.4-16.2ppm，カリウムが2.3-2.5ppm，カル

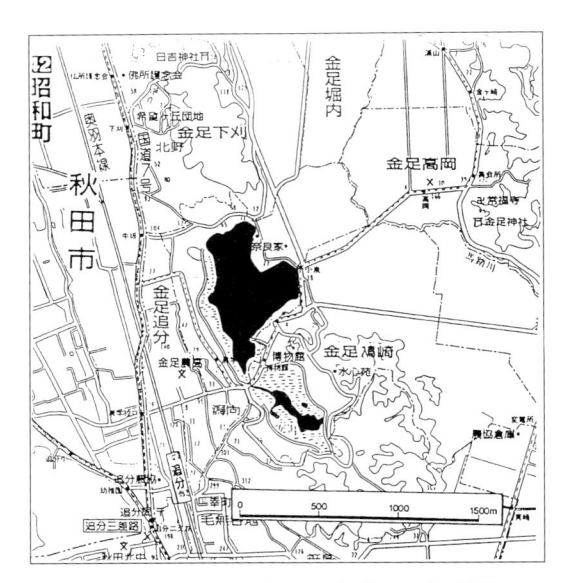

図-152　男潟及び女潟の池沼概念図．北が男潟

シウムが8.0-8.6 ppm，マグネシウムが4.1-4.6 ppmと報告している．

田中（1991）によれば，1990年10月8日の調査では，水色はウーレの水色計の第XV号，透明度は1.0 mであった．また，表層のpHは7.7，溶存酸素は8.9 mg/l，電気伝導度は130 μS/cm，CODが6.9 mg/l，塩素イオンが15.2 mg/l，全窒素が0.50 mg/l，全リンが0.03 mg/lであった．

また，環境庁（1993）は1991年8月22日の調査で，透明度が0.4-0.6 m，表層の水温が27.5-28.0℃，pHが6.8-7.0，溶存酸素が6.4-7.3 ppm，電気伝導度が156-157 μS/cm，CODが13-14 ppm，TOCが8.8-9.0 ppm，SSが8-16 ppm，全窒素が0.83-0.92 ppm，アンモニア態窒素が0.09-0.15 ppm，硝酸態窒素が0.05 ppm以下，全リンが0.063-0.070 ppmと報告されている．

〈プランクトン〉

男潟のプランクトン相については，筆者は1990年10月8日に採集された試料から，動物プランクトンが39種，植物プランクトンが67種の合計106種の出現を確認した．

出現種数の綱別の内訳は，原生動物が9属14種，輪虫類が8属14種，鰓脚類が6属8種，橈脚類が3属3種，藍藻類が8属10種，珪藻類が13属27種，及び緑藻類が14属30種であった．

出現種の中で，優占種は動物プランクトンでは輪虫類の*Keratella cochlearis* var. *tecta*で，橈脚類のCyclopidaeのNauplius幼生，輪虫類の*Conochilus unicornis*, *Brachionus calyciflorus*, *B. calyciflorus* var. *amphiceros*, *B. quadridentatus*, *B. forficula*, *B. budapestinensis*, *Hexarthra mira*が続いた．

一方，植物プランクトンでは，藍藻類の*Microcystis aeruginosa*, *M. wesenbergii*の2種が優占し，珪藻類の*Aulacoseira granulata*, *Synedra ulna*, 緑藻類の*Pediastrum araneosum* var. *ruglosum*, *P. duplex*, *Scenedesmus acuminatus*, *S. quadricauda*, *Coelastricum cambricum*等が続いた．

プランクトン型は，動物プランクトンが第XV型，富栄養型輪虫類群集，植物プランクトンが第XI型，富栄養型藍藻類群集に相当するものと思われる．

なお，環境庁（1987）によれば，1985年8月の本湖のクロロフィルaは最大27.9 μg/l，さらに環境庁（1993）の1991年8月の測定では最大78.9 μg/lと，高い値が報告されており，富栄養型の範疇にあることが認められる．

〈底生動物〉

男潟の底生動物について，田中（1991）はキベリマメゲンゴロウ，マルミズムシ，イネネクイムシ，ギンヤンマ，ヒメカゲロウ，クロイトトンボ等の水生昆虫に富み，Chironomidaeが2種，*Tubifex* sp.が認められた．また．プランクトン試料中からは，線虫類1種が見出されている．

〈魚　類〉

男潟の魚類は，田中（1991）がシナイモツゴ，ギンブナ，コイ，ヤリタナゴ，ジュズカケハゼ，アカヒレタビラを報告しているが，これら以外にカムルチー，ブルーギル，ブラックバスの釣り場として知られている．

〈水生植物〉

男潟の水生植物については，田中（1991）が挺水植物のヨシ，マコモ，フトイ，ウキヤガラ，ショウブ，浮葉植物のハス，ヒシ，ヒツジグサ，ヒシモドキ，沈水植物のヤナギモ，クロモ，マツモ，タヌキモが生育すると述べている．挺水植物群落は発達しており，群落の沖出し幅の最大値は50 mに達する．

環境庁（1987）　第3回自然環境保全基礎調査，湖沼調査報告書，東北版（I）．5，1-146

環境庁（1993）　第4回自然環境保全基礎調査，湖沼調査報告書，東北版（I）．5，1-159

田中正明（1991）　プランクトンから見た本邦湖沼の富栄養化の現状（166），再び本州の湖沼⑯．水，33，4，459，36-40

2-3-5. 女　潟

女潟は，秋田市の北部に位置する湿地に囲まれた小湖で，男潟と水路で連絡している．湖の中央

部は，開水面であるが，それ以外は挺水植物群落によっておおわれている．

本湖に関する陸水学的並びに陸水生物学的な知見は多くはないが，環境庁（1987，1993）による水質分析値，田中（1991）による調査報告等がある．

〈水　質〉

女潟の水質については，環境庁（1987）が1985年8月19日の調査で，透明度が0.75 m，表層の水温が32.5℃，pHが7.07，溶存酸素が6.5 ppm，CODが9.2 ppm，SSが8.8 ppm，全窒素が0.49 ppm，アンモニア態窒素が0.03 ppm，亜硝酸態窒素が0.01 ppm以下，硝酸態窒素が0.01 ppm以下，全リンが0.02 ppm，リン酸態リンが0.01 ppm以下，TOCが7.3 ppm，塩素イオンが19.3 ppm，硫酸イオンが2.7 ppmと報告している．

また，環境庁（1993）は1991年11月26日の調査で，透明度が1.3-1.6 m，表層水温が11.2-11.5℃，pHが6.9-7.0，溶存酸素が8.7-9.6 ppm，電気伝導度が162-163 μS/cm，CODが5.2-5.4 ppm，SSが1 ppm，全窒素が0.34-0.35 ppm，全リンが0.019 ppm，クロロフィルaが0.8-1.0 μg/lと報告している．

〈プランクトン〉

女潟のプランクトンについては，1990年10月8日に採集された試料から，動物プランクトンが31種，植物プランクトンが75種の合計106種が同定された．この中には，多くの付着性種や匍匐生活をしている種が含まれるものと思われるが，腐植性の性状を示すものとして興味深い．

出現種数の綱別の内訳は，原生動物が6属11種，輪虫類が8属13種，鰓脚類が4属5種，橈脚類が2属2種，藍藻類が5属6種，珪藻類が14属27種，及び緑藻類が17属42種であった．

出現種の中で，動物プランクトンでは輪虫類の*Brachionus calyciflorus*が優占し，これに*B. calyciflorus* var. *amphiceros*, *Keratella cochlearis* var. *tecta*, *Brachionus budapestinensis*, *Lecane bulla*, *L. stenroosi*, *Lepadella acuminata*, *Euchlanis dilatata*, 原生動物の*Difflugia acuminata*, *Arcella gibbosa*, *A. polypora*等が続いた．

植物プランクトンでは，緑藻類の中で接合藻類が19種と多く，さらに珪藻類の*Tabellaria fenestrata*を始め，*Pinnularia*, *Eunotia*等の腐植性水域を好む種が多く出現した．優占種といえる程に多産した種はないが，緑藻類の*Closterium acerosum*, *C. dianae*, *C. angustatum* var. *gracile*, *Pleurotaenium trabecula*, *P. ehrenbergii*, *Cosmarium formosulum*, *C. rectangulare*, *Euastrum divaricatum*?, *Spirogyra* sp., *Pediastrum araneosum*等の出現が目立った．

プランクトン型は，動物プランクトンが第XV型，富栄養型輪虫類群集，植物プランクトンが第X型，富栄養型緑藻類群集と判断される．

〈底生動物〉

女潟の底生動物について，環境庁（1993）はミズムシ，Chironomidae，*Tubifex* sp.を報告している．田中（1991）は，これら以外にコオイムシ，アシナガドロムシをあげているが，水生植物に富み，水生昆虫は多い．

〈魚　類〉

女潟の魚類について，田中（1991）はギンブナを報告しているが，他にドジョウ，ナマズ，カムルチー，ブラックバス，ブルーギルが棲息する．

〈水生植物〉

女潟の水生植物について，田中（1991）は挺水植物のヨシ，マコモ，ガマ，ショウブ，ウキヤガラ，フトイ，浮葉植物のハス，コウホネ，ヒシ，ヒツジグサ，沈水植物のヤナギスブタ，クロモ，ヤナギモ，タヌキモ，センニンモを報告している．

挺水植物群落は，湖の開水面よりもはるかに広く発達している．

環境庁（1987）第3回自然環境保全基礎調査，湖沼調査報告書，東北版（I），5，1-146

環境庁（1993）第4回自然環境保全基礎調査，湖沼調査報告書，東北版（I），5，1-159

田中正明（1991）プランクトンから見た本邦湖沼の富栄養化の現状（166），再び本州の湖沼⑯．水，33，4，459，36-40

2-3-6. 浅内沼

浅内沼は，秋田県能代市の南部に位置する海跡湖と考えられるもので，古くはさらに大きな面積を有したことが推定される．

沼は，周辺の大部分が水田となっており，湖岸も半自然湖岸と人工湖岸を合わせると33%であり，農地開発等で人為的な改変がくりかえされたものと思われる．

浅内沼に関する陸水学的並びに陸水生物学的な知見は乏しく，環境庁（1987，1993）による水質分析値，田中（1991）による1990年10月7日の調査結果等が知られている．

〈水　質〉

浅内沼の水質について，環境庁（1987）は1985年8月19日の調査で，透明度が1.0 m，表層の水温が32.2℃，pHが8.92，溶存酸素が12 ppm，CODが14.8 ppm，SSが11.0 ppm，全窒素が0.76 ppm，アンモニア態窒素が0.02 ppm，硝酸態窒素が0.01 ppm以下，亜硝酸態窒素が0.01 ppm以下，全リンが0.04 ppm，TOCが12.5 ppm，塩素イオンが27.7 ppm，硫酸イオンが1.6 ppm，ナトリウムが18.6 ppm，カリウムが2.0 mg/l，カルシウムが9.1 mg/l，マグネシウムが6.6 ppmと測定されている．

田中（1991）は，1990年10月7日の調査で水色がウーレの水色計の第XIII号から第XIV号，透明度が1.4 mを測定した．また，表層水の水温は21.2℃，pHは8.1，溶存酸素が10.4 mg/l，電気伝導度が170 μS/cm，CODが10.8 mg/l，SSが14.2 mg/l，塩素イオンが19.5 mg/l，全窒素が0.88 mg/l，全リンが0.03 mg/lと測定されている．

環境庁（1993）によれば，1991年8月22日の調査では，透明度が0.5 m，表層の水温は25.0℃，pHが8.5，溶存酸素が8.0 ppm，電気伝導度が167 μS/cm，CODが14 ppm，TOCが10 ppm，SSが13 ppm，全窒素が1.3 ppm，全リンが0.072 ppm，クロロフィルaが43.3 μg/lであった．

また，筆者の2001年8月8日の調査では，水色がウーレの水色計の第XIII号，透明度が0.4 m，表層水の水温が27.5℃，pHが8.9，溶存酸素が8.9 mg/l，電気伝導度が183 μS/cm，CODが14.2 mg/l，SSが12 mg/l，塩素イオンが12.4 mg/l，全窒素が1.64 mg/l，全リンが0.146 mg/lであった．

〈プランクトン〉

浅内沼のプランクトン相について，田中（1991）は1990年10月7日の調査で，動物プランクトンが18種，植物プランクトンが38種の合計56種の出現を報告している．

出現種数の綱別の内訳は，原生動物が5属9種，輪虫類が4属4種，鰓脚類が3属4種，橈脚類が1属1種，藍藻類が5属5種，珪藻類が9属18種，及び緑藻類が7属15種であった．

これらの種の中で，優占種といえる程に多産した種は，動植物プランクトン共にないが，動物プランクトンでは原生動物のArcella vulgaris，輪虫類のBrachionus quadridentatus var. brevispinus，植物プランクトンでは珪藻類のAulacoseira granulataが比較的多く認められた．

プランクトン型は，動物プランクトンが第XII型，富栄養型根足虫類群集，植物プランクトンが第VII型，中・富栄養型珪藻類混合型群集に相当する．

また，筆者は2001年8月8日に調査を行ったが，これによって採集された試料からは動物プランクトンが29種，植物プランクトンが36種の合計65種が同定された．

出現種数の綱別の内訳は，原生動物が5属9

図-153　浅内沼（2001年8月8日撮影）

種，輪虫類が6属10種，鰓脚類が5属6種，橈脚類が4属4種，藍藻類が7属11種，珪藻類が4属10種，及び緑藻類が9属15種であった．

優占種は，動物プランクトンでは輪虫類の*Brachionus calyciflorus* var. *dorcas* f. *spinosus* で，これに*B. calyciflorus* var. *dorcas* が次いだ．他には，*B. forficula*, *Keratella cochlearis* var. *tecta*, 鰓脚類の*Diaphanosoma orientalis* 等が比較的多く見られた．

植物プランクトンでは，藍藻類の*Anabaena mendotae*?が優占し，これに*A. viguieri*?, *Microcystis ichthyoblabe* が続いた．これらは「水の華」を形成し，他の種は極めて少なかった．

プランクトン型は，動物プランクトンでは第XV型，富栄養型輪虫類群集，植物プランクトンは第XI型，富栄養型藍藻類群集と判断された．

〈底生動物〉

浅内沼の底生動物については，十分な知見がないが，筆者はChironomidaeが2種，*Tubifex* sp.及びプランクトン試料中からコケムシ類の休芽，タンスイカイメン類の骨片，線虫類1種を見出している．また，1990年10月の試料中には，フサカ類の幼虫が認められ，本沼に棲息するものと思われる．

〈魚　類〉

浅内沼の魚類は，田中（1991）によればコイ，ゲンゴロウブナ，モロコ，ワカサギ，カマツカ，カムルチー等が棲息する．

〈水生植物〉

浅内沼の水生植物は，田中（1991）によれば挺水植物のヨシ，マコモ，フトイ，ショウブ，浮葉植物のヒルムシロ，コウホネ，ウキクサ，沈水植物のクロモ，マツモ，イバラモ，タヌキモが分布する．

挺水植物群落はよく発達し，その沖出し幅は最大20mに達し，平均でも10m程である．

環境庁（1987）　第3回自然環境保全基礎調査，湖沼調査報告書，東北版（I），5，1-146
環境庁（1993）　第4回自然環境保全基礎調査，湖沼調査報告書，東北版（I），5，1-159
田中正明（1991）　プランクトンから見た本邦湖沼の富栄養化の現状（168），再び本州の湖沼98．水，33，6，461，82-85

2-3-7．八郎潟（八郎潟調整池）

八郎潟は，かつては琵琶湖に次ぐ日本第二位の面積を有した大湖であったが，中央部が干拓され，現在は南の調整池と東西の承水路が残るに過ぎない．

八郎潟の成因は，米代川と雄物川が運び出した大量の土砂が，沿岸流によって沖合の男鹿島に結び付き，これを複式の陸けい島と化した結果形成されたと考えられる海跡湖である．

今日残存する八郎潟調整池は，かつての湖岸線（湖周）を水路として残し，全く人工的に造られたものではないが，天然湖とするよりも人工湖として扱う場合が少なくない．しかし，このように人為的な改変の著しい湖沼は，全国的に見れば手賀沼でも印旛沼でも同様であり，ここでは天然湖として取り上げた．

現在，八郎潟は承水路を含めて著しく富栄養化が進行し，夏期の「水の華」の発生も毎年くり返されている．一方では，ワカサギ，レンギョ，フナ，シラウオ，ヤマトシジミ等の放流による資源維持増大が図られている．

また，様々な方法によって，水質浄化を進める試みがなされている（佐藤，1994）．

〈水　質〉

八郎潟の水質について，秋田県内水面水産指導所（1989）は，透明度が0.8-3.0mで悪化と回復をくり返し，SSが2-12.1mg/lでやや減少傾向にあり，pHは6.89-8.95で淡水化に伴って低下したことを報告している．また，塩素量は，干拓以前は1905mg/lが平均値であったが，近年は50-100mg/l，電気伝導度は360-590μS/cm，CODは1.5-8.8mg/lで，やや増加傾向が見られ，全窒素は0.18-0.89mg/l，全リンは0.008-0.166mg/lで低下傾向が見られると報告されている．

田中（1991）によれば，1990年10月7日の調査では，水色はウーレの水色計の第XIII号，透

明度は0.85 m, 表層水温は20.1℃, pHは7.9, 溶存酸素は10.4 mg/l, 電気伝導度は250 μS/cm, CODは6.10 mg/l, 塩素イオンは35.69 mg/l, 全窒素は0.48 mg/l, 全リンは0.04 mg/lであった.

環境庁（1993）によれば，1991年8月7日の調査では，透明度が1.3 m，表層の水温が23.6℃, pHが7.4, 溶存酸素が8.7 ppm, 電気伝導度が186 μS/cm, CODが4.7 ppm, TOCが3.1 ppm, SSが5 ppm, 全窒素が0.53 ppm, 全リンが0.020 ppm, クロロフィルaが18 μg/lであった.

八郎潟では，1987年9月に工事に伴った防潮水門の開放によって海水の流入があり，この影響は「水の華」の発生が見られなくなる等，大きなものであったが，安定するに伴って富栄養化傾向が著しくなり，現在に至っている.

〈プランクトン〉

八郎潟のプランクトン相について，田中（1991）は1990年10月7日の調査で，動物プランクトンが34種，植物プランクトンが44種の合計78種を報告した.

出現種数の綱別の内訳は，原生動物が5属8種，輪虫類が12属21種，鰓脚類が3属3種，橈脚類が2属2種，藍藻類が3属5種，珪藻類が9属14種，及び緑藻類が10属25種であった.

出現種の中で，優占種といえる種は，動植物プランクトン共にないが，出現頻度が高い種は動物プランクトンでは輪虫類の *Brachionus angularis*, *Keratella cochlearis* var. *tecta*, 原生動物の *Ceratium hirundinella*, 植物プランクトンでは緑藻類の *Gonatozygon* sp., 珪藻類の *Aulacoseira granulata* 等であった.

また，量的には極めて少なかったが，*Filinia minuta* は，知多半島の溜池，東京の不忍池から知られるだけの稀種である.

プランクトン型は，動物プランクトンは第XV型，富栄養型輪虫類群集，植物プランクトンは第IX型，富栄養型珪藻類，緑藻類混合型群集と判断された.

筆者の2001年8月8日の調査では，動物プランクトンが16種，植物プランクトンが33種の合計49種が出現した.

出現種数の綱別の内訳は，原生動物が2属2種，輪虫類が6属10種，鰓脚類が1属1種，橈脚類が2属3種，藍藻類が5属10種，珪藻類が7属13種，及び緑藻類が8属10種であった.

優占種は，動物プランクトンでは輪虫類の *Brachionus calyciflorus* var. *dorcas* f. *spinosus*

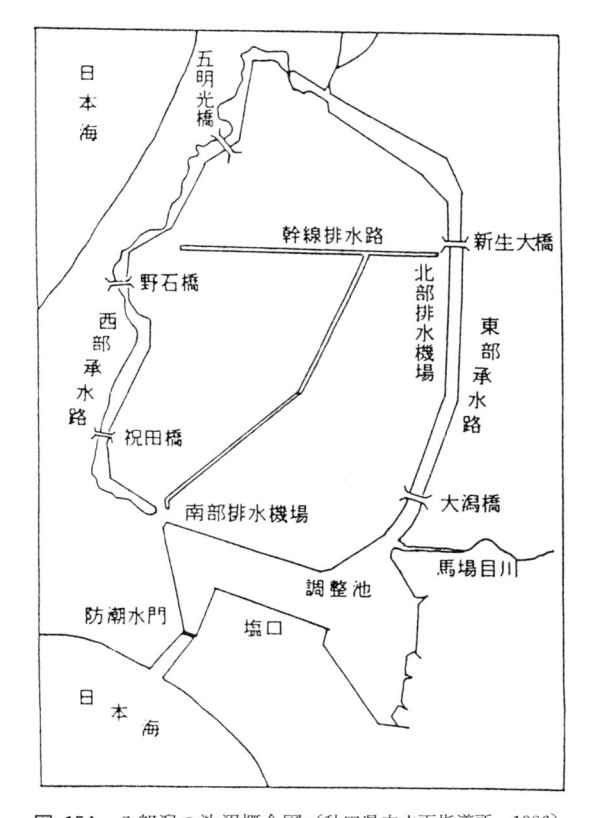

図-154　八郎潟の池沼概念図（秋田県内水面指導所, 1986）

図-155　八郎潟（2001年8月8日撮影）

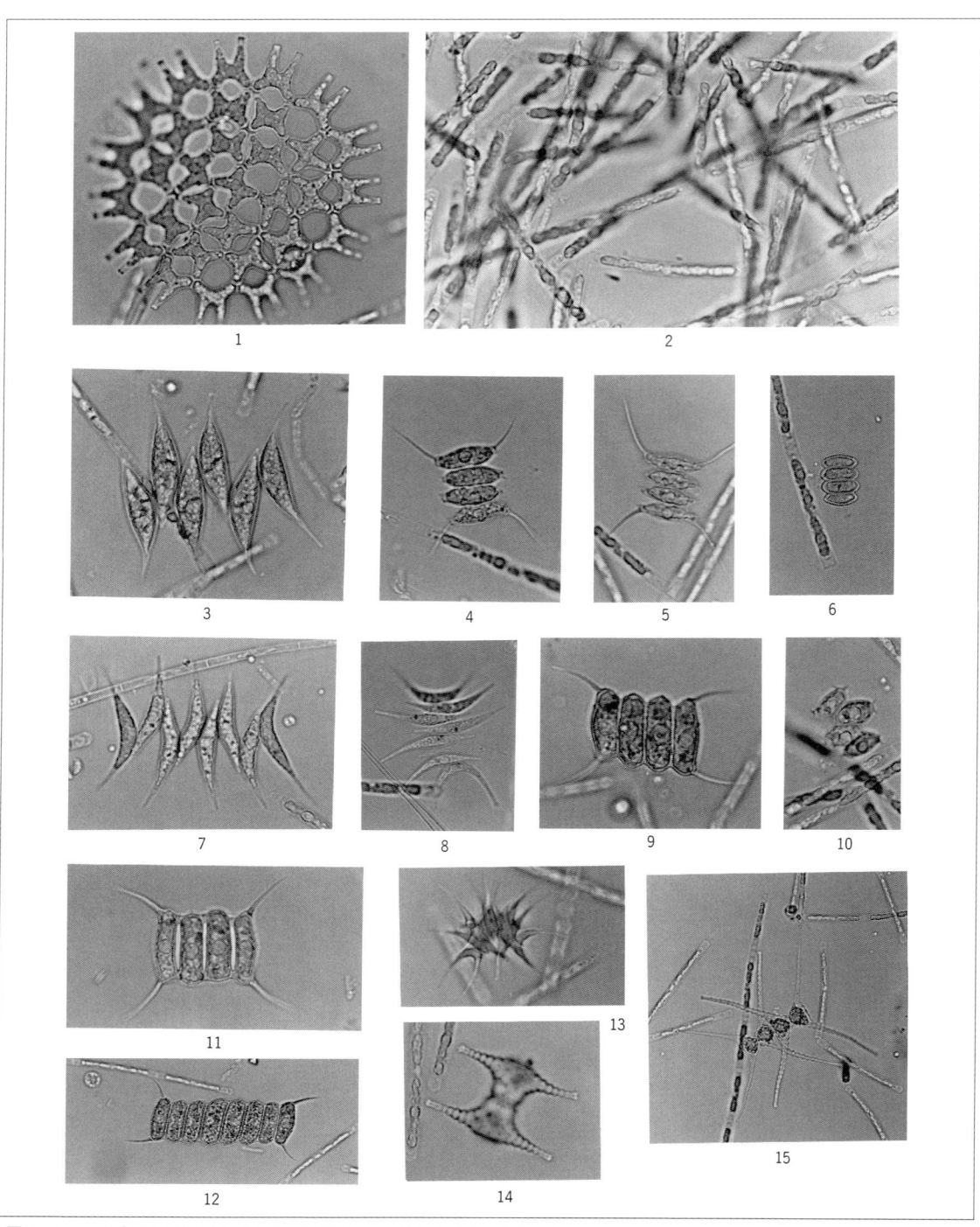

図-156　1990年10月7日に八郎潟で出現した代表的な植物プランクトン
　　1. *Pediastrum duplex* var. *gracilimum*, 2. *Gonatozygon* sp., 3. *Scenedesmus acuminatus* f. *maximus*, 4-5. *Scenedesmus carinatus*, 6. *Scenedesmus ecornis*, 7. *Scenedesmus acuminatus* var. *bernardii*, 8. *Scenedesmus acuminatus*, 9. *Scenedesmus quadricauda*, 10. *Scenedesmus denticulatus*, 11. *Scenedesmus perforatus*, 12. *Scenedesmus perforatus* var. *ornatus*, 13. *Scenedesmus acuminatus* var. *elongatus*, 14. *Staurastrum asterias* ?, 15. *Staurastrum* sp.

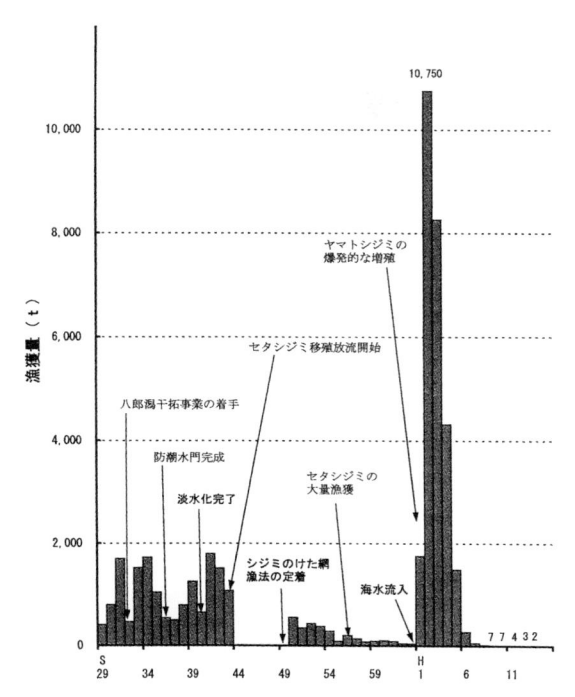

図-157 八郎潟のシジミ漁獲量の経年変化（中村，2003）

で，これに *B. calyciflorus* var. *dorcas*, *B. angularis* が次いだ．これら以外には，鰓脚類の *Diaphanosoma orientalis*, 原生動物の *Eudorina elegans*, 橈脚類の Cyclopoida, 輪虫類の *Hexarthra mira*, *Polyarthra vulgaris*, *Brachionus forficula* 等が目立った．

一方，植物プランクトンでは，藍藻類の *Microcystis ichthyoblabe*, *M. aeruginosa*, *M. wesenbergii* が優占し，これに *Chroococcus dispersus*, *Microcystis firma* 等が続いた．

プランクトン型は，動物プランクトンは第XV型，富栄養型輪虫類群集，植物プランクトンは第XI型，富栄養型藍藻類群集と判断された．

なお，八郎潟のプランクトン相は，従来見られたような汽水性種がほとんど見られなくなり，淡水性の群集へ変遷したことが認められる．

〈底生動物〉

八郎潟の底生動物については，環境庁（1993）はヤマトシジミ，ウミナナフシ，イサザアミ等をあげている．中村（2003）は，八郎潟のシジミの漁獲量の経年変化について報告し（図-157），台風による海水の流入がシジミの増加につながったことから，海水導入によるヤマトシジミの再生の可能性を指摘している．

〈魚類〉

八郎潟の魚類について，環境庁（1993）はヤツメウナギ，アユ，シラウオ，チカ，ワカサギ，コイ，ギンブナ，ウグイ，イトヨ，マハゼ等を報告している．なお，最近ではブラックバス，ブルーギルの増加が著しく，対策の必要性が指摘されている．

〈水生植物〉

八郎潟の水生植物について，筆者が2001年8月8日に確認した種は，挺水植物のヨシ，マコモ，ガマ，サンカクイ，浮葉植物のウキクサ，アオウキクサ，ヒメビシ，沈水植物のヒロハノエビモ，センニンモ，イトモ，マツモ，コカナダモであった．

挺水植物群落は，部分的に大きく発達し，沖出し幅で100-120 mに達する所があるが，大部分は生育していないか，数m程度であった．

秋田県内水面水産指導所（1986-1989）　秋田県内水面水産指導所事業報告書，第12号（昭和60年度）-第15号（昭和63年度）

環境庁（1987）　第3回自然環境保全基礎調査，湖沼調査報告書，東北版（I）．5, 1-146

環境庁（1993）　第4回自然環境保全基礎調査，湖沼調査報告書，東北版（I）．5, 1-159

三浦竹治郎（1980）　八郎潟調整池の富栄養化について．第1報，八郎潟調整池の形状と過去の水質について．昭和54年度秋田県公害技術センター年報，117-129

佐藤 敦（1994）　八郎湖におけるゼオライト水耕による水質浄化の試み．水，36, 1, 501, 18-23

田中正明（1991）　プランクトンから見た本邦湖沼の富栄養化の現状（167），再び本州の湖沼㊼．水，33, 5, 460, 82-87

中村幹雄（2003）　減少する日本のシジミ漁業資源．水，45, 12, 647, 24-32

2-4. 宮城，福島の湖沼

　東北地方の太平洋岸には岩手，宮城，福島の3県が連なるが，西側の山地には火山性の湖沼が，また太平洋岸には汽水湖或いは海跡湖が点在する．

　宮城県の伊豆沼，長沼，内沼を始め，平野部の幾つかの湖沼は，ハクチョウやガンを始めとする水鳥の飛来地となっている．

　福島県には，磐梯山の火山噴火で形成された多くの湖沼が点在するが，その全てについて十分な調査が行われている訳ではない．

　この地方の湖沼も，他の地方の湖沼と同様に，面積が大きなものについては，陸水学的或いは陸水生物学的な知見があるが，小面積のものや，交通の不便な所に位置するものについては，調査例が乏しいか，或いは全く調査対象となったことがないものも多い．

　岩手，宮城，福島の3県は，日本海側の県とは異なり，気候的には，年平均気温が12℃以上であり，年間降水量も多くは1200 mm程度で，積雪も少ない．

2-4-1. 阿川沼

　阿川沼は，宮城県東部の七ヶ浜町に位置する堰止め湖である．沼の周辺は，仙台市のベッドタウンとして宅地化が進んでいる．

　本沼に関する陸水学的並びに陸水生物学的な知見は乏しく，環境庁（1987，1993）による水質分析値，田中（1993）による調査報告が知られる程度である．

〈水　質〉

　阿川沼の水質について，環境庁（1987）は1985年10月15日の調査で，透明度が0.1 m（底まで全透），水温が11.5℃，pHが9.0，溶存酸素が12.1 ppm，CODが13.3 ppm，SSが23 ppm，塩素イオンが141 ppmを測定している．また，環境庁（1993）による1991年10月29日の測定では，透明度が0.5-0.6 m，水温が15.5℃，pHが7.9，CODが15 ppm，BODが8.2 ppm，塩素イオンが66 ppm，全窒素が1.3 ppm，アンモニア態窒素が0.05 ppm，硝酸態窒素が0.01 ppm，亜硝酸態窒素が0.001 ppm，全リンが0.23 ppm，リン酸態リンが0.023 ppmであった．

　田中（1993）が行った1992年11月28日の調査による測定値は，水色がウーレの水色計の第XV号，透明度が0.65 m，水温は3.5℃であったが南西端では薄い結氷が認められた．pHは8.7，溶存酸素は9.0 mg/l，電気伝導度は745 μS/cm，CODは14.2 mg/l，SSは30 mg/l，塩素イオンは82.5 mg/lであった．

〈プランクトン〉

　阿川沼のプランクトン相については，田中（1993）が1992年11月28日の調査で動物プラン

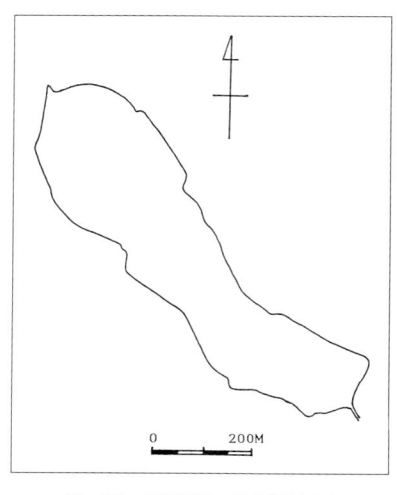

図-158　阿川沼の池沼概念図

クトン27種，植物プランクトン42種の合計69種の出現を報告している．

出現種数の綱別の内訳は，原生動物が10属17種，輪虫類が5属6種，鰓脚類が2属2種，橈脚類が2属2種，藍藻類が3属5種，珪藻類が14属23種，及び緑藻類が9属14種であった．

出現種の中で，優占種といえる程に多産した種は，動植物プランクトン共にないが，動物プランクトンでは輪虫類の *Brachionus urceolaris* 及び原生動物の *Euglena* sp. の2種が，また植物プランクトンでは藍藻類の *Lyngbya* sp.，珪藻類の *Bacillaria paradoxa*，緑藻類の *Scenedesmus acuminatus* の3種の出現が目立った．

また，動物プランクトンでは他に，原生動物の *Centropyxis aculeata*，*Vorticella* sp.，*Epistylis* sp.，輪虫類の *Brachionus angularis* var. *bidens*，植物プランクトンでは緑藻類の *Pediastrum duplex* var. *rectangulare*，*P. boryanum*，珪藻類の *Synedra ulna*，*Melosira varians*，*Cymatopleura solea* 等が続いた．

プランクトン型は，動物プランクトンが第XII型，富栄養型鞭毛虫類群集，植物プランクトンが第X型，富栄養型緑藻類群集に相当する．

なお，本沼からは田中（1993）の調査でアミ目の *Neomysis intermedia* と思われる種が得られているが，海産系遺留種として興味深い．

〈底生動物〉

阿川沼の底生動物については，知見がないが，1992年11月28日に採集されたプランクトン試料中からは，線虫類1種，ユスリカ類の幼虫が1種認められた．

〈魚　類〉

阿川沼は，地元では釣り場として知られているが，筆者はコイ，フナ類を確認した．

〈水生植物〉

阿川沼の水生植物は，田中（1993）によれば挺水植物のヨシ，マコモ，フトイ，ガマ，浮葉植物のハス，ヒシ，沈水植物のフサモが生育する．

挺水植物群落の発達は，沼の北西部で著しく，沖出し幅は最大20mに達する．

環境庁（1987）第3回自然環境保全基礎調査，湖沼調査報告書，東北版(II)．4，1-127
環境庁（1993）第4回自然環境保全基礎調査，湖沼調査報告書，東北版(II)．4，1-131
田中正明（1993）プランクトンから見た本邦湖沼の富栄養化の現状（195），再び本州の湖沼⑫．水，35，8，493，73-75

2-4-2. 仙台大沼

仙台大沼は，仙台市南東部の若林区荒井に位置する堰止め湖である．沼の南には，南長沼がある．周辺は水田を中心とした農業用地が拡がり，農業用水として取水されることから，沼の水位は年変動が著しい．沼の護岸は，石垣によって築かれているが，北部では湿地状を呈し，独立した沼と言ってもよい状況にある．

また，沼の底質は，主として砂質から成るが，湿地状を呈する北部では腐植泥が認められる．

仙台大沼に関する陸水学的並びに陸水生物学的な知見は乏しく，環境庁（1987，1993），田中

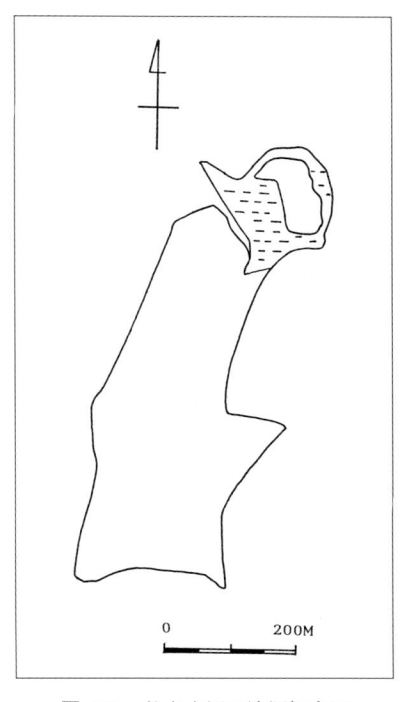

図-159　仙台大沼の池沼概念図

（1993）による報告が知られる程度である．

〈水　質〉

仙台大沼の水質について，環境庁（1987）は1985年10月15日の調査で，水温が15.5-19.7℃，pHが7.5，溶存酸素が9.6-10.6 ppm，SSが8-14 ppm，塩素イオンが106-130 ppmと報告している．また，環境庁（1993）による1991年10月29日の調査では，透明度が0.8-1.0 m，水温が15.3-15.5℃，pHが7.2，溶存酸素が8.5 ppm，電気伝導度が623 µS/cm，塩素イオンが110 ppm，CODが6.3 ppm，BODが1.1 ppm，全窒素が1.72 ppm，アンモニア態窒素が0.748 ppm，硝酸態窒素が0.378 ppm，亜硝酸態窒素が0.041 ppm，全リンが0.084 ppm，リン酸態リンが0.016 ppmであった．

田中（1993）による1992年11月28日の調査では，水色はウーレの水色計の第XVII号，透明度は0.50 mであった．また，水温は7.2℃，pHは8.7，溶存酸素は8.0 mg/l，電気伝導度は795 µS/cm，CODは13.5 mg/l，SSは16 mg/l，塩素イオンは83.6 mg/l，全窒素は1.46 mg/l，全リンは0.062 mg/lであった．

このように，仙台大沼の水質は，明らかに富栄養型の範疇にあることが認められる．

〈プランクトン〉

仙台大沼のプランクトン相について，田中（1993）は1992年11月28日の調査で動物プランクトンが25種，植物プランクトンが36種の合計61種の出現を報告している．

出現種数の綱別の内訳は，原生動物が13属17種，輪虫類が4属5種，鰓脚類が1属1種，橈脚類が2属2種，藍藻類が4属5種，珪藻類が13属21種，及び緑藻類が6属10種であった．

出現種の中で，優占種といえる種は動物プランクトンでは特にないが，輪虫類の *Brachionus angularis* と *B. urceolaris* f. *nilsonii* が多く，これに *B. angularis* var. *bidens*，橈脚類の *Sinodiaptomus valkanovi*，原生動物の *Difflugia acuminata*，*Arcella discoides*，*Vorticella* sp. 等が続いた．

植物プランクトンでは，珪藻類の *Bacillaria paradoxa* が優占種で，これに *Achnanthes minutissima* var. ?，*Hydrosera whampoensis*，*Melosira varians*，緑藻類の *Closterium acerosum*，*C. attenuatum*，藍藻類の *Merismopedia elegans* 等が続いた．

プランクトン型については，動物プランクトンが第XV型，富栄養型輪虫類群集，植物プランクトンがやや疑問があるが，第VIII型，富栄養型珪藻類群集に近いものと判断される．

〈底生動物〉

仙台大沼の底生動物について，田中（1993）はコケムシ類の一種の休芽，線虫類が1種，タンスイカイメンの一種の骨片，クマムシ類が1種，プランクトン試料中から観察され，この沼に棲息するものと思われると述べている．

〈魚　類〉

仙台大沼の魚類について，田中（1993）はフナ類，コイ，ナマズ，ブラックバスが棲息し，地元では釣り場として知られていることを述べている．

〈水生植物〉

仙台大沼の水生植物は，種数並びに量的にも貧弱であり，ヨシ，マコモが確認されたにすぎない．また，挺水植物群落の発達は，最大10 mに達する所があるが，大部分は生育が認められない．

環境庁（1987）　第3回自然環境保全基礎調査，湖沼調査報告書，東北版（II）．4，1-127
環境庁（1993）　第4回自然環境保全基礎調査，湖沼調査報告書，東北版（II）．4，1-131
田中正明（1993）　プランクトンから見た本邦湖沼の富栄養化の現状（194），再び本州の湖沼[120]．水，35，7，492，38-40

2-4-3．南長沼

南長沼は，仙台市の東部の若林区荒浜に位置する堰止め湖で，かつてはこの沼の北に，これよりも小さい北長沼があり，対を成すように呼ばれていたが，現在では北長沼は埋め立てにより消失している．

本沼は，ハクチョウが飛来することから，その

名称が知られ，地元関係者による保護や餌付け等も行われている．しかし，湖岸には廃棄物が多く，田中（1993）が指摘したように，投餌された白鳥の餌或いは，釣りの残り餌が腐敗し，これに白鳥を始めとする水鳥の糞が混じり，汚濁の進行は著しい．本沼に限らず，鳥類の餌付けが行われている各地の湖沼で，その保護を目的とするあまり，他の生物相や水質が著しく失われる例が少なくないが，生態系全体の中で鳥の保護を考えるべきであり，南長沼の場合も一考の余地があると思われる．

南長沼に関する陸水学的並びに陸水生物学的な知見は乏しく，田中（1993）による1992年11月28日の調査結果が知られる程度である．

〈水　質〉

南長沼の水質は，田中（1993）によれば1992年11月28日の調査で，水色は何れの色にも一致しないが，ウーレの水色計の第XVII号に濁度を加えた水色とされている．透明度は，0.25-0.30 m と低く，水温は8.5℃，pH は8.6，溶存酸素は9.5 mg/l，電気伝導度は375 μS/cm，SS は38 mg/l，COD は28.5 mg/l，塩素イオンは28.9 mg/l であった．

図-160　南長沼の池沼概念図

〈プランクトン〉

南長沼のプランクトン相については，田中（1993）は1992年11月28日の調査で動物プランクトンが27種，植物プランクトンが33種の合計60種の出現を報告している．

出現種数の綱別の内訳は，原生動物が11属16種，輪虫類が5属6種，橈脚類が2属3種，鰓脚類が2属2種，藍藻類が4属5種，珪藻類が14属20種，及び緑藻類が6属8種であった．

出現種の中で，優占種は動物プランクトンでは橈脚類の $Cyclops\ vicinus$ で，これに橈脚類の Harpacticoidae の一種，鰓脚類の $Alona\ guttata$，$A.\ rectangula$，輪虫類の $Brachionus\ urceolaris$ 等が続いた．植物プランクトンは，珪藻類の $Bacillaria\ paradoxa$ が優占し，これに $Melosira\ varians$，藍藻類の $Lyngbya\ birgei$，緑藻類の $Closterium$ sp.，$Spirogyra$ sp.，$Neidium\ digitus$ 等が続いた．

田中（1993）は，出現種の中には汚濁傾向の高い種も含まれ，良好な自然環境が保たれているとは言いがたいと，汚濁を指摘している．

プランクトン型は，動物プランクトンが第XV型，富栄養型輪虫類群集，植物プランクトンがやや疑問があるが第IX型，富栄養型珪藻類，緑藻類混合型群集に近いものと判断される．

〈底生動物〉

南長沼の底生動物については，知見がないが，筆者は1992年11月28日に採集されたプランクトン試料中から，少なくとも3種のユスリカ類の幼虫を認めた．

〈魚　類〉

南長沼の魚類については，知見がないが，コイ，フナ類が棲息する．

〈水生植物〉

南長沼の水生植物について，田中（1993）は挺水植物のヨシ，マコモ，ガマ，フトイ，浮葉植物のハス，ヒツジグサ，ガガブタ，ヒシ，ヒメビシ，ウキクサを確認しているが，沈水植物については知見がない．

挺水植物群落は比較的発達しており，ほぼ全域で見られ，沖出し幅の最大値は15 m に達する．

田中正明（1993）プランクトンから見た本邦湖沼の富栄養化の現状（192），再び本州の湖沼⑬．水，35，5，490，67-70

2-4-4．伊豆沼

伊豆沼は，宮城県の北部に位置する浅い湖で，かつては北上川の支流の迫川の増水や氾濫の影響を受けて，広大な低湿地を有したが，干拓や湖岸の改変が進められ，三分の一程度にまで縮小されている．

本沼は，一般にはガン類の越冬地として知られ，ハクチョウやカモ類の重要な飛来地となっており，ラムサール条約の登録指定湿地に指定されている．また，沼は国設鳥獣保護区，天然記念物及び県自然環境保全地域にも指定されているが，工業団地の開発を始め，鳥類へ悪影響をおよぼす幾つかの問題が指摘されている（呉地，1992）．

伊豆沼に関する調査研究は，水鳥に関するものを別とすると多くはなく，陸水学的並びに陸水生物学的なものとしては，環境庁（1987，1993），田中（1992），江成（1995）の報告が知られる程度である．

〈水　質〉

伊豆沼の水質について，環境庁（1987）は 1984 年 8 月に pH が 8.8，溶存酸素が 9.1 ppm，COD が 12 ppm，BOD が 1.7 ppm，塩素イオンが 14 ppm，全窒素が 0.7 ppm，全リンが 0.081 ppm，また 1985 年 9 月 30 日には透明度が 0.6 m，水温が 16.0℃，pH が 7.1，溶存酸素が 6.8-7.2 ppm，COD が 5.7-6.9 ppm，SS が 5-15 ppm，塩素イオンが 26 ppm と報告している．さらに環境庁（1993）によれば，1991 年 8 月の測定値として pH が 7.2，溶存酸素が 5.6 ppm，COD が 9.5 ppm，BOD が 3.6 ppm，SS が 10 ppm，塩素イオンが 9 ppm，全窒素が 0.73 ppm，アンモニア態窒素が 0.05 ppm，硝酸態窒素が 0.01 ppm，亜硝酸態窒素が 0.004 ppm，全リンが 0.11 ppm，リン酸態リンが 0.023 ppm と報告されている．

田中（1992）による 1992 年 5 月 31 日の調査では，水色がウーレの水色計の第 XVI 号に相当し，透明度は 0.45 m であった．表層水温は 15.2℃，pH は 7.6，溶存酸素は 7.0 mg/l，電気伝導度は 160 μS/cm，COD は 7.2 mg/l，塩素イオンは 12.3 mg/l，全窒素が 1.10 mg/l，全リンが 0.08 mg/l であった．

このように，伊豆沼の水質は，典型的な富栄養湖といえるものであるが，長期的な変遷等を考える上ではやや知見が乏しい．

〈プランクトン〉

伊豆沼のプランクトン相について，田中（1992）は 1992 年 5 月 13 日の調査で動物プランクトンが 49 種，植物プランクトンが 75 種の合計 124 種の出現を報告している．

出現種の綱別種数の内訳は，原生動物が 11 属 19 種，輪虫類が 13 属 16 種，鰓脚類が 10 属 10 種，介形類が 1 属 1 種，橈脚類が 2 属 2 種，貝類（二枚貝）が 1 属 1 種，藍藻類が 5 属 6 種，珪藻類が 24 属 45 種，及び緑藻類が 13 属 24 種であった．

出現種数は多いが，多産した種は限られており，動物プランクトンでは原生動物の *Arcella vulgaris* が優占し，これに *A. discoides* が次いだ．また，植物プランクトンでは，珪藻類の *Melosira varians* が最も多く，他には *Gyrosigma* sp., *Navicula* sp., *Aulacoseira granulata* 等が続いた．

プランクトン型は，動物プランクトンが第 XII 型，富栄養型根足虫類群集，植物プランクトンがやや疑問があるが第 IX 型，富栄養型珪藻類，緑藻類混合型群集に相当するものと思われる．

〈底生動物〉

伊豆沼の底生動物については，十分な知見がない．田中（1992）によれば，ヒナコケムシ及びヌマカイメンが棲息する．

〈魚　類〉

伊豆沼の魚類については田中（1992）が，ウナギ，タモロコ，ニゴイ，ゼゼラ，モツゴ，ウグイ，オイカワ，キンブナ，ギンブナ，ゲンゴロウブナ，コイ，タイリクバラタナゴが棲息することを報告している．

〈水生植物〉

　伊豆沼では，柴崎（1991），江成（1995）によれば，ハクチョウの餌とするためにマコモの増殖が進められた．田中（1992）によれば，本沼において確認された種は，挺水植物のヨシ，マコモ，クサヨシ，浮葉植物のハス，ヒツジグサ，アサザ，オニビシ，ヒメビシ，ガガブタ，ホテイアオイ，サンショウモ，ウキクサ，コウキクサ，沈水植物のセキショウモ，ヤナギモ，マツモである．

　挺水植物群落は，場所によってかなり異なるが，沖出し幅の最大値は約100 mに達する．

江成敬次郎（1995）ラムサール条約登録地，伊豆沼・内沼の水質環境保全．水，37，3，518，34-40

長谷川信夫（1994）伊豆沼の水質環境に関する調査研究．水処理技術，35，7，341-349

環境庁（1987）第3回自然環境保全基礎調査，湖沼調査報告書，東北版（II）．4，1-127

環境庁（1993）第4回自然環境保全基礎調査，湖沼調査報告書，東北版（II）．4，1-131

川嶋保美（1987）渡り鳥の舞う沼，伊豆沼，内沼．日本の湖沼と渓谷，4，東北（II），猪苗代湖と鳴子峡，最上峡．111-114

呉地正行（1992）ガンの越冬地伊豆沼と霞ヶ浦が危ない．バーダー，6，6，65，52-57

内藤俊彦，柴崎　徹，菅原亀悦，飯泉　茂（1988）伊豆沼・内沼の植生．伊豆沼・内沼環境保全学術調査委員会編，伊豆沼・内沼環境保全学術調査報告書，201-262

設楽　寛（1988）伊豆沼・内沼の自然的及び社会的背景．伊豆沼・内沼環境保全学術調査委員会編，伊豆沼・内沼環境保全学術調査報告書，1-26

柴崎　徹（1991）伊豆沼・内沼における保全型給餌地について．野性生物保護行政，2，17-22

竹丸勝朗（1988）伊豆沼・内沼の鳥類．伊豆沼・内沼環境保全学術調査委員会編，伊豆沼・内沼環境保全学術調査報告書，271-302

田中正明（1992）プランクトンから見た本邦湖沼の富栄養化の現状（186），再び本州の湖沼⑫．水，34，12，482，84-88

2-4-5. 内　沼

　内沼は，宮城県北部に位置し，伊豆沼の南西約1 kmに有って，同様にラムサール条約の指定湿地として登録されている．

　内沼は，全域が浅く，湖岸を始め豊かな水生植物が見られるが，一方では汚濁の進行も認められ，飛来する鳥類からの大量の糞による汚濁負荷についても，十分な調査研究がなされているとは言いがたい．

〈水　質〉

　内沼の水質について，環境庁（1987）は1985年9月30日の調査で，水温が15.0-17.5℃，pHが7.1，溶存酸素が5.7-7.1 ppm，CODが8.4-9.0 ppm，SSが2-3 ppm，塩素イオンが10-11 ppmと測定している．また，環境庁（1993）は，1991年9月の測定によって，pHが6.7，溶存酸素が4.9 ppm，CODが8.0 ppm，BODが2.4 ppm，SSが7 ppm，塩素イオンが8 ppm，全窒素が0.70 ppm，アンモニア態窒素が0.05 ppm，硝酸態窒素が0.01 ppm，亜硝酸態窒素が0.005 ppm，全リンが0.062 ppm，リン酸態リンが0.007 ppmと報告している．

　田中（1992）による1992年5月31日の調査では，降雨直後であったが，水色はウーレの水色計の第XIV号に相当し，透明度は0.70 mであった．また，表層水の水温は14.9℃で，pHは7.3，溶存酸素は6.0 mg/l，電気伝導度は360 μS/cm，CODは7.9 mg/l，SSは3.2 mg/l，塩素イオンは27.6 mg/lであった．

　このように内沼は，伊豆沼と同程度の典型的な富栄養湖である．

〈プランクトン〉

　内沼のプランクトン相について田中（1992）は，1992年5月31日の調査で動物プランクトンが29種，植物プランクトンが46種の合計75種が出現したと述べている．

　出現種数の綱別の内訳は，原生動物が8属12種，輪虫類が9属9種，鰓脚類が6属6種，橈脚類が2属2種，藍藻類が3属5種，珪藻類が15属25種，及び緑藻類が8属16種であった．

　これらの種の中で，動物プランクトンの優占種は，原生動物の *Arcella vulgaris* で，これに *A. discoides*, *Difflugia corona* が次ぎ，他に鰓脚類の *Bosmina longirostris*, 輪虫類の *Brachionus urceolaris*, *Polyarthra dolichoptera*, *Asplanchna priodonta*, *Trichotoria tetractis* 等が比較的多く見られた.

一方，植物プランクトンは，優占種といえる程多産した種はなかったが，珪藻類の *Aulacoseira granulata*, *Melosira varians*, *Pinnularia viridis*，緑藻類の *Spirogyra* sp. 等が，比較的多く見られた.

プランクトン型は，動物プランクトンが第 XII 型，富栄養型根足虫類群集，植物プランクトンが第 IX 型，富栄養型珪藻類，緑藻類混合型群集に相当するものと思われる.

内沼のプランクトン群集は，伊豆沼の群集構造と極めて似たものであった.

〈底生動物〉

内沼の底生動物については，十分な知見を有していないが，田中（1992）はプランクトン試料中から，クマムシ類の一種，ミズダニ類の一種を報告している．また，ユスリカ類の幼虫4種を得ているが，種については同定していない.

〈魚　類〉

内沼の魚類については，田中（1992）がウナギ，タモロコ，ニゴイ，ゼゼラ，モツゴ，ウグイ，オイカワ，キンブナ，ゲンゴロウブナ，コイ，タイリクバラタナゴの棲息を報告している.

〈水生植物〉

内沼の水生植物については，環境庁（1987，1993）が挺水植物のヨシ，クサヨシ，サンカクイ，ホタルイ，ガマ，マコモ，オモダカ，浮葉植物のハス，ヒツジグサ，ガガブタ，ヒメビシ，ウキクサ，沈水植物のホザキノフサモ，マツモ，クロモ，ヤナギモを報告している.

内沼の挺水植物群落は，ほぼ全湖岸におよび，沖出し幅は最大 40 m に達する.

江成敬次郎（1995）ラムサール条約登録地，伊豆沼・内沼の水質環境保全．水，37，3，518，34-40

環境庁（1987）第3回自然環境保全基礎調査，湖沼調査報告書，東北版（II）．4，1-127

環境庁（1993）第4回自然環境保全基礎調査，湖沼調査報告書，東北版（II）．4，1-131

川嶋保美（1987）渡り鳥の舞う沼，伊豆沼，内沼．日本の湖沼と渓谷，4，東北（II），猪苗代湖と鳴子峡，最上峡．111-114

設楽　寛（1988）伊豆沼・内沼の自然的及び社会的背景．伊豆沼・内沼環境保全学術調査委員会編，伊豆沼・内沼環境保全学術調査報告書，1-26

柴崎　徹（1991）伊豆沼・内沼における保全型給餌地について．野生生物保護行政，2，17-22

田中正明（1992）プランクトンから見た本邦湖沼の富栄養化の現状（187），再び本州の湖沼⑬．水，34，13，483，86-89

2-4-6. 長　沼

長沼は，伊豆沼の南 2.5 km に位置する湖で，かつては伊豆沼や内沼と同様に，北上川支流の迫川の増水や氾濫の影響を受けた，広大な低湿地を有していたが，様々な人為的な改変が加えられ，現在の形状となっている.

長沼に関しての陸水学的並びに陸水生物学的な知見は，伊豆沼や内沼に比べ，さらに少なく，筆者の知り得たものは環境庁（1987，1993），田中（1993）の水質分析値及び調査報告のみであった.

〈水　質〉

長沼の水質について，環境庁（1987）は 1984 年 8 月の調査で，pH が 7.5，溶存酸素が 8 ppm，COD が 4.5 ppm，塩素イオンが 9 ppm，全窒素が 0.36 ppm，全リンが 0.062 ppm，また 1985 年 10 月 1 日には，透明度が 0.7 m，水温が 17.0℃，pH が 7.5，溶存酸素が 9.2-9.4 ppm，COD が 12.8-13.4 ppm，SS が 12-13 ppm，塩素イオンが 13 ppm であった．さらに，環境庁（1993）は，1991 年 8 月の測定値として，pH が 7.6，溶存酸素が 7.8 ppm，COD が 9.2 ppm，SS が 8 ppm，塩素イオンが 10 ppm，全窒素が 0.59 ppm，アンモニア態窒素が 0.05 ppm，硝酸態窒素が 0.01 ppm，亜硝酸態窒素が 0.003 ppm，全リンが 0.038 ppm，リン酸態リンが 0.007 ppm を報告している.

田中（1993）の 1992 年 5 月 31 日の調査では，水色はウーレの水色計の第 XIII 号，透明度は 0.90 m，表層水の水温は 16.2℃，pH は 7.9，溶

存酸素は9.2 mg/l, 電気伝導度は110 μS/cm, CODは10.4 mg/l, 塩素イオンは8.4 mg/lが測定されている.

〈プランクトン〉

長沼のプランクトン相について環境庁（1987）は, 動物プランクトンとして *Ceratium hirundinella*, *Keratella cochlearis*, *Diaphanosoma brachyurum*, 植物プランクトンとして *Microcystis aeruginosa*, *Staurastrum leptocladum*, *Melosira varians* を報告している.

田中（1993）による1992年5月31日の調査では, 動物プランクトンが33種, 植物プランクトンが35種の合計68種が出現した.

出現種の綱別種数の内訳は, 原生動物が10属18種, 輪虫類が6属7種, 鰓脚類が5属5種, 橈脚類が3属3種, 藍藻類が3属4種, 珪藻類が12属18種, 及び緑藻類が8属13種であった.

動物プランクトンでは, 優占種といえる程に多産した種はないが, 鰓脚類の *Bosmina longirostris*, 輪虫類の *Schizocerca diversicornis* がこれに次いだ. これら以外には, 橈脚類の *Neutrodiaptomus pachypoditus*, 鰓脚類の *Ilyocryptus cuneatus*, *Chydorus sphaericus*, 輪虫類の *Asplanchna priodonta*, *Trichocerca elongata*, *Brachionus budapestinensis*, *Keratella cochlearis* var. *tecta* 等が多く見られた.

また, 田中（1993）は, *Bosmina longirostris* の雄が出現しており, 形態的には伊豆沼や内沼の個体群に似るが, 生殖周期はやや異なることが推定されると述べている.

植物プランクトンは, 珪藻類の *Tabellaria fenestrata* が優占し, これに *Spirogyra* sp. が次いだ. これら以外には, 緑藻類の *Pediastrum boryanum* var. *rugulosum*, *Pediastrum araneosum*, 藍藻類の *Chroococcus minutus* 等が多く見られた.

プランクトン型は, 動物プランクトンが第VII型, 中栄養型鰓脚類群集, 植物プランクトンは第IV型, 貧栄養型腐植性珪藻類群集とも考えられるが, 群集を構成する多くの緑藻類からは, むしろ第X型, 富栄養型緑藻類群集に相当するものと判断される.

〈底生動物〉

長沼の底生動物については, 知見が乏しい. 筆者は, ユスリカ類の幼虫4種を認め得たが, 種の同定はできていない.

〈魚類〉

長沼の魚類について田中（1993）は, モツゴ, ウグイ, オイカワ, フナ類（ゲンゴロウブナ及びギンブナと思われる）, コイ, ゼニタナゴ, シナノモツゴ, アカヒレタビラを報告している.

〈水生植物〉

長沼の水生植物について, 環境庁（1987, 1993）は挺水植物のヨシ, フトイ, マコモ, コナギ, ウキヤガラ, 浮葉植物のガガブタ, ハス, オニビシ, ヒルムシロ, 沈水植物のハゴロモモ, キクモ, クロモ, ヤナギモを報告している. また, 田中（1993）はこれら以外の種として, ガマの生育を報告している.

挺水植物群落は, 場所によってかなり異なるが, 最大沖出し幅は50 mに達する.

なお, 長沼では, 北東端にダムサイトが建設され, 人工湖的な性格が強くなっているが, 筆者は最近の知見を有していない.

環境庁（1987）第3回自然環境保全基礎調査, 湖沼調査報告書, 東北版（II）. 4, 1-127
環境庁（1993）第4回自然環境保全基礎調査, 湖沼調査報告書, 東北版（II）. 4, 1-131
田中正明（1993）プランクトンから見た本邦湖沼の富栄養化の現状（189）, 再び本州の湖沼⑮. 水, 35, 1, 486, 37-40, 69

2-4-7. 蕪栗沼

蕪栗沼は, 宮城県の北部, 伊豆沼, 内沼及び長沼の南に位置する堰止め湖である. 現在では遊水地としての改変が進み, ほぼ全域でコンクリート護岸化された半自然湖岸となり, 人為的な水位調整が行われている.

また, 沼の大部分は, 水生植物（挺水植物）群落が覆っており, 開水面は東岸部に認められるにすぎない.

蕪栗沼は, 加藤, 米地ほか（1987）によれば,

その名の由来は湖畔にカブのような味の栗林があったとも，栗に似たカブができたとも言われているとされ，藩政時代は御用鳥を取る御留沼であったことを述べている．

〈水　質〉

蕪栗沼の水質については，環境庁（1987）が1985年10月3日の調査で，水温が16.2-17.5℃，pHが6.7，溶存酸素が7.1-7.8 ppm，CODが8.4-11.4 ppm，SSが21-38 ppm，塩素イオンが20 ppmと報告している．また，環境庁（1993）は，1991年10月3日の測定値として，水温が22.0℃，pHが6.64，溶存酸素が6.98 ppm，CODが9.6 ppm，BODが3.4 ppm，SSが63 ppm，塩素イオンが9.2 ppm，全窒素が1.42 ppm，アンモニア態窒素が0.159 ppm，硝酸態窒素が0.896 ppm，亜硝酸態窒素が0.019 ppm，全リンが0.238 ppm，リン酸態リンが0.067 ppm，透明度が0.25 mと報告している．

田中（1992）によれば，1992年5月31日の調査では，水色がウーレの水色計の第XIV号，透明度が0.45 m，水温が13.6℃，pHが7.7，溶存酸素が7.0 mg/l，電気伝導度が160 μS/cm，CODが10.9 mg/l，SSが19.5 mg/l，塩素イオンが12.3 mg/lであった．

〈プランクトン〉

蕪栗沼のプランクトンについて，田中（1992）は1992年5月31日の調査で，動物プランクトンが34種，植物プランクトンが61種の合計95種の出現を報告している．

出現種数の綱別の内訳は，原生動物が10属19種，輪虫類が10属10種，鰓脚類が2属2種，介形類が1属1種，橈脚類が2属2種，藍藻類が3属5種，珪藻類が14属37種，及び緑藻類が11属19種であった．

出現種の中で，優占種といえる種は動物プランクトンではなく，輪虫類の*Keratella cochlearis* var. *tecta* がやや多い程度で，他に*Asplanchna priodonta*, *Trichocerca capucina*, *Trichotoria tetractis*, 原生動物の*Arcella vulgaris*等の出現が目立った．一方，植物プランクトンは，珪藻類が量的に富んでおり，*Diatoma elongatum*が優占種で，他には*Synedra rumpens*, *Melosira varians*等が次いだ．また，小形の緑藻類，例えば*Scenedesmus intermedius*, *S. spinosus*, *Oocystis parva*, *Chodatella elegans*, *Actinastrum hantzschii*等も比較的多く見られた．

蕪栗沼のプランクトン型は，動物プランクトンが第XI型，中栄養型輪虫類群集，植物プランクトンが第IV型，貧栄養型腐植性珪藻類群集に近いものと判断される．

このように，本沼のプランクトン相から判断されたプランクトン型は，栄養塩濃度から推定される栄養型とは，かなり異なるものであったが，水生植物に富む等，腐植性傾向が強いことも関連するものと考えられる．

〈底生動物〉

蕪栗沼の底生動物については，筆者の知る限り知見はない．筆者は，1992年5月31日に採集されたプランクトン試料中から，少なくとも3種のユスリカ類の幼虫を認め得た．

〈魚　類〉

蕪栗沼の魚類については，全く知見がない．

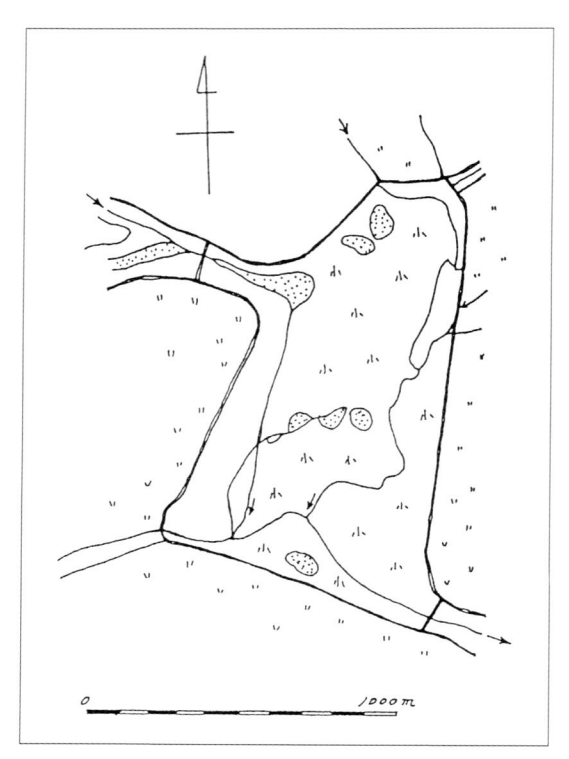

図-161　蕪栗沼の池沼概念図

〈水生植物〉

蕪栗沼の水生植物は，1992年5月31日の調査では，ヨシ，ガマ，マコモ，オギ，ショウブが認められた．挺水植物の群落は発達し，沖出し幅は最大で50mに達する．

環境庁（1987）第3回自然環境保全基礎調査，湖沼調査報告書，東北版（II）．4，1-127
環境庁（1993）第4回自然環境保全基礎調査，湖沼調査報告書，東北版（II）．4，1-131
加藤武雄，米地文夫，中村嘉夫（1987）日本の湖沼と渓谷，リスト④．4，東北（II），猪苗代湖と鳴子峡，最上峡，167-175
田中正明（1992）プランクトンから見た本邦湖沼の富栄養化の現状（188），再び本州の湖沼⑪．水，34，15，485，83-86

2-4-8. 広　浦

広浦は，仙台市の南の名取市に位置する汽水湖で，名取川の河口が海流によって南北に曲げられ，しだいに砂が堆積して閉塞した堰止め湖と考えられる．

本湖は，名取川の河口であり，増田川を始め大小の河川が流入するが，湖奥まで外洋水が流入することから，塩分濃度の高い汽水湖となっている．

本湖の湖岸は，田中（1993）によれば60％が人工湖岸で，埋め立てられた面積もかなりの部分を占めるが，南部及び南西部では自然が比較的よく保持されている．

広浦に関する陸水学的並びに陸水生物学的な知見は乏しく，環境庁（1987，1993）による水質分析値，田中（1993）による調査報告が知られる程度である．

〈水　質〉

広浦の水質については，環境庁（1987）が1985年10月16日の調査で，透明度が1.5-1.7m，表層水の水温が18.2-18.9℃，pHが7.4-7.9，溶存酸素が5.8-6.6ppm，CODが5.4-16.0ppm，SSが7-11ppm，塩素イオンが6200-12100ppmと報告している．また，環境庁（1993）による1991年8月19日の調査では，pHが7.2，溶存酸素が7.7ppm，CODが2.3ppmであった．

田中（1993）によれば，1992年11月28日の調査では水色がフォーレルの水色計の第VI号から第VII号で，透明度は1.8mであった．また，表層水温は8.0℃，pHは7.9，溶存酸素は6.9mg/l，電気伝導度は10600-12100μS/cm，CODは3.1mg/l，塩素イオンは2650-3400mg/lであった．

田中（1993）は，著しい汚濁や富栄養化傾向は認められないとしているが，西岸の一部では，生活排水に起因した汚濁域が見られることを指摘している．

〈プランクトン〉

広浦のプランクトン相について，田中（1993）は1992年11月28日の調査で，動物プランクトンが27種，植物プランクトンが24種の合計51種の出現を認めた．

出現種数の綱別の内訳は，原生動物が6属10種，輪虫類が3属3種，鰓脚類が1属1種，橈脚類が6属7種，矢虫類が1属1種，線虫類が1属1種，環形動物が3属3種，貝類（二枚貝類）が1属1種，藍藻類が2属3種，珪藻類が11属17種，及び緑藻類が3属4種であった．

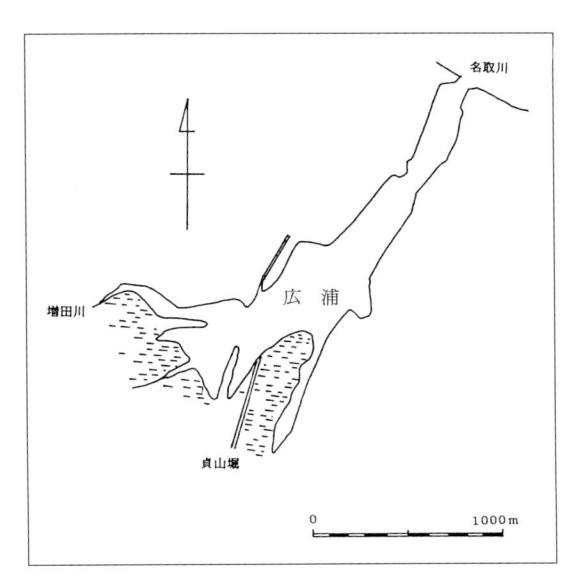

図-162　広浦の池沼概念図

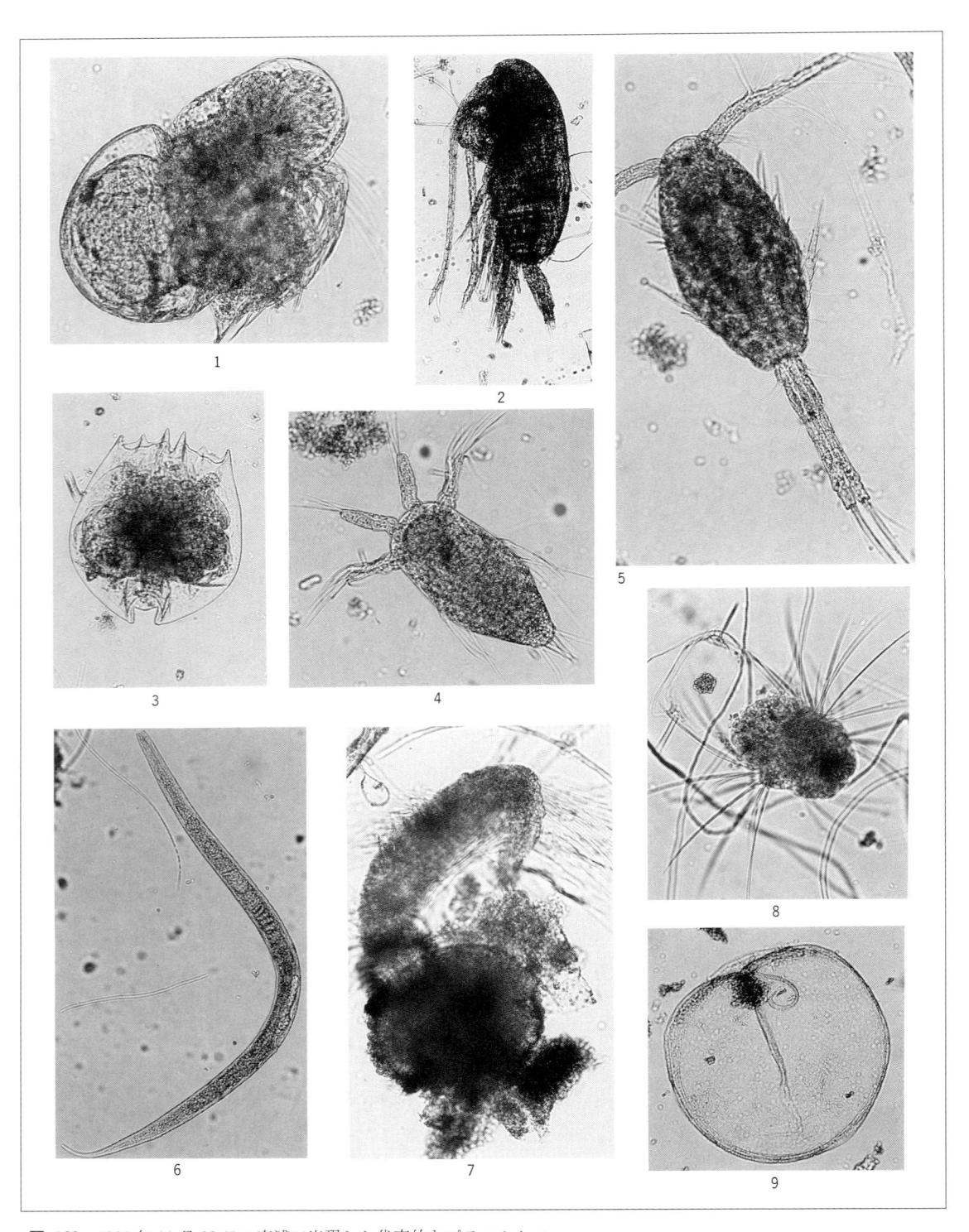

図-163 1992年11月28日に広浦で出現した代表的なプランクトン
1. *Podon schmackeri*, 2. *Paracalanus* sp., 3. *Brachionus urceolaris*, 4. Nauplius 幼生, 5. *Oithona davisae*, 6. 線虫類の一種, 7. 環形動物, ゴカイの一種の幼生, 8. 環形動物, ゴカイの一種の幼生, 9. *Noctiluca scintillans*（夜光虫）

188 第2章 東北地方の湖沼

出現種の大部分は，汽水性或いは内湾沿岸性種であり，海産種の幼生が多く出現したことも本湖の群集の特徴といえる．

出現頻度が高かった種は，動物プランクトンでは，橈脚類のOithona davisae, O. similis, Paracalanus sp., 原生動物のCeratium gibberum, 植物プランクトンでは珪藻類のCoscinodiscus sp., Hydrosera whampoensis, Thalassiothrix frauenfeldii, 緑藻類のClosterium acerosum等であった．

プランクトン型は，動物プランクトンが第IX型，中栄養型橈脚類群集，また植物プランクトンが第VI型，中栄養型珪藻類群集に相当するものと思われる．

〈底生動物〉

広浦の底生動物についての知見は，ほとんど知られていない．

〈魚　類〉

広浦の魚類については，ほとんど知見がない．

〈水生植物〉

広浦の水生植物は，環境庁（1987，1993），田中（1993）はヨシ，オギが生育することを報告している．また，田中（1993）によれば，挺水植物植物群落は西岸において，最大10m程の沖出し幅で発達している．

環境庁（1987）第3回自然環境保全基礎調査，湖沼調査報告書，東北版（II）．4, 1-127
環境庁（1993）第4回自然環境保全基礎調査，湖沼調査報告書，東北版（II）．4, 1-131
田中正明（1993）プランクトンから見た本邦湖沼の富栄養化の現状（200），再び本州の湖沼⑫．水，35, 15, 500, 31-35

2-4-9．鳥ノ海

鳥ノ海は，宮城県亘理町の阿武隈川河口の南側に位置する堰止め湖である．本湖は，以前は阿武隈川が流入していたが，現在では連絡がなく，西端から流入する鐙川排水路を始め7本の流入河川があるが，外洋水が湖奥にまで流入するために塩分が高い，高鹹度汽水湖と位置付けられている．

また，鳥ノ海は全域が浅く，干潮時にはその3割以上が干潟となり，豊富な底生動物の棲息が認められ，水鳥の飛来も多い．さらに，湖岸には塩分の影響の程度により，特殊な植物によって構成される塩生植物群落，或いは海浜植物群落が発達し，中央の蛭塚と呼ばれる島には，ヨシ群落と，黒松林が発達している．

鳥ノ海に関する陸水学的並びに陸水生物学的な知見は乏しく，環境庁（1987，1993）による水質分析値，田中（1993）の調査報告が知られる程度である．

〈水　質〉

鳥ノ海の水質について環境庁（1987）は1985年10月16日の調査で，透明度が1.5-1.8m，表層水のpHは7.6，溶存酸素は5.9ppm，CODは3.6ppm，SSは11ppm，塩素イオンは10500ppmと報告している．また，環境庁（1993）は，1991年8月6日の調査で，pHが7.6，溶存酸素が6.3ppm，CODが48ppm，塩素イオンが5400ppm，全窒素が0.89ppm，全リンが0.045ppmと報告している．

田中（1993）による1992年11月28日の調査によれば，水色はフォーレルの水色計の第VII号から第VIII号で，透明度は1.8m（底まで全透）であった．また，表層水の水温は10.0℃，pHは8.1，溶存酸素は6.5mg/l，電気伝導度は17600μS/cm，CODは2.9mg/l，塩素イオンは4510mg/lであった．

このように，鳥ノ海の水質は，明らかに富栄養型であることが認められる．

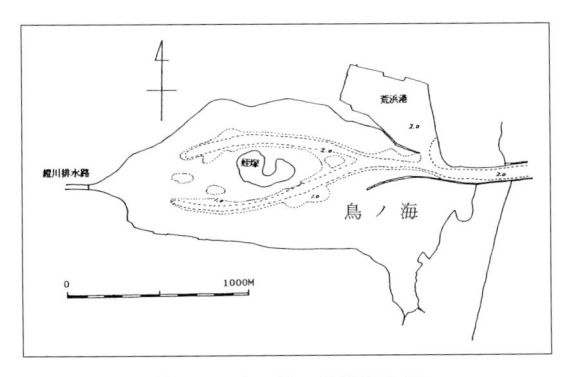

図-164　鳥ノ海の池沼概念図

〈プランクトン〉

鳥ノ海のプランクトン相について，田中（1993）は1992年11月28日の調査で動物プランクトンが22種，植物プランクトンが18種の合計40種が出現したことを報告している．

出現種数の綱別の内訳は，原生動物が6属10種，輪虫類が1属1種，鰓脚類が1属1種，橈脚類が7属7種，藍藻類が2属2種，珪藻類が9属13種，及び緑藻類が3属3種で，これら以外にゴカイの幼生が2種，二枚貝類の幼生が1種出現した．

出現種の中で，比較的多く見られた種は，動物プランクトンでは橈脚類の *Oithona davisae*，鰓脚類の *Podon schmackeri*，原生動物の *Ceratium gibberum*，二枚貝類の幼生，植物プランクトンでは珪藻類の *Chaetoceros* sp.，*Thalassiothrix frauenfeldtii*，緑藻類の *Closterium* sp. であった．

プランクトン型は，出現種の多くが汽水性或いは内湾沿岸性種であり，その指標性について疑問があるが，強いて区分するとすれば，動物プランクトンが第 XII 型，富栄養型鞭毛虫類群集，或いはこれに橈脚類を加えた群集，植物プランクトンは第 VIII 型，富栄養型珪藻類群集に相当するものと思われる．

〈底生動物〉

鳥ノ海の底生動物については，筆者は十分な知見を有していないが，干潟にはウミニナ，コメツキガニ，チゴガニ，多くのゴカイの仲間が見られる．しかし，このような汽水域の干潟は，人為的な汚濁や水理的な変化の影響や，外来種による攪乱等も受けやすい．その保護，保全に対する十分な対策が必要と思われる．

〈魚　類〉

鳥ノ海の魚類については，十分な知見がない．淡水魚の棲息は認められず，海産の魚類が棲息する．

〈水生植物〉

鳥ノ海の水生植物は，挺水植物のヨシが見られる．ヨシ群落は，湖の南岸及び東岸において発達し，群落の最大沖出し幅は100mに達する．

環境庁（1987）　第3回自然環境保全基礎調査，湖沼調査報告書，東北版（II）．4，1-127

環境庁（1993）　第4回自然環境保全基礎調査，湖沼調査報告書，東北版（II）．4，1-131

田中正明（1993）　プランクトンから見た本邦湖沼の富栄養化の現状（199），再び本州の湖沼⑫．水，35，13，498，82-85

2-4-10. 姫　沼

姫沼は，福島県猪苗代町に位置する小湖で，成因は明らかではないが，田中（1993）は堰止め湖と推定しているものである．沼は，公園の池として整備され，湖岸もかなり人為的な改変が加えられている．また，農業用水としても利用されており，取水に伴った水位変動が大きい．

姫沼に関する陸水学的並びに陸水生物学的な知見は乏しく，環境庁（1987，1993）による水質分析値，田中（1993）による1992年6月1日の調査結果等が知られる程度である．

〈水　質〉

姫沼の水質について環境庁（1987）は，1985年8月7日の調査で，透明度が1.5m，水温が23.0-23.4℃，pHが7.2-7.4，溶存酸素が10.0-10.4ppm，CODが0.9ppm，BODが0.5ppm以下，SSが1.0ppm，塩素イオンが2ppm以下，

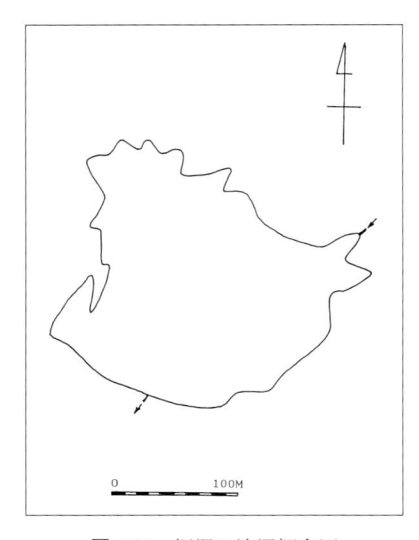

図-165　姫沼の池沼概念図

全窒素が 0.01 ppm 以下，全リンが 0.006 ppm 以下，クロロフィル a が 1 μg/l 以下と報告している．また，環境庁（1993）は，1991 年 9 月 3 日の調査によって透明度が 0.8-0.9 m，水温が 23.7-24.0℃，pH が 6.8-6.9，溶存酸素が 8.2 ppm，電気伝導度が 43.2-46.1 μS/cm，COD が 2.7 ppm，SS が 6 ppm と報告している．

田中（1993）によれば，1992 年 6 月 1 日の調査では，水色はフォーレルの水色計の第 V 号で，透明度は 1.2 m（底まで全透）であった．また，pH は 7.0，溶存酸素は 10.0 mg/l，電気伝導度は 30 μS/cm，COD は 0.8 mg/l，SS は 1 mg/l 以下，塩素イオンは 2.4 mg/l，全窒素は 0.01 mg/l 以下，全リンは 0.002 mg/l と低く，貧栄養型の範疇にとどまっているものと考えられる．

〈プランクトン〉

姫沼のプランクトン相について，田中（1993）は 1992 年 6 月 1 日の調査で動物プランクトンが 20 種，植物プランクトンが 31 種の合計 51 種の出現を報告している．

出現種数の綱別の内訳は，原生動物が 5 属 9 種，輪虫類が 7 属 7 種，鰓脚類が 2 属 2 種，橈脚類が 2 属 2 種，藍藻類が 3 属 4 種，珪藻類が 11 属 17 種，及び緑藻類が 6 属 10 種であった．

出現種の中で，優占種は動物プランクトンでは，原生動物 *Dinobryon divergens*，植物プランクトンでは，珪藻類の *Tabellaria fenestrata* であった．

これら以外には，動物プランクトンでは輪虫類の *Polyarthra dolichoptera*, *Keratella cochlearis* var. *irregularis*, *Synchaeta stylata*, *Trichotoria tetractis*，鰓脚類の *Bosmina longirostris*，植物プランクトンでは，珪藻類の *Tabellaria fenestrata* var. *intermedia*, *Melosira varians*，緑藻類の *Spirogyra* sp., *Closterium intermedium*? 等が比較的多く見られた．

プランクトン型は，動物プランクトンが第 I 型，貧栄養型鞭毛虫類群集，植物プランクトンが第 IV 型，貧栄養型腐植性珪藻類群集に相当するものと思われる．

〈底生動物〉

姫沼の底生動物については知見がない．筆者は，1992 年 6 月 1 日のプランクトン試料からユスリカ類の幼虫 1 種を認めた．また，カワニナの棲息を確認している．

〈魚類〉

姫沼の魚類については，田中（1993）はコイ，フナ類を報告している．

〈水生植物〉

姫沼の水生植物は，種数並びに量的にも乏しく，挺水植物のヨシが生育するが，水位変動が大きいこともあり，群落の沖出し幅は最大 10 m に達するが，生育が認められない所が大部分を占める．

環境庁（1987） 第 3 回自然環境保全基礎調査，湖沼調査報告書，東北版(II)．7，1-207

環境庁（1993） 第 4 回自然環境保全基礎調査，湖沼調査報告書，東北版(II)．7，1-208

田中正明（1993） プランクトンから見た本邦湖沼の富栄養化の現状（193），再び本州の湖沼⑲．水，35，6，491，75-77

2-4-11. 女 沼

女沼は，福島県北部の福島市土湯町に位置する堰止め湖である．女沼は，南西 1.2 km にある男沼や湿原化した仁田沼等と，湖沼群を成すが，その形成は千数百年前の大同年間の山津波とされて

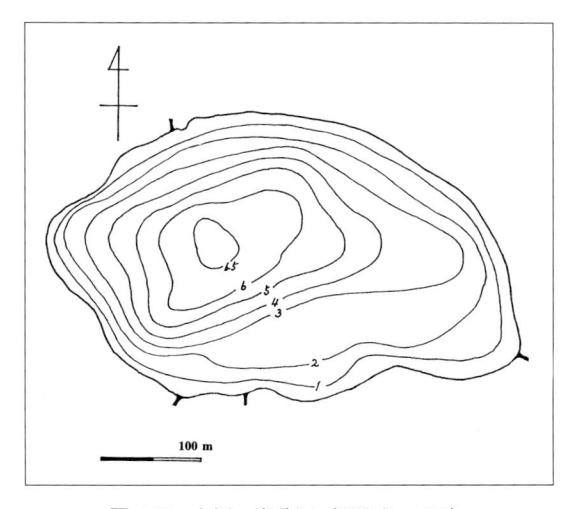

図-166 女沼の湖盆図（環境庁，1987）

2-4. 宮城，福島の湖沼

いる．地元では，両沼大明神を祭る沼とされ，雨乞いが盛んに行われたことが伝えられている．現在では，土湯発電所の水源として重要な位置を占め，発電用に導水されて 2380 kW の電力を発電すると共に，一部は農業用水としても利用されている．

女沼に関する陸水学的並びに陸水生物学的な知見は乏しく，環境庁（1987，1993），田中（1993）の報告が知られるにすぎない．

〈水　質〉

女沼の水質について，環境庁（1987）は 1985 年 7 月 23 日の調査で，透明度が 1.9-2.0 m，水温が表層で 21.8℃，2 m 層で 18.5℃，6 m 層で 17.2℃，pH は表層で 7.9，6 m 層で 7.3，溶存酸素は表層で 9.9 ppm，6 m 層で 8.9 ppm を測定している．また，表層水の COD は 1.1 ppm，BOD は 0.5 ppm 以下，SS は 3.0 ppm，塩素イオンは 16 ppm，全窒素は 0.27 ppm，全リンは 0.019 ppm，クロロフィル a は 10 μg/l であった．さらに，環境庁（1993）の 1991 年 8 月 13 日の測定では，湖心表層で透明度が 2.9 m，水温が 15.8℃，pH が 7.5，溶存酸素が 9.6 ppm，電気伝導度が 166.2 μS/cm，COD が 1.6 ppm，SS が 1 ppm であり，6 m 層の水温が 15.3℃，pH が 7.4，溶存酸素が 9.1 ppm と，底層における減少は認められない結果が報告されている．

田中（1993）による 1992 年 6 月 1 日の調査では，水色がフォーレルの水色計の第 IV 号，透明度は 2.4 m，表層水の水温は 11.2℃，pH は 8.3，溶存酸素は 7.8 mg/l，電気伝導度は 260 μS/cm，COD は 2.1 mg/l，SS は 7.8 mg/l，塩素イオンは 17.8 mg/l が測定された．

〈プランクトン〉

女沼のプランクトン相について，田中（1993）は 1992 年 6 月 1 日の調査で動物プランクトンが 20 種，植物プランクトンが 43 種の合計 63 種の出現を報告している．

出現種数の綱別の内訳は，原生動物が 7 属 11 種，輪虫類が 7 属 8 種，鰓脚類が 1 属 1 種，藍藻類が 3 属 5 種，珪藻類が 18 属 33 種，及び緑藻類が 5 属 5 種であった．

動物プランクトンは，量的に著しく少なく，この調査では橈脚類が採集されていない．

優占種は，動物プランクトンではなく，鰓脚類の *Bosmina longirostris* 及び輪虫類の *Euchlanis* sp.，*Proales* sp. がやや多い程度であったが，植物プランクトンでは珪藻類の *Cymbella minuta* が全量の約 80％を占め，優占種といえる．これ以外には，珪藻類の *Navicula rhynohocephala*，*N. radiosa*，*Gomphonema parvulum*，*Cymatopleura elliptica*，藍藻類の *Oscillatoria* sp. 等が比較的多く見られた．

プランクトン型は，動物プランクトンが量的に乏しく，やや疑問があるが第 XI 型，中栄養型輪虫類群集，或いは第 X 型，中栄養型甲殻類，輪虫類混合型群集に相当するものと思われる．また，植物プランクトンは第 VI 型，中栄養型珪藻類群集に相当するものと思われる．

〈底生動物〉

女沼の底生動物については，知見がない．

〈魚　類〉

女沼の魚類について田中（1993）は，イワナ，アブラハヤ，タナゴ類（種については明らかでない），マス類（種については明らかでない）が知られるが，放流されたものが主体であり，何れが自然分布かは明らかでないと述べている．

〈水生植物〉

女沼の水生植物について，田中（1993）は挺水植物のフトイ，ハリイ，ヨシが認められるが，群落の発達は部分的であり，沖出し幅の最大値は 40 m に達するが，大部分は 2 m 以下で，全く生育しない所も多いと述べている．

環境庁（1987）　第 3 回自然環境保全基礎調査，湖沼調査報告書，東北版（II）．7，1-207
環境庁（1993）　第 4 回自然環境保全基礎調査，湖沼調査報告書，東北版（II）．7，1-208
田中正明（1993）　プランクトンから見た本邦湖沼の富栄養化の現状（190），再び本州の湖沼⑪．水，35，3，488，29-31

2-4-12．男　沼

男沼は，福島県土湯町に位置する堰止め湖で，

女沼の南西にあるが，より海抜高度が高く，湖岸まで車を乗り入れることができないこともあって，自然がよく保たれている．

男沼に関する陸水学的並びに陸水生物学的な知見は，女沼と同様に乏しく，環境庁（1987，1993）による水質分析値，田中（1993）による調査報告が知られる程度である．

〈水　質〉

男沼の水質について環境庁（1987）は，1985年7月23日の調査で，透明度が4.5 m，水温が表層で22.3℃，pHが7.0，溶存酸素が10.2 ppm，CODが1.2 ppm，BODが0.5 ppm以下，SSが1 ppm以下，塩素イオンが2 ppm以下，全窒素が0.15 ppm，全リンが0.009 ppm，クロロフィルaが1 μg/lと報告している．また，環境庁（1993）による1991年8月13日の調査では，透明度が3.2 m，水温が15.2℃，pHが6.9，溶存酸素が10.8 ppm，電気伝導度が65.4 μS/cm，CODが2.6 ppm，SSが1 ppm以下と報告されている．

田中（1993）によれば，1992年6月1日の調査では，水色がフォーレルの水色計の第III号，透明度は3.4 m，表層の水温は11.0℃，pHは8.3，溶存酸素は10.4 mg/l，電気伝導度は50 μS/cm，CODは0.82 mg/l，SSは1.2 mg/l，塩素イオンは2.92 mg/lが測定された．

〈プランクトン〉

男沼のプランクトン相について田中（1993）は，1992年6月1日の調査で動物プランクトンが20種，植物プランクトンが42種の合計62種が出現したことを報告している．

出現種数の綱別の内訳は，原生動物が6属9種，輪虫類が5属5種，鰓脚類が4属5種，橈脚類が1属1種，藍藻類が2属3種，珪藻類が17属29種，及び緑藻類が9属10種であった．

優占種は，動物プランクトンでは原生動物の*Dinobryon sertularia*で，これに鰓脚類の*Bosmina longirostris*，輪虫類の*Asplanchna priodonta*, *Schizocerca diversicornis*が次いだ．

植物プランクトンは，珪藻類の*Tabellaria fenestrata*が優占種で，これに同じ珪藻類の*Synedra ulna*, *S. delicatissima* var. *angustissima*, *Frustulia rhomboides*, 緑藻類の*Bulbochaete* sp.等が続いた．

プランクトン型は，動物プランクトンは第I型，貧栄養型鞭毛虫類群集，植物プランクトンは第IV型，貧栄養型腐植性珪藻類群集に相当するものと思われる．

〈底生動物〉

男沼の底生動物については，知見がない．

〈魚　類〉

男沼の魚類について，田中（1993）は放流されたものが主であるが，アブラハヤ，コイ，ゲンゴロウブナ，タナゴ類（種については明らかでない），マス類（種については明らかでない）が棲息すると述べている．

〈水生植物〉

男沼の水生植物について，田中（1993）は挺水植物のヨシ，トクサ，ハリイ，浮葉植物のヒルムシロ，ヒメビシの生育が見られ，西岸にはトクサ，ヒメビシ，ヒルムシロの群落が発達していると述べている．

沈水植物については，知見がない．

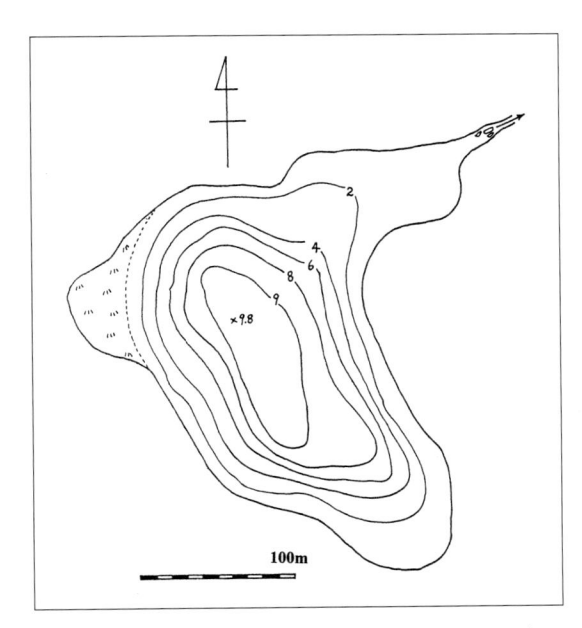

図-167　男沼の湖盆図（環境庁, 1987を一部改変した）

環境庁（1987）第3回自然環境保全基礎調査，湖沼調査報告書，東北版（II）．7, 1-207

環境庁（1993）第4回自然環境保全基礎調査，湖沼調査報告書，東北版（II）．7，1-208

田中正明（1993）プランクトンから見た本邦湖沼の富栄養化の現状（191），再び本州の湖沼⑰．水，35，4，489，88-91

2-4-13．松川浦

松川浦は，福島県相馬市の太平洋岸に位置する汽水湖で，逆L字型を成し，湖内には老松が生い茂る中洲を始め，機械島，本州島等，大小11の島を有する．

本湖は，長洲の磯と呼ばれる南北に細長い砂洲が北進し，北部の第三紀層の丘陵とつながって形成されたと考えられるが，古くから何か所かの浦口が開口したり，潮流によって閉塞したりをくりかえしたことが知られている．現在の浦口は，明治43年（1910年）に人為的に開削したもので，松川浦港，磯部港等は大きな漁業基地となっている．

また，本湖は全域が浅く，明治末までは製塩が盛んであったが，現在ではマガキとアサクサノリの養殖が行われている．

湖の湖岸は，ほぼ全域がコンクリートによる護岸化がなされ，1974年に大規模な水路の浚渫が行われ，さらに1994年には，観光を目的とした橋の建設と，西岸域には各種のホテルや宿泊施設が誘致される等，周辺の環境は大きな変化が見られる．

なお，松川浦周辺には天然記念物に指定されたマルバシャリンバイが保護植栽されており，県立自然公園としての整備も進められている．

松川浦に関する陸水学的並びに陸水生物学的な知見は，歌代，堀井（1965），小菅（1972），白瀬（1987），奥田，倉田ほか（1991），環境庁（1987，1993），田中（1993），濁川，長谷川（1999）等の報告が知られている．

〈水　質〉

松川浦の水質について，環境庁（1993）は

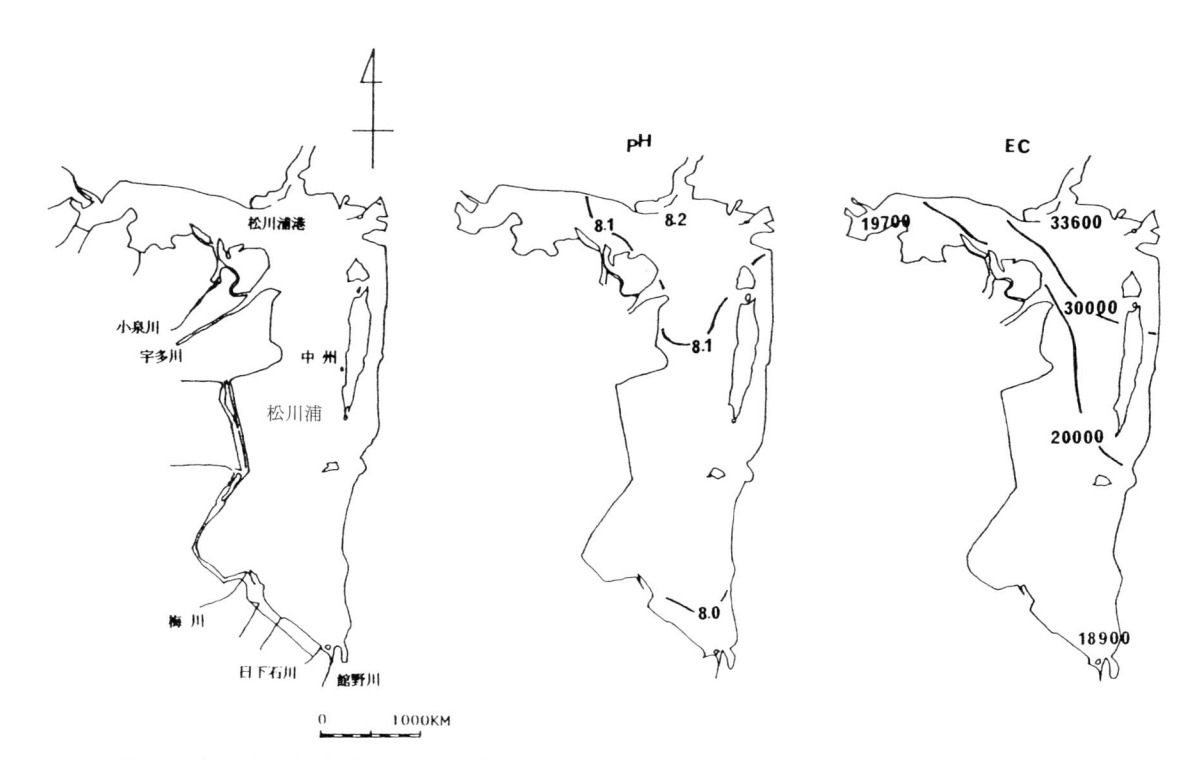

図-168　松川浦の池沼概念図及び1992年11月29日のpH，EC（電気伝導度，単位はμS/cm）の水平分布

1991年9月11日の調査で，表層水温が22.7℃，pHが8.0，溶存酸素が6.1 ppm，電気伝導度が33900 μS/cm，CODが1.7 ppm，SSが7 ppm，また福島県の1990年9月の測定では，全窒素が0.24 ppm，全リンが0.036 ppmであった．

田中（1993）によれば，1992年11月29日の調査では，表層水のpHは湖口付近で8.2，湖奥で7.9と，かなり明瞭な水平分布が認められた．水温については7.8-8.0℃，溶存酸素は6.1-6.4 mg/l，CODは1.24 mg/l，亜硝酸態窒素及び硝酸態窒素は何れも0.003 mg/l以下，全窒素は0.21 mg/l，全リンは0.028 mg/lであった．

また，田中（1993）は電気伝導度について，湖口付近では高く，33600 μS/cmであり，中洲西側で21900-29800 μS/cm，湖南奥部で18900 μS/cm，西奥部で19700 μS/cmと，海水の浸入と流入河川の影響により，かなりはっきりした水平分布を示すことを報告している．

このような海水の浸入の影響については，濁川，長谷川（1999）も塩分濃度の水平分布で指摘しており，1998年3月15-16日の調査では，湖奥部でも30.4-21.2‰の高鹹度汽水域が存在すると述べている．しかし，濁川，長谷川（1999）は，1966年の調査時と比べると，中鹹度汽水域が消失し，高鹹度汽水域が縮小し，著しい海水域が拡大したことを報告しており，本湖が海水の交換が容易になったことを示すものとして注目される．

〈プランクトン〉

松川浦のプランクトン相について，田中（1993）は1992年11月29日の調査で動物プランクトンが25種，植物プランクトンが25種の合計50種を報告している．

出現種数の綱別の内訳は，原生動物が6属12種，輪虫類が1属1種，鰓脚類が1属1種，橈脚類が7属7種，ゴカイの幼生が4属4種，藍藻類が3属3種，珪藻類が11属17種，及び緑藻類が5属5種であった．

出現種の中で，動物プランクトンの88％，植物プランクトンの48％が海産或いは汽水種であった．

これらの中で，出現頻度が高かった種は，動物プランクトンでは橈脚類のOithona davisaeと，原生動物のCeratium breve var. parallelumで，これにC. gibberum?，C. breve var. curvulumが次いだ．また，植物プランクトンでは，珪藻類のNitzschia sigma，Chaetoceros sp.が多く，湖奥部では緑藻類のNetrium digitus var. lamellosumが多産し，多くの淡水種が認められた．このことから，淡水種の多くは，流入河川によって湖内に搬入されたものであることが推定される．

プランクトン型は，動物プランクトンが第Ⅸ型，中栄養型橈脚類群集，或いは第Ⅵ型，中栄養型鞭毛虫類群集，植物プランクトンが第Ⅶ型，中・富栄養型珪藻類群集に相当するものと思われる．

また，濁川，長谷川（1999）は松川浦の底泥軟泥から合計52属136種13変種1品種の珪藻類を報告している．

これらの中で，出現頻度が高い種はCocconeis scutellum, Paralia marina, Fragilaria faciculata, Nitzschia sigma, Bacillaria paradoxa, Amphipleura rutilans, Gyrosigma fasciola, Navicula salinarum等であった．また，出現種の65-78％が海産，或いは汽水種が占めたことを述べている．さらに，1966年調査時と1998年の調査では，共通種が45種に過ぎず，構成種と水理学的条件が密接な関係を持って変遷したことを推定している．

〈底生動物〉

松川浦の底生動物について，歌代，堀井（1965），濁川，長谷川（1999）は，1966年当時，浅瀬にはアマモ群落が広がり，チゴガニ，ヤマトオサガニ，コメツキガニ，ヨシ群落の下にはアシハラガニ，クロマツ林床にはアカテガニが高密度で棲息し，ヤマトシジミが湖奥に多産したが，湖岸のコンクリート護岸化，砂浜や湿地帯と水域の分離，砂州縦断道路及び周回道路の敷設，観光宿泊施設の建設や生活排水，生活廃棄物の投棄によって，環境が劣悪化し，底生動物が全く認められないヘドロ状の軟泥が多くを占めるに至ったと述べている．

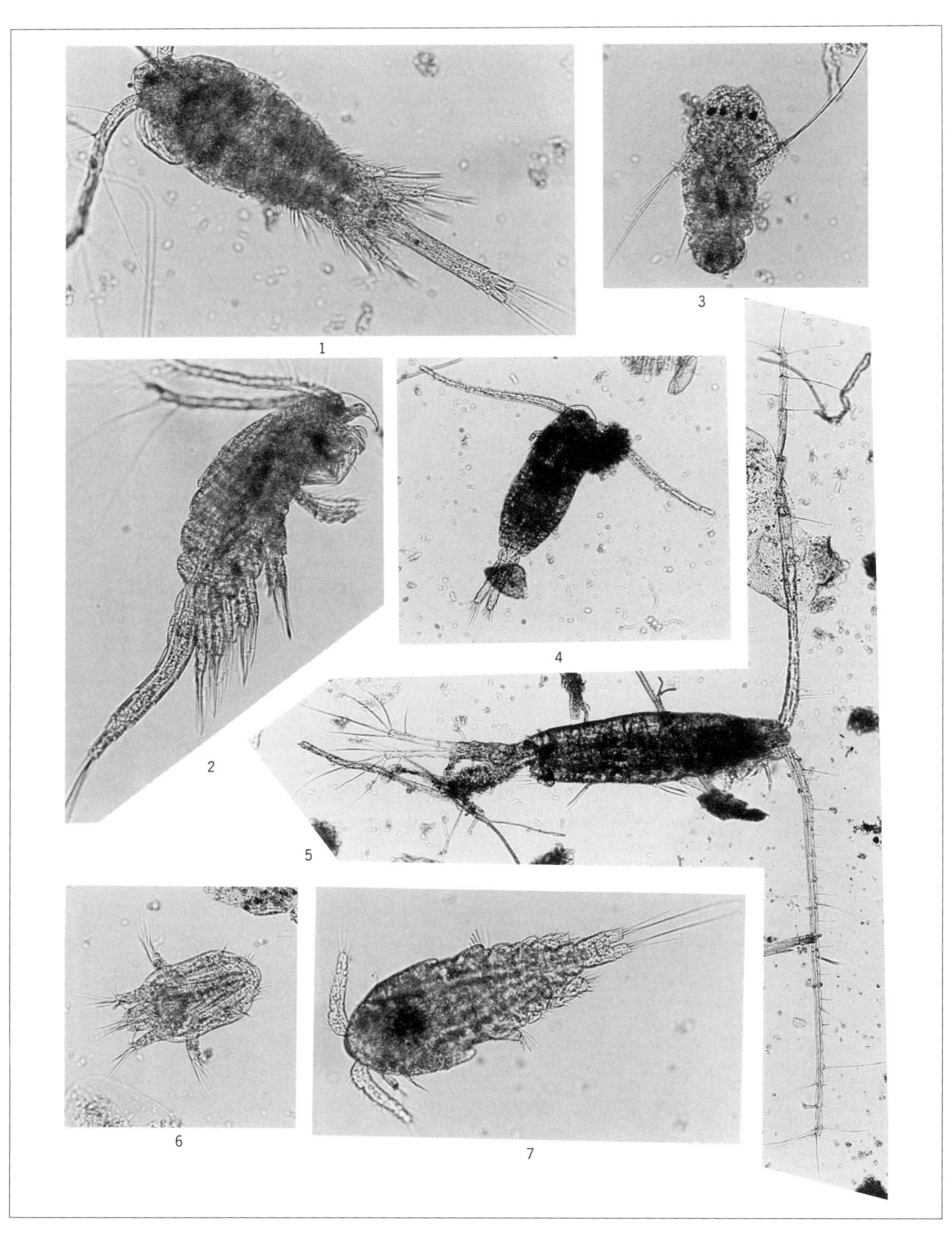

図-169 1992年11月29日に松川浦で出現した代表的なプランクトン
1-2. *Oithona davisae*, 3. 環形動物, ゴカイの一種の幼生, 4. *Acartia omorii*, 5. *Sinocalanus tenellus*, 6. Nauplius 幼生, 7. *Oncaea* sp. の Copepodid 幼生

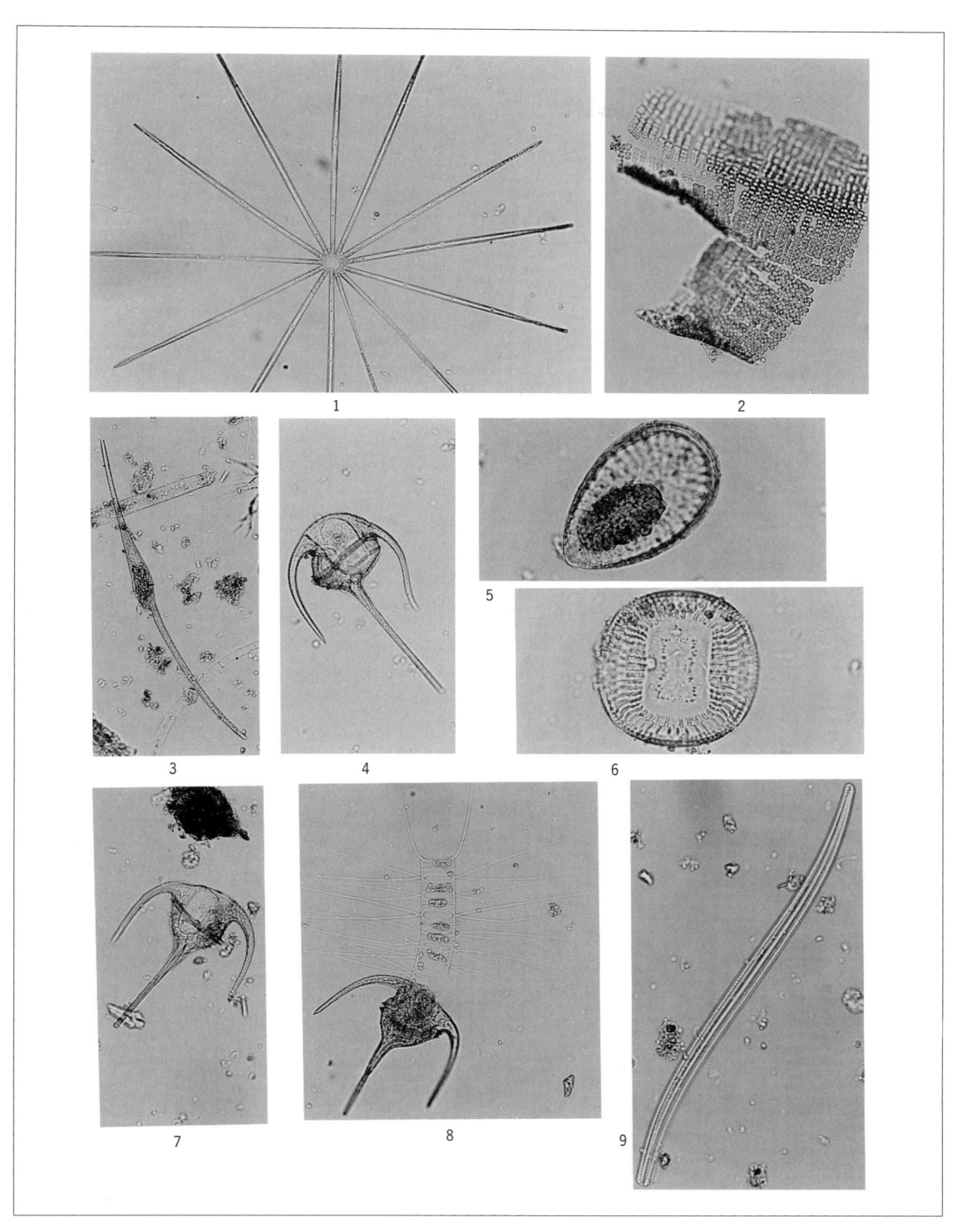

図-170　1992年11月29日に松川浦で出現した代表的なプランクトン
1. *Thalassiothrix* sp., 2. *Merismopedia elegans*, 3. *Ceratium fusus*, 4. *Ceratium gibberum* ?, 5. *Surirella* sp., 6. *Campylodiscus* sp., 7. *Ceratium breve* var. *parallelum*, 8. *Ceratium breve* var. *curvulum*（下）及び *Chaetoceros* sp., 9. *Nitzschia sigma*

2-4. 宮城，福島の湖沼

〈魚　類〉

　松川浦の魚類については，十分な知見がない．筆者が釣り客等の採取品から確認したものは，スズキ，アイナメ，マハゼ，ヌマガレイ，ボラ等であり，イシガレイ，マコガレイ，クジメ等も多いと言われている．

〈水生植物〉

　筆者が確認し得た水生植物は，ヨシのみであり，群落が大きく発達した所はない．

　環境庁（1987）第3回自然環境保全基礎調査，湖沼調査報告書，東北版（II）．7, 1-207
　環境庁（1993）第4回自然環境保全基礎調査，湖沼調査報告書，東北版（II）．7, 1-208
　小菅明男（1972）福島県松川浦の水質と底質の珪藻遺骸について．地球科学, 26, 6, 243-255
　濁川明男，長谷川康雄（1999）福島県松川浦の底質表層軟泥中の珪藻遺骸群集と環境の変化．Diatom, 15, 85-101
　奥田節夫，倉田　亮，長岡正利，沢村和彦（1991）理科年表読本，空からみる日本の湖沼．1-238, 丸善，東京
　白瀬　豊（1987）太平洋に面した潟湖，万石浦，鳥の海，松川浦．日本の湖沼と渓谷，4，東北（II），猪苗代湖と鳴子峡，最上峡．127-131, ぎょうせい，東京
　田中正明（1993）プランクトンから見た本邦湖沼の富栄養化の現状（198），再び本州の湖沼⑫．水, 35, 12, 497, 82-86
　歌代　勤，堀井靖功（1965）コメツキガニ Scopimera globosa とチゴガニ Ilyoplax pusillus の生態と生痕－生痕の生物学的研究．VII. 新潟大学教育学部高田分校研究紀要, 10, 110-143

2-4-14. 日　沼

　日沼は，福島県川内村に位置する堰止め湖で，湖沼が少ない福島県東部の陸水生物地理を考える上では貴重なものであるが，産業的な利用価値も農業用以外なく，一般にはほとんど知られていない湖沼の一つである．

〈水　質〉

　日沼の水質について，環境庁（1987）は1985年8月23日の調査で，透明度が1.8m，表層水の水温が27.7℃，pHが7.2，溶存酸素が7.9ppm，CODが4.6ppm，BODが1.3ppm，SSが2.8ppm，塩素イオンが2ppm以下，亜硝酸態窒素が0.003ppm以下，硝酸態窒素が0.003ppm以下，全窒素が0.25ppm，全リンが0.012ppm，クロロフィルaが6μg/lと報告している．また，環境庁（1993）によれば，1991年7月31日の調査では透明度が1.0m，表層水温が25.0℃，pHが7.3，溶存酸素が8.0ppm，電気伝導度が33.3μS/cm，CODが4.5ppm，SSが6ppmと報告されている．

　田中（1993）によれば，1992年11月29日の調査で，水色がフォーレルの水色計の第V号，透明度が2.0m（底まで全透），水温が4.2℃，pHが7.7，溶存酸素が7.0mg/l，電気伝導度が30μS/cm，SSが1.1mg/l，塩素イオンが1.82mg/l，硝酸態窒素及び亜硝酸態窒素は何れも0.003mg/l以下であった．

〈プランクトン〉

　日沼のプランクトン相については，田中（1993）は1992年11月29日の調査で動物プランクトンが21種，植物プランクトンが39種の合計60種の出現を報告している．

　出現種数の綱別の内訳は，原生動物が7属10種，輪虫類が6属6種，鰓脚類が3属4種，橈脚類が1属1種，藍藻類が3属5種，珪藻類が14属20種，及び緑藻類が12属14種であった．

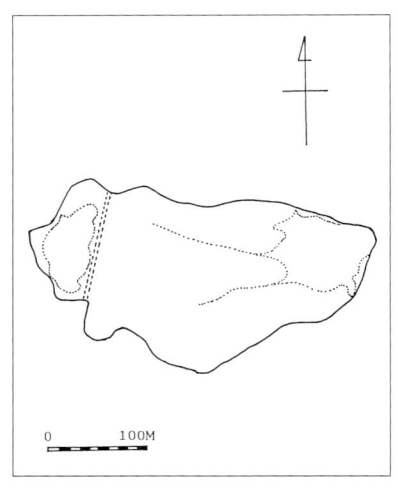

図-171　日沼の池沼概念図

出現種の中で，出現頻度が高かった種は，動物プランクトンでは鰓脚類の *Bosmina longirostris* 及び輪虫類の *Natholca labis* で，植物プランクトンでは珪藻類の *Tabellaria fenestrata*，緑藻類の *Bulbochaete* sp., *Micrasterias thomasiana*, *Netrium digitus* var. *lamellosum* 等であった．
　プランクトン型は，動物プランクトンが第X型，中栄養型甲殻類，輪虫類混合型群集，植物プランクトンが第X型，富栄養型緑藻類群集に相当するが，珪藻類や緑藻類，特にツヅミ藻の仲間からは腐植性傾向が認められる．

〈底生動物〉
　日沼の底生動物について，田中（1993）はプランクトン試料中から，ユスリカ類の幼虫，タンスイカイメンの骨片，及び線虫類を見出しており，棲息することが推定される．

〈魚　類〉
　日沼に棲息する魚類は，田中（1993）によればコイ，フナ類とされ，他に魚類ではないがヌマエビの個体数が多いと報告されている．

〈水生植物〉
　日沼の水生植物は，田中（1993）によれば挺水植物のヨシ，浮葉植物のヒルムシロ，ジュンサイであり，挺水植物群落の沖出し幅は最大20mに達している．

環境庁（1987）　第3回自然環境保全基礎調査，湖沼調査報告書，東北版（II）．7, 1-207
環境庁（1993）　第4回自然環境保全基礎調査，湖沼調査報告書，東北版（II）．7, 1-208
田中正明（1993）　プランクトンから見た本邦湖沼の富栄養化の現状（197），再び本州の湖沼⑫㉓．水，35, 11, 496, 80-83

第3章

関東地方の湖沼

　関東地方の湖沼は，霞ヶ浦，北浦，手賀沼，印旛沼等の比較的大きな湖沼を除くと，他は小さな池沼が大部分である．

　これらの池沼の多くは，利根川，荒川，入間川，鬼怒川等の河川によって形成された河跡湖，或いは落堀と考えられるもので，関東地方の湖沼の成因の特徴としてあげることができる．

　関東地方の湖沼は，面積的に大きなものでも埋め立てにより消失したものが多く，小池沼も同様であり，今日現存するものも，その大部分が人為的な改変が加えられている．しかし，人口密度の高い関東地方に残存しているだけでも貴重であり，また貴重な生物が保持されている例も少なくない．

　これらの池沼は，大学や様々な研究機関や行政機関が多い地域にあり，しかも比較的交通の便のよい所に位置しているにもかかわらず，極めて調査例が少なく，陸水学的或いは陸水生物学的な知見が乏しいのは残念なことである．

3-1. 茨城，埼玉の湖沼

　茨城県の湖沼は，人為的な改変がくり返し行われた幾つかが残っているが，かつてはかなりの面積を有する湖沼が点在していた．また，埼玉県では面積的には小さいが，荒川流域の落堀や堰止め湖が数多く点在していた．しかし，これらの多くは，江戸時代からの新田開発や洪水対策のために埋め立てられ，ほとんどが消失し今日残っている池沼は少ない．

　茨城県は，年間の降水雨は 1200-1600 mm，埼玉県は 1200-1300 mm と少ない表日本式気候で，冬季には乾燥した強い季節風が特色をなす．

3-1-1. 千波湖

　千波湖は，水戸市に位置する湖沼で，水戸市民の憩いの場として親しまれ，北西岸の日本三公園の一つとして知られた偕楽園の借景としても，欠くことのできない存在となっている．

　都市に残された天然湖は，東京都内の井ノ頭池，洗足池，不忍池等，全国的にも幾つかはあるが，今日では存在しているだけで貴重といえる．

　本湖は，地質的に見れば2万年から5千年前ぐらいの間に，那珂川の氾濫による堆積物が桜川を堰止めて，浅い沼を形成したのが原形になったと推定されている．現在の千波湖は，水戸藩の初代藩主の徳川頼房の時代に，関東郡代伊奈備前守忠次が備前堀（伊奈堀）の開削を行い，その後も幾つかの用水堀や護岸の工事を進め，大きく人為的な改変がなされたが，さらに大正時代になって干拓が進められ，沼の3分の2が消失し，残された西側の約3分の1が今日の湖である．水戸市立博物館（1987）は，『水府志料』に記されたかつての千波湖について，上沼，下沼及び内堀から成り，合計 386364 坪（約 1275000 m²）で，今日の 3.8 倍の面積を有したと推定している．また，当時の湖を知り得る資料として，帝国第1師団司令部が明治25年（1892年）に発行した2万分の1の地形図には，仙波沼或いは千波沼として，また大日本帝国地理測量部が大正7年（1918年）に発行した2万5千分の1の地形図には，千波沼として示され，現在の水戸市中央から城南にかけて，東西に細長い湖沼であったのが認められる．

　このような千波湖は，水深が浅く，しかも現在は閉鎖水域であるが，古くは桜川，春雨川，逆川等の中小河川を集める湖沼であったが，都市に位置することもあって，必然的な結果として富栄養化が進行した．

　水戸市では，「水の華」の発生や，水生植物の減少，フナ類の大量斃死等の問題の発生に対して，昭和49年以来浄化対策に取り組み，ホテイアオイを始めとする水生植物による浄化，湖の一部を深く掘り分解層としての効果を高める深水層形成による浄化，金属銅に接触させてアオコの発生を抑制する試み，また底泥（ヘドロ）の浚渫，千波台地からの湧水（約 3600 m³/日）の導水等，様々な方法を試みてきた．今日もなお多くの問題が残され，一つの小湖であっても，人為的に監視することの困難さを知り得る事例となっている．

　千波湖に関する陸水学的並びに陸水生物学的な知見は，水戸市を始めとする行政機関の定期的な

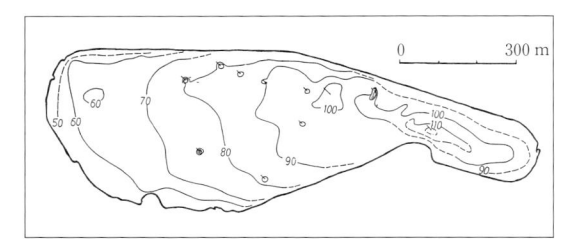

図-172　千波湖の湖盆図（水戸市，1988による）

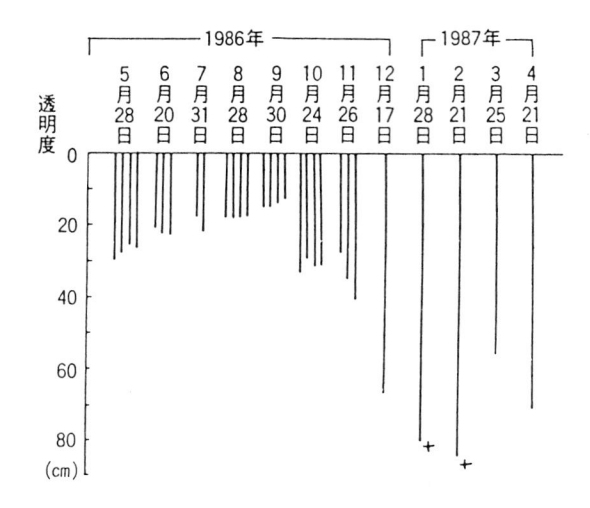

図-173 千波湖における1986年5月から1987年4月までの透明度の変化（水戸市立博物館，1987）

分析値や，様々な浄化対策の調査結果を別にすれば少なく，環境庁（1987，1993）は調査対象外天然湖沼として扱っており，水戸市立博物館（1987），田中（1989）等の報告が知られるに過ぎない．

〈水　質〉

千波湖の水質について，田中（1989）は1989年1月12日の調査で，水色がフォーレルの水色計の第V号から第VI号を呈し，透明度が0.85mと報告している．透明度については，5月から11月の「水の華」の発生時には低下し，水戸市立博物館（1987）によれば0.15-0.20m，12月から4月には0.60-0.85mとされている（図-173）．

湖水表層のpHは，「水の華」の発生する夏季には10以上となるが，冬季には7.8-8.7と低下し，田中（1989）の1月の測定値では8.3であった．

溶存酸素は，水戸市市民生活部環境課（1987）によれば，9月には16.0 mg/lと高い値が測定されているが，田中（1989）は1月の調査で，0 mで9.6 mg/l，0.5 mから1 mの底泥直上まで9.8 mg/lであったことを報告している．

また，汚濁や富栄養化の進行程度を評価する指標の一つともなるCODについて，水戸市市民生活部環境課（1987）は1986年9月には最大値180 mg/l，最小値が1987年2月の3.7 mg/lと報告している．田中（1989）による1989年1月の値は，表層水で5.4 mg/lであった．

窒素及びリンについては，水戸市立博物館（1987）によれば，4月には窒素が2-3 mg/l，8月には5-6 mg/lにまで上昇し，10月には3-4 mg/lに減少する．各態の窒素では，無機態の割合が低く，大部分を有機態が占める．11月頃から硝酸態窒素の濃度が，増加傾向を示す．リンについても，窒素と同様の変化が見られ，4月には0.2-0.3 mg/l，7月には0.5-0.6 mg/lに達し，冬季には0.1-0.2 mg/l程度にまで減少する．無機態のリンは，冬季には増加傾向が見られるが，周年的には有機態のリンが大部分を占めている．

本湖における窒素及びリンの増減は，「水の華」の増殖に使われる無機態の明確な周年変化で特徴付けられる．湖の浄化対策の一つとして，導水による方法が試みられているが，その濃度は全窒素で6-7 mg/lと高く，流入負荷を増加することにこそなれ，効果は期待できないと思われる．

これら以外の水質については，田中（1989）によれば，SSが8.2 mg/l，電気伝導度が表層から1 mの底層まで170 μS/cm，塩素イオンが21.1 mg/lであった．

〈プランクトン〉

千波湖のプランクトン相について，田中（1989）は1989年1月12日の調査で，動物プランクトンが25種，植物プランクトンが26種の合計51種を報告している．

出現種数の綱別の内訳は，原生動物が8属10種，輪虫類が6属9種，鰓脚類が2属3種，橈脚類が2属2種，介形類が1属1種，藍藻類が2属2種，珪藻類が11属20種，及び緑藻類が2属4種であった．

この時の優占種は，輪虫類の *Brachionus leydigi* f. *tridentatus* で（図-174），これに *B. angularis* var. *bidens* が次いだ．植物プランクトンは，夏季に「水の華」を形成する *Microcystis* は全く出現せず，量的にも極めて乏しく，付着性種が主体であった．

また，千波湖のプランクトン相については，水戸市立博物館（1987）が『千波湖の自然』の中

表-10 1989年1月12日の千波湖のプランクトン出現種

PROTOZOA		CYANOPHYCEAE	
Uroglena volvox		*Oscillatoria* sp.	
Genus ?		*Nodularia* sp.	
Colpidium sp.		BACILLARIOPHYCEAE	
Colpoda sp.		*Aulacoseira italica* ?	
Paramecium bursaria		*Melosira varians*	+
Chilodonella uncinata		*Synedra rumpens*	
Difflugia globulosa		*Achnanthes lanceolata*	
Difflugia corona		*Achnanthes* sp.	
Vahlkampfia limax		*Gyrosigma* sp.	
Vahlkampfia sp.		*Navicula* sp. 1	
ROTATORIA		*Navicula* sp. 2	
Rotaria rotatoria		*Gomphonema acuminatum*	
Polyarthra minor		*Gomphonema constrictum*	
Trichocerca tigris		*Gomphonema parvulum*	
Brachionus calyciflorus		*Gomphonema affine*	
Brachionus angularis var. *bidens*	+	*Amphora pediculus*	
Brachionus budapestinensis		*Cymbella ventricosa*	
Brachionus leydigi f. *tridentatus*	CC	*Nitzschia vermicularis*	+
Filinia longiseta		*Nitzschia* sp. 1	
Notholca labis		*Nitzschia* sp. 2	
BRANCHIOPODA		*Surirella tenera*	
Bosmina longirostris	+	*Surirella tenera* var. *nervosa*	+
Alona guttata		*Surirella linearis*	
Alona costata		CHLOROPHYCEAE	
COPEPODA		*Closterium braunii*	
Cyclops vicinus		*Closterium* sp. 1	
Cyclopidae	+	*Closterium* sp. 2	
OSTRACODA		*Hyalotheca dissiliens* var. *tatrica* ?	
Genus ?			

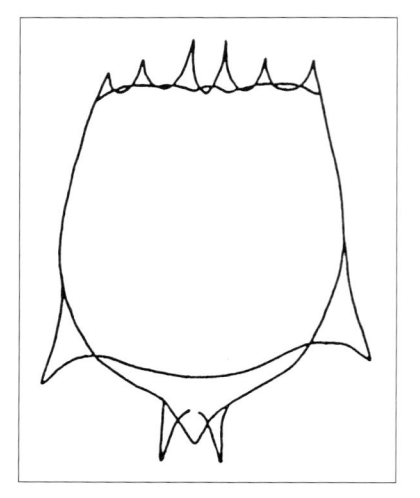

図-174 千波湖に出現した *Brachionus leydigi* f. *tridentatus*

で, 昭和36年及びその25年後の出現種の変遷を述べているが, 種数が98種から70種に減少したことを指摘しており, 田中（1989）はこれよりも, さらに大きく変遷したことを推定している.

千波湖のプランクトン型は, 動物プランクトンが第XV型, 富栄養型輪虫類群集, 植物プランクトンが第XI型, 富栄養型藍藻類群集と判断されるが, 季節によっては第XII型, 富栄養型汚濁性藍藻類群集へと変わる.

〈底生動物〉

千波湖の底生動物については, ほとんど知見がないが, 筆者はユスリカ類の幼虫2種, 及び *Tubifex* sp. を得た. また, ヒメタニシ, モノアラガイが確認された.

〈魚　類〉

千波湖の魚類については, 筆者はコイ, フナ, ヨシノボリを得ている. しかし, 最近の棲息する

種については，十分な知見を得ていない．
〈水生植物〉

千波湖の水生植物については，最近の報告を見ていない．

環境庁（1987）第3回自然環境保全基礎調査，湖沼調査報告書．関東版．8，1-86
環境庁（1993）第4回自然環境保全基礎調査，湖沼調査報告書．関東版．8，1-99
水戸市市民生活部環境課（1986）良好な水環境基本計画．1-71
水戸市市民生活部環境課（1987）昭和62年版，水戸市の環境．1-118
水戸市立博物館（1987）特別展，千波湖の自然．1-64
水戸市（1988）千波湖浄化対策調査研究会中間報告（要約）．1-23
田中正明（1989）プランクトンから見た本邦湖沼の富栄養化の現状（144），再び本州の湖沼㉟．水，31，6，341，81-84

3-1-2．山ノ神沼

山ノ神沼は，埼玉県蓮田市貝塚に位置する小湖で，貝塚沼とも呼ばれる．成因については疑問があるが，東西に長いS字型を成し，河川の蛇行跡を想起させることから，沼の東側を流れる元荒川の河跡湖と考えるのが適当であると思われる．

本沼は，陸水学的並びに陸水生物学的な調査研究の対象とされたことはほとんどなく，田中

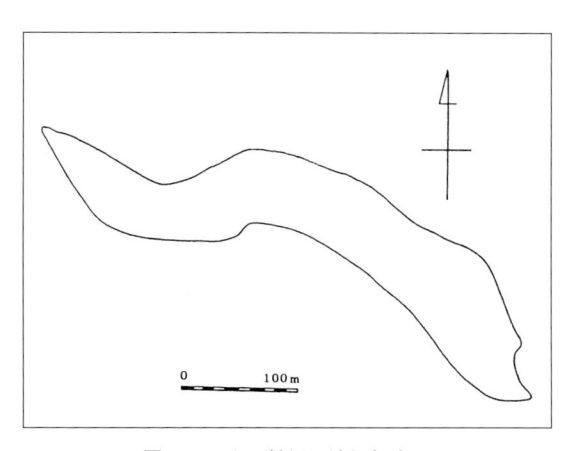

図-175　山ノ神沼の池沼概念図

（1995）による調査報告が知られる程度である．
〈水　質〉

山ノ神沼の水質は，田中（1995）による1994年11月6日の調査によれば，水色はウーレの水色計の第XIV号にやや白濁を加えた水色で，透明度は0.30mであった．表層水の水温は13.4℃，pHは9.1，溶存酸素は9.0mg/l，電気伝導度は220μS/cm，CODは18.5mg/l，塩素イオンは13.4mg/lであった．

〈プランクトン〉

山ノ神沼のプランクトン相について，田中（1995）は1994年11月6日の調査において，動物プランクトンが37種，植物プランクトンが79種の合計116種の出現を報告している．

出現種数の綱別の内訳は，原生動物が11属15種，輪虫類が12属17種，鰓脚類が2属2種，橈脚類が3属3種，藍藻類が5属9種，珪藻類が14属29種，及び緑藻類が27属41種であった．

出現種の中で，緑藻類が全出現種数の35%を占め，中でもクロロコックム目の割合が高く，油井ヶ島沼や別所沼等と似た傾向が見られた．

優占種は，動物プランクトンでは輪虫類のBrachionus calyciflorus var. amphicerosで，これに同じ輪虫類のB. budapestinensis, Schizocerca diversicornis, 橈脚類のHeliodiaptomus nipponicusが次いだ．これら以外にも，原生動物のArcella vulgaris, A. discoides, 輪虫類のKeratella cochlearis var. tecta, Lecane lunaris等の出現も目立った．

植物プランクトンでは，優占種は緑藻類のScenedesmus acuminatus f. tortuosusの2細胞から成るシノビウムであった．これに次いだのが，珪藻類のAulacoseira granulataで，他に緑藻類のTetraedron minimum, Oocystis parva, O. sp., Crucigenia sp., Scenedesmus acuminatus var. bernardii, S. spinosus等も目立った．また，量的には多くはないが，藍藻類のMicrocystis wesenbergiiが出現し，季節によっては多産することも推定される．

プランクトン型は，動物プランクトンが第XV型，富栄養型輪虫類群集，植物プランクトンは第X型，富栄養型緑藻類群集に相当するものと思

われる.
〈底生動物〉
　山ノ神沼の底生動物については，全く知見がない．
〈魚　類〉
　山ノ神沼の魚類については，全く知見がない．
〈水生植物〉
　山ノ神沼の水生植物について，田中（1995）は挺水植物のヨシ，ガマ，ヒメガマ，浮葉植物のヒシ，ハス，浮漂植物のホテイアオイが生育することを報告している．

　田中正明（1995）　プランクトンから見た本邦湖沼の富栄養化の現状（218），再び本州の湖沼⑭．水，37，7，522，36-40

3-1-3. 大　沼

　大沼は，埼玉県加須市に位置する小湖で，成因は天然湖と考えられてはいるが，明らかではない．大沼に関する陸水学的並びに陸水生物学的な知見は，筆者の知る限りでは田中（1995）の調査報告が知られるにすぎない．
〈水　質〉
　大沼の水質について田中（1995）は，1994年10月19日の調査では，水色がウーレの水色計の第XIV号に濁りを加えた色相を呈し，透明度は0.35mであった．表層水の水温は17.5℃，pHは7.9，溶存酸素は8.1 mg/l，電気伝導度は210 μS/cm，CODは21.5 mg/l，塩素イオンは12.9 mg/l，SSは24 mg/lであった．
〈プランクトン〉
　大沼のプランクトン相について，田中（1995）は1994年10月19日の調査では動物プランクトンが28種，植物プランクトンが72種の合計100種の出現を報告している．
　出現種数の綱別の内訳は，原生動物が11属14種，輪虫類が6属8種，鰓脚類が3属3種，橈脚類が3属3種，藍藻類が6属9種，珪藻類が12属24種，及び緑藻類が28属39種であった．
　出現種数から見ると，緑藻類が全体の39％を占め，中でもクロロコックム目が33種と，緑藻類の84.6％を占めた．
　優占種は，動物プランクトンでは原生動物の根足虫類の *Arcella discoides* で，これに同じ根足虫類の *Centropyxis aculeata*, *Difflugia acuminata*, 輪虫類の *Schizocerca diversicornis*, *Asplanchna herricki*, *Polyarthra vulgaris* 等が続いた．
　また，植物プランクトンでは，優占種といえる特定の種はないが，緑藻類の *Pediastrum Biwae*, *P. duplex*, *Scenedesmus acuminatus*, *S. spinosus*, *S. quadricauda*, *Oocystis parva*, *Crucigenia quadrata*, *Actinastrum hantzschii* 等が比較的多く認められた．また，量的には少ないが，藍藻類の *Microcystis aeruginosa*, *M. wesenbergii* が出現し，季節によっては多産することが推定される．
　プランクトン型は，動物プランクトンが第XII型，富栄養型根足虫類群集，植物プランクトンが第X型，富栄養型緑藻類群集と判断されるが，季節によっては第XI型，富栄養型藍藻類群集へ変遷する場合もあるものと考えられる．
〈底生動物〉
　大沼の底生動物についての知見はないが，プランクトン試料中からは少なくとも3種のユスリカ類の幼虫が認められた．
〈魚　類〉
　大沼の魚類について，田中（1995）はコイ，フナ類，ブラックバスが確認されたと述べている．
〈水生植物〉
　大沼の水生植物は，挺水植物のヨシ，浮葉植物のハス，ヒシ，浮漂植物のホテイアオイが生育する．

　田中正明（1995）　プランクトンから見た本邦湖沼の富栄養化の現状（219），再び本州の湖沼⑭．水，37，8，523，78-81

3-1-4. 鳥羽井沼

　鳥羽井沼は，埼玉県比企郡川島町に位置し，荒

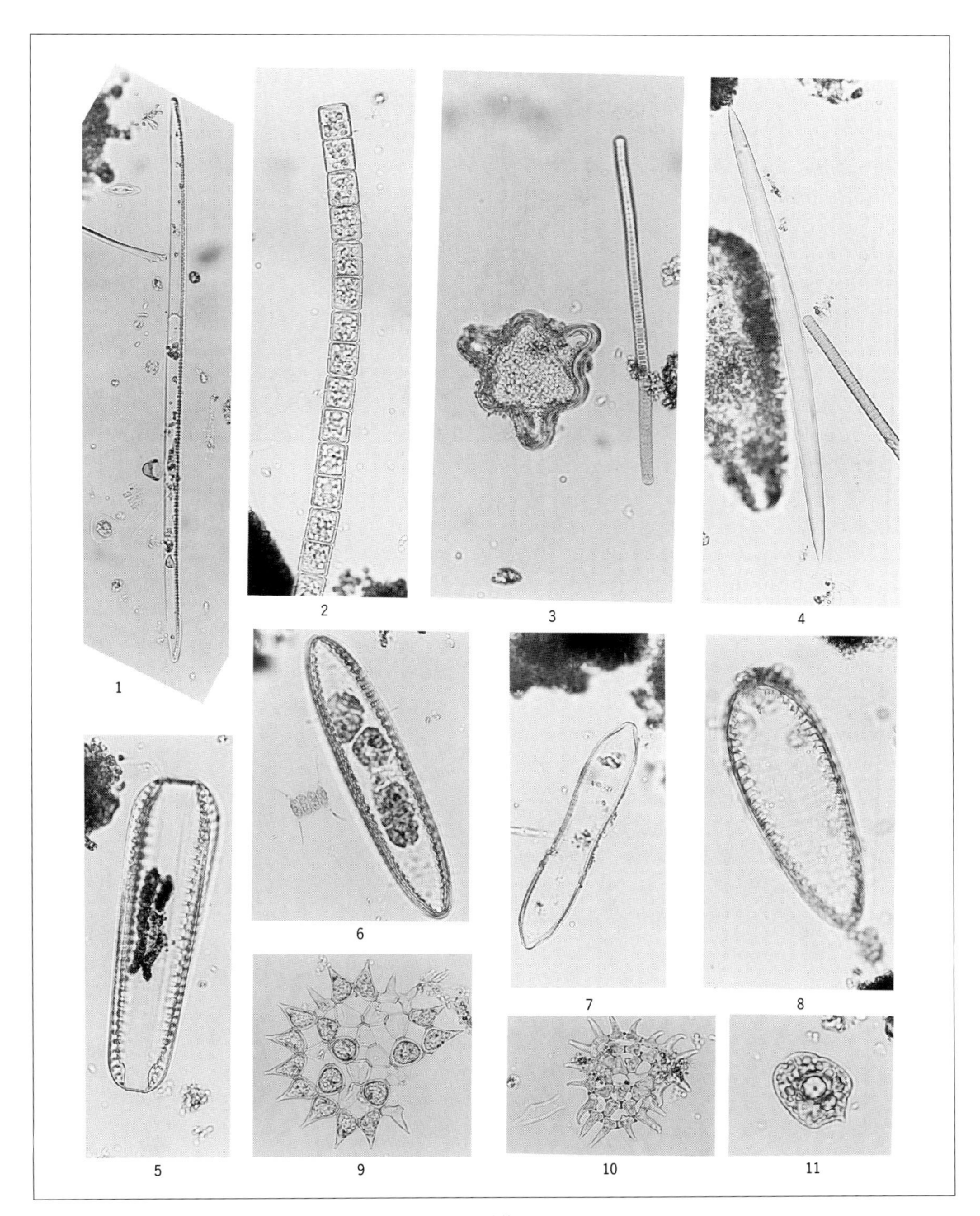

図-176 1994年11月5日に鳥羽井沼で出現した代表的な植物プランクトン
1. *Nitzschia* sp., 2. *Melosira varians*, 3. *Hydrosera whampoensis* (左) 及び *Oscillatoria* sp. (右), 4. タンスイカイメンの骨片, 5-6. *Surirella biseriata*, 7. *Cymatopleura solea*, 8. *Surirella capronii*, 9. *Pediastrum Biwae* var. *ornatum*, 10. *Pediastrum Biwae*, 11. *Phacus unguis*

3-1. 茨城, 埼玉の湖沼

川の支流の市野川の南側に形成された落堀と考えられるもので，南北に3つの沼が並び，その北側の2つを指し，最も南の沼は新池と呼ばれている．この北側の2つの沼も，形成年代が異なり，明治初期であるが，新池は大正12年と思われる．これらの沼は，現在は鳥羽井沼自然公園となり，コンクリート護岸に改変され，釣り池として利用されている．

鳥羽井沼に関する陸水学的並びに陸水生物学的な知見は，筆者の知る限りでは田中（1995）の調査報告のみである．

〈水　質〉

鳥羽井沼の水質について，田中（1995）は北の沼と中央の沼の調査を行ったが，水の連絡があり，水質的な大きな違いは認められなかったと述べている．この1994年11月5日の鳥羽井沼の水質調査結果は，水色がウーレの水色計の第XV号，透明度は0.50 m，水温は14.5℃，pHは7.6，溶存酸素は7.0 mg/l，電気伝導度は205 μS/cm，CODは14.5 mg/l，塩素イオンは14.6 mg/lであった．

〈プランクトン〉

鳥羽井沼のプランクトン相について，田中（1995）は1994年11月5日の調査では動物プランクトンが29種，植物プランクトンが102種の合計131種が出現したことを報告している．

出現種数の綱別の内訳は，原生動物が11属16種，輪虫類が6属8種，腹毛虫類が1属1種，鰓脚類が2属2種，橈脚類が2属2種，藍藻類が6属10種，珪藻類が11属28種，及び緑藻類が29属64種であった．

出現種数から見ると，緑藻類が全種数の48.9%を占め，中でもクロロコックム目が58種と，緑藻類の90%を占めており，鳥羽井沼のプランクトン相の特徴ということができる．

優占種は，動物プランクトンでは原生動物の根足虫類である *Arcella vulgaris*，*Centropyxis aculeata* で，これら以外には原生動物の *Dinobryon cylindricum*，輪虫類の *Brachionus quadridentatus*，*Lecane luna*，橈脚類の Nauplius 幼生が比較的多く出現した．

植物プランクトンでは，優占種は *Pediastrum Biwae*，及びその変種の var. *ornatum* で，これに藍藻類の *Oscillatoria limosa*，*O.* sp.，珪藻類の *Melosira varians*，*Hydrosera whampoensis*，*Surirella biseriata*，*Cymatopleura solea*，緑藻類の *Scenedesmus quadricauda*，*Tetraedron minimum* 等が続いた．

また，本沼では1 μmから1 μm以下のピコプランクトンは，1 ml当り12360細胞であり，ネットプランクトンの2990細胞/mlの約4倍と，別所沼や油井ヶ島沼の場合とは大きく異なった．

プランクトン型は，動物プランクトンが第XII型，富栄養型根足虫類群集，また植物プランクトンが第X型，富栄養型緑藻類群集に相当し，富栄養型の範疇に入ることが認められる．

〈底生動物〉

鳥羽井沼の底生動物については，全く知見がない．

〈魚　類〉

鳥羽井沼の魚類については，コイ，フナ類が釣り用に放流されている．

〈水生植物〉

湖岸のコンクリート護岸化がなされているが，挺水植物のヨシが見られる．

田中正明（1995）　プランクトンから見た本邦湖沼の富栄養化の現状（217），再び本州の湖沼⑭．水，37，6，521，30-34

3-1-5．油井ヶ島沼

油井ヶ島沼は，埼玉県加須市に位置する小湖であるが，現在では全く四方をコンクリート護岸で型造られた，長方形のプールといった状況にある．成因ははっきりしないが，天然湖沼と考えられるものである．

本沼には，流出入河川はないが，備前堀川へ排水することができ，農業用水として利用されている．

油井ヶ島沼に関する陸水学的並びに陸水生物学的な知見は乏しく，筆者の知る限りでは田中（1995）の調査報告がある程度である．

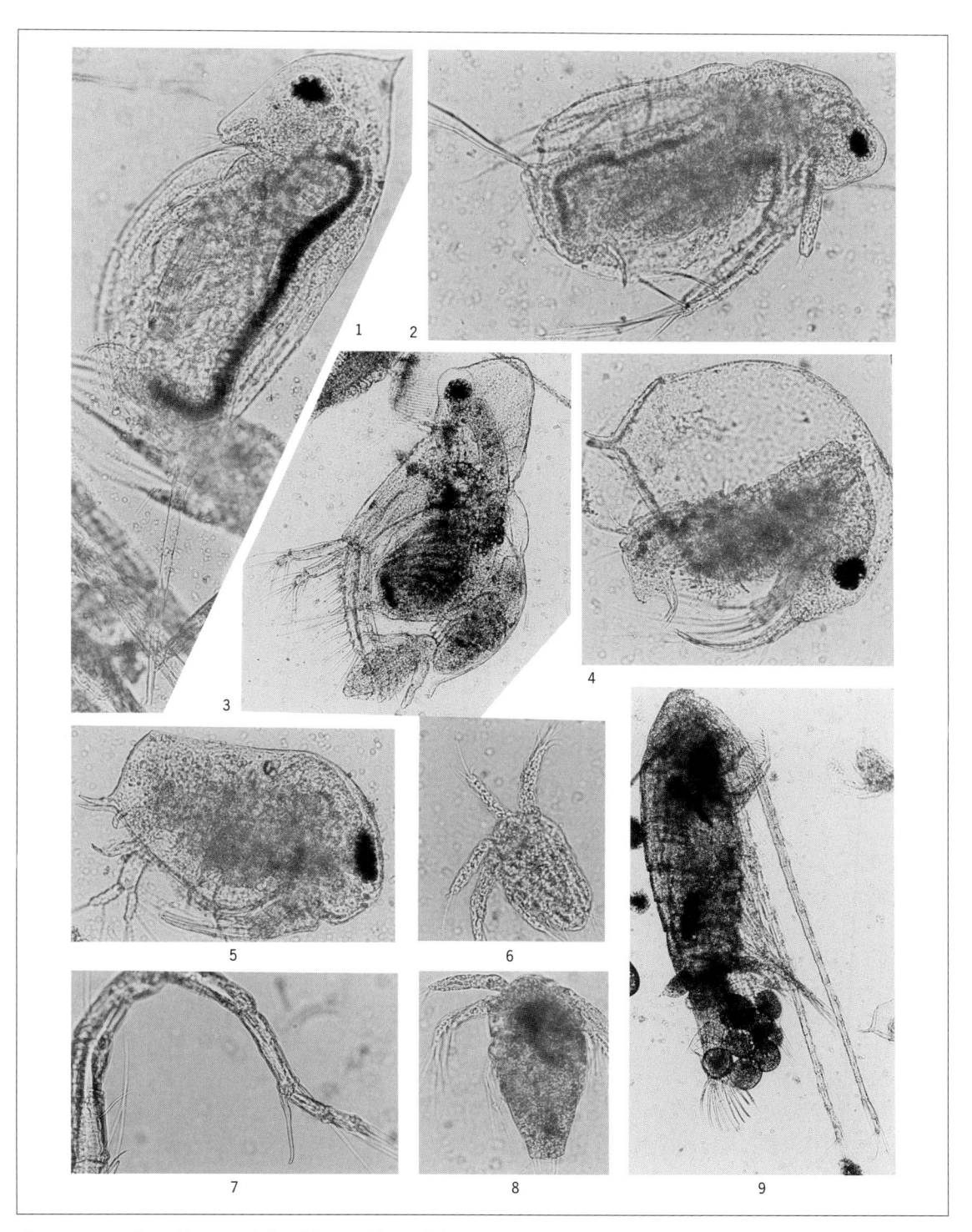

図-177 1994年11月6日に油井ヶ島沼で出現した代表的な動物プランクトン
1. *Daphnia galeata*, 2. *Moina rectirostris*, 3. *Diaphanosoma dubia*, 4-5. *Bosmina longirostris*（4. 雌, 5. 雄）, 6-9. *Heliodiaptomus nipponicus*（6, 8. Nauplius, 7. 第1触角先端）

3-1. 茨城, 埼玉の湖沼　209

〈水　質〉

油井ヶ島沼の水質について，田中（1995）は1994年11月6日の調査によって，水色がウーレの水色計の第XIV号に濁りを加えた色相を呈し，透明度は0.25 m，表層水の水温は14.9℃，pHは7.9，溶存酸素は7.5 mg/l，電気伝導度は210 μS/cm，CODは20 mg/l，塩素イオンは13.2 mg/lであった．

〈プランクトン〉

油井ヶ島沼のプランクトン相について，田中（1995）は1994年11月6日の調査では動物プランクトンが36種，植物プランクトンが84種の合計120種が出現したことを報告している．

出現種数の綱別の内訳は，原生動物が11属14種，輪虫類が9属13種，鰓脚類が5属6種，橈脚類が3属3種，藍藻類が5属9種，珪藻類が17属29種，及び緑藻類が24属46種であった．

出現種数では，緑藻類が全種数の38%を占め，この中でもクロロコックム目の割合が高く，他に接合藻類（ツヅミ藻類）の種数も目立った．

優占種は，動物プランクトンでは鰓脚類の*Bosmina longirostris*で，これに輪虫類の*Asplanchna herricki*, *Polyarthra euryptera*, *Hexarthra mira*が続いた．また，橈脚類のNauplius幼生（*Heliodiaptomus nipponicus*の幼生と思われる）の個体数も多く，様々な変態期のものが見られた．

一方，植物プランクトンでは，1μm以下の大きさの藻類（種が同定できていない）が多産したが，これを別にすれば緑藻類の*Pediastrum Biwae*が優占種で，他に同じ緑藻類の*Mougeotia* sp., *Desmidium swartzii*, 珪藻類の*Synedra rumpens*, *Tabellaria fenestrata*等が比較的多く出現した．

プランクトン型は，動物プランクトンが第X型，中栄養型甲殻類，輪虫類混合型群集，植物プランクトンは第X型，富栄養型緑藻類群集に相当するものと考えられる．

〈底生動物〉

油井ヶ島沼の底生動物については，全く知見がない．

〈魚　類〉

油井ヶ島沼の魚類については，コイ，ゲンゴロウブナ，ギンブナ，モツゴが知られているが，十分な調査は行われていない．

〈水生植物〉

田中（1995）は，コンクリート護岸であり，挺水植物，浮葉植物については生育が認められないことを報告している．

田中正明（1995）　プランクトンから見た本邦湖沼の富栄養化の現状（216），再び本州の湖沼⑬．水，37，5，520，33-37

3-1-6. 別所沼

別所沼は，埼玉県さいたま市内に位置する小湖で，洪積台地である大宮台地内に発達した谷に当たり，台地から湧出した地下水と，谷の上流から流れる小流等が堰水して形成された堰止め湖と考

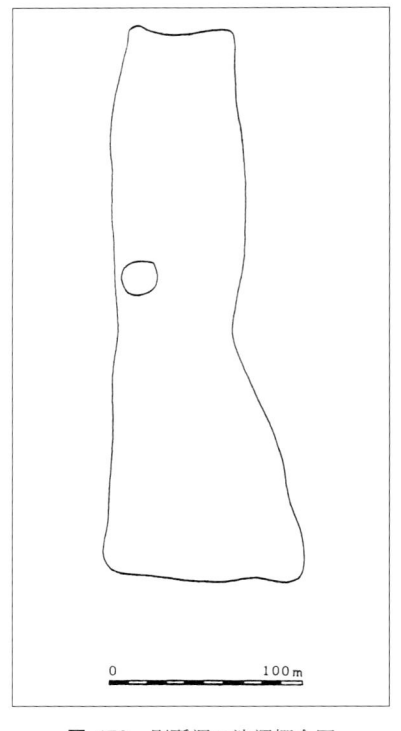

図-178　別所沼の池沼概念図

えられるものである．現在，沼は都市の中の公園池といった感が強いが，古くはこの地方の灌漑用水池として，重要な水源の一つであった．

別所沼に関する陸水学的並びに陸水生物学的な知見は乏しく，環境庁（1987，1993）による水質分析値，田中（1995）による調査報告が知られる程度である．

〈水　質〉

別所沼の水質について，環境庁（1993）は1991年8月16日の調査で，表層水の水温が29.4-29.8℃，pHが9.2，溶存酸素が11.0-11.8 ppm，電気伝導度が227-230 μS/cm，SSが6.7-16 ppm，アンモニア態窒素が0.01 ppm，亜硝酸態窒素が0.02 ppm，硝酸態窒素が0.03-0.05 ppm，リン酸態リンが0.01 ppm，溶性珪酸が2.62-3.49 ppm，クロロフィルaが74.1-96.3 mg/l，透明度が0.7-0.8 mと報告している．

田中（1995）によれば，1994年11月5日の調査では，水色がウーレの水色計の第XVI号とかなり茶色が強い色相を呈し，透明度が0.50 mであった．また，表層水の水温は14.5℃，pHは7.6，溶存酸素は8.0 mg/l，電気伝導度は180 μS/cm，CODは18.5 mg/l，塩素イオンは22.8 mg/lであった．

〈プランクトン〉

別所沼のプランクトン相について，田中（1995）は1994年11月5日の調査で動物プランクトンが18種，植物プランクトンが66種の合計84種が出現したと述べている．

出現種数の綱別の内訳は，原生動物が5属8種，輪虫類が5属6種，鰓脚類が2属2種，橈脚類が2属2種，藍藻類が4属5種，珪藻類が11属18種，及び緑藻類が23属43種であった．

本沼のプランクトン出現種の中で，緑藻類の種数が全種数の約半数を占めるが，中でもクロロコックム目の割合が著しく高いのが目立った．

優占種は，動物プランクトンでは輪虫類の $Asplanchna\ priodonta$ で，これに輪虫類の $Brachionus\ calyciflorus$ f. $amphiceros$ が次いだ．動物プランクトンは量的には少なく，優占種の $Asplanchna\ priodonta$ で1l当りの個体数は89個体，$Brachionus\ calyciflorus$ f. $amphiceros$ が45個体/lであった．これら以外には，鰓脚類の $Bosmina\ longirostris$，原生動物の $Arcella\ discoides$，輪虫類の $Schizocerca\ diversicornis$ が比較的多く見られた．

植物プランクトンでは，緑藻類の $Scenedesmus\ denticulatus$ var. $linearis$ が優占種で，1 ml当り6500細胞であり，これに次いだ $Scenedesmus\ acuminatus$ が3400細胞/mlであった．また，同じ緑藻類の $Oocystis\ parva$ は2450細胞/mlで続き，他に $Crucigenia\ quadrata$，$Tetraedron\ elegans$，$Pediastrum\ Biwae$，珪藻類の $Aulacoseira\ granulata$ 等が比較的多く見られた．植物プランクトンの総細胞数は，1 ml当り23520細胞であった．

また，別所沼では1 μm以下の大きさの植物プランクトンが多く見られ，一般にピコプランクトンと呼ばれる藻類であるが，1 ml当り894740細胞が計数され，ネットプランクトンの約38倍が棲息することが認められた．

プランクトン型は，動物プランクトンが第XV型，富栄養型輪虫類群集，植物プランクトンは第X型，富栄養型緑藻類群集に相当するものと思われる．また，夏期には「水の華」の発生が知られることから，第XI型，富栄養型藍藻類群集に相当する場合もあるものと考えられる．

〈底生動物〉

別所沼の底生動物については，全く知見がない．

〈魚　類〉

別所沼の魚類については，知見がないが，筆者はコイ，ギンブナ，モツゴを確認している．

〈水生植物〉

別所沼の水生植物については，全く知見がない．また，筆者が生育を認め得た種はない．

環境庁（1987）　第3回自然環境保全基礎調査，湖沼調査報告書，関東版．11, 1-27
環境庁（1993）　第4回自然環境保全基礎調査，湖沼調査報告書，関東版．11, 1-31
田中正明（1995）　プランクトンから見た本邦湖沼の富栄養化の現状（214），再び本州の湖沼⑬⑦．水, 37, 3, 518, 30-33, 39

3-1-7. 伊佐沼

　伊佐沼は，埼玉県川越市に位置する小湖であるが，かつては漁業協同組合による内水面漁場として，コイ，フナ類，スジエビ等が水揚げされてきた．今日ではフナ釣り場として釣り客を集めてはいるが，昔日のおもかげはない．

　伊佐沼は，1985年の環境庁（1987）の調査時には大きなヨシ群落を有したが，その後の護岸工事や流入する小溝からの汚水等で，ヨシ群落の減少と，水生生物の壊滅的な状況が生じた．また，カムルチー，ブルーギル，ブラックバスの増加も，結果的にはこれに拍車をかけることになったものと思われる．

　本沼に関する陸水学的並びに陸水生物学的な調査研究は少なく，環境庁（1987, 1993）による水質分析値，田中（1995）による1994年11月5日の調査報告が知られる程度である．

〈水　質〉

　伊佐沼の水質については，環境庁（1993）によれば，1991年8月16日の調査で透明度が0.6 m，表層水の水温が27.4℃，pHが9.6，溶存酸素が13.1 ppm，電気伝導度が253 μS/cm，SSが25 ppm，リン酸態リンが0.01 ppm，アンモニア態窒素が0.01 ppm，亜硝酸態窒素が0.05 ppm，硝酸態窒素が0.09 ppm，溶性珪酸が2.80 ppm，クロロフィルaが193 μg/lであった．

　田中（1995）による1994年11月5日の調査では，水色はウーレの水色計の第XV号，透明度は0.25 m，表層水温は14.5℃，pHは8.3，溶存酸素は8.5 mg/l，電気伝導度は230 μS/cm，CODは14.0 mg/l，塩素イオンは15.3 mg/lであった．

〈プランクトン〉

　伊佐沼のプランクトン相について，田中（1995）は1994年11月5日の調査で動物プランクトンが12種，植物プランクトンが72種の合計84種の出現を報告している．

　出現種数の綱別の内訳は，原生動物が5属7種，輪虫類が4属4種，橈脚類が1属1種，藍藻類が4属6種，珪藻類が7属9種，及び緑藻類が27属57種であった．

　出現種数の中で，緑藻類が68%を占め，中でもクロロコックム目が51種と，全出現種の60%に達した．また，鰓脚類が全く出現していないことは，興味深い．

　優占種は，動物プランクトンでは特になく，輪虫類の*Schizocerca diversicornis*がやや多く，他に同じ輪虫類の*Rotaria* sp.，原生動物の*Arcella vulgaris*，*A. discoides*，*Centropyxis aculeata*等が目立ったが，全体に量は乏しかった．

　植物プランクトンは，クロロコックム目が量的にも種数も多かったが，単独で多産し，優占種といえる程に出現した種はなかった．比較的多く出現した種としては，*Crucigenia quadrata*, *C. rectangularis*, *Oocystis parva*, *Actinastrum hantzschii*, *Schroederia setigera*等の緑藻類，また，*Scenedesmus*属も14種が出現した．さらに，藍藻類の*Microcystis aeruginosa*, *M. wesen-*

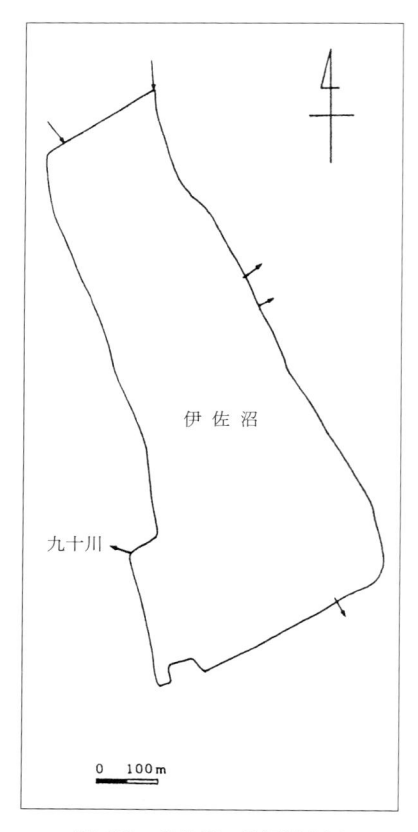

図-179　伊佐沼の池沼概念図

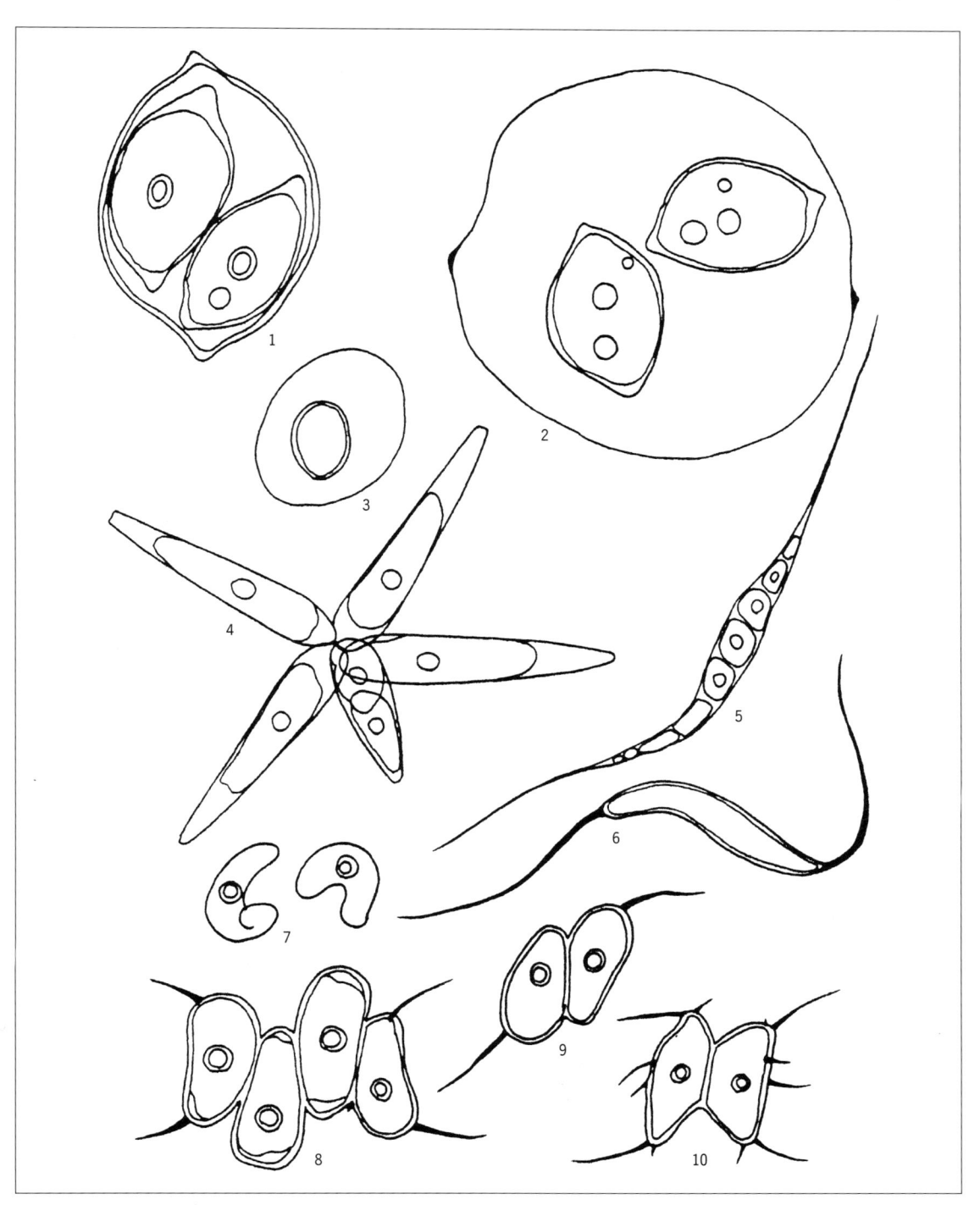

図-180 1994年11月5日に伊佐沼で得られたクロロコックム目の代表的な種
1. *Oocystis parva*, 2. *Oocystis lacustris*, 3. *Oocystis pusilla*, 4. *Actinastrum hantzschii*, 5. *Schroederia setigera*, 6. *Schroederia spiralis*, 7. *Ankistrodesmus minutissimus*, 8. *Scenedesmus intermedius*, 9. *Scenedesmus intermedius* var. *bicaudatus*, 10. *Scenedesmus spinosus*

bergii，珪藻類の *Aulacoseira granulata* 等も多く，夏期には *Microcystis* による「水の華」の発生が知られている．

今回の調査で定量したプランクトンは，1 ml 当り 94980 細胞であったが，細胞の大きさが 1 μm 以下のピコプランクトンは 1 ml 当り 2980000 細胞と，ネットプランクトンの 31 倍に達した．

プランクトン型は，動物プランクトンが第 XII 型，富栄養型根足虫類群集，植物プランクトンが第 X 型，富栄養型緑藻類群集と判断されるが，夏期には第 XI 型，富栄養型藍藻類群集に変遷する場合もある．

〈底生動物〉

伊佐沼の底生動物については，知見がないが，筆者はドブガイ，カラスガイを採集している．また，プランクトン試料中から，少なくとも 3 種のユスリカ類の幼虫を確認している．

〈魚　類〉

伊佐沼の魚類としては，コイ，ゲンゴロウブナ，ギンブナ，モツゴ，ニゴイ，ナマズ，カムルチー，ブラックバス，ブルーギル等が棲息する．

〈水生植物〉

水生植物としては，ヨシが生育している．環境庁（1987）によれば群落の最大沖出し幅は 50 m とされているが，北部に群落が残ってはいるものの減少傾向が著しい．

環境庁（1987）　第 3 回自然環境保全基礎調査，湖沼調査報告書，関東版．11, 1-27

環境庁（1993）　第 4 回自然環境保全基礎調査，湖沼調査報告書，関東版．11, 1-31

田中正明（1995）　プランクトンから見た本邦湖沼の富栄養化の現状（215），再び本州の湖沼[13]．水，37, 4, 519, 74-77

3-2. 東京の湖沼

 東京都という都市の湖沼は，その存在だけで注目され，また貴重である．これらの湖沼は，当然人為的な改変と管理がなされているが，生物相等は興味深い種が出現することも少なくない．同じ東京都内に位置する皇居内濠からは，無論天然湖ではないが，国内の報告例がない輪虫類や根足虫が報告されており（田中，武田，2000），生物地理学的な貴重な情報をもたらしている．

田中正明，武田正倫（2000） 皇居の内濠より得られた原生動物，輪虫類，鰓脚類および橈脚類．国立科学博物館専報，35，234-244，pl. 1-16

3-2-1. 不忍池

 東京都内に存在する天然湖沼は，三宝寺池，井ノ頭池，洗足池及び大路池の4湖沼であり，環境庁（1987）による『第3回自然環境保全基礎調査』，さらに環境庁（1993）の『第4回自然環境保全基礎調査』，田中（1992）の『日本湖沼誌』もこれに火山活動で失われた三宅島の新澪池を加え，5湖沼としており，不忍池を取り上げていない．しかし，その起源は江戸湾の入り江の最奥部であったと考えられ，人為的な公園池となってはいるが，一応天然湖と位置付けてもよいのではないかと考えられる．

 不忍池は，現在は鵜の池，蓮池，及びボート池の3池に分かれているが，これは寛永年間に常陸下館城主水谷勝隆が池中に弁天島を築き，この島に渡る道を築いたことによるもので，今日では各々の池は，かなり様相を異にしている．

 また，不忍池の流入河川は，かつては上野の山と本郷台地の谷間から藍染川が流入し，流出河川として忍川があったが，今日では何れも切り離されて，深井戸からの揚水と上野地下駅に湧出する地下水とを汲み入れることで水位が保持されている．

 現在の不忍池を構成する3池は，各々が特徴的な状況が見られるが，鵜の池は上野公園の動物園の一部となり，カワウの繁殖地となっている．蓮池は，弁天島近くにヨシが群落を形成する以外は，その大部分がハスによって覆われている．さらにボート池は，ボート遊びが行われ，ハスやヨシ群落は全く認められない（図-181）．3つの池では，鵜の池が最も富栄養化しており，濃密な「水の華」が認められる．

 これらの池では，ボート池及び蓮池で池水の曝気による循環と，リン固定剤散布による浄化対策

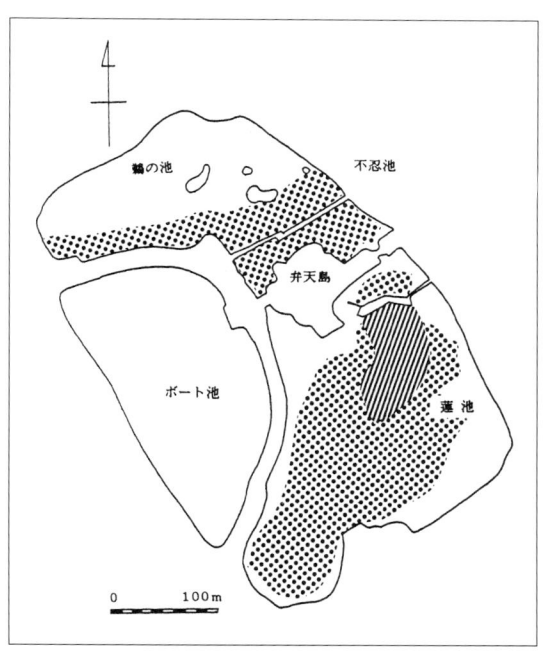

図-181　不忍池の池沼概念図．斜線はヨシの分布域，ドット部分はハスの分布域を示す

が試みられた．その成果は，同様の都市公園内の池沼の環境対策のよい参考になるものと思われる．

不忍池に関する陸水学的並びに陸水生物学的な知見は，行政的な水質検査を別にすれば必ずしも多くはない．桜井（1992）が『水の風景』の中で取り上げた他，鈴木（1975），山岸，秋山（1984-1998）が動植物プランクトンの採集地として，その名を記録している．また，田中（1995）が1994年10月18日の調査結果を報告したものが知られている．

〈水 質〉

不忍池の最近の性状については，桜井（1992）が1991年8月の調査で，鵜の池のCODが37 mg/l，全窒素が5.3 mg/l，全リンが1.1 mg/l，蓮池のCODが6 mg/l，全窒素が1.2 mg/l，全リンが0.21 mg/l，ボート池のCODが21 mg/l，全窒素が2.3 mg/l，全リンが0.23 mg/lと報告している．

田中（1995）による1994年10月18日の調査では，鵜の池の水色はウーレの水色計の第XIV号，透明度は0.22 m，水温は21.0℃，pHは8.4，電気伝導度は340 μS/cm，CODは28.4 mg/l，塩素イオンは11.5 mg/lであった．蓮池では，水色はウーレの水色計の第XIII号，透明度は0.35 m，水温は21.0℃，pHは8.1，電気伝導度は320 μS/cm，CODは13.0 mg/l，塩素イオンは10.1 mg/l，SSは50 mg/lであった．また，ボート池では，水色はウーレの水色計の第XIV号，透明度は0.26 m，水温は21.0℃，pHは7.9，電気伝導度は305 μS/cm，CODは，16.5 mg/l，塩素イオンは10.3 mg/lであった．

このように，3つの池の水質はかなり異なるが，何れも典型的な富栄養型に位置付けられるものである．

〈プランクトン〉

不忍池（3つの池）から得られたプランクトンは，田中（1995）の1994年10月18日の調査では，動物プランクトンが15種，植物プランクトンが50種の合計65種であった．

出現種数の綱別の内訳は，原生動物が6属9種，輪虫類が4属5種，橈脚類が1属1種，藍藻

表-11 1994年10月18日の不忍池（ボート池）の動物プランクトン出現種

PROTOZOA	
Chlamydomonas sp.	C
Euglena sp. 1	
Euglena sp. 2	
Phacus helicoides	
Phacus curvicauda	
Lepocinclis sp.	
Arcella discoides	
Vorticella sp. 1	
Vorticella sp. 2	
ROTATORIA	
Rotaria sp.	
Asplanchna herricki	
Brachionus calyciflorus	
Brachionus calyciflorus var. amphiceros	+
Keratella tropica	+
COPEPODA	
Nauplius of Copepoda（Diaptominae）	

類が8属13種，珪藻類が8属15種，及び緑藻類が12属22種であり，鰓脚類は得られなかった．

優占種は，動物プランクトンでは原生動物の Chlamydomonas sp. で，これに輪虫類の Brachionus calyciflorus var. amphiceros，Keratella tropica が次いだ．

植物プランクトンは，藍藻類の Microcystis viridis，M. wesenbergii の2種が優占種であり，これに Microcystis aeruginosa，Phormidium sp.，Anabaena tenericaulis，Merismopedia tenuissimum，珪藻類の Aulacoseira granulata var. angustissima，Synedra rumpens 等が続いた．

優占種となった Microcystis の2種は，各々の池で出現傾向が異なり，鵜の池では M. wesenbergii が77.6%，M. viridis が7.8%であったが，ボート池では M. wesenbergii が19.0%，M. viridis が75.4%，また蓮池では，M. viridis が84.8%，M. wesenbergii が12.1%であった．

プランクトン型については，動物プランクトンが第XV型，富栄養型輪虫類群集，植物プランクトンは第XI型，富栄養型藍藻類群集とされるもので，群集構造は3池共に同様と考えてよいと思われる．

表-12 1994年10月18日の不忍池（ボート池）の植物プランクトン出現種，数値は1 ml中の細胞数，＋は1 ml中100細胞以下を示す

CYANOPHYCEAE			*Navicula* sp. 3	＋
Merismopedia tenuissimum	31360		*Gomphonema acuminatum* var. *coronatum*	＋
Microcystis aeruginosa	60378		*Nitzschia* sp.	＋
Microcystis viridis	845152		CHLOROPHYCEAE	
Microcystis wesenbergii	213640		*Pediastrum tetras* var. *tetraodon*	240
Oscillatoria sp. 1	240		*Pediastrum clathratum* var. *asperum*	＋
Oscillatoria sp. 2	＋		*Pediastrum boryanum*	＋
Phormidium sp.	53900		*Golenkinia radiata*	980
Pseudanabaena mucicola	13760		*Micractinum pusillum*	＋
Anabaena tenericaulis ?	55860		*Tetraedron minimum*	1960
Anabaena sp. 1	240		*Tetraedron muticum* f. *minor*	＋
Anabaena sp. 2	＋		*Tetraedron trilobatum*	＋
Aphanizomenon issatswchenkoi ?	＋		*Oocystis parva*	2940
Raphidiopsis ?	＋		*Oocystis crassa*	240
BACILLARIOPHYCEAE			*Ankistrodesmus falcatus*	490
Aulacoseira granulata var. *angustissima*	67620		*Elakatothrix lacustris*	＋
Cyclotella sp. 1	2940		*Schroederia setigera*	＋
Cyclotella sp. 2	＋		*Actinastrum hantzschii*	240
Synedra acus	1960		*Crucigenia lauterbornii*	240
Synedra rumpens	28420		*Scenedesmus acuminatus*	240
Fragilaria construens	8820		*Scenedesmus acuminatus* f. *tortuosus*	＋
Fragilaria sp. 1	1960		*Scenedesmus quadricauda*	＋
Fragilaria sp. 2	＋		*Scenedesmus carinatus*	5880
Achnanthes sp. 1	980		*Scenedesmus spinosus*	＋
Achnanthes sp. 2	490		*Staurastrum* sp. 1	1960
Navicula sp. 1	240		*Staurastrum* sp. 2	＋
Navicula sp. 2	＋			

〈底生動物〉

不忍池の底生動物については，筆者は知見を有していない．

〈魚　類〉

不忍池の魚類については，コイ，ゲンゴロウブナ，ギンブナ，モツゴ，カムルチー等が棲息するが，筆者は十分な知見を有していない．

〈水生植物〉

不忍池の水生植物は，挺水植物のヨシ，浮葉植物のハス，浮漂植物のホテイアオイ等であり，鵜の池の南半分及び蓮池のほぼ全域はハスの群落で覆われている．また，蓮池の弁天島近くには，ヨシ群落が広がっている．

このように不忍池は，著しく富栄養化が進行した都市公園の湖沼であるが，10000羽近いカモ類やカワウの飛来する貴重な自然でもある．巨大都市東京の中に，この池が存在すること自体，意味があることであろうが，水質改善の問題，水生植物の問題，カモ類を始めとする野鳥への餌付けの必要性の有無，さらには公園湖沼の今後の保全の有り方等，知名度が高いだけに困難な面も多いが，筆者も注目していきたいと思っている．

桜井善雄（1992）水の風景56，不忍池．水，24，1，481，41
鈴木　実（1975）都市公園内の池に出現した腹毛・輪毛虫類，特に分類学上興味ある属種について．動物分類学会誌，11，5-12
田中正明（1995）プランクトンから見た本邦湖沼の富栄養化の現状（213），再び本州の湖沼⑬．水，37，1，516，74-78
山岸高旺，秋山　優（1984-1998）淡水藻類写真集 I，1-11，II，12-20

3-3. 千葉の湖沼

　千葉県の湖沼は，人為的な改変がくり返し行われた幾つかが残っているが，かつては九十九里平野北西部に位置した椿海，北総台地北端の根木名川低地に位置した長沼，市川市街地背後に位置した間々ノ浦等のように，かなりの面積を有する湖沼が点在していた．これらの多くは，江戸時代からの新田開発や洪水対策のために埋め立てられ，ほとんどが消失した．

　千葉県は黒潮の影響で温暖な海洋性気候であり，年平均気温は14-16℃，降水量は南部で多く，1600-2100 mmに達する多雨地域といえる．また，沿岸部は年平均風速が5 m/s前後で，強風日数が年間100日以上の強風地帯でもある．

　千葉県（1996）　千葉県の自然誌，本編I. 千葉県の自然. 1-789

3-3-1. 乾草沼

　乾草沼は，千葉県東部の光町に位置する湖沼で，人為的な改変がくり返し行われたため，かつての沼の形状を正確に把握することは困難である．成因については，若干疑問があるが，環境庁（1987, 1993），田中（1999）は海跡湖としている．

〈水　質〉

　乾草沼の水質について，環境庁（1987）は1985年8月8日の調査で，水温が34.0℃，pHが8.68，溶存酸素が9.76 ppm，CODが8.66 ppm，BODが3.44 ppm，SSが5.0 ppm，クロロフィルaが24.5 mg/m³，アンモニア態窒素が0.022 ppm，硝酸態窒素及び亜硝酸態窒素の合計が0.014 ppm，リン酸態リンが極く微量で，透明度は0.9 m（底まで全透）と報告している．

　また，環境庁（1993）の1991年8月12日の調査では，pHが8.9，溶存酸素が15.9 ppm，電気伝導度が310 μS/cm，CODが7.93 ppm，SSが6.1 ppm，クロロフィルaが14.7 mg/m³，全窒素が0.53 ppm，全リンが0.053 ppmと報告されている．

　田中（1999）による1999年5月21日の調査では，水色はフォーレルの水色計の第V号，透明度は0.8-0.9 m（底まで全透），pHは7.9，溶存酸素は8.92 mg/l，電気伝導度は342 μS/cm，CODは5.89 mg/l，塩素イオンは26.3 mg/l，全窒素は0.46 mg/l，全リンは0.039 mg/lであった．

　このように，乾草沼の水質は，明らかに富栄養型の範疇に入るものであった．

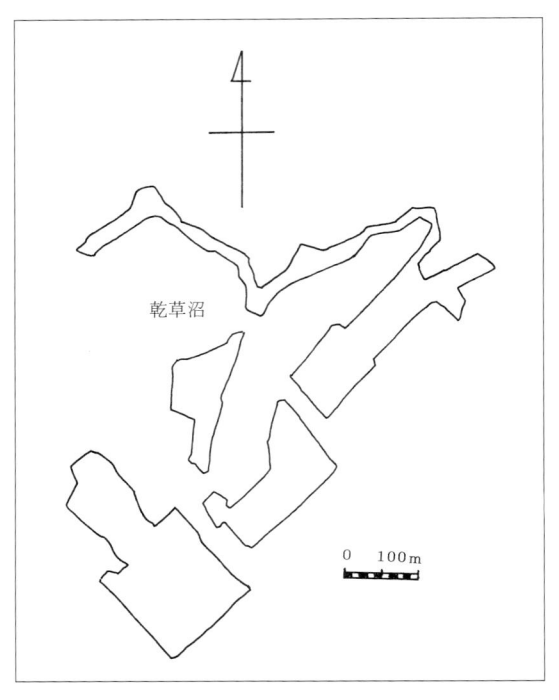

図-182　乾草沼の池沼概念図

〈プランクトン〉

乾草沼のプランクトンについて，環境庁（1987）は動物プランクトンとして *Polyarthra trigla*, *Brachionus angularis*, *B. diversicornis*, Nauplius 幼生等が出現し，植物プランクトンでは *Euglena* sp., *Gomphonema constrictum*, *Chroococcus* sp. 等が出現すると述べている．また，環境庁（1993）は，1991年8月には動物プランクトンでは，*Euchlanis dilatata*, *Chydorus sphaericus*, 植物プランクトンでは *Cymbella tumida*, *Urothrix* sp. 等が出現したことを報告している．

田中（1999）によれば，動物プランクトンが38種，植物プランクトンが63種の合計101種が出現した．

出現種数の綱別の内訳は，原生動物が11属19種，輪虫類が10属13種，鰓脚類が2属3種，橈脚類が3属3種，藍藻類が5属7種，珪藻類が11属26種，及び緑藻類が15属30種であった．

動物プランクトン，植物プランクトン共に，優占種となる程に多産した種はないが，動物では輪虫類の *Schizocerca diversicornis* が最も多く，これに同じ輪虫類の *Lecane goniata*, *Trichocerca insignis*, 原生動物の *Arcella gibbosa*, *A. discoides* 等が続いた．

一方，植物プランクトンでは，ツヅミ藻（接合藻）が目立ち，特に *Cosmarium margaritatum*, *C. botrytis* var. *subtumidum* が多く，これに *Cosmarium* sp., 珪藻類の *Fragilaria construens*, *Nitzschia* sp., 緑藻類の *Scenedesmus spinosus* 等が続いた．

また，海老川沼に出現した輪虫類の珍種 *Lecane monostyla* が，本沼からも得られた．

プランクトン型は，動物プランクトンが第XI型，中栄養型輪虫類群集，植物プランクトンが第X型，富栄養型緑藻類群集に相当する．

〈底生動物〉

乾草沼の底生動物については，環境庁（1993）がユスリカ幼虫を報告しているが，筆者もプランクトン試料中から2種のユスリカ類の幼虫を認めた．しかし，これら以外の出現種については，全く知見がない．

〈魚　類〉

乾草沼の魚類について，田中（1999）はコイ，フナ（ギンブナ），カムルチー，ウナギ，ブラックバス，ブルーギル，モツゴ，オイカワ，タイリクバラタナゴを確認し，ナマズ，ヒガイ，ニゴイの棲息を聞き取りによって得たことを述べている．

〈水生植物〉

乾草沼の水生植物については，田中（1999）がヨシ，ガマ，ヒメガマ，アオウキクサ，メビシ，ガガブタ，トチカガミ，エビモ，ハゴロモモ，マツモを確認しているが，環境庁（1993）によれば他にホザキノフサモが分布する．田中（1999）は，挺水植物群落について，沼の北部のみの調査であるが，沖出し幅は最大12mに達すると述べている．

なお，田中（1999）は，沼は田園地帯にあり目立った汚濁はないが，特別な保護や保全対策が講じられているとは思われず，周辺の森林の建設廃

図-183　乾草沼（1999年5月21日撮影）

3-3．千葉の湖沼

材等の不法投棄や，沼における釣り客のマナーに問題があると指摘している．

環境庁（1987）第3回自然環境保全基礎調査，湖沼調査報告書，関東版．12, 1-47
環境庁（1993）第4回自然環境保全基礎調査，湖沼調査報告書，関東版．12, 1-48
田中正明（1999）プランクトンから見た本邦湖沼の富栄養化の現状（269），再び本州の湖沼⑲．水，41, 11, 586, 81-84

3-3-2．海老川沼

千葉県東部の光町に位置する小沼で，成因は明らかではないが，おそらく堰止め湖であろうと推定されるものである．

沼は，現在は人為的な改変が進み，ほぼ四角形を呈する浅い沼沢というのが適当な状況にあるが，かつては広い面積を有する湖沼で，海老川に排水していた．

海老川沼に関する知見は乏しく，環境庁（1987）の『自然環境保全基礎調査，湖沼調査報告書』に，調査対象外天然湖沼として，沼の位置，標高，面積等の数値が記録されたものがあるが，他には田中（1999）の1999年5月21日の調査報告が知られるにすぎない．

〈水　質〉

海老川沼の水質について，田中（1999）は1999年5月21日の調査で，水色はフォーレルの水色計或いはウーレの水色計に相当するものがなく，灰褐色を呈し，pHは8.4，CODは22.5 mg/lと報告している．

〈プランクトン〉

海老川沼のプランクトン相は，田中（1999）によれば，1999年5月21日の調査で水生植物の間で採取された試料からは，動物プランクトンが38種，植物プランクトンが65種の合計103種が出現した．

出現種数の綱別の内訳は，原生動物が12属20種，輪虫類が9属13種，鰓脚類が2属3種，橈脚類が2属2種，藍藻類が9属14種，珪藻類が11属24種，及び緑藻類が14属27種であった．

出現種の中で比較的多く見られた種は，動物プランクトンでは原生動物の *Arcella vulgaris*, *A. discoides*, *Difflugia acuminata*, *Euglena spirogyra*, *Phacus curvicauda*，輪虫類の *Lecane luna*, *Trichocerca tenuior*, *Lepadella benjamini* 等であった．また，出現した種の中で，輪虫類の *Lecane monostyla* は，世界的にも珍種

図-184　海老川沼（1999年5月21日撮影）

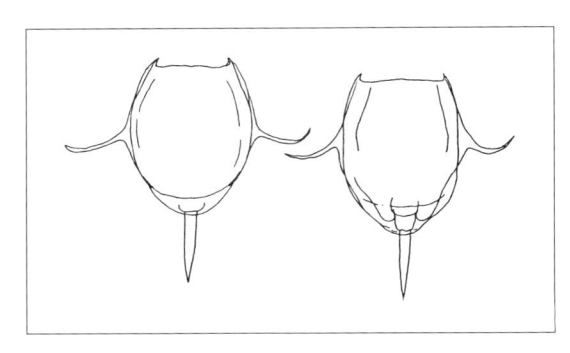

図-185　1999年5月21日に採集された海老川沼産の *Lecane monostyla* DADAY

といえるもので，我国ではSUDZUKI（1971）が富士五湖で採集した例はあるが，これ以外では乾草沼で採集された程度である（図-185）．本種は，亜熱帯地域に分布する種で，生物地理学的にも興味深い．

一方，植物プランクトンは，珪藻類の *Nitzschia amphioxyoides*, *N*. sp., *Fragilaria rhomboides*, 緑藻類の *Spirogyra* sp., *Closterium ehrenbergii*, *C. moniliferum* f. *subrectum* 等が比較的多く出現した．また，珪藻類の *Gomphonema* 属，*Eunotia* 属，緑藻類のツヅミ藻の仲間が目立ち，腐植性傾向が高いことが認められた．

プランクトン型は，動物プランクトンが第XI型，中栄養型輪虫類群集，植物プランクトンは第IX型，富栄養型珪藻類，緑藻類混合型群集に相当する．

〈底生動物〉

海老川沼の底生動物としては，田中（1999）がプランクトン試料中から，ユスリカ類の幼虫が少なくとも3種，線虫類が1種，タンスイカイメン（種は同定できていない）の骨片を認めている．

〈魚　類〉

海老川沼の魚類については，1999年5月21日の調査では，棲息が認められなかった．

〈水生植物〉

海老川沼で確認し得た種は，ヨシ，ヒメビシであり，沼の大部分を占める程に生育している．これら以外に，カヤツリグサ，スゲの仲間が何種か見られたが，同定していない．

環境庁（1987）第3回自然環境保全基礎調査，湖沼調査報告書，関東版．12, 1-47
SUDZUKI, M.（1971）An analysis of colonisation in freshwater micro organisms. 1. Colonisation at 17 stations along the 5 lakes of the Mt. Fuji. Zool. Magazine, 80, 191-201
田中正明（1999）プランクトンから見た本邦湖沼の富栄養化の現状（268），再び本州の湖沼⑰．水，41, 10, 585, 59-61

3-3-3．吉治落堀

吉治落堀は，人為的な改変が行われ，池岸はコンクリート護岸化されており，コイ，フナ類が放流され釣り池として利用されている．

〈水　質〉

吉治落堀の水質について，田中（1996）は1995年11月10日の調査で，水色がウーレの水色計の第XX号と赤茶色を呈する水色で，透明度が0.45 m，表層水温が16.0℃，pHが7.4，溶存酸素が10.8 mg/l，電気伝導度が540 μS/cm，CODが8.4 mg/l，塩素イオンが32.1 mg/l，全窒素が1.16 mg/l，全リンが0.16 mg/lと報告している．

〈プランクトン〉

吉治落堀のプランクトン相について，田中（1996）は1995年11月10日の調査で動物プランクトンが30種，植物プランクトンが73種の合計103種の出現を報告している．

出現種数の綱別の内訳は，原生動物が8属10種，輪虫類が10属13種，鰓脚類が4属4種，橈脚類が3属3種，藍藻類が4属7種，珪藻類が12属26種，及び緑藻類が14属40種であった．

出現種の中で，優占種といえる種は動物プラン

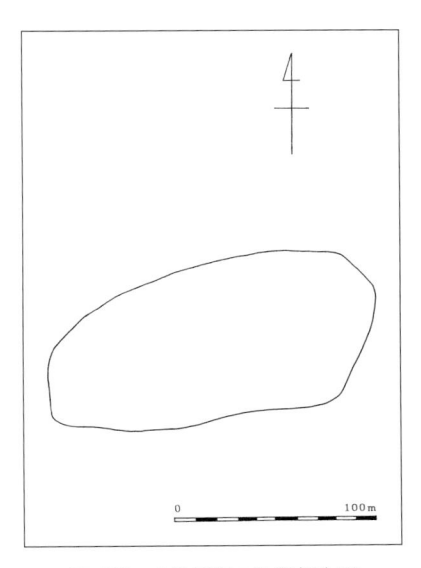

図-186　吉治落堀の池沼概念図

クトンでは，輪虫類の *Schizocerca diversicornis* と *Asplanchna sieboldi* の 2 種で，これに同じ輪虫類の *Asplanchna herricki*, *Brachionus calyciflorus*, *B. budapestinensis* が続いた．また，他には輪虫類の *Euchlanis dilatata*，原生動物の *Actineta* sp., *Difflugia acuminata*，鰓脚類の *Ilyocryptus spinifer* 等の出現も目立った．

植物プランクトンでは，珪藻類の *Aulacoseira distans* が優占し，これに藍藻類の *Microcystis aeruginosa*, *Merismopedia elegans*，珪藻類の *Bacillaria paradoxa*, *Aulacoseira granulata* 等が続いた．

本池の植物プランクトンの量は，1 ml 当り 2640 細胞が計数されたが，1 μm 以下のピコプランクトンは 9210 細胞/ml で，ネットプランクトンの約 3.5 倍に達した．

吉治落堀のプランクトン型は，動物プランクトンが第 XV 型，富栄養型輪虫類群集，植物プランクトンが第 IX 型，富栄養型珪藻類，緑藻類混合型群集と判断されるが，夏期においては藍藻類の *Microcystis* が増加し，第 XI 型，富栄養型藍藻類群集となることが推定される．

〈底生動物〉

田中（1996）は，吉治落堀のプランクトン試料中から，ユスリカ類の幼虫が 2 種，線虫類 1 種が観察されたとして，本池に棲息することを推定している．

〈魚　類〉

釣り池としての利用の目的で，本池にはコイ，フナ類が放流されている．

〈水生植物〉

吉治落堀の池岸は，コンクリートの護岸化がなされており，水生植物の生育も認められない．

田中正明（1996）プランクトンから見た本邦湖沼の富栄養化の現状（229），再び本州の湖沼⒂．水，38，6，536，79-83

3-3-4. 庄九郎池

庄九郎池は，水田地帯の中に位置した落堀であ
る．本池に関する陸水学的並びに陸水生物学的な知見は乏しく，田中（1996）による調査報告が知られる程度である．

〈水　質〉

庄九郎池の水質について田中（1996）は，1995 年 11 月 10 日に調査を行い，水色がウーレの水色計の第 XV 号，透明度が 0.40 m を測定している．また，表層の水温は 16.0℃，pH は 7.7，溶存酸素は 9.1 mg/l，電気伝導度は 1290 μS/cm，COD が 4.7 mg/l，塩素イオンが 75.9 mg/l，全窒素が 1.25 mg/l，全リンが 0.155 mg/l であった．

〈プランクトン〉

庄九郎池のプランクトン相について，田中（1996）は 1995 年 11 月 10 日の調査で動物プランクトンが 30 種，植物プランクトンが 90 種の合計 120 種を同定している．

その綱別の出現種数の内訳は，原生動物が 9 属 13 種，輪虫類が 9 属 12 種，鰓脚類が 2 属 3 種，橈脚類が 2 属 2 種，藍藻類が 4 属 9 種，珪藻類が 14 属 41 種，及び緑藻類が 14 属 40 種であった．

優占種は，動物プランクトンでは輪虫類の *Brachionus calyciflorus* var. *amphiceros* で，これに同じ輪虫類の *Schizocerca diversicornis*, *Brachionus quadridentatus*, *B. caudatus*，橈脚類の Nauplius 幼生等が続いた．

植物プランクトンでは，藍藻類の *Microcystis aeruginosa* が優占し，これに珪藻類の *Aulaco-*

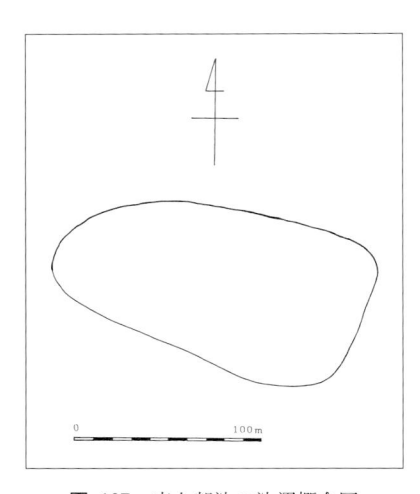

図-187　庄九郎池の池沼概念図

seira granulata, Bacillaria paradoxa, 藍藻類の Merismopedia elegans, Oscillatoria sp., 緑藻類の Pediastrum Biwae var. ovatum 等が続いた.

本池のプランクトン量は，1ml当り2940細胞であったが，大きさが1μm以下のピコプランクトンは12600細胞/mlが計数され，ネットプランクトンの4倍程度が存在することが認められた.

庄九郎池のプランクトン型は，動物プランクトンが第XV型，富栄養型輪虫類群集，植物プランクトンが第XI型，富栄養型藍藻類群集に相当し，季節によっては第IX型，富栄養型珪藻類，緑藻類混合型群集となることもあると考えられる.

〈底生動物〉

庄九郎池の底生動物については，十分な知見がない．田中（1996）は，採集されたプランクトン試料中から，少なくとも3種のユスリカ類の幼虫，コケムシ類の休芽が観察されたことから，本池に棲息するものと推定している.

〈魚　類〉

庄九郎池の魚類については，知見がない．筆者は，コイ，フナ類，モツゴの棲息を確認した.

〈水生植物〉

庄九郎池における1995年11月10日の調査では，挺水植物のヨシを確認したのみである.

田中正明（1996）プランクトンから見た本邦湖沼の富栄養化の現状（230），再び本州の湖沼⑮. 水，38，7，537，78-81

3-3-5．平四郎沼

平四郎沼は，千葉県本埜村に位置する小池で，かつてはフナ類の養殖や釣り池として使われたが，現在は当時の杭が沼中に点在するのみで，全く利用されていない．沼の周辺は，水田が広がり，流入するような汚濁源もなく，人為的に管理されていない落堀の一つといえる.

本沼についての陸水学的並びに陸水生物学的な知見としては，田中（1996）による調査報告がある.

〈水　質〉

平四郎沼の水質について，田中（1996）は1995年11月10日の調査で，水色がウーレの水色計の第XIX号，透明度が0.25m，表層水温が16.0℃，pHが7.4，溶存酸素が8.9mg/l，電気伝導度が1370μS/cm，CODが8.3mg/l，塩素イオンが81.2mg/l，全窒素が1.093mg/l，全リンが0.125mg/lであり，明らかに富栄養型の範疇に入る結果であった.

〈プランクトン〉

平四郎沼のプランクトン相については，田中（1996）は1995年11月10日の調査で動物プランクトンが30種，植物プランクトンが94種の合計124種を同定した.

その出現種数の綱別の内訳は，原生動物が9属13種，輪虫類が9属13種，鰓脚類が2属2種，橈脚類が2属2種，藍藻類が4属9種，珪藻類が15属43種，及び緑藻類が16属42種であった.

出現種の中で，優占種といえる種は動物プランクトンでは，輪虫類の Schizocerca diversicornis で，これに Asplanchna herricki, Brachionus calyciflorus var. amphiceros, 原生動物の Difflugia corona 等が続いた.

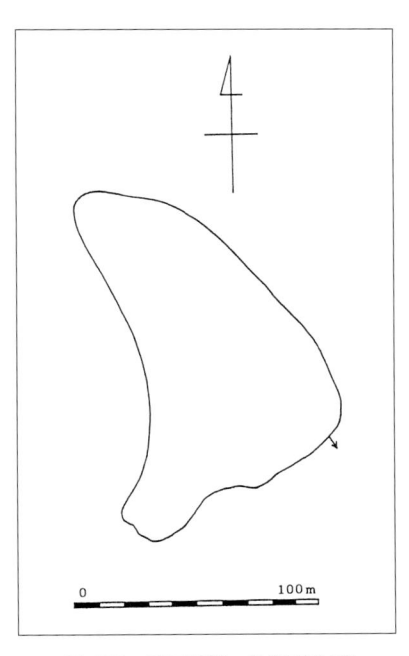

図-188　平四郎沼の池沼概念図

植物プランクトンでは，優占種といえる程多産した種はないが，藍藻類の *Microcystis aeruginosa* が最も多く，珪藻類の *Aulacoseira granulata*, *Bacillaria paradoxa*, *Melosira varians*, 藍藻類の *Merismopedia elegans*, *Oscillatoria* sp., 緑藻類の *Pediastrum duplex* 等がこれに続いた．

プランクトン型は，動物プランクトンが第XV型，富栄養型輪虫類群集，植物プランクトンが第XI型，富栄養型藍藻類群集に相当するものと考えられる．

〈底生動物〉

平四郎沼の底生動物については，知見はないが，田中（1996）によれば，プランクトン試料中からコケムシ類の休芽及びタンスイカイメンの骨片が認められ，本沼に棲息するものと推定される．

〈魚　類〉

平四郎沼の魚類については，コイ，フナ類が棲息するが，他の魚種については明らかでない．

〈水生植物〉

平四郎沼の水生植物は，ヨシ，ガマが認められた．挺水植物群落は，沼の北部で特に発達し，沖出し幅は40 mに達する．

田中正明（1996）　プランクトから見た本邦湖沼の富栄養化の現状（231），再び本州の湖沼⑮．水，38，8，538，37-40

3-3-6．和田沼

和田沼は，千葉県本埜村に点在する落堀群の中では最も北に位置するもので，角の取れた三角形を呈する．

本沼についての陸水学的並びに陸水生物学的な知見は乏しく，田中（1996）による調査報告が知られる程度である．

〈水　質〉

和田沼の水質について，田中（1996）は1995年11月10日に調査を行い，水色がウーレの水色計の第XX号と赤茶色を呈し，透明度が0.35 m と報告している．表層水の水温は16.0℃，pHは7.9，溶存酸素は9.4 mg/l，電気伝導度は640 μS/cm，CODは7.2 mg/l，塩素イオンは38.1 mg/l，全窒素は2.027 mg/l，全リンは0.157 mg/l であった．

〈プランクトン〉

和田沼のプランクトン相について，田中（1996）は1995年11月10日の調査で採集した試料から，動物プランクトンが32種，植物プランクトンが93種の合計125種を同定している．

出現種数の綱別の内訳は，原生動物が9属12種，輪虫類が10属14種，鰓脚類が3属3種，介形類が1属1種，橈脚類が2属2種，藍藻類が5属10種，珪藻類が14属40種，及び緑藻類が15属43種であった．

出現種の中で，優占種は動物プランクトンでは輪虫類の *Brachionus calyciflorus* var. *amphiceros* で，これに同じ輪虫類の *Asplanchna herricki*, *Schizocerca diversicornis* が続き，他に輪虫類の *Brachionus caudatus*, *Trichocerca tetractis*, *Lecane stenroosi*, 原生動物の *Arcella vulgaris*,

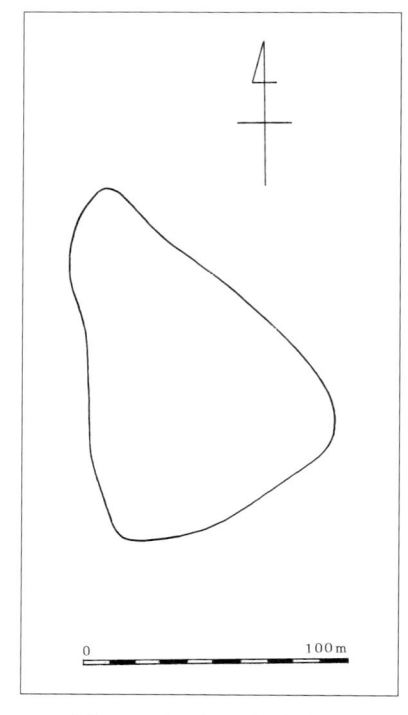

図-189　和田沼の池沼概念図

Difflugia sp., 鰓脚類の *Alona costata* 等の出現が目立った．植物プランクトンでは，藍藻類の *Microcystis aeruginosa* が優占し，珪藻類の *Aulacoseira granulata* がこれに次ぎ，他に藍藻類の *Merismopedia elegans*，珪藻類の *Melosira varians*，*Bacillaria paradoxa*，緑藻類の *Pediastrum Biwae* 等が比較的多く認められた．

プランクトン型は，動物プランクトンが第XV型，富栄養型輪虫類群集，植物プランクトンが第IX型，富栄養型珪藻類，緑藻類混合型群集と判断されるが，調査が11月であることから，夏期においては藍藻類の *Microcystis* がより優勢となり，第XI型，富栄養型藍藻類群集になるものと推定される．

〈底生動物〉

和田沼の底生動物については，知見がないが，田中（1996）はプランクトン試料中から，少なくとも3種のユスリカ類の幼虫，及びコケムシ類の休芽が認められ，本池での棲息が推定される．

〈魚　類〉

和田沼の魚類については，知見がないが，コイ，フナ類，モツゴ，カムルチー，ブラックバスが棲息する．

〈水生植物〉

和田沼の水生植物については，知見がないが，挺水植物のヨシ，ガマが見られ，挺水植物群落の沖出し幅は最大5mに達する．

田中正明（1996）プランクトンから見た本邦湖沼の富栄養化の現状（228），再び本州の湖沼⑮．水，38, 5, 535, 80-84

3-3-7. 外甚兵衛沼

外甚兵衛沼は，千葉県本埜村に位置する落堀の一つで，内甚兵衛沼と対を成すように並び，内甚兵衛沼が自然のまま管理されていないのに比べ，外甚兵衛沼はコンクリート護岸化され，噴水が池内に設けられ，フナ釣りの池として管理されている．

外甚兵衛沼についての陸水学的並びに陸水生物学的な知見は乏しく，田中（1996）の調査報告が知られる程度である．

〈水　質〉

外甚兵衛沼の水質について，田中（1996）は1995年11月10日に調査を行い，水色がウーレの水色計の第XVI号，透明度が0.30m，表層水温が16.5℃，pHが8.7，溶存酸素が11.5 mg/l，電気伝導度は4140 μS/cm，CODは17.1 mg/l，塩素イオンは276.7 mg/l，全窒素は2.115 mg/l，全リンは2.969 mg/lと測定している．本沼の窒素及びリンの値は，この地方の他の落堀の値に比べて高く，窒素で約2倍，リンでは約20倍，塩素イオンでも約3倍と，人為的な影響が強いことが認められる．

〈プランクトン〉

外甚兵衛沼のプランクトン相について，田中（1996）は1995年11月10日の調査で動物プランクトンが24種，植物プランクトンが27種の合計51種を同定した．

出現種数の綱別の内訳は，原生動物が6属7

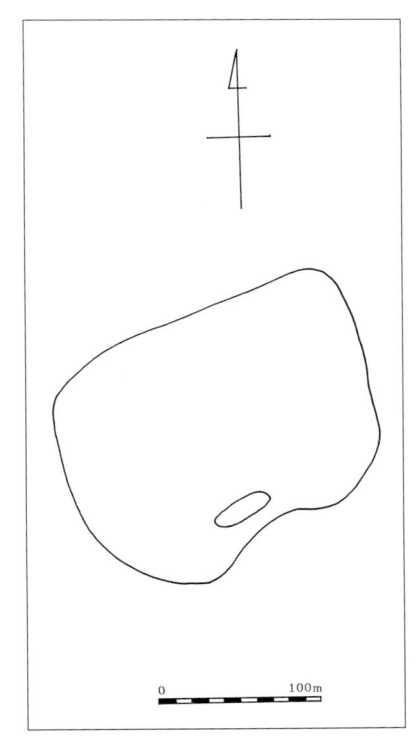

図-190　外甚兵衛沼の池沼概念図

種，輪虫類が8属15種，鰓脚類が得られず，橈脚類が2属2種，藍藻類が4属8種，珪藻類が5属6種及び緑藻類が5属13種であった．

優占種は，動物プランクトンでは輪虫類の *Brachionus angularis* f. *bidens* で，これに *B. angularis* が次ぎ，さらに *B. budapestinensis*, *B. calyciflorus* の順で続いた．これら以外には，*Lecane bulla*, *Filinia longiseta*, *Trichocerca pusilla*, *Keratella valga* 等の輪虫類，*Opercularia* sp.，属種名は明らかでないが比較的大型（細胞が約200μm）の繊毛虫等が目立った．

一方，植物プランクトンは，藍藻類の *Microcystis aeruginosa* と，*M. wesenbergii* の2種が優占し，この2種以外は量的にはかなり少なくなるが，緑藻類の *Scenedesmus quadricauda*, *Pediastrum duplex*, *Spirogyra* sp. が続いた．

外甚兵衛沼のプランクトン出現種の中で，鰓脚類が全く採集されず，脱皮殻や死殻も見られなかったこと，及び珪藻類が6種と少なく，量的にも極めて稀であったこと等が本沼の特徴といえる．

プランクトン型は，動物プランクトンが第XV型，富栄養型輪虫類群集，植物プランクトンが第XI型，富栄養型藍藻類群集に相当するものと考えられる．

〈底生動物〉

外甚兵衛沼の底生動物については，全く知見がない．

〈魚　類〉

外甚兵衛沼の魚類については，ゲンゴロウブナ，ギンブナ，コイが放流されており，釣り池として管理されている．

〈水生植物〉

外甚兵衛沼は，コンクリート護岸化されており，挺水植物を始め水生植物の生育は認められなかった．

田中正明（1996）プランクトンから見た本邦湖沼の富栄養化の現状（226），再び本州の湖沼⑭．水，38，3，533，77-81

3-3-8. 内甚兵衛沼

内甚兵衛沼は，千葉県本埜村に位置する落堀の一つで，外甚兵衛沼と対を成すように，南西約100mに位置した細長い楔形の小池である．池の周囲は，水田が広がり，湖岸が護岸化された外甚兵衛沼とは異なり，挺水植物群落が発達している．

内甚兵衛沼についての陸水学的並びに陸水生物学的な知見は乏しく，田中（1996）の調査報告が知られる程度である．

〈水　質〉

内甚兵衛沼の水質について，田中（1996）は1995年11月10日に調査を行い，水色がウーレの水色計の第XVIII号，透明度が0.25m，表層水温が16.5℃，pHが7.6，電気伝導度が1370μS/cm，CODが10.7mg/l，塩素イオンが80.7mg/l，全窒素が1.65mg/l，全リンが0.196mg/lと報告している．

〈プランクトン〉

内甚兵衛沼のプランクトン相について，田中（1996）は1995年11月10日の調査で動物プランクトンが23種，植物プランクトンが42種の合計

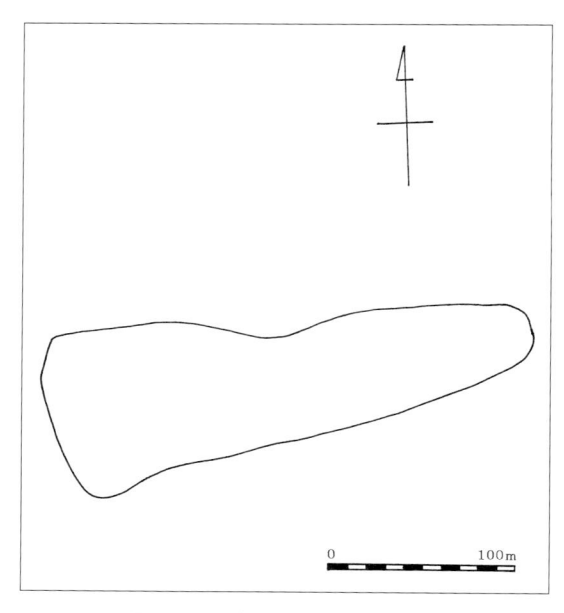

図-191　内甚兵衛沼の池沼概念図

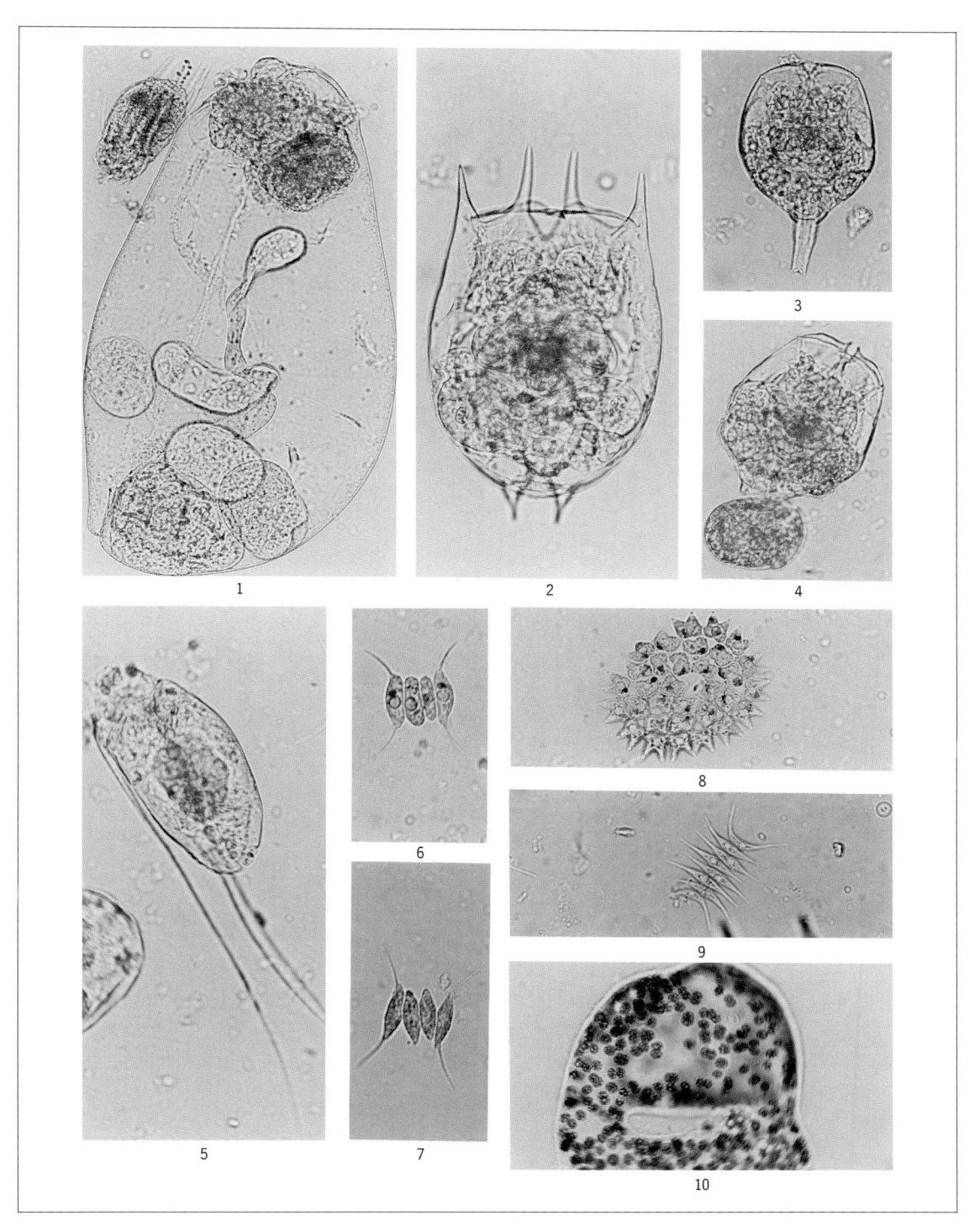

図-192 1995年11月10日に内甚兵衛沼で出現した代表的なプランクトン
1. *Asplanchna herricki*, 2. *Brachionus calyciflorus*, 3. *Brachionus angularis* f. *bidens*, 4. *Brachionus angularis*, 5. *Filinia longiseta*, 6. *Scenedesmus quadricauda*, 7. *Scenedesmus protuberans*, 8. *Pediastrum duplex*, 9. *Scenedesmus acuminatus*, 10. *Microcystis wesenbergii*

3-3. 千葉の湖沼

65種が同定されたことを報告している.

この出現種数の綱別の内訳を見ると, 原生動物が5属6種, 輪虫類が8属13種, 鰓脚類が2属2種, 橈脚類が2属2種, 藍藻類が4属6種, 珪藻類が9属17種, 及び緑藻類が9属19種であった.

優占種は, 動物プランクトンでは, 輪虫類の *Brachionus budapestinensis* で, これに同じ輪虫類の *B. angularis*, *B. angularis* f. *bidens*, *B. calyciflorus*, *Filinia longiseta*, *Polyarthra vulgaris*, 鰓脚類の *Bosminopsis deitersi*, 原生動物の属種名は明らかでないが, 外甚兵衛沼にも出現した大型の繊毛虫類の一種, 等が続いた.

植物プランクトンは, 量的に乏しく, 優占種は珪藻類の *Aulacoseira ambigua* で, これに藍藻類の *Microcystis wesenbergii* が次いだが, これら2種以外は極めて少なかった. しかし, 調査時期が11月であることを考え合わせると, 夏期の高水温時には, 藍藻類による「水の華」の形成や, 緑藻類のクロロコックム目の多種が同時に多産することも十分にあり得ると思われる.

内甚兵衛沼のプランクトン型は, 動物プランクトンが, 第XV型, 富栄養型輪虫類群集, 植物プランクトンが第VIII型, 富栄養型珪藻類群集と判断されるが, 季節によっては第X型, 富栄養型緑藻類群集或いは第XI型, 富栄養型藍藻類群集となることも推定される. また, 地理的に近い外甚兵衛沼の群集構造とは, 植物プランクトンの群集が異なり, 動物プランクトンも外甚兵衛沼で出現しなかった鰓脚類の2種が見られる等, 違いが認められた.

〈底生動物〉

内甚兵衛沼の底生動物については, 全く知見がない.

〈魚　類〉

内甚兵衛沼の魚類は, コイ, ゲンゴロウブナ, モツゴ, ナマズ, ブラックバス, カムルチー等が棲息する.

〈水生植物〉

内甚兵衛沼の水生植物は, 挺水植物のヨシ, ガマが見られ, その群落の沖出し幅は最大20mに達する. 沈水植物, 浮葉植物については, 知見がない.

田中正明（1996）プランクトンから見た本邦湖沼の富栄養化の現状（227）, 再び本州の湖沼⑮. 水, 38, 4, 534, 74-77

第4章

中部地方の湖沼

　わが国の湖沼の約21.8%が中部地方に位置するが，『日本湖沼誌』では49湖沼を取り上げたに過ぎず，新潟県の頸城湖沼群を始め，重要と思われる湖沼が少なくない．
　ここでは，これらの比較的知られていないが特徴的な湖沼や，幾つかの湖沼がまとまって存在する湖沼群等を取り上げ整理する．

4-1. 頸城湖沼群

　新潟県中頸城郡の平野には，海岸近くに大小の池沼が並んでいる．池は，北から坂田池，長峰池，朝日池，鵜ノ池，天ヶ池，蜘ヶ池，また，これらの南約5kmには大池，小池等が位置している（図-193）．

　これらの池沼の多くは，高田平野形成の早い時期に成立した潟湖の名残りで，中には水生植物が豊かな低湿地や湧水池であった所を護岸整備し，農業用水に利用しているものも含まれている．

　頸城湖沼群は，池沼が集中し，比較的面積が大きなものも含まれているが，陸水生物学的並びに陸水学的な知見は乏しい湖沼群といえる．

4-1-1. 坂田池

　坂田池は，新潟県中頸城郡柿崎町に位置する堰止め湖で，現在は農業用水として利用され，また公園としての整備が進められ，噴水等も設けられている．

　本池についての知見は乏しく，環境庁（1987，1993）による『自然環境保全基礎調査』による水質分析値，生物相等の記録と，田中（2004）による2001年8月7日の調査報告が知られる程度である．

〈水　質〉

　環境庁（1987）によれば，坂田池の1985年10月2日の調査結果は，透明度が1.0m，表層水温が19.6℃，pHが7.2，溶存酸素が9.0 mg/l，電気伝導度が210 μS/cm，CODが7.4 mg/l，TOCが7.0 mg/l，塩素イオンが26.4 mg/l，全窒素が1.9 mg/l，全リンが0.034 mg/l，クロロフィルaが95 mg/m³であった．

　また，環境庁（1993）は1991年7月15日の調査で，透明度が1.1 m，表層水温が27.2℃，pHが8.4，溶存酸素が10.8 mg/l，電気伝導度が118 μS/cm，CODが5.8 mg/l，TOCが4.2 mg/l，塩素イオンが33 mg/l，全窒素が0.31 mg/l，全リンが0.017 mg/l，クロロフィルaが11 mg/lと報告している．この時の溶存酸素の垂直分布を見ると，2mで4.6 mg/l，4mでは0.2 mg/lと底層での著しい減少傾向が観測されている．

　田中（2004）による2001年8月7日の調査では，水色がウーレの水色計の第XII号，透明度が0.85 m，表層水温が30.6℃，pHが8.8，溶存酸素が10.95 mg/l，電気伝導度が132 μS/cm，CODが5.65 mg/l，塩素イオンが33.2 mg/l，全窒素が0.62 mg/l，全リンが0.029 mg/lであった．

〈プランクトン〉

　坂田池のプランクトンについて，環境庁（1993）は代表的な動物プランクトンとして，*Polyarthra vulgaris, Keratella cochlearis, Brachionus forficula* f. *anglaris*, 植物プランクトンとして *Coelasphaerium naegelianum, Microcystis* spp., *Crucigenia tetrapedia* を報告している．

　田中（2004）による2001年8月7日の調査では，動物プランクトンの優占種は，輪虫類の *Brachionus forficula* で，これに *Platyias patulus*, 原生動物の *Arcella discoides, Difflugia tuberculata*, 鰓脚類の *Bosmina longirostris, Diaphanosoma dubia, Ilyocryptus spinifer*, 橈脚類の *Eodiaptomus japonicus* 等が続いた．

　植物プランクトンは，緑藻類の *Mougeotia* sp., 珪藻類の *Tabellaria fenestrata, Surirella capronii*, 藍藻類の *Microcystis aeruginosa* が多く，他に緑藻類の *Pediastrum duplex, P. araneosum, Pleurotaenium ehrenbergii* var. *elongatum* 等の出現が目立った．

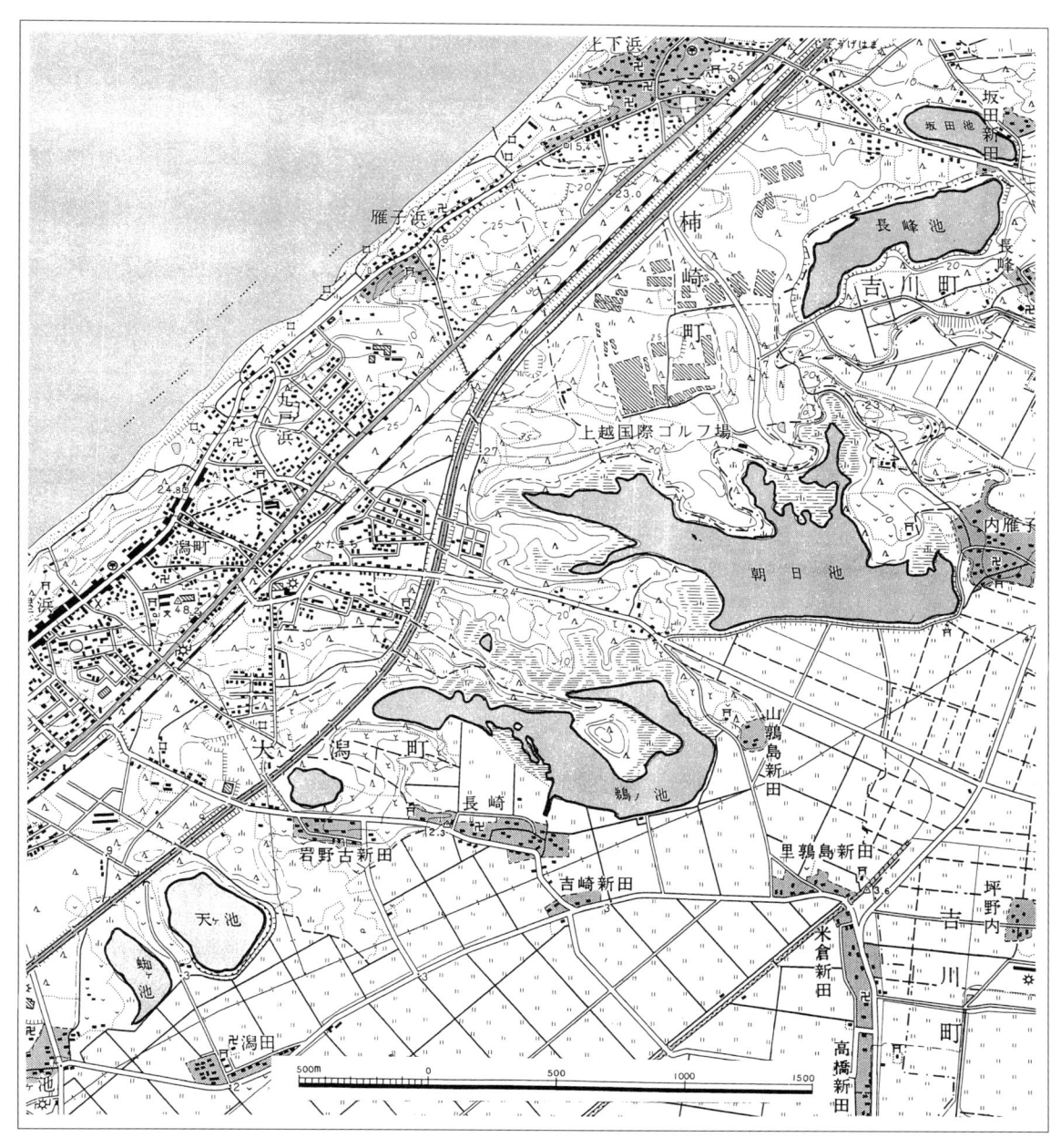

図-193 頸城湖沼群の地理的位置

坂田池のプランクトン型は，動物プランクトンが第 XI 型，中栄養型輪虫類群集，植物プランクトンは疑問が残るが，第 X 型，富栄養型緑藻類群集に相当するものと思われる．

〈底生動物〉

田中（2004）による 2001 年 8 月 7 日の調査では，ユスリカ類の幼虫が 2 種，*Tubifex* sp., オオタニシ等が得られ，プランクトン試料中から線虫類 1 種が確認された．

環境庁（1993）によれば，アメリカザリガニ，ミズムシ等が棲息する．

4-1. 頸城湖沼群

〈魚　類〉

　坂田池の魚類は，コイ，ゲンゴロウブナ，ヨシノボリ，チチブ，オイカワ，メダカ，カムルチー，ブラックバスを確認した．

〈水生植物〉

　坂田池では，湖岸の44.4％が人工の護岸化が計られているが，このため水生植物は少なく，植栽されたショウブが見られ，キショウブも植栽されたものであることが考えられる．他には，ヨシ，マコモ，カンガレイ，ホテイアオイが見られた．

　環境庁（1987）　第3回自然環境保全基礎調査，湖沼調査報告書，北陸・甲信越版．15，1-141
　環境庁（1993）　第4回自然環境保全基礎調査，湖沼調査報告書，北陸・甲信越版．15，1-153
　田中正明（2004）プランクトンから見た本邦湖沼の富栄養化の現状（326），再び本州の湖沼⑱．水，46，7，657，66-68

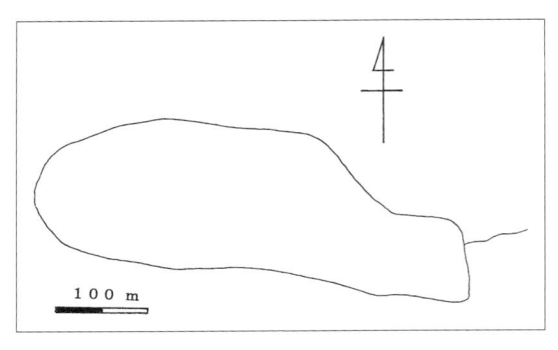

図-194　坂田池の池沼概念図

図-195　坂田池（2001年8月7日撮影）

4-1-2．朝日池

　朝日池は，新潟県中頸城郡大潟町に位置する堰止め湖で，本来は湧水がある低湿地を堰止めたもので，この湖沼群の中では最も大きい．

　池の北側には，上越国際ゴルフ場があり，東端からは農業用に取水されている．

　朝日池に関する陸水学的並びに陸水生物学的な知見は乏しく，環境庁（1987，1993）による『自然環境保全基礎調査』の水質分析値，田中（2004）による2001年8月7日の調査報告が知れる程度である．

〈水　質〉

　朝日池の水質について，環境庁（1987）は1985年10月2日の調査で，透明度が1.0 m，表層水温が19.6℃，pHが7.2，溶存酸素が9.0 mg/l，電気伝導度が210 μS/cm，CODが7.4 mg/l，TOCが7.0 mg/l，塩素イオンが26.4 mg/l，全窒素が1.9mg/l，全リンが0.034mg/l，クロロフィルaが95 mg/m³と報告している．

　また，環境庁（1993）は，1991年8月26日の調査で透明度が0.7 m，水温が28.8℃，pHが7.3，溶存酸素が7.3 mg/l，電気伝導度が142 μS/cm，アルカリ度が0.55 meq/l，CODが12 mg/l，塩素イオンが20 mg/l，全窒素が0.71 mg/l，全リンが0.026 mg/l，クロロフィルaが80 mg/m³と報告している．

　田中（2004）による2001年8月7日の調査では，水色はウーレの水色計の第XIII号で，透明度は0.8 m（底まで全透）であった．この調査時

は，水位がかなり低下しており，底部が干上がって見える所も広い範囲を占めた．表層水の水温は32.0℃，pHは8.8，溶存酸素は10.95 mg/l，電気伝導度は260 μS/cm，CODは14.5 mg/l，塩素イオンは28.9 mg/l，全窒素は1.12 mg/l，全リンは0.031 mg/lであった．

〈プランクトン〉

朝日池のプランクトンについて，環境庁（1993）は夏季の代表種として，動物プランクトンでは *Filinia longiseta, Hexarthra mira, Keratella cochlearis*，植物プランクトンでは *Microcystis* spp., *Dictyosphaerium pulchellum, Lyngbya limnetica* を報告している．

田中（2004）の2001年8月7日の調査では，動物プランクトンが22種，植物プランクトンが39種の合計61種が同定された．

出現種数の綱別の内訳は，原生動物が5属7種，輪虫類が3属3種，鰓脚類が7属9種，橈脚類が3属3種，藍藻類が5属7種，珪藻類が6属7種，及び緑藻類が17属25種であった．

出現種の中で，優占種となったのは動物プランクトンでは，輪虫類の *Brachionus forficula* で，鰓脚類の *Diaphanosoma dubia, Bosmina longirostris* がこれに次いだ．

植物プランクトンでは，藍藻類の *Microcystis wesenbergii* が優占種で，これに *M. aeruginosa* が次ぎ，両者で「水の華」を形成している．また，*M. aeruginosa* には，*Pseudanabaena mucicola* を伴うものが多い．さらに，珪藻類の *Aulacoseira granulata*，緑藻類の *Pediastrum araneosum, P. araneosum* var. *rugulosum, P. duplex* var. *gracillimum* 等が続いた．

朝日池のプランクトン型を考えると，動物プランクトンが第XIV型，富栄養型甲殻類，輪虫類混合型群集，植物プランクトンが第XI型，富栄養型藍藻類群集に相当するものと思われる．

〈底生動物〉

朝日池の底生動物については，環境庁（1993）がセスジユスリカ，オオユスリカ，ヌマエビ，アメリカザリガニ，オオタニシ，モノアラガイ，エラミミズ，ユリミミズを報告している．

田中（2004）の2001年8月7日の調査では，ユスリカ類の幼虫が3種，*Tubifex* sp., オオタニシが得られた．また，プランクトン試料中からは，線虫類1種が確認された．

〈魚　類〉

朝日池の魚類は，ギンブナ，ヨシノボリ，メダカ，チチブ，ドジョウ，ウキゴリ，モツゴ，タモロコ，カムルチー，ブラックバスが棲息する．

〈水生植物〉

朝日池の水生植物は，挺水植物のヨシ，カンガレイ，ウキヤガラ，ハス，コウホネ，クログワイ，マコモ，ヒメガマ，浮葉植物のヒシ，ヒメビシ，ジュンサイ，ガガブタ，ヒルムシロ，コバノヒルムシロ，沈水植物のエビモ，クロモ，トリゲモ，イバラモ，タヌキモ，セキショウモが報告されている（環境庁，1987）．

朝日池の挺水植物群落は，大部分の所で3-10m程の沖出し幅であるが，最も発達した所では

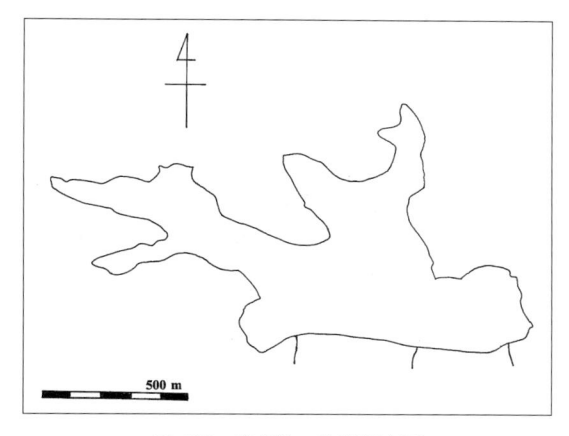

図-196　朝日池の池沼概念図

図-197　朝日池（2001年8月7日撮影）

100 mに達する．

環境庁（1987）第3回自然環境保全基礎調査，湖沼調査報告書，北陸・甲信越版．15，1-141
環境庁（1993）第4回自然環境保全基礎調査，湖沼調査報告書，北陸・甲信越版．15，1-153
田中正明（2004）プランクトンから見た本邦湖沼の富栄養化の現状（328），再び本州の湖沼⑱．水，46，10，660，59-62

4-1-3．鵜ノ池

鵜ノ池は，新潟県中頸城郡大潟町に位置する堰止め湖で，丸山古墳を取り囲むように大きく湾曲する．

池水は，農業用水として水位操作と導水が行われている．

鵜ノ池に関する陸水学的並びに陸水生物学的知見は乏しく，環境庁（1987，1993）による『自然環境保全基礎調査』の水質分析値，田中（2004）の2001年8月7日の調査報告が知られる程度である．

〈水　質〉

鵜ノ池の水質について，環境庁（1987）によれば1985年8月21日の調査で，透明度が0.6 m（底まで全透），表層水の水温が32.2℃，pHが8.6，溶存酸素が9.3 mg/l，電気伝導度が205 μS/cm，CODが17.0 mg/l，TOCが9.2 mg/l，塩素イオンが27.1 mg/l，全窒素が0.66 mg/l，全リンが0.047 mg/l，クロロフィルaが26-42 mg/m³であった．

また，環境庁（1993）は，1991年8月26日の調査では，透明度は0.7 m（底まで全透），表層水温が30.3℃，pHが7.5，溶存酸素が7.7 mg/l，電気伝導度が149 μS/cm，アルカリ度が0.48 meq/l，CODが11 mg/l，TOCが8.1 mg/l，塩素イオンが24 mg/l，全窒素が0.72 mg/l，全リンが0.032 mg/l，クロロフィルaが8.2-8.9 mg/m³であった．

田中（2004）の2001年8月7日の調査では，水色がウーレの水色計の第XIII号，透明度は0.55 m（底まで全透），表層水温は31.5℃，pHが8.4，溶存酸素が9.56 mg/l，電気伝導度が220 μS/cm，CODが15.8 mg/l，塩素イオンが31.4 mg/l，全窒素が0.68 mg/l，全リンが0.048 mg/lであった．

〈プランクトン〉

鵜ノ池のプランクトンについて，環境庁（1993）は代表種として，動物プランクトンでは*Filinia longiseta, Polyarthra vulgaris, Hexarthra*

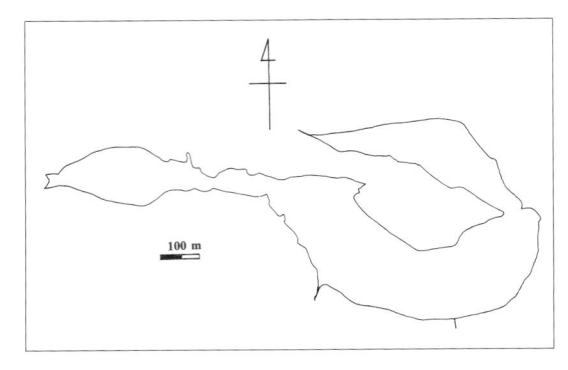

図-198　鵜ノ池の池沼概念図

図-199　鵜ノ池（2001年8月7日撮影）

mira, 植物プランクトンでは *Microcystis* spp., *Lyngbya limnetica*, *Dictyosphaerium pulchellum* を報告している．

田中（2004）による 2001 年 8 月 7 日の調査では，動物プランクトンでは優占種といえる程に多産した種はないが，輪虫類の *Brachionus forficula*, *B. calyciflorus* が比較的多く，これに *Trichocerca similis*, *Macrochaetus sericus*, 原生動物の *Centropyxis discoides*, *Ceratium hirundinella* 等が続いた．

植物プランクトンは，珪藻類の *Cymbella turgidula* が優占し，これに緑藻類の *Pediastrum duplex* var. *gracillimum*, 藍藻類の *Merismopedia convoluta*, *M. punctatum*, *Microcystis aeruginosa* 等が続いた．

鵜ノ池のプランクトン型を考えると，動物プランクトンが第 XI 型，中栄養型輪虫類群集，植物プランクトンが若干疑問も残るが第 X 型，富栄養型緑藻類群集に近いものと考えられる．

〈底生動物〉

筆者の 2001 年 8 月 7 日の調査では，ユスリカ類の幼虫が 3 種，*Tubifex* sp. が認められた．他にオオタニシ，サカマキガイ，モノアラガイが確認された．また，プランクトン試料中からは，タンスイカイメン（属種は明らかでない）の骨片，線虫類 1 種が認められた．

環境庁（1987）によれば，アメリカザリガニ，ヌマビル，ハバヒロビル，エラミミズ，ユリミミズが棲息する．

〈魚 類〉

環境庁（1993）によれば，鵜ノ池に棲息する魚類はヨシノボリ，チチブ，ドジョウ，モツゴであるが，筆者はこれら以外にカムルチー，ブラックバスを確認している．

〈水生植物〉

鵜ノ池の水生植物は，挺水植物のヨシ，マコモ，フトイ，カンガレイ，ウキヤガラ，コウホネ，ハス，沈水植物のセキショウモ，イバラモが知られている．

挺水植物群落は，場所によるが発達した所では沖出し幅が 80 m に達する．

環境庁（1987）第 3 回自然環境保全基礎調査，湖沼調査報告書，北陸・甲信越版．15, 1-141

環境庁（1993）第 4 回自然環境保全基礎調査，湖沼調査報告書，北陸・甲信越版．15, 1-153

田中正明（2004）プランクトンから見た本邦湖沼の富栄養化の現状（327），再び本州の湖沼⑱．水，46, 8, 658, 36-40

4-1-4．大 池

大池は，新潟県中頸城郡頸城村に位置する堰止め湖で，小池と東西に並び，池水も連絡する．

池は，保倉川から揚水されており，農業用水として利用され，また公園湖沼として魚釣やボート遊びに親しまれている．

大池に関する陸水学的並びに陸水生物学的な知見は乏しく，環境庁（1987, 1993）による『自然環境保全基礎調査』による水質分析値，生物調査結果，田中（2004）による 2001 年 8 月 7 日の調

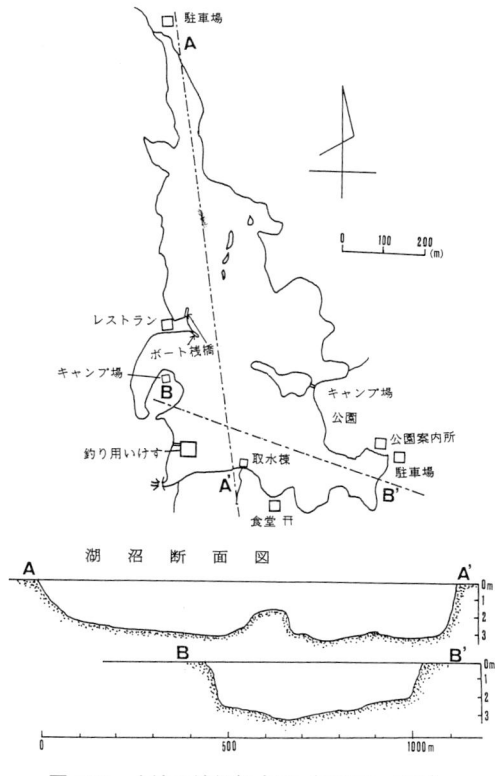

図-200 大池の池沼概念図（環境庁，1993）

査報告が知られる程度である.

〈水　質〉

環境庁（1987）によれば，大池の1985年9月11日の調査結果は，透明度が0.6m，表層水温が26.3℃，pHが6.4，溶存酸素が6.0mg/l，電気伝導度が63μS/cm，CODが3.9mg/l，TOCが4.2mg/l，塩素イオンが8.6mg/l，全窒素が0.30mg/l，全リンが0.035mg/l，クロロフィルaが18mg/m³であった.

また，環境庁（1993）によれば，1991年7月29日の調査では，透明度が5.9m，表層水温が28.9℃，pHが7.1，溶存酸素が8.4mg/l，電気伝導度が73μS/cm，アルカリ度が0.13meq/l，CODが3.0mg/l，TOCが1.8mg/l，塩素イオンが11mg/l，全窒素が0.14mg/l，全リンが0.005mg/l，クロロフィルaが1.0mg/m³であった.

田中（2004）による2001年8月7日の調査では，水色がフォーレルの水色計の第VI号，透明度が6.1m，表層水温が30.1℃，pHが8.2，溶存酸素が10.4mg/l，電気伝導度が65μS/cm，CODが3.2mg/l，塩素イオンが12.4mg/l，全窒素が0.28mg/l，全リンが0.006mg/lであった.

〈プランクトン〉

大池のプランクトンについて，環境庁（1993）が，動物プランクトンでは *Difflugia gramen, Hexarthra mira, Polyarthra vulgaris,* 植物プランクトンでは *Asterococcus superbus, Microcystis* spp., *Dinobryon divergens* を報告している.

田中（2004）による2001年8月7日の調査では，動物プランクトンの原生動物の *Difflugia gramen* が優占種で，これに *Difflugia corona*, 鰓脚類の *Bosmina longirostris,* 輪虫類の *Hexarthra mira, Lecane lunaris, Conochilus unicornis* が続いた.

また，植物プランクトンでは，緑藻類の *Mougeotia* sp. が優占し，これに *Oedogonium* sp., *Micrasterias foliacea, Sphaerozoma aubertianum* var. *archeri* 等が続いた.

大池のプランクトン型は，動物プランクトンが第XII型，富栄養型根足虫類群集，植物プランクトンが第X型，富栄養型緑藻類群集に相当するものと思われる.

〈底生動物〉

大池の底生動物について，環境庁（1993）はフサカ，オオユスリカ，イトミミズ，オオタニシ，カラスガイを報告している.

田中（2004）による2001年8月7日の調査では，ユスリカ類の幼虫が3種，オオタニシが確認された．また，プランクトン試料中からは，線虫類1種が確認された．

〈魚　類〉

大池の魚類は，コイ，ギンブナ，タモロコ，ヨシノボリ，ブラックバスが知られている．

〈水生植物〉

大池の水生植物は，農業用水の利用のために水位操作が行われることもあって，貧弱な構成である．挺水植物のカンガレイ，ウキヤガラ，ガマ，浮葉植物のヒシ，沈水植物のイバラモ，センニンモが生育する．また，挺水植物群落は大部分の湖

図-201　大池（上）及び小池（下）（2001年8月7日撮影）

岸で、全く認められないが、一部で発達した所があり、沖出し幅で5mに達する.

環境庁（1987）第3回自然環境保全基礎調査，湖沼調査報告書，北陸・甲信越版. 15, 1-141
環境庁（1993）第4回自然環境保全基礎調査，湖沼調査報告書，北陸・甲信越版. 15, 1-153
田中正明（2004）プランクトンから見た本邦湖沼の富栄養化の現状（329），再び本州の湖沼⑲. 水, 46, 11, 661, 65-67

4-1-5. 小 池

小池は，新潟県中頸城郡頸城村の大池の西側に位置する堰止め湖である．大池との水の連絡があり，保倉川からの揚水によって，農業用水として調整され，導水利用されている．

小池に関する陸水学的並びに陸水生物学的な知見は乏しく，環境庁（1987，1993）の報告が知られる程度である．

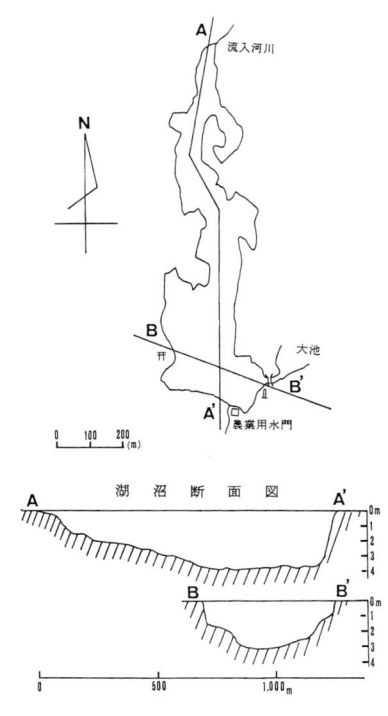

図-202 小池の池沼概念図（環境庁，1993）

〈水 質〉

小池の水質は，環境庁（1987）によれば1985年9月11日の調査によって，透明度が0.7m，表層水温が25.5℃，pHが6.4，溶存酸素が5.4 mg/l，電気伝導度が62 μS/cm，CODが5.7 mg/l，TOCが6.1 mg/l，塩素イオンが9.6 mg/l，全窒素が0.47 mg/l，全リンが0.054 mg/l，クロロフィルaが9 mg/m³と報告されている.

また，環境庁（1993）は1991年7月29日の調査で，透明度が5.7 m，表層水温が30.1℃，pHが7.0，溶存酸素が8.2 mg/l，電気伝導度が73 μS/cm，アルカリ度が0.14 meq/l，CODが3.0 mg/l，TOCが2.6 mg/l，塩素イオンが11 mg/l，全窒素が0.20 mg/l，全リンが0.006 mg/l，クロロフィルaが0.8 mg/lと報告している.

筆者の2001年8月7日の調査では，水色がフォーレルの水色計の第VII号，透明度が5.8 m，表層水温が30.2℃，pHが8.2，溶存酸素が9.94 mg/l，電気伝導度が68 μS/cm，CODが3.1 mg/l，塩素イオンが12.0 mg/l，全窒素が0.26 mg/l，全リンが0.006 mg/lであった.

〈プランクトン〉

小池のプランクトンについて，環境庁（1993）は大池とほぼ同様の出現種を報告している．夏季の動物プランクトンの代表種は，*Difflugia gramen*, *Hexarthra mira*, *Diaphanosoma brachyurum*, 植物プランクトンは*Asterococcus superbus*, *Microcystis* spp., *Dinobryon divergens*であった.

筆者の2001年8月7日の調査では，動物プランクトンの優占種は原生動物の*Difflugia corona*で，これに*D. gramen*, *D. tuberculata*, 輪虫類の*Conochiloides dossuarius*, *Conochilus unicornis*, 鰓脚類の*Bosmina longirostris*が続いた.

植物プランクトンの優占種は，*Mougeotia* sp.で，これに*Spirogyra* sp., *Pleurotaenium ehrenbergii* var. *elongatum*, 珪藻類の*Surirella capronii*が続いた.

小池のプランクトン型は，動物プランクトンが第XII型，富栄養型根足虫類群集，植物プランクトンが第X型，富栄養型緑藻類群集に相当するものと判断される．このように，小池のプラン

クトン群集は，水の連絡のある大池と極めてよく似たものであることが認められる．

〈底生動物〉

環境庁（1993）によれば，小池の底生動物は，ミズカマキリ，フサカ，アメリカザリガニ，ヌマエビ，オオタニシが棲息する．

筆者の2001年8月7日の調査では，ユスリカ類の幼虫が2種，オオタニシが確認された．また，プランクトン試料中からは，線虫類1種，及びコケムシ類の休芽が確認された．

〈魚　類〉

小池の魚類は，コイ，ギンブナ，タモロコ，ヨシノボリ，ブラックバスが知られている．

〈水生植物〉

小池の水生植物は，挺水植物のカンガレイ，ウキヤガラ，沈水植物のイバラモ，センニンモが生育する．

環境庁（1987）　第3回自然環境保全基礎調査，湖沼調査報告書，北陸・甲信越版．15, 1-141
環境庁（1993）　第4回自然環境保全基礎調査，湖沼調査報告書，北陸・甲信越版．15, 1-153

4-2. 新潟の湖沼

　新潟の平野部に点在する湖沼は，その多くが砂丘湖か或いは海跡湖であるが，周辺の開拓や農地化で埋没化が進み，湖沼の形態を留めていないものや，干拓によって消失したものが少なくない．
　環境庁（1993）によれば，代表的な湖沼の鳥屋野潟，御手洗潟，佐潟等では汚濁が相当に進行している．

環境庁（1993）第4回自然環境保全基礎調査，湖沼調査報告書，北陸・甲信越版．15，1-153

4-2-1. 鳥屋野潟

　鳥屋野潟は，東を亀田町，西を信濃川によって画された新潟市西部に位置する湖で，湖の周辺には桜並木があり，ボート遊びや釣場として新潟市民に親しまれている．
　本湖からの流出河川は，栗ノ木川へ排水するものが1本のみであるが，流入河川は11本が知られる．本湖は，水質汚濁が進み，その浄化対策として，小阿賀野川から水が導入され，さらに農閑期に阿賀野川本流から年間1500万t を導水する等の事業が進められてきた．
　本湖は，かつては新潟平野の低湿地に点在した多くの潟沼の中で，干拓水田化されずに残った数少ない湖である．
　鳥屋野潟に関する陸水学的並びに陸水生物学的な知見は，行政機関による定期的な監視調査を除けば乏しく，伊藤，松木ほか（1985），岡，安部ほか（1985），田中（1986），環境庁（1987，1993）等が知られる程度である．

〈水　質〉
　鳥屋野潟の水質について，環境庁（1993）は1991年9月3日の調査で，透明度が0.7m，表層水温が26.8℃，pHが8.3，溶存酸素が13.4 ppm，電気伝導度が183 μS/cm，アルカリ度が0.56 meq/l，CODが11.7 mg/l，TOCが8.5 mg/l，塩素イオンが23 mg/l，全窒素が1.6 mg/l，全リンが0.20 mg/l，クロロフィルaが62 mg/m³ と報告している．
　筆者の2000年8月11日の調査では，水色がウーレの水色計の第XIII号，透明度が0.50 m，表層水温が26.5℃，pHが7.4，溶存酸素が7.04 mg/l，電気伝導度が340 μS/cm，CODが13.8 mg/l，塩素イオンが37.8 mg/l，全窒素が2.4 mg/l，全リンが0.12 mg/l であった．

〈プランクトン〉
　鳥屋野潟のプランクトン相について，田中

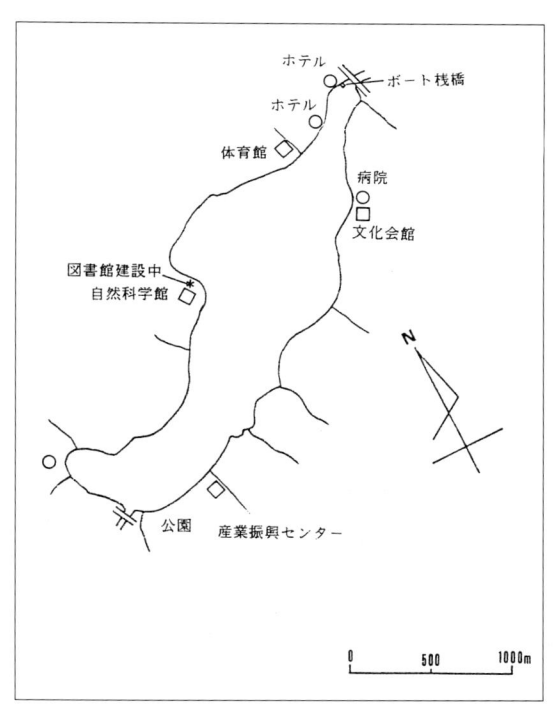

図-203　鳥屋野潟の池沼概念図（環境庁，1993）

（1986）は1980年6月5日の調査から，輪虫類の *Brachionus quadridentatus*, 緑藻類の *Spirogyra* sp. 等が多く，かなり富栄養化した湖沼の群集構造であることを報告している．

筆者が2000年8月11日に行った調査では，動物プランクトンが28種，植物プランクトンが32種の合計60種が出現した．

出現種数の綱別の内訳は，原生動物が5属9種，輪虫類が9属14種，鰓脚類が3属3種，橈脚類が2属2種，藍藻類が6属8種，珪藻類が11属15種，及び緑藻類が7属9種であった．

出現種の中で，優占種は動物プランクトンでは輪虫類の *Brachionus quadridentatus* var. *ancylognathus* で，これに *B. calyciflorus* var. *dorcas*, 原生動物の *Arcella gibbosa* が次いだ．また，*Brachionus* 属は，この他にも *B. quadridentatus* f. *brevispinus*, *B. urceus* f. *nilsonii*, *B. leydigi* f. *tridentatus* 等，幾つかの種が出現し，量的にも多く見られた．

植物プランクトンでは，優占種は緑藻類の *Pediastrum duplex* で，これに *Spirogyra* sp., 藍藻類の *Oscillatoria limosa*, *O.* sp., 珪藻類の *Gyrosigma* sp. が続いた．

プランクトン型は，動物プランクトンが第XV型，富栄養型輪虫類群集，植物プランクトンが第X型，富栄養型緑藻類群集と判断される．

〈底生動物〉

鳥屋野潟の底生動物について，岡，安部ほか（1985）はイトトンボ類3種，ユスリカ類1種，ハナアブ類1種，ヒル類3種等，16種の出現を報告し，ユスリカ類及び貧毛類の現存量は乏しく，流出口付近ではハナアブが多いと述べている．

なお，筆者はプランクトン試料中から，2種のユスリカ類の幼虫，線虫類1種，コケムシ類の休芽を見出している．

また，本湖では戦後排水機場が完備してから，カラスガイ，ドブガイ等が激減したとされている．

〈魚類〉

鳥屋野潟の魚類は，ゲンゴロウブナ，マブナ，コイ，ウグイ，タイリクバラタナゴ，モツゴ，ヨシノボリ，カムルチー，ブラックバス，ブルーギル等が知られ，年々減少傾向にあるが，ゲンゴロウブナ，マブナ，コイ等が現在でも漁獲されている．

〈水生植物〉

筆者の2000年8月11日の調査では，ヨシ，マコモ，ガマ，コウホネ，ミクリ，ハス，ヒシ，オニビシ，アサザ，トチカガミ，ヒツジグサ，ヒルムシロ，クロモ，エビモ，マツモ，イバラモ，トリゲモ，セキショウモ，ホテイアオイ，ウキクサが確認された．挺水植物群落の発達は，場所によってかなり異なるが，最大沖出し幅は80-100mに達している．

伊藤　章，松木　保，松本史郎，本間義治（1985）鳥屋野潟の陸水環境と生物相，I．珪藻．日本陸水学会第50回大会，滋賀

環境庁（1987）第3回自然環境保全基礎調査，湖沼調査報告書，北陸・甲信越版．15, 1-141

環境庁（1993）第4回自然環境保全基礎調査，湖沼調査報告書，北陸・甲信越版．15, 1-153

岡　夙男，安部信之，富樫繁春，帆苅信夫，本間義治（1985）鳥屋野潟の陸水環境と生物相，II．その他の生物．日本陸水学会第50回大会，滋賀

田中正明（1986）プランクトンから見た本邦湖沼の富栄養化の現状（113），再び本州の湖沼㊻．水，28, 12, 392, 75-77

4-2-2．清五郎潟

清五郎潟は，鳥屋野潟の南約500mに位置した小湖であるが，埋め立てと改変がくり返されて，かつての湖の極く一部が残存しているに過ぎない．

湖は，鳥屋野潟から流入する流れがあり，東端から清五郎排水路が流出し，南流する．

清五郎潟に関する陸水学的な知見は乏しく，環境庁（1993）の『第4回自然環境保全基礎調査』においても，調査対象外の天然湖沼として，位置，標高，面積，成因等が記されているに過ぎない．

〈水　質〉

清五郎潟の水質について，筆者の 2000 年 8 月 11 日の調査では，水色がウーレの水色計の第 XIV 号，透明度が 0.40 m，表層水温が 27.2℃，pH が 7.4，溶存酸素が 8.62 mg/l，電気伝導度が 141 μS/cm，COD が 9.8 mg/l，塩素イオンが 11.8 mg/l，全窒素が 2.1 mg/l，全リンが 0.10 mg/l であった．

〈プランクトン〉

清五郎潟のプランクトンについては，筆者は 2000 年 8 月 11 日の調査で採集した試料から，動物プランクトンが 19 種，植物プランクトンが 26 種の合計 45 種を同定した．

その綱別種数の内訳は，原生動物が 7 属 8 種，輪虫類が 6 属 7 種，鰓脚類が 2 属 2 種，橈脚類が 2 属 2 種，藍藻類が 3 属 4 種，珪藻類が 8 属 10 種，及び緑藻類が 11 属 12 種であった．

出現種の中で，優占種となったのは動物プランクトンでは，輪虫類の *Brachionus calyciflorus* var. *dorcas* で，植物プランクトンは珪藻類の *Asterionella formosa* であった．また，これら以外には輪虫類の *Lecane lunaris*，原生動物の *Arcella vulgaris*, *A. gibbosa*, *Dinobryon divergens*，珪藻類の *Aulacoseira granulata*，緑藻類の *Pediastrum duplex*, *Closterium braunii*, *Spirogyra* sp., *Hydrodictyon reticulatum* 等が比較的多く見られた．

プランクトン型は，動物プランクトンは第 XV 型，富栄養型輪虫類群集，植物プランクトンは第 VIII 型，富栄養型珪藻類群集，或いは第 IX 型，富栄養型珪藻類，緑藻類混合型群集に相当するものと判断される．

〈底生動物〉

清五郎潟の底生動物については，ほとんど知見がない．筆者の 2000 年 8 月 11 日の調査では，3 種のユスリカ類の幼虫が得られたが，量的には乏しい．

〈魚　類〉

清五郎潟の魚類については，知見が乏しい．筆者は，コイ，ゲンゴロウブナ，ウグイ，モツゴ，カムルチー，ブラックバス，ブルーギルを確認している．

〈水生植物〉

清五郎潟の水生植物については，ほとんど知見がないが，筆者はヨシ，マコモ，ガマ，コウホネ，ヒルムシロ，ホテイアオイを確認した．

環境庁（1993）　第 4 回自然環境保全基礎調査，湖沼調査報告書，北陸・甲信越版．15, 1-153

4-3. 静岡の湖沼

　静岡県の湖沼は，浜名湖が一般に知られるが，小さな海跡湖や三日月湖も存在する．これらの大部分は，陸水学的或いは陸水生物学的な知見も乏しく，地元でも天然湖といった認識がないものも少なくない．

　気候的には温暖な地域であり，内陸部を除けば年平均気温は16℃を上回り，冬季でも4℃を下回ることは稀である．また，降水量は多く年間2000 mm以上で，伊豆半島では2400 mmを上回る．

4-3-1. 明神池

　静岡県戸田村井田に位置する海跡湖で，大瀬崎神池の南約4 kmに当たり，海岸に沿って南北に長い長円形を呈する．

　本池に関する陸水学的並びに陸水生物学的な知見は乏しく，地理的位置や海抜高度，面積等の数値を記したものを別にすれば，田中（1992）が1992年1月31日に行った調査結果が知られるにすぎない．

〈水　質〉

　明神池の水質について田中（1992）は，水色はフォーレルの水色計の第IV号にやや白濁を加えたもので，透明度は0.3 mと低い値を測定している．また，表層水温は4.9℃，pHは7.8，溶存酸素は8.3 mg/l，電気伝導度は100 μS/cm，CODは2.42 mg/l，塩素イオンは7.69 mg/l，全窒素は0.29 mg/l，全リンは0.02 mg/lであった．

　このように，本池は海に近く，海跡湖と考えられるものであるが，全くの淡水池であり，また特に注目されるような汚濁の進行も認められなかった．

〈プランクトン〉

　明神池のプランクトン相については，田中（1992）は1992年1月31日の調査で，動物プランクトンが15種，植物プランクトンが39種の合計54種が出現したことを報告している．

　出現種数の綱別の内訳は，原生動物が7属8種，輪虫類が4属5種，鰓脚類が1属1種，橈脚類が1属1種，藍藻類が1属2種，珪藻類が9属18種，及び緑藻類が11属19種であった．

　出現種の中で，優占種は動物プランクトンでは特になく，輪虫類の *Brachionus calyciflorus* 及び橈脚類の Cyclopidae の一種がやや多い程度であったが，植物プランクトンでは珪藻類の *Aulacoseira islandica* が優占種で，これに *A. granulata* 及び *A. granulata* var. *angustissima* が次ぎ，他に緑藻類の *Pediastrum araneosum, P. tetras* var. *tetraodon, Tetraedron minimum, T. caudatum, T. trilobatum, Scenedesmus spinosus* 等の出現も目立った．

　プランクトン型は，動物プランクトンが第XV型，富栄養型輪虫類群集，植物プランクトンが第VII型，中・富栄養型珪藻類混合型群集に相当するものと考えられる．

〈底生動物〉

　明神池の底生動物について，田中（1992）はタンスイカイメンの骨片が多く認められ，本池に棲息するものと考えられるが，種は同定できていないと述べている．

〈魚　類〉

　明神池の魚類は，田中（1992）によればコイ，フナ（ゲンゴロウブナ？），ナマズが棲息する．

〈水生植物〉

　水生植物については，田中（1992）が池は公園化が進められ，湖岸が人工的な護岸となったことで，挺水植物群落が不自然な状態となっており，

なるべく自然な状態を保持できるような改変が望ましいと述べている．確認し得た水生植物は，ヨシ，ガマの2種である．

田中正明（1992）プランクトンから見た本邦湖沼の富栄養化の現状（181），再び本州の湖沼⑩．水，34，7，477，69-73

4-3-2．野守ノ池

野守ノ池は，静岡県川根町に位置し，大井川にその支流の家山川が合流する所に形成された，三日月湖と考えられるものである．

本池についての陸水学的並びに陸水生物学的な知見は乏しく，渡辺，岡崎ほか（1985），三好，桜田ほか（1985），田中（1992）等の報告が知られる程度である．

〈水 質〉

野守ノ池の水質については，渡辺，岡崎ほか（1985）が，1983年4月から1984年2月までの間に6回の調査を行い，透明度が0.5-1.5 m，全窒素が1.36-4.65 mg/l，全リンが0.01-0.06 mg/l，クロロフィルaが11.2-84.5 mg/m³，CODが最大値で7.7 mg/l，溶存酸素が15 mg/lと，明らかに富栄養型の範疇に入ることを報告している．また，渡辺，岡崎ほか（1985）は，クロロフィルaの濃度を基に，富栄養化の状態を求める方法のTSI値を算出し，平均値で59を示し，富栄養湖に区分できると述べている．

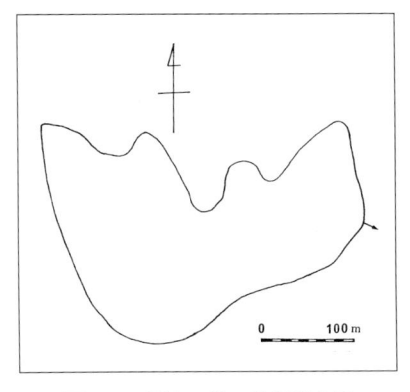

図-204 野守ノ池の池沼概念図

田中（1992）によれば，1992年4月18日の調査では，水色がフォーレルの水色計の第VII号，透明度は1.14 mであった．また，表層水温は9.9℃，pHは8.0，溶存酸素は10.4 mg/l，電気伝導度は140 μS/cm，CODは3.10 mg/l，塩素イオンは10.7 mg/lであった．

〈プランクトン〉

野守ノ池のプランクトン相について，田中（1992）は1992年4月18日の調査で動物プランクトンが28種，植物プランクトンが52種の合計80種が出現したと述べている．

出現種数の綱別の内訳は，原生動物が8属13種，輪虫類が7属7種，鰓脚類が6属7種，橈脚類が1属1種，藍藻類が2属3種，珪藻類が13属27種，及び緑藻類が19属22種であった．

出現種の中で，優占種となった種は，動物プランクトンでは，輪虫類の *Brachionus calyciflorus* で，これに橈脚類のCyclopidaeのNauplius幼生が次いだ．

一方，植物プランクトンは，1 ml当り7700細胞が出現したが，珪藻類の *Aulacoseira italica* が2750細胞/ml（35.7%），*Synedra acus* が1918細胞/ml（24.9%），*Aulacoseira distans* が1592細胞/ml（20.6%）と，これら3種が全体の81.2%を占めた．

プランクトン型は，動物プランクトンでは第XV型，富栄養型輪虫類群集，植物プランクトンは第VII型，中・富栄養型珪藻類混合型群集に相当するものと思われる．

〈底生動物〉

野守ノ池の底生動物については，知見がない．

〈魚 類〉

野守ノ池は，ゲンゴロウブナの釣り場として知られる．他にはコイ，ブラックバス，ブルーギル，ナマズ等の棲息が確認された．

〈水生植物〉

野守ノ池の水生植物については，水質汚濁とソウギョによって，大部分が消失したが，ヨシ，ショウブ，コウホネ，ヒシ等の植栽実験が行われ，護岸のコンクリートが石組みに変えられる等，様々な取り組みがなされている．しかし，一度失われた植生の再生は困難であり，釣り池との

両立等，今後対策を講じる多くの課題が残されている．

三好広志，桜田松太郎，橋本圭司，岡崎幸司（1985）湖沼の底質の実態について（第2報），野守の池，田貫湖，鶴ヶ池および桜ヶ池における底質の垂直汚染分布．静岡県衛生環境センター報告，28，81-86

田中正明（1992）プランクトンから見た本邦湖沼の富栄養化の現状（183），再び本州の湖沼⑪．水，34，8，478，37-40

渡辺　稔，岡崎幸司，海野忠市，中神　敏，橋本圭司，深沢　均（1985）静岡県内湖沼における富栄養化状態指標（TSI）の適用について．静岡県衛生環境センター報告，28，75-80

4-3-3．大瀬崎神池

静岡県の伊豆半島西岸の大瀬崎の先端には，伊豆七不思議の一つに数えられる，神池と呼ばれる淡水池が存在する．

大瀬崎は，約1kmの砂嘴であり，本池は海跡湖とされてはいるが，地質或いは地形から見て今後の詳細な研究が必要と思われる．

池は，大瀬崎神社の神域として保護されているが，三万尾以上のニシキゴイが放流されており，人工湖的である．しかし，池の周辺は，ビャクシンの群落が広がり，天然記念物に指定されている．

神池に関する陸水学的並びに陸水生物学的な知見は，岡山（1959），藤田（1961），田中（1992）等の報告が知られている．

〈水　質〉

神池の水質については，藤田（1961）が報告しているが，田中（1992）は海水の地下水への影響で大きく変化し，調査結果が著しく異なると述べている．

田中（1992）による1992年1月31日の調査によれば，水色はフォーレルの水色の第V号で，透明度は0.45m，水温は5.0℃，pHは7.6，電気伝導度は60μS/cm，CODは2.4mg/l，塩素イオンは5.49mg/lであった．藤田（1961）によれば，塩素イオンは296.46mg/lであり，著しく異なることが認められる．

〈プランクトン〉

神池のプランクトン相について，藤田（1961）は，緑藻類8種，鼓藻類2種，双鞭毛藻類1種，珪藻類2種，橈脚類1種，鰓脚類2種，輪虫類2種，原生動物1種の合計19種を報告している．優占種については，7月には，植物プランクトンでは *Navicula* sp.，動物プランクトンでは *Mesocyclops Leuckartii*，11月には植物が *Kirchneriella lunaris*，動物が *Bosmina longirostris* であったことを述べており，出現種のすべてが淡水種であった．

田中（1992）によれば，1992年1月31日の調査で出現したのは，動物プランクトンが15種，植物プランクトンが25種の合計40種であった．

出現種数の綱別の内訳は，原生動物が6属6

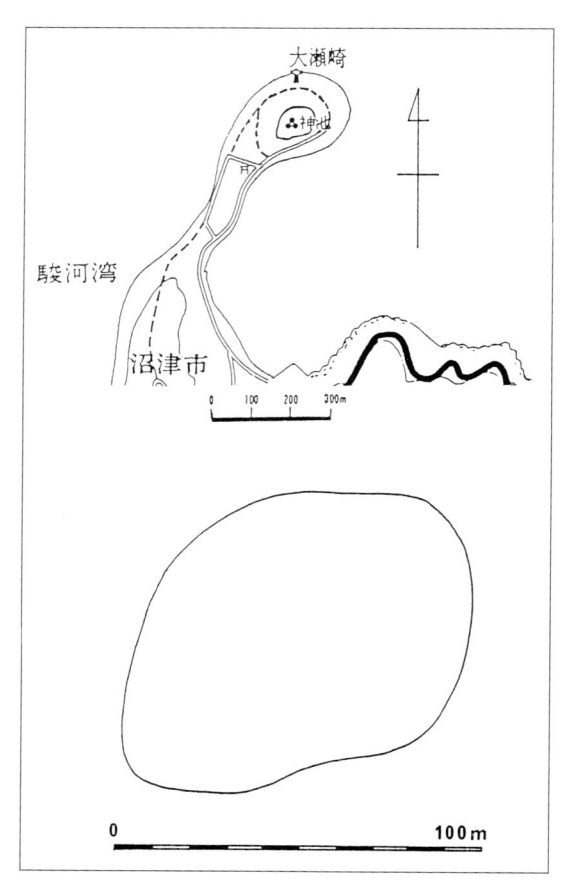

図-205　神池の地理的位置及び池沼概念図

種，輪虫類が3属4種，鰓脚類が3属3種，橈脚類が2属2種，藍藻類が2属3種，珪藻類が8属9種，及び緑藻類が10属13種であった．

優占種は，動物プランクトンでは輪虫類の *Brachionus calyciflorus* で，これに鰓脚類の *Bosmina longirostris* が次いだ．また，植物プランクトンでは，特に優占種といえる程に卓越した種はないが，珪藻類の *Gomphonema parvulum* が最も多く，緑藻類の *Staurastrum iotanum* var. *longatum* がこれに次いだ．動植物共に，淡水種のみであった．

プランクトン型は，動物プランクトンが第XV型，富栄養型輪虫類群集，植物プランクトンが第X型，富栄養型緑藻類群集に相当するものと思われる．

〈底生動物〉

神池の底生動物については，知見がない．

〈魚　類〉

神池の魚類については，放流されたニシキゴイが棲息するが，他の魚種については確認していない．

〈水生植物〉

神池の水生植物については，若干のヨシが生育するが，他に確認し得た種はない．

藤田惣吉（1961）大瀬崎にある淡水池のプランクトンについて．陸水学雑誌，22，4，230-233

岡山誠司（1959）水のたわむれ，第III部．科学の実験，10，9，16-19

田中正明（1992）プランクトンから見た本邦湖沼の富栄養化の現状（180），再び本州の湖沼[103]．水，34，6，476，77-81

4-4. 岐阜の湖沼

　岐阜県の木曽三川流域には，幾つかの天然湖が存在するが，面積的にも小さく，地元でもその存在を知られていない．

　これらの地域は，かつては木曽三川が台風や降雨出水のたびに，氾濫と流路変更をくり返し，多くの三日月湖や落堀が点在していた．しかし，明治になって三川の分流と流路が整理されたことにより，多くの池沼が消失し，残存するものは少ない．

　これらの池沼に関する調査研究は，ほとんど知られていない．

4-4-1. 八神池

　八神池は，木曽川の馬飼頭首工の北約1kmに位置する小池で，木曽川の氾濫によって形成された落堀と推定されるものである．本池に関する陸水学的並びに陸水生物学的な知見は乏しく，田中（1995）が1995年9月19日に行った調査結果が知られる程度である．

〈水　質〉

　八神池の水質について，田中（1995）の調査結果を見ると，水色はウーレの水色計の第XIV号に相当し，透明度が0.35mであった．また，水温は23.5℃，pHは7.6，溶存酸素は12.0mg/l，電気伝導度は162μS/cm，SSは9.0mg/l，CODは9.20mg/l，全窒素は1.80mg/l，硝酸態窒素は1.70mg/l，亜硝酸態窒素は0.05mg/l，全リンは0.105mg/l，リン酸態リンは0.032mg/l，塩素イオンは10.7mg/lであった．

〈プランクトン〉

　八神池のプランクトン相について，田中（1995）は，動物プランクトンが30種，植物プランクトンが47種の合計77種を同定している．

　出現種数の綱別の内訳は，原生動物が5属7種，輪虫類が13属17種，鰓脚類が3属3種，橈脚類が3属3種，藍藻類が5属7種，珪藻類が7属9種，及び緑藻類が20属31種であった．

　出現種の中で，優占種といえる程多産した種は，動植物プランクトン共にないが，出現頻度が比較的高かった種は，動物プランクトンでは輪虫類の *Brachionus quadridentatus* var. *brevispinus*, *B. forficula*, *Schizocerca diversicornis*，橈脚類の *Eodiaptomus japonicus*，植物プランクトンでは藍藻類の *Microcystis aeruginosa*, *M. wesenbergii*，緑藻類の *Spirogyra* sp. 等であった．

　また，これら以外にも動物プランクトンの *Diaphanosoma dubia*, *Moina macrocopa*, *Euchlanis dilatata*, *Lecane luna*, *Filinia terminalis*，植物プランクトンの *Diatoma elongatum*, *Nitzs-*

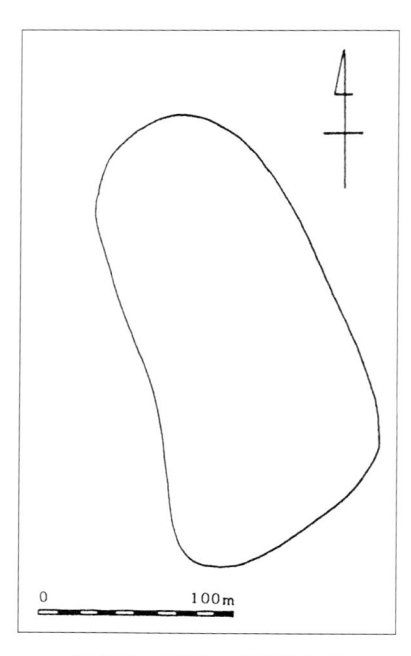

図-206　八神池の池沼概念図

chia sp., *Synedra rumpens* 等の出現も目立った．

本池の植物プランクトンは，種数では必ずしも貧弱とはいえないが，量的には1ml当り2700細胞と少なく，大きさが1μm以下のピコプランクトンも，ネットプランクトンの約4倍の11690細胞/mlであった．この値は，同じ落堀である埼玉県の鳥羽井沼のネットプランクトンが2990細胞/mlに対して，ピコプランクトンが12360細胞/mlであった（田中，1995）のに似た結果である．

八神池のプランクトン型は，動物プランクトンが第XV型，富栄養型輪虫類群集，植物プランクトンが第XI型，富栄養型藍藻類群集に相当するものと思われる．

〈底生動物〉

八神池の底生動物については知見がないが，筆者はアカムシユスリカと *Tubifex* sp. が1m²当りの個体数で，前者が1240個体，後者が990個体を計数した．

〈魚類〉

八神池の魚類は，コイ，フナ，カムルチー，ブラックバス，ブルーギルが確認されている．

〈水生植物〉

八神池の水生植物について田中（1995）は，ヨシ，ウキクサが生育し，ヨシ群落の沖出し幅は最大で3m程度と報告している．

田中正明（1995）プランクトンから見た本邦湖沼の富栄養化の現状（217），再び本州の湖沼⑭．水，37，6，521，30-34
田中正明（1995）プランクトンから見た本邦湖沼の富栄養化の現状（224），再び本州の湖沼⑭．水，37，15，530，68-73

4-4-2．小敷池

小敷池は，木曽川と長良川とがV字状に接近した付け根に相当する所に形成された，長良川の落堀と考えられる小池である．

本池に関する陸水学的並びに陸水生物学的な知見は乏しく，田中（1996）による1995年9月19日の調査結果が知られる程度である．

〈水質〉

小敷池の水質について，田中（1996）によれば水色はウーレの水色計の第XIV号で，透明度は0.35mであった．表層水の水温は25.0℃，pHは7.7，溶存酸素は9.5 mg/l，電気伝導度は174 μS/cm，CODは9.85 mg/l，SSは10 mg/l，塩素イオンは11.2 mg/l，全窒素は1.92 mg/l，全リンは0.20 mg/lであった．

〈プランクトン〉

田中（1996）によれば，小敷池のプランクトン相は，動物プランクトンが34種，植物プランクトンが46種の合計80種の出現が認められた．

出現種数の綱別の内訳は，原生動物が10属16種，輪虫類が10属15種，鰓脚類が1属1種，橈脚類が2属2種，藍藻類が4属6種，珪藻類が9属17種，及び緑藻類が12属23種であった．

出現種の中で，優占種は動物プランクトンでは輪虫類の *Brachionus forficula* で，これに同じ輪虫類の *Schizocerca diversicornis*，橈脚類の *Heliodiaptomus nipponicus* が次いだ．

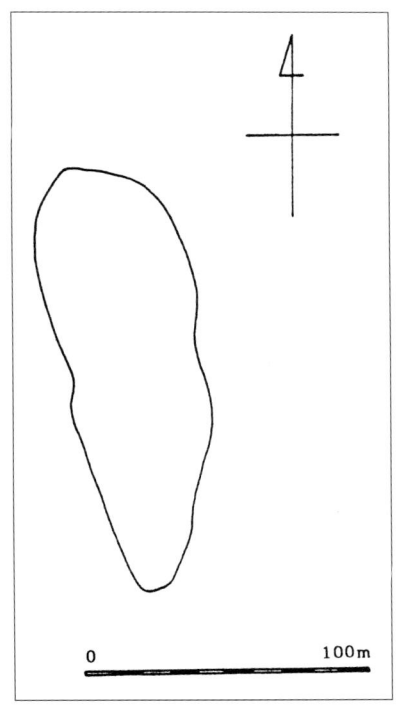

図-207 小敷池の池沼概念図

表-13　1995年9月19日の小敷池のプランクトン出現種

PROTOZOA		*Oscillatoria* sp. 1	
Mallomonas sp.		*Oscillatoria* sp. 2	
Euglena deses		BACILLARIOPHYCEAE	
Euglena gaumei		*Melosira varians*	+
Euglena sp.		*Aulacoseira granulata*	
Phacus pseudonordstedtii		*Cyclotella* sp. 1	
Lepocinclis ovum var. *globula*		*Cyclotella* sp. 2	
Trachelomonas sp. 1		*Fragilaria* sp.	
Trachelomonas sp. 2		*Synedra rumpens*	
Difflugia acuminata		*Navicula radiosa*	
Difflugia corona		*Navicula mutica*	
Arcella vulgaris		*Navicula* sp. 1	
Arcella discoides		*Navicula* sp. 2	
Centropyxis aculeata		*Navicula* sp. 3	
Vorticella sp. 1		*Gomphonema constrictum*	+
Vorticella sp. 2		*Cymbella naviculiformis*	
Epistylis sp.		*Cymbella cistula*	
ROTATORIA		*Nitzschia* sp. 1	
Habrotrocha sp.		*Nitzschia* sp. 2	
Rotaria sp.		*Nitzschia* sp. 3	
Lindia?		CHLOROPHYCEAE	
Asplanchna sieboldi		*Pediastrum duplex* var. *gracillimum*	
Brachionus angularis		*Pediastrum boryanum*	
Brachionus angularis var. *bidens*		*Micractinum pusillum*	
Brachionus calyciflorus		*Golenkinia radiata*	
Brachionus calyciflorus f. *anuraeiformis*		*Tetraedron minimum*	
Brachionus forficula	C	*Tetraedron muticum*	
Brachionus quadridentatus f. *brevispinus*		*Tetraedron trilobatum*	
Schizocerca diversicornis	+	*Chodatella quadriseta*	
Filinia longiseta		*Chodatella* sp.	
Notommata ?		*Oocystis parva*	
Monostyla pygmaea		*Actinastrum hantzschii*	
Conochilus unicornis		*Crucigenia quadrata*	
BRANCHIOPODA		*Scenedesmus acutus*	
Diaphanosoma macrophthalma		*Scenedesmus acuminatus*	
COPEPODA		*Scenedesmus quadricauda*	
Heliodiaptomus nipponicus	+	*Scenedesmus opoliensis*	
Cyclopidae		*Scenedesmus spinosus*	
CYANOPHYCYAE		*Spirogyra* sp. 1	+
Chroococcus dispersus		*Spirogyra* sp. 2	
Microcystis aeruginosa	C	*Closterium* sp. 1	
Microcystis wesenbergii	C	*Closterium* sp. 2	
Merismopedia elegans		*Cosmarium* sp. 1	
		Cosmarium sp. 2	

　植物プランクトンでは，藍藻類の*Microcystis aeruginosa*及び，*M. wesenbergii*の2種が優占し，珪藻類の*Melosira varians*, *Gomphonema constrictum*，緑藻類の*Spirogyra* sp.等が次いだ．

　鰓脚類は，わずかに*Diaphanosoma macrophthalma*が1種出現したのみであるが，水生植物が生育し，水質的にも特異な環境とは思われないことから，今後の調査によって，種数が加わるものと考えられる．

　プランクトン型は，動物プランクトンが第XV型，富栄養型輪虫類群集，植物プランクトンが第XI型，富栄養型藍藻類群集と判断される．

〈底生動物〉

　小敷池の底生動物については，田中（1996）は属種名を同定するに至っていないとしているが，

トンボ類を含む水生昆虫類の幼虫5種が得られたことを報告している．また，未発表資料では，ユスリカ類の幼虫及び *Tubifex* sp. が，前者で890個体/m²，後者で1460個体/m² と計数されている．

〈魚　類〉

小敷池の魚類については，田中（1996）がコイ，フナ，ブラックバスを確認している．

〈水生植物〉

小敷池の水生植物については，田中（1996）がヨシ，ウキクサ，ヒシを確認し，挺水植物群落の沖出し幅が，最大6mに達すると報告している．

田中正明（1996）プランクトンから見た本邦湖沼の富栄養化の現状（225），再び本州の湖沼⑭．水，38，1，531，66-69

た
第5章

近畿地方の湖沼

　近畿地方の湖沼は，何といっても日本最大の面積を有する琵琶湖と，その内湖及び余呉湖が思い浮ぶが，三重県の太平洋岸には未調査のものも含めて，多くの海跡湖が点在し，さらに京都府の日本海側にも幾つかの湖沼が存在する．

　ここでは，陸水学的或いは陸水生物学的な知見の乏しいこれらの海跡湖を中心に，まとめるものとする．

5-1. 三重沿岸の湖沼

　三重県の太平洋岸には，多くの海跡湖が位置している．湖沼の中には，陸側からの道が全くなく，海から上陸して近付くしか到達手段のない所も幾つかある．原子力発電所の建設問題で揺れ，オオウナギが棲息するといわれる芦浜に位置した芦浜池，鈴島という小島にある鈴島池等，興味深く，中には淡水であるのか，汽水であるのかさえ明らかでない湖沼が存在する．

　気候的には，温暖で年平均気温は16℃以上であるが，国内でも降水量が多いことで知られた所であり，年間2800 mm以上，尾鷲から紀伊半島南部にかけては3200 mm以上に達することが知られている．

5-1-1. 白石湖

　白石湖は，三重県の太平洋岸の北牟婁郡海山町に位置し，湖口部が船津川，銚子川を介して引本湾に接し，海水がこれらの河川をへて直接流入する汽水湖である．

　本湖では，カキ或いは真珠等の養殖が行われており，一部ではボラ，スズキ，タイ等の釣り場ともなっている．

　本湖に関する調査研究は，海山町役場，三重県尾鷲水産試験場，同尾鷲保健所等による水質，底質，漁業関係の報告等，様々なものがある．陸水学的並びに陸水生物学的なものとしては，環境庁（1979，1987，1993），田中（1989）等の報告が知られている．

〈水　質〉

　白石湖の水質について，環境庁（1987）は1985年8月8日の調査で，透明度が2.9-3.8 mを測定し，表層水温が22.2℃，1 mで21.1℃，3 mで23.1℃，8 mで26.7℃と底層で上昇することを観測している．また，pHも表層で7.0，3 mで7.4，8 mで8.2と同様の傾向を，さらにCl$^-$が表層で1.60‰，3 mで7.25‰，8 mで31.70‰と底層における海水層の存在を示す結果を報告している．溶存酸素については，表層では8.96 ppm，3 mでは8.45 ppmであるが，8 m層では2.71 ppmまで減少している．

　表層水のアンモニア態窒素は0.003 ppm，8 m層では0.253 ppm，硝酸態窒素が0 mで0.022 ppm，8 m層で0.015 ppm，亜硝酸態窒素が0 mで0.001 ppm，8 m層で0.001 ppm，リン酸態リンが0 mで0.002 ppm，8 m層で0.069 ppm，CODが0 mで1.04 ppm，8 m層で2.18 ppm，SSが0 mで1.9 ppm，8 m層で2.3 ppmであった．

　また，環境庁（1993）による1991年8月7日の調査でも，同じような垂直分布が認められた．この時の透明度は2.7-2.8 m，表層水の水温は20.7℃，pHは6.6，溶存酸素は8.5 ppm，電気伝導度は1740 μS/cm，塩分は0.78‰，アンモニア態窒素は0.01 ppm以下，硝酸態窒素は0.21 ppm，亜硝酸態窒素は0.01 ppm以下，リン酸態リンは0.027 ppm，CODは1.9 ppm，SSは1.1 ppmであった．

　なお，夏季の底層における溶存酸素の減少は，年によって，また調査地点によっても大きく変動するが，田中（1989）は1986年8月22日の調査で，5.5 m付近から減少して，9 mの底泥直上で0.94 ppmと著しい貧酸素状態を報告しており，無酸素層の形成もあると考えられる．本湖では，地形的に見て上下層の交換が乏しく，海水の影響が底層に水平に広がり，水の動きも水平の交流によって支えられていると考えられることから，表層水の溶存酸素は周年的に豊富でも，底層では減少し，深み等では貧酸素から無酸素となりやすい

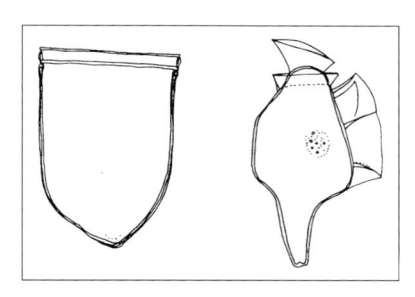

図-208 1986年8月22日に白石湖で得られた *Favella azorica*（左）及び *Dinophsis homunculus* var. ?（右）

ものと推定される.

〈プランクトン〉

白石湖のプランクトンについて，田中（1989）は1986年8月22日の調査で，動物プランクトンでは，*Favella azorica*（図-208），*Protorhabdonella* sp., *Tintinnopsis* sp., *Dinophsis homunculus* var. ?（図-208），*D.* sp., *Oithona nana*，及び橈脚類の Nauplius 幼生，植物プランクトンでは種数並びに量的に乏しいが，*Thalassiosira* sp., *Chaetoceros* sp., *Coscinodiscus* sp. の3種がやや多く認められたと述べている．また，水域によって異なり，船津川によって運び込まれたと推定される緑藻類の *Scenedesmus quadricauda*, *S. denticulatus* var. *linearis*, *Tetraedron minimum*, *Ankistrodesmus falcatus* var., *Pediastrum tetras*，珪藻類の *Synedra rumpens*, *Nitzschia palea*, *N.* sp., *Surirella tenera* 等が湖口部で得られた．

白石湖のプランクトン型は，疑問もあるが動物プランクトンは第IX型，中栄養型橈脚類群集，植物プランクトンは第VIII型，富栄養型珪藻類群集に相当するものと思われる．

〈底生動物〉

白石湖の底生動物については，環境庁（1987）がゴカイ，コケムシ，ヒドロ虫類，カニ類，カキ，アサリ等を報告している．

本湖の底層の塩分濃度は高く，当然海産種が棲息するが，溶存酸素の減少等，良好な環境下にあるとは言いがたい．

〈魚　類〉

白石湖の代表的な魚類は，ボラ，スズキ，クロダイ，ウグイとされている．実際には多くの魚種が棲息するものと思われるが，十分な知見がない．

〈水生植物〉

白石湖の水生植物は，挺水植物のヨシが見られ，場所によって群落が発達し，最大沖出し幅が7m程であるが，全く生育しない所が多い．

また，湖内には多くの海藻類が見られ，環境庁（1987）はアオノリ，ホンダワラ，モズク，ハバノリ等を報告している．

環境庁（1979）　第2回自然環境保全基礎調査，湖沼調査報告書．1-22
環境庁（1987）　第3回自然環境保全基礎調査，湖沼調査報告書．24, 1-11
環境庁（1993）　第4回自然環境保全基礎調査，湖沼調査報告書．24, 1-18
田中正明（1989）　プランクトンから見た本邦湖沼の富栄養化の現状（145），再び本州の湖沼㊋．水，31, 7, 342, 78-80

5-1-2．船越池

船越池は，三重県北牟婁郡海山町に位置する小湖で，地元ではハマナツメの群落がある池として知られている．

本池は，陸水学的並びに陸水生物学的な調査研究の対象となったことはほとんどなく，田中（1991）による1989年10月14日に行った調査の報告が知られる程度である．

〈水　質〉

船越池の水質は，田中（1991）によれば水色はウーレの水色計の第XVI号から第XVII号を呈し，透明度は0.6mが測定された．表層水の水温は20.5℃，pHは6.7，溶存酸素は11.5 mg/l，電気伝導度は 40μS/cm，CODは6.84 mg/l，塩素イオンは5.90 mg/l であった．

本池の水質は，海岸から近いがその影響は小さいものであった．

〈プランクトン〉

船越池のプランクトン相について，田中（1991）は1989年10月14日の調査で動物プラン

クトンが26種，植物プランクトンが83種の合計109種が出現したことを報告している．

出現種数の綱別の内訳は，原生動物が10属13種，輪虫類が8属9種，鰓脚類が2属3種，橈脚類が1属1種，藍藻類が5属8種，珪藻類が16属38種，及び緑藻類が24属37種であった．

優占種は，動物プランクトンでは輪虫類の *Asplanchna priodonta* で，これに原生動物の *Dinobryon sertularia*, *Difflugia corona*, *Arcella vulgaris*, *A. discoides*, 輪虫類の *Asplanchna herricki* 等が続いた．

植物プランクトンでは，藍藻類の *Phormidium tenue* が優占し，これに珪藻類の *Aulacoseira granulata*, *A. ambigua*, *Tabellaria fenestrata*, *T. fenestrata* var. *intermedia*, *Asterionella formosa*, *Fragilaria construens*, *Synedra rumpens*, 緑藻類の *Pediastrum araneosum*, *P. boryanum*, *P. tetras*, *Botryococcus braunii*, *Micractinum pusillum* 等が続いた．

プランクトン型は，動物プランクトンが第XI型，中栄養型輪虫類群集，植物プランクトンが第IX型，富栄養型珪藻類，緑藻類混合型群集と判断される．

〈底生動物〉

船越池の底生動物について，田中（1991）は *Tubifex* sp. が優占種で，他に2種のユスリカ類の幼虫を認めたが，ユスリカ類の個体数は非常に少ないと述べている．

〈魚　類〉

田中（1991）によれば，船越池に棲息する魚類はコイ，ゲンゴロウブナである．

〈水生植物〉

船越池の水生植物について，田中（1991）はヒシがかなり広い範囲に生育し，わずかにオオカナダモが見られると述べている．

田中正明（1991）プランクトンから見た本邦湖沼の富栄養化の現状（164），再び本州の湖沼㉚．水，33，1，456，90-93

5-1-3．大白池

大白池は，三重県北牟婁郡海山町に位置する浅い海跡湖である．池は，その大部分が水生植物が広がる沼沢状で，埋め立てが進み，道路整備等で，将来的には消失する可能性も少なくない．

本池に関する調査研究は，田中（1990）が1989年10月14日に行った調査の報告が知られる程度である．

〈水　質〉

大白池の水質は，田中（1990）によれば水色はウーレの水色計の第XIII号から第XIV号を呈し，透明度は1.8 m（底まで全透）であった．表層水の水温は21.9℃，pHは6.4，溶存酸素は飽和度で104%，1.8 mの底泥直上でも94%であった．また，電気伝導度は50 μS/cm，CODが1.60 mg/l，塩素イオンが5.49 mg/lであった．

〈プランクトン〉

大白池のプランクトン相は，田中（1990）によれば1989年10月14日の調査で，動物プランクトンが14種，植物プランクトンが34種の合計48種が出現した．

その出現種数の綱別の内訳は，原生動物が3属7種，輪虫類が2属2種，鰓脚類が3属4種，橈脚類が1属1種，藍藻類が3属3種，珪藻類が13属22種，及び緑藻類が5属9種であった．

優占種は，動物プランクトンでは原生動物の有殻アメーバの仲間である *Difflugia globulosa* で，これに鰓脚類の *Chydorus sphaericus* が次ぎ，Cyclopinaeの Nauplius 幼生も多く見られた．

植物プランクトンでは，優占種は珪藻類の *Aulacoseira granulata* で，これに *Surirella robusta*, 緑藻類の *Spirogyra* sp. 等が次いだ．

植物プランクトンの量は，優占種となった *Aulacoseira granulata* は1 ml当り380細胞で，*Surirella robusta* は40細胞/ml，これら以外は合計しても10細胞/mlと，全体の量は乏しいことが認められる．

プランクトン型は，動物プランクトンでは第XII型，富栄養型根足虫類群集，植物プランクトンは第VIII型，富栄養型珪藻類群集に相当する

ものと思われる.
〈底生動物〉

大白池の底生動物は,田中（1990）によればドブガイ,トンボ類（属種は明らかでない）の幼虫が1種,ユスリカ類の幼虫が3種確認されている. ユスリカ類の個体数は,40 cm² 当り最大で10個体と少ない.

〈魚　類〉

大白池の魚類は,田中（1990）によれば地元での聞き取り調査であるが,フナ,ナマズが棲息する.

〈水生植物〉

大白池の水生植物は,その大部分を占める程に生育しているが,種としてはヨシが大部分であり,これにガマが混じっている. また,池の中央部や南部では,セイタカアワダチソウの侵入が著しい.

田中正明（1990）　プランクトンから見た本邦湖沼の富栄養化の現状（163),再び本州の湖沼⑬. 水, 32, 15, 455, 77-79

5-1-4. 片上池

片上池は,三重県の太平洋岸の紀伊長島町に位置する海跡湖である.

池には,片上川と尾山川が合流して北東から注いでおり,南端から流出して約600 m で長島港に至る. 現在,池での水産利用はほとんど行われていないが,かつては養殖池として利用された.

片上池に関する陸水学的並びに陸水生物学的な調査研究は乏しく,田中（1990）の報告が知られる程度である.

〈水　質〉

片上池の水質について,田中（1990）は1989年10月14日の調査で,水色がウーレの水色計の第XIII号に近いもので,透明度は1.5 m（底まで全透）と報告している. 調査時の水温は,表層水で23.0℃, pH は 6.8, 1 m 層でも同様であった. また,溶存酸素は表層水で8.4 ppm, 1 m（底泥直上）で8.2 ppm であった. 電気伝導度は,表層水で $3800\,\mu S/cm$, COD は 3.12 mg/l で,塩素イオンは 1354 mg/l であった.

〈プランクトン〉

片上池のプランクトン相について,田中（1990）は1989年10月14日の調査で動物プランクトンが22種,植物プランクトンが38種の合計60種を報告している.

出現種の綱別種数の内訳は,原生動物が7属11種,輪虫類が5属6種,橈脚類が1属1種,貝類の幼生が2種,ゴカイの幼生が1種,フジツボの幼生が1種,藍藻類が5属9種,及び珪藻類が15属29種であった.

出現種は,大部分が汽水種或いは内湾性,沿岸性の海産種で,本池が海水の影響が大きいことをうかがわせるものであった.

優占種は,動物プランクトンは輪虫類の *Synchaeta tremula* で,これに同属の *S. stylata*？が次いだが,この2種以外の個体数は非常に少ない.

一方,植物プランクトンでは,珪藻類の *Melosira nummuloides* が優占種で,これに *Achnanthes brevipes*, *Navicula* sp., *Pleurosigma*

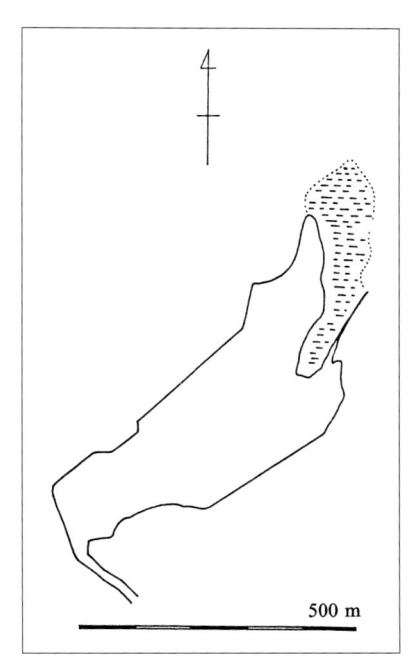

図-209　片上池の池沼概念図

表-14 1989年10月14日の片上池のプランクトン出現種（表中には4種の幼生プランクトンは含まれていない）

PROTOZOA	BACILLARIOPHYCEAE	
Favella campanula	*Melosira lineata*	
Tintinnopsis radix	*Melosira nummuloides*	＋
Tintinnopsis sp.	*Melosira moniliformis*	
Vahlkampfia limax	*Fragilaria* sp.	
Vahlkampfia sp.	*Thalassiosira* sp. 1	
Amoeba（Genus ?）	*Thalassiosira* sp. 2	
Arcella vulgaris	*Coscinodiscus* sp.	
Arcella discoides	*Bacillaria paradoxa*	
Centropyxis aculeata	*Achnanthes inflata*	
Difflugia corona	*Achnanthes brevipes*	＋
Difflugia globulosa	*Achnanthes longipes*	
ROTATORIA	*Achnanthes* sp. 1	
Dissotrocha ?	*Achnanthes* sp. 2	
Rotaria sp.	*Navicula salinarum*	
Cephalodella catellina	*Navicula* sp. 1	＋
Brachionus plicatilis	*Navicula* sp. 2	
Synchaeta tremula ＋	*Rhoicosphenia curvata*	
Synchaeta stylata ? ＋	*Gomphonema* sp.	
COPEPODA	*Amphiprora alata*	
Pseudodiaptomus inopinus	*Triceratium* sp.	
CYANOPHYCEAE	*Cocconeis pediculus*	
Merismopedia convoluta ＋	*Cocconeis* sp.	
Merismopedia elegans	*Gyrosigma* sp.	
Spirulina sp.	*Pleurosigma* sp. 1	＋
Lyngbya girgei	*Pleurosigma* sp. 2	
Lyngbya sp.	*Nitzschia* sp. 1	
Oscillatoria sp. 1	*Nitzschia* sp. 2	
Oscillatoria sp. 2	*Nitzschia* sp. 3	
Oscillatoria sp. 3	*Nitzschia* sp. 4	
Phormidium sp.		

sp.，藍藻類の *Merismopedia convoluta* が続いた．他には，珪藻類の *Melosira lineata*，藍藻類の *Lyngbya* sp.，*Phormidium* sp. の出現も目立った．

また，定量的に見た本池のプランクトン量は，動物プランクトンが1ℓ当り4200個体，植物プランクトンが1ml当り985細胞で，約80％は *Melosira nummuloides* が占めた．

プランクトン型は，動物プランクトンが第XV型，富栄養型輪虫類群集，植物プランクトンが第VIII型，富栄養型珪藻類群集に近いものと考えられる．

〈底生動物〉

片上池の底生動物については，全く知見がない．

〈魚　類〉

片上池の魚類については，海産魚の釣り場となっているが，十分な知見がない．

〈水生植物〉

池の北東部は，湿地が広がりヨシの生育が認められる．池内における水生植物の知見は，全くない．

田中正明（1990）　プランクトンから見た本邦湖沼の富栄養化の現状（160），再び本州の湖沼⑩．水，32，11，451，85-87

5-1-5．諏訪池

諏訪池は，三重県の太平洋岸の紀伊長島町に位

置する海跡湖である.

本池は，池の東部が熊野灘の潮流で運ばれた砂で堰止められたと考えられるが，海との距離は近く，高潮等による海水の影響を受けるものと推定される．沼の西岸の林には，アオサギ，カワウ等が見られ，特にカワウの大きな営巣地となっている．

本池に関する陸水学的並びに陸水生物学的な知見は乏しく，田中（1990）による1989年10月14日の調査報告が知られる.

〈水 質〉

諏訪池の水質について田中（1990）は，水色はフォーレルの水色計の第VII号に相当し，透明度は2mであると述べている．水温は，表層から6.5mの底層まで22℃で変化はなく，pHも7.0で同様の垂直分布であった．電気伝導度は表層から4.5mまで70 μS/cm，CODは4.40 mg/l，塩素イオンは14.6 mg/lであった．このように，池の水は淡水であり，通常は海水の影響は小さいものと推定されるが，6-6.5m層は硫化水素臭を呈し，電気伝導度で380-400 μS/cmで，溶存酸素1.95 mg/lと低く，底層水の周年的な停滞も推定される．

〈プランクトン〉

諏訪池のプランクトン相については，田中（1990）によれば1989年10月14日の調査では動物プランクトンが44種，植物プランクトンが92種の合計136種と多くの出現種が報告されている．

出現種数は，綱別に見ると原生動物が11属18種，輪虫類が9属11種，鰓脚類が8属12種，介形類が1属1種，橈脚類が2属2種，藍藻類が5属7種，珪藻類が14属37種，及び緑藻類が20属48種であった．

緑藻類の中で，23種は接合藻であり，本池のプランクトン相を特徴づけるものであった．また，珪藻類の中でTabellaria fenestrataと，その変種のvar. intermediaが多産し，腐植性傾向の高い群集であった．これは，池の周辺の森林の落葉や，カワウの営巣地から流入する酸性の排泄物等に起因するものと推定される．

優占種は，植物プランクトンではTabellaria fenestrata及びvar. intermediaが最も多いが，優占種といえる程ではなく，これらにGomphonema acuminatum, Cymbella graciles, C. tumida, Navicula peregrina, 緑藻類のCosmarium maximum等が続いた．

動物プランクトンでは，原生動物の有殻アメーバとして知られたArcella vulgarisが優占種であり，これにA. discoides, Dinobryon divergens, 鰓脚類のBosmina longirostris, Sida crystallina, Chydorus ovalis等が続いた．

諏訪池のプランクトン型は，動物プランクトンは第XII型，富栄養型根足虫類群集と判定されるが，鰓脚類が多く，むしろ第VII型，中栄養型鰓脚類群集とする方が妥当と思われる．植物プランクトンは，腐植性種がかなり多く含まれるが，第X型，富栄養型緑藻類群集に相当するものと思われる．また，夏季には著しい「水の華」の発生が認められることから第XI型，富栄養型藍藻類群集となるものと考えられる．

〈底生動物〉

諏訪池の底生動物については，知見がないが，田中（1990）はユスリカ類が少なくとも4種棲息

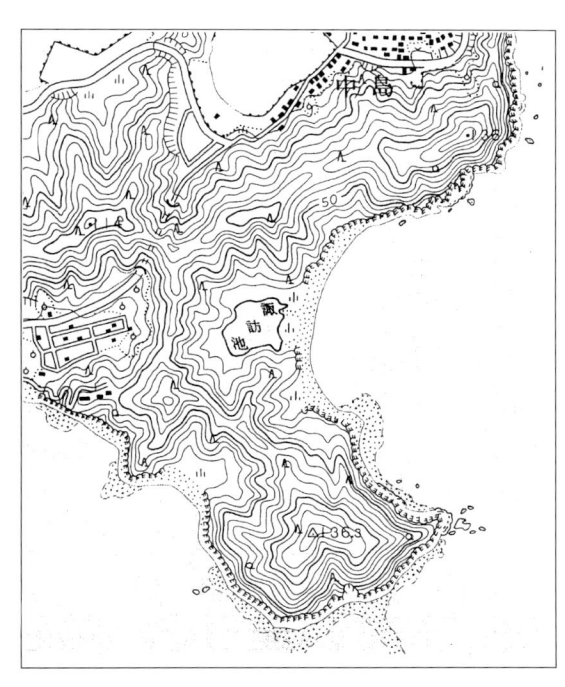

図-210　諏訪池の池沼概念図

すると述べている．また，筆者はタニシを確認している．

〈魚　類〉

諏訪池の魚類については，全く知見がない．筆者は，ゴクラクハゼ，フナ，コイを確認している．

〈水生植物〉

諏訪池の水生植物については，全く知見がないが，本池の腐植性傾向が大きいことや，プランクトン出現種からは，沈水植物群落の存在が推定され，今後の調査に期待したい．

田中正明（1990）プランクトンから見た本邦湖沼の富栄養化の現状（161），再び本州の湖沼㉛．水，32，12，452，84-87

5-1-6．大前池

大前池は，三重県の南部の熊野市久生屋町に位置する堰止め湖である．

本池は，産田川が志原川と合流して熊野灘に注ぐ所が，強い潮流によって堰止められ，再び洪水等で増水した河川がこれを開口し，幾度もの河口の開口と閉塞とをくり返し，さらに氾濫をくり返して，現在の姿に至ったものと推定される．現在でも，大前池の排水口から300m程下流では，池の3倍近い面積の氾濫水域と湿地が広がり，海水の逆流が認められる．ただ，今日では志原川が合流して海に注ぐ所には，水門が設けられ，海水の逆流の調整が行われている．

大前池については，陸水学的並びに陸水生物学的にも知見は乏しく，田中（1997）の報告が知られるに過ぎない．

〈水　質〉

大前池の水質について，田中（1997）は1997年4月17日に調査を行い，水色がウーレの水色計の第XV号，透明度が0.35mと報告している．この時の表層水は，水温が17.0℃，pHが8.0，溶存酸素が9.2 mg/l，CODが15.0 mg/l，塩素イオンが36.5 mg/lであった．

〈プランクトン〉

大前池のプランクトン相について，田中（1997）は1997年4月17日の調査で，動物プランクトンが28種，植物プランクトンが72種の合計100種が出現したと述べている．

出現種数の綱別の内訳は，原生動物が6属13種，輪虫類が6属9種，鰓脚類が3属4種，橈脚類が2属2種，藍藻類が6属7種，珪藻類が11属31種，及び緑藻類が16属34種であった．

動物プランクトンでは，輪虫類の *Brachionus calyciflorus* が優占種で，これに *B. calyciflorus* var. *anuraeiformis*，鰓脚類の *Alona rectangula* が次いだが，これら以外の種は，量的には乏しかった．

植物プランクトンは，珪藻類の *Melosira varians* が優占し，同じ珪藻類の *Bacillaria paradoxa*，*Nitzschia* sp.，藍藻類の *Oscillatoria tenuis*，*Lyngbya* sp.，緑藻類の *Spirogyra* sp. 等が比較的多く見られた．

出現種の中で，*Bacillaria paradoxa*，及び *Nitzschia* 属の中で，*N. sigma*，*N.* sp. 等数種の汽水域に多く出現する種が認められたが，大部分は淡水種であった．

プランクトン型は，動物プランクトンが第XV型，富栄養型輪虫類群集，植物プランクトンが第XII型，富栄養型汚濁性藍藻類群集と判断される．

〈底生動物〉

大前池の底生動物については，全く知見がない．

〈魚　類〉

大前池の魚類については，田中（1997）によればコイ，フナ，ブラックバスが棲息する．

〈水生植物〉

大前池の水生植物については，全く知見がない．

田中正明（1997）プランクトンから見た本邦湖沼の富栄養化の現状（245），再び本州の湖沼㉑．水，39，11，556，77-81

5-1-7. かさらぎ池

　かさらぎ池は，三重県の熊野灘沿岸の奈良浦に面した湾が，砂によって北西部が閉塞し形成された海跡湖である．池は，現在は北西端が連絡水路として開口し，干満による海水の浸入がある．また，池は真珠養殖場として利用されている．

　かさらぎ池に関する陸水学的並びに陸水生物学的な調査研究は，田中（1990）による1989年10月15日の報告が知られるが，これ以外の知見はない．

〈水　質〉

　かさらぎ池の水質について，田中（1990）は1989年10月15日の調査で水色がフォーレルの第III号，透明度は4.2m（底まで全透）と測定している．また，表層水の水温は23.5℃，4m層でも大きな違いがなく23.2℃，pHは表層の測定を行ったのみであるが8.3であった．溶存酸素は，表層から底層まで，また池内全域で9.02-9.14mg/lで，底泥直上においても減少は認められなかった．塩分については，池内全域で33.52‰であり，ほぼ海水によって成っている池といえる．また，CODは0.98-1.20mg/lが測定され，汚濁傾向も認められなかった．

〈プランクトン〉

　かさらぎ池のプランクトン相について，田中（1990）は1989年10月15日の調査では全くの海産種から成るもので，汽水性或いは淡水性といえる種は得られなかったと述べている．

　出現種は，動物プランクトンが26種，植物プランクトンが12種の合計38種であった．

　出現種は，原生動物が3属4種，橈脚類が9属13種，原索動物（ホヤ類）が1属1種，その他の様々な幼生プランクトンが8属8種，及び珪藻類が8属12種であった．

　今回出現した種は，その多くが暖海性のものであり，熊野灘に面した本池の環境をよく示していると思われる．

　出現種の中で，優占種は動物プランクトンが *Oikopleura* sp.（オタマボヤの一種），植物プランクトンが珪藻類の *Coscinosira oestrupi* であった．

　これら以外には，動物プランクトンの *Squilla*?（シャコ類の一種），*Mitella mitella*（カメノテの幼生），*Lepas anatifera*（エボシガイの幼生），*Sapphirina* sp., *Pareuchaeta*?, 橈脚類の *Paracalanus parvus*, *Oithona nana*, Balanidae（フジツボ類の一種）等，また植物プランクトンでは珪藻類の *Skeletonema costatum* が比較的多く見られた．

　かさらぎ池のプランクトン型は，海産種から成ることから，淡水域のどの栄養段階と一致するものかは今後の研究に待たねばならないが，おそらく動物プランクトンは第IX型，中栄養型橈脚類群集，植物プランクトンは第VI型，中栄養型珪藻類群集に相当するものと考えられる．

　ただ，本池では真珠の養殖が行われており，一部はクロダイ，イシダイ等の釣り場となっていることから，これらを原因とした水質汚濁，或いは富栄養化の進行もあるものと思われる．

〈底生動物〉

　かさらぎ池の底生動物については，全く知見がない．

〈魚　類〉

　かさらぎ池の魚類は，クロダイ，イシダイを始

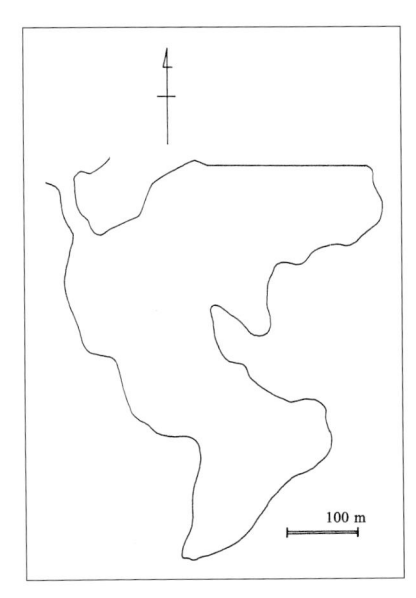

図-211　かさらぎ池の池沼概念図

めとする海産魚種が棲息し，また回遊してくるものと考えられるが，十分な知見はない．

〈水生植物〉

かさらぎ池において生育する水生植物は，全く認められないが，海藻類が何種か見られた．

田中正明（1990）プランクトンから見た本邦湖沼の富栄養化の現状（162），再び本州の湖沼㉜．水，32，13，453，86-88

5-1-8. 壺ノ池

壺ノ池は，三重県南部に位置する堰止め湖で，南岸に社があり，池自体が御神体となっている．池は，南東に排水口があり，灌漑用水として導水されている．

陸水学的並びに陸水生物学的な知見は乏しく，田中（1997）による1997年4月17日の調査結果を報告したものが知られるに過ぎない．

〈水　質〉

壺ノ池の水質は，田中（1997）によれば1997年4月17日の調査では，水色はウーレの水色計の第XIII号に相当し，透明度は0.35 mであった．また，表層水の水温は17.0℃，pHが8.0，溶存酸素は8.2 mg/l，電気伝導度は383 μS/cm，CODは15.2 mg/l，塩素イオンは29.5 mg/lであった．

〈プランクトン〉

壺ノ池のプランクトン相について，田中（1997）は1997年4月17日の調査では動物プランクトンが25種，植物プランクトンが28種の合計53種を報告している．

出現種数の綱別の内訳は，原生動物が4属5種，輪虫類が9属13種，鰓脚類が3属3種，橈脚類が4属4種，藍藻類が3属6種，珪藻類が3属4種，及び緑藻類が6属18種であった．

この時の優占種は，動物プランクトンでは鰓脚類の *Bosmina longirostris* で，これに輪虫類の *Brachionus calyciflorus*，*B. angularis* var. *pseudolaboratus*，*Euchlanis dilatata* が次いだ．植物プランクトンでは，全種共に量的には多くはないが，珪藻類の *Aulacoseira granulata* が優占種で，他には同じ珪藻類の *Synedra rumpens*，*Cyclotella kützingiana*，藍藻類の *Microcystis wesenbergii*，緑藻類の *Scenedesmus denticulatus* var. *linearis*，*S. dispar*，*S. quadricauda* 等が比較的多く出現した．

プランクトン型は，動物プランクトンでは第VII型，中栄養型鰓脚類群集，植物プランクトンでは第VIII型，富栄養型珪藻類群集と判定されたが，動物プランクトンでは輪虫類の *Brachionus* 属が何種も混合して出現しており，これらに注目すれば，むしろ第XIV型，富栄養型甲殻類，輪虫類混合型群集とするほうが妥当であるように思われる．

〈底生動物〉

壺ノ池の底生動物については，全く知見がない．

〈魚　類〉

壺ノ池の魚類について，田中（1997）はコイ，フナ，カムルチー，ブラックバスを確認し，ブラックバスの個体数が多く，しかも大型個体が見られることを報告している．

〈水生植物〉

壺ノ池の水生植物については，全く知見がない．

田中正明（1997）プランクトンから見た本邦湖沼の富栄養化の現状（243），再び本州の湖沼(166)．水，39，8，553，78-81

5-1-9. 蓑ノ池

蓑ノ池は，三重県南部に位置する堰止め湖で，空豆型を呈し，湖岸はコンクリート護岸が設置されている．池水は，農業用に導水されており，ミカンを中心とした畑地に利用されている．流入河川はなく，池の南端から排水して，約1.8 km南西に流れて市木川に合流し，熊野灘に流出する．

本池に関する陸水学的並びに陸水生物学的な知見は乏しく，田中（1997）が1997年4月17日に行った調査結果を報告したものが知られるに過ぎ

ない．

〈水　質〉

　蓑ノ池の水質は，田中（1997）によれば1997年4月17日の調査で，水色がウーレの水色計の第XVII号に相当し，透明度が1.20 mであった．また，表層水の水温は16.8℃，pHは7.4，溶存酸素は9.0 mg/l，電気伝導度は344 μS/cm，CODは16.2 mg/l，塩素イオンは26.5 mg/lであった．

〈プランクトン〉

　蓑ノ池のプランクトン相について，田中（1997）は1997年4月17日の調査で動物プランクトンが33種，植物プランクトンが48種の合計81種を報告している．

　出現種数の綱別の内訳は，原生動物が9属15種，輪虫類が7属8種，鰓脚類が6属7種，橈脚類が3属3種，藍藻類が5属6種，珪藻類が5属9種，及び緑藻類が15属33種であった．

　優占種は，動物プランクトンでは原生動物の *Dinobryon divergens* で，これに *D. sertularia*, *Ceratium hirundinella* が次いだ．また，他には輪虫類の *Brachionus angularis*, *Euchlanis dilatata*, 鰓脚類の *Bosmina longirostris*, 原生動物の *Centropyxis aculeata* が比較的多く見られた．

　一方，植物プランクトンは，珪藻類の *Aulacoseira granulata* が優占し，これに緑藻類の *Spirogyra* sp.，珪藻類の *Synedra rumpens*, *Navicula* sp.，*Melosira varians* 等が続き，他にクロロコックム目の *Scenedesmus* 属，*Tetraedron* 属等の種が目立った．

　プランクトン型は，動物プランクトンが第I型，貧栄養型鞭毛虫類群集，植物プランクトンが第IX型，富栄養型珪藻類，緑藻類混合型群集と判定されるが，動物プランクトンについては *Dinobryon* 以外の出現量が多い種は，中から富栄養段階に出現する種であることから，むしろ第VI型，中栄養型鞭毛虫類群集に位置付ける方が，より実態を表しているように思われる．

〈底生動物〉

　蓑ノ池の底生動物については，全く知見がない．

〈魚　類〉

　蓑ノ池の魚類について，田中（1997）はコイ，フナ，カムルチー，ブラックバスが棲息すると述べており，ブラックバスの大型の個体が多数見られたとしている．

〈水生植物〉

　蓑ノ池の水生植物は，確認し得た種はホテイアオイのみであるが，池の東岸はその群落が水面をおおっていた．夏季には，池のほぼ全域がこの群落によっておおわれることが知られている．

田中正明（1997）プランクトンから見た本邦湖沼の富栄養化の現状（244），再び本州の湖沼⑯．水，39, 10, 555, 82-86

5-2. 琵琶湖内湖

　琵琶湖内湖は，その面積が大きなものは干拓により多くは消失し，現存するものは面積的に小さなものか，かつての内湖の一部が残ったものである．

　最近，琵琶湖の富栄養化或いは水質汚濁の進行によって，かつての内湖の果たしてきた役割が想像以上に大きかったことが明らかとなり，その再生さえ話題にのぼっている．

　『日本湖沼誌』では，伊庭内湖，野田沼（湖北町），及び松ノ木内湖の3湖沼を取り上げた．残存する内湖も多く，その幾つかをまとめたが，大部分の内湖については陸水学的並びに陸水生物学的な知見は乏しい．

5-2-1. 堅田内湖

　堅田内湖は，琵琶湖西岸の大津市堅田に位置する内湖の一つで，その湖岸の大部分は改変と護岸化が計られている．本湖は，淡水真珠の養殖場として利用されてきたが，現在も南半分が養殖場となっている．しかし，周辺の宅地造成や，湖岸近くまでマンションの建設が進み，新川，浜川，新堀川等の流入河川も汚濁の進行と，排水路としての性格が強くなり，かつての環境を想像することさえ困難になっている．

　堅田内湖については，陸水学的並びに陸水生物学的な知見は乏しく，最近のものとしては田中（1998）による，1997年10月21日の調査結果が知られる程度である．

〈水　質〉

　堅田内湖の水質について，田中（1998）は1997年10月21日の調査で，水色がウーレの水色計の第XVI号，透明度が0.35mと報告している．この時の表層水の水温は21.5℃，pHは8.2，溶存酸素は9.2 mg/l，電気伝導度は240 μS/cm，CODは12.5 mg/l，塩素イオンは21.7 mg/lであった．

〈プランクトン〉

　堅田内湖のプランクトン相については，田中（1998）によれば1997年10月21日の調査で，動物プランクトンが30種，植物プランクトンが55種の合計85種が同定されている．

　出現種数の綱別の内訳は，原生動物が8属14種，輪虫類が7属11種，鰓脚類が2属2種，介形類が1属1種，橈脚類が2属2種，藍藻類が4属7種，珪藻類が14属29種，及び緑藻類が9属19種であった．

　出現種の中で，優占種となったのは動物プランクトンでは輪虫類の *Brachionus quadridentatus* f. *brevispinus* で，これに *B. calyciflorus* f. *anuraeiformis*, *Synchaeta stylata* が次いだ．植物プランクトンでは，珪藻類の *Aulacoseira granulata*, *A. solida* の2種が優占し，これに緑藻類の *Pediastrum Biwae* var. *triangulatum*, *Closterium acerosum* var. *minus*, 珪藻類の *Bacillaria paradoxum* 等が続いた．

　プランクトン型は，動物プランクトンが第XV型，富栄養型輪虫類群集，植物プランクトンが第VIII型，富栄養型珪藻類群集に相当し，季節によっては第IX型，富栄養型珪藻類，緑藻類混合型群集に変わるものと考えられる．

〈底生動物〉

　田中（1998）によれば，堅田内湖のプランクトン試料から，2種のユスリカ類の幼虫，線虫類の一種，ヒナコケムシ？の休芽，及びアナンデールカイメンの芽球骨片が得られた．また，底泥中からは *Tubifex* sp. が得られた．

〈魚　類〉

　堅田内湖の魚類について，田中（1998）はコ

イ，キンブナ，ナマズ，カムルチー，ブラックバス，ブルーギルを確認している．

〈水生植物〉

堅田内湖の水生植物は，全域がコンクリート護岸化されており，生育環境としては不適当な状態にあるが，流入河川から湖内にもヨシが生育し，他にコカナダモ，ホテイアオイを確認しているが，何れも少なく，挺水植物群落も発達していない．

田中正明（1998）プランクトンから見た本邦湖沼の富栄養化の現状（249），再び本州の湖沼⑰．水，40，1，561，63-67

5-2-2．乙女ヶ池

乙女ヶ池は，琵琶湖西岸の滋賀県高島町に位置する内湖で，現在は護岸化と公園としての整備が進んでいる．沼は，古くは『延喜式』にいう勝野津と目され，湖上交通の要港として栄えた所であり，戦国時代には明智光秀の監督により，織田信澄が大溝城を築き，本沼を水面の守りと水路に利用した水城として知られていた．この時代には，現在よりも沼の面積はかなり広かったと考えられるが，築城やその後の農地開発等で人為的な湖岸の改変がくり返され，面積もかなり小さくなっているものと推定される．

乙女ヶ池の陸水学的並びに陸水生物学的な知見は乏しく，行政機関による定期的な監視調査の結果等を別にすれば，田中（1985）の報告が知られる程度である．

〈水　質〉

乙女ヶ池の水質について，田中（1985）は1985年8月14日の調査で，水色がウーレの水色計の第XVI号から第XVII号に相当し，透明度が池の南部で0.45 m，東岸部で0.25-0.30 mと報告している．池水のpHは6.4，電気伝導度は99.0 μS/cm，溶存酸素は場所によってかなり異なり東岸で8.71 mg/l，南西岸では9.12 mg/lであったが，東岸の1.1 mの底層では5.37 mg/lとやや減少が認められた．

CODは11.2-11.4 mg/l，塩素イオンは13.8 mg/l，ケルダール態窒素が0.89 mg/l，全窒素が1.02 mg/l，全リンが0.14 mg/lであった．

また，筆者が2002年1月28日に行った調査では，水色はフォーレルの水色計の第VIII号，透明度は1.75 m，pHは7.4，溶存酸素は8.83 mg/l，電気伝導度は104 μS/cm，CODは8.20 mg/l，塩素イオンは8.9 mg/l，全窒素は0.68 mg/l，全リンは0.05 mg/lであった．

〈プランクトン〉

乙女ヶ池のプランクトン相について，田中（1985）は1985年8月14日の調査で動物プランクトンが22種，植物プランクトンが42種の合計64種の出現を報告している．

出現種数の綱別の内訳は，原生動物が5属5種，輪虫類が9属11種，鰓脚類が3属3種，橈脚類が3属3種，藍藻類が4属6種，珪藻類が9属11種，及び緑藻類が12属25種であった．

優占種は，動物プランクトンでは輪虫類の*Brachionus falcatus*で，全個体数の85%を占めた．これに次ぐのが，輪虫類の*Filinia longiseta*，*Keratella cochlearis* var. *tecta*，*Asplanchna priodonta*，鰓脚類の*Bosmina longirostris*等であり，壊れた*Ceratium hirundinella*の殻が多量に見られたことから，7月に優占したことを推定している．

また，植物プランクトンでは，優占種といえる程に多産した種はないが，緑藻類の*Spirogyra* sp.，珪藻類の*Melosira varians*，*Fragilaria capucina*等が比較的多く出現した．

図-212　乙女ヶ池（2000年10月8日撮影）

筆者が2002年1月28日に行った調査では，動物プランクトンが38種，植物プランクトンが58種の合計96種が同定された．

出現種数の綱別の内訳は，原生動物が7属11種，輪虫類は12属17種，鰓脚類は5属7種，橈脚類は3属3種，藍藻類が5属9種，珪藻類が11属20種，及び緑藻類が15属29種であった．

この時の優占種は，動物プランクトンでは輪虫類のBrachionus angularisで，これにKeratella quadrataが次ぎ，植物プランクトンでは優占種は珪藻類のMelosira variansで，これにM. lineata及びAulacoseira granulataが次いだ．これら以外には，動物プランクトンでは輪虫類のKeratella tropica, Filinia longiseta, Brachionus urceus, B. calyciflorus, B. calyciflorus f. anuraeiformis, Synchaeta pectinata, 原生動物のEudorina elegans, 植物プランクトンでは珪藻類のFragilaria construens, Melosira undulata, 緑藻類のStaurastrum dorsidentiferum var. ornatum, Closterium gracile 等の出現が目立った．

乙女ヶ池のプランクトン型は，動物プランクトンが第XV型，富栄養型輪虫類群集，植物プランクトンは第IX型，富栄養型珪藻類，緑藻類混合型群集と判断される．

このように乙女ヶ池のプランクトン相は，琵琶湖と共通する種が多く，出現種数も内湖の中では豊富な湖の一つといえる．

〈底生動物〉

乙女ヶ池の底生動物について，田中（1985）はアナンデールカイメン（Spongilla semispongilla）及びミュラーカイメン属の1種（Ephydatia sp.）の2種を報告している．また，2002年1月28日に採集されたプランクトン試料中からは，ユスリカ類の幼虫が3種，線虫類が2種認められた．

貝類では，ヒメタニシ，ドブガイを得ている．

〈魚類〉

乙女ヶ池の魚類は，コイ，ゲンゴロウブナ，ホンモロコ，タイリクバラタナゴ，ブラックバス，ブルーギル，カムルチーが確認された．特にブラックバスは，著しい増加が認められる．

〈水生植物〉

乙女ヶ池の水生植物は，ヨシ，マコモ，オオカナダモ，コカナダモ，コウガイモ，ヒシ，ホテイアオイ等が確認されている．十分な調査を行っていないが，最近生育する種が減少しているように思われる．

田中正明（1985）　プランクトンから見た本邦湖沼の富栄養化の現状（103），再び本州の湖沼㊺．水，27, 15, 380, 61-67

5-2-3．五反田沼

五反田沼は，琵琶湖西岸の安曇川町横江に位置し，現在は釣り池として改変され，水生植物が植栽され，小公園として整備されている．

沼は，かつては中央がやや広く，東へ突出するように「ト」型を呈していたが，現在は中央がくびれ，南北2つの湖盆が連なるように改変されている．流入河川といえる程の定常的な流れはないが，南端から排水して琵琶湖に注いでいる．

本沼に関する陸水学的並びに陸水生物学的な知見は乏しく，田中（1998）の1997年11月19日の調査結果が知られる程度である．

〈水　質〉

五反田沼の水質は，田中（1998）によれば1997年11月19日の調査で，水色はフォーレルの水色計の第VIII号に白濁を加えた水色で，透明度は1.35 mであった．表層水のpHは8.7，

図-213　五反田沼（2000年10月8日撮影）

溶存酸素は 8.4 mg/l, SS は 4.8 mg/l, 電気伝導度は 217 μS/cm, COD は 5.8 mg/l, 塩素イオンは 14.4 mg/l であった.
〈プランクトン〉

　五反田沼のプランクトン相について, 田中(1998)は1997年11月19日の調査で動物プランクトンが47種, 植物プランクトンが69種の合計116種の出現を報告している.

　出現種数の綱別の内訳は, 原生動物が14属20種, 輪虫類が15属19種, 鰓脚類が5属5種, 介形類が1属1種, 橈脚類が2属2種, 藍藻類が5属9種, 珪藻類が15属36種, 及び緑藻類が11属24種であった.

　出現種の中で, 動物プランクトンは優占種といえる程多産した種はないが, 原生動物の *Arcella discoides*, *A. vulgaris*, *Centropyxis aculeata*, 鰓脚類の *Bosmina fatalis*, *Bosminopsis deitersi*, 輪虫類の *Polyarthra dolichoptera* が比較的多く認められた.

　植物プランクトンは, 珪藻類の *Melosira varians* が優占種で, これに緑藻類の *Spirogyra* sp. が次ぎ, さらに緑藻類の *Pediastrum boryanum* var. *longicorne*, *P. duplex* var. *clathratum*, 珪藻類の *Surirella capronii*, *S. robusta* var. *splendida* 等が続いた.

　プランクトン型は, 動物プランクトンが第XII型, 富栄養型根足虫類群集, 植物プランクトンが第IX型, 富栄養型珪藻類, 緑藻類混合型群集に相当する.
〈底生動物〉

　五反田沼の底生動物については, 知見がないが田中(1998)は, プランクトン試料中から2種のタンスイカイメンの骨片, 2種のユスリカ類の幼虫, ヒナコケムシ?の休芽が得られたと述べており, 本沼に棲息するものと思われる.
〈魚　類〉

　本沼の魚類は, コイ, ギンブナ, ブラックバス, ブルーギルが確認されている.
〈水生植物〉

　本沼の水生植物は, 人為的に植栽されたものであるが, ヨシの群落が発達している. 他には, コカナダモの生育が認められる.

田中正明(1998)　プランクトンから見た本邦湖沼の富栄養化の現状(250), 再び本州の湖沼⑰. 水, 40, 3, 563, 65-70

5-2-4. 十ヶ坪沼

　十ヶ坪沼は, 琵琶湖西岸の高島郡安曇川町の五反田沼の北東に位置し, エカイ沼とも呼ばれる小沼である. 沼は, その周辺が公園化され, 釣り池として親しまれている. 流入河川は, 定常的なものはなく, 東岸からの排水は琵琶湖に注いでいる. 湖岸は, ほぼ全域が人為的な改変を受けており, 中央に渡された橋上には, 水位観測のための自動観測装置が設置されている.

　本沼に関する陸水学的並びに陸水生物学的な知見は乏しく, 田中(1998)による1997年11月19日の調査報告が知られる程度である.
〈水　質〉

　十ヶ坪沼の水質について, 田中(1998)は1997年11月19日の調査で水色がウーレの水色計の第XV号, 透明度が1.25m(底まで全透)であった. 表層水のpHは8.0, 溶存酸素が8.3 mg/l, 電気伝導度が270μS/cm, COD が10.5 mg/l, 塩素イオンが16.8 mg/l と報告されている.
〈プランクトン〉

　十ヶ坪沼のプランクトン相は, 田中(1998)によれば1997年11月19日の調査で動物プランクトンが16種, 植物プランクトンが30種の合計46種が出現した.

　出現種数の綱別の内訳は, 原生動物が5属7種, 輪虫類が5属5種, 鰓脚類が2属2種, 介形類が1属1種, 橈脚類が1属1種, 藍藻類が4属7種, 珪藻類が9属14種, 及び緑藻類が7属9種であった.

　本沼の出現種数は, 琵琶湖内湖の中では少ないものの一つであり, 堅田内湖や五反田沼の約半分に過ぎない.

　出現頻度が高い種は, 原生動物の *Arcella vulgaris*, *A. discoides*, *Centropyxis aculeata*, 輪虫類の *Trichotoria tetractis*, 緑藻類の *Spirogyra* sp., 藍藻類の *Oscillatoria princeps*, *O.* sp., *Merismopedia elegans*, 珪藻類の *Melosira varians* 等であった．

プランクトン型は，動物プランクトンが第XII型，富栄養型根足虫類群集に相当し，植物プランクトンは第X型，富栄養型緑藻類群集と考えられる．

〈底生動物〉

十ヶ坪沼の底生動物について，田中（1998）はプランクトン試料中から，ユスリカ類の幼虫3種，線虫類1種，クマムシ類1種，及びアナンデールカイメンの芽球骨片を認めたと報告しており，本沼に棲息するものと思われる．

また，マルタニシを確認した．

〈魚　類〉

十ヶ坪沼の魚類は，コイ，フナ類，カムルチー，ブラックバス，ブルーギルが確認されている．

〈水生植物〉

十ヶ坪沼の水生植物は，田中（1998）によればヨシ，ガマ，ホテイアオイ，ヒシ，コカナダモが確認されている．

田中正明（1998）プランクトンから見た本邦湖沼の富栄養化の現状（251），再び本州の湖沼⑰．水，40，4，564，37-40

5-2-5．浜分沼

浜分沼は，琵琶湖西岸の今津町浜分に位置する内湖で，琵琶湖に沿って南北に細長く，東岸と南端から排水して琵琶湖に注いでいる．

沼は，湖岸のほぼ全域が人為的な改変を受けており，水生植物の植栽を始め，様々な保全対策がなされ，公園としての整備も進んでおり，数十羽のガチョウやアヒルが放鳥されている．

本沼に関する調査研究は少なく，田中（1998）による1998年1月23日の調査結果が報告されている程度である．

〈水　質〉

浜分沼の水質について，田中（1998）は1998年1月23日の調査で，水色がウーレの水色計の第XII号，透明度が1.10 m，表層水の水温が4.5℃，pHが7.6，溶存酸素が7.8 mg/l，塩素イオンが16.2 mg/lと報告している．

筆者の2000年10月4日の調査では，水色がウーレの水色計のXI号，透明度が0.95 m，表層水の水温が26.8℃，pHが7.9，溶存酸素が8.62 mg/l，電気伝導度が145 μS/cm，CODが3.8 mg/l，塩素イオンが13.1 mg/l，全窒素が0.38 mg/l，全リンが0.03 mg/lであった．

〈プランクトン〉

浜分沼のプランクトン相について，田中（1998）は1998年1月23日の調査で，動物プランクトンが9種，植物プランクトンが42種の合計51種を同定している．

出現した種の綱別種数の内訳は，原生動物が6属7種，輪虫類が2属2種，藍藻類が3属5種，珪藻類が9属30種，及び緑藻類が6属7種であった．

優占種といえる程に多産した種は，動植物プランクトン共にないが，比較的多く見られた種は，動物プランクトンでは原生動物の *Arcella vulgaris*, *Centropyxis aculeata*, 輪虫類の *Rotaria* sp., 植物プランクトンでは珪藻類の *Melosira varians*, *Cymbella tumida*, *Stauroneis phoenicenteron*, *Tabellaria fenestrata*, *T. fenestrata* var. *intermedia*, 緑藻類の *Spirogyra* sp., *Closterium* sp. 等であった．量的には，*Tabellaria* 属の2種が最多であり，他にも *Pinnularia* 属や *Eunotia* 属等の腐植性水域を好む幾つかの種が出現した．

永野真理子氏（未発表資料）によれば，2000年10月7日の調査で，同定し得た動物プランクトンは35種，植物プランクトンは43種の合計78種であった．

出現種数の綱別の内訳は，原生動物が6属6種，輪虫類が10属15種，鰓脚類が9属13種，橈脚類が1属1種，藍藻類が2属2種，珪藻類が10属20種，及び緑藻類が10属21種であった．

出現種の中で，優占種となったのは動物プランクトンでは橈脚類のCyclopoida（属種は同定できていない）で，これに鰓脚類の *Chydorus*

表-15 2000年10月7日の浜分沼のプランクトン出現種（永野真理子未発表資料）

PROTOZOA		BACILLARIOPHYCEAE	
Arcella discoides	+	*Cocconeis placentula*	
Centropyxis discoides		*Cymbella minuta*	
Difflugia gramen		*Cymbella tumida*	
Phacus pleuronectes		*Eunotia arcus*	
Trachelomonas hispida		*Eunotia* sp.	
Vorticella sp.		*Fragilaria construens*	+
ROTATORIA		*Fragilaria intermedia*	
Asplanchna priodonta		*Gomphonema acuminata* var. *coronatum*	
Brachionus forficula		*Gomphonema angustatum* var. *productum*	
Lecane rhenana		*Gomphonema augur* var. *gautieri*	
Lecane lunaris		*Gomphonema constrictum*	
Anuraeopsis fissa		*Gomphonema ovaceum*	
Trichocerca bicristata		*Gomphonema sphaerophorum*	
Trichocerca porcellus		*Hantzschia amphioxys*	
Trichocerca tenuior		*Melosira varians*	+
Trichocerca brachyura		*Nitzschia linearis*	
Trichocerca similis		*Surirella robusta* var. *splendida*	
Testudinella patina		*Surirella tenera*	
Scaridium longicaudum		*Synedra acus*	
Polyarthra vulgaris		*Synedra ulna*	
Keratella quadrata		CHLOROPHYCEAE	
Colurella adriatica		*Ankistrodesmus falcatus*	
BRANCHIOPODA		*Chaetophora elegans* ?	
Macrothrix rosea	+	*Coelastrum sphaericum*	
Chydorus sphaericus	+	*Cosmarium impressulum*	
Camptocercus rectirostris		*Cosmarium margaritatum*	+
Alona rectangula		*Cosmarium quadrum*	
Alona affinis		*Cosmarium subcrenatum*	
Alona costata ?		*Crucigenia crucifera*	
Graptoleberis testudinaria		*Crucigenia rectangularis*	
Bosmina longirostris		*Dictyosphaerium pulchellum*	
Ilyocryptus spinifer		*Kirchneriella danubiana*	
Simocephalus serrulatus		*Pediastrum araneosum*	
Simocephalus exspinosus		*Pediastrum duplex*	
Simocephalus vetulus	+	*Pediastrum tetras*	
Scapholeberis kingi		*Scenedesmus abundance*	
COPEPODA		*Scenedesmus acuminatus*	
Cyclopoida	+	*Scenedesmus acutus*	
Nauplius of Cyclopoida		*Scenedesmus ecornis*	
CYANOPHYCEAE		*Scenedesmus spinosus*	
Lyngbya sp.		*Selenastrum gracile*	+
Woronichinia neageliana		*Staurastrum avicula* var. *subarcnatum*	

sphaericus, *Simocephalus vetulus*, *Macrothrix rosea*，原生動物の *Arcella discoides* が続いた．植物プランクトンでは，珪藻類の *Fragilaria construens* が優占し，これに *Melosira varians* が続き，他に緑藻類の *Selenastrum gracile*, *Cosmarium margaritatum* 等が多く出現した．

プランクトン型については，動物プランクトンが第VIII型，中栄養型甲殻類混合型群集，植物プランクトンが第VI型，中栄養型珪藻類群集と判断される．

〈底生動物〉

浜分沼の底生動物については，知見は非常に乏しい．田中（1998）は，プランクトン試料中から少なくとも3種のユスリカ類の幼虫，クマムシ類が1種，線虫類が1種，タンスイカイメンの骨片が認められたと述べている．

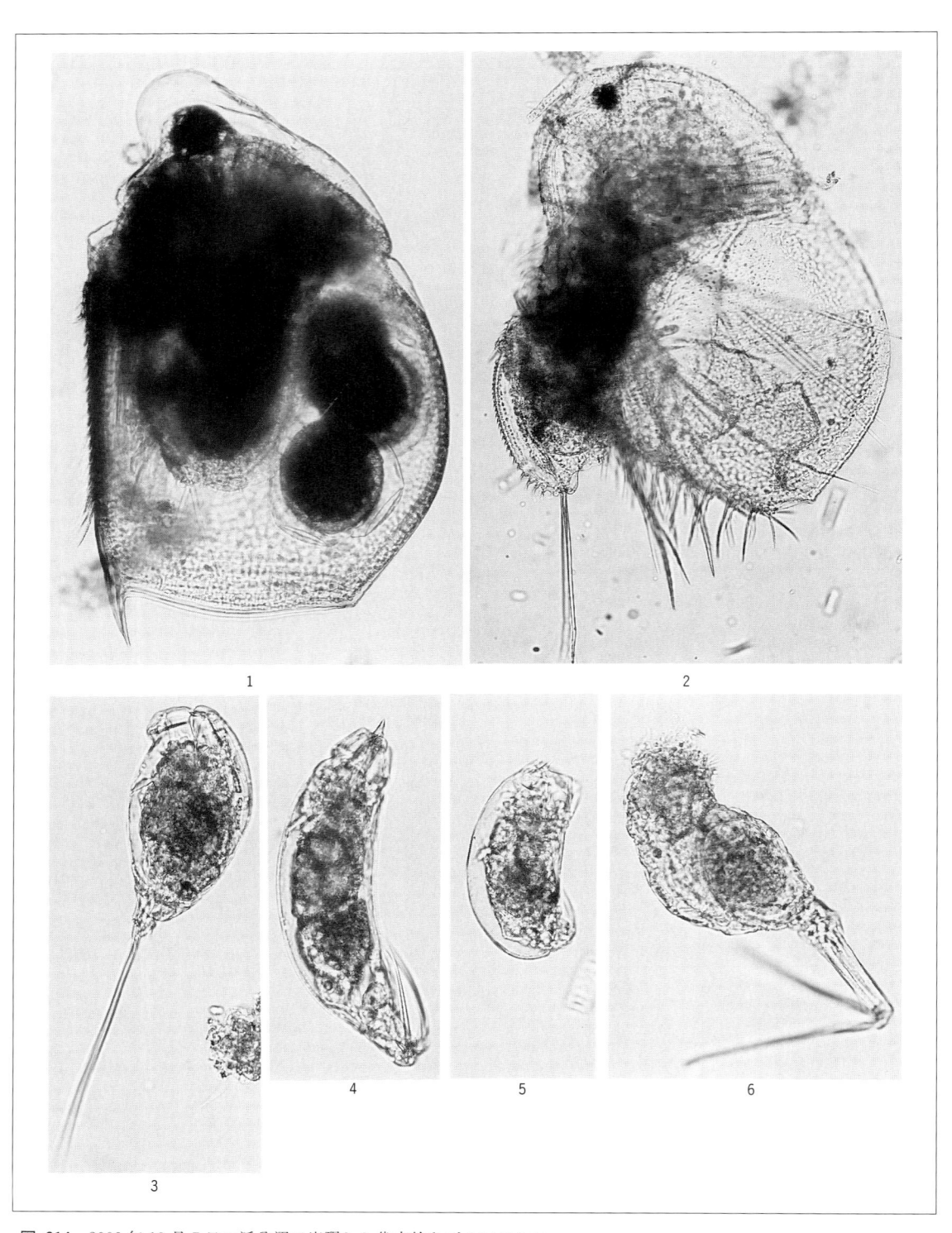

図-214 2000年10月7日に浜分沼で出現した代表的なプランクトン
1. *Scapholeberis kingi*, 2. *Macrothrix rosea*, 3. *Trichocerca bicristata*, 4. *Trichocerca similis*, 5. *Trichocerca tenuior*, 6. *Scaridium longicaudum*

また，筆者は2002年1月28日の調査で，アナンデールカイメン（*Spongilla semispongilla*）及びミュラーカイメン属の一種（*Ephydatia* sp.）の2種を確認している．
〈魚　類〉
浜分沼の魚類について，コイ，ゲンゴロウブナ，ホンモロコ，タイリクバラタナゴ，ブラックバス，ブルーギル，カムルチーが確認されている．
〈水生植物〉
浜分沼の水生植物は，植栽された種があるが，ヨシ，マコモ，ガマ，ミクリ，ヒシ，ヒルムシロ，タヌキモ，コカナダモ，オオフサモ，センニンモ，エビモ，アカウキクサ，ウキクサ，コウホネが知られる．

田中正明（1998）プランクトンから見た本邦湖沼の富栄養化の現状（252），再び本州の湖沼⑰．水，40，5，565，38-40

＊浜分沼をまとめるに際し，名古屋女子大学大学院の永野真理子氏に未発表の資料の提供をいただいた．ここに感謝の意を表す．

5-2-6．貫川内湖（北湖，南湖）

貫川内湖は，琵琶湖北西岸の今津町に位置する小湖で，北側を貫川内湖北湖，南側を貫川内湖南湖と呼んでいる．この両湖は，公園化と水質浄化が，滋賀県が事業主体となり，今津町がその管理主体となって進められており，湖底に堆積したヘドロの浚渫や，マコモ，ヨシの植栽による水生植物帯の復元を計り，ばっ気装置によって酸素を補給する等，様々な方法が試みられている．さらに，修景緑化対策として，内湖景観を保ちながら，しかも人々の憩いの場となるような親水性の高い公園を目指すとして，ケヤキ，ヤナギ類，アジサイ，ユキヤナギ等，約4500株が植えられている．

筆者は，この様な人工的な親水公園の景観に賛同するものではなく，如何にも行政的発想と思われるが，産業的な利用価値の乏しい内湖を保全しようとする浄化対策事業そのものには，大いに賛同し高く評価したいと思っている．

貫川内湖に関する陸水学的並びに陸水生物学的な知見は，行政機関による定期的な監視調査結果等を別にすれば少なく，田中（1998，1998）の調査報告が知られる程度である．
〈水　質〉
貫川内湖の水質について，田中（1998，1998）は1998年1月23日に調査を行っている．これによると，北湖では水色はフォーレルの水色計の第VIII号，透明度が1.20 m，南湖では水色がウーレの水色計の第XII号，透明度が1.20 mであった．

北湖の表層水の水温は4.5℃，pHは7.9，溶存酸素は8.10 mg/l，電気伝導度は268 μS/cm，CODは2.15 mg/l，塩素イオンが15.2 mg/lであった．

また，南湖の表層水の水温は4.7℃，pHは7.6，溶存酸素は7.80 mg/l，電気伝導度は244 μS/cm，CODは2.04 mg/l，塩素イオンは16.3 mg/lであった．

窒素及びリンについては，北湖の全窒素が0.34 mg/l，全リンが0.04 mg/l，南湖の全窒素が0.36 mg/l，全リンが0.03 mg/lであった．
〈プランクトン〉
貫川内湖北湖のプランクトンについては，田中（1998）は1998年1月23日の調査で動物プランクトンが19種，植物プランクトンが42種の合計61種の出現を報告している．

この時の綱別の出現種数の内訳は，原生動物が5属9種，輪虫類が6属8種，鰓脚類が1属1種，橈脚類が1属1種，藍藻類が4属4種，珪藻類が9属17種，及び緑藻類が11属21種であった．

優占種といえる程に多産した種は，動植物プランクトン共にないが，動物プランクトンでは原生動物の *Arcella vulgaris*, *Centropyxis aculeata*, 輪虫類の *Euchlanis dilatata*, 植物プランクトンでは珪藻類の *Melosira varians*, *Tabellaria fenestrata*, *Surirella capronii*, *S. tenera* 等が比較的多く見られた．

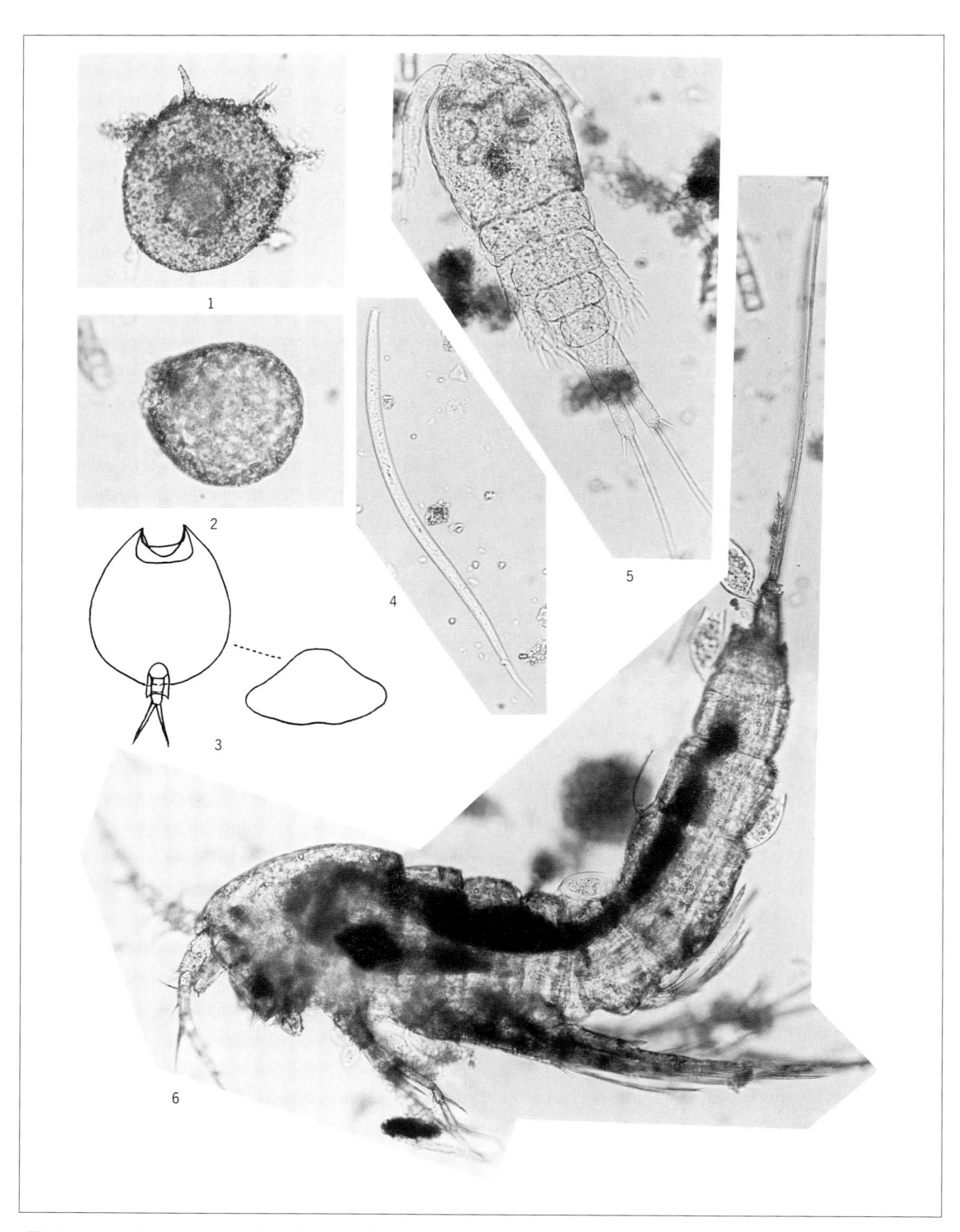

図-215 1998年1月23日に貫川内湖北湖で出現した代表的なプランクトン
1. *Centropyxis aculeata*, 2. *Nebela dentistoma*, 3. *Lepadella ovalis*, 4. 線虫類の一種, 5. Cyclopoida（Copepodid 幼生）, 6. Harpacticoida

同時に調査された貫川内湖南湖では，動物プランクトンが20種，植物プランクトンが53種の合計73種が同定された．

出現種数の綱別の内訳は，原生動物が7属9種，輪虫類が5属6種，鰓脚類が2属2種，橈脚類が3属3種，藍藻類が4属6種，珪藻類が11属36種，及び緑藻類が7属11種であった．

優占種といえる程に多産した種は，動物プランクトンでは特になく，原生動物の Centropyxis aculeata, Arcella vulgaris, 輪虫類の Rotaria sp. 等が多産した．植物プランクトンでは，珪藻類の Melosira varians が優占種で，これに同じ珪藻類の Tabellaria fenestrata, Synedra ulna, Navicula sp., 緑藻類の Cosmarium margariferum 等が続いた．

夏季の調査としては2000年8月1日に行っているが，貫川内湖北湖では動物プランクトンが30種，植物プランクトンが48種の合計78種，貫川内湖南湖では動物プランクトンが30種，植物プランクトンが46種の合計76種であった．

出現種数の綱別の内訳は，貫川内湖北湖では原生動物が10属17種，輪虫類が6属6種，鰓脚類が2属3種，橈脚類が4属4種，藍藻類が4属6種，珪藻類が10属25種，及び緑藻類が11属17種であった．

貫川内湖南湖では，原生動物が9属18種，輪虫類が5属6種，鰓脚類が4属4種，橈脚類が2属2種，藍藻類が4属5種，珪藻類が13属30種，及び緑藻類が6属11種であった．

優占種は，貫川内湖北湖では原生動物の Uroglenopsis americana で，これに橈脚類の Eodiaptomus japonicus が次ぎ，植物プランクトンでは何れの種も少なく，特に優勢なものはなかった．

一方，貫川内湖南湖では，動物プランクトンは鰓脚類の Bosminopsis deitersi が優占種で，Scapholeberis kingi がこれに次ぎ，他に原生動物の Euglypha ciliata, Arcella catinus, A. polypora 等が比較的多く見られた．植物プランクトンは，珪藻類の Fragilaria construens, Melosira varians, 緑藻類の Mougeotia sp. 等が比較的多く見られたが，優占種といえる程多産したものはない．

プランクトン型については，貫川内湖北湖では動物プランクトンが第XII型，富栄養型鞭毛虫類群集，植物プランクトンは疑問があるが第VI型，中栄養型珪藻類群集，また貫川内湖南湖では動物プランクトンが第VII型，中栄養型鰓脚類群集，植物プランクトンが第VI型，中栄養型珪藻類群集と判断される．

このように貫川内湖北湖と貫川内湖南湖のプランクトン相が，互いに地理的に近いにもかかわらず異なるのは，貫川内湖北湖が深く，一方貫川内湖南湖は浅く，水生植物に富むこと等に起因するものと考えられる．

〈底生動物〉

貫川内湖の底生動物相については，十分な知見がない．

筆者は，貫川内湖北湖からアナンデールカイメン（Radiospongilla cerebellata），ヌマカイメン（Spongilla lacustris），ヤワカイメン（Stratospongilla clementis），ユスリカ類の幼虫3種，Tubifex sp. を確認した．

また，貫川内湖南湖からは，アナンデールカイメン（Radiospongilla cerebellata），ヌマカイメン（Spongilla lacustris），属種不明のタンスイカイメン類1種，ユスリカ類の幼虫3種，線虫類1種，クマムシ類1種，Tubifex sp. を確認した．

〈魚類〉

貫川内湖の魚類については，十分な知見がない．筆者が確認し得た種は，貫川内湖北湖でコイ，ゲンゴロウブナ，カムルチー，ブラックバス，ブルーギル，貫川内湖南湖ではコイ，ゲンゴロウブナ，ホンモロコ，ナマズ，ブラックバス，ブルーギル，カムルチーである．

〈水生植物〉

貫川内湖の水生植物は，植栽されたものもあるが貫川内湖北湖では，ヨシ，マコモ，ヒシ，ヘラオモダカ，コカナダモ等，南湖では水生植物に富み，ヨシ，マコモ，ヒシ，ガマ，ミクリ，ヒルムシロ，コカナダモ，アカウキクサ，オオフサモ，タヌキモ等が見られる．

田中正明（1998）　プランクトンから見た本邦湖沼の富栄養化の現状（253），再び本州の湖沼⑰．水，40，6，566，78-83

田中正明（1998）　プランクトンから見た本邦湖沼の富栄養化の現状（254），再び本州の湖沼⑰．水，40，7，567，79-83

5-2-7．平　湖

　平湖は，琵琶湖東岸の草津市に位置する内湖であり，その全域がイケチョウガイの淡水真珠の養殖場として利用されてきた．湖は，かつてはその北に連なる真珠養殖場を含めて，より広い面積を有したが，人為的な改変がくり返され，現在のものとなっている．

　本湖は，その地理的な位置が比較的人口密度の高い地域にあり，しかも長期的な水産利用が行われてきたことから，琵琶湖内湖の中でも，汚濁或いは富栄養化が進んだ湖の一つといえる．

　しかし，平湖に関する陸水学的並びに陸水生物学的な知見は，行政機関等の定期的な監視調査や観測結果を別にすれば，ほとんど知見がなく，田中（1986）の調査報告が知られる程度である．

〈水　質〉

　平湖の水質について，田中（1986）は1985年10月8日の調査で，水色がウーレの水色計の第VII号から第VIII号に相当し，透明度が1.3-1.4 m と報告している．この時の表層水のpHは7.0，溶存酸素は9.24 mg/l，電気伝導度は118 μS/cm，CODは9.60 mg/l，塩素イオンは23.8 mg/l であった．

　また，筆者が2002年1月28日に行った調査では，水色はウーレの水色計の第V号，透明度は2.05 m，表層水のpHは7.9，溶存酸素は8.78 mg/l，電気伝導度は134 μS/cm，CODは8.25 mg/l，塩素イオンは10.3 mg/l，全窒素が1.04 mg/l，全リンが0.06 mg/l であった．

〈プランクトン〉

　平湖のプランクトン相について，田中（1986）は1985年10月8日の調査で動物プランクトンが20種，植物プランクトンが29種の合計49種を同定している．

　出現種数の綱別の内訳は，原生動物が6属11種，輪虫類が5属5種，鰓脚類が2属3種，橈脚類が1属1種，藍藻類が4属7種，珪藻類が7属10種，及び緑藻類が6属12種であった．

　出現種の中で，動物プランクトンでは優占種といえる程に多産した種はないが，植物プランクトンでは緑藻類の *Pediastrum Biwae* が優占し，これに変種の *P. Biwae* var. *ovatum* が続き，他に *Spirogyra* sp.，*Staurastrum dorsidentiferum* var. *ornatum*，珪藻類の *Melosira varians* 等も多く認められた．動物プランクトンでは，原生動物の *Volvox aureus*，*Difflugia globulosa*，輪虫類の *Synchaeta stylata*，*Polyarthra minor* 等の出現が目立った．

　また，筆者が行った1997年10月21日及び1999年10月25日の調査では，動物プランクトンの優占種は輪虫類の *Brachionus quadridentatus* f. *brevispinus* で，これに *B. calyciflorus*，*Synchaeta stylata*，原生動物の *Arcella vulgaris*，*Difflugia corona* 等が続き，植物プランクトンは1997年の調査時は *Microcystis aeruginosa* が優占し，*Melosira varians* が次ぎ，1999年の調査時は *Staurastrum dorsidentiferum* var. *ornatum* が優占し，これに *Closterium gracile*，*Pediastrum Biwae*，*Microcystis aeruginosa*，*M. wesenbergii* 等が続いた．

　プランクトン型については，1985年10月の調査当時は，動物プランクトンが第X型，中栄養型甲殻類，輪虫類混合型群集，植物プランクトンが第IX型，富栄養型珪藻類，緑藻類混合型群集と判定された（田中，1986）が，10年程の間に動物プランクトンが第XV型，富栄養型輪虫類群集へ，また植物プランクトンが第X型，富栄養型緑藻類，或いは第XI型，富栄養型藍藻類群集へと変遷したことが認められる．

〈底生動物〉

　平湖の底生動物についての知見は乏しいが，田中（1986）はタンスイカイメン（種は同定できていない）の骨片が多く見られたと述べており，筆者は1999年10月25日の調査で，アナンデールカイメン（*Spongilla semispongilla*）及びミューラーカイメン属の1種（*Ephydatia* sp.）の2種を

確認した.

また, ヒメタニシ, ユスリカ類の幼虫2種, 線虫類2種, *Tubifex* sp. 等の出現が確認されている.

〈魚　類〉

平湖の魚類について, 田中（1986）はコイ, ゲンゴロウブナを報告している. 筆者は他にカムルチー, ブラックバス, ブルーギルを得ている.

〈水生植物〉

平湖の水生植物について, 田中（1986）はクロモ, コカナダモ, ヒシ, ウキクサを報告している. 筆者は, 他にホテイアオイ, オオカナダモを確認している.

田中正明（1986）プランクトンから見た本邦湖沼の富栄養化の現状（108）, 再び本州の湖沼�束. 水, 28, 6, 386, 63-67

5-3. 京都の湖沼

　京都府の日本海側には，幾つかの湖沼がある．その中で，淡水湖の一つである離湖を取り上げた．

　京都府の日本海側は，冬季には積雪量が多く，年間の降水量も 2000-2400 mm を有する．

5-3-1. 離　湖

　離湖は，京都府北西部の丹後半島の西に位置し，府下では最大の淡水湖であるが，陸水学的並びに陸水生物学的な知見は乏しく，環境庁 (1987, 1993)，田中 (1999) による報告が知られる程度である．

　湖は，大橋川の河口の潟であったものが，八丁浜の発達によって外海と分離され，陸水化が進んで今日の湖を形成したと考えられている．古くは，湖は澄の江と呼ばれた潟港であり，日本海沿岸や大陸との交流の窓口であったと考えられ，現在湖の南岸から半島となっている離山は，かつての島で古墳時代の遺跡も多い．

〈水　質〉

　離湖の水質については，環境庁 (1987) の 1985 年 7 月 17 日の調査では，水温が 27.5℃，

図-216　離湖の池沼概念図

図-217　離湖（1999 年 7 月 4 日撮影）

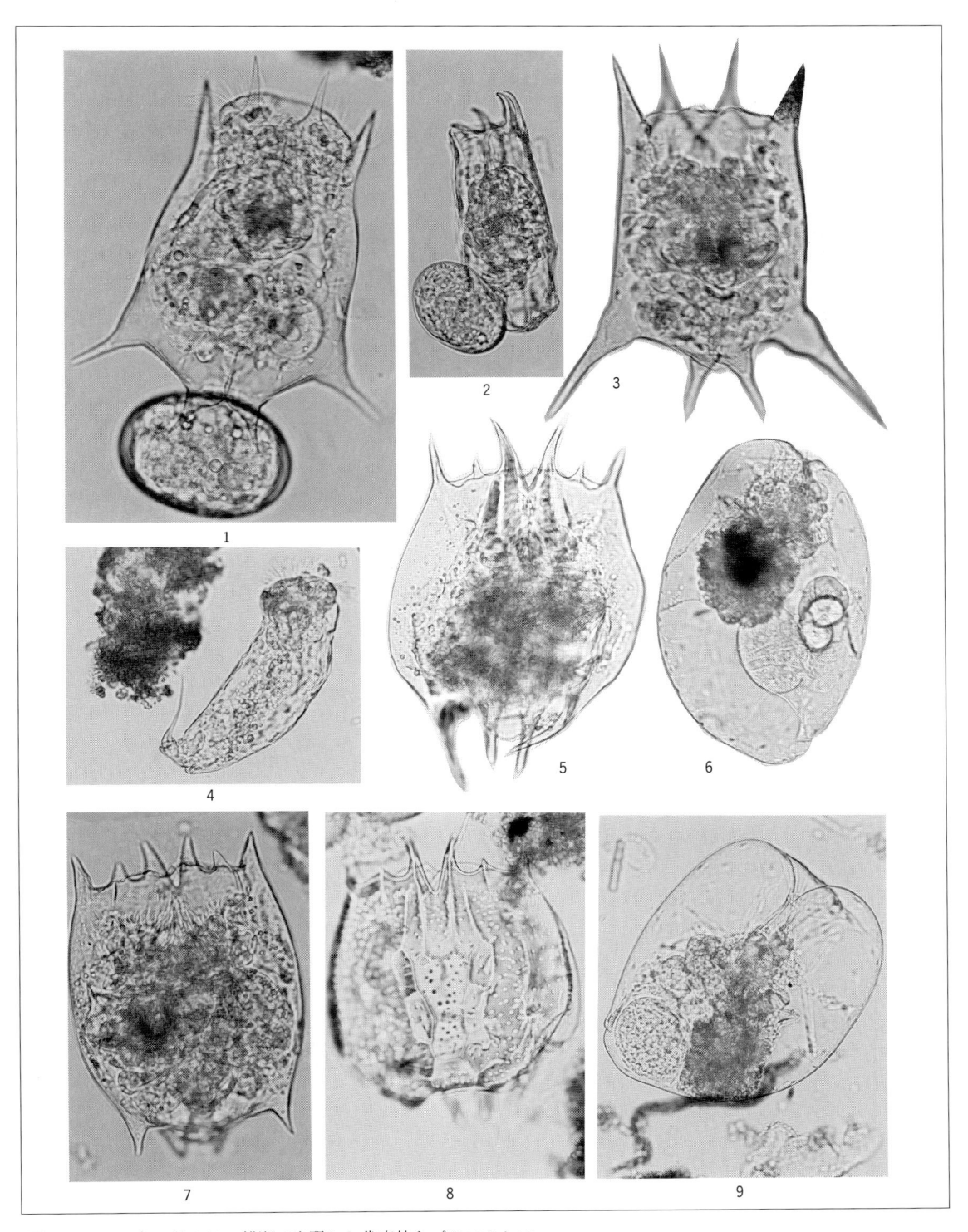

図-218 1999年7月4日に離湖で出現した代表的なプランクトン
1, 3. *Brachionus calyciflorus* f. *amphiceros*, 2. *Keratella cruciformis*, 4. *Trichocerca gracilis*, 5. *Brachionus quadridentatus* f. *melheni*, 6, 9. *Asplanchna herricki*, 7. *Brachionus quadridentatus* f. *brevispinus*, 8. *Brachionus quadridentatus* var. *ancylognathus*

5-3. 京都の湖沼

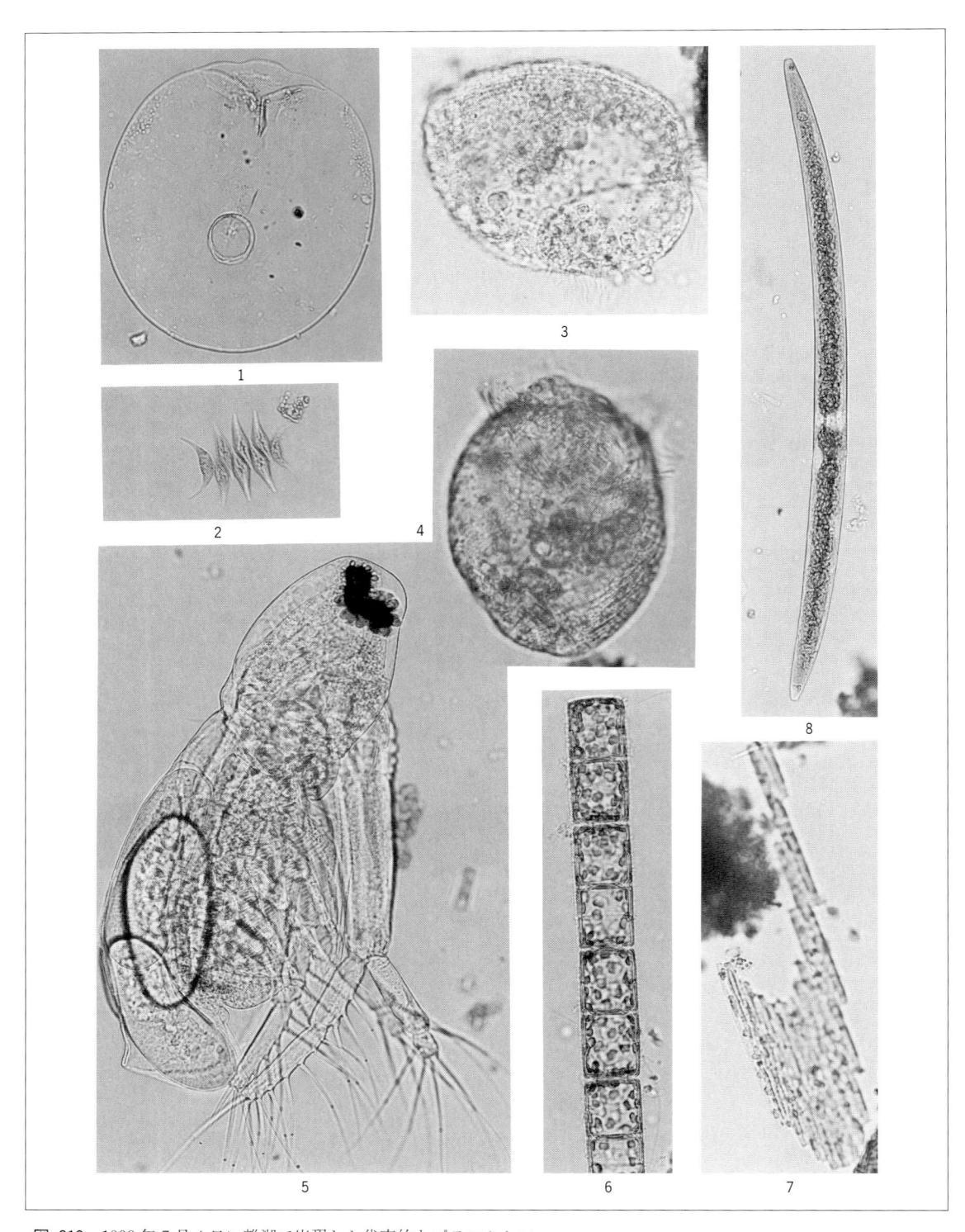

図-219 1999年7月4日に離湖で出現した代表的なプランクトン
1. *Testudinella patina*, 2. *Scenedesmus acuminatus*, 3-4. *Condylostoma vorticella*, 5. *Diaphanosoma macrophthalma*, 6. *Melosira varians*, 7. *Bacillaria paradoxa*, 8. *Closterium praelongum*

pHが7.2，溶存酸素が9.1 ppm，CODが6.8 ppm，塩素イオンが24.2 ppm，全窒素が0.772 ppm，全リンが0.043 ppm，クロロフィルaが49.8 ppbと報告されている．また，環境庁（1993）は，1991年8月5日の調査で，水温が27.5℃，pHが8.6，溶存酸素が11.4 mg/l，電気伝導度が1660 μS/cm，CODが11 mg/l，SSが4.0 mg/l，塩素イオンが404 mg/l，硫酸イオンが57.1 mg/l，全窒素が1.12 mg/l，全リンが0.083 mg/l，アルミニウムが0.83 mg/l，カルシウムが21 mg/l，マグネシウムが30 mg/l，ナトリウムが240 mg/l，カリウムが11 mg/l，マンガンが0.42 mg/l，鉄が0.51 mg/l，クロロフィルaが69.03 μg/l，透明度が0.5 mを測定している．

田中（1999）によれば，1999年7月4日の調査で，水色がウーレの水色計の第XVI号，透明度が0.60 mを測定した．また，表面水温は22.5℃，pHは7.9，溶存酸素は8.7 mg/l，電気伝導度は850 μS/cm，CODは8.60 mg/l，塩素イオンは170 mg/l，全窒素は1.20 mg/l，全リンは0.07 mg/lであった．

〈プランクトン〉

離湖のプランクトン相について，田中（1999）は1999年7月4日の調査で動物プランクトンが24種，植物プランクトンが28種の合計52種の出現を報告している．

出現種数の綱別の内訳は，原生動物が5属7種，輪虫類が7属14種，鰓脚類が1属1種，橈脚類が2属2種，藍藻類が3属4種，珪藻類が6属11種，及び緑藻類が8属13種であった．

出現種の中で，動物プランクトンでは輪虫類の *Brachionus calyciflorus* f. *amphiceros* が優占種で，これに同じ輪虫類の *Asplanchna herricki*，*Brachionus quadridentatus* f. *melheni*，*Keratella cruciformis* 等が続いた．

植物プランクトンでは，珪藻類の *Cyclotella* sp.（非常に小型の種）で，1 ml当り38900細胞出現し，優占種といえる．これに，藍藻類の *Phormidium tenue* ? が9490細胞/ml，珪藻類の *Aulacoseira granulata* が9200細胞/ml，*A. distans* が2900細胞/mlの順で出現した．

プランクトン型については，動物プランクトンが第XV型，富栄養型輪虫類群集，植物プランクトンが第IX型，富栄養型珪藻類，緑藻類混合型群集に相当するものと判断される．

〈底生動物〉

離湖の底生動物について，田中（1999）はユスリカ類の幼虫が3種，タンスイカイメン（種は同定できていない）の骨片が認められたことを述べている．これら以外の底生動物については，知見がない．

〈魚類〉

離湖の魚類について，田中（1999）はコイ，フナ類，ソウギョ，ワカサギ，ブラックバスを報告している．

〈水生植物〉

離湖の水生植物は，湖全域では貧弱であり，挺水植物群落も沖出し幅で最大20 mに達するが，全く生育していない所も多い．これは，大部分が護岸化されていること，及びソウギョが棲息することによると考えられる．田中（1999）は，ヨシ，ガマ，ヒシを確認している．

環境庁（1987）第3回自然環境保全基礎調査，湖沼調査報告書，東海・近畿版．26, 1-60
環境庁（1993）第4回自然環境保全基礎調査，湖沼調査報告書，東海・近畿版．26, 1-61
田中正明（1999）プランクトンから見た本邦湖沼の富栄養化の現状（270），再び本州の湖沼⑱．水，41, 12, 587, 59-63

第 6 章

中国・四国地方の湖沼

　中国地方及び四国地方に分布する湖沼は，数が少なく，多くは山陰地方の海岸に沿って点在する．『日本湖沼誌』では，面積的に大きな 6 湖沼を取り上げたが，面積的に小さな池沼が点在している．

　これらの池沼は，特に産業的な利用が行われていないものが多いが，湖沼の数が少ない地域であり，生物地理学的には貴重な分布地としての情報をもたらすことが期待される．

　気候的には，山陰と山陽とでは異なり，山陰でも西部の冬はそれほど寒くならないが，東部では積雪量も多く寒い．また，山陽では周年的に雨が少なく，年間 800-1200 mm 程度である．四国の太平洋岸では年間の平均気温が 16℃ 以上であり，降雨量は 2800-3200 mm，場所によっては 3200 mm 以上に達する多雨地域として知られる．

6-1. 中国の湖沼

ここでは，中国地方の湖沼の中から，鳥取県及び島根県の湖沼を取り上げる．

6-1-1. 西潟ノ内

西潟ノ内は，島根県の宍道湖の北岸に位置する海跡湖で，佐陀川放水路を挟んで西側にあり，東側には東潟ノ内が存在する．

西潟ノ内に関する陸水学的並びに陸水生物学的な知見は乏しく，水野，高橋（1991）が『日本淡水動物プランクトン検索図説』の中で，橈脚類の *Neodiaptomus schmackeri* の産地として記しているものと，田中（1994）による1993年11月5日の調査結果が知られる程度である．

〈水　質〉

西潟ノ内の水質については，田中（1994）が

図-220　西潟ノ内の池沼概念図

1993年11月5日の調査で，水色はウーレの水色計の第XIV号，透明度は0.80 m，表層水温が12.5℃，pHが9.0，溶存酸素が9.5 mg/l，電気伝導度が170 μS/cm，CODが3.0 mg/l，SSが16 mg/l，塩素イオンが11.4 mg/lと報告している．

〈プランクトン〉

西潟ノ内のプランクトン相について，田中（1994）は1993年11月5日の調査で動物プランクトンが30種，植物プランクトンが53種の合計83種が出現したことを報告している．

出現種数の綱別の内訳は，原生動物が10属14種，輪虫類が10属12種，鰓脚類が2属2種，橈脚類が2属2種，藍藻類が4属5種，珪藻類が13属25種，及び緑藻類が14属23種であった．

出現種の中で，優占種となったのは動物プランクトンでは輪虫類の *Schizocerca diversicornis* で，これに輪虫類の *Asplanchna sieboldi*, 鰓脚類の *Bosminopsis deitersi* が次いだ．これら以外には，原生動物の *Epistylis* sp., *Trachelomonas oblonga* var. *australica*, *Paulinella chromatophora*, 輪虫類の *Euchlanis dilatata*, *Filinia longiseta*, *Trichotoria tetractis*, *Brachionus calyciflorus* var. *anuraeiformis*, *Synchaeta stylata* 等が比較的多く見られた．

一方，植物プランクトンでは，珪藻類の *Bacillaria paradoxa* が優占した以外は，量的には何れの種も少ないが，緑藻類のクロロコックム目の属種が特に目立ち，他に珪藻類の *Melosira varians*, *Nitzschia* sp., 藍藻類の *Merismopedia elegans* 等も多く見られた．

プランクトン型は，動物プランクトンが第XI型，中栄養型輪虫類群集，植物プランクトンが第X型，富栄養型緑藻類群集に相当するものと思われる．

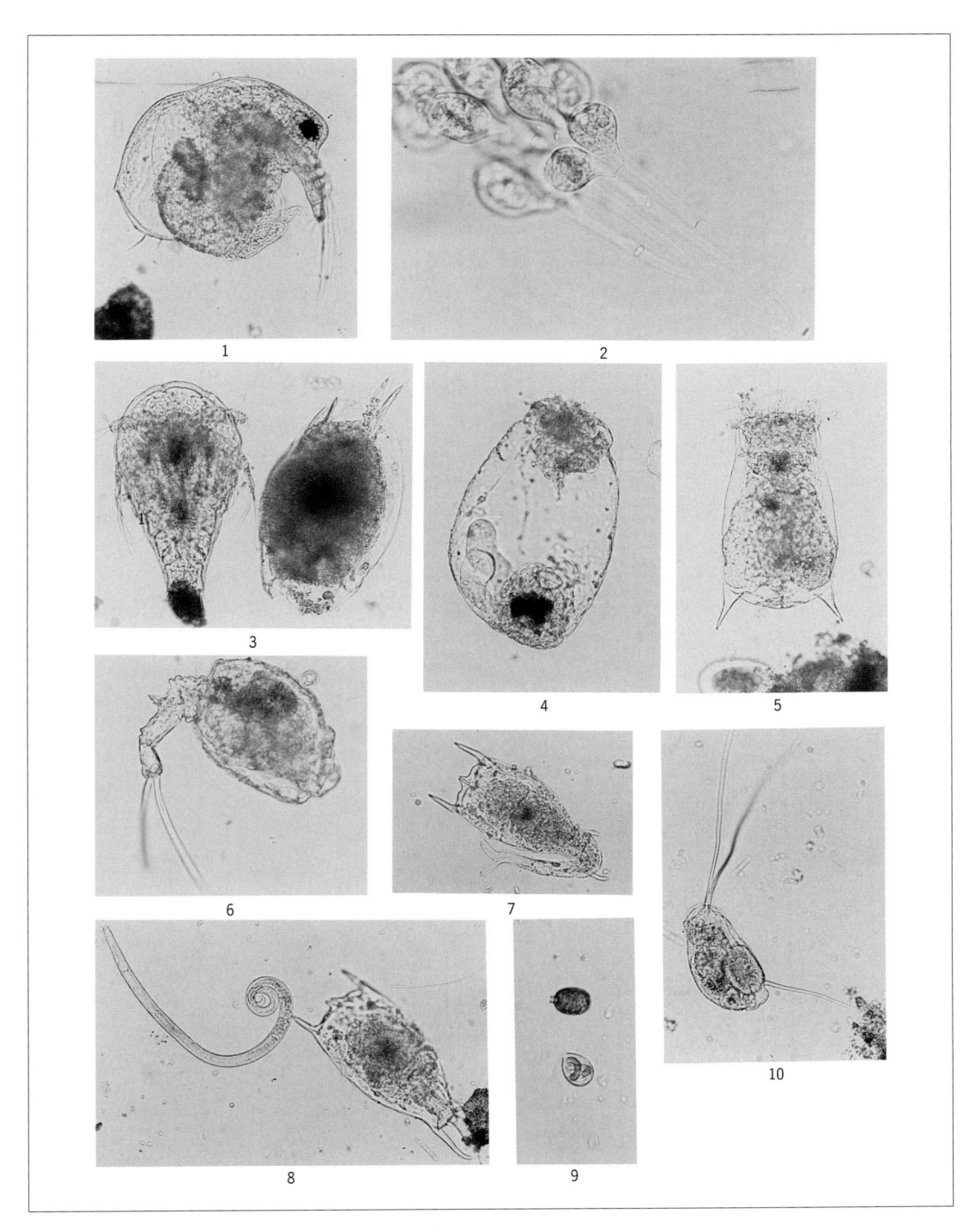

図-221 1993年11月5日に西潟ノ内で出現した代表的なプランクトン
1. *Bosminopsis deitersi*, 2. *Epistylis* sp., 3. Nauplius 幼生（左）及び *Euchlanis dilatata*, 4. *Asplanchna sieboldi*, 5. *Brachionus calyciflorus* var. *anuraeiformis*, 6. *Trichotoria tetractis*, 7. *Schizocerca diversicornis*, 8. 線虫類の一種（左）及び *Schizocerca diversicornis*, 9. *Trachelomonas oblonga* var. *australica*（上）及び *Paulinella chromatophora*, 10. *Filinia longiseta*

6-1. 中国の湖沼

〈底生動物〉

西潟ノ内の底生動物は，田中（1994）によればプランクトン試料中から，線虫類1種，タンスイカイメンの骨片が得られており，本湖での棲息が推定される．また，モクズガニ，アメリカザリガニが確認されている．

〈魚　類〉

西潟ノ内の魚類は，田中（1994）によれば，地元での聞き取りを主としたものであるが，フナ，ウナギ，コイ，ドジョウ，ボラ，ワカサギ，ナマズ，タイリクバラタナゴ，メダカが棲息する．

〈水生植物〉

西潟ノ内の水生植物は，田中（1994）によればヨシ，オオカナダモ，ヒシが生育し，挺水植物群落の沖出し幅は，最大10mに達したが，西浜佐陀揚水場がある西岸部では，ほとんど生育が認められない．

水野寿彦，高橋永治（1991）　日本淡水動物プランクトン検索図説．1-532，東海大学出版会，東京

田中正明（1994）　プランクトンから見た本邦湖沼の富栄養化の現状（204），再び本州の湖沼⑬．水，36, 5, 505, 71-74

6-1-2. 東潟ノ内

東潟ノ内は，宍道湖の北岸に位置する海跡湖で，佐陀川放水路を挟んで東側に存在する．

本湖の陸水学的並びに陸水生物学的な知見は乏しく，田中（1994）による1993年11月5日の調査報告が知られる程度である．

〈水　質〉

東潟ノ内の水質は，田中（1994）による1993年11月5日の調査では，水色はウーレの水色計の第XVI号に相当し，透明度は0.80mであった．表層水の水温は12.5℃，pHは7.4，溶存酸素は9.0 mg/l，電気伝導度は410 μS/cm，CODは3.0 mg/l，塩素イオンは37.3 mg/lであった．

〈プランクトン〉

東潟ノ内のプランクトン相について，田中（1994）は1993年11月5日の調査で動物プランクトンが24種，植物プランクトンが42種の合計66種が出現したことを報告している．

出現種の綱別種数の内訳は，原生動物が11属17種，輪虫類が5属5種，鰓脚類は認められず，橈脚類が2属2種，藍藻類が4属5種，珪藻類が8属13種，及び緑藻類が15属24種であった．

出現種の中で，優占種といえる程に多産した種は，動植物プランクトン共にないが，比較的出現頻度が高かった種は，動物プランクトンでは原生動物の *Euglena* sp., 輪虫類の *Ascomorpha ecaudis, Keratella cruciformis* var. *eichwaldi*, 及び Diaptomidae の一種の Nauplius 幼生，植物プランクトンでは緑藻類の *Pediastrum duplex* var. *reticulatum, Scenedesmus quadricauda, Crucigenia tetrapedia*, 珪藻類の *Nitzschia lorenziana* var. *subtilis, Nitzschia longissima, Nitzschia* sp., *Bacillaria paradoxa* 等であった．

東潟ノ内のプランクトン型は，動物プランクトンが第XII型，富栄養型鞭毛虫類群集，植物プ

図-222　東潟ノ内の池沼概念図

ランクトンが第Ⅹ型,富栄養型緑藻類群集に相当するものと思われる.

また,田中(1994)は,西潟ノ内と比べると,同じ河川水の流入があるにもかかわらず水質が異なり,東潟ノ内がより富栄養化が進んでいるものと推定されると述べている.

〈底生動物〉

東潟ノ内の底生動物について,田中(1994)はモクズガニ,アメリカザリガニの棲息を報告しているが,これ以外の知見はない.

〈魚 類〉

東潟ノ内の魚類は,田中(1994)によれば地元における聞き取り調査も合わせたものであるが,コイ,フナ,ウナギ,ドジョウ,ワカサギ,ボラ,タイリクバラタナゴ,メダカが棲息する.

〈水生植物〉

東潟ノ内の水生植物は,田中(1994)によれば,ヨシ,ヒシ,ホテイアオイ,オオカナダモが確認された.また,ヨシ群落は湖のほぼ北半分に大きく発達している.

田中正明(1994) プランクトンから見た本邦湖沼の富栄養化の現状(205),再び本州の湖沼⑬.水,36,6,506,79-81

6-1-3. 蓮 池

蓮池は,島根県湖陵町に位置する小池で,成因が堰止め湖と考えられているものである.

〈水 質〉

蓮池の水質について,田中(1994)は1993年11月6日に調査を行い,水色がフォーレルの水色計の第Ⅴ号にやや白濁を加えたような色相を呈し,透明度が2.8mと測定している.また,表層水の水温が12.0℃,pHが7.1,電気伝導度が95μS/cm,CODが6.1mg/l,塩素イオンが6.78mg/l,SSが3.5mg/lと報告している.

〈プランクトン〉

蓮池のプランクトン相については,田中(1994)は動物プランクトンが21種,植物プランクトンが71種の合計92種の出現を報告している.

出現種数の綱別の内訳は,原生動物が7属10種,輪虫類が7属8種,鰓脚類が2属2種,橈脚類が1属1種,藍藻類が6属9種,珪藻類が16属27種,及び緑藻類が15属34種であった.

出現種の中で,動物プランクトンでは鰓脚類の *Bosmina longirostris*,橈脚類の Cyclopinae の出現が目立ったが,他の種は何れも少なかった.

一方,植物プランクトンは緑藻類の長円形或いは卵円形を呈した小型種が優占種で,これに珪藻類の *Aulacoseira granulata*, *A. granulata* var. *angustissima*, *Tabellaria fenestrata* var. *intermedia*,緑藻類の *Botryococcus braunii* が次いだ.

優占した小型の緑藻類は,福島県の猪苗代湖や青森県の長沼等から得られた *Nannochloris* sp. に似るが,属種名を決定するに至っていない.

蓮池のプランクトン型は,動物プランクトンが第Ⅹ型,中栄養型甲殻類,輪虫類混合型群集,植物プランクトンが第Ⅸ型,富栄養型珪藻類,緑藻類混合型群集に相当するものと思われる.

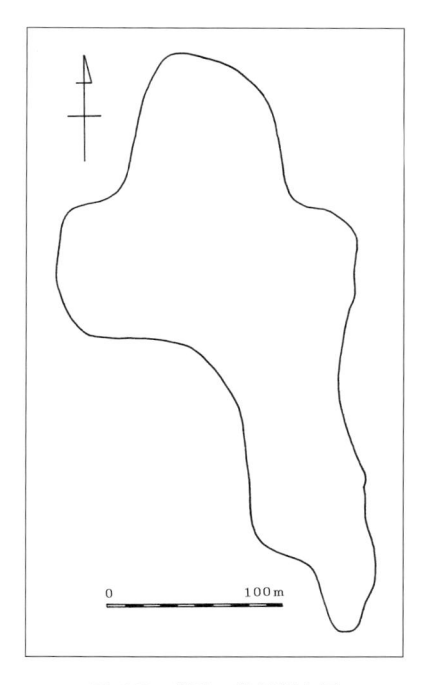

図-223 蓮池の池沼概念図

表-16　1993年11月6日の蓮池のプランクトン出現種

PROTOZOA
　Trachelomonas curta
　Trachelomonas sp.
　Vorticella sp. 1
　Vorticella sp. 2
　Rhabdostyla sp.
　Epistylis sp.
　Arcella discoides
　Arcella vulgaris
　Difflugia corona
　Centropyxis aculeata
ROTATORIA
　Habrotrocha sp.
　Rotaria sp.
　Asplanchna priodonta
　Polyarthra dolichoptera
　Trichotoria tetractis
　Trichocerca capucina
　Trichocerca elongata
　Monostyla luna
BRANCHIOPODA
　Bosmina longirostris　　　　　　　　　　　　+
　Alona guttata
COPEPODA
　Cyclopinae　　　　　　　　　　　　　　　　　+
CYANOPHYCEAE
　Chroococcus turgidus
　Chroococcus dispersus
　Microcystis aeruginosa
　Merismopedia tenuissima
　Oscillatoria sp. 1
　Oscillatoria sp. 2
　Phormidium tenue
　Anabaena macrospora
　Anabaena sp.
BACILLARIOPHYCEAE
　Melosira varians
　Aulacoseira granulata　　　　　　　　　　　+
　Aulacoseira granulata var. *angustissima*　 +
　Acanthoceras zachariasii
　Cyclotella sp. 1
　Cyclotella sp. 2
　Tabellaria fenestrata
　Tabellaria fenestrata var. *intermedia*　　 +
　Diatoma elongatum
　Diatoma vulgare
　Fragilaria construens
　Synedra rumpens
　Rhoicosphenia curvata
　Achnanthes sp.
　Navicula sp.
　Cocconeis placentula
　Cymbella cuspidata
　Cymbella tumida
　Cymbella aspera
　Cymbella parva ?
　Gomphonema acuminatum
　Gomphonema constrictum
　Eunotia brasiliensis
　Nitzschia sp. 1
　Nitzschia sp. 2
　Nitzschia sp. 3
　Nitzschia sp. 4
CHLOROPHYCEAE
　Pediastrum duplex var. *gracillimum*
　Pediastrum duplex var. *reticulatum*
　Pediastrum tetras var. *tetraodon*
　Oocystis parva
　Oocystis lacustris
　Tetraedron minimum
　Tetraedron trilobatum
　Tetraedron triangulare
　Crucigenia fenestrata
　Tetrastrum staurogeniaeforme
　Scenedesmus acutus
　Scenedesmus acuminatus
　Scenedesmus denticulatus var. *linearis*
　Scenedesmus intermedius
　Scenedesmus intermedius var. *indicus*
　Scenedesmus quadricauda
　Scenedesmus spinosus
　Genus ?　　　　　　　　　　　　　　　　　C
　Ankistrodesmus falcatus
　Schroederia setigera
　Spirogyra sp. 1
　Spirogyra sp. 2
　Mougeotia sp.
　Botryococcus braunii　　　　　　　　　　　+
　Pleurotaenium trabecula
　Pleurotaenium ehrenbergii
　Pleurotaenium nodosum
　Cosmarium subtumidum var. *klebsii*
　Cosmarium maximum
　Cosmarium sp. 1
　Cosmarium sp. 2
　Staurastrum sp. 1
　Staurastrum sp. 2
　Staurasrtum sp. 3

〈底生動物〉

蓮池の底生動物について，田中（1994）はユスリカ類の幼虫が2種，タンスイカイメンの骨片が得られたことを報告している．また，オオタニシの個体数も多い．

〈魚　類〉

蓮池の魚類については，十分な知見がないが，コイ，フナ，ナマズが棲息する．

〈水生植物〉

田中（1994）によれば，蓮池の水生植物はヨシ，ハス，ヒシ，ガガブタ，タヌキモ等が確認されており，挺水植物群落の沖出し幅は最大5mに達する．

田中正明（1994）プランクトンから見た本邦湖沼の富栄養化の現状（207），再び本州の湖沼⑬．水，36，8，508，67-71

6-1-4. 大作古池

大作古池は，蓮池の北北東約500mに位置した小池で，その名称が記された文献も，調査研究の対象となった例も，田中（1994）による1993年11月6日のもの以外ないが，現場の状況から池の西岸では人為的な改変が加えられてはいるが，地震に起因した堰止め湖と推定されるものである．

〈水　質〉

田中（1994）による1993年11月6日の調査では，大作古池の水質は，水色がフォーレルの水色計の第Ⅴ号に相当し，透明度は0.90mであった．調査時の表層水温は13℃，pHは7.1，電気伝導度は105μS/cm，CODは4.5mg/l，塩素イオンは8.1mg/l，SSは9.4mg/lであった．

〈プランクトン〉

大作古池のプランクトン相について，田中（1994）は1993年11月6日の調査で動物プランクトンが23種，植物プランクトンが67種の合計90種を同定している．

その出現種数の綱別の内訳は，原生動物が12属18種，輪虫類が3属3種，鰓脚類が1属1種，橈脚類が1属1種，藍藻類が4属6種，珪藻類が13属22種，及び緑藻類が19属39種であった．

出現種の中で，動物プランクトンでは鰓脚類の*Bosmina longirostris*が優占種で，これに輪虫類の*Polyarthra euryptera*（図-225），*Keratella cochlearis* var. *tecta*が次いだ．植物プランクトンでは，藍藻類の*Lyngbya limnetica*?が優占種で，緑藻類の*Botryococcus braunii*がこれに次いだ．他には，珪藻類の*Tabellaria fenestrata*，緑藻類の*Ankistrodesmus falcatus*, *Spirogyra* sp., *Cosmarium maximum*等の出現も目立った．

本池のプランクトン出現種の中では，緑藻類の種数が多く，特にその中の接合藻が16種と40%を占め，さらに珪藻類の*Tabellaria fenestrata*が多い等，腐植性傾向が認められる．田中（1994）は珪藻類の*Eunotia*属と*Pinnularia*属の種数の合計が，全珪藻種数の中で占める割合が，本池の場合は13.6%となり，本邦各地の高層湿原には及ばないが，津軽，下北地方の腐植性湖沼よりも大きな値となると述べている．

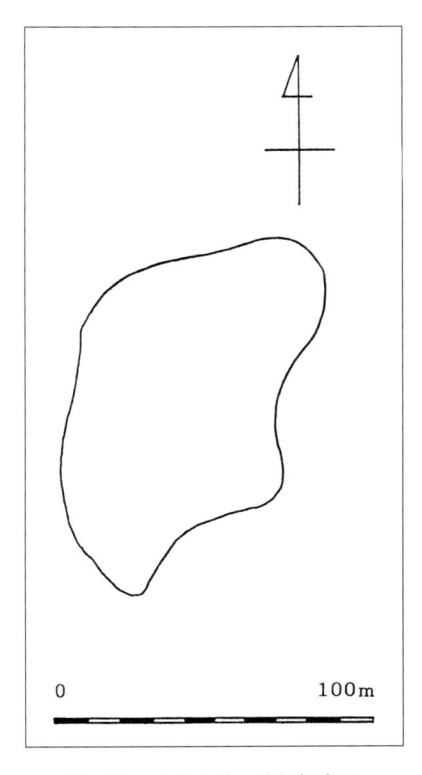

図-224　大作古池の池沼概念図

表-17　1993年11月6日の大作古池のプランクトン出現種

PROTOZOA
　Euglena sp. 1
　Euglena sp. 2
　Phacus caudatus
　Phacus acuminatus
　Lepocinclis sp.
　Trachelomonas dybowski
　Trachelomonas cervicula
　Trachelomonas sp.
　Dinobryon bavaricum
　Uroglenopsis americana
　Difflugia corona
　Difflugia acuminata
　Arcella vulgaris
　Arcella discoides
　Centropyxis aculeata
　Trinema sp.
　Tintinnopsis cratera
　Vorticella sp.

ROTATORIA
　Rotaria sp.
　Polyarthra euryptera　　　　　　　　　　＋
　Keratella cochlearis var. *tecta*　　　　　＋

BRANCHIOPODA
　Bosmina longirostris　　　　　　　　　　C

COPEPODA
　Cyclopinae
　Nauplius of Copepoda (Cyclopidae)

CYANOPHYCEAE
　Chroococcus minutus
　Oscillatoria sp. 1
　Oscillatoria sp. 2
　Lyngbya limnetica?　　　　　　　　　　C
　Anabaena sp. 1
　Anabaena sp. 2

BACILLARIOPHYCEAE
　Melosira varians
　Tabellaria fenestrata　　　　　　　　　　＋
　Fragilaria construens
　Achnanthes sp.
　Cocconeis placentula
　Frustulia rhomboides
　Gyrosigma sp.
　Pinnularia sp.
　Navicula sp. 1
　Navicula sp. 2
　Navicula sp. 3
　Navicula sp. 4

　Gomphonema acuminatum
　Gomphonema constrictum
　Gomphonema sp.
　Cymbella sp. 1
　Cymbella sp. 2
　Eunotia brasiliensis
　Eunotia sp.
　Nitzschia linearis
　Nitzschia lorenziana var. *subtilis*
　Nitzschia sp.

CHLOROPHYCEAE
　Pediastrum tetras
　Pediastrum tetras var. *tetraodon*
　Micractinum pusillum
　Tetraedron minimum
　Tetraedron trigonum
　Tetraedron trilobatum
　Chodatella wratislawiensis
　Oocystis parva
　Oocystis lacustris
　Kirchneriella lunaris
　Kirchneriella subsolitaria
　Ankistrodesmus falcatus　　　　　　　　＋
　Actinastrum hantzschii
　Actinastrum hantzschii var. *elongatum*
　Scenedesmus acutus
　Scenedesmus quadricauda
　Scenedesmus protuberans
　Scenedesmus spinosus
　Spirogyra sp. 1　　　　　　　　　　　　＋
　Spirogyra sp. 2
　Mougeotia sp.
　Penium sp.
　Euastrum sp. 1
　Euastrum sp. 2
　Cosmarium maximum　　　　　　　　　＋
　Cosmarium circulare
　Cosmarium sp. 1
　Cosmarium sp. 2
　Cosmarium sp. 3
　Staurastrum hirsutum?
　Staurastrum arctiscon
　Staurastrum sp. 1
　Staurastrum sp. 2
　Staurastrum sp. 3
　Staurastrum sp. 4
　Spondylosium luetkemelleri?
　Cosmocladium saxonicum
　Botryococcus braunii　　　　　　　　　　＋
　Ophiocytium capitatum var. *longispinum*

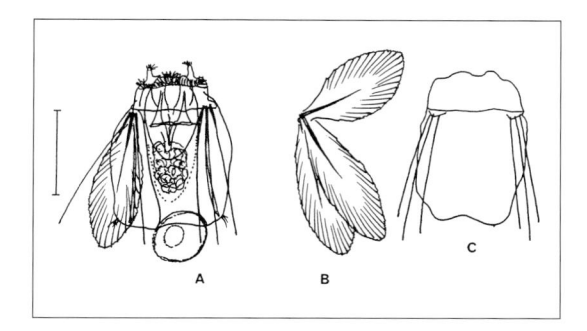

図-225 大作古池産の *Polyarthra euryptera* (WIERZEJSKI)
A,C：背面，B：付肢（スケールは100μm）

大作古池のプランクトン型は，動物プランクトンが第X型，中栄養型甲殻類，輪虫類混合型群集，植物プランクトンは優占種である *Lyngbya limnetica*？に注目すれば，第XII型，富栄養型汚濁性藍藻類群集といえるが，むしろ種数に富み，出現頻度の高い幾つかの種を含んでいる緑藻類に注目すべきであると思われることから，第X型，富栄養型緑藻類群集と判断される．

〈底生動物〉

大作古池の底生動物について，田中（1994）はタンスイカイメンが多く，種名が決定できていないが，プランクトン試料中にも多くの骨片が認められたと述べている．

〈魚類〉

大作古池の魚類については，全く知見がないが，地元の聞き取り調査では，コイ，フナが棲息する．

〈水生植物〉

大作古池の水生植物は，田中（1994）によればヨシ，ヒシ，ガガブタ，タヌキモが生育し，挺水植物のヨシ群落の沖出し幅は，最大10mに達する．

田中正明（1994）プランクトンから見た本邦湖沼の富栄養化の現状（208），再び本州の湖沼⑬．水，36, 10, 510, 78-81

6-1-5．只 池

只池は，島根県湖陵町に位置する小池で，環境庁（1987, 1993）による『自然環境保全基礎調査』では，調査対象外天然湖沼の一つとして扱っているが，田中（1994）による1993年11月6日の調査報告以外の知見はない．

本池は，地元で「ただのいけ」と呼ばれていたが，これが池の名称として一人歩きしたものと考えられ，成因についても田中（1994）は今後の検討が必要とし，古い溜池の可能性もあると述べている．

しかし，湖沼が少なく，生物地理的に見れば貴重な陸水生物の分布を知る情報ともなり得ることから，ここでは天然湖として取り上げた．

〈水質〉

只池の水質について，田中（1994）は水色がフォーレルの水色計の第V号に，やや白濁を加えた色相を呈し，透明度が1.40mと報告している．また，表層水の水温は13.2℃，pHは7.4，電気伝導度は108μS/cm，SSは12.0mg/l，CODは2.1mg/l，塩素イオンは7.68mg/lであった．

〈プランクトン〉

只池のプランクトンは，田中（1994）によれば動物プランクトンが29種，植物プランクトンが47種の合計76種が出現した．

出現種数の綱別の内訳は，原生動物が13属20種，輪虫類が5属6種，鰓脚類が2属2種，橈脚類が1属1種，藍藻類が3属4種，珪藻類が11属20種，及び緑藻類が14属23種であった．

出現種の中で，優占種となったのは動物プランクトンでは原生動物の *Dinobryon bavaricum* で，*D. cylindricum* がこれに次ぎ，他に *Uroglenopsis americana*, Chlamydomonadaceae, *Difflugia corona*, 鰓脚類の *Bosmina longirostris* がやや多く認められた．

一方，植物プランクトンでは，珪藻類の *Aulacoseira granulata* var. *angustissima* が優占種で，これに *A. granulata* が次ぎ，他に同じ珪藻類の *Tabellaria fenestrata*, *Asterionella for-*

表-18 1993年11月6日の只池のプランクトン出現種

PROTOZOA		Aulacoseira granulata	+
Chlamydomonadaceae 1	+	Aulacoseira granulata var. angustissima	C
Chlamydomonadaceae 2		Cyclotella sp. 1	
Gymnodinium sp.		Cyclotella sp. 2	
Ceratium hirundinella		Tabellaria fenestrata	+
Euglena sp. 1		Asterionella formosa	+
Euglena sp. 2		Fragilaria construens	
Phacus trypanon		Achnanthes sp.	
Trachelomonas sp. 1		Navicula sp. 1	
Trachelomonas sp. 2		Navicula sp. 2	
Uroglenopsis americana	+	Navicula sp. 3	
Dinobryon bavaricum	C	Gomphonema constrictum	
Dinobryon cylindricum	+	Gomphonema acuminatum var. coronatum	
Difflugia corona	+	Cymbella sp. 1	
Difflugia lithophila?		Cymbella sp. 2	
Difflugia urceolata		Nitzschia sp. 1	
Difflugia sp.		Nitzschia sp. 2	
Euglypha sp.		Nitzschia sp. 3	
Arcella discoides		CHLOROPHYCEAE	
Arcella vulgaris		Pediastrum duplex	+
Centropyxis aculeata		Pediastrum duplex var. gracillimum	
ROTATORIA		Pediastrum boryanum	
Rotaria sp.		Micractinum pusillum	
Keratella cochlearis var. tecta	+	Tetraedron minimum	
Trichocerca capucina		Tetraedron trilobatum	
Polyarthra vulgaris		Chodatella sp.	
Monostyla crenata		Oocystis sp.	
Monostyla lunaris		Monoraphidium contortum	
BRANCHIOPODA		Tetrastrum elegans	
Sida crystallina		Scenedesmus denticulatus var. linearis	
Bosmina longirostris	+	Scenedesmus spinosus	
COPEPODA		Spirogyra sp.	
Cyclopinae		Mougeotia sp.	
CYANOPHYCEAE		Closterium sp.	
Chroococcus dispersus		Gonatozygon pilosum	
Merismopedia elegans		Cosmarium maximum	+
Oscillatoria sp. 1		Cosmarium quadrifarium f. hexasticha	+
Oscillatoria sp. 2		Cosmarium turgidum?	
BACILLARIOPHYCEAE		Cosmarium sp. 1	
Melosira varians		Cosmarium sp. 2	
Aulacoseira distans		Staurastrum paradoxum	
		Staurastrum sp.	

mosa, 緑藻類の Pediastrum duplex, Cosmarium maximum, C. quadrifarium f. hexasticha 等が比較的多く見られた．

プランクトン型は，動物プランクトンが第Ⅰ型，貧栄養型鞭毛虫類群集，植物プランクトンが第Ⅵ型，中栄養型珪藻類群集に相当するものと考えられる．

〈底生動物〉

只池の底生動物については，全く知見がない．

〈魚類〉

只池の魚類については，知見がないが，コイ，フナ，カムルチーが確認された．

〈水生植物〉

只池の水生植物については，知見がないが，ヨシ，ヒシが生育する．また，挺水植物群落の沖出し幅は，最大で3m程度である．挺水植物群落の発達は，部分的であるが，全く生育していない所もある．これは，本池が農業用の導水が行わ

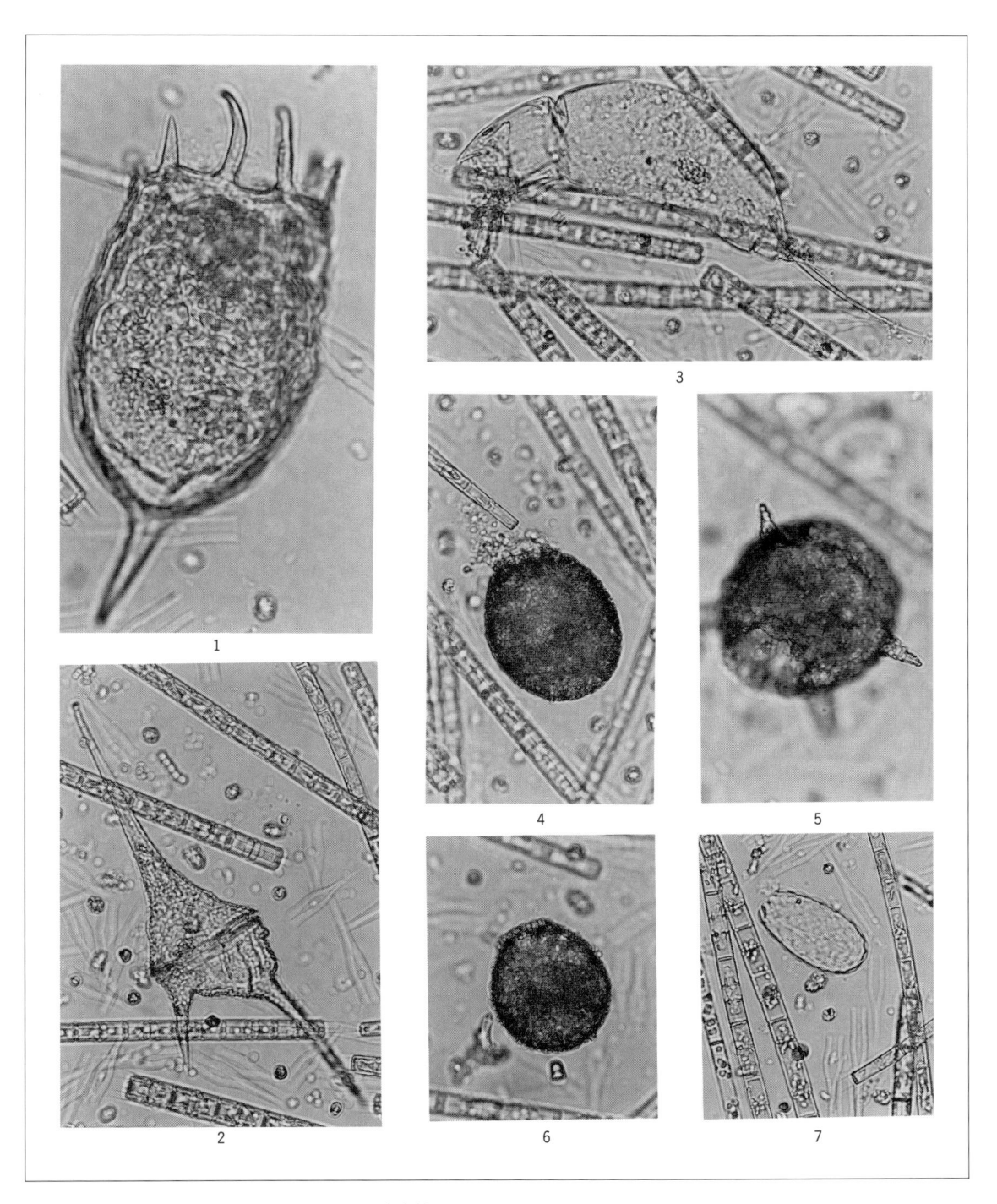

図-226 1993年11月6日に只池で出現した代表的なプランクトン
1. *Keratella cochlearis* var. *tecta*, 2. *Ceratium hirundinella*, 3. *Trichocerca capucina*, 4. *Difflugia* sp., 5. *Difflugia corona*, 6. *Difflugia urceolata*, 7. *Euglypha* sp.

れ，水位の変動があることに起因するものと推定される．

環境庁（1987）第3回自然環境保全基礎調査，湖沼調査報告書，中国，四国，九州，沖縄版．32, 1-81
環境庁（1993）第4回自然環境保全基礎調査，湖沼調査報告書，中国，四国，九州，沖縄版．32, 1-83
田中正明（1994）プランクトンから見た本邦湖沼の富栄養化の現状（206），再び本州の湖沼⑫．水，36, 7, 507, 86-89

6-1-6．浮布池

浮布池は，島根県の中央部に位置する三瓶山の西側にある小湖で，白鳳13年（684年）10月の噴火に伴った噴出物によって形成された堰止め湖と考えられている．

本池は，静間川の水源地であり，霊池として大切にされてきたが，現在は市杵島姫命，龍神等の合祀をへて，浮布池弁財社が祭られている．

また，浮布池は古くは柿本人麿の歌にも『君かため浮沼の菱つむとわが染めし袖濡れにけるかも』と詠まれた池としても知られている．

浮布池に関する陸水学的並びに陸水生物学的な知見は乏しく，環境庁（1987, 1993）による水質分析値，田中（1994）による1993年11月6日の調査結果が知られるにすぎない．

〈水　質〉

浮布池の水質については，環境庁（1987）が1985年9月10日に調査を行っているが，これによると透明度は0.42-0.60m，pHは8.1-8.7，溶存酸素は8.5-9.6mg/l，CODは10-11mg/l，SSは10-11mg/l，塩素イオンは14-17mg/l，全窒素は0.76-0.83mg/l，全リンは0.069-0.084mg/lが測定されている．

また，環境庁（1993）による1991年9月24日の調査では，透明度は1.05m，pHは7.4-7.9，溶存酸素は8.6-9.4mg/l，電気伝導度は83.5-84.8μS/cm，CODは7.0-7.4mg/l，SSは9.8-12mg/l，塩素イオンは15mg/l，全窒素は0.72-0.73mg/l，全リンは0.070-0.071mg/lであった．

田中（1994）による1993年11月6日の調査では，水色はウーレの水色計の第XIII号に相当し，透明度は1.40mであった．また，表層水温は13.0℃で，pHは8.1，溶存酸素は9.0mg/l，電気伝導度は112μS/cm，CODは4.8mg/l，塩素イオンは12.4mg/lであった．

〈プランクトン〉

浮布池のプランクトンについて，田中（1994）は1993年11月6日の採集試料から，動物プランクトンが17種，植物プランクトンが62種の合計79種を同定している．

出現種の綱別の内訳は，原生動物が8属11種，輪虫類が3属3種，鰓脚類が2属2種，橈脚類が1属1種，藍藻類が6属7種，珪藻類が14属26種，及び緑藻類が16属29種であった．

出現種の中で，優占種といえる程に多産した種は，動物プランクトンではないが，植物プランクトンでは，珪藻類の *Aulacoseira granulata* 及び *A. granulata* var. *angustissima* であった．また，動物プランクトンでは，原生動物の *Arcella gibbosa*，輪虫類の *Trichocerca cylindrica* がやや目

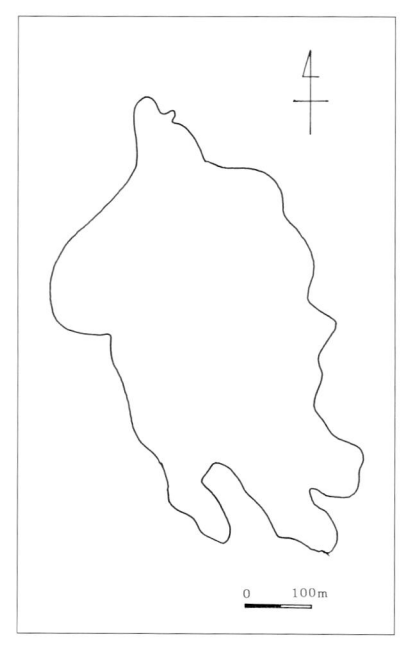

図-227　浮布池の池沼概念図

立ったにすぎないが，植物プランクトンでは他に藍藻類の Microcystis aeruginosa, 珪藻類の Asterionella formosa, 緑藻類の Pediastrum duplex var. gracillimum 等が比較的多く見られた．

浮布池のプランクトン型は，動物プランクトンが第XV型，富栄養型輪虫類群集，植物プランクトンが第IX型，富栄養型珪藻類，緑藻類混合型群集に相当するものと思われる．

〈底生動物〉

浮布池の底生動物については，知見がない．

〈魚　類〉

田中（1994）によれば，浮布池の魚類としては，ウナギ，ワカサギ，ナマズ，ハゲギギ，ギンブナ，ゲンゴロウブナ，コイ，ホンモロコ，カワムツ，メダカ，ヨシノボリ，ブラックバス，ドジョウが棲息する．

〈水生植物〉

浮布池の水生植物は，環境庁（1993），田中（1994）によれば，挺水植物のカンガレイ，ヨシ，マコモ，浮葉植物のオニビシ，ヒシ，沈水植物のクロモ，シャジクモ，コカナダモが生育する．

環境庁（1987）　第3回自然環境保全基礎調査，湖沼調査報告書，中国，四国，九州，沖縄版. 32, 1-81
環境庁（1993）　第4回自然環境保全基礎調査，湖沼調査報告書，中国，四国，九州，沖縄版. 32, 1-83
田中正明（1994）　プランクトンから見た本邦湖沼の富栄養化の現状（203），再び本州の湖沼⑫⑨．水, 36, 4, 504, 85-88

6-1-7. 水尻池

水尻池は，鳥取県の日本海側の湖山地の西側に位置する小湖で，成因は海跡湖と考えられている．

本池は，一時は池水が動力排水によって抜かれ，水田化したことがあり，またイケチョウガイを母貝とした淡水真珠の養殖地としても利用されたが，現在ではほとんど利用されていない．

池は浅く，農業利用或いは水産利用されてきたことに加え，集落の排水が流入したこともあり，汚濁と富栄養化が進行し，「水の華」の発生が著しい．

水尻池に関する知見は乏しく，筆者は本池の報告を全く見ていない．

〈水　質〉

筆者の調査は，2000年6月23日に行ったものであるが，水色はフォーレルの水色計の第VIII号，透明度は0.45mであった．表層水の水温は24.2℃，pHは8.6，溶存酸素は9.14mg/l，電気伝導度は290μS/cm，CODは5.85mg/l，塩素イオンは26.3mg/lであった．

〈プランクトン〉

水尻池において2000年6月23日に採集した試料からは，動物プランクトンが35種，植物プランクトンが46種の合計81種が同定された．

出現種数の綱別の内訳は，原生動物が8属11種，輪虫類が12属16種，鰓脚類が5属6種，橈脚類が2属2種，藍藻類が6属9種，珪藻類が9

図-228　水尻池（2000年6月23日撮影）

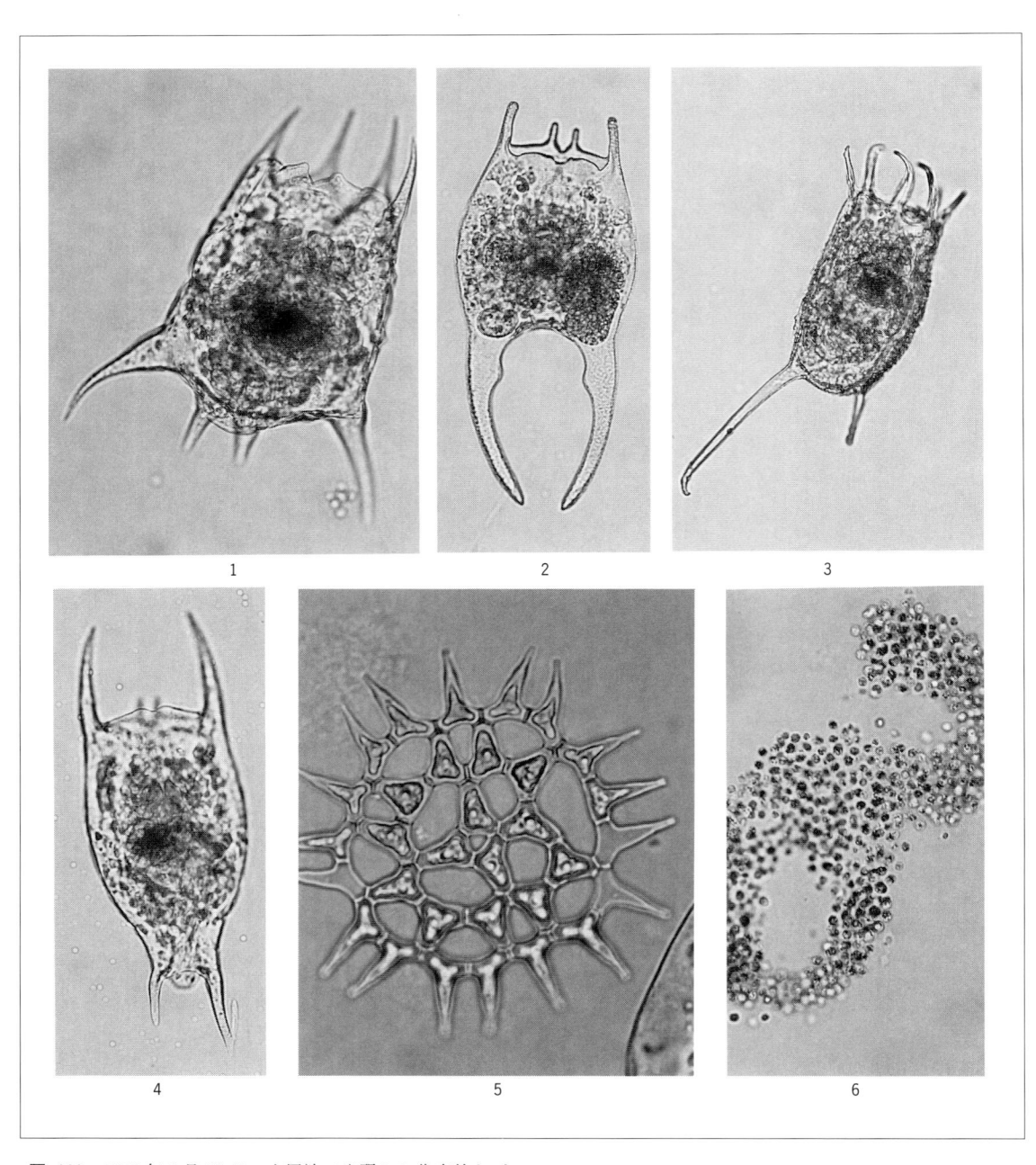

図-229 2000年6月23日に水尻池で出現した代表的なプランクトン
1. *Brachionus calyciflorus* var. *dorcas* f. *spinosus*, 2. *Brachionus forficula*, 3. *Keratella tropica*, 4. *Schizocerca diversicornis*, 5. *Pediastrum Biwae*, 6. *Microcystis aeruginosa*

属12種, 及び緑藻類が14属25種であった.

この時の優占種は, 動物プランクトンでは輪虫類の *Brachinus forficula* で, これに同じ輪虫類の *Schizocerca diversicornis*, *Keratella valga*, *Brachionus calyciflorus* var. *dorcas*, *B. calyciflorus* f. *amphiceros*, *Asplanchna priodonta* 等が続いた.

一方, 植物プランクトンは, 珪藻類の *Aulacoseira granulata*, *Melosira varians*, *Synedra rumpens*, 緑藻類の *Pediastrum Biwae*, 藍藻類の *Microcystis aeruginosa* が比較的多く出現したが, 優占種といえる程に多産した種はない.

プランクトン型については, 動物プランクトンが, 第XV型, 富栄養型輪虫類群集, 植物プランクトンが第IX型, 富栄養型珪藻類, 緑藻類混合型群集と判断されるが, 季節によっては藍藻類の *Microcystis* による「水の華」の発生があることから, 第XI型, 富栄養型藍藻類群集へ変わるものと思われる.

〈底生動物〉

水尻池の底生動物については, 全く知見がない.

〈魚 類〉

水尻池の魚類については, 知見がないが, 筆者はフナ, コイ, カムルチー, ブラックバスを確認している.

〈水生植物〉

水尻池の水生植物については, 知見がないが, 筆者はヨシ, ガマ, ヒシ, ウキクサ, ホテイアオイを確認している.

6-2. 四国の湖沼

ここでは，四国を代表する天然湖の海老ヶ池を取り上げる．

6-2-1. 海老ヶ池

四国にある天然湖沼は，徳島県の海老ヶ池が唯一で，全国の湖沼の数の0.1%を占めるにすぎないが，それだけに陸水学的にも陸水生物学的にも貴重である．

四国は，瀬戸内海沿岸を中心に人工的に形成された農業用の溜池が多く，これらについては，MIZUNO（1954, 1961）の詳細な研究が知られ，他にも谷（1983, 1984）による徳島県内のプランクトン相を調査したものがある．人工湖では，他にも淡水赤潮の発生等の調査研究も知られ，四国地方の陸水生物相を知る上では，ある程度十分な知見があるといえる．しかし，汽水域についての知見は比較的乏しく，貴重な存在である海老ヶ池についても，その調査研究は多くはない．

海老ヶ池では，昭和57年から水路整備や樋門の設置が進められ，淡水化が進められた．また，昭和59年度に南阿波ピクニック公園がレクリエーション施設として開設され，運動場，キャンプ場等が整備された．現在，湖の周辺には水田が広がり，豊かな自然も残されているが，水質の悪化やヘドロ状の堆積物の存在等，問題も少なくない．

〈水　質〉

海老ヶ池の水質について，徳島県保健環境センター（1989）は，pHが8.39-9.62，溶存酸素が9.4-15.2 mg/l，飽和度で101.7-159.4%と常に過飽和であり，CODは5.5-10.7 mg/l，クロロフィルaで25.7-98.0 μg/l と高い値が報告されている．この高い値については，湖への流入河川の水質との比較から，内部生産による二次汚濁がより大きいとされている．

また，谷賢太郎氏からの私信によれば，1990年2月17日の表層水温は11.0℃，pHが8.2，溶存酸素が12.3 mg/l，塩素イオンが800 mg/l，透明度が0.6 m であった．

環境庁（1993）による1991年9月3日の調査によると，透明度は0.3-0.6 m，表層水の水温が30.0-31.0℃，pHが8.4-8.8，溶存酸素が12.7-12.9 ppm，CODが13.9-14.6 ppm，BODが5.1-6.3 ppm，SSが13-15 ppm，塩素イオンが990-1010 ppm，硫酸イオンが113-118 ppm，全窒素が0.86-0.95 ppm，全リンが0.037 ppmであった．

〈プランクトン〉

海老ヶ池のプランクトン相について，田中（1990）は1990年2月17日の採集試料から，動物プランクトンが11種，植物プランクトンが47種の合計58種を同定している．

出現種数の綱別の内訳は，原生動物が7属9種，輪虫類が1属1種，橈脚類が1属1種，藍藻類が3属3種，珪藻類が13属26種，及び緑藻類が9属18種であった．

出現種の中で，優占種となったのは動物プランクトンでは，橈脚類の *Sinocalanus tenellus*，植物プランクトンでは優占種といえる程に多産した種はないが，珪藻類の *Nitzschia* sp., *Bacillaria paradoxa*，緑藻類の *Monoraphidium contortum* が比較的多く見られた．

また，出現種の中で，原生動物の *Favella taraikaensis*, *Tintinnopsis* sp., *T.* sp., 輪虫類の *Brachionus plicatilis*（図-230），橈脚類の *Sinocalanus tenellus*，珪藻類の *Thalassiosira* sp., *T.* sp., *Rhabdonema arcuatum*, *Amphiprora alata*, *Pleurosigma* sp., *P.* sp., *Nitzschia* sp., *N.* sp.,

表-19 1990年2月18日の海老ヶ池のプランクトン出現種

PROTOZOA		
Chlamydomonas sp.	*Stauroneis* sp.	
Gymnodinium sp.	*Amphiprora alata*	
Favella taraikaensis	*Pleurosigma* sp. 1	
Tintinnopsis sp. 1	*Pleurosigma* sp. 2	
Tintinnopsis sp. 2	*Nitzschia acuminata*	
Difflugia corona	*Nitzschia tryblionella* var. *victoriae*	
Difflugia sp.	*Nitzschia linearis*	
Pseudodifflugia sp.	*Nitzschia* sp. 1	+
Nebela ?	*Nitzschia* sp. 2	
ROTATORIA	*Nitzschia* sp. 3	
Brachionus plicatilis	*Nitzschia* sp. 4	
	Bacillaria paradoxa	+
COPEPODA	*Cymatopleura solea*	
Sinocalanus tenellus　　　　　　C		
	CHLOROPHYCEAE	
CYANOPHYCEAE	*Pediastrum tetras*	
Phormidium sp.	*Ankistrodesmus bibraianus*	
Lyngbya sp.	*Monoraphidium minutum*	
Genus ?	*Monoraphidium contortum*	+
	Golenkinia radiata	
BACILLARIOPHYCEAE	*Micractinum pusillum*	
Melosira sp.	*Tetraedron minimum*	
Thalassiosira sp. 1	*Tetraedron trilobatum*	
Thalassiosira sp. 2	*Oocystis crassa*	
Rhabdonema arcuatum	*Oocystis crassa* var. *marssonii*	
Synedra rumpens	*Oocystis pusilla*	
Synedra sp.	*Oocystis parva*	
Achnanthes lanceolata	*Microspora* sp.	
Achnanthes sp.	*Scenedesmus acutus*	
Navicula sp. 1	*Scenedesmus denticulatus* var. *linearis*	
Navicula sp. 2	*Scenedesmus armatus*	
Navicula sp. 3	*Scenedesmus microspina*	
Gomphonema sphaerophorum	*Scenedesmus spinosus*	
Gomphonema parvulum		

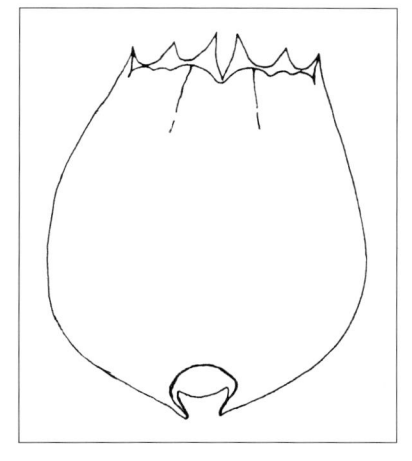

図-230 1990年2月18日に得られた海老ヶ池のシオミズツボワムシ（*Brachionus plicatilis*）

Bacillaria paradoxa 等は，汽水域から内湾沿岸域に出現する種である．緑藻類は，明らかに淡水性種であるが，鰓脚類が出現しない等，本湖のプランクトン群集がかなり塩分濃度の高い水域のものであることが認められる．

プランクトン型は，汽水種や沿岸内湾種の指標性が十分に検討されていないが，動物プランクトンは第 XIV 型，富栄養型甲殻類・輪虫類混合型群集，植物プランクトンは第 IX 型，富栄養型珪藻類・緑藻類混合型群集に相当するものと考えられる．

〈底生動物〉

環境庁（1993）によれば，海老ヶ池の底生動物としては，カワサンショウガイ，ヤマトシジミ，タケノコカワニナが報告されている．

〈魚　類〉

海老ヶ池の魚類については，環境庁（1993）はボラ，コノシロをあげているが，十分な知見がない．

〈水生植物〉

海老ヶ池の水生植物については，環境庁（1993）が沈水植物のサガミトリゲモ，カワツルモをあげている．

環境庁（1987）　第3回自然環境保全基礎調査，湖沼調査報告書，中国，四国，九州，沖縄版．36，1-9

環境庁（1993）　第4回自然環境保全基礎調査，湖沼調査報告書，中国，四国，九州，沖縄版．36，1-8

Mizuno, T. (1954) Limnological studies of the fresh-water pond in the Northern part of Shikoku Island in Japan. Memo. Osaka Univ. Lib. Art. Educ. B. Nat. Sci., 3, 90-98

Mizuno, T. (1961) Hydrobiological studies on the Artificially Constructed Ponds (Tame-ike Ponds) of Japan. Jap. J. Limnol., 22, 67-192

田中正明（1990）　プランクトンから見た本邦湖沼の富栄養化の現状（159），四国の湖沼①．水，32，10，450，65-68

谷　賢太郎（1983）　徳島県北部の溜池群におけるプランクトンの研究．徳島県長期研修生研究報告，第21集，22-37

谷　賢太郎（1984）　徳島県内の溜池群におけるプランクトンの研究Ⅰ．徳島県高等学校理科学会誌，第25集，27-34

徳島県保健環境センター（1989）　海老ヶ池調査報告書．1-61

第7章

九州地方の湖沼

　九州地方の湖沼は，池田湖を除けば面積的に大きなものはなく，数も少ない．

　この地方の湖沼は，火山性の起原を有するものが多く，水質的には酸性傾向を示す．また，南大東島及び北大東島には，石灰岩地域にのみ形成されるドリーネ湖或いはウバーレ湖が存在する．

　気候的には，温暖で年平均気温が内陸部でも12℃，沿岸部では16℃，沖縄では22℃を上回る．夏季には，降水量が多く，九州南部では年間降水量は2400-2800 mmに達する．

7-1. 鹿児島の湖沼

　鹿児島県の湖沼は，池田湖，鰻池，及び鏡池に代表されるが，面積的に小さな池沼が点在する．
　これらの池沼の多くは，陸水学的或いは陸水生物学的な知見は乏しく，全く調査対象となったことがないものも少なくない．

7-1-1. 藺牟田池

　藺牟田池は，鹿児島県薩摩郡祁答院町に位置する火山湖で，泥炭形成植物が生育する腐植性の湖沼として，浮島が国指定の天然記念物に，また池及び周辺の湿地も含めて藺牟田池県立自然公園に指定され，保護が計られている．
　池水は，農業用水として利用されており，水位操作が行われている．
　本池に関する陸水学的並びに陸水生物学的な知見は乏しく，環境庁（1987, 1993）による『自然環境保全基礎調査』の結果が知られる程度である．

〈水　質〉

　藺牟田池の水質について環境庁（1987）は，1985年9月10日の調査で，透明度が1.6 m，表層水温が29.5℃，pHが6.8，溶存酸素が7.2 mg/l，CODが7.3 mg/l，BODが1.4 mg/l，TOCが3.4 mg/l，塩素イオンが6.7 mg/l，全窒素が0.074 mg/l，アンモニア態窒素が0.005 mg/l，全リンが0.010 mg/l，リン酸態リンが0.004 mg/lを測定している．
　また，環境庁（1993）は1991年9月18日の調査で，透明度が1.8 m（底まで全透），表層水温が26.2℃，pHが7.0，溶存酸素が7.6 mg/l，電気伝導度が33.4 μS/cm，アルカリ度が0.056 meq/l，CODが7.5 mg/l，BODが1.4 mg/l，SSが4 mg/l，塩素イオンが3.4 mg/l，TOCが4.4 mg/l，全窒素が0.40 mg/l，全リンが0.023 mg/l，クロロフィルaが8.8 μg/lと報告している．
　筆者は，2002年1月12日の調査で，透明度が2.5 m，水色がウーレの水色計の第XIV号，表層水温が4.2℃，pHが6.8，溶存酸素が7.28 mg/l，電気伝導度が46.2 μS/cm，CODが5.42 mg/l，塩素イオンが5.32 mg/l，全窒素が0.11 mg/l，全リンが0.008 mg/lと測定した．

〈プランクトン〉

　藺牟田池のプランクトン相について，環境庁（1993）は動物プランクトンの *Bosminopsis deitersi*, *Diaphanosoma brachyurum*, *Bosmina longirostris*, *Asplanchna priodonta*, *Polyarthra trigla*, *Trichocerca cylindrica*，植物プランクトンの *Microcystis aeruginosa*, *Melosira italica*, *Pinnularia major*, *Staurastrum tauphorum*, *Pediastrum* sp. を代表種として報告している．
　筆者の2002年1月12日の調査では，採集されたプランクトン量は乏しかったが，動物プランクトンでは原生動物の *Arcella gibbosa*, *A. polypora*, *A. discoides*, *Centropyxis hirsuta*,

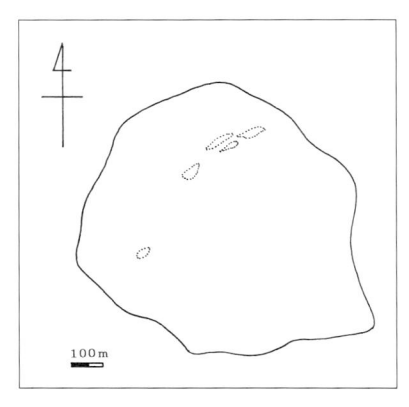

図-231　藺牟田池の池沼概念図

Difflugia gramen, *D.* sp. 等が比較的多く見られたが，他は目立った種はない．植物プランクトンは，緑藻類の *Staurastrum* sp., *Mougeotia* sp., 珪藻類の *Pinnularia* sp. 等がわずかに見られたにすぎない．

本池のプランクトン型は，動物プランクトンが第XII型，富栄養型根足虫類群集，植物プランクトンが第IX型，富栄養型珪藻類，緑藻類混合型群集に相当するものと思われる．

〈底生動物〉

藺牟田池の底生動物相については，知見は極めて乏しい．筆者は，プランクトン試料中から2種のユスリカ類の幼虫，線虫類1種を確認している．

〈魚類〉

藺牟田池に棲息する魚類は，環境庁（1993）によればオイカワ，キンブナ，メダカ，ヨシノボリ，ブラックバスである．

〈水生植物〉

藺牟田池の水生植物は，環境庁（1993）によれば挺水植物のヨシ，ツルヨシ，マコモ，フトイ，アキカサスゲ，浮葉植物のジュンサイ，ヒツジグサ，ヒシ，沈水植物のセキショウモ，エビモ等が生育する．挺水植物は，池の西側に多く群落の沖出し幅は20 mに達する．

環境庁（1987）第3回自然環境保全基礎調査，湖沼調査報告書，中国，四国，九州，沖縄版. 46, 鹿児島県, 1-98

環境庁（1993）第4回自然環境保全基礎調査，湖沼調査報告書，中国，四国，九州，沖縄版. 46, 鹿児島県, 1-120

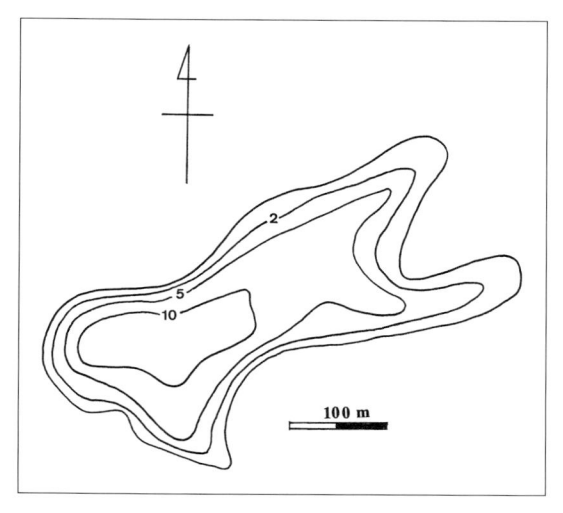

図-232 中原池の湖盆図

7-1-2. 中原池（薩摩湖）

中原池は，鹿児島県西部の日置郡吹上町に位置する海跡湖であるが，現在は海から約1.5 km隔てられ，淡水化が進んでいる．池が位置する吹上浜一帯は，吹上浜県立公園に指定されており，本池も周辺が公園整備されている．

本池に関する陸水学的並びに陸水生物学的な知

図-233 中原池（2002年1月12日撮影）

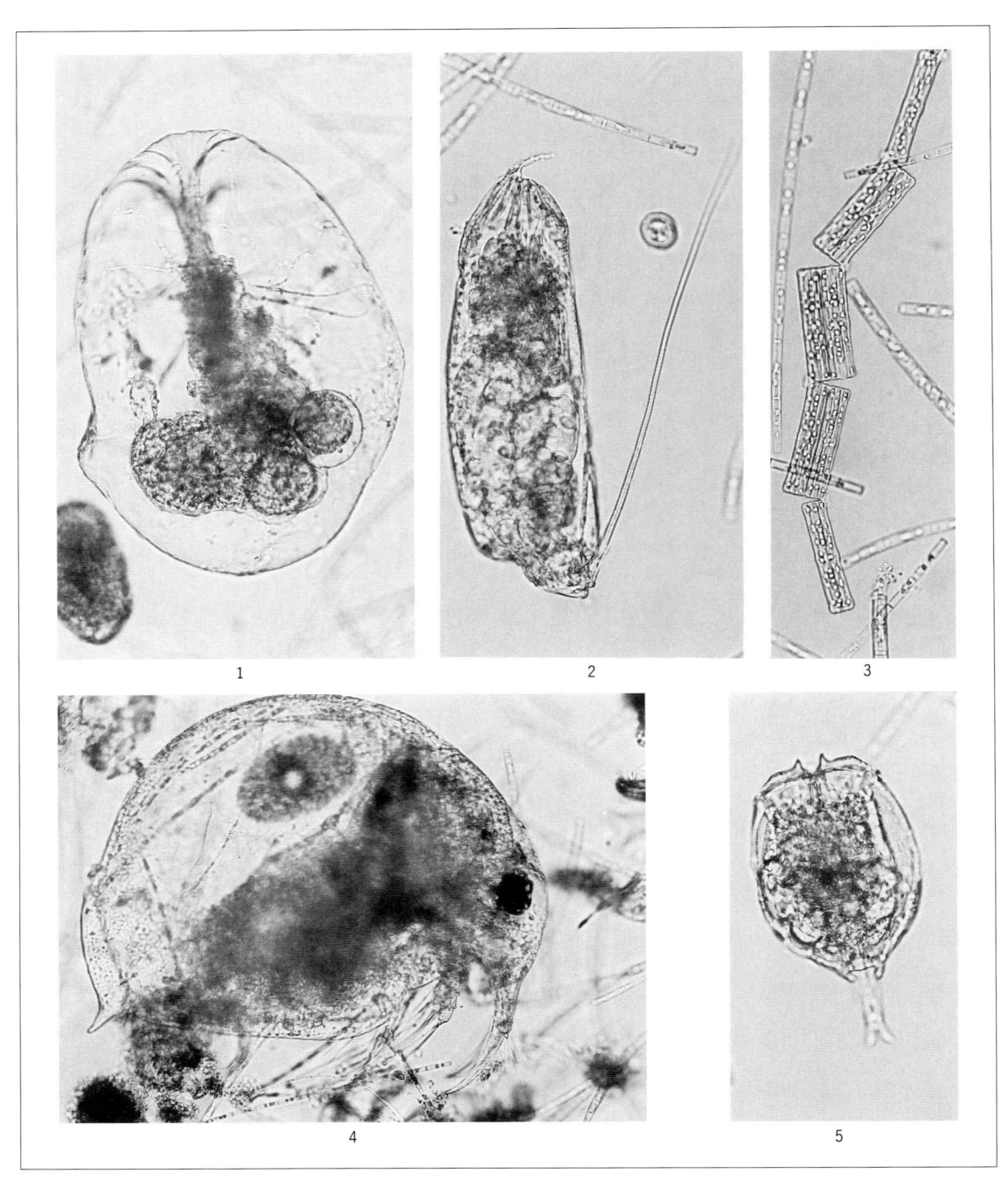

図-234 2002年1月12日に中原池で出現した代表的なプランクトン
1. *Asplanchna herricki*, 2. *Trichocerca cylindrica*, 3. *Tabellaria fenestrata*, 4. *Bosmina longirostris*, 5. *Brachionus angularis*

見は乏しく，環境庁（1987，1993）の報告が知られる程度である．

〈水　質〉

中原池の水質について，環境庁（1987）は1985年9月26日の調査で，透明度が2.2 m，表層の水温が28.5℃，pHが7.4，溶存酸素が6.6 mg/l，CODが4.0 mg/l，BODが1.5 mg/l，TOCが2.7 mg/l，塩素イオンが14.3 mg/l，全窒素が0.018 mg/l，アンモニア態窒素が0.007 mg/l，全リンが0.060 mg/lで，9 mの底層では無酸素で，全窒素が3.27 mg/l，全リンが0.097 mg/l，CODが9.3 mg/lと報告している．

また，環境庁（1993）は1991年9月25日の調査で，透明度が3.2 m，表層水温が27.6℃，pHが7.4，溶存酸素が7.2 mg/lで，9 m層では無酸素，電気伝導度が95.0 μS/cm，アルカリ度が0.404 meq/l，CODが4.4 mg/l，BODが0.9 mg/l，SSが1 mg/l，塩素イオンが11.0 mg/l，TOCが3.0 mg/l，全窒素が0.26 mg/l，全リンが0.017 mg/l，クロロフィルaが6.4 μg/lと報告している．

筆者の2002年1月12日の調査では，透明度が3.8 m，水色がウーレの水色計の第XIII号，表層水温が4.9℃，pHが7.8，溶存酸素が6.90 mg/l，電気伝導度が104 μS/cm，CODが3.05 mg/l，塩素イオンが11.6 mg/l，全窒素が0.42 mg/l，全リンが0.022 mg/lであった．

〈プランクトン〉

中原池のプランクトン相については，環境庁（1993）が1991年9月25日の調査で，動物プランクトンの*Difflugia corona*が最も多く，他に*Bosmina longirostris*, *Cyclops strenuus*, *Diaphanosoma brachyurum*, *Asplanchna priodonta*, *Trichocerca cylindrica*, *Conochiloides* sp., *Thermocyclops taihokuensis*, *Brachionus rubens*, 植物プランクトンの*Surirella robusta*, *Pediastrum* sp., *Navicula* sp. 等が出現したことを報告している．

筆者の2002年1月12日の調査では，動物プランクトンの優占種は，輪虫類の*Asplanchna priodonta*で，これに*A. herricki*, *Brachionus angularis*, 鰓脚類の*Bosmina longirostris*が続いた．

植物プランクトンは，珪藻類の*Aulacoseira ambigua*が優占し，これに*A. granulata*が続いた．他には，珪藻類の*Melosira undulata*, *Cymbella aspera*, *Fragilaria construens*, 緑藻類の*Pediastrum duplex* var. *gracillimum*, 藍藻類の*Microcystis aeruginosa*等が比較的多く見られた．

また，今回の採集試料中には，*Alona globulosa*, *Pleuroxus* sp. 等，多くの鰓脚類が得られたが，マルミジンコ科の出現種の中に，日本新産種或いは新種の可能性が高い種が含まれることから，今後の調査の必要性が認められる．

プランクトン型は，動物プランクトンが第X型，中栄養型甲殻類，輪虫類混合型群集，植物プランクトンは第VII型，中・富栄養型珪藻類混合型群集と判断される．

〈底生動物〉

中原池の底生動物については，知見が乏しく，最近の調査報告を見ていない．筆者の2002年1月12日の調査では，ユスリカ類の幼虫が3種得られた．

〈魚　類〉

中原池に棲息する魚類は，環境庁（1993）によれば，コイ，ギンブナ，ゲンゴロウブナ，ヨシノボリ，ゴクラクハゼであるが，筆者は他にブラックバス，ブルーギル，カムルチーを確認している．

〈水生植物〉

中原池の水生植物は，挺水植物のヨシ，ウキヤガラ，浮葉植物のヒシ，ガガブタ，ハス，スイレン（栽培種），沈水植物のミズスギナが生育する．挺水植物群落は，禁漁区に指定された東部で発達し，沖出し幅は最大12 mに達している．

環境庁（1987）第3回自然環境保全基礎調査，湖沼調査報告書，中国・四国・九州・沖縄版．46, 鹿児島県，1-98

環境庁（1993）第4回自然環境保全基礎調査，湖沼調査報告書，中国・四国・九州・沖縄版．46, 鹿児島県，1-120

7-2. 南大東島の湖沼

　南大東島は，沖縄本島の東方海上約360 kmの太平洋に位置する大東諸島の中央の短楕円形の島で，行政区分としては，沖縄県島尻郡南大東村と称する一島一村を成している．島の位置は，北緯25度48分から52分，東経131度12分から15分の間にあり，島の北東約8 kmに北大東島，南方約160 kmに沖大東島（ラサ島）がある．

　南大東島は，珊瑚礁から成る環礁（アトール）が数回にわたって隆起したと考えられる隆起環礁の島で，海岸線から内側に環状に露出した石灰岩地帯が発達している．島の周囲は，幕上（ハグウェ）と呼ばれる高度30〜40 mの同心円上に配列した平坦面と，リッジから構成されている．島の中央部は，幕下（ハグシタ）と呼ばれる盆地状の低地で，この中に多数の池沼と湿地が散在している．これらの池沼は，石灰岩が溶解して形成されたと考えられるドリーネ湖と，幾つかのドリーネが複合して形成されたと考えられるウバーレ湖から成っている．この様な成因の湖沼は，我国では極めて少なく，南大東島以外では北大東島に存在することが知られている（新井，1979）．

　大東島の池沼群についての研究は，杉山（1934，1936），YOSHIMURA（1938）に始まり，武永（1965，1966，1972，1972），新井（1979），田中（1998，1998，1998，1998，1998，1998，1999，1999，1999，1999，1999，1999，1999，1999）等，比較的多くが知られている．しかし，南大東島に散在する池沼は，小さなものを含めると100以上あり，しかも太平洋上の孤島の産業的な利用価値の乏しい池沼ということもあって，全く調査対象とされたことがないものも多く，今日なお十分な知見があるとは言いがたいのが実状である．

　なお，本節で取り上げる湖沼に関する文献は，節の末尾に一括して示す．

7-2-1. 大　池

　南大東島の池沼群の中で，最も広い面積を有する池で，ドリーネが複合して形成されたウバーレ湖と考えられる．池内には，大小4つの島を有し，池岸は屈曲している．

　本池に流入する河川は，他の大東島の池沼と同様に存在しないが，鍾乳洞を介して海水の干満の影響を受けると考えられ，約6時間周期で水位が上下する．このため，海水の流入の防止と，農業用の取水を目的に，水門と3本の水路が建設されている．

　また，大池にはオヒルギが生育し，国指定の天然記念物として保護されている（図-237）．このオヒルギは，開拓による破壊で現在のような小群落となったが，かつては極相林を形成する程に発達したものであった．大池のオヒルギは，胎生実生が流されることなく樹下で密生して生育し，成木に板根が発達する等，特徴的な群落であることが知られ，その貴重性を考え合わせて，大池全体を指定地として保護すべきであると思われる．

〈水　質〉

　大池の水質について，環境庁（1987）は1985年9月14日の調査で，透明度が1.0 m（底まで全透），水温が30.5-31.3℃，pHが8.6-9.3，溶存酸素が7.5-9.6 ppm，また1991年11月21日の調査で，透明度が1.5 m（底まで全透），水温が20.7-21.4℃，pHが8.2-8.3，溶存酸素が9.1-9.6 ppm，電気伝導度が最大で4077 μS/cm，CODが11.0-11.7 ppm，全窒素が0.3-0.54 ppm，全リンが0.002-0.004 ppm，塩素イオンが649-1170 ppmと報告している（環境庁，1993）．

　田中（1999）によれば，1998年2月27日の調査では，水色はフォーレルの水色計の第VI号，

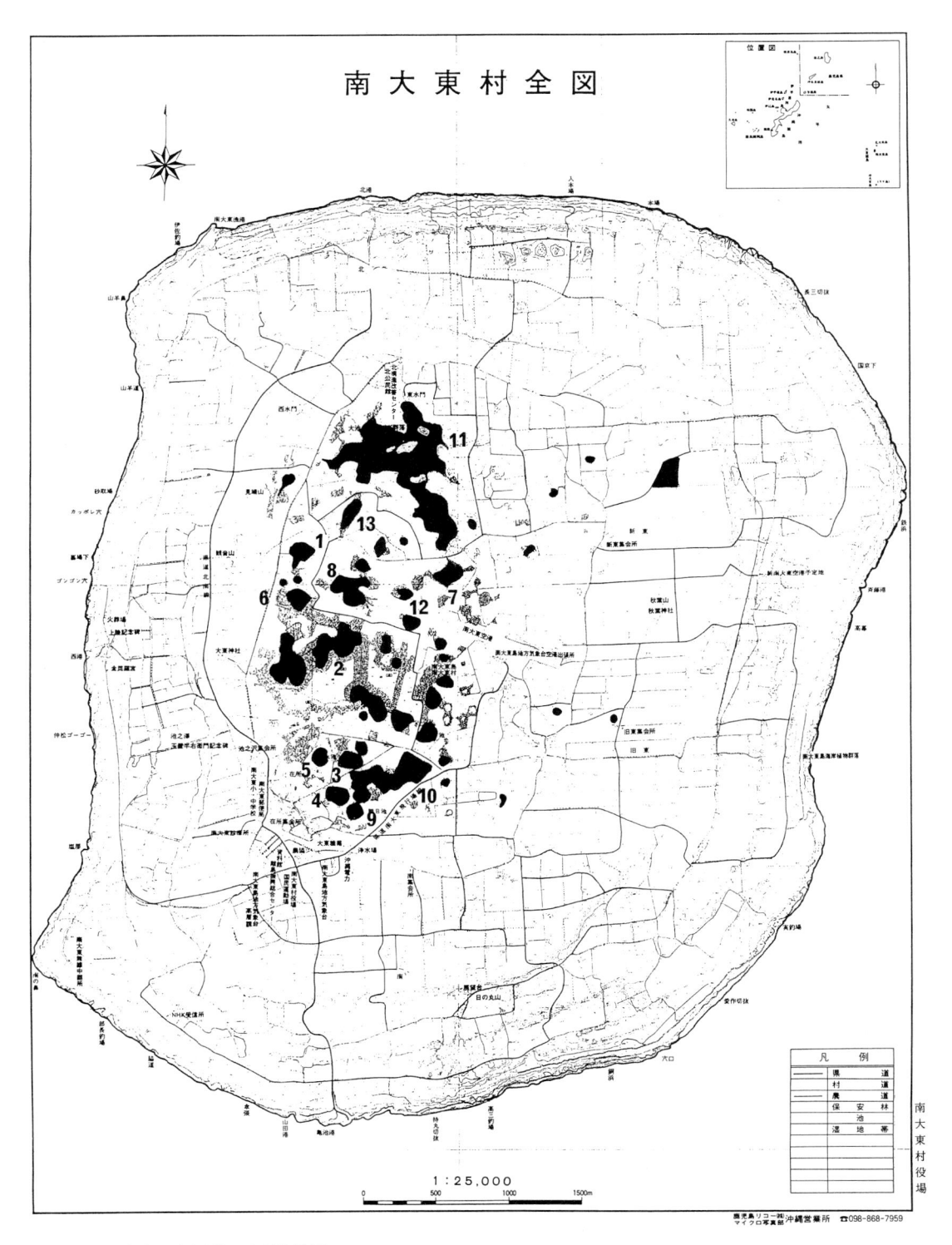

図-235 南大東島の湖沼群の地理的位置
1. 豊作池, 2. 鴨池, 3. 月見池, 4. 水汲池, 5. 潮水池, 6. 見晴池, 7. 淡水池, 8. 霞池, 9. 朝日池, 10. 瓢箪池, 11. 大池, 12. 忍池, 13. 帯池

7-2. 南大東島の湖沼

透明度は 1.20 m（底まで全透），水温は 23.0℃，pH は 7.7，電気伝導度は 1524 μS/cm，COD は 8.2 mg/l，塩素イオンは 135 mg/l であった．

大池は，従来は海水の影響があり，塩素イオンの値が南大東島の湖沼群の中で，最も高いとされ，オヒルギの生育を可能にした原因の一つと考えられてきた．しかし，現在では海水の流入を防止するために設けられた水門によって，塩素イオンの値は低く，農業用の取水がなされている．

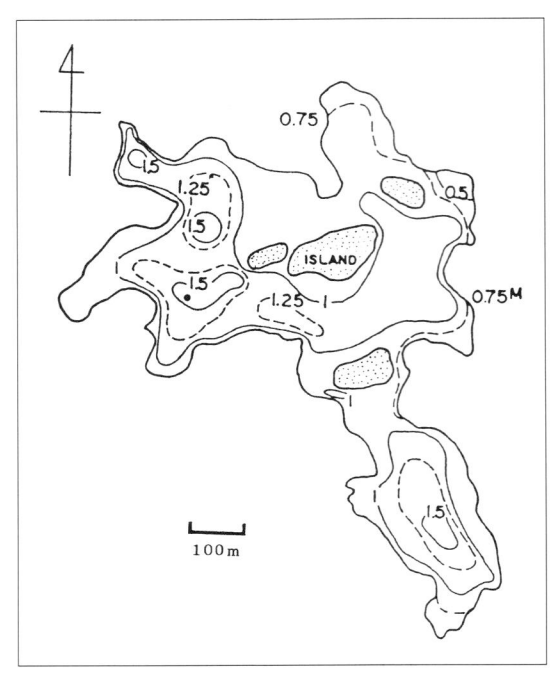

図-236　大池の湖盆形態（武永，1965 による）

図-237　大池のオヒルギ群落

〈プランクトン〉

大池のプランクトンについて，田中（1999）は 1998 年 2 月 27 日の調査で，動物プランクトンが 21 種，植物プランクトンが 37 種の合計 58 種を報告している．

出現種数の綱別の内訳は，原生動物が 5 属 7 種，輪虫類が 5 属 7 種，鰓脚類が 2 属 2 種，介形類が 2 属 2 種，橈脚類が 3 属 3 種，藍藻類が 5 属 6 種，珪藻類が 7 属 11 種，及び緑藻類が 12 属 20 種であった．

この時の優占種は，動物プランクトンでは輪虫類の *Keratella tropica* に，同じ輪虫類の *Brachionus angularis* が次ぎ，さらに原生動物の *Arcella discoides* が続いた．植物プランクトンは，優占種といえる種はないが，藍藻類の *Phormidium tenue*?，*Merismopedia tenuissimum* の 2 種が比較的多く認められた．

また，本池で採集された介形類 2 種は，属種名が決定できていないが，その内の 1 種は背面に 2 本の鋭い突起を有するものであり，国内からは知られていない形態の種とされている．

プランクトン型については，動物プランクトンは第 XV 型，富栄養型輪虫類群集，植物プランクトンは第 XI 型，富栄養型藍藻類群集に相当するが，海水の影響を推定できる種は全く出現していない．

〈底生動物〉

大池の底生動物については，全く知見がない．

〈魚　類〉

大池の魚類は，コイ，ギンブナ，ティラピアが確認され，ティラピアの個体数は多い（田中，1999）．環境庁（1993）によれば，コイとギンブナは 1910 年に，またティラピアは 1955 年に移入された．

〈水生植物〉

大池の水生植物は，田中（1999）によればイバラモ，イトモ，シャジクモの一種，及びフトイが生育し，フトイとイバラモが多い．挺水植物群落の沖出し幅は，最大で 25 m に達する．

また，大池の周辺には，オヒルギ，ビロウ，モクマオウ，アダン等の亜熱帯の植生が見られる（図-237，図-239）．

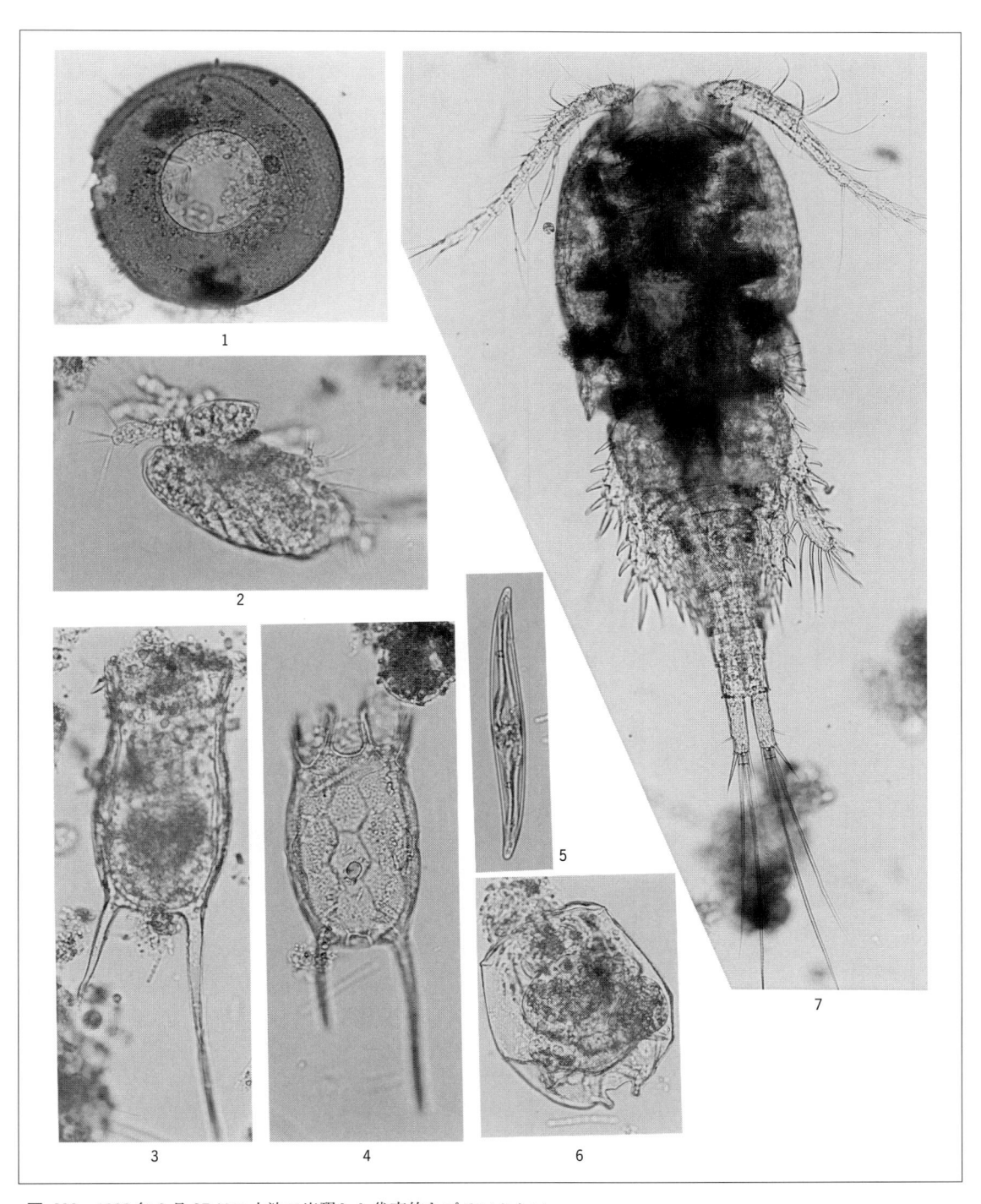

図-238 1998年2月27日に大池で出現した代表的なプランクトン
1. *Arcella discoides*, 2. Nauplius 幼生, 3-4. *Keratella tropica*, 5. *Gyrosigma* sp., 6. *Brachionus angularis*, 7. Cyclopidae

7-2. 南大東島の湖沼

図-239 大池北岸の植生図（南大東村，1993を一部改変）

7-2-2. 瓢簞池

瓢簞池は，大池と同様にウバーレ湖とされるが，おそらく7箇程度のドリーネが複合して形成されたものと推定される．田中（1998，1999）は，本池と細い水路で連絡する湖盆については，月見池として，またその北側の小池については，各々独立したドリーネ湖として扱っている．

〈水　質〉

瓢簞池の水質について田中（1999）は，1998年2月26日，27日の調査で表面水温が21.0-21.5℃，pHが7.6，電気伝導度が2730-2790 μS/cm，CODが4.90-5.05 mg/l，塩素イオンが182-190 mg/lを測定した．また，水色は降雨による濁水の流入や，底質が石灰岩と泥との違いがあり，これらが影響したと思われるが，北東岸ではウーレの水色計の第XVIII号，西岸では第XIV号が測定され，透明度も同様に大きく異なり，北東岸で0.55 m，西岸では1.50 mであった．

〈プランクトン〉

瓢簞池のプランクトンについて田中（1999）は，動物プランクトンが17種，植物プランクトンが50種の合計67種を同定している．

出現種数の綱別の内訳は，原生動物が4属6種，輪虫類が5属9種，鰓脚類は認められず，橈脚類が2属2種，藍藻類が3属4種，珪藻類が7属19種，及び緑藻類が13属27種であった．

瓢簞池のプランクトン出現種は，植物プランクトンの種数，中でも緑藻類の種数が多いが，南大東島の湖沼群では帯池や鴨池でこの傾向が見られ

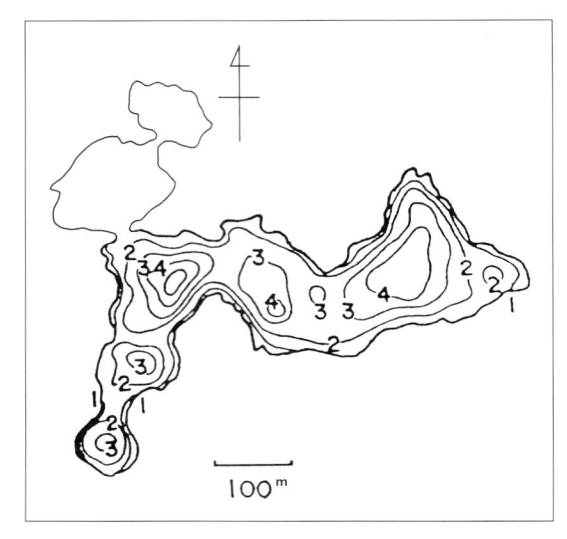

図-240 瓢簞池の池沼概念図

図-241 瓢簞池（1998年2月27日撮影）

る.

優占種は,動物プランクトンでは輪虫類の *Brachionus angularis* で,これに *B. calyciflorus* f. *dorcas*, *B. plicatilis*, *Keratella tropica*, *Monostyla bulla* 等が続いた.一方,植物プランクトンは,種数も量も多いが,優占種といえる程に多産した種はなく,珪藻類の *Nitzschia* sp.,緑藻類の *Pediastrum tetras*, *P. biradiatum* var. *longecornutum*, *Tetraedron minimum*, *T. muticum* f. *minor*, *T. tumidulum* f. *arcus*, *Scenedesmus quadricauda*, *S. microspina* 等が比較的多く認められた.

プランクトン型は,動物が第 XV 型,富栄養型輪虫類群集,植物が第 X 型,富栄養型緑藻類群集に相当するものであった.

〈底生動物〉

瓢箪池の底生動物については,知見がないが,田中 (1999) はプランクトン試料中からタンスイカイメンの骨片と,線虫類の 1 種を報告している.

〈魚　類〉

瓢箪池の魚類については,全く知見がない.

〈水生植物〉

瓢箪池の水生植物については,全く知見がない.

7-2-3. 霞　池

霞池は,ドリーネ湖と考えられる池で,流出入河川はないが,南西端から見晴池まで,水生植物におおわれた浅い水路で連なっている.

池の周辺は,亜熱帯植物が多い荒地である.

〈水　質〉

田中 (1999) によれば,1998 年 2 月 26 日の調査では,水色はウーレの水色計の第 XVIII 号,透明度は 1.4 m,湖岸表層水で水温が 22.7℃,pH が 7.5,電気伝導度が 301 μS/cm,COD が 12.4 mg/l,塩素イオンが 602 mg/l であった.

〈プランクトン〉

霞池のプランクトンについては,田中 (1999) による 1998 年 2 月 26 日の調査で,動物プランクトンが 21 種,植物プランクトンが 45 種の合計 66 種が同定された.

出現種の綱別種数の内訳は,原生動物が 7 属 9 種,輪虫類が 4 属 8 種,鰓脚類が 1 属 1 種,介形類が 1 属 1 種,橈脚類が 2 属 2 種,藍藻類が 4 属 5 種,珪藻類が 9 属 19 種,及び緑藻類が 12 属 21 種であった.

優占種は,動物プランクトンでは輪虫類の *Brachionus angularis* で,これに同じ輪虫類の *Keratella tropica* が次いだ.一方,植物プランクトンは種名が同定できていないが,珪藻類の *Nitzschia* sp. が最も多く,これに藍藻類の *Phormidium* sp. が次いだ.

図-242　霞池 (1998 年 2 月 26 日撮影)

今回のプランクトン出現種を基にした霞池のプランクトン型は，動物が第XV型，富栄養型輪虫類群集，植物プランクトンはやや疑問もあるが，第VIII型，富栄養型珪藻類群集に近いものと考えられる．
〈底生動物〉
霞池の底生動物については，全く知見がない．
〈魚　類〉
霞池の魚類については，知見がない．
〈水生植物〉
霞池の水生植物は，田中（1999）によればイバラモの群落が発達するが，他にフトイの生育が認められた．

7-2-4. 鴨　池

鴨池は，ドリーネ湖で，霞池と人工的に掘られた水路によって連なっている．湖岸の北岸の一部は，護岸整備されているが，大部分は自然湖岸である．
〈水　質〉
鴨池の水質は，田中（1998）による1998年2月27日の調査では，水色がウーレの水色計の第XVIII号，透明度が1.4m，水温が21.3℃，pHが7.5，電気伝導度が2830μS/cm，CODが12.4mg/l，塩素イオンが749mg/lであった．
〈プランクトン〉
鴨池のプランクトンは，田中（1998）による1998年2月27日の調査では，動物プランクトンが20種，植物プランクトンが46種の合計66種が確認された．

出現種数の綱別の内訳は，原生動物が6属8種，輪虫類が5属8種，橈脚類が2属3種，介形類が1属1種，藍藻類が5属7種，珪藻類が10属15種，及び緑藻類が12属24種であった．

優占種は，動物プランクトンは輪虫類の *Keratella tropica* f. *daitojimensis* で，これに同じ輪虫類の *Brachionus angularis* が次いだ．一方，植物プランクトンは，藍藻類の *Oscillatoria limnetica* が優占し，これに緑藻類の *Pediastrum tetras*, *Scenedesmus acutus*, *S. quadricauda*, *Crucigenia crucifera*, 珪藻類の *Nitzschia* sp. 等が続いた．

今回出現した種を基にしたプランクトン型は，動物プランクトンが第XV型，富栄養型輪虫類群集，植物プランクトンが第XI型，富栄養型藍藻類群集に相当するものと思われる．

鴨池のプランクトン相は，緑藻類の種数が多いこと，鰓脚類が出現しないこと，及び珪藻類の *Nitzschia* sp. は比較的多いが，他の珪藻類は量的には乏しいことが特徴的であった．
〈底生動物〉
鴨池の底生動物については，全く知見がない．
〈魚　類〉
鴨池の魚類については，全く知見がない．
〈水生植物〉
田中（1998）によれば，鴨池にはイバラモが多く生育し，挺水植物のフトイの群落が発達している．

7-2-5. 帯　池

帯池は，成因がドリーネ湖とされる池であり，この池の周辺にはすりばち状のドリーネ地形が多く点在するが，その多くが農地の基盤整備によって失われている．
〈水　質〉
田中（1999）によれば，1998年2月27日の調査では，水色がフォーレルの水色計の第VII号，透明度が1.30m，水温が23.4℃，pHが7.8，

図-243　鴨池（1998年2月27日撮影）

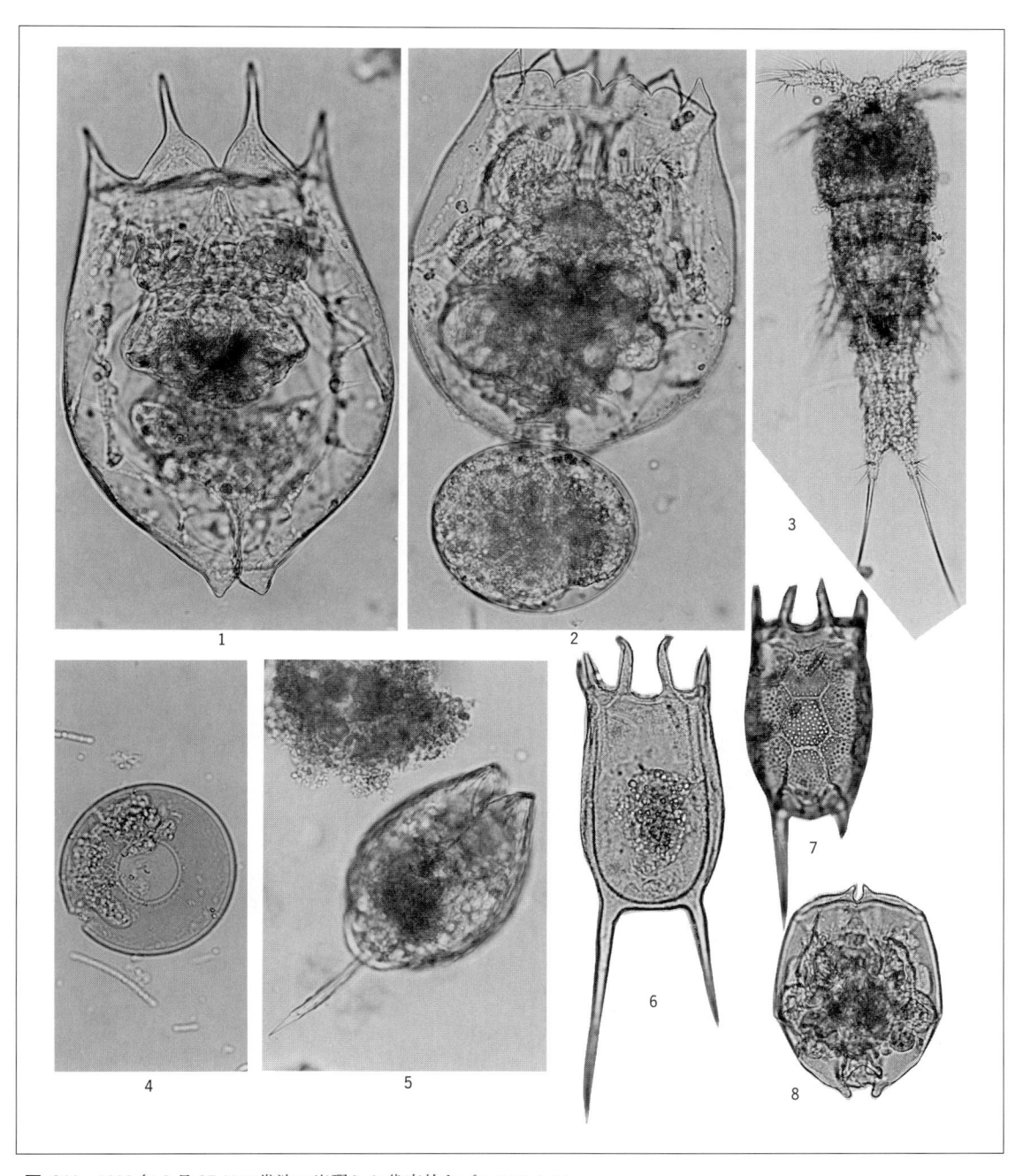

図-244　1998年2月27日に帯池で出現した代表的なプランクトン
　1. *Brachionus calyciflorus* f. *dorcas*, 2. *Brachionus plicatilis*, 3. Harpacticoida, 4. *Arcella discoides*, 5. *Monostyla bulla*, 6-7. *Keratella tropica*, 8. *Brachionus angularis*

電気伝導度が 1620 μS/cm，COD が 10.4 mg/l，塩素イオンが 169 mg/l が測定された．

〈プランクトン〉

帯池のプランクトンについて田中（1999）は，1998 年 2 月 27 日の調査で動物プランクトンが 19 種，植物プランクトンが 50 種の合計 69 種が出現したと述べている．

出現種数の綱別の内訳は，原生動物が 6 属 8 種，輪虫類が 4 属 7 種，鰓脚類が 1 属 1 種，介形類が 1 属 1 種，橈脚類が 2 属 2 種，藍藻類が 4 属 5 種，珪藻類が 9 属 20 種，及び緑藻類が 13 属 25 種であった．

優占種は，動物プランクトンでは輪虫類の Brachionus angularis で，これに B. calyciflorus f. dorcas が混じるが，さらに同じ輪虫類の Keratella tropica が続く．他には，輪虫類の Brachionus plicatilis，原生動物の Arcella discoides 等の出現が目立った．

植物プランクトンは，緑藻類の種数が多いが，優占種は珪藻類の Nitzschia sp.（小型種で，種名が決定できていない）で，これに藍藻類の Phormidium tenuis?，緑藻類の Pediastrum tetras，P. biradiatum var. longecornutum，Scenedesmus acuminatus，S. dispar 等が続いた．

プランクトン型は，動物プランクトンが第 XV 型，富栄養型輪虫類群集，植物プランクトンはやや疑問もあるが，第 VIII 型，富栄養型珪藻類群集に近いものと考えられる．

〈底生動物〉

帯池の底生動物については，全く知見がない．

〈魚　類〉

帯池の魚類については，全く知見がない．

〈水生植物〉

帯池の水生植物については知見がないが，フトイの生育が認められた．

7-2-6．淡水池

淡水池は，大池の南に位置する四辺形の池で，成因はドリーネ湖と考えられる．

〈水　質〉

淡水池の水質について田中（1999）は，水色はウーレの水色計或いはフォーレルの水色計の何れにも相当せず，濁った黄褐色を呈すると述べている．透明度は，0.30 m と低い．1998 年 2 月 26

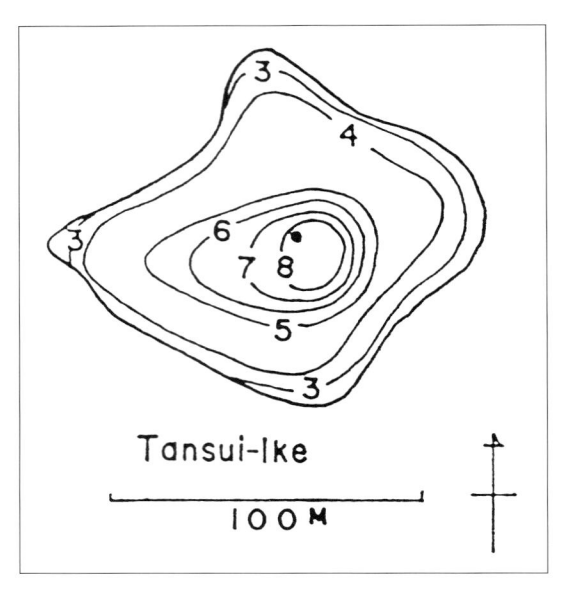

図-245　淡水池の湖盆図（新井，1979）

図-246　淡水池（1998 年 2 月 26 日撮影）

日の調査では，水温が21.9℃，pHが7.4，電気伝導度が877 μS/cm，CODが13.5 mg/l，塩素イオンが67.5 mg/l，硫酸イオンが78.5 mg/l，硝酸態窒素が2.0 mg/l，亜硝酸態窒素が0.001 mg/l以下，全鉄が0.017 mg/l，マンガンが0.002 mg/l，亜鉛が0.006 mg/l，鉛が0.001 mg/l以下，カドミウムが0.001 mg/l以下，銅が0.001 mg/l以下，クロムが0.001 mg/l以下，セレンが0.001 mg/l以下，ヒ素が0.002 mg/lが測定されている．

〈プランクトン〉

淡水池のプランクトンについて田中（1999）は，1998年2月26日の調査で動物プランクトンが13種，植物プランクトンが15種の合計28種が出現したことを述べている．

その綱別の出現種数の内訳は，原生動物が3属5種，輪虫類が5属6種，鰓脚類が1属1種，橈脚類が1属1種，藍藻類が3属4種，珪藻類が4属6種，及び緑藻類が4属5種であった．

優占種は，動物プランクトンは輪虫類の $Keratella\ valga$ で，これに同じ輪虫類の $Brachionus\ angularis$ が次いだ．一方，植物プランクトンは，特に優占種といえる程多産した種はないが，珪藻類の $Bacillaria\ paradoxa$ が最も多く，これに珪藻類の $Nitzschia$ sp.，緑藻類の $Cosmarium$ sp.，藍藻類の $Microcystis\ aeruginosa$ 等が次いだ．

淡水池のプランクトン型は，動物プランクトンが第XV型，富栄養型輪虫類群集，植物プランクトンが第VII型，中・富栄養型珪藻類混合型群集に相当するものと思われる．

今回の淡水池のプランクトン相は，南大東島湖沼群の中でも貧弱であり，群集構造もやや異なっている．水色も他の池沼と異なることを考えると，淡水池の特徴と見ることもできるが，今後の調査が必要と考えられる．

〈底生動物〉

淡水池の底生動物については，全く知見がない．

〈魚類〉

淡水池の魚類については，全く知見がない．

〈水生植物〉

淡水池の水性植物についての知見はないが，フトイの生育が認められる．

7-2-7．水汲池

水汲池は，南大東島へ明治32年（1899年）に開拓者が入植した当時，飲用水をこの池から汲んだことに，名称が起因するとされている．池の成因は，他の多くの池沼と同様に，ドリーネ湖と考えられている．

〈水　質〉

水汲池の水質は，田中（1998）によれば，1998年2月26日の調査で水色がフォーレルの水色計の第V号，透明度が1.40 m，水温が21.9℃，pHが7.5，電気伝導度が2290 μS/cm，CODが6.0 mg/l，塩素イオンが700 mg/l，硫酸イオンが75.1 mg/l，亜硝酸態窒素が0.01 mg/l，硝酸態窒素が2.2 mg/l，全鉄が0.021 mg/l，マンガンが0.001 mg/l以下，亜鉛が0.004 mg/l，鉛が0.001 mg/l以下，カドミウムが0.001 mg/l以下，銅が0.001 mg/l以下，クロムが0.001 mg/l以下，セレンが0.001 mg/l以下，フッ素が0.001 mg/l以下，ヒ素が0.002 mg/lであった．

本池は，かつて飲用に利用ができたことから，表層の塩素イオン濃度は，現在よりもかなり低い値であったことが想像されるが，今回の調査では，従来考えられていたような底層で高い塩分層を有する二層構造は，全く認められず，全層で高

図-247　水汲池（1998年2月26日撮影）

いことが明らかになった．

これは，南大東島の湖沼や地下水の電気伝導度の調査結果が，新井（1979）の報告したものと大きく異なるものが認められることから，海水の影響が従来考えられていた以上に大きく，かなり変動することを示すものとして注目される．

〈プランクトン〉

水汲池のプランクトンについて田中（1998）は，1998年2月26日の調査で動物プランクトンが25種，植物プランクトンが37種の合計62種の出現を確認した．

出現種数の綱別の内訳は，原生動物が5属8種，輪虫類が6属12種，鰓脚類が3属4種，橈脚類が1属1種，藍藻類が3属4種，珪藻類が7属9種，及び緑藻類が11属24種であった．

優占種は，輪虫類の *Brachionus angularis* で，これに同じ輪虫類の *B. calyciflorus* が次ぎ，他に原生動物の *Arcella vulgaris*, *Centropyxis aculeata*, *C. spinosa*, 鰓脚類の *Ceriodaphnia cornuta* 等が比較的多く出現した．一方，植物プランクトンは，優占種といえる程多産した種も，目立って多い種もなかったが，藍藻類の *Chroococcus dispersus*, 緑藻類の *Phacus acuminatus*, *Pediastrum tetras* 等が若干多く認められた．

プランクトン型は，動物プランクトンが第XV型，富栄養型輪虫類群集，植物プランクトンは何れも量的に少なく疑問が残るが，緑藻類のクロロコックム目に注目すれば，第X型，富栄養型緑藻類群集に相当するものと考えられる．

〈底生動物〉

水汲池の底生動物については，全く知見がない．

〈魚　類〉

水汲池の魚類については，全く知見がない．

〈水生植物〉

水汲池の水生植物については，知見がないが，調査時に生育を認め得た種はない．

7-2-8．朝日池

朝日池は，南大東島の湖沼群の中では最も南に位置し，瓢箪池の一湖盆と見做すこともできるが，独立性が高く別の池として扱うのが妥当と思われる．

本池の成因は，ドリーネ湖と考えられる．

〈水　質〉

朝日池の水質は，田中（1999）によれば1998年2月26日の調査では，水色がウーレの水色計の第XV号，透明度は0.80 mであった．水温は24.9℃，pHは7.4，電気伝導度は2070 μS/cm，CODは7.90 mg/l，塩素イオンは159 mg/l，硫酸イオンは79.4 mg/l，全鉄は0.019 mg/l，マンガンは0.001 mg/lであった．

〈プランクトン〉

朝日池のプランクトンは，田中（1999）による1998年2月26日の調査では，動物プランクトンが34種，植物プランクトンが36種の合計70種が出現した．

出現種数の綱別の内訳は，原生動物が8属11種，輪虫類が11属19種，鰓脚類が2属2種，橈脚類が2属2種，藍藻類が4属5種，珪藻類が9属14種，及び緑藻類が9属17種であった．

本池の出現種数は，南大東島の湖沼群の中では多い湖沼の一つであり，特に輪虫類に富んでいる．

優占種は，輪虫類の *Brachionus angularis* で，これに *Platyias quadricornis* var. *brevispinus*, *Brachionus quadridentatus* f. *brevispinus* が続く．一方，植物プランクトンは，優占種といえる程に多産した種はないが，珪藻類の *Bacillaria paradoxa* が最も多く，他に *Nitzschia* sp., 緑藻類の *Pediastrum biradiatum* var. *longecornutum* 等が比較的多く出現した．

プランクトン型は，動物が第XV型，富栄養型輪虫類群集，植物はやや疑問があるが第VII型，中・富栄養型珪藻類混合型群集に近いものと考えられる．

〈底生動物〉

朝日池の底生動物については，全く知見がな

い.
〈魚　類〉

朝日池の魚類については，全く知見がない.

〈水生植物〉

朝日池の水生植物については，全く知見がないが，フトイの生育を認めた.

7-2-9. 豊作池

豊作池は，すりばち形を呈するドリーネ湖である.

〈水　質〉

豊作池の水質について田中（1998）は，1998年2月27日の調査で，水色がフォーレルの水色計の第VIII号にやや白濁を加えた水色で，透明度が0.60 m，水温が23.8℃，pHが7.6，電気伝導度が2810 μS/cm，CODが25.4 mg/l，塩素イオンが739 mg/lを測定している.

〈プランクトン〉

豊作池のプランクトンは，田中（1998）によれば1998年2月27日の調査で，動物プランクトンが20種，植物プランクトンが23種の合計43種が報告されている.

出現種数の綱別の内訳は，原生動物が6属9種，輪虫類が4属8種，介形類が1属1種，橈脚類が2属2種，藍藻類が5属7種，珪藻類が5属7種，及び緑藻類が6属9種であった.

優占種は，動物プランクトンでは輪虫類の*Brachionus angularis*で，これに橈脚類のNau-plius幼生が次いだ. 他には原生動物の*Centropyxis aculeata*, *Vorticella* sp., *Arcella vulgaris*, *A. discoides*等が比較的多く認められた. また，植物プランクトンは，藍藻類の*Oscillatoria limnetica*が最も多く，これに*Microcystis aeruginosa*, 緑藻類の*Pediastrum tetras*等の出現が目立った.

本池のプランクトン試料には，鰓脚類が認められず，珪藻類も*Nitzschia*属が目立った以外，種数並びに量的にも乏しく，特徴的なものであった.

プランクトン型は，動物が第XV型，富栄養型輪虫類群集，植物が第XI型，富栄養型藍藻類群集に相当するものと思われる.

〈底生動物〉

豊作池の底生動物については，全く知見がない.

〈魚　類〉

豊作池の魚類については，全く知見がない.

〈水生植物〉

豊作池の水生植物は，田中（1998）によればフトイが生育し，池の西岸においては群落の沖出し幅は2-3 mに達する.

7-2-10. 忍　池

忍池は，旧南大東島空港の滑走路の南に位置する小池で，成因はドリーネ湖と考えられている.

図-248　豊作池（1998年2月27日撮影）

図-249　忍池（1998年2月26日撮影）

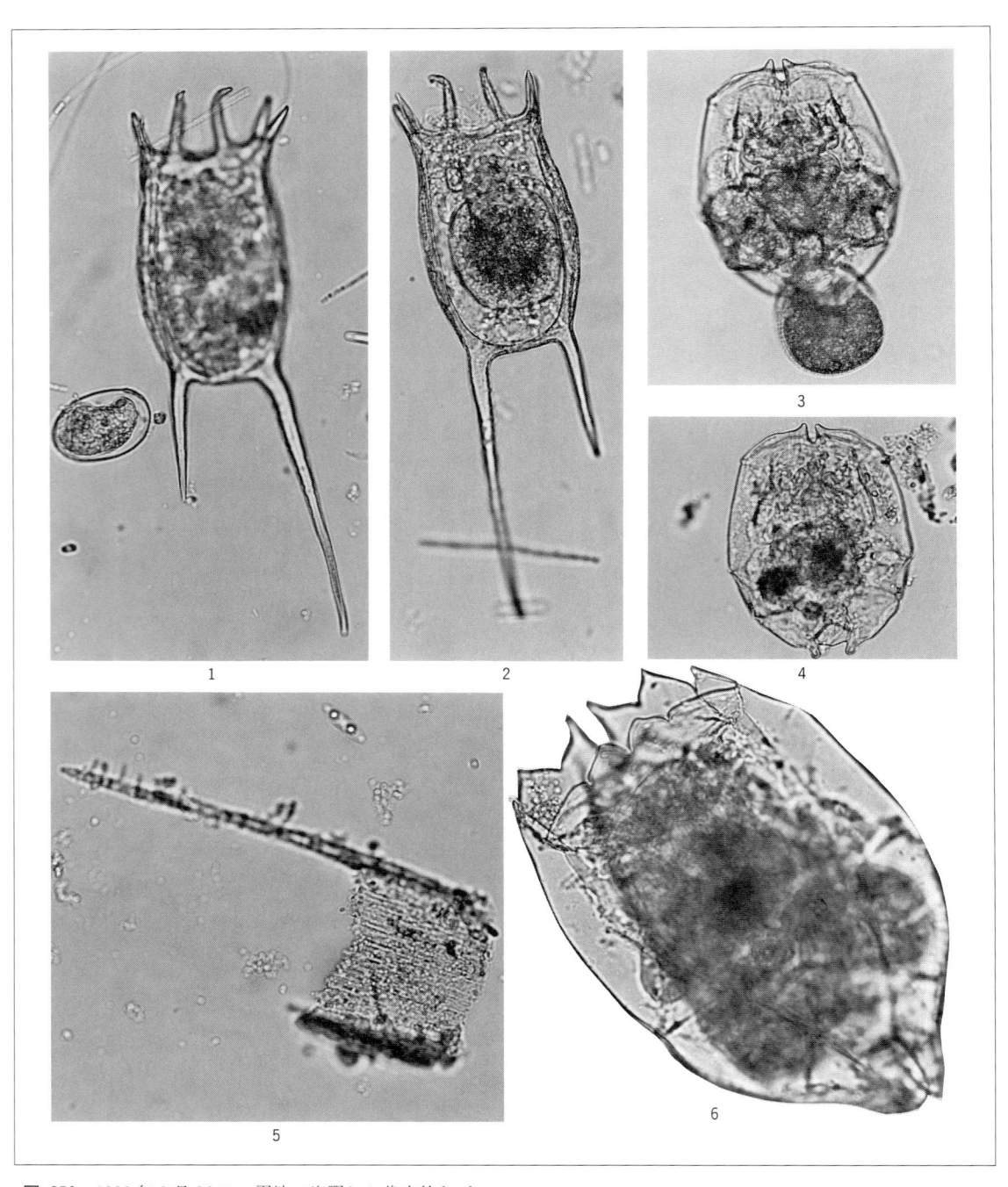

図-250 1998年2月26日に忍池で出現した代表的なプランクトン
1-2. *Keratella tropica*, 3-4. *Brachionus angularis*, 5. *Bacillaria paradoxa*, 6. *Brachionus plicatilis*

〈水　質〉

忍池の水質は，田中（1998）によれば，1998年2月26日の調査で水色がウーレの水色計の第XVIII号，透明度が0.90 m，水温が23.0℃，pHが7.5，電気伝導度が2970 μS/cm，CODが12.5 mg/l，塩素イオンが247 mg/lと測定された．

〈プランクトン〉

忍池のプランクトンについて田中（1998）は，1998年2月26日の調査で動物プランクトンが21種，植物プランクトンが20種の合計41種を同定した．

出現種数の綱別の内訳は，原生動物が6属8種，輪虫類が4属7種，鰓脚類が1属1種，介形類が2属2種，橈脚類が3属3種，藍藻類が2属4種，珪藻類が3属7種，及び緑藻類が7属9種であった．

優占種は，動物プランクトンでは輪虫類の $Keratella\ tropica$ で，これに $Brachionus\ angularis$ 及び橈脚類の $Heliodiaptomus\ kikuchii$ が次いだ．植物プランクトンでは，優占種といえる程に多産した種はないが，藍藻類の $Oscillatoria$ sp.，珪藻類の $Bacillaria\ paradoxa$ が比較的多く見られた．

プランクトン型は，動物が第XV型，富栄養型輪虫類群集，植物は何れとも決めがたいが強いて区分すれば，第VIII型，富栄養型珪藻類群集に近いものと考えられる．

〈底生動物〉

忍池の底生動物については，全く知見がない．

〈魚　類〉

忍池の魚類については，全く知見がない．

〈水生植物〉

忍池の水生植物については，全く知見がないが，フトイを始めとする挺水植物群落が発達する．

7-2-11．月見池

月見池は，その南に位置する瓢簞池の一湖盆として扱う場合が多いが，田中（1998）は独立したドリーネ湖で，さらに北東に連なる小池も，水路の連絡はあるが別の池とする方が適当であると述べており，これに従って独立した池とした．

〈水　質〉

月見池の水質は，田中（1998）によれば1998年2月26日の調査で，水色がウーレの水色計の第XIII号，透明度が0.85 m，水温が19.2℃，pHが7.4，電気伝導度が2450 μS/cm，CODが6.8 mg/l，塩素イオンが718 mg/lと測定された．また，硝酸態窒素は1.8 mg/l，亜硝酸態窒素は0.01 mg/l以下，硫酸イオンが85.1 mg/l，全鉄が0.011 mg/l，マンガンが0.001 mg/l以下，亜鉛が0.0012 mg/l，鉛が0.001 mg/l以下，カドミウム，銅，クロムも同様で，セレンが0.001 mg/l，ヒ素が0.001 mg/l，フッ素が0.01 mg/l以下と測定された．

〈プランクトン〉

月見池のプランクトンについて田中（1998）は，1998年2月26日の調査で動物プランクトンが15種，植物プランクトンが26種の合計41種を確認した．

出現種数の綱別の内訳は，原生動物が4属5種，輪虫類が4属9種，鰓脚類が出現せず，橈脚類が1属1種，藍藻類が3属4種，珪藻類が5属9種，及び緑藻類が9属13種であった．

優占種は，動物プランクトンでは輪虫類の Bra-

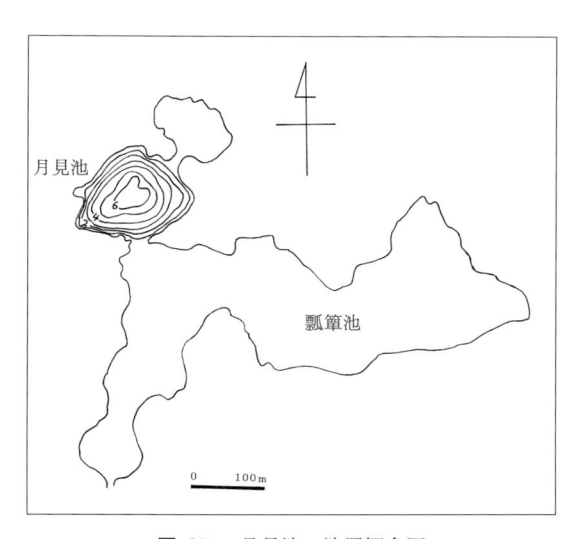

図-251　月見池の池沼概念図

chionus angularis で，これに *B. plicatilis* が次いだ．他には，輪虫類の *B. calyciflorus* var. *dorcas*, *B. quadridentatus* var. *cluniorbicularis*, *Keratella tropica*, 原生動物の *Centropyxis aculeata*, *Arcella vulgaris* 等の出現が目立った．植物プランクトンでは，珪藻類の *Bacillaria paradoxa* が優占種で，他には特に目立った種は認められなかった．

プランクトン型は，動物が第XV型，富栄養型輪虫類群集，植物が第VIII型，富栄養型珪藻類群集に相当するものと思われる．

〈底生動物〉

月見池の底生動物について，田中（1998）は種名は同定できないが，タンスイカイメンの骨片が多数認められたことを述べている．これ以外の底生動物に関する知見は，全く知られていない．

〈魚 類〉

月見池の魚類については，全く知見がない．

〈水生植物〉

月見池の水生植物については，全く知見がない．

7-2-12. 潮水池

潮水池は，地元では『しおっからいけ』と呼ばれ，塩分が高い池として知られてきた．本池は，月見池と水路の連絡がある．

〈水 質〉

潮水池の水質は，田中（1998）によれば，1998年2月26日の調査では水色がフォーレルの水色計の第VI号にやや白濁を加えたような色相で，透明度は0.90 m，水温が20.9℃，pHは7.4，電気伝導度は1720 μS/cm，CODが7.20 mg/l，塩素イオンが665 mg/lであった．また，表層水の硝酸態窒素は1.9 mg/l，亜硝酸態窒素は0.01 mg/l以下，硫酸イオンが78.2 mg/l，全鉄が0.016 mg/l，マンガンが0.002 mg/l，亜鉛が0.008 mg/l，鉛，カドミウム，銅，クロム，セレンが何れも0.001 mg/l以下，ヒ素が0.002 mg/l，フッ素が0.6 mg/lと測定された．本池のフッ素の値は，南大東島の湖沼では最も高く，注目に値する．

〈プランクトン〉

潮水池のプランクトンについて，田中（1998）は1998年2月26日の調査で，動物プランクトンが17種，植物プランクトンが18種の合計35種を確認した．

出現種数の綱別の内訳は，原生動物が4属5種，輪虫類が4属8種，鰓脚類が1属1種，橈脚類が3属3種，藍藻類が4属4種，珪藻類が4属5種，及び緑藻類が7属9種であった．

優占種は，動物プランクトンでは輪虫類の *Brachionus angularis* で，これに *Keratella valga* が次いだ．また，これら以外には，輪虫類の *Brachionus calyciflorus*, *B. plicatilis*, *Monostyla bulla*，橈脚類の Cyclopoida 等も比較的多く出現した．

一方，植物プランクトンでは，特に優占種といえる程に多産した種はなく，緑藻類の *Scenedesmus dactyloccoides*, *Crucigenia crucifera*，珪藻類の *Nitzschia* sp. 等がやや目立った程度で，種数並びに量的にも貧弱であった．

プランクトン型は，動物が第XV型，富栄養型輪虫類群集に相当し，植物ではやや疑問があるが第X型，富栄養型緑藻類群集に近いものと判断される．

今回の調査では，汽水種或いは好塩性種は特に認められず，塩分濃度も月見池や水汲池よりも低い値であることを裏付ける結果であった．

〈底生動物〉

潮水池の底生動物について田中（1998）は，多

図-252 潮水池（月見池との連絡水路）（1998年2月26日撮影）

数のタンスイカイメンの骨片が，プランクトン試料中から観察されたことを述べている．また，池内の底生動物ではないが，本池の周辺には多数のアフリカマイマイが棲息する．

〈魚　類〉

潮水池の魚類については，全く知見がない．

〈水生植物〉

潮水池の水生植物については，全く知見がない．

7-2-13．見晴池

見晴池は，豊作池の南に位置するドリーネ湖で，流出入河川はないが，水路で東側の霞池と連絡している．

〈水　質〉

見晴池の水質について田中（1998）は，1998年2月26日の調査で，水色がウーレの水色計の第XIII号に相当し，透明度が0.65m，水温が22.1℃，pHが7.4，電気伝導度が2370μS/cm，CODが24.5mg/l，塩素イオンが593mg/lを測定している．

また，水生植物に富み，底泥の腐植性傾向が強く，CODの値を反映したものとして注目される．

〈プランクトン〉

見晴池のプランクトンについては，田中（1998）が1998年2月26日の調査で動物プランクトンが15種，植物プランクトンが17種の合計32種を報告している．

出現種の綱別の内訳は，原生動物が4属5種，輪虫類が4属8種，鰓脚類は得られず，介形類が1属1種，橈脚類が1属1種，藍藻類が2属2種，珪藻類が4属7種，及び緑藻類が6属8種であった．

優占種は，動物プランクトンでは輪虫類のKeratella valgaで，これにBrachionus angularisが次いだ．また，輪虫類のB. plicatilis, B. quadridentatus, Monostyla hamata, 橈脚類のHeliodiaptomus kikuchii, 原生動物のCentropyxis aculeata等の出現も目立った．一方，植物プランクトンでは，優占種といえる種はないが，珪藻類のBacillaria paradoxaが最も多く，これにNitzschia sp.が続くが，他は極めて少なく，植物プランクトン相は種数及び量的にも貧弱であった．

プランクトン型は，動物が第XV型，富栄養型輪虫類群集，植物は疑問が残るが第VIII型，富栄養型珪藻類群集と判断される．

〈底生動物〉

見晴池の底生動物については，全く知見がない．

〈魚　類〉

見晴池の魚類については，全く知見がない．

〈水生植物〉

見晴池の水生植物については，田中（1998）が湖底にイバラモの群落が拡がることを述べている．また，東岸ではフトイを主体とした挺水植物群落が発達し，沖出し幅で20mに達する．

図-253　見晴池及び湖岸のサンゴ化石（1998年2月26日撮影）

新井　正（1979）　南・北大東島の池沼の湖盆形態について．陸水学雑誌，40, 4, 201-206

環境庁（1987）　第3回自然環境保全基礎調査，湖沼調査報告書，中国，四国，九州，沖縄版，鳥取県，島根県，山口県，徳島県，長崎県，熊本県，大分県，宮崎県，鹿児島県，沖縄県．47, 1-10

環境庁（1993）　第4回自然環境保全基礎調査，湖沼調査報告書，中国，四国，九州，沖縄版，鳥取県，島根県，山口県，徳島県，長崎県，熊本県，大分県，宮崎県，鹿児島県，沖縄県．47, 1-12

南大東村（1990）　南大東村誌（改訂）．1-1230

南大東村役場（1997）　村勢要覧．1-80

南大東村教育委員会（1993）　国指定天然記念物「大池のオヒルギ群落」花粉分析および植生調査報告．1-41

中尾欣四郎（1977）　大東島の珊瑚礁淡史．日本陸水学会第42回大会要旨，D-21

大沢夕志，大沢啓子（1995）　オオコウモリの飛ぶ島，南の島の生きもの紀行．1-229, 山と渓谷社，東京

杉山敏郎（1934）　北大東島試錐について．東北大地質古生物学教室邦文報告，1, 1-44

杉山敏郎（1936）　第2回北大東島試錐について．東北大地質古生物学教室邦文報告，2, 1-34

SUZUKI, M.（1992）Sampling Localities and Dates of the Survey on the Southwestern Islands of Japan by Nihon Daigaku during 1990～'91. Proc. Japan. Soc. Syst. Zool., 46, 1-16, Pls. 1-8

SUZUKI, M.（1992）Seasonal and Local Occurrences of the Rotifera in Southwestern Islands of Japan. Proc. Japan. Soc. Syst. Zool., 46, 29-70, Pls. 1-32

武永健一郎（1965）　沖縄南大東島の池沼と地下水．地理科学，4, 12-15

武永健一郎（1966）　沖縄南大東島のShore Feature．地理科学，5, 1-22

武永健一郎（1972）　洞穴研究における地形学的視野．Japan Caving, 12, 27-37

武永健一郎（1972）　沖縄南大東島の洞穴とその地形学的意義．Japan Caving, 13, 57-65

田中正明（1998）　プランクトンから見た本邦湖沼の富栄養化の現状（255），沖縄の湖沼①．豊作池．水，40, 8, 568, 72-77

田中正明（1998）　プランクトンから見た本邦湖沼の富栄養化の現状（256），沖縄の湖沼②．鴨池．水，40, 10, 570, 36-40

田中正明（1998）　プランクトンから見た本邦湖沼の富栄養化の現状（257），沖縄の湖沼③．月見池．水，40, 11, 571, 71-75

田中正明（1998）　プランクトンから見た本邦湖沼の富栄養化の現状（258），沖縄の湖沼④．水汲池．水，40, 12, 572, 59-63

田中正明（1998）　プランクトンから見た本邦湖沼の富栄養化の現状（259），沖縄の湖沼⑤．潮水池．水，40, 13, 573, 72-76

田中正明（1998）　プランクトンから見た本邦湖沼の富栄養化の現状（260），沖縄の湖沼⑥．見晴池．水，40, 15, 575, 74-78

田中正明（1999）　プランクトンから見た本邦湖沼の富栄養化の現状（261），沖縄の湖沼⑦．淡水池．水，41, 1, 576, 65-69

田中正明（1999）　プランクトンから見た本邦湖沼の富栄養化の現状（262），沖縄の湖沼⑧．霞池．水，41, 3, 578, 78-82

田中正明（1999）　プランクトンから見た本邦湖沼の富栄養化の現状（263），沖縄の湖沼⑨．朝日池．水，41, 4, 579, 35-40

田中正明（1999）　プランクトンから見た本邦湖沼の富栄養化の現状（264），沖縄の湖沼⑩．瓢箪池．水，41, 5, 580, 59-64

田中正明（1999）　プランクトンから見た本邦湖沼の富栄養化の現状（265），沖縄の湖沼⑪．大池．水，41, 6, 581, 72-77

田中正明（1999）　プランクトンから見た本邦湖沼の富栄養化の現状（266），沖縄の湖沼⑫．忍池．水，41, 7, 582, 63-67

田中正明（1999）　プランクトンから見た本邦湖沼の富栄養化の現状（267），沖縄の湖沼⑬．帯池．水，41, 8, 583, 37-40

田中正明（1999）　南大東島の湖沼の陸水生物学的研究．四日市大学環境情報論集，3, 1, 85-104

月崎茂和（1987）　マングローブ茂る池沼の島，南大東島の池沼．今西錦司，井上靖監修，日本の湖沼と渓谷，12, 九州，沖縄，68-72, ぎょうせい，東京

上野益三（1943）　西太平洋圏諸地方の陸水生物．太平洋協会編，太平洋の海洋と陸水，817-884, 岩波書店，東京

YOSHIMURA, S.（1938）Limnology of two lakes on the oceanic island, Kita-daito Zima. Proc. Imp. Acad. Tokyo, 14, 12-15

― 付　論 ―

陸水生物の分布とその変化

　ここでは，わが国の湖沼に棲息する陸水生物を基にした陸水生物区分と，生物分布の人為的な影響について述べる．
　今日，生物地理学は必ずしも盛んな研究分野とはいいがたい．しかし，走査型電子顕微鏡の普及や，DNA測定方法の改良等によって，多くの動植物の分類学的な整理が容易になり，このために従来同一の種名を与えられていた種や広範な分布域を有すると考えられてきた種の中に，幾つもの異なる形質が含まれることが明らかになり，分類学的な再検討が求められている．このため，新たな種名が付されたり，分布域の見直しが進められたりと，生物地理学的な新たな興味もまた生まれてきている．
　また，釣りの対象魚種や養殖魚が人為的に分布を変えているが，これに伴って多くの生物が分布を拡大したり，一方では急速に減少する例も認められる．
　さらに，生物分布の変化に対しては，地球温暖化の影響も大きいと考えられる．
　本付論では，今日わが国の湖沼に見られる陸水生物の分布について，その生物地理的な位置付けを行い，また，様々な人為的影響についての幾つかの例を示す．

付論 1．陸水生物地理区分

付 1-1．日本の生物地理区分

　わが国は，北端の北緯45度33分の寒冷な気候下に位置する択捉島北端から，南端は北緯20度25分の亜熱帯の気候下に位置する沖ノ鳥島まで，緯度の差にして約25度以上にわたり，南北に細長く連なる島国である．また，東洋のガラパゴスとも形容される小笠原諸島や，硫黄列島，沖縄本島の東方海上360 kmの太平洋に浮かぶ大東諸島等，成因や環境にも富んだ多くの島嶼を有している．

　海抜高度も0 mから，富士山や中部山岳の高山帯まで，海抜高度差にして3000 m以上の範囲にわたっている．このため，わが国の生物相は，環北極地方を分布域とする種から，熱帯性或いは亜熱帯性の種，また極東域に限定される種，或いは多くの固有種等様々である．

　戦前，わが国は，朝鮮半島，樺太，千島列島，台湾，南洋群島等の広大な領土を有し，さらに満洲国や，戦線の拡大に伴い東南アジア，ニューギニア，南太平洋の島々を占領支配した．このため，日本列島以外の地域の動植物も，わが国の動植物相として研究の対象とされ，占領地域においても，将来の資源としての有効性を計る必要から，多くの学術調査が行われた．このことから，生物地理学は著しい発展をとげ，日本列島の生物分布も，アジア大陸や北方の樺太や千島，台湾等との関係から明確な位置付けがなされ，さらに固有種の成立についても様々な貴重な情報がもたらされた．

　この様に，豊富な周辺諸国からの情報を基礎として発展したわが国の生物地理学は，敗戦と共に海外の領土を失い，戦後にはそれらを語ることすら敬遠されたこともあって，著しく衰退し，必ずしも現在に継承されたとは言いがたい．

　しかし，現在までに成された多くの生物地理学的な研究は，日本列島における動植物の分布区分がほぼ明らかにされていることを示している．これらの分布境界線は，様々なものが提唱され，広く支持されるに至っているものも少なくない．例えば動物については，樺太と北海道とを分けた八田線，津軽海峡で北海道と本州とを分けたブラキストン線，本州の太平洋岸から瀬戸内海を結ぶ本州南岸線（最低気温が零下3.5℃の等温線），朝鮮海峡を通る朝鮮海峡線，対馬と九州とを分けた対馬海峡線，植物も共通するが九州の南の南西諸島及び琉球列島とを分けた渡瀬線が知られ，植物では千島列島を南北に区分した宮部線，日本列島を本州の中央部で区分した牧野線，小笠原諸島の南を通る細川線等が知られている．

　陸水生物については，日本列島の分布を明らかにすると共に，満洲，台湾，朝鮮等の東アジアにおける地理的位置付けを課題に進められた．川村多實二（1940）がまとめた，当時の関東庁の水源水利調査の委託研究であった『関東州及満洲国陸水生物調査書』，或いは太平洋協会（1943）が刊行した『太平洋の海洋と陸水』は，貴重な辺境ともいえる地域の調査結果を含んでおり，それまでの研究の集大成といえるものである．その中で，前者に報告されている上野（1940）の『満洲産枝角類』，『満洲四大湖のプランクトン』，後者では吉村（1943）の『東亜の陸水』，上野（1943）の『西太平洋圏諸地方の陸水生物』等は，生物地理学的に見て現在でもその価値は高い．

　しかし，陸水生物の生物地理学的な区分は，青柳（1957）による淡水魚相からのもの，また川合他（1980）の地理区分が知られる程度で少なく，プランクトンを基にしたものは田中（2000）による5区の陸水生物区分があるに過ぎない．

付1-2. 日本列島の陸水生物区分

　日本列島の陸水生物を基にした生物区分は，その大部分が肉眼的に見ることが可能な比較的大型の動物を基としたものであり，プランクトンや付着藻等を基に組み立てたものは，ほとんど知られていない．

　青柳（1957）は，淡水魚相から日本本土地域（東北，西南，黒潮の3地方を含む），北海道地域及び琉球地域の3区分としている．川合他（1980）は，陸水生物の分布区分は大雑把にいえば，北海道，本州・四国・九州，及び琉球列島の3区分で，他の生物と特に変わりがないと述べている．また，水野，高橋（1991）は，橈脚類や鰓脚類の北方性種或いは南方性種の分布域と，これを基にした日本列島の類型化を試みている．

　田中（1984, 2000）は，これらの3区分の分布区分は，陸水動物或いは陸水植物にとっては必ずしも妥当なものではなく，特に北海道から青森県にかけては，陸水生物特有の区分があると述べている．

　UÉNO（1933, 1938）は，北海道産の *Bosmina coregoni*（現在 *Bosmina longispina* とされる種）と *Bosmina longirostris*，並びに *Daphnia cucullata* と *Daphnia longispina* の分布域から，北海道を4区に分け，渡島半島が本州に共通することを指摘している．この渡島半島と本州との共通性については，魚類特にイトウの分布でも指摘されたことがあるが，田中（1984）は鰓脚類の分布域から，下北半島と渡島半島との共通性を指摘し，津軽海峡から陸奥湾をへて，小川原沼の南を通る分布境界線を提唱している（図-付1）．

　また，田中（1991）は，主として鰓脚類の分布，さらに橈脚類や輪虫類の分布から（田中，2000），日本列島を5区の陸水動物区に区分した．それは，南千島・北海道東部陸水動物区，北海道西部・下北陸水動物区，北日本陸水動物区，南日本陸水動物区，及び琉球・台湾陸水動物区である（図-付2）．

　北海道の2区と本州との区分は，腐植性湖沼平地南限にほぼ一致するが，田中（2000）はこの区

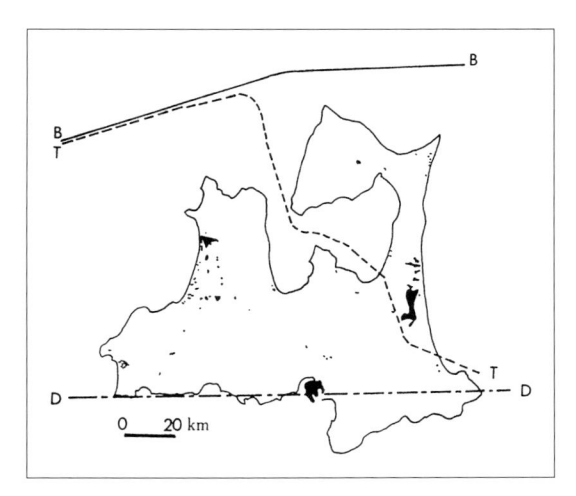

図-付1　青森県における陸水生物の地理的な境界線．B-Bはブラキストン線，D-Dは腐植性湖沼の平地での南限，T-Tは筆者の陸水生物の境界線で，線より北が北海道西部（渡島半島）との共通動物区となる

分による北側と南側とでは，鰓脚類の北方性種の占める割合が大きく異なり，北海道はそれよりも北の樺太や北千島と大きな違いがないことが認められると述べている（図-付3）．また，中国東北区の北方性種が占める割合と比べて，北海道がより寒冷な傾向を示すが，これは夏季の気温が中国東北区の方が上昇すること，及び腐植性傾向を有する池沼が北海道に多いこと等から，北方性種の棲息が中国東北区よりも北海道の方がより容易であることに起因すると考えられる．

　また，本州の2区分は，熱帯湖の北限と温帯湖の南限のほぼ中間に位置する．南の琉球・台湾陸水動物区には，琉球列島及び大東諸島が含まれることが，田中（1999）の調査で明らかにされた．この琉球・台湾陸水動物区においては，鰓脚類は広範種と南方性種から成っており，中国長江流域の出現種よりも，より南方的であるといえる（図-付3）．

付1-3. 日本産淡水プランクトンの南方性種及び北方性種

　プランクトンは，種によって棲息に適した水温が異なるが，低水温を好む種は一般に好冷水性種，比較的高水温を好む種は好暖水性種と呼ばれ

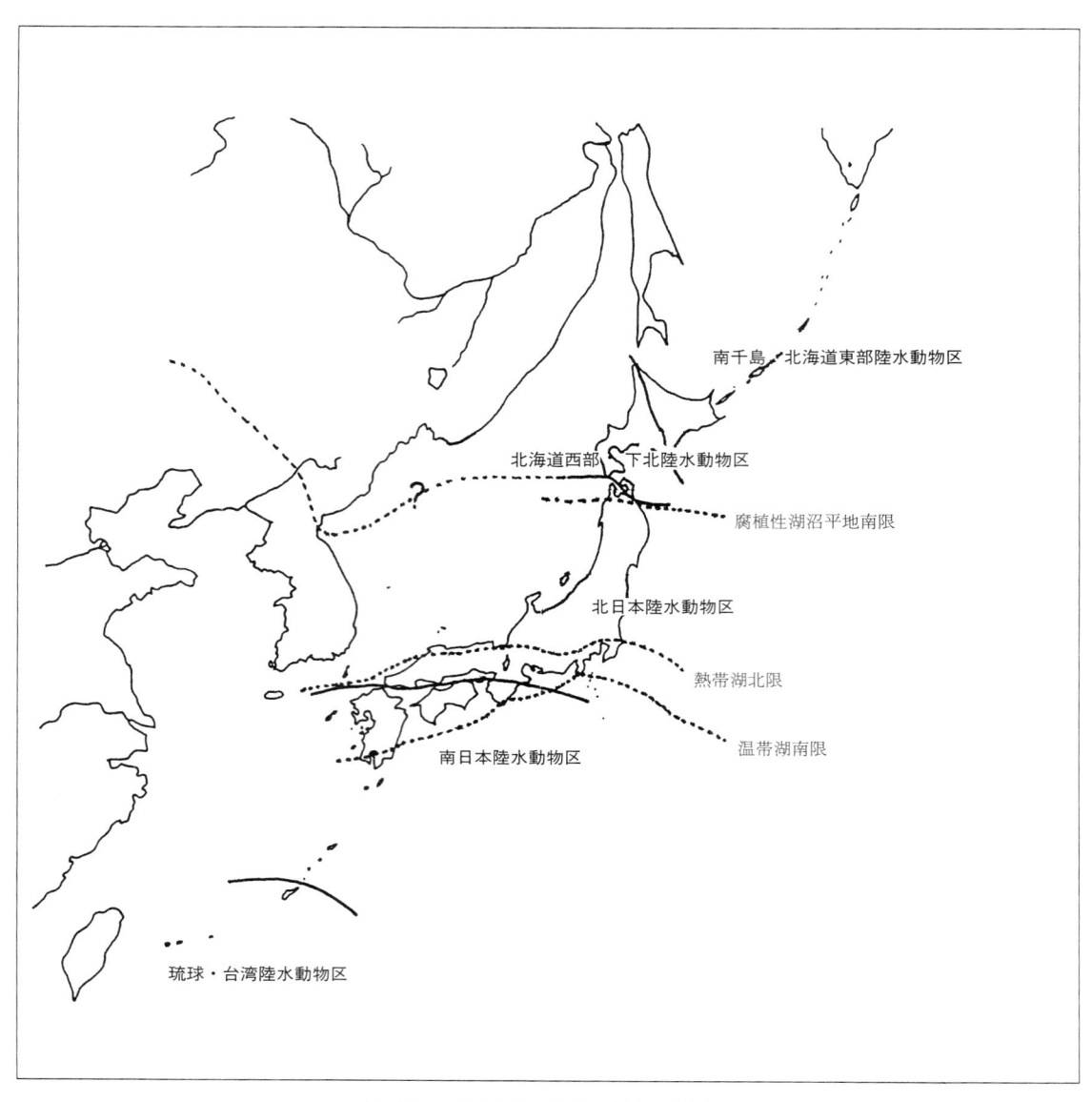

図-付2　日本列島における陸水動物区分

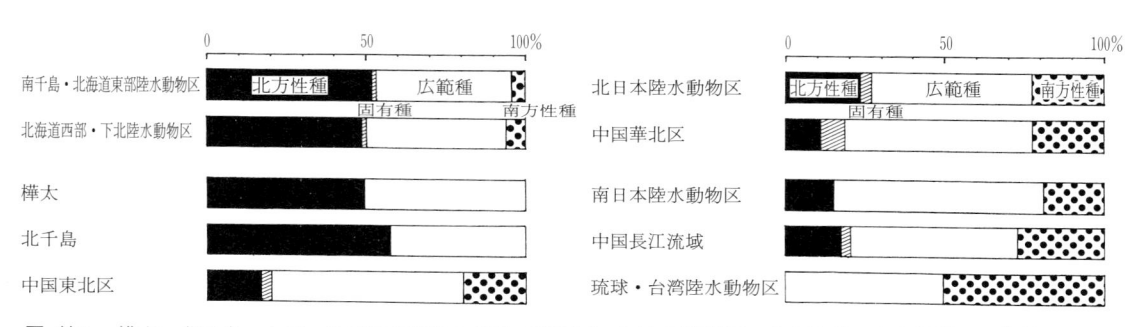

図-付3　樺太，北千島，中国，及び日本列島の各陸水動物区における鰓脚類の北方性種，南方性種，固有種及び広範種の出現種数の割合（樺太（上野, 1935），北千島（上野, 1933），中国東北区，中国華北区，中国長江流域（蒋，堵, 1979））

ている．好冷水性種は，その分布域は北方に広がり，地理的な位置付けから北方性種，好暖水性種は逆に南方に分布域を広げているものが多いことから，南方性種とも呼ばれている．しかし，生物地理的な南方性或いは北方性の傾向は認められず，単に水温によって分布や出現時期，或いは湖沼における垂直分布が決定されている種も少なくない．

わが国の代表的な北方性種の輪虫類の *Kellicottia longispina* の分布と水温の関係については，山元（1959）の研究が知られ，他にもプランクトンの分布と水温について，MIZUNO（1961），鈴木（1971），田中（1984, 2000）等の研究が知られている．

田中（1991, 2000）は，日本列島の各地の湖沼の調査結果を基に，南方性種及び北方性種をあげている．

これらによると，南方性種は輪虫類では *Hexarthra mira*, *Brachionus forficula*, *Brachionus falcatus*, *Brachionus leydigi*, *Keratella valga*, *Keratella tropica*, 鰓脚類では *Diaphanosoma sarsi*, *Scapholeberis kingi*, *Ceriodaphnia cornuta*, *Moina dubia*, *Moina macrocopa*, *Bosmina fatalis*, *Bosminopsis deitersi*, *Macrothrix spinosa*, *Ephemeroporus barroisi*, *Dunhevedia crassa*, *Alona globulosa*, *Alona karua*, 橈脚類では *Neutrodiaptomus formosus*, *Tropodiaptomus oryzanus*, *Heliodiaptomus kikuchii*, *Heliodiaptomus nipponicus*, *Eudiaptomus formosus*, *Eodiaptomus japonicus*, *Thermocyclops taihokuensis*, *Tropocyclops prasinus*, *Eucyclops euacanthus*, *Elaphoidella aioii*, *Elaphoidella uenoi*, *Parastenocaris nipponensis*, *Parastenocaris biwae*, 緑藻類の中では接合藻類の *Pleurotaenium ovatum*, *Pleurotaenium kayei*, *Pleurotaenium subcoronulatum*, *Ichthyocercus longispinus*, *Euastrum exile*, *Euastrum flammeum*, *Euastrum indicum* var. *capitatum*, *Euastrum turgidum*, *Euastrum ansatum* var. *javanicum*, *Micrasterias alata*, *Micrasterias lux*, *Micrasterias foliacea*, *Cosmarium australe*, *Cosmarium otus*, *Cosmarium javanicum*, *Cosmarium pandriforme*, *Xanthidium hastiferum* var. *javanicum*, *Arthrodesmus convergens* f. *curta*, *Arthrodesmus curvatus*, *Staurastrum acanthastrum*, *Staurastrum asterias*, *Staurastrum subsaltans*, *Staurastrum leptocladum*, *Staurastrum columbetoides*, *Staurastrum tauphorum* var. *sumatranum*, *Staurastrum ungiferum* 等である．

また，北方性種は，輪虫類では *Kellicottia longispina*, *Keratella quadrata*, *Keratella cochlearis* var. *hispida*, *Notholca acuminata*, *Notholca labis*, *Polyarthra dolichoptera*, *Polyarthra longiremis*, 鰓脚類では *Holopedium gibberum*, *Daphnia ezoensis*, *Daphnia rosea*, *Daphnia longiremis*, *Daphnia cucullata*, *Bosmina longispina*, *Ophryoxus gracilis*, *Drepanothrix dentata*, *Streblocerus serricaudatus*, *Ilyocryptus cuneatus*, *Ilyocryptus ezoensis*, *Acroperus harpae*, *Rhynchotalona rostrata*, *Monospilus dispar*, *Eurycercus nipponica*, *Eurycercus lamellatus*, *Leydigia acanthocercoides*, *Polyphemus pediculus*, 橈脚類では *Acanthodiaptomus pacificus*, *Neutrodiaptomus pachypoditus*, *Heterocope appendiculata*, *Nododiaptomus alaskaensis*, *Cyclops strenuus*, *Thermocyclops oithonoides*, *Diacyclops nanus*, *Acanthocyclops vernalis*, *Macrocyclops distinctus*, *Paracyclops bicolor*, *Diacyclops crassicaudis*, *Diacyclops languides*, *Diacyclops bicuspidatus*, *Ectocyclops phaleratus*, *Eucyclops macruoides*, *Attheyella nordenskjoidi*, *Mararia duthiei*, *Bryocamptus zschokkei*, *Paracamptus nakamurai*, 緑藻類の中で接合藻類では *Closterium aciculare*, *Staurastrum dorsidentiferum* var. *ornatum*, *Staurastrum pingue*, *Staurastrum borgesenii*, *Staurastrum arctiscon*, *Cosmarium constrictum*, *Cosmarium saxonicum*, *Spondylosium ellipticum*, *Spondylosium lutkemulleri*, *Spondylosium moniliforme* 等である．

これらの種は，水温が低下する冬季と，水温が上昇する夏季とでは，当然出現傾向が異なる．最

近の温暖化の影響と考えられるが，南方性種の著しい北進傾向に対し，北方性種の北方への分布が縮小する傾向が認められる．また，人為的な魚類の移植放流や，利水を目的とした異なる河川水系からの導水が行われているが，これによって生物地理的に見て，従来では考えられなかったような出現種を記録することも少なくない．

付論 2. 生物分布の人為的変化

　わが国の陸水生物の分布は，最近大きく変化している．その一つは，かつては日本列島の南部に分布していた南方性種が，分布域を拡大し北進しているものである．また，従来は琵琶湖或いは琵琶湖水系のみから知られていた，固有種或いは準固有種とされる種の日本列島の各地での出現である．さらに，国内からは分布が知られていなかった種の新たな侵住，いわゆる外来種とされる種の増加である（田中，1976，1999，田中，永野，2002）．

　南方性種の北進の最大の原因は，やはり大きな問題となっている地球温暖化の影響であろうと考えられる．温暖化に伴った生物の分布域の北進は，陸水生物ばかりでなく，植物や昆虫類ではより多くの種で認められている．プランクトンでは，輪虫類の *Keratella valga*, *Keratella tropica*, *Brachionus falcatus*，鰓脚類の *Ceriodaphnia cornuta*, *Alona globulosa*, *Ephemeroporus barroisi*，橈脚類の *Neutrodiaptomus formosus*, *Tropodiaptomus oryzanus*, *Heliodiaptomus kikuchii*, *Heliodiaptomus nipponicus*, *Eudiaptomus formosus*, *Eodiaptomus japonicus*, *Tropocyclops prasinus*, *Eucyclops euacanthus* 等が，分布を北進させている種と見ることができる．

　また，琵琶湖或いは琵琶湖水系を代表するプランクトンとして，*Pediastrum Biwae* とその変種をあげることができるが，かつては琵琶湖及び余呉湖を中心に分布する固有種とされた種であるが，今日ではその分布は北海道から沖縄の広い範囲に拡大し，優占種となっている例も多い．本種の分布の拡大の原因については，アユの放流のための種苗が，琵琶湖産のものが大部分であったために，これに伴って各地にもたらされたと考えられている．同様に琵琶湖から分布が拡大したと推定される種としては，緑藻類の *Closterium aciculare* var. *subpronum*, *Staurastrum dorsidentiferum* var. *ornatum*, *Staurastrum limneticum* var. *burmense* 等が代表的である．

　このような例は魚類でも各地から知られ，例えば愛知県を流れる豊川では，淡水産の二枚貝が棲息していない上流域におけるタナゴ類の分布や，ハス，スゴモロコ，ヒガイ，ハゲギギ，ウグイ，ムギツクの分布の拡大，オヤニラミの出現もアユに伴って持ち込まれたと推定されている（田中，鳥居，1997）．

　さらに，国内に分布することが知られていなかった新たな出現種は，益子，伊藤（1951）が報告した松山市郊外の溜池に出現した *Daphnia magna*, 大和郡山に出現した *Daphnia similis*（渡辺，1966），愛知県大府市に出現した *Scapholeberis kingi*（田中，1976）等，少なくない．最近では，琵琶湖に 1999 年 6 月に突然発生した *Daphnia pulex* 系の種が報告され（田中，1999），形態的特徴だけでなく，mt DNA 12 Sr RNA 遺伝子及び NADH-5 遺伝子の塩基配列から，北米西海岸の *Daphnia pulicaria* 個体群に起源する，侵入種の可能性が高いことが推定されている（URABE, ISHIDA, NISHIMOTO, WEIDER, 2003）．この種の琵琶湖への侵住について，田中（1999）は湖北を中心に分布を広げている，コグチバスと共に持ち込まれたと推定しており，ほぼ同時期に愛知県や三重県の溜池でも出現した．

　このように，陸水生物の分布については，今日人為的な影響によって大きく左右されている例が多い．しかも，それが自然の再生や保全を目的とした，行政の事業として行われたり，開発行為であったりする場合も少なくない．

　生物の分布の変化が，自然の遷移の中で進むのであれば問題はないが，人為的に加えられる生物

保護や，放流，移植は，結果的には地域に保持されてきた種の遺伝情報の攪乱，或いは生態系の破壊を生じる場合も少なくない．これらに対しては，十分な配慮が求められる．

青柳兵司（1957）日本列島淡水魚類総説．1-272，大修館，東京（淡水魚保護協会，大阪，1979，復刻）

平野　実（1968）鼓藻類．北村四郎編，滋賀県植物誌．248-274, Pl. 1-13

川合禎次，川那部浩哉，水野信彦（1980）日本の淡水生物，侵略と攪乱の生態学．1-194, 東海大学出版会，東京

益子帰来也，伊藤猛夫（1951）*Daphnia magna* STRAUS の本邦に於ける出現．陸水学雑誌，15, 3-4, 88-91

MIZUNO, T. (1961) Hydrobiological studies on the Artificially constructed Ponds ('Tameike' Ponds) of Japan. Jap. Jour. Limnol., 22, 2-3, 67-192

水野寿彦（1982）堵南山編，中国，日本淡水産枝角類総説．1-209, たたら書房，米子

水野寿彦，高橋永治（1991）日本淡水動物プランクトン検索図説．1-532, 東海大学出版会，東京

蒋　燮治，堵　南山（1979）中国動物志，淡水枝角類．1-297, 科学出版社，北京

鈴木　実（1971）富士山，水系．富士山総合学術調査報告書，760-788, 富士急行株式会社，東京

田中正明（1976）*Scapholeberis kingi* G. O. SARS の本邦における出現．河川湖沼研究誌，2, 2, 6-9

田中正明（1978）指標生物としての甲殻類(1), 枝角類．水処理技術，19, 12, 1117-1124

田中正明（1984）青森県における鰓脚類の地理分布．水野寿彦教授退官記念誌，106-112

田中正明（1991）わが国陸水域のプランクトン群集の特性とその指標性に関する研究．1-70

田中正明（1999）琵琶湖に出現した *Daphnia schødleri* SARS について．四日市大学環境情報論集，3, 1, 79-84

田中正明（1999）南大東島の湖沼の陸水生物学的研究．四日市大学環境情報論集，3, 1, 85-104

田中正明（2000）陸水生物から見た日本列島の生物地理区分について．四日市大学環境情報論集，3, 2, 179-190

田中正明，鳥居和孝（1997）豊川産の魚類目録．陸水生物学研報，1, 82-86

田中正明，永野真理子（2002）琵琶湖に出現する鰓脚類（ミジンコ類）について．陸水生物学研報，2, 1-10

渡辺仁治（1966）大和郡山における *Daphnia similis* CLAUS の出現．陸水学雑誌，27, 2, 83-88

山元孝吉（1959）日本における *Kellicotia longispina* (KELLICOTT) (Rotatoria) の分布状態．陸水学雑誌，20, 3, 111-120

吉村信吉（1943）東亜の陸水．太平洋協会編，太平洋の海洋と陸水，525-754, 岩波書店，東京

UÉNO, M. (1933) The freshwater Branchiopoda of Japan. II. Cladocera of Hokkaido. Mem. Coll. Sci. Kyoto Imp. Univ., B, VIII, 3, 301-324

上野益三（1933）千島に於ける鰓脚類の分布．動物学雑誌，45, 536, 278-285

上野益三（1935）南樺太湖沼の豫察研究，II．動物性プランクトン．日本水産学会誌，4, 3, 190-194

UÉNO, M. (1938) Japanese freshwater Cladocera, A zoogeographical sketch. Annot. Zool. Jap., 17, 3-4, 283-294

上野益三（1940）満洲産枝角類．川村多實二編，関東州及満洲国陸水生物調査書，323-367, 関東局

上野益三（1940）満洲四大湖のプランクトン．川村多實二編，関東州及満洲国陸水生物調査書，552-568, 関東局

上野益三（1943）西太平洋圏諸地方の陸水生物．太平洋協会編，太平洋の海洋と陸水，817-884, 岩波書店，東京

URABE, J., ISHIDA, S., NISHIMOTO, L., and L. J. WEIDER (2003) *Daphnia pulicaria*, a zooplankton species that suddenly appeared in 1999 in the offshore zone of Lake Biwa. Limnology, 4, 1, 35-41

付　表

わが国に分布する湖沼の形態一覧表

　『日本湖沼誌』では，堀江（1956），Horie（1962），環境庁（1983）を基にし，その後訂正された資料や，計測値を加えて一覧表とし，面積が $0.01\,km^2$ に満たないものでも，明らかに天然湖沼であり，しかも陸水学的或いは陸水生物学的な研究対象となったようなものは，努めて集録した．この中で，一応天然湖沼として取り上げたものは合計867湖沼であった．

　この中には，湖沼の名称や位置が知られるのみで，その概要については全く知見がないものも少なくなかった．

　本付表では，これらの湖沼を調査して新たに明らかになった様々な概要をまとめると共に，従来の数値についてもあらためて検討し，必要と思われるものについては値を訂正した．さらに，面積が小さいものも多いが天然の成因のものを新たに項目として加えて，合計929湖沼としてまとめた．

要　綱

1） 緯度，経度

各湖沼が位置する緯度，経度は，Horie（1962）及び環境庁（1983）とその基になった1979年の各県が行った第2回自然環境保全基礎調査報告書の値を基に，2万5千分の1の地形図で再確認し，四捨五入により「度」「分」を示した．

さらに最近の各種資料の中から，訂正すべきと考えられるものについては，新しい数値で表示した．

2） 海抜高度

最近の最も信頼できると思われる資料から数値を採択し，2万5千分の1の地形図の陸岸付近の標高によって確認した．数値は原則として小数点以下第1位を四捨五入し，単位はmで示した．

3） 湖の長さ

湖岸上の離れた2点を，陸域を通らずに直線で結んだ時の最長の数値を湖の長さ（中央軸）とした．単位は小数第1位までをkmで示した．なお妥当と思われる値については，小数第1位以下まで示した．

4） 湖の幅

湖沼の長さ（中央軸）に直交する最大幅を示す．数値は小数第1位までとし，妥当なものは第1位以下までをkmで示した．

5） 湖岸線長

湖沼区域の外周線を示し，湖沼内に島が含まれる場合は，その島岸延長も含む．また流出入河口部，或いは海への開口部も，その幅は外周線の延長とみなし含むものとする．

単位はkmで，小数第1位，妥当な数値があるものについては第1位以下の数値を示す．

6） 面積

国土数値情報湖沼名一覧表に示された数値，或いは関係資料中から信頼できると思われる値を採択した．また，埋立，湖岸の改変等によって著しく数値が変わったり，適当な資料がないものについては，2万5千分の1の地形図を拡大し，点格子板により図上で計測した．

なお，湖の面積中には埋め立て面積，或いは湖中の島の面積は含まないものとする．

単位はkm^2で，小数第2位までとするが，小さなものでは第2位以下の数値を示したものもある．

7） 容積

信頼に足る値が計算されているものについて，km^3で示した．

8） 最大深度，平均深度

従来測深された中で，信頼できる最も大きな値を最大深度とした．平均深度は，原則として容積/面積によって算出した値を示した．ただし，一部の湖沼で測深値が多数あり，単純平均した値を平均深度としているものもある．また，最大深度が不明な湖沼では，平均深度も不明のままとした．

単位は，mで小数第1位までを示した．

9） 肢節量

湖岸の屈曲を示す値で，1に近い程円に近く，数値が大きい程屈曲に富む．

湖岸線長（L）と，それと等面積（A）の円の円周との比で示す．

$$肢節量（U） = \frac{L}{2\sqrt{A\pi}} = \frac{L}{3.545\sqrt{A}}$$

で算出される．数値は原則として小数第3位までとし，小数点以下第4位を四捨五入した．

10） 湖岸改変状況

湖岸の水際線及び水際線に接する陸地が，人為的に改変されておらず，水際線から幅20mの湖岸区域に人工的な構築物が存在しないものを自然湖岸，また水際線は自然のままであるが，水際線から幅20m以内に人工的な構築物があるものを半自然湖岸，さらに水際線がコンクリート，石礫等の護岸，矢板等の人工構築物でできている湖岸を人工湖岸とし，3つの区分を％で示した．

Halbfass, W. (1922) Die Seen der Erde. Petermanns Mitteilungen, Ergänzungsheft, 185, 1-169

Halbfass, W. (1924) Über Japanische Seen. Int. Rev. ges. Hydrobiol. u. Hydrogr., 12, 121-122

Halbfass, W. (1929) Über Seen auf der Japanischen Insel Hokkaido. Int. Rev. ges. Hydrobiol. u. Hydrogr., 21, 147-148

Halbfass, W. (1932) Über Japanische Seen. Int. Rev. ges. Hydrobiol. u. Hydrogr., 27, 161-165

Halbfass, W. (1937) Nachträge zu meinem Buche "Die Seen der Erde" Ergänzungsheft, Nr. 185 zu Petermanns Mitteilungen, Gotha, Justus Perthes, 1922. Int. Rev. ges. Hydrobiol. u. Hydrogr., 35, 246-294

北海道公害防止研究所（1990）北海道の湖沼. 1-445

堀江正治（1956）本邦主要湖沼の湖盆形態. 陸水学雑誌, 18, 1, 1-28

Horie, S. (1962) Morphometric Features and the Classification of all the Lakes in Japan. Mem. Coll. Sci. Kyoto Univ., Ser. B. XXIX, 3, 191-262

海藤　仁（1972）山形県「さいづち沼」に関する二，三の湖沼学的知見. 陸水学雑誌, 33, 1, 6-10

加藤武雄（1962）長沼（山形県西川町）の湖盆形態と水質について. 陸水学雑誌, 23, 1, 1-6

加藤武雄（1966）一切経「五色沼」の湖沼学的研究. 陸水学雑誌, 27, 1, 40-47

加藤武雄（1967）山形県「鍋越沼」の湖沼学的研究. 陸水学雑誌, 28, 1, 1-11

加藤武雄, 会田徳旺（1967）山形県与蔵沼の湖沼学的研究. 陸水学雑誌, 28, 3-4, 124-131

加藤武雄（1973）山形県「若畑沼」の湖沼学的研究. 陸水学雑誌, 34, 3, 136-142

環境庁（1983）第2回自然環境保全基礎調査報告書. 資料編, 緑の国勢調査. 1-610

環境庁（1987）第3回自然環境保全基礎調査, 湖沼調査報告書, 全国版. 1-194, アジア航測株式会社

環境庁（1993）第4回自然環境保全基礎調査, 湖沼調査報告書, 全国版. 資料集, 1-238, 環境庁自然保護局, 朝日航洋株式会社

環境庁（1993）第4回自然環境保全基礎調査, 湖沼調査報告書, 全国版. 1-188, 環境庁自然保護局, 朝日航洋株式会社

目黒章八（1970）「白龍湖」の湖沼学的研究. 陸水学雑誌, 31, 2, 37-46

大木隆志（2000）北海道, 湖沼と湿原, 水辺の散歩道. 1-215, 北海道新聞社, 札幌

西條八束（1957）湖沼調査法. 1-306. 古今書院, 東京

白石芳一（1972）湖沼水産要覧. 1-197, 淡水区水産研究所

鈴木静夫（1963）日本の湖沼. 湖沼学入門. 1-244, 内田老鶴圃新社, 東京

田中阿歌麿（1911）湖沼の研究. 1-266, 新潮社, 東京

田中館秀三（1925）北海道火山湖研究概報, 1-155, 北海道庁

堤　充紀, 長田照子（1981）富士五湖の湖盆形態. 山梨県立衛生公害研究所年報, 25, 30-32

Uéno, M. (1934) Acid Water Lakes in North Shinano. Arch. für Hydrob., 17, 571-584

上野益三（1952）長野県下伊那郡深見池. 下伊那教育叢書, 9, 1-117

上野益三（1958）下水内の湖沼. 長野県下水内郡ならびにその周辺の小湖沼の研究. 1-219, 下水内教育会

上野益三（1959）山形県大鳥池, 1959年夏季の状態概報. 陸水学雑誌, 20, 4, 121-144

上野益三, 星野隆一, 水野寿彦（1959）大鳥三角池. 陸水学雑誌, 20, 4, 174-180

上野益三, 水野寿彦, 川合禎次（1964）月山南西麓志津の小湖沼. 陸水学雑誌, 25, 2, 37-55

吉村信吉（1937）湖沼学. 1-426, 三省堂, 東京

Yoshimura, S. (1938) Soundings of Deep Japanese Lakes. Jap. Jour. Limnol., 8, 3-4, 173-194

湖沼名	よみ方	緯度	経度	成因	淡水,汽水の区別	湖沼型	海抜高度(m)	長さ(km)	最大幅(km)	湖岸線長(km)	面積(km²)
北海道											
(宗谷支庁)											
久種湖 (礼文島)	クシュコ	45°26′	141°02′	海跡	淡水	富	5	1.5	0.6	3.0	0.49
メグマ沼	メグマヌマ	45°24′	141°49′	海跡	淡水	富, 腐植	5	0.7	0.6	2.0	0.25
声問大沼	コエトイオオヌマ	45°23′	141°45′	海跡	淡水	富, 腐植	1	3.1	2.5	10.0	4.86
声問小沼	コエトイコヌマ	45°24′	141°45′	海跡	汽水	富, 腐植	1	0.5	0.3	1.3	—
猿骨沼	サルコツヌマ	45°18′	142°11′	海跡	汽水	富, 腐植	2	0.9	0.5	2.4	0.22
ポロ沼	ポロヌマ	45°17′	142°12′	海跡	汽水	貧, 腐植	3	2.2	1.4	6.0	2.25
キモマ沼	キモマヌマ	45°17′	142°11′	海跡	淡水	富, 腐植	5	0.8	0.5	2.5	0.26
カムイト沼	カムイトヌマ	45°14′	142°13′	海跡	淡水	富, 腐植	5	0.8	0.5	2.3	0.19
モケウニ沼	モケウニヌマ	45°12′	142°16′	海跡	淡水	富, 腐植	5	1.4	0.9	3.4	0.49
モケウニ小沼	モケウニコヌマ	45°12′	142°16′	海跡	淡水	富, 腐植	5	0.5	0.4	1.4	0.13
モケウニ上の沼	モケウニカミノヌマ	45°12′	142°16′	海跡	淡水	富, 腐植	6	0.3	0.2	1.1	0.08
ポン沼	ポンヌマ	45°10′	142°16′	海跡	淡水	富, 腐植	5	1.1	0.5	3.0	0.19
クッチャロ湖 (頓別湖)	クッチャロコ (トンベツコ)	45°09′	142°20′	海跡	汽水	富	0	11.4	2.6	29.7	14.3
ジュンサイ沼	ジュンサイヌマ	45°10′	141°36′	河跡	淡水	富, 腐植	8	1.3	0.3	7.0	0.37
三線沼	サンセンヌマ	45°09′	142°08′	—	淡水		15	—	—	—	0.04
瓢箪沼	ヒョウタンヌマ	45°12′	142°14′	海跡	淡水	富, 腐植	3	0.3	0.1	0.7	0.04
オタドマリ沼 (利尻島)	オタドマリヌマ	45°07′	141°17′	海跡	淡水	富, 腐植	5	0.4	0.3	1.3	0.08
姫沼*) (利尻島)	ヒメヌマ	45°14′	141°15′	堰止め	淡水	富, 腐植	130	0.3	0.2	0.8	0.05
長沼　1	ナガヌマ	45°08′	141°37′	河跡	淡水	富, 腐植	8	0.6	0.1	3.0	0.11
長沼　2	ナガヌマ	45°07′	141°38′	河跡	淡水	富, 腐植	8	2.8	0.1	6.4	0.17
長沼　3	ナガヌマ	45°07′	141°38′	河跡	淡水	富, 腐植	10	0.5	<0.1	2.4	0.07
長沼　4	ナガヌマ	45°06′	141°38′	河跡	淡水	富, 腐植	15	0.5	<0.1	2.2	0.06
サロベツ長沼	サロベツナガヌマ	45°01′	141°44′	—	淡水	富, 腐植	2	0.880	0.150	2.690	0.157
サロベツ小沼	サロベツコヌマ	45°01′	141°44′	—	淡水	富, 腐植	2	0.310	0.195	0.850	0.031
サロベツジュンサイ沼	サロベツジュンサイヌマ	45°10′	141°36′	—	淡水	富, 腐植	8	—	—	8.00	0.37
メメナイ沼	メメナイヌマ	45°16′	141°37′	堰止め	淡水	富, 腐植	2	0.113	0.035	0.250	0.003
(網走支庁)											
御西沼 (大西沼)	オニシヌマ (オオニシヌマ)	44°30′	143°05′	海跡	汽水	富, 腐植	0	1.0	0.4	2.5	0.18
オムシャリ沼	オムシャリヌマ	44°24′	143°16′	堰止め	—	—	5	—	—	—	0.11
ヤソシ沼	ヤソシヌマ	44°18′	143°26′	海跡	汽水	富	3	7.3	5.0	2.8	0.06
小向沼	コムケヌマ	44°16′	143°30′	海跡	汽水	富, 腐植	2.5	8.0	2.5	21.2	5.53

＊）成因は人工湖であるが，天然湖として扱う場合が多く，参考までに示した．

埋立面積(km²)	容積(km³)	最大深度(m)	平均深度(m)	肢節量	流入河川数	流出河川数	結氷の有無	湖岸改変状況(%) 自然湖岸	半自然湖岸	人工湖岸	公園の指定	文献
0	0.00172	5.2	3.5	1.208	2	1	有(12-4月)	83	17	0	利尻礼文サロベツ国立公園	
0	0.00037	1.8	1.5	1.128	0	1	有(12-4月)	100	0	0		
0	0.00778	2.2	1.6	1.279	4	1	有(12-4月)	97	3	0		
0.13	0.0001	1.3	0.8	1.017	1	1	有(12-4月)	(埋め立てにより消失)				
0	0.000066	0.4	0.3	1.443	1	1	有(11-4月)	100	0	0		
0	0.00293	4.0	1.3	1.128	3	1	有(12-4月)	100	0	0		
0	0.00052	3.0	2.0	1.383	0	1	有(11-4月)	100	0	0		
0	0.00067	5.2	3.5	1.488	0	1	有(11-4月)	100	0	0	北オホーツク道立自然公園	
0	0.00147	4.0	3.0	1.370	3	1	有(12-4月)	100	0	0	〃	
0	0.00026	3.0	2.0	1.095	0	0	有(11-4月)	100	0	0	〃	
0	0.00019	3.1	2.4	1.097	1	1	有(11-4月)	100	0	0	〃	
0	0.00038	2.3	2.0	1.941	1	1	有(11-4月)	100	0	0	〃	
0	0.014	2.5	1.0	2.216	8	1	有(12-3月)	98.7	1.3	0	〃	
0	0.00037	1.5	1.0	3.246	0	0	有(12-4月)	100	0	0	利尻礼文サロベツ国立公園	
0	—	—	—	—	—	—	有	100	0	0		
0	0.00035	4.0	3.5	1.04	0	1	有	100	0	0		
0	0.00007	3.5	0.9	1.297	0	0	有(12-3月)	100	0	0	利尻礼文サロベツ国立公園	
0	0.00006	4.3	1.2	1.009	0	1	有(11-4月)	100	0	0	〃	
0	—	—	—	2.551	0	0	有(12-4月)	100	0	0		
0	0.00026	2.0	1.5	4.379	0	0	有(12-4月)	100	0	0		
0	0.00011	1.8	1.5	2.559	0	0	有(12-4月)	100	0	0		
0	0.00009	2.1	1.5	2.534	0	0	有(12-4月)	100	0	0		
0	—	—	—	1.915	0	0	有	100	0	0		
0	—	—	—	1.361	0	0	有	100	0	0		
0	0.00037	1.5	1.0	3.709	0	0	有	100	0	0		
—	—	1.0	—	1.287	0	0	有	100	0	0		
0	—	—	—	1.662	3	1	有(12-3月)	100	0	0		
—	—	—	—	—	—	—	有	—	—	—		
0	—	—	—	3.224	0	1	有(12-3月)	100	0	0		
0	0.0069	5.3	1.2	2.543	4	0	有(12-3月)	98.8	0.5	0.7		

付表 わが国に分布する湖沼の形態一覧表

湖沼名	よみ方	緯度	経度	成因	淡水,汽水の区別	湖沼型	海抜高度(m)	長さ(km)	最大幅(km)	湖岸線長(km)	面積(km²)
信部内湖	シブノツナイコ	44°15′	143°30′	海跡	汽水	富,腐植	3	2.6	1.9	9.5	2.98
ポン沼	ポントー	44°13′	143°39′	海跡	淡水	富,腐植	3	0.9	0.4	1.8	0.2
サギ沼	サギヌマ	—	—	—	汽水	富,腐植	0	—	—	—	—
佐呂澗湖	サロマコ	44°09′	143°48′	堰止め	汽水	中	0	25.4	9.4	78.5	150.96
ポント沼	ポントヌマ	44°06′	144°07′	海跡	淡水	富	5	0.6	0.4	1.8	0.18
能取湖	ノトリコ	44°03′	144°09′	海跡	汽水	富	0	11.8	8.0	34.1	57.84
リヤウシ湖	リヤウシコ	44°00′	144°10′	海跡	淡水	富	5	1.1	0.6	2.5	0.42
網走湖	アバシリコ	43°57′	144°10′	海跡	汽水	富	0	12.0	4.0	39.5	32.85
藻琴湖	モコトコ	43°57′	144°19′	堰止め	汽水	富,腐植	1	2.2	1.1	5.5	1.13
涛沸湖	トウフツコ	43°56′	144°24′	海跡	汽水	富,腐植	1	10.0	1.9	30.0	9.01
ニクル沼	ニクルヌマ	43°55′	144°33′	海跡	淡水	富,腐植	7	0.4	0.3	1.0	—
涛釣沼	トウツルヌマ	43°55′	144°34′	海跡	淡水	富,腐植	5	1.9	1.1	5.0	0.57
チミケップ湖	チミケップコ	43°38′	143°52′	堰止め	淡水	中	307	2.3	0.8	6.5	0.98
(根室支庁)											
知床沼	シレトコヌマ	44°11′	145°18′	堰止め	淡水	貧,腐植	920	0.3	0.2	0.9	0.04
二ツ池	フタツイケ	—	—	—	淡水	—					
羅臼湖(平沢湖)	ラウスコ(ヒラサワコ)	44°02′	145°04′	カルデラ	淡水	貧	740	1.3	0.8	3.4	0.42
知西別沼	チニシベツヌマ	44°00′	145°07′	—	淡水	貧	230	0.4	0.3	0.9	0.05
知床五湖(第1湖)	シレトコゴコ(ダイイチコ)	44°07′	145°05′	断層	淡水	貧,腐植	290	0.19	0.18	0.6	0.018
知床五湖(第2湖)	シレトコゴコ(ダイニコ)	44°07′	145°05′	断層	淡水	貧,腐植	290	0.45	0.22	1.1	0.053
知床五湖(第3湖)	シレトコゴコ(ダイサンコ)	44°07′	145°05′	断層	淡水	貧,腐植	290	0.45	0.20	0.8	0.032
知床五湖(第4湖)	シレトコゴコ(ダイヨンコ)	44°07′	145°05′	断層	淡水	貧,腐植	290	0.28	0.10	0.6	0.021
知床五湖(第5湖)	シレトコゴコ(ダイゴコ)	44°07′	145°05′	断層	淡水	貧,腐植	290	0.17	0.10	0.34	0.0089
茨散沼	バラサントー	43°25′	145°15′	堰止め	淡水	貧-中,腐植	7	1.5	0.4	3.2	0.30
兼金沼	カネキントー	43°23′	145°13′	堰止め	淡水	貧-中,腐植	13	1.0	0.7	2.7	0.40
西別大沼	ニシベツオオヌマ	43°23′	145°13′	堰止め	淡水	貧	3	0.9	0.6	2.5	0.35
西別小沼	ニシベツコヌマ	43°23′	145°14′	—	淡水	貧	5	0.6	0.3	2.3	0.15
南部沼	ナンブヌマ	43°19′	145°37′	海跡	淡水	貧,腐植	1	0.5	0.2	1.2	0.05
風蓮湖	フウレンコ	43°17′	145°21′	海跡	汽水	貧	0	20.0	6.0	93.15	60.53
温根沼	オンネトー	43°15′	145°31′	海跡	汽水	貧	1	6.5	1.7	15.0	4.93
長節湖	チョウボシコ	43°15′	145°33′	海跡	淡水	富,腐植	5	1.5	0.7	3.6	0.41
長節小沼	チョウボシコヌマ	43°15′	145°33′	海跡	汽水	富,腐植	3	—	—	—	0.05
トーサムポロ沼	トーサムポロヌマ	43°23′	145°45′	海跡	汽水	貧	8	1.1	0.8	3.3	0.25

埋立面積(km²)	容積(km³)	最大深度(m)	平均深度(m)	肢節量	流入河川数	流出河川数	結氷の有無	湖岸改変状況(%) 自然湖岸	半自然湖岸	人工湖岸	公園の指定	文献
0	0.00276	3.0	1.0	1.552	4	1	有(12-3月)	100	0	0		
0.2	—	—	—	1.135	—	—	—	100	0	0		
—	—	—	—	—	0	0	—	—	—	—		
—	1.30	19.6	8.6	1.802	12	2	有(12-3月)	72.4	16	11.6	網走国定公園	
0	0.00008	1.1	0.4	1.197	0	1	有(12-3月)	100	0	0		
0.15	0.50	23.1	8.6	1.265	13	1	有(12-3月)	81	1.2	17.8	網走国定公園	
0	0.001	4.9	2.4	1.088	1	1	有(12-3月)	100	0	0	〃	
—	0.20	16.8	6.1	1.944	8	1	有(12-4月)	67.4	11	21.6	〃	
0	0.002	5.8	1.8	1.460	3	1	有(12-3月)	88	12	0	〃	
0	0.00996	2.5	1.1	2.819	6	1	有(12-3月)	93.7	5.6	0.7	〃	
0.03	—	0	0	1.629	0	0	—	(草地化により消失)			〃	
0	0.00051	0.8	0.4	1.868	1	1	有(12-3月)	100	0	0		
0	0.012	21.3	12.2	1.852	10	1	有(12-3月)	100	0	0		
0	—	—	—	1.269	0	0	有(10-5月)	100	0	0	知床国立公園	
0	—	—	—	—	—	—	有(10-5月)	100	0	0		
0	—	2.1	—	1.480	1	1	有(11-5月)	100	0	0	〃	
0	—	—	—	1.135	1	1	有(11-5月)	100	0	0		
0	0.00004	3.0	2.0	1.262	0	0	有(11-5月)	100	0	0	知床国立公園	
0	0.00010	4.0	2.0	1.348	0	0	有(11-5月)	100	0	0		
0	0.00006	3.0	2.0	1.262	0	0	有(11-5月)	100	0	0		
0	0.00004	3.0	2.0	1.168	0	0	有(11-5月)	100	0	0		
0	0.000018	3.0	2.0	1.016	0	0	有(11-5月)	100	0	0		
0	0.0015	10.0	1.5	1.648	1	1	有(12-3月)	100	0	0		
0	0.0004	2.5	1.3	1.204	0	1	有(12-3月)	100	0	0		
0	—	—	—	1.192	0	1	有(12-3月)	100	0	0		
0	—	—	—	1.675	0	0	有(12-3月)	100	0	0		
0	0.000075	2.3	1.5	1.514	0	0	有(12-3月)	100	0	0		
0	0.0563	13.0	1.0	3.377	13	0	有(12-3月)	100	0	0	野付風蓮道立自然公園	
0	0.0066	7.0	1.2	1.906	11	0	有(12-3月)	100	0	0	〃	
0	0.00123	7.1	2.6	1.586	3	1	有(12-3月)	100	0	0	〃	
—	—	—	—	—	—	1	有(12-3月)	100	0	0		
0	0.00025	1.5	0.8	1.862	2	1	有(12-3月)	100	0	0		

付表　わが国に分布する湖沼の形態一覧表

湖沼名	よみ方	緯度	経度	成因	淡水、汽水の区別	湖沼型	海抜高度(m)	長さ(km)	最大幅(km)	湖岸線長(km)	面積(km²)
引臼沼	ヒキウスヌマ	43°20′	145°43′	海跡	淡水	貧	3	0.7	0.3	1.8	0.10
丹根沼	タンネトー	43°20′	145°38′	海跡	淡水	貧, 腐植	5	1.5	0.3	1.0	0.05
オンネ沼 (歯舞)	オンネトー	43°20′	145°38′	海跡	淡水	貧, 腐植	2.7	1.1	0.8	3.0	0.55
本別海長池	ホンベッカイナガイケ	43°22′	141°18′	河跡	汽水	富	2	0.390	0.073	0.853	0.019
本別海池	ホンベッカイイケ	43°22′	141°18′	河跡	汽水	富	2	0.230	0.090	0.500	0.011
本別海小池	ホンベッカイコイケ	43°22′	141°18′	河跡	汽水	富	2	0.075	0.030	0.170	0.001
沖根辺沼	オキネベヌマ	43°20′	145°42′	海跡	淡水	富, 腐植	5	0.340	0.125	0.770	0.03
ホロニタイ沼	ホロニタイヌマ	43°12′	145°26′	海跡	淡水	貧, 腐植	2	0.565	0.165	1.305	0.078
(釧路支庁)											
屈斜路湖	クッチャロコ	43°37′	144°20′	カルデラ	淡水	貧, 酸	121	18.0	8.0	57.6	79.84
摩周湖	マシュウコ	43°35′	144°33′	カルデラ	淡水	貧	351	6.8	4.4	19.8	19.11
パンケ湖	パンケコ	43°29′	144°11′	堰止め	淡水	貧	461	4.0	1.6	12.4	2.83
ペンケ湖	ペンケコ	43°27′	144°13′	堰止め	淡水	貧	510	1.5	0.9	3.9	0.43
阿寒湖	アカンコ	43°27′	144°06′	カルデラ	淡水	富	420	7.0	4.5	26.8	13.49
蓴菜沼	ジュンサイヌマ	43°26′	144°10′	−	淡水	富, 腐植	430	0.2	<0.2	0.6	0.02
次郎湖	ジロウコ	43°26′	144°09′	−	淡水	富	420	0.2	<0.2	0.7	0.03
太郎湖	タロウコ	43°26′	144°09′	−	淡水	富	419	0.2	0.2	0.9	0.03
北双子沼	キタフタゴヌマ	43°27′	144°13′	−	淡水	−	530	<0.2	<0.2	<0.2	<0.01
南双子沼	ミナミフタゴヌマ	43°27′	144°13′	−	淡水	−	530	<0.2	<0.2	<0.2	<0.01
瓢箪沼	ヒョウタンヌマ	43°25′	144°11′	堰止め	淡水	貧, 腐植	430	0.5	0.4	1.2	0.05
オンネトー	オンネトー	43°23′	143°58′	堰止め	淡水	貧, 腐植	623	1.0	0.4	2.5	0.23
シュンクシタカラ湖	シュンクシタカラコ	43°15′	143°59′	堰止め	淡水	貧	445	0.6	0.4	1.8	0.11
シラルトロ湖	シラルトロコ	43°11′	144°30′	海跡	淡水	中, 腐植	9	3.8	0.7	10.0	1.83
塘路湖	トウロコ	43°26′	144°09′	海跡	淡水	富, 腐植	8	8.0	1.5	17.5	6.37
達古武沼	タッコブヌマ	43°06′	144°29′	海跡	淡水	貧, 腐植	5	2.5	0.7	5.8	1.38
火散布沼	ヒチリップトー	43°03′	145°01′	海跡	汽水	貧, 腐植	1	3.5	1.4	16.45	3.56
藻散布沼	モチリップトー	43°01′	145°01′	海跡	汽水	貧, 腐植	1	1.3	0.6	3.3	0.62
渡散布沼	ワタリチップトー	43°02′	145°02′	海跡	汽水	中	1	0.250	0.105	0.570	0.014
恵茶人沼	エサシトヌマ	43°09′	145°15′	海跡	汽水	中	5	0.570	0.275	1.780	0.08
幌戸沼	ポロトヌマ	43°09′	145°09′	海跡	汽水	中	2	0.540	0.310	1.560	0.09
赤沼	アカヌマ	−	−	海跡	淡水	富, 腐植	6	−	−	−	−
厚岸湖	アッケシコ	43°03′	144°54′	海跡	汽水	中	0	8.5	5.5	26.1	32.54
床潭沼	トコタンヌマ	43°00′	144°52′	海跡	淡水	富, 腐植	5	0.7	0.3	1.5	0.07

埋立面積(km²)	容積(km³)	最大深度(m)	平均深度(m)	肢節量	流入河川数	流出河川数	結氷の有無	湖岸改変状況(%) 自然湖岸	半自然湖岸	人工湖岸	公園の指定	文献
0	0.00020	1.8	1.5	1.606	1	1	有(12-3月)	100	0	0		
0	0.00071	4.0	1.5	1.262	1	1	有(12-3月)	100	0	0		
0	0.00046	3.5	2.2	1.141	1	1	有(12-3月)	100	0	0		
0	—	1.5	—	1.745	1	1	—	100	0	0		
0	—	1.0	—	1.345	0	1	—	100	0	0		
0	—	0.7	—	1.516	0	0	—	100	0	0		
0	—	—	—	1.254	—	1	有	100	0	0		
0	—	—	—	1.318	1	0	—	100	0	0		
0	3.330	117.5	41.9	1.818	20	1	有(12-4月)	98	1.5	0.5	阿寒国立公園	
0	2.75	212	143.9	1.278	2	0	有(12-4月)	100	0	0	〃	
0	0.0676	54	50.0	2.079	6	1	有(12-4月)	100	0	0	〃	
0	0.006	39.4	14.0	1.678	3	1	有(12-4月)	100	0	0	〃	
0	0.249	44.8	15.6	2.058	11	1	有(12-4月)	99.6	0	0.4	〃	
0	—	5.5	—	1.197	0	0	有(12-4月)	100	0	0	〃	
0	—	3.0	—	1.140	0	0	有(12-4月)	100	0	0	〃	
0	—	8.7	—	1.465	1	1	有(12-4月)	100	0	0	〃	
—	—	7.0	—	—	—	—	有	100	0	0	〃	
—	—	7.0	—	—	—	—	有	100	0	0	〃	
0	0.000075	4.5	3.7	1.514	2	1	有(11-5月)	100	0	0	〃	
0	0.0007	9.8	3.0	1.470	2	1	有(11-5月)	100	0	0	〃	
0	0.00099	27.0	9.0	1.531	0	0	有(12-5月)	100	0	0	〃	
0	0.00267	2.3	1.5	2.085	5	1	有(12-4月)	91	4	5	釧路湿原国立公園	
0	0.032	7.0	4.5	1.956	11	1	有(11-4月)	100	0	0	〃	
0	0.0026	3.0	2.0	1.392	6	1	有(12-4月)	100	0	0	〃	
0	0.00353	2.0	0.9	2.459	5	0	有(1-2月)	77	1	22	厚岸道立自然公園	
0	0.00031	3.0	1.0	1.182	1	1	有(1-2月)	94	0	6	〃	
—	—	—	—	1.359	1	1	—	0	0	100		
0	—	—	—	1.775	1	1	—	100	0	0		
0	—	—	—	1.467	2	1	—	100	0	0		
0	—	—	—	—	—	—	有	100	0	0		
0	0.04860	11.0	2.0	1.290	5	0	無	78.2	0	21.8	厚岸道立自然公園	
0	0.00021	3.5	2.0	1.599	0	1	有(11-4月)	100	0	0	〃	

湖沼名	よみ方	緯度	経度	成因	淡水,汽水の区別	湖沼型	海抜高度(m)	長さ(km)	最大幅(km)	湖岸線長(km)	面積(km²)
霧多布大沼	キリタップオオヌマ	43°06′	145°05′	海跡	淡水	富,腐植	1	0.7	0.3	2.1	0.13
霧多布長沼	キリタップナガヌマ	43°06′	145°05′	海跡	淡水	富,腐植	1	1.2	0.2	2.1	0.13
春採湖	ハルトリコ	42°58′	144°24′	海跡	淡水	富	2	2.0	0.5	4.2	0.38
馬主来沼	バシクルヌマ	42°55′	144°00′	海跡	汽水	富,腐植	1	1.5	1.0	6.0	0.28
(上川支庁)											
大沼 (沼ノ平)	オオヌマ (ヌマノダイラ)	43°41′	142°49′	−	淡水	富	1400	0.26	0.2	1.0	0.05
小沼 (沼ノ平)	コヌマ (ヌマノダイラ)	43°41′	142°49′	−	淡水	富	1400	0.24	0.2	0.6	0.02
瓢沼	ヒョウヌマ	43°37′	142°47′	−	淡水	−	930	<0.2	<0.2	<0.2	<0.01
湯の沼	ユノヌマ	43°31′	142°46′	−	淡水	−	1330	0.4	0.2	1.3	0.08
姿見の池	スガタミノイケ	43°40′	142°50′	火山	淡水	貧	1630	<0.2	<0.2	<0.2	<0.01
めがね上沼	メガネカミヌマ	−	−	火山	淡水	貧	1620	0.04	0.01	−	−
めがね下沼	メガネシモヌマ	−	−	堰止め	淡水	貧	1620	0.2	0.1	−	−
忠別沼	チュウベツヌマ	43°36′	142°52′	堰止め	淡水	中,腐植	1780	−	−	−	0.01
花見沼	ハナミヌマ	−	−	堰止め	淡水	貧	1610	0.04	0.02	−	−
羽衣沼	ハゴロモヌマ	−	−	−	淡水	−	960	0.1	0.05	−	−
夫婦池	メオトヌマ	−	−	−	淡水	−	−	−	−	−	−
熊ヶ池	クマガイケ	43°40′	142°52′	断層	淡水	貧	2108	0.2	<0.1	0.35	0.009
硫黄沼	ユオウヌマ	43°31′	142°46′	堰止め	淡水	貧	1325	0.6	0.3	1.5	0.12
ヌタプヤンベッ沼	ヌタプヤンベツヌマ	43°35′	142°57′	−	淡水	−	1295	0.2	<0.2	0.7	0.03
ピウケナイ沼	ピウケナイヌマ	43°41′	142°50′	−	淡水	−	1580	<0.2	<0.2	<0.2	<0.01
ポンルベシベ東沼	ポンルベシベヒガシヌマ	43°56′	142°59′	−	淡水	−	785	0.2	0.2	0.9	0.05
ポンルベシベ南沼	ポンルベシベミナミヌマ	43°55′	142°59′	−	淡水	−	785	0.2	0.2	0.9	0.05
ポンルベシベ西沼	ポンルベシベニシヌマ	43°56′	142°58′	−	淡水	−	805	0.4	0.2	0.9	0.05
北ノ沼 1	キタノヌマ	43°42′	142°49′	−	淡水	−	1370	<0.2	<0.2	<0.2	<0.01
北ノ沼 2	キタノヌマ	43°42′	142°49′	−	淡水	−	1370	<0.2	<0.2	<0.2	<0.01
南ノ沼 1	ミナミノヌマ	43°41′	142°49′	−	淡水	−	1550	<0.2	<0.2	<0.2	<0.01
南ノ沼 2	ミナミノヌマ	43°41′	142°49′	−	淡水	−	1550	<0.2	<0.2	<0.2	<0.01
中ノ沼 1	ナカノヌマ	43°42′	142°49′	−	淡水	−	1410	<0.2	<0.2	<0.2	<0.01
中ノ沼 2	ナカノヌマ	43°42′	142°49′	−	淡水	−	1410	<0.2	<0.2	<0.2	<0.01
沼ノ原大沼	ヌマノハラオオヌマ	43°32′	142°57′	堰止め	淡水	富	1435	0.2	0.2	1.0	0.05
沼ノ原小沼	ヌマノハラコヌマ	43°32′	142°57′	堰止め	淡水	富	1435	−	−	−	−
(十勝支庁)											

埋立面積(km²)	容積(km³)	最大深度(m)	平均深度(m)	肢節量	流入河川数	流出河川数	結氷の有無	湖岸改変状況(%) 自然湖岸	半自然湖岸	人工湖岸	公園の指定	文献
0	−	−	−	1.642	2	1	有(12-4月)	100	0	0	厚岸道立自然公園	
0	−	−	−	1.642	0	0	有(12-4月)	100	0	0	〃	
0	0.0013	8.5	3.4	1.922	0	1	有(11-4月)	59.5	40.5	0		
0	0.00028	4.0	1.0	3.199	4	0	有(1-3月)	100	0	0		
0	−	1.5	−	1.262	0	0	有(11-5月)	100	0	0	大雪山国立公園	
0	−	3	−	1.197	0	0	有(11-5月)	100	0	0	〃	
0	−	1	−	−	−	−	有	100	0	0	〃	
0	−	−	−	1.297	−	−		100	0	0	〃	
0	−	4.5	−	−	0	1	有	100	0	0	〃	
0	−	1.5	−	−	0	0	有	100	0	0	〃	
0	−	2.3	−	−	0	0	有	100	0	0	〃	
−	−	−	−	−	0	0	有	100	0	0		
0	−	1.3	−	−	0	1	有	100	0	0	大雪山国立公園	
0	−	1.0	−	−	0	0	有	100	0	0	〃	
0	−	−	−	−	−	−	有	100	0	0	〃	
0	−	1.0	−	1.040	0	0	有(11-5月)	100	0	0	〃	
0	−	5.0	−	1.221	0	0	有(11-5月)	100	0	0	〃	
0	−	−	−	1.140	−	−	有	100	0	0		
0	−	−	−	−	−	−	有	100	0	0	大雪山国立公園	
0	−	−	−	1.135	−	−	有	100	0	0	〃	
0	−	−	−	1.135	−	−	有	100	0	0	〃	
0	−	−	−	1.135	−	−	有	100	0	0	〃	
0	−	1.8	−	−	−	−	有	100	0	0	〃	
0	−	1.5	−	−	−	−	有	100	0	0	〃	
0	−	1.1	−	−	−	−	有	100	0	0	〃	
0	−	0.3	−	−	−	−	有	100	0	0	〃	
0	−	0.3	−	−	−	−	有	100	0	0	〃	
0	−	1.1	−	−	−	−	有	100	0	0	〃	
0	−	1.5	−	1.262	0	0	有(11-5月)	100	0	0	〃	
0	−	−	−	−	0	0	有(11-5月)	100	0	0	〃	

付表　わが国に分布する湖沼の形態一覧表

湖沼名	よみ方	緯度	経度	成因	淡水,汽水の区別	湖沼型	海抜高度(m)	長さ(km)	最大幅(km)	湖岸線長(km)	面積(km²)
樺沼	カバヌマ	43°29′	142°50′	—	淡水	—	1036	—	—	—	0.01
ヒサゴ沼	ヒサゴヌマ	43°33′	142°52′	堰止め	淡水	貧	1685	0.7	0.25	1.5	0.07
トムラウシ沼	トムラウシヌマ	43°32′	142°51′	—	淡水	貧	2060	0.15	0.12	—	—
トムラウシ瓢箪沼	トムラウシヒョウタンヌマ	—	—	—	淡水	貧	1620	0.45	0.13	—	—
然別湖	シカリベツコ	43°17′	143°08′	堰止め	淡水	貧	810	4.5	3.0	13.8	3.44
然別小沼	シカリベツコヌマ	43°15′	143°06′	—	淡水	—	870	0.3	0.2	0.8	0.05
ウオップトー	ウオップトー	43°16′	143°08′	—	淡水	—	810	0.3	0.2	0.8	0.05
長節沼	チョウブシヌマ	42°39′	143°37′	海跡	汽水	富,腐植	5	2.3	1.0	8.6	1.03
湧洞沼	ユンドウヌマ	42°36′	143°32′	海跡	汽水	富,腐植	5	5.5	1.9	17.8	3.49
キモントウ沼	キモントウヌマ	42°36′	143°29′	堰止め	淡水	富,腐植	5	1.3	0.5	4.0	0.46
キモントウ小沼	キモントウコヌマ	42°36′	143°06′	堰止め	淡水	富,腐植	5	0.6	0.3	0.9	0.04
生花苗湖	オイカマナエコ	42°33′	143°30′	海跡	汽水	富,腐植	1	2.1	1.8	12.2	1.75
ホロカヤントウ沼	ホロカヤントウヌマ	42°32′	143°28′	海跡	汽水	富,腐植	1	1.7	0.6	5.7	0.39
東雲湖	シノノメコ	43°16′	143°08′	堰止め	淡水	貧,腐植	810	0.3	0.2	0.8	0.04
駒止湖	コマドメコ	43°15′	143°06′	火山	淡水	貧,酸	855	0.24	0.19	0.8	0.02
幌岡大沼	ホロオカオオヌマ	42°47′	143°34′	後背	淡水	中	8	0.640	0.270	1.595	0.20
笹田沼(佐々田沼)	ササダヌマ	42°49′	143°33′	堰止め	淡水	中	10	0.420	0.350	1.175	0.05
トイドッキ沼	トイドッキヌマ	42°42′	143°30′	河跡	淡水	中	1	—	—	—	0.13
育素田沼	イクソタヌマ	42°50′	143°31′	後背	淡水	中	9	—	—	1.1	0.15
(留萌支庁)											
兜沼	カブトヌマ	45°13′	141°42′	海跡	淡水	富,腐植	8	2.8	2.0	3.5	0.85
天塩ペンケ沼	テシオペンケヌマ	45°04′	141°43′	海跡	淡水	貧,腐植	1	2.4	1.6	5.8	1.86
天塩パンケ沼	テシオパンケヌマ	45°02′	141°43′	海跡	汽水	貧,腐植	0	2.4	2.0	7.4	3.48
長沼	ナガヌマ	45°01′	141°44′	海跡	淡水	富,腐植	2.5	1.1	0.2	2.7	0.11
ヘビ沼	ヘビヌマ	—	—	—	淡水	—	—	—	—	—	—
更岸沼	サラキシトー	44°51′	141°47′	—	—	—	5	3.7	2.0	10.0	—
田淵沼	タブチヌマ	44°16′	141°41′	—	—	—	5	—	—	—	0.03
天塩鏡沼(乙女ヶ池)	テシオカガミヌマ(オトメガイケ)	44°37′	141°45′	河跡	淡水	中,腐植	1	0.650	0.180	1.5	0.07
犬吼湖	ケンコウコ	44°56′	141°56′	水蝕	淡水	富,腐植	5	—	—	—	0.01
(空知支庁)											
雨竜沼	ウリュウヌマ	43°42′	141°37′	—	淡水	貧,腐植	870	2.2	1.2	6.0	1.55
雨竜小沼	ウリュウコヌマ	43°41′	141°37′	—	淡水	—	890	0.6	0.3	1.8	0.17

埋立面積(km²)	容積(km³)	最大深度(m)	平均深度(m)	肢節量	流入河川数	流出河川数	結氷の有無	湖岸改変状況(%)			公園の指定	文献
								自然湖岸	半自然湖岸	人工湖岸		
0	—	—	—	—	—	—	有(11-5月)	100	0	0	大雪山国立公園	
0	—	—	—	1.599	0	1	有(10-4月)	100	0	0	〃	
—	—	3.5	—	—	—	—	—	100	0	0	〃	
—	—	6.0	—	—	—	—	—	100	0	0	〃	
0	0.193	99.0	58.1	2.099	4	1	有(12-4月)	100	0	0	〃	
0	—	5.0	—	1.009	—	—	—	100	0	0	〃	
0	—	2.0	—	1.009	—	—	—	100	0	0		
0	0.0011	3.5	1.0	2.390	2	0	有(12-3月)	100	0	0		
0	0.0058	3.5	1.4	2.688	3	0	有(12-3月)	100	0	0		
0	0.00046	2.0	1.0	1.663	0	1	有(12-3月)	100	0	0		
0	—	—	—	1.269	0	1	有(12-3月)	100	0	0		
0	0.0026	3.6	1.5	2.602	3	0	有(12-3月)	100	0	0		
0	0.0018	4.7	2.0	2.575	2	0	有(12-3月)	100	0	0		
0	—	2.0	—	1.128	0	0	有(12-4月)	100	0	0	大雪山国立公園	
0	0.00006	5.0	3.3	1.596	0	0	有(12-4月)	100	0	0	〃	
0	—	—	—	1.006	1	1	—	100	0	0		
0	—	—	—	1.482	0	1	—	100	0	0		
0	—	—	—	—	1	1	—	100	0	0		
0	—	1.3	1.0	—	—	—	—	100	0	0		
0	0.0012	2.9	1.4	1.071	2	2	有(12-4月)	100	0	0		
0	0.0012	1.6	0.6	1.200	1	1	有(12-4月)	100	0	0	利尻礼文サロベツ国立公園	
0	0.0035	3.6	1.0	1.119	2	0	有(12-4月)	100	0	0	〃	
0	0.00084	1.0	0.7	2.296	0	0	有(12-4月)	100	0	0	〃	
—	—	—	—	—	—	—	—	100	0	0		
3.83	—	—	—	1.441	—	—	—	(埋め立てにより消失)				
—	—	—	—	—	—	—	—	100	0	0		
0	0.00013	2.3	1.8	1.599	0	0	有	100	0	0	鏡沼公園	
—	—	—	—	—	0	1	有	100	0	0		
0	—	4.5	—	1.359	0	0	有(10-4月)	100	0	0	暑寒別道立自然公園	
0	—	—	—	1.231	0	0	有(10-4月)	100	0	0		

湖沼名	よみ方	緯度	経度	成因	淡水,汽水の区別	湖沼型	海抜高度(m)	長さ(km)	最大幅(km)	湖岸線長(km)	面積(km²)
宮島沼	ミヤジマヌマ	43°20′	141°43′	後背	淡水	富,腐植	12.5	1.0	0.7	2.7	0.36
月ヶ湖(大沼)	ツキガコ(オオヌマ)	43°18′	141°38′	－	淡水	富,腐植	13	0.51	0.27	2.4	0.09
中ノ沼	ナカノヌマ	43°14′	141°42′	－	淡水	富,腐植	10	0.52	0.25	1.4	0.11
幌向大沼	ホロムイオオヌマ	43°13′	141°41′	後背	淡水	富,腐植	10	0.33	0.25	1.4	0.06
幌向蓴菜沼	ホロムイジュンサイヌマ	43°13′	141°40′	後背	淡水	富,腐植	10	0.5	0.4	1.3	0.1
長沼	ナガヌマ	43°12′	141°41′	－	淡水	富,腐植	10	0.7	0.14	1.8	0.05
鶴沼	ツルヌマ	43°01′	141°37′	河跡	淡水	富	6	3.0	0.7	7.0	1.38
猫沼	ネコヌマ	43°12′	141°40′	－	淡水	富	10	3.1	0.1	0.7	0.03
北光沼	ホッコウヌマ	43°37′	141°58′	河跡	淡水	富	19.0	0.43	0.22	1.5	0.06
丸沼	マルヌマ	43°19′	141°43′	水蝕	淡水	富,腐植	12	0.210	0.200	0.840	－
三角沼	サンカクヌマ	43°19′	141°43′	水蝕	淡水	富,腐植	12	0.368	0.245	0.830	0.031
鏡沼	カガミヌマ	43°17′	141°41′	水蝕	淡水	富,腐植	13	0.290	0.190	－	0.030
鮒沼	フナヌマ	43°11′	141°42′	水蝕	淡水	富,腐植	10	0.424	0.054	0.840	0.02
新沼	シンヌマ	43°24′	141°49′	水蝕	淡水	富,腐植	13	－	－	－	0.18
手形沼	テガタヌマ	43°19′	141°45′	水蝕	淡水	中	13	0.340	0.200	0.880	0.05
袋地沼	フクロジヌマ	43°31′	141°53′	水蝕	淡水	富	4	1.250	0.30	2.80	0.40
長沼	ナガヌマ	43°11′	141°41′	水蝕	淡水	富	10	0.630	0.155	1.4	0.05
東沼	ヒガシヌマ	43°23′	141°47′	水蝕	淡水	富	15	0.720	0.110	1.940	0.10
西沼	ニシヌマ	43°23′	141°47′	水蝕	淡水	富	14	0.860	0.190	1.900	0.11
トイ沼	トイヌマ	43°26′	141°50′	水蝕	淡水	富,腐植	15	0.75	0.15	2.95	0.14
ピラ沼	ピラヌマ	43°27′	141°51′	水蝕	淡水	富	17	－	－	－	0.10
丹羽ノ沼	タンバノヌマ	43°38′	141°54′	水蝕	淡水	富	35				0.017
鶴田ノ沼	ツルタノヌマ	43°39′	141°54′	水蝕	淡水	中,腐植	35	1.620	0.080	－	0.109
知恵文沼	チエブンヌマ	44°27′	142°24′	河跡	淡水	中,腐植	80	－	－	－	0.21
(日高支庁)											
豊似湖	トヨニコ	42°05′	143°17′	堰止め	淡水	貧	260	0.3	0.25	0.95	0.03
(石狩支庁)											
ペケレット湖	ペケレットコ	43°10′	141°23′	河跡	淡水	富	2	0.9	0.37	1.6	0.12
モエレ沼	モエレヌマ	43°07′	141°26′	堰止め	淡水	富,腐植	5	4.0	0.2	7.5	0.24
越後沼	エチゴヌマ	43°06′	141°36′	後背	淡水	富	8	0.48	0.38	1.3	0.11
万計沼	バンケイヌマ	42°53′	141°16′	堰止め	淡水	貧	910	0.2	0.2	0.5	0.03
真簾沼	マミスヌマ	42°52′	141°15′	堰止め	淡水	貧	1050	0.4	0.4	1.1	0.08

埋立面積(km²)	容積(km³)	最大深度(m)	平均深度(m)	肢節量	流入河川数	流出河川数	結氷の有無	湖岸改変状況(%) 自然湖岸	半自然湖岸	人工湖岸	公園の指定	文献
0	0.00060	2.4	1.7	1.269	0	0	有(12-3月)	62.2	0	37.8		
0	0.00015	3.7	1.5	2.257	0	1	有(12-4月)	100	0	0		
0	−	1.6	1.0	1.191	0	0	有(12-4月)	100	0	0		
0	−	2.4	1.0	1.612	0	0	有(12-4月)	100	0	0		
0	−	1.5	1.0	1.160	0	1	有(12-4月)	100	0	0		
0	0.000045	1.0	0.9	2.271	0	0	有(12-4月)	100	0	0		
0	−	0.7	−	1.681	0	0	有(12-4月)	100	0	0	鶴沼公園	
0	−	−	−	1.140	0	0	有(12-4月)	100	0	0		
−	0.00011	5.5	1.9	1.727	0	0	有	−	−	−		
0.056	−	−	−	1.001	0	0	−	（埋め立てにより消失）				
0	−	−	−	1.330	0	0	有	100	0	0		
0	−	−	−	−	0	1	有	100	0	0		
0	−	−	−	1.675	0	0	有	100	0	0		
0	−	−	−	−	−	−	有	100	0	0		
0	−	−	−	1.110	0	1	有	100	0	0		
0	0.00040	1.3	1.0	1.249	1	1	有	100	0	0		
0	0.000045	1.0	0.9	1.766	0	0	有	100	0	0		
				1.730	2	1	有	100	0	0		
0	−	−	−	1.616	1	1	有	100	0	0		
−	−	−	−	2.224	1	1	有	65	27.5	7.5		
−	−	−	−	−	1	1	有	−	−	−		
−	−	−	−	−	1	1	有	100	0	0		
−	−	−	−	−	1	1	有	100	0	0		
					0	0	有	100	0	0		
0	0.0003	18.6	10.0	1.547	0	0	有(12-3月)	100	0	0	日高山脈襟裳国定公園	
0	0.000096	1.2	0.7	1.303	0	1	有(12-3月)	100	0	0		
0	−	2.0	0.7	4.319	1	1	有(12-3月)	100	0	0	モエレ沼公園	
0	−	1.9	1.2	1.106	0	0	有(12-3月)	100	0	0		
0	−	−	−	1.07	0	0	有(12-3月)	100	0	0	支笏洞爺国立公園	
0	−	−	−	1.097	0	0	有(12-4月)	100	0	0	〃	

湖沼名	よみ方	緯度	経度	成因	淡水, 汽水の区別	湖沼型	海抜高度(m)	長さ(km)	最大幅(km)	湖岸線長(km)	面積(km²)
空沼	ソラヌマ	42°51′	141°16′	堰止め	淡水	貧	1010	0.2	0.2	0.5	0.03
オコタンペ沼	オコタンペヌマ	42°48′	141°16′	堰止め	淡水	貧	610	1.0	0.7	4.02	0.413
フレ沼	フレヌマ	42°47′	141°13′	—	淡水	貧	970	0.4	0.2	0.8	0.05
支笏湖	シコツコ	42°45′	141°20′	カルデラ	淡水	貧	248	12.2	8.4	41.0	78.61
千歳沼	チトセヌマ	46°47′	141°43′	堰止め	淡水	富	10	0.6	0.2	2.0	0.06
長沼	ナガヌマ	42°53′	141°15′	—	淡水	—	950	0.3	<0.2	0.7	0.03
(胆振支庁)											
ウトナイ沼	ウトナイヌマ	42°42′	141°43′	海跡	淡水	富, 腐植	3	4.5	1.8	16.0	2.50
丹治沼 (白鳥湖)	タンジヌマ (ハクチョウコ)	42°43′	141°42′	海跡	淡水	中, 腐植	7	1.150	0.360	2.5	0.28
口無沼	クチナシヌマ	42°42′	141°28′	—	淡水	貧	165	0.5	0.2	1.5	0.05
安藤沼	アンドウヌマ	42°41′	141°50′	海跡	淡水	貧, 腐植	8	—	—	2.8	0.21
朝日沼	アサヒヌマ	42°40′	141°50′	海跡	淡水	貧	9	0.4	0.3	1.3	0.05
遠浅沼	トオアサヌマ	42°43′	141°47′	—	淡水	—	5	3.1	0.6	7.0	1.4
白鳥沼	ハクチョウヌマ	—	—	—	淡水	—	—	—	—	—	—
三日月沼	ミカヅキヌマ	42°42′	141°50′	—	淡水	貧, 腐植	15	—	—	—	0.04
龍神沼	リュウジンヌマ	42°39′	141°52′	海跡	淡水	富	9	0.305	0.120	0.650	0.02
松ノ沼	マツノヌマ	42°41′	141°52′	—	淡水	—	15	—	—	—	0.06
ジュンサイ沼	ジュンサイヌマ	—	—	—	淡水	—	—	—	—	—	—
清水沼	シミズヌマ	—	—	—	淡水	—	—	—	—	—	—
三宅沼	ミアケヌマ	42°37′	141°52′	海跡	淡水	富	15	0.500	0.220	1.190	0.074
平木沼	ヒラキヌマ	42°40′	141°50′	海跡	淡水	貧, 腐植	10	—	—	—	0.03
弁天沼	ベンテンヌマ	42°39′	141°46′	海跡	淡水	中, 腐植	2	1.8	1.2	5.2	0.34
長沼	ナガヌマ	42°38′	141°54′	海跡	淡水	貧, 腐植	5	0.9	0.2	1.5	0.07
大沼	オオヌマ	42°38′	141°54′	海跡	淡水	貧, 腐植	10	0.5	0.4	1.8	0.09
マッカ沼	マッカヌマ	42°37′	141°27′	堰止め	淡水	貧	30	0.8	0.1	1.2	0.03
樽前大沼	タルマエオオヌマ	42°36′	141°25′	堰止め	淡水	中, 腐植	35	0.510	0.250	1.870	0.15
洞爺湖	トウヤコ	42°36′	140°51′	カルデラ	淡水	貧	83.9	11.0	9.8	49.6	71.22
ポロト湖	ポロトコ	42°34′	141°22′	海跡	淡水	中	8	1.2	0.5	2.9	0.32
ポント沼	ポントヌマ	42°34′	141°21′	海跡	淡水	中	8	0.150	0.110	0.390	0.012
錦大沼	ニシキオオヌマ	42°36′	141°27′	堰止め	淡水	貧, 腐植	17	0.590	0.280	4.00	0.11
錦小沼	ニシキコヌマ	42°36′	140°51′	堰止め	淡水	貧, 腐植	17	0.310	0.260	1.42	0.03
森田沼	モリタヌマ	42°37′	141°25′	堰止め	淡水	貧, 腐植	60	—	—	—	0.01
倶多楽湖	クッタラコ	42°30′	141°11′	カルデラ	淡水	貧	258	2.8	2.5	7.8	4.72

埋立面積(km²)	容積(km³)	最大深度(m)	平均深度(m)	肢節量	流入河川数	流出河川数	結氷の有無	湖岸改変状況(%) 自然湖岸	半自然湖岸	人工湖岸	公園の指定	文献
0	—	—	—	1.07	0	0	有(12-4月)	100	0	0	支笏洞爺国立公園	
0	0.00458	21.1	11.1	1.765	6	1	有(12-3月)	100	0	0	〃	
0	—	—	—	1.009	0	0	有(12-3月)	100	0	0	〃	
0	20.90	363.0	265.4	1.304	3	1	無	74.3	12.5	13.2	〃	
0	—	—	2.4	2.303	1	1	有(12-3月)	100	0	0		
—	—	—	—	1.140	—	—	有(12-3月)	100	0	0		
0	0.00154	1.5	0.7	2.854	4	1	有(12-3月)	98.9	1.1	0		
0	0.00028	2.0	1.0	1.332	0	1	有(12-3月)	82.1	17.9	0		
0	0.00005	2.0	1.0	1.892	1	0	有(12-3月)	100	0	0		
0	—	—	—	1.723	—	—	有(12-3月)	100	0	0		
0	—	0.6	0.2	1.640	0	1	有(12-3月)	100	0	0		
0	—	—	—	1.669	—	—	有(12-3月)	100	0	0		
0	—	—	—	—	—	—	有(12-3月)	100	0	0		
0	—	—	—	—	—	—	有(12-3月)	100	0	0		
0	—	—	—	1.297	0	0	有(12-3月)	100	0	0		
0	—	—	—	—	—	—	有(12-3月)	100	0	0		
0	—	—	—	—	—	—	有(12-3月)	100	0	0		
0	—	2.0	—	1.234	0	1	有(12-3月)	100	0	0		
0	—	—	—	—	—	—	有(12-3月)	100	0	0		
0	—	1.5	0.8	2.516	3	1	有(12-3月)	100	0	0		
0	—	1.3	—	1.599	1	1	有(1-3月)	100	0	0		
0	0.0003	4.0	2.8	1.692	0	1	有(12-3月)	100	0	0		
0	—	1.9	—	1.954	0	0	有(12-3月)	100	0	0		
0	0.00015	2.0	1.0	1.362	1	1	有(12-3月)	100	0	0		
2.94	8.19	179.7	115	1.658	13	1	無	41.3	44.5	14.2	支笏洞爺国立公園	
0	0.00256	8.6	8.0	1.446	2	2	有(1-3月)	81.5	18.5	0		
0	—	—	—	1.004	0	1	有	100	0	0		
—	0.000634	9.3	5.8	3.402	1	1	有	—	—	—	錦大沼公園	
—	0.000138	7.5	4.6	2.312	0	1	有	—	—	—	〃	
—	—	—	—	—	—	—	—	—	—	—		
0	0.491	148	104	1.013	0	0	有(1-5月)	97.5	2.5	0	支笏洞爺国立公園	

湖沼名	よみ方	緯度	経度	成因	淡水,汽水の区別	湖沼型	海抜高度(m)	長さ(km)	最大幅(km)	湖岸線長(km)	面積(km²)
大湯沼	オオユヌマ	42°30′	141°09′	火山	淡水	貧,酸	250	0.3	0.3	0.8	0.02
橘湖 (カルルス沼)	タチバナコ (カルルスヌマ)	42°31′	141°08′	火山	淡水	貧	400	0.3	0.2	1.2	0.07
(後志支庁)											
当丸沼	トウマルヌマ	43°12′	140°32′	堰止め	淡水	貧	625	0.3	0.1	0.6	0.01
当丸小沼	トウマルコヌマ	43°11′	140°30′	—	淡水	貧	190	0.2	<0.2	0.7	0.01
岩雄登大沼	イワオヌプリオオヌマ	42°54′	140°37′	火山	淡水	貧	842	0.3	0.2	1.2	0.08
岩雄登長沼	イワオヌプリナガヌマ	42°54′	140°35′	カルデラ	淡水	貧	780	0.8	0.2	1.5	0.07
岩雄登中沼	イワオヌプリナカヌマ	42°54′	140°35′	—	淡水	貧	780	<0.2	<0.2	<0.2	<0.01
狐狗狸沼	コックリヌマ	42°53′	140°26′	陥没	淡水	貧	575	0.5	0.2	0.9	0.04
半月沼	ハンゲツヌマ	42°51′	140°45′	火山	淡水	貧	270	0.45	0.2	1.1	0.04
新月沼	シンゲツヌマ	42°51′	140°45′	火山	淡水	貧	260	<0.2	<0.2	<0.2	<0.01
神仙沼	シンセンヌマ	42°54′	140°36′	堰止め	淡水	貧,腐植	765	0.1	0.04	0.5	0.01
(渡島支庁)											
大沼	オオヌマ	42°00′	140°41′	堰止め	淡水	富	131	5.5	1.3	20.5	5.5
小沼	コヌマ	41°58′	140°40′	堰止め	淡水	富	131	4.5	2.3	14.5	4.0
蓴菜沼	ジュンサイヌマ	41°59′	140°38′	堰止め	淡水	富	155	1.5	1.2	7.3	0.73
円沼	マルヌマ	42°00′	140°40′	堰止め	淡水	富,腐植	135	0.3	0.2	0.9	0.05
長沼	ナガヌマ	—	—	—	淡水	—	—	—	—	—	—
瓢箪沼	ヒョウタンヌマ	42°04′	140°48′	堰止め	淡水	中,腐植	10	0.186	0.078	0.470	0.016
青森県											
宇曽利山湖	ウソリサンコ	41°19′	141°05′	カルデラ	淡水	貧,酸	209	2.1	2.0	7.1	2.65
野牛沼	ノウシヌマ	41°22′	141°22′	堰止め	淡水	中	4	0.4	0.4	1.2	0.08
丸沼	マルヌマ	41°21′	141°27′	堰止め	淡水	—					
井戸沼	イドヌマ	41°21′	141°25′	堰止め	淡水	—					
小沼	コヌマ	41°21′	141°26′	堰止め	淡水	富,腐植	7	0.2	0.2	0.7	0.03
妹沼	イモウトヌマ	41°20′	141°25′	堰止め	淡水	中	9	0.3	0.3	1.1	0.05
姉沼	アネヌマ	41°20′	141°25′	堰止め	淡水	—	—	—	—	—	—
長沼	ナガヌマ	41°20′	141°25′	堰止め	淡水	貧	14	0.8	0.2	2.31	0.13
大沼	オオヌマ	41°19′	141°25′	堰止め	淡水	中,腐植	7	1.5	0.3	3.7	0.24
タカ沼	タカヌマ	41°18′	141°24′	堰止め	淡水	貧	15	0.25	0.09	0.84	0.02
タテ沼	タテヌマ	41°18′	141°24′	堰止め	淡水	貧,腐植	15	0.32	0.16	0.89	0.02

埋立面積(km²)	容積(km³)	最大深度(m)	平均深度(m)	肢節量	流入河川数	流出河川数	結氷の有無	湖岸改変状況(%)			公園の指定	文献
								自然湖岸	半自然湖岸	人工湖岸		
0	0.0003	28.0	15.0	1.596	0	1	無	100	0	0	支笏洞爺国立公園	
0	0.0003	13.8	6.0	1.279	0	0	有(12-4月)	100	0	0	〃	
0	0.00001	1.5	1.0	1.693	0	1	有(12-3月)	100	0	0		
0	—	—	—	1.975	—	—	有	100	0	0		
0	0.00025	15.0	3.1	1.197	0	0	有(12-3月)	100	0	0	ニセコ積丹小樽海岸国定公園	
0	0.0001	5.3	1.4	1.599	0	1	有(12-3月)	93.3	6.7	0	〃	
0	—	2.0	—	—	—	—	有(12-3月)	100	0	0	〃	
0	0.00013	8.0	3.3	1.269	0	1	有(12-3月)	100	0	0	〃	
0	0.00018	18.2	4.4	1.551	0	0	有(12-3月)	100	0	0	〃	
0	—	—	—	—	—	—	有	100	0	0	〃	
0	0.00001	2.0	1.3	1.410	0	0	有(12-3月)	100	0	0	〃	
0	0.03	13.6	5.5	2.466	3	1	有(12-3月)	100	0	0	大沼国定公園	
0	0.008	5.0	2.1	2.045	2	0	有(12-3月)	89.5	10.5	0	〃	
0	0.002	4.6	2.7	2.410	0	1	有(12-3月)	98.8	1.2	0	〃	
0	0.00010	2.5	2.0	1.135	0	0	有(12-3月)	100	0	0	〃	
—	—	—	—	—	—	—	—	100	0	0		
—	—	—	—	1.048	0	0	有	100	0	0		
0	—	20.4	—	1.230	40	1	有(1-4月)	100	0	0	下北半島国定公園	
0	—	—	—	1.197	2	1	有(1-2月)	97	0	3		
0	—	—	—	—	—	—	有(12-2月)	100	0	0		
0	—	—	—	—	—	—	有(12-2月)	100	0	0		
0	—	2.1	—	1.140	0	1	有(12-2月)	100	0	0		
0	—	4.8	—	1.388	0	1	有(12-2月)	100	0	0		
0	—	—	—	—	—	—	有(12-2月)	100	0	0		
0	—	8.4	—	1.807	0	0	有(12-2月)	100	0	0		
0	—	5.8	—	2.130	0	1	有(12-2月)	100	0	0		
0	—	2.4	—	1.676	0	0	有	100	0	0		
0	—	3.5	—	1.775	0	1	有	100	0	0		

付表　わが国に分布する湖沼の形態一覧表

湖沼名	よみ方	緯度	経度	成因	淡水,汽水の区別	湖沼型	海抜高度(m)	長さ(km)	最大幅(km)	湖岸線長(km)	面積(km²)
赤川沼	アカガワヌマ	41°17′	141°24′	堰止め	淡水	中	17	0.32	0.13	0.90	0.02
片貝沼	カタカイヌマ	41°16′	141°24′	堰止め	淡水	富,腐植	25	0.26	0.15	0.70	0.01
左京沼	サキョウヌマ	41°15′	141°24′	堰止め	淡水	富,腐植	9	0.8	0.5	2.36	0.1025
荒沼	アラヌマ	41°15′	141°24′	堰止め	淡水	富,腐植	10	0.31	0.2	0.69	0.027
吹越大沼	フッコシオオヌマ	—	—	堰止め	淡水	富,腐植	5	—	—	—	—
小沼	コヌマ	—	—	堰止め	淡水	富,腐植	5	—	—	—	—
巫子沼	イタコヌマ	40°58′	141°14′	堰止め	淡水	富,腐植	5	0.8	0.3	1.8	0.13
瓢箪沼	ヒョウタンヌマ	—	—	堰止め	淡水	—	5	—	—	—	—
尾駮沼	オブチヌマ	40°57′	141°21′	海跡	汽水	中	3	5.3	1.5	14.3	3.71
鷹架沼	タカホコヌマ	40°56′	141°20′	海跡	淡水	富	1	8.5	1.2	21.1	5.83
市柳沼	イチヤナギヌマ	40°54′	141°21′	堰止め	淡水	富	3	2.3	1.3	6.73	1.71
田面木沼	タモキヌマ	40°52′	141°21′	堰止め	淡水	富	3	3.8	0.9	8.5	1.59
内沼	ウチヌマ	40°51′	141°19′	海跡	汽水	中	0	2.5	1.0	8.41	0.85
小川原沼	オガワラヌマ	40°47′	141°20′	海跡	汽水	中	0	19.0	5.6	47.2	62.69
姉沼	アネヌマ	40°43′	141°19′	堰止め	淡水	中,腐植	0	2.8	0.9	7.4	1.60
甲田沼	コウダヌマ	40°45′	141°15′	—	淡水	—	5	1.0	1.0	3.5	—
仏沼	ホトケヌマ	40°49′	141°23′	—	淡水	—	3	2.5	1.4	6.5	—
十三湖	ジュウサンコ	41°01′	140°22′	海跡	汽水	中	0	7.8	4.8	25.9	18.04
前潟	マエガタ	41°01′	140°19′	海跡	汽水	貧	0	1.65	0.29	3.75	0.19
内沼	ウチヌマ	40°01′	140°19′	海跡	汽水	富,腐植	1	0.60	0.12	1.40	0.04
明神沼	ミョウジンヌマ	41°00′	140°19′	海跡	汽水	富,腐植	0	1.35	0.20	3.19	0.14
田光沼	タッピヌマ	40°54′	140°21′	堰止め	淡水	富,腐植	1	2.3	1.0	5.8	1.17
平滝沼	ヒラタキヌマ	40°53′	140°18′	堰止め	淡水	富,腐植	12	1.5	0.7	3.1	0.42
ベンゼン沼	ベンゼンヌマ	40°52′	140°18′	堰止め	淡水	富,腐植	12	0.7	0.3	1.8	0.13
大滝沼	オオタキヌマ	40°52′	140°17′	堰止め	淡水	富,腐植	13	0.8	0.5	1.53	0.10
雁沼	カリヌマ（ガンヌマ）	40°50′	140°18′	堰止め	淡水	富,腐植	14	1.3	0.3	2.6	0.12
タテコ沼	タテコヌマ	40°49′	140°17′	堰止め	淡水	富,腐植	14	0.45	0.22	1.10	0.07
ソリ沼	ソリヌマ	40°49′	140°17′	堰止め	淡水	富,腐植	14	0.49	0.19	1.23	0.07
冷水沼	ヒエミズヌマ	40°49′	140°17′	堰止め	淡水	富,腐植	14	2.0	0.6	3.7	0.33
作沼	サクヌマ	40°48′	140°16′	堰止め	淡水	貧,腐植	14	0.70	0.18	1.41	0.05
唸沼	ウナリヌマ	40°48′	140°17′	堰止め	淡水	富,腐植	19	1.0	<0.2	1.36	0.04
長沼	ナガヌマ	40°48′	140°16′	堰止め	淡水	富,腐植	20	0.96	0.14	2.29	0.05
さい沼	サイヌマ	41°08′	140°36′	堰止め	淡水	—	435	0.14	0.11	0.41	—
青池	アオイケ	40°34′	139°59′	堰止め	淡水	貧	243	0.05	0.05	0.15	0.00097

埋立面積(km²)	容積(km³)	最大深度(m)	平均深度(m)	肢節量	流入河川数	流出河川数	結氷の有無	湖岸改変状況(%) 自然湖岸	半自然湖岸	人工湖岸	公園の指定	文献
0	−	3.3	−	1.795	0	1	有	100	0	0		
0	−	3.2	−	1.975	0	0	有	100	0	0		
0	0.0004	6.3	4.4	2.079	9	1	有(1-2月)	100	0	0		
0	−	−	−	1.185	4	1	有(1-2月)	100	0	0		
0	−	−	−	−	0	0	有(1-2月)	100	0	0		
−	−	−	−	−	0	0	有(1-2月)	100	0	0		
0	−	−	−	1.408	0	0	有(1-2月)	100	0	0		
−	−	−	−	−	0	0	有(1-2月)	100	0	0		
0	0.007	5.0	2.4	2.094	1	1	有(1-2月)	98	2	0		
0	0.015	7.0	2.7	2.465	3	1	有(1-2月)	96.5	3.5	0		
0	0.0038	4.0	1.5	1.452	4	1	有(1-2月)	100	0	0		
0	0.005	7.0	3.3	1.902	1	1	有(1-2月)	100	0	0		
0	0.002	5.6	2.4	2.573	1	0	有(1-2月)	100	0	0		
0.47	0.68	25.0	10.8	1.682	6	1	有(1-2月)	90.4	2.1	7.5		
0	0.002	4.3	1.3	1.650	3	1	有(1-2月)	100	0	0		
0.78	0.0008	3.0	1.0	1.118	−	−	−	(埋め立てにより消失)				
2.43	0.002	1.4	0.8	1.176	−	−	−	(埋め立てにより消失)				
2.41	−	3.0	−	1.720	13	1	有(2月)	66.6	7.5	25.9	津軽国定公園	
−	−	−	−	2.427	−	−	有(1-2月)	−				
−	−	−	−	1.975	1	0	有(1-2月)	100	0	0		
−	−	−	−	2.405	−	−	有(1-2月)	100	0	0		
0	−	−	−	1.513	6	1	有(1-2月)	100	0	0		
0	0.0013	1.6	0.3	1.349	0	1	有(12-2月)	100	0	0	津軽国定公園	
0	0.00017	−	−	1.408	1	1	有(12-2月)	80.1	19.9	0	〃	
0	0.00041	−	−	1.365	0	0	有(12-2月)	100	0	0	〃	
0	0.00031	0.5	0.3	2.117	0	0	有(1-2月)	100	0	0	〃	
0	−	−	−	1.173	0	1	有(1-2月)	100	0	0	〃	
0	−	−	−	1.311	1	1	有(1-2月)	100	0	0	〃	
0	0.00053	−	−	1.817	2	2	有(1-2月)	100	0	0	〃	
0	−	−	−	1.779	0	0	有(1-2月)	100	0	0	〃	
0	0.000095	0.3	0	1.918	0	1	有(1-2月)	100	0	0	〃	
0	0.00016	8.4	3.2	2.889	0	1	有(1-2月)	100	0	0	〃	
−	−	−	−	−	0	0	有	100	0	0		
−	0.000005	9.0	5.0	1.359	0	1	有	100	0	0	津軽国定公園	

付表　わが国に分布する湖沼の形態一覧表

湖沼名	よみ方	緯度	経度	成因	淡水,汽水の区別	湖沼型	海抜高度(m)	長さ(km)	最大幅(km)	湖岸線長(km)	面積(km²)
鶏頭場ノ池	ケトバノイケ	40°34′	139°59′	堰止め	淡水	中	243	0.4	0.18	1.1	0.0411
蟇沼	ヒキヌマ	40°34′	139°59′	堰止め	淡水	富,腐植	230	0.03	0.02	0.08	0.0002
沸壺ノ池	ワキツボノイケ	40°34′	139°59′	堰止め	淡水	貧	225	0.05	0.02	0.12	0.00058
落口ノ池	オチグチノイケ	40°34′	139°59′	堰止め	淡水	富	213	0.3	0.17	0.8	0.0272
中ノ池	ナカノイケ	40°34′	139°59′	堰止め	淡水	中	207	0.25	0.1	0.6	0.0130
越口ノ池	コシグチノイケ	40°34′	139°58′	堰止め	淡水	富	202	0.3	0.27	0.8	0.0474
王池東池	オウイケヒガシイケ	40°34′	139°58′	堰止め	淡水	中	195	0.33	0.21	0.96	0.039
王池西池	オウイケニシイケ	40°34′	139°58′	堰止め	淡水	中	195	0.17	0.15	0.58	0.014
二ツ目ノ池	フタツメノイケ	40°34′	139°58′	堰止め	淡水	中	−	0.13	−	0.34	0.0059
八景ノ池	ハッケイノイケ	40°33′	139°58′	堰止め	淡水	中	155	0.2	0.09	0.58	0.0115
日暮ノ池	ヒグラシノイケ	40°34′	139°58′	堰止め	淡水	中	205	0.3	0.09	0.5	0.011
仲道ノ池	ナカミチノイケ	40°34′	139°59′	堰止め	淡水	貧	255	0.1	0.04	0.3	0.002
八光ノ池	ハッコウノイケ	40°34′	139°58′	堰止め	淡水	貧	250	0.04	0.03	0.1	0.0006
小夜ノ池(小夜沼)	サヨノイケ(サヨヌマ)	40°34′	139°59′	堰止め	淡水	貧	235	0.05	0.04	0.14	0.0007
影坂ノ池	カゲサカノイケ	40°33′	139°58′	堰止め	淡水	貧	210	0.08	0.05	0.2	0.0025
長池	ナガイケ	40°33′	139°59′	堰止め	淡水	貧	245	0.7	0.06	0.5	0.0098
四五郎ノ池	シゴロウノイケ	40°33′	139°59′	堰止め	淡水	貧	245	0.09	0.06	0.3	0.004
子宝ノ池	コダカラノイケ	40°33′	139°59′	堰止め	淡水	貧	245	0.03	0.02	0.08	0.0003
埋釜ノ池	イオリガマノイケ	−	−	堰止め	淡水	貧	−	0.05	−	0.12	−
道芝ノ池	ミチシバノイケ	40°33′	139°59′	堰止め	淡水	貧	245	0.09	0.04	0.2	0.0013
石殻ノ池	イシガラノイケ	−	−	堰止め	淡水	貧	−	0.02	−	0.14	−
萱原ノ池	カヤハラノイケ	40°33′	139°58′	堰止め	淡水	貧	255	0.06	0.03	0.14	0.001
金山ノ池	カナヤマノイケ	40°33′	139°59′	堰止め	淡水	中	247	0.4	0.1	0.8	0.033
糸畑ノ池	イトハタノイケ	40°33′	139°59′	堰止め	淡水	中	247	0.5	0.17	1.2	0.03
面子坂ノ池	メンコザカノイケ	40°33′	139°58′	堰止め	淡水	貧	247	0.3	0.16	0.9	0.031
三蔵ノ池	サンゾウノイケ	40°33′	139°59′	堰止め	淡水	貧	247	0.03	0.02	0.08	0.0003
牛蒡ノ池	ゴボウノイケ	40°33′	139°58′	堰止め	淡水	貧	247	0.3	0.07	0.7	0.009
千鳥池	チドリイケ	40°33′	139°58′	堰止め	淡水	貧	247	0.09	0.04	0.2	0.002
濁池	ニゴリイケ	40°33′	139°59′	堰止め	淡水	中	233	0.2	0.15	0.6	0.02
大池東池	ダイイケヒガシイケ	40°34′	139°58′	堰止め	淡水	中	232	0.28	0.15	−	−
大池西池	ダイイケニシイケ	40°34′	139°58′	堰止め	淡水	中	232	0.32	0.13	−	−
破池	ヤブレイケ	40°33′	139°58′	堰止め	淡水	貧	150	0.1	0.08	0.3	0.006
黒ん坊沼	クロンボウヌマ	40°41′	140°15′	堰止め	淡水	富,腐植	454	0.3	0.2	0.71	0.02
横沼	ヨコヌマ	40°38′	140°51′	堰止め	淡水	貧,腐植	1130	0.4	0.2	0.81	0.03

埋立面積(km²)	容積(km³)	最大深度(m)	平均深度(m)	肢節量	流入河川数	流出河川数	結氷の有無	湖岸改変状況(%)			公園の指定	文献
								自然湖岸	半自然湖岸	人工湖岸		
0	0.000426	21.9	10.6	1.531	2	1	有(12-3月)	100	0	0	津軽国定公園	
—	—	—	—	1.596	0	0	有	100	0	0	〃	
—	0.000001	3.1	1.7	1.406	1	1	有	100	0	0	〃	
0	0.00026	22.0	10.0	1.368	3	1	有(12-3月)	100	0	0	〃	
0	0.00010	14.4	7.7	1.484	1	1	有(12-3月)	100	0	0	〃	
0	0.00067	23.3	14.0	1.037	1	1	有(12-3月)	100	0	0	〃	
0	—	24.0	—	1.371	1	0	有(12-3月)	100	0	0	〃	
0	—	13.4	—	1.383	0	2	有(12-3月)	100	0	0	〃	
0	—	—	—	1.249	1	1	有(12-3月)	100	0	0	〃	
0	0.00005	12.8	4.2	1.526	1	1	有(12-3月)	100	0	0	〃	
0	0.000076	15.9	6.9	1.345	1	0	有(12-3月)	100	0	0	〃	
0	0.000002	1.8	1.0	1.892	—	—	有(12-3月)	100	0	0	〃	
0	—	—	—	1.152	—	—	有(12-3月)	100	0	0	〃	
0	—	—	—	1.493	—	—	有(12-3月)	100	0	0	〃	
0	0.000005	3.8	2.0	1.128	—	—	有(12-3月)	100	0	0	〃	
0	0.000024	7.6	2.5	1.425	0	0	有(12-3月)	100	0	0	〃	
0	—	—	—	1.338	—	—	有(12-3月)	100	0	0	〃	
0	—	—	—	1.303	—	—	有(12-3月)	100	0	0	〃	
0	—	—	—	—	—	—	有(12-3月)	100	0	0	〃	
0	—	—	—	1.565	—	—	有(12-3月)	100	0	0	〃	
0	—	—	—	—	—	—	有(12-3月)	100	0	0	〃	
0	—	—	—	1.249	—	—	有(12-3月)	100	0	0	〃	
0	0.000227	15.5	6.9	1.242	0	1	有(12-3月)	100	0	0	〃	
0	0.000232	17.0	7.7	1.954	1	1	有(12-3月)	100	0	0	〃	
0	0.00024	15.5	7.7	1.442	0	0	有(12-3月)	100	0	0	〃	
0	0.000001	4.7	3.3	1.303	—	—	有(12-3月)	100	0	0	〃	
0	0.00004	10.5	4.4	2.081	—	—	有(12-3月)	100	0	0	〃	
0	0.000006	7.6	3.0	1.262	—	—	有(12-3月)	100	0	0	〃	
0	0.00008	5.6	4.0	1.197	1	1	有(12-3月)	100	0	0	〃	
0	—	9.1	4.5	—	1	0	有(12-3月)	100	0	0	〃	
0	—	27.3	12.0	—	0	2	有(12-3月)	100	0	0	〃	
0	0.00002	6.7	3.3	1.093	—	—	有(12-3月)	100	0	0	〃	
0	—	—	—	1.416	0	0	有(12-3月)	100	0	0		
0	—	15.5	—	1.319	1	0	有(12-4月)	100	0	0	十和田八幡平国立公園	

付表　わが国に分布する湖沼の形態一覧表

湖沼名	よみ方	緯度	経度	成因	淡水,汽水の区別	湖沼型	海抜高度(m)	長さ(km)	最大幅(km)	湖岸線長(km)	面積(km²)
蔦沼	ツタヌマ	40°36′	140°57′	堰止め	淡水	貧	525	0.4	0.2	1.1	0.06
赤沼	アカヌマ	40°36′	140°56′	堰止め	淡水	貧	685	0.6	0.2	1.1	0.05
長沼	ナガヌマ	40°36′	140°56′	堰止め	淡水	貧	550	—	—	0.45	0.03
鏡沼	カガミヌマ	40°39′	140°53′	—	淡水	—	1550	<0.2	<0.2	<0.2	<0.01
鏡沼	カガミヌマ	40°36′	140°57′	—	淡水	—	530	<0.2	<0.2	<0.2	<0.01
月沼	ツキヌマ	40°38′	140°54′	—	淡水	—	990	<0.2	<0.2	<0.2	0.0002
瓢箪沼	ヒョウタンヌマ	40°38′	140°54′	—	淡水	—	990	<0.2	<0.2	<0.2	0.0003
菅沼	スゲヌマ	40°35′	140°57′	—	淡水	貧,腐植	—	—	—	—	—
睡蓮沼	スイレンヌマ	40°38′	140°54′	—	淡水	貧,腐植	990	<0.2	<0.2	<0.2	0.0007
田茂萢池	タモヤチイケ	—	—	シュレンケ	淡水	富,腐植	—	—	—	—	—
八太郎沼	ハッタロウヌマ	40°33′	141°30′	—	淡水	—	5	1.0	0.2	2.0	—
北沼	キタヌマ	40°33′	141°29′	—	淡水	—	5	1.0	0.2	2.0	—
椏蓮沼	スイレンヌマ	—	—	—	淡水	貧,腐植	—	—	—	—	—
黄瀬沼	オウセヌマ	40°35′	140°52′	—	淡水	中,腐植	1100	—	—	1.0	0.05
十和田湖	トワダコ	40°28′	140°53′	カルデラ	淡水	貧	400	11.0	9.4	49.8	61.53
赤倉沼	アカクラヌマ	40°40′	140°53′	—	淡水	—	1530	<0.2	<0.2	<0.2	<0.01
岩手県											
ツバクラノ池	ツバクラノイケ	40°01′	140°51′	堰止め	淡水	中	800	0.05	0.045	0.15	0.001
ガマ沼	ガマヌマ	39°57′	140°54′	火山	淡水	—	1590	—	—	—	0.01
八幡沼	ハチマンヌマ	39°57′	140°52′	火山	淡水	貧	1560	0.51	0.19	1.5	0.06
（無名池）		—	—	火山	淡水	貧	—	—	—	—	—
（無名池）		—	—	火山	淡水	貧	—	—	—	—	—
熊沼	クマヌマ	39°57′	140°54′	堰止め	淡水	—	1330	—	—	—	0.02
石ダカ沼	イシダカヌマ	39°56′	140°54′	堰止め	淡水	—	1230	—	—	—	0.02
夜沼	ヨヌマ	39°56′	140°54′	堰止め	淡水	貧	1190	0.4	0.2	0.8	0.02
大揚沼	オオアゲヌマ	39°55′	140°54′	堰止め	淡水	—	1230	0.15	0.12	0.45	0.01
蓬莱沼	ホウライヌマ	—	—	—	淡水	—	—	0.15	0.075	0.36	—
五色沼	ゴシキヌマ	—	—	火山	淡水	貧,酸	—	0.045	0.043	0.14	—
御在所沼	ゴザイショヌマ	39°57′	140°56′	火山	淡水	貧,酸	890	0.16	0.11	0.4	0.01
島沼	シマヌマ	—	—	—	淡水	—	—	—	—	—	—
日蔭沼	ヒカゲヌマ	—	—	—	淡水	—	—	—	—	—	—
大沼	オオヌマ	39°56′	140°58′	火山	淡水	貧	647	0.4	0.2	1.0	0.04
蟇沼	ヒキヌマ（ガマヌマ）	39°56′	140°59′	堰止め	淡水	富	610	0.175	0.080	0.48	0.01

埋立面積(km²)	容積(km³)	最大深度(m)	平均深度(m)	肢節量	流入河川数	流出河川数	結氷の有無	湖岸改変状況(%)			公園の指定	文献
								自然湖岸	半自然湖岸	人工湖岸		
0	0.0005	15.7	10.4	1.267	1	1	有(12-4月)	100	0	0	十和田八幡平国立公園	
0	−	17.8	−	1.388	1	1	有(12-4月)	100	0	0	〃	
0	−	1.2	0.5	−	0	0	有(12-4月)	100	0	0	〃	
0	−	1.0	−	−	−	−	有	100	0	0		
0	−	−	−	−	−	−	有	100	0	0		
0	−	1.0	−	−	−	−	有	100	0	0		
0	−	1.4	−	−	−	−	有	100	0	0	十和田八幡平国立公園	
0	−	−	−	−	−	−	有	100	0	0	〃	
0	−	1.5	−	−	−	−	有	100	0	0		
0	−	−	−	−	0	0	有	100	0	0		
0.13	−	−	−	1.565	−	−	−	(埋め立てにより消失)			〃	
0.13	−	−	−	1.565	−	−	−	(埋め立てにより消失)			〃	
0	−	−	−	−	−	−	有	100	0	0		
0	−	13.0	−	−	−	−	有	100	0	0		
0	4.19	326.8	71.0	1.791	8	1	無	96	2.1	1.9	〃	
0	−	2.3	−	−	−	−	有	100	0	0		
0	−	2.5	1.0	1.338	0	1	有	100	0	0		
0	−	9.1	−	−	−	−	有	100	0	0		
0	−	22.4	7.0	1.727	2	1	有(11-6月)	100	0	0	十和田八幡平国立公園	
0	−	−	−	−	0	0	有	100	0	0		
0	−	−	−	−	0	0	有	100	0	0		
0	−	−	−	−	−	−	有	100	0	0		
0	−	2.0	−	1.596	3	1	有(11-5月)	100	0	0	十和田八幡平国立公園	
0	−	2.0	−	1.269	−	−	有	100	0	0		
−	−	4.6	−	−	−	−	有	100	0	0		
0	−	11.0	−	1.00	0	1	有	100	0	0		
0	−	3.1	−	1.128	2	1	有(2-3月)	100	0	0		
−	−	−	−	−	−	−	有	100	0	0		
−	−	−	−	−	−	−	有	100	0	0		
0	−	19.0	−	1.410	1	0	有(12-4月)	100	0	0		
0	−	2.0	1.5	1.354	0	0	有(12-3月)	100	0	0		

付表 わが国に分布する湖沼の形態一覧表

湖沼名	よみ方	緯度	経度	成因	淡水,汽水の区別	湖沼型	海抜高度(m)	長さ(km)	最大幅(km)	湖岸線長(km)	面積(km²)
鏡沼	カガミヌマ	39°54′	140°53′	堰止め	淡水	−	1290	−	−	−	0.02
白沼	シロヌマ	39°49′	140°52′	堰止め	淡水	−	1035	0.1	−	−	0.01
御釜湖	オカマコ	39°51′	140°59′	火山	淡水	貧	1440	0.2	<0.2	0.2	0.003
御苗代湖	オナワシロコ	39°51′	140°59′	火山	淡水	貧	1434	0.4	0.3	0.8	0.02
中沼	ナカヌマ	39°08′	140°52′	堰止め	淡水	−	910	−	−	−	0.02
石沼	イシヌマ	39°08′	140°52′	堰止め	淡水	−	900	−	−	−	0.02
(無名池)		39°08′	140°53′	−	淡水						
ウバ沼	ウバヌマ	39°08′	140°53′	堰止め	淡水	−	580	−	−	−	0.01
平ヶ倉沼	タイガクラヌマ	39°48′	140°53′	堰止め	淡水	貧	775	0.3	0.2	0.9	0.04
三角沼	サンカクヌマ	39°12′	140°55′	堰止め	淡水	中	775	0.17	0.11	0.4	0.02
八郎沼	ハチロウヌマ	39°10′	140°54′	堰止め	淡水	貧	804	0.17	0.15	0.4	0.01
鞍掛沼	クラカケヌマ	38°56′	140°53′	堰止め	淡水	中	525	0.3	0.2	0.5	0.015
古川沼	フルカワヌマ	39°00′	141°38′	海跡	淡水	−	0	−	−	−	0.09

秋田県

湖沼名	よみ方	緯度	経度	成因	淡水,汽水の区別	湖沼型	海抜高度(m)	長さ(km)	最大幅(km)	湖岸線長(km)	面積(km²)
作沢沼	サクサワヌマ	40°03′	140°47′	−	淡水	中	750	0.2	0.2	0.4	0.01
長沼	ナガヌマ	39°59′	140°50′		淡水	富	1109	0.35	0.13	0.75	0.03
大沼	オオヌマ	39°59′	140°48′		淡水	富	944	0.2	0.2	1.01	0.04
蛇沢沼	ヘビサワヌマ	40°00′	140°49′		淡水	−	770	−	−	−	0.015
谷内沼	タニウチヌマ	−	−		淡水						
蟹沼	カニヌマ	39°56′	140°48′		淡水	−	800	−	−	−	0.025
(無名池)		39°54′	140°52′		淡水		1340	−	−	−	0.03
垂天池	タテジ	39°50′	140°31′	−	淡水	中	735	0.370	0.145	0.8	0.03
田沢湖	タザワコ	39°43′	140°40′	カルデラ	淡水	貧,酸	249	6.6	5.8	19.6	25.79
アミダ池	アミダイケ	39°45′	140°48′		淡水	−	1540	−	−	−	0.01
浅内沼	アサナイヌマ	40°09′	140°00′	海跡	淡水	富	7	2.1	0.9	5.09	1.28
八郎潟	ハチロウガタ	40°00′	140°00′	海跡	淡水	富	0	10.0	7.4	34.58	27.64
一ノ目潟	イチノメガタ	39°57′	139°44′	火山(マール)	淡水	中	87	0.7	0.5	2.0	0.28
二ノ目潟	ニノメガタ	39°57′	139°44′	火山(マール)	淡水	中	40	0.4	0.4	1.2	0.1
三ノ目潟	サンノメガタ	39°57′	139°43′	火山(マール)	淡水	貧	45	0.4	0.4	1.3	0.13
男潟	オガタ	39°49′	140°04′	−	淡水	富,腐植	9	0.9	0.6	2.71	0.26
女潟	メガタ	39°49′	140°04′	−	淡水	富,腐植	9	0.6	0.5	1.5	0.03
空素沼	カラスヌマ	39°44′	140°05′	堰止め	淡水	富	25	0.5	0.13	0.86	0.02
乙越沼	オトゴエヌマ	39°33′	140°18′	水蝕	淡水	富	18	1.5	0.4	3.06	0.14

埋立面積(km²)	容積(km³)	最大深度(m)	平均深度(m)	肢節量	流入河川数	流出河川数	結氷の有無	湖岸改変状況(%) 自然湖岸	半自然湖岸	人工湖岸	公園の指定	文献
0	—	2.0	—	—	—	—	有	100	0	0		
0	—	1.3	—	—	—	—	有	100	0	0		
0	0.000014	12.4	4.9	1.030	0	0	有	100	0	0	十和田八幡平国立公園	
0	0.000042	10.3	2.1	1.596	0	1	有	100	0	0	〃	
0	—	—	—	—	—	—	有	100	0	0		
0	—	—	—	—	—	—	有	100	0	0		
—	—	—	—	—	—	—	—	100	0	0		
0	—	—	—	—	—	—	有	100	0	0		
0	—	8.7	—	1.269	3	1	有	100	0	0		
0	—	10.4	—	1.128	1	1	有	100	0	0		
0	—	3.0	1.0	1.128	2	2	有	100	0	0	栗駒国定公園	
0	—	9.0	—	1.152	—	1	有	100	0	0		
0	—	—	—	—	—	—	—	100	0	0		
0	—	—	—	1.128	0	0	有	100	0	0		
0	—	5.5	—	1.221	0	0	有	100	0	0	十和田八幡平国立公園	
0	—	—	—	1.425	0	1	有	100	0	0	〃	
0	—	—	—	—	—	—	有	100	0	0		
—	—	—	—	—	—	—	—	100	0	0		
0	—	—	—	—	—	—	—	100	0	0		
0	—	—	—	—	—	—	—	100	0	0		
0	—	15.2	—	1.302	—	—	—	100	0	0		
0	7.2	423.4	280.2	1.089	1	—	—	92.3	0.7	7	田沢湖抱き返り県立自然公園	
—	—	—	—	—	—	—	有	100	0	0		
—	—	3.5	2.0	1.269	0	2	—	67	0	33		
166.57	0.6	12.0	2.7	1.855	6	—	有(1-2月)	2.8	15.4	81.8		
0	0.005	43.0	17.9	1.066	0	0	—	100	0	0	男鹿国定公園	
0	0.0005	10.5	5.0	1.070	0	0	—	100	0	0	〃	
0	0.002	31.0	15.4	1.017	0	0	—	100	0	0	〃	
0	—	2.0	—	1.499	0	0	—	90	10	0		
0	—	—	—	2.443	0	0	—	100	0	0		
0	0.00012	5.3	4.0	1.751	—	—	—	100	0	0		
0	—	—	—	2.307	—	2	—	100	0	0		

湖沼名	よみ方	緯度	経度	成因	淡水, 汽水の区別	湖沼型	海抜高度(m)	長さ(km)	最大幅(km)	湖岸線長(km)	面積(km²)
蛭藻沼	ヒルモヌマ	39°21′	140°34′	−	淡水	富	90	0.5	0.2	1.04	0.07
大柳沼	オオヤナギヌマ	39°06′	140°42′	−	淡水	貧	490	0.3	0.2	0.97	0.06
大柳上沼	オオヤナギカミヌマ	39°06′	140°42′	−	淡水	−	510	−	−	−	0.03
貝沼	カイヌマ	39°03′	140°37′	−	淡水	富	305	0.7	0.3	1.7	0.07
細沼	ホソヌマ	39°03′	140°37′	−	淡水	富	320	0.37	0.095	0.7	0.03
板戸沼	イタドヌマ	39°02′	140°36′	火山	淡水	貧	450	0.53	0.24	1.1	0.05
苔沼	コケヌマ	39°01′	140°38′	−	淡水	富, 腐植	550	0.5	0.2	1.35	0.08
田蝶沼	ツブヌマ	39°01′	140°37′	−	淡水	貧	545	0.5	0.28	1.1	0.07
桁倉沼	ケタクラヌマ	39°00′	140°38′	−	淡水	中, 腐植	548.4	0.8	0.7	2.33	0.16
雨池	アメイケ	39°02′	140°36′	−	淡水	−	460	−	−	−	0.01
大池	オオイケ	39°02′	140°18′	−	淡水	−	570	−	−	−	0.01
五才沼	ゴサイヌマ	39°00′	140°38′	−	淡水	−	500	−	−	−	0.015
河原沼	カワラヌマ	38°56′	140°42′	−	淡水	貧	550	0.110	0.075	0.24	0.004
沼沢沼	ヌマザワヌマ	38°55′	140°42′	−	淡水	中	595	0.290	0.10	1.1	0.05
須川湖	スカワコ	38°59′	140°45′	−	淡水	−	1050	−	−	−	0.075
湯渕ノ沼	ユブチノヌマ	39°53′	140°39′	−	淡水	−	700	−	−	−	0.0125
宮城県											
大沼（鬼首）	オオヌマ（オニコウベ）	38°52′	140°35′	堰止め	淡水	貧	810	0.13	<0.1	0.5	0.01
潟沼	カタヌマ	38°44′	140°43′	火山	淡水	貧, 酸	308	0.4	0.3	1.2	0.11
伊豆沼	イズヌマ	38°43′	141°06′	堰止め	淡水	富	7	5.0	1.5	11.9	2.89
内沼	ウチヌマ	38°43′	141°04′	堰止め	淡水	富	12	1.6	1.1	4.9	0.98
長沼	ナガヌマ	38°42′	141°08′	堰止め	淡水	富	8	4.5	1.2	11.1	3.17
蕪栗沼	カブクリヌマ	38°38′	141°06′	堰止め	淡水	富	5	1.3	0.7	3.3	0.79
独活沼	ウドヌマ	38°40′	140°42′	堰止め	淡水	−	315	−	−	−	0.01
相野沼	アイノヌマ	38°34′	141°06′	堰止め	淡水	富	15	0.7	0.2	1.5	0.06
権左衛門裏押切沼	ゴンザエモンウラオシキリヌマ	38°36′	141°14′	落堀	淡水	−	7	<0.2	<0.2	0.3	−
新田前押切沼	シンデンマエオシキリヌマ	38°36′	141°14′	落堀	淡水	−	7	<0.2	<0.2	0.4	−
魚取沼	ユトリヌマ	38°38′	140°34′	堰止め	淡水	中	625	0.3	0.2	0.9	0.04
商人沼	アキンドヌマ	38°37′	140°34′	堰止め	淡水	貧	500	0.1	0.08	0.3	0.005
半森長沼	ハンモリナガヌマ	38°34′	140°37′	堰止め	淡水	貧	350	0.5	<0.2	1.6	0.03
田谷地沼	タヤチヌマ	38°33′	140°41′	堰止め	淡水	中	294	0.18	0.08	0.6	0.01
辻倉沼	ツジクラヌマ	38°32′	140°41′	堰止め	淡水	−	515	−	−	−	0.01
白沼	シロヌマ	38°31′	140°40′	堰止め	淡水	貧	535	0.4	0.2	0.9	0.05

埋立面積(km²)	容積(km³)	最大深度(m)	平均深度(m)	肢節量	流入河川数	流出河川数	結氷の有無	湖岸改変状況(%) 自然湖岸	半自然湖岸	人工湖岸	公園の指定	文献
0	—	4.0	—	1.109	0	0	—	100	0	0		
0	—	—	—	1.117	0	0	有(1-3月)	100	0	0		
0	—	—	—	—	0	0	有(1-3月)	100	0	0		
0	0.0005	13.5	5.6	1.813	—	—	有(1-2月)	100	0	0		
0	0.00007	5.2	2.3	1.140	—	—	有	100	0	0		
0	0.001	21.0	11.1	1.388	0	0	有	100	0	0		
0	—	2.2	—	1.346	—	—	有	100	0	0	栗駒国定公園	
0	—	20.7	—	1.173	0	0	有(12-3月)	100	0	0	〃	
0	0.0007	8.1	4.4	1.643	0	0	有(12-3月)	100	0	0	〃	
0	—	—	—	—	—	—	有	100	0	0		
0	—	—	—	—	—	—	有	100	0	0		
0	—	—	—	—	—	—	有	100	0	0		
0	—	—	—	1.070	1	1	有	100	0	0	栗駒国定公園	
0	—	—	—	1.388	2	1	有	100	0	0	〃	
0	—	—	—	—	—	—	有	100	0	0		
0	—	—	—	—	—	—	有	100	0	0		
0	—	—	—	1.410	0	0	有(12-4月)	100	0	0	栗駒国定公園	
0	0.0003	16.2	3.0	1.021	0	0	有	100	0	0		
3.37	—	1.3	0.8	1.975	5	1	一部有(2月)	0	44.1	55.9	伊豆沼,内沼自然環境保全地域	
0	—	1.0	0.6	1.396	2	1	一部有(2月)	0	30	70	〃	
1.15	—	2.8	1.0	1.759	5	1	一部有(2月)	37.4	44.1	18.5		
0	—	—	—	1.047	5	1	無	0	100	0		
—	—	—	—	—	—	—	—	—	—	—		
0	—	1.3	—	1.727	0	1	無	86.6	13.4	0		
0.006	0.00003	9.1	5.0	1.093	—	—	—	(埋め立てにより消失)				
0.009	0.00005	11.5	5.6	1.189	—	—	—	(埋め立てにより消失)				
0	—	7.0	—	1.269	0	0	有(12-3月)	100	0	0	魚取沼県立自然環境保全地域	
—	—	3.5	2	1.197	2	1	—	100	0	0		
0	—	1.0	—	2.609	1	1	—	100	0	0		
0	0.00009	—	—	1.693	0	0	有(12-3月)	100	0	0		
0	—	—	—	—	—	—	—	—	—	—		
0	—	5.6	—	1.135	0	0	有(12-3月)	100	0	0	船形連峰県立自然公園	

湖沼名	よみ方	緯度	経度	成因	淡水,汽水の区別	湖沼型	海抜高度(m)	長さ(km)	最大幅(km)	湖岸線長(km)	面積(km²)
船形長沼	フナガタナガヌマ	38°30′	140°40′	堰止め	淡水	貧	525	0.5	0.2	0.9	0.03
桑沼	クワヌマ	38°26′	140°42′	堰止め	淡水	貧	785	0.4	0.2	1.1	0.03
大沼	オオヌマ	38°21′	140°41′	堰止め	淡水	—	370	—	—	—	0.01
万石浦	マンゴクウラ	38°25′	141°24′	海跡	汽水	富	0	0.5	0.3	15.8	7.25
大沼(作並)	オオヌマ	38°20′	140°38′	堰止め	淡水	貧	425	0.2	0.14	0.6	0.02
長面浦	ナガツラウラ	38°33′	141°28′	堰止め	汽水	中	0	1.5	1.1	9.3	1.66
富士沼	フジヌマ	38°31′	141°25′	堰止め	淡水	富	1	1.5	0.5	3.8	0.58
阿川沼	アガワヌマ	38°17′	141°04′	堰止め	淡水	富	3	0.760	0.190	2.1	0.13
仙台大沼	センダイオオヌマ	38°14′	140°58′	堰止め	淡水	富	2	1.0	0.5	2.2	0.17
北長沼	キタナガヌマ	38°13′	140°58′	堰止め	淡水		2				
南長沼	ミナミナガヌマ	38°13′	140°58′	堰止め	淡水	富	1	—	—	—	0.02
井戸浦	イドウラ	38°11′	140°58′	堰止め	—	—	0				0.27
広浦	ヒロウラ	38°10′	140°59′	堰止め	汽水	中	0	2.21	0.52	8.30	1.16
赤井江	アカイコウ	38°07′	140°56′	堰止め	淡水	富	1	0.65	0.09	1.95	0.1
水神沼	スイジンヌマ	37°55′	140°55′	堰止め	—	—	3	—	—	—	0.01
鳥ノ海	トリノウミ	38°02′	140°54′	堰止め	汽水	富	0	1.8	1.3	6.0	1.32
御釜	オカマ	38°08′	140°27′	火山	淡水	貧,酸	1570	0.4	0.3	1.1	0.09
山形県											
鳥ノ海	トリノウミ	39°06′	140°01′	火山	淡水	貧	1575	0.3	0.3	0.9	0.04
鶴間池	ツルマイケ	39°03′	140°04′	堰止め	淡水	貧	815	0.240	0.160	0.8	0.02
長塚沼	ナガツカヌマ	38°40′	140°35′	—	淡水	—	395	—	—	—	0.02
丸沼	マルヌマ	38°40′	140°35′	—	淡水	—	395	—	—	—	0.01
鍋越沼	ナベコシヌマ	38°36′	140°33′	堰止め	淡水	中	440	0.46	0.27	1.65	0.056
若畑沼	ワカハタヌマ	38°36′	140°33′	堰止め	淡水	貧	480	0.180	0.170	0.5	0.01
沼山大沼	ヌマヤマオオヌマ	38°25′	140°06′	堰止め	淡水	中	410	0.5	0.3	2.0	0.075
大沼	オオヌマ	—	—	—	—	—	—				
長沼	ナガヌマ	38°25′	140°07′	堰止め	淡水	—	280	0.8	0.18	1.9	0.069
沼沢沼	ヌマザワヌマ	38°23′	140°30′	堰止め	淡水	中	515	0.5	0.3	1.2	0.09
大鳥池	オオトリイケ	38°22′	139°50′	堰止め	淡水	貧	966	1.0	0.5	3.2	0.41
大鳥三角池	オオトリミスミイケ	38°22′	139°50′	火山	淡水	貧,腐植	1060	0.08	0.03	0.3	0.0015
中台池	ナカダイイケ	38°34′	139°78′	—	淡水	—	720	—	—	—	0.02
与蔵沼	ヨゾウヌマ	38°51′	140°05′	堰止め	淡水	貧,腐植	640	0.09	0.05	0.24	0.003
御浜池	オハマイケ	38°36′	140°02′	堰止め	淡水	貧	1020	0.25	0.12	0.6	0.02

埋立面積(km²)	容積(km³)	最大深度(m)	平均深度(m)	肢節量	流入河川数	流出河川数	結氷の有無	湖岸改変状況(%) 自然湖岸	半自然湖岸	人工湖岸	公園の指定	文献
0	—	13.5	—	1.466	1	1	有(12-3月)	100	0	0	船形連峰県立自然公園	
0	—	8.0	—	1.791	0	0	有(12-3月)	100	0	0	〃	
0	—	—	—	—	—	—	—	0	0	100		
0.58	—	5.3	—	1.655	3	1	無	43	0	57	硯上山万石浦県立自然公園	
0	—	0.3	—	1.197	0	1	有	100	0	0		
0.04	—	10.8	—	2.036	—	—	無	37.3	0	62.7	南三陸金華山国定公園	
0	—	—	—	1.408	2	1	—	57.9	42.1	0		
0	—	—	—	1.643	0	1	無	100	0	0		
0	—	—	—	1.505	3	2	無	0	0	100		
0.01	—	—	—	—	—	—	—	(埋め立てにより消失)				
—	—	—	—	—	0	0	—	87	13	0		
—	—	—	—	—	—	—	—	—	—	—		
0.185	—	—	—	2.121	—	1	—	26	14	60	仙台湾海浜県自然環境保全地域	
11.5	—	1.7	1.0	1.739	0	—	無	56	44	—	〃	
—	—	—	—	—	—	—	—	—	—	—		
1.05	—	—	—	1.473	7	1	無	22.7	0	77.3	仙台湾海浜県自然環境保全地域	
0	0.0012	27.1	15.0	1.034	0	0	有(12-3月)	100	0	0	蔵王国定公園	
0	0.000059	4.7	1.6	1.269	1	0	有	100	0	0	鳥海国定公園	
0	0.000026	3.9	1.4	1.60	1	1	有	100	0	0	〃	
0	—	—	—	—	—	—	—	—	—	—		
0	—	—	—	—	—	—	—	—	—	—		
0	0.00037	19.2	6.4	1.967	6	0	有	100	0	0	御所山県立自然公園	加藤(1967)
0	0.000065	11.8	6.5	1.410	3	1	有	100	0	0	〃	
0	0.00078	31.7	10.4	2.060	6	1	有(11-3月)	100	0	0		
—	—	—	—	—	—	—	—	—	—	—		
0	0.000024	2.2	0.3	2.040	1	1	有	100	0	0		加藤(1962)
0	0.00018	5.6	2.1	1.128	1	0	—	100	0	0		
0	0.013	68.0	30.1	1.410	3	1	有	100	0	0	磐梯朝日国立公園	上野(1959)
0	0.000002	2.8	1.6	2.185	0	1	有	100	0	0	〃	上野, 星野, 水野(1959)
—	—	—	—	—	—	—	—	—	—	—		
0	0.000005	4.1	1.6	1.236	0	0	有	100	0	0		加藤, 会田(1967)
0	0.000062	9.1	3.9	1.197	1	0	有	100	0	0	磐梯朝日国立公園	

湖沼名	よみ方	緯度	経度	成因	淡水,汽水の区別	湖沼型	海抜高度(m)	長さ(km)	最大幅(km)	湖岸線長(km)	面積(km²)
今神御池	イマガミオイケ	38°38′	140°08′	火山	淡水	貧	400	0.20	0.16	0.6	0.02
長沼	ナガヌマ	38°37′	140°14′	堰止め	淡水	中	231	0.26	0.13	0.6	0.01
男沼	オヌマ	38°37′	140°14′	堰止め	淡水	中	234	0.18	0.13	0.5	0.01
浮島大沼	ウキシマオオヌマ	38°20′	140°07′	堰止め	淡水	富	310	0.25	0.12	0.9	0.02
白鷹大沼	シラタカオオヌマ	38°14′	140°12′	堰止め	淡水	貧	560	0.7	0.3	2.9	0.20
白鷹荒沼	シラタカアレヌマ	38°14′	140°13′	堰止め	淡水	貧	680	0.5	0.2	1.7	0.13
白鷹曲沼	シラタカマガリヌマ	38°14′	140°12′	堰止め	淡水	貧	614	0.4	0.1	1.2	0.05
白鷹苔沼	シラタカコケヌマ	38°14′	140°12′	堰止め	淡水	富	640	0.4	0.3	1.4	0.07
志津五色沼	シズゴシキヌマ	−	−	堰止め	淡水	貧	700	0.34	0.14	0.84	0.024
志津中沼	シズナカヌマ	−	−	堰止め	淡水	貧	770	0.14	0.07	0.33	0.005
志津大暮沼	シズオオクレヌマ	−	−	堰止め	淡水	貧	800	0.14	0.08	0.31	0.004
志津滝下沼	シズタキシタヌマ	−	−	堰止め	淡水	−	−	−	−	−	−
志津地蔵沼	シズジゾウヌマ	−	−	堰止め	淡水	−	−	−	−	−	−
玉虫沼	タマムシヌマ	38°16′	140°13′	堰止め	淡水	中	450	0.5	0.3	1.7	0.12
羽竜沼	ハリュウヌマ	38°11′	140°22′	堰止め	淡水	貧	650	0.7	0.3	1.6	0.09
三本木沼	サンボンギヌマ	38°11′	140°21′	堰止め	淡水	中	520	0.4	0.2	1.1	0.07
太手沼	タデヌマ	−	−	堰止め	淡水	貧	430	0.12	0.09	0.3	0.008
ウキス沼	ウキスヌマ	38°12′	140°21′	堰止め	淡水	貧	450	0.08	0.06	0.27	0.004
皿沼	サラヌマ	38°11′	140°21′	堰止め	淡水	中	500	0.2	0.2	0.4	0.01
オオヤツ沼	オオヤツヌマ	38°12′	140°21′	堰止め	淡水	貧	450	<0.2	<0.2	<0.2	<0.01
盃沼	サカヅキヌマ	38°10′	140°23′	堰止め	淡水	中	861	0.37	0.098	0.8	0.02
鴨ノ谷地沼	シギノヤチヌマ	38°10′	140°23′	堰止め	淡水	中	830	0.4	0.15	0.8	0.02
片貝沼	カタカイヌマ	38°10′	140°25′	堰止め	淡水	貧	1360	0.12	0.08	0.28	0.005
ドッコ沼	ドッコヌマ	38°10′	140°25′	堰止め	淡水	中	1270	<0.2	<0.2	<0.2	<0.01
玉木沼	タマキヌマ	38°03′	139°57′	堰止め	淡水	貧	500	0.2	0.2	0.8	0.02
サイヅチ沼	サイヅチヌマ	38°37′	140°18′	断層	淡水	貧,腐植	220	0.07	0.05	0.2	0.002
白龍湖	ハクリュウコ	38°03′	140°11′	断層	淡水	富	200	0.35	0.23	1.5	0.071
福島県											
松川浦	マツカワウラ	37°48′	140°59′	海跡	汽水	中-富	0	7.0	1.5	22.6	6.33
半田沼	ハンダヌマ	37°53′	140°30′	堰止め	淡水	中	419	0.4	0.4	1.3	0.08
五色沼	ゴシキヌマ	37°45′	140°15′	火山	淡水	貧,酸	1740	0.4	0.2	1.1	0.03
鎌沼	カマヌマ	37°44′	140°14′	火山	淡水	貧	1770	0.7	0.2	1.0	0.05
桶沼	オケヌマ	37°43′	140°15′	火山	淡水	−	1590	<0.2	<0.2	<0.2	<0.01

埋立面積(km²)	容積(km³)	最大深度(m)	平均深度(m)	肢節量	流入河川数	流出河川数	結氷の有無	湖岸改変状況(%) 自然湖岸	半自然湖岸	人工湖岸	公園の指定	文献
0	0.000072	7.3	3.3	1.197	0	0	有	100	0	0	県自然環境保全地域	
0	0.000028	5.1	2.0	1.693	0	0	有	100	0	0		加藤(1962)
0	0.00012	24.5	9.1	1.410	0	0	有	100	0	0		
0	0.000025	2.6	1.5	1.795	0	0	有	100	0	0		
0	0.00074	7.8	3.9	1.829	0	1	有	0	100	0		
0	0.00072	9.5	5.5	1.330	0	0	有	64.7	35.3	0		
0	0.00009	1.0	0.3	1.513	0	0	有	100	0	0		
0	0.00026	5.5	3.9	1.493	0	0	有	100	0	0		
0	0.000049	5.0	2.0	1.530	3	1	有	100	0	0		上野, 水野, 川合(1964)
0	0.0000049	4.0	2.0	1.316	2	1	有	100	0	0		〃
0	0.000011	5.5	2.4	1.383	1	1	有	100	0	0		〃
0	—	—	—	—	—	—	—	—	—	—		
0	—	—	—	—	—	—	—	—	—	—		
0	0.00063	9.0	5.5	1.384	0	0	有	0	100	0		
0	0.00018	6.0	2.0	1.504	0	0	有	93.7	6.3	0	蔵王国定公園	
0	0.00008	3.8	1.7	1.172	0	0	有	81.8	18.2	0	〃	
0	0.000009	2.2	1.1	1.09	0	0	有	100	0	0		
0	0.000008	3.4	2.0	1.204	0	0	有	100	0	0		
0	0.000008	3.4	0.8	1.128	0	0	有	100	0	0	蔵王国定公園	
0	—	—	—	—	—	—	有	100	0	0		
0	0.000058	5.0	2.8	1.596	1	0	有(12-3月)	100	0	0	蔵王国定公園	
0	—	6.8	2.8	1.596	1	1	有(12-3月)	100	0	0		
0	0.000012	3.9	2.4	1.117	0	0	有	100	0	0	蔵王国定公園	
0	0.000011	3.7	1.6	1.25	—	—	有	100	0	0		
0	0.00015	6.9	4.2	1.595	0	0	有	100	0	0		
0	0.000004	5.4	1.4	1.262	0	0	有	100	0	0		海藤(1972)
0	0.00009	1.6	1.1	1.588	6	1	有	100	0	0	県南県立自然公園	目黒(1970)
—	—	5.5	—	2.534	10	0	無	28.8	2.2	69	松川浦県立自然公園	
0	0.0005	23.2	8.3	1.297	1	1	有(1-3月)	92.3	0	7.7		
0	0.000093	8.0	6.1	1.791	0	0	有(11-4月)	100	0	0	磐梯朝日国立公園	加藤(1966)
0	—	1.0	—	1.262	0	0	有(11-4月)	100	0	0		〃
—	—	13.0	—	—	—	—	—	—	—	—		

付表　わが国に分布する湖沼の形態一覧表

湖沼名	よみ方	緯度	経度	成因	淡水,汽水の区別	湖沼型	海抜高度(m)	長さ(km)	最大幅(km)	湖岸線長(km)	面積(km²)
日沼	ヒヌマ	37°23′	140°43′	堰止め	淡水	富,腐植	790	0.4	0.2	1.0	0.05
桧原湖	ヒバラコ	37°41′	140°03′	堰止め	淡水	中	822	10.5	2.8	36.0	11.39
曽原湖	ソバラコ	37°41′	140°04′	堰止め	淡水	中	830	1.5	0.4	3.5	0.35
大沢沼	オオサワヌマ	37°41′	140°05′	—	淡水	中	830	0.5	0.3	1.2	0.08
小野川湖	オノガワコ	37°40′	140°06′	堰止め	淡水	中	797	4.0	1.1	11.9	1.80
秋元湖	アキモトコ	37°39′	140°08′	堰止め	淡水	中	736	4.6	1.7	19.6	3.63
姫沼	ヒメヌマ	37°37′	140°12′	堰止め	淡水	富	730	0.28	0.24	1.0	0.05
雄国沼	オグニヌマ	37°37′	140°00′	カルデラ	淡水	富,腐植	1089	1.3	0.6	4.0	0.48
弁天沼	ベンテンヌマ	37°39′	140°05′	堰止め	淡水	貧,酸	810	0.25	0.14	1.0	0.03
毘沙門沼	ビシャモンヌマ	37°39′	140°05′	堰止め	淡水	貧,酸	770	0.8	0.4	2.8	0.15
深泥沼	ミドロヌマ	37°39′	140°05′	堰止め	淡水	貧,酸,鉄	790	0.21	0.10	0.4	0.01
瑠璃沼	ルリヌマ	37°39′	140°05′	堰止め	淡水	貧,酸	820	0.190	0.105	0.7	0.02
龍沼	タツヌマ	37°39′	140°05′	堰止め	淡水	中	790	0.16	0.10	0.6	0.01
柳沼	ヤナギヌマ	37°39′	140°04′	堰止め	淡水	中	830	0.3	0.1	0.6	0.02
弥六沼	ヤロクヌマ	37°39′	140°04′	堰止め	淡水	富	830	0.28	0.15	1.0	0.03
川上青沼	カワカミアオヌマ	37°38′	140°06′	堰止め	淡水	富	730	0.125	0.055	0.4	0.005
川上湯沼	カワカミユヌマ	—	—	堰止め	淡水						
赤泥沼	アカドロヌマ	—	—								
赤沼	アカヌマ	37°39′	140°05′	堰止め	淡水	—	800	<0.2	<0.2	<0.2	0.002
イモリ沼	イモリヌマ	—	—	—	淡水						
中瀬沼	ナカセヌマ	—	—	堰止め	淡水	貧	—	0.490	0.300	1.700	—
女沼	メヌマ	37°42′	140°19′	堰止め	淡水	貧	530	0.5	0.3	1.2	0.08
男沼	オヌマ	37°41′	140°19′	堰止め	淡水	中,腐植	650	0.3	0.3	0.8	0.05
大平沼	オオダイラヌマ	37°45′	139°51′	堰止め	淡水	中	458	0.8	0.2	2.5	0.15
無行沼	ユクナキヌマ	37°42′	139°56′	—	淡水	富	430	0.4	0.2	1.0	0.05
猪苗代湖	イナワシロコ	37°28′	140°06′	断層	淡水	貧,酸	514	14.2	9.8	51.4	104.42
観音沼	カンノンヌマ	37°11′	139°55′	—	淡水	富	900	0.47	0.23	1.2	0.08
鏡ヶ沼	カガミガヌマ	37°09′	139°58′	—	淡水	貧	1550	0.17	0.13	0.44	0.014
沼尾沼	ヌマオヌマ	37°20′	139°53′	—	淡水	中	930	0.19	0.1	0.47	0.013
沼沢沼	ヌマザワヌマ	37°27′	139°35′	カルデラ	淡水	貧	474	2.4	1.6	7.5	2.98
重兵衛池	ジュウベイイケ	36°58′	139°19′	—	淡水	—	1470	—	—	—	0.02
黒泥沼	クロドロヌマ	37°41′	140°04′	—	淡水	—	830	<0.2	<0.2	<0.2	<0.01
小柳沼	コヤナギヌマ	37°39′	140°04′	—	淡水	—	830	0.2	<0.2	0.5	0.006
西柳沼	ニシヤナギヌマ	37°39′	140°04′	—	淡水	—	830	<0.2	<0.2	0.3	0.003

埋立面積(km²)	容積(km³)	最大深度(m)	平均深度(m)	肢節量	流入河川数	流出河川数	結氷の有無	湖岸改変状況(%)			公園の指定	文献
								自然湖岸	半自然湖岸	人工湖岸		
0	—	—	—	1.261	0	1	有(12-3月)	70	0	30		
0	0.13	30.5	12.0	3.009	8	2	有(12-3月)	82.4	16	1.6	磐梯朝日国立公園	
0	0.0018	12.0	5.1	1.669	0	1	有(12-3月)	85.7	14.3	0	〃	
0	—	1.5	—	1.197	2	1	有(12-3月)	75	0	25	〃	
0	—	21.0	—	2.502	4	1	有(12-3月)	99	0	1	〃	
0	0.05	34.1	1.28	2.902	6	1	有(12-3月)	92.5	1	6.5	〃	
0	—	1.6	—	1.261	1	1	有(1-3月)	90	0	10		
0	—	8.0	—	1.629	3	2	有(12-4月)	94	0	6	磐梯朝日国立公園	
0	—	7.9	—	1.629	1	1	有(12-3月)	100	0	0	〃	
0	0.0005	13.0	3.3	2.039	1	1	有(12-3月)	89.3	0	10.7		
0	0.000019	5.8	1.5	1.128	1	1	有(12-3月)	100	0	0		
0	—	11.0	—	1.396	1	1	有(12-3月)	100	0	0		
0	—	9.1	—	1.693	1	1	有(12-3月)	100	0	0		
0	0.00009	12.2	4.6	1.197	1	1	有(12-3月)	83.3	16.7	0		
0	0.00005	8.5	2.7	1.629	3	1	有(12-3月)	60	40	0	〃	
0	0.0000012	6.2	2.4	1.596	2	1	有(12-3月)	100	0	0		
0	—	—	—	—	—	—	—	—	—	—		
0	—	—	—	—	—	—	—	100	0	0		
0	—	4.0	—	—	—	—	—	100	0	0		
0	—	—	—	—	—	—	—	100	0	0		
0	—	—	—	—	1	1	有(1-3月)	100	0	0		
0	—	8.7	2.0	1.197	1	1	有(1-3月)	100	0	0	磐梯朝日国立公園	
0	—	9.8	—	1.009	1	1	有(1-3月)	100	0	0	〃	
0	0.002	35.5	13.3	1.821	1	1	有(12-3月)	96	0	4		
0	0.0004	17.5	8.0	1.262	1	1	有(1-3月)	100	0	0		
0	5.4	94.6	51.5	1.419	37	2	無	65.9	9.9	24.2	磐梯朝日国立公園	
0	—	1.2	—	1.197	0	0	有(12-3月)	—	—	—	日光国立公園	
0	—	—	—	1.049	0	0	有(12-3月)	100	0	0		
0	—	—	—	1.163	1	0	有(12-3月)	100	0	0	大川羽島県立自然公園	
0	0.18	96.0	60.4	1.226	1	1	無	98.7	0	1.3	只見柳津県立自然公園	
—	—	—	—	—	—	—	有	—	—	—		
—	—	—	—	—	—	—	有	—	—	—		
—	0.0000054	2.7	0.9	1.821	—	—	有	—	—	—		
—	0.0000035	3.5	1.2	1.545	—	—	有	—	—	—		

付表 わが国に分布する湖沼の形態一覧表

湖沼名	よみ方	緯度	経度	成因	淡水,汽水の区別	湖沼型	海抜高度(m)	長さ(km)	最大幅(km)	湖岸線長(km)	面積(km²)
沼尻湖	ヌマジリコ	37°37′	140°12′	―	淡水	―	730	0.3	0.2	1.0	0.05
青沼	アオヌマ	37°39′	140°05′		淡水		830	<0.2	<0.2	<0.2	0.006
足尾沼	アシオヌマ	37°41′	140°05′		淡水		830	<0.2	<0.2	<0.2	<0.01
レンゲ沼	レンゲヌマ	―	―	堰止め	淡水		830	0.180	0.140	0.540	―
茨城県											
阿漕ヶ浦	アコギガウラ	36°27′	140°36′	―	―	―	15	―	―	―	0.06
千波湖	センバコ	36°22′	140°28′	堰止め	淡水	富	5	1.255	0.405	3.10	0.30
涸沼	ヒヌマ	36°17′	140°30′	海跡	汽水	富	0	11.0	1.8	22.0	9.35
大沼	オオヌマ	36°14′	140°29′		淡水	富	28	0.7	0.5	0.7	0.01
妻無沼	ツマナシヌマ	36°06′	139°58′	―	淡水	―	15	―	―	―	0.01
砂沼	スナヌマ	36°11′	139°57′	堰止め	淡水	富	22	1.5	0.3	5.1	0.50
菅生沼	スガウヌマ	36°00′	139°55′	堰止め	淡水	富	9	7.0	0.7	12.3	1.43
牛久沼	ウシクヌマ	35°57′	140°08′	堰止め	淡水	富	1	3.5	1.5	16.0	3.35
中沼	ナカヌマ	35°53′	140°10′	河跡	淡水	富	3	0.15	0.1	0.45	0.01
霞ヶ浦	カスミガウラ	36°02′	140°24′	海跡	淡水	富	0.2	32.0	12.0	121.8	170.57
北浦	キタウラ	36°01′	140°34′	海跡	淡水	富	0.2	24.0	3.6	63.5	34.39
外浪逆浦	ソトナサカウラ	35°55′	140°36′	海跡	汽水	富	0	3.5	2.4	11.8	6.01
不動免	フドウメン	35°53′	140°17′	―	―	―	3	―	―	―	0.01
切戸	キリト	35°55′	140°24′	―	―	―	2	―	―	―	0.01
六角沼	ロッカクヌマ	35°55′	140°26′	―	―	―	2	0.5	0.4	2.0	0.1
大重沼	ダイジュウヌマ	35°55′	140°26′	―	―	―	2	1.1	0.4	3.0	0.25
神ノ池	ゴウノイケ	35°34′	140°41′	―	―	―	3	2.3	2.1	6.5	3.03
栃木県											
刈込湖	カリゴメコ（カリコミコ）	36°49′	139°26′	堰止め	淡水	貧	1610	0.6	0.3	1.4	0.06
切込湖	キリゴメコ（キリコミコ）	36°49′	139°26′	堰止め	淡水	貧	1610	0.3	0.2	0.8	0.02
大野ヶ原ミクリノ池	オオノガハラミクリノイケ	36°49′	139°26′	堰止め	淡水	―	1707	<0.2	<0.2	<0.2	<0.01
蓼ノ湖	タデノウミ	36°48′	139°26′	堰止め	淡水	―	1530	0.2	<0.2	0.4	<0.01
湯ノ湖	ユノコ	36°48′	139°25′	堰止め	淡水	富	1475	0.9	0.5	3.0	0.32
光徳沼	コウトクヌマ	36°47′	139°27′	堰止め	淡水	貧	1420	0.2	0.05	0.3	0.004
泉門池	イズミカドイケ	36°47′	139°26′	堰止め	淡水	貧	1400	<0.2	<0.2	<0.2	<0.01
西ノ湖	サイノコ	36°45′	139°24′	堰止め	淡水	貧	1305	0.6	0.4	1.8	0.17
中禅寺湖	チュウゼンジコ	36°44′	139°28′	堰止め	淡水	貧	1269	7.0	3.7	22.3	11.73

埋立面積(km²)	容積(km³)	最大深度(m)	平均深度(m)	肢節量	流入河川数	流出河川数	結氷の有無	湖岸改変状況(%)			公園の指定	文　献
								自然湖岸	半自然湖岸	人工湖岸		
—	—	—	—	1.262	—	—	有	—	—	—		
—	—	5.7	—	—	—	—	有	—	—	—		
—	—	1.5	—	—	—	—	有	—	—	—		
—	—	—	—	—	—	—	有(12-3月)	100	0	0		
—	—	—	—	—	—	—	—	—	—	—		
—	—	1.2	1.0	1.597	0	0	無	0	0	100		
0.98	0.02	6.5	2.1	2.030	7	2	無	4.7	12.3	83	大洗県立自然公園	
0.14	—	—	—	1.975	0	0	無	100	0	0		
—	—	—	—	—	—	—	—	—	—	—		
0.04	—	2.7	—	2.035	1	1	無	60.8	0	39.2		
0.19	—	1.5	0.6	2.901	3	1	無	100	0	0	菅生沼県環境保全地域	
—	—	2.8	1.0	2.466	5	1	無	73.7	8.8	17.5		
—	0.00006	13.7	6.0	1.269	0	0	無	100	0	0		
10.44	0.6	7.3	3.4	2.631	33	1	無	7.7	2.1	90.2	水郷筑波国定公園	
—	0.18	10.0	4.5	3.055	19	1	無	11.5	0.3	88.2		
—	—	8.9	—	1.358	3	1	無	0	50	50	水郷筑波国定公園	
—	—	—	—	—	—	—	—	—	—	—		
—	—	—	—	—	—	—	—	—	—	—		
—	—	6.0	—	1.784	—	—	—	—	—	—		
—	—	1.8	—	1.693	—	—	—	—	—	—		
—	0.004	2.3	1.3	1.053	—	—	—	—	—	—		
0	0.0009	15.2	10.0	1.612	1	1	有(12-4月)	100	0	0	日光国立公園	
0	0.00025	16.0	8.3	1.596	0	0	有(12-4月)	100	0	0	〃	
0	—	—	—	—	—	—	有	100	0	0	〃	
0	—	2.2	—	—	—	—	有	100	0	0	〃	
0	0.0017	12.5	5.2	1.496	4	1	有(12-4月)	65	35	0	〃	
0	—	0.5	0.3	1.338	1	1	有(12-4月)	100	0	0	〃	
0	—	—	—	—	—	—	—	100	0	0	〃	
0	—	17.1	—	1.231	1	1	有(12-4月)	100	0	0	〃	
0	1.1	163	94.6	1.837	7	1	無	72.6	18.3	9.1	〃	

湖沼名	よみ方	緯度	経度	成因	淡水,汽水の区別	湖沼型	海抜高度(m)	長さ(km)	最大幅(km)	湖岸線長(km)	面積(km²)
五色沼	ゴシキヌマ	36°48′	139°23′	火山	淡水	貧	2174	0.5	0.4	1.0	0.05
群馬県											
尾瀬沼	オゼヌマ	36°56′	139°18′	堰止め	淡水	中	1665	2.5	1.1	7.0	1.67
小沼	コヌマ	36°55′	139°17′	堰止め	淡水	中,腐植	1670	0.4	0.15	1.2	0.03
治右衛門池	ジエモンイケ	36°55′	139°17′	火山	淡水	中,腐植	1690	0.4	0.2	1.0	0.05
菅沼 (北俣沼)	スゲヌマ (キタマタヌマ)	36°50′	139°22′	堰止め	淡水	貧	1731	3.0	0.5	6.5	0.63
弁天沼 (中俣沼)	ベンテンヌマ (ナカマタヌマ)	36°50′	139°22′	堰止め	淡水	貧	1731	—	—	—	—
清水沼 (東俣沼)	シミズヌマ (ヒガシマタヌマ)	36°50′	139°22′	堰止め	淡水	貧	1731	—	—	—	—
丸沼	マルヌマ	36°49′	139°21′	堰止め	淡水	中	1428	1.2	0.5	3.5	0.45
大尻沼	オオジリヌマ	36°49′	139°21′	堰止め	淡水	中	1406	1.0	0.4	2.3	0.19
大峰沼	オオミネヌマ	36°43′	138°56′	—	淡水	中,腐植	970	0.4	0.2	1.2	0.08
湯釜	ユガマ	36°38′	138°32′	火山	淡水	貧,酸	2050	0.2	0.2	0.8	0.04
弓池	ユミイケ	36°38′	138°32′	火山	淡水	貧	2007	—	—	—	0.01
大沼	オオヌマ	36°33′	139°11′	火山	淡水	中	1345	1.5	0.7	4.5	0.88
赤城小沼	アカギコヌマ	36°32′	139°11′	火山	淡水	貧	1450	0.4	0.3	1.0	0.04
榛名湖	ハルナコ	36°28′	138°52′	火山	淡水	中	1084	2.5	0.8	4.8	1.15
多々良沼	タタラヌマ	36°15′	139°30′	堰止め	淡水	富	22	1.2	0.5	5.8	0.83
城沼	ジョウヌマ	36°14′	139°33′	堰止め	淡水	富	17	2.5	0.2	5.4	0.58
近藤沼	コンドウヌマ	36°13′	139°30′	堰止め	淡水	富	17	1.2	0.3	2.65	0.17
板倉沼	イタクラヌマ	36°13′	139°38′	—	淡水	富	13	1.5	0.7	3.2	—
行人沼	ギョウニンヌマ	—	—	落堀	淡水	富	15	0.12	—	—	—
長良様池	ナガラサマイケ	—	—	落堀	淡水	富	15	—	—	—	—
七分池	シチブイケ	—	—	落堀	淡水	富	15	—	—	—	—
小保呂池	オボロイケ	—	—	落堀	淡水	富	15	—	—	—	—
坂田沼	サカタヌマ	—	—	落堀	淡水	富	15	—	—	—	—
針ヶ谷沼	ハリガヤヌマ	—	—	落堀	淡水	富	15	—	—	—	—
柄沼	ガラヌマ	—	—	落堀	淡水	富	15	—	—	—	—
茂林寺沼	モリンジヌマ	—	—	—	淡水	富	21	0.2	0.1	0.5	—
千葉県											
五駄沼	ゴダヌマ	36°00′	139°50′	堰止め	淡水	富	5	1.5	0.2	2.6	0.12
与田浦	ヨダウラ	35°55′	140°33′	海跡	淡水	富	1	8.0	1.9	15.3	1.4
丸江湖	マルエコ	35°55′	140°31′	海跡	—	—	1.0	0.5	0.5	1.5	—

埋立面積(km²)	容積(km³)	最大深度(m)	平均深度(m)	肢節量	流入河川数	流出河川数	結氷の有無	湖岸改変状況(%)			公園の指定	文献
								自然湖岸	半自然湖岸	人工湖岸		
0	0.0002	5.2	2.2	1.262	0	0	有(12-4月)	100	0	0	日光国立公園	
0	0.0066	9.5	4.1	1.528	4	1	有(12-4月)	98.9	0	1.1	日光国立公園	
0	−	1.8	−	1.954	−	−	有	100	0	0	〃	
0	−	5.2	−	1.262	0	0	有	100	0	0	〃	
0	0.024	74.5	38.1	2.310	1	1	有(12-5月)	100	0	0	〃	
0	−	−	−	−	−	−	−	100	0	0	〃	
0	−	−	−	−	−	−	−	100	0	0	〃	
0	0.014	47.0	31.1	1.472	3	1	有(12-5月)	94.3	0	5.7	〃	
0	0.0025	25.0	13.2	1.488	1	1	有(12-5月)	100	0	0	〃	
0	−	2.0	−	1.197	−	1	有(12-3月)	100	0	0	大峰沼県環境保全地域	
0	0.0005	35.0	12.5	1.128	0	0	−	100	0	0	上信越高原国立公園	
0	−	−	−	−	−	−	−	100	0	0	〃	
0	0.008	16.5	9.1	1.353	1	1	有(12-4月)	93.7	6.3	0		
0	−	7.0	−	1.410	1	1	有(12-5月)	90.9	9.1	0		
0	0.01	14.0	8.1	1.263	−	1	有(1-3月)	82.6	0	17.4		
0.41	−	7.4	−	1.796	2	2	無	100	0	0		
0.05	0.0003	2.5	0.8	2.000	3	1	無	60	0	40		
0.11	−	12.0	−	1.813	1	1	無	0	0	100		
0.45	−	−	−	1.346	−	−	無	(埋め立てにより消失)				
−	−	8.0	−	−	0	0	無	100	0	0		
−	−	−	−	−	0	0	無	100	0	0		
−	−	−	−	−	0	0	無	100	0	0		
−	−	−	−	−	0	0	無	100	0	0		
−	−	−	−	−	0	0	無	100	0	0		
−	−	−	−	−	−	−	無	100	0	0		
−	−	5.0	−	−	1	1	無	100	0	0		
−	−	−	−	−	1	1	無	100	0	0		
0.17	−	1.2	0.8	2.117	2	1	無	0	100	0		
2.95	−	3.0	2.0	3.648	3	2	無	0	0	100		
0.10	−	−	−	1.338	−	−	−	(埋め立てにより消失)				

湖沼名	よみ方	緯度	経度	成因	淡水、汽水の区別	湖沼型	海抜高度(m)	長さ(km)	最大幅(km)	湖岸線長(km)	面積(km²)
海老川沼	エビガワヌマ	35°40′	140°30′	堰止め	淡水	富	5.0	0.34	0.14	0.95	0.05
手賀沼	テガヌマ	35°51′	140°05′	堰止め	淡水	富	3	16.5	1.1	36.5	6.5
印旛沼	インバヌマ	35°46′	140°13′	堰止め	淡水	富	0.8	25.0	4.5	44.0	11.6
乾草沼	ヒグサヌマ	35°40′	140°32′	海跡	淡水	富	7	0.4	0.15	10.0	1.05
吉治落堀	キチジオッポリ	34°49′	140°15′	落堀	淡水	富	1	0.170	0.097	0.428	0.0128
庄九郎池	ショウクロウイケ	34°49′	140°15′	落堀	淡水	富	1	0.175	0.089	0.449	0.0125
平四郎沼	ヘイシロウヌマ	34°49′	140°16′	落堀	淡水	富	1	0.143	0.110	0.415	0.009
和田沼	ワダヌマ	34°49′	140°15′	落堀	淡水	富	1	0.140	0.098	0.380	0.0093
内甚兵沼	ウチジンベイヌマ	34°49′	140°16′	落堀	淡水	富	1	0.279	0.098	0.640	0.0187
外甚兵沼	ソトジンベイヌマ	34°49′	140°16′	落堀	淡水	富	2	0.234	0.195	0.630	0.0299
埼玉県											
高須賀沼	タカスカヌマ	36°06′	139°43′	落堀	淡水	富	16	0.3	0.2	0.7	0.02
柴山沼	シバヤマヌマ	36°02′	139°37′	－	淡水	富	10	1.5	0.2	2.1	0.15
油井ヶ島沼	ユイガジマヌマ	36°05′	139°37′	－	淡水	富	10	0.40	0.07	0.996	0.043
山ノ神沼	ヤマノカミヌマ	36°01′	139°39′	河跡	淡水	富	10	0.52	0.098	1.2	0.0351
鳥羽井沼	トバイヌマ	36°00′	139°29′	落堀	淡水	富	12	0.14	0.10	0.395	0.0096
宝泉寺沼	ホウセンジヌマ	36°06′	139°41′	－	淡水	富	10	－	－	－	0.010
大沼	オオヌマ	36°08′	139°37′	－	淡水	富	12.5	0.30	0.108	0.730	0.021
伊佐沼	イサヌマ	35°55′	139°31′	－	淡水	富	7	1.3	0.4	2.5	0.35
黒浜上沼	クロハマウワヌマ	35°59′	139°41′	－	淡水	富	8	－	－	－	0.017
黒浜下沼	クロハマシモヌマ	35°59′	139°41′	－	淡水	富	8	－	－	－	0.015
別所沼	ベッショヌマ	35°51′	139°39′	堰止め	淡水	富	5	0.295	0.105	0.68	0.03
北河原切所	キタカワラキリショ	36°11′	139°26′	落堀	淡水	富	24	－	－	－	0.010
東京都											
三宝寺池	サンボウジイケ	35°44′	139°36′	湧水	淡水	富	41	0.3	0.12	1.5	0.02
井ノ頭池	イノカシライケ	35°42′	139°35′	湧水	淡水	富	50	0.5	0.1	2.1	0.056
洗足池	センゾクイケ	35°36′	139°41′	湧水	淡水	富	20	0.4	0.3	1.1	0.038
大路池	タイロイケ	34°03′	139°32′	火山	淡水	富	3	0.5	0.3	1.3	0.12
新澪池	シンミョウイケ	34°03′	139°30′	火山	汽水	富	1	0.4	0.2	1.0	－
不忍池	シノバズノイケ	－	－	海跡	淡水	富	－	0.495	0.31	1.805	0.11
神奈川県											

埋立面積(km²)	容積(km³)	最大深度(m)	平均深度(m)	肢節量	流入河川数	流出河川数	結氷の有無	湖岸改変状況(%) 自然湖岸	半自然湖岸	人工湖岸	公園の指定	文献
−	−	0.8	−	1.198	0	1	無	0	0	100		
4.81	−	3.8	0.9	4.038	7	1	無	15	1.4	83.6	県立印旛手賀自然公園	
14.07	−	2.5	1.7	3.644	6	1	無	31.1	9.1	59.8	〃	
1.02	−	1.1	−	2.753	1	0	無	95.1	0	4.9		
−	−	−	−	1.067	0	0	無	0	0	100		
−	−	−	−	1.129	0	0	無	100	0	0		
−	−	−	−	1.234	0	1	無	100	0	0		
−	−	−	−	1.108	0	0	無	100	0	0		
−	−	−	−	1.319	0	0	無	100	0	0		
−	−	−	−	1.027	0	0	無	0	0	100		
0	0.00009	9.6	3.6	1.396	0	0	無	0	100	0		
0.03	−	3.7	2.0	1.529	1	1	無	0	38.5	61.5		
−	−	−	−	1.354	0	0	無	0	0	100		
−	−	−	−	1.807	0	0	無	100	0	0		
−	−	7.0	−	1.137	0	0	無	0	0	100	鳥羽井沼自然公園	
−	−	−	−	−	−	−	−	−	−	−		
−	−	−	−	1.421	−	−	−	−	−	−		
−	−	0.7	0.4	1.192	2	4	無	0	65.1	34.9		
−	−	−	−	−	−	−	−	−	−	−		
−	−	−	−	1.107	0	0	無	0	0	100		
0	0.000027	2.6	1.3	2.992	0	0	無	54	0	46		
0	0.000032	1.3	0.6	2.503	0	1	無	0	0	100	井頭恩賜公園	
0	−	2.0	−	1.592	2	2	無	0	0	100		
0	0.00068	10.0	5.7	1.059	0	0	無	100	0	0	富士箱根伊豆国立公園	
0.062	0.0015	35.9	25.3	1.133	0	0	無	(火山噴火のため消失)			富士箱根伊豆国立公園	
−	−	1.4	−	1.535	0	0	無	0	0	100	上野恩賜公園	

付表　わが国に分布する湖沼の形態一覧表

湖沼名	よみ方	緯度	経度	成因	淡水,汽水の区別	湖沼型	海抜高度(m)	長さ(km)	最大幅(km)	湖岸線長(km)	面積(km²)
芦ノ湖	アシノコ	35°13′	139°00′	カルデラ	淡水	中	724.5	724	6.5	19.9	7.04
精進ヶ池	ショウジンガイケ	35°12′	139°02′	堰止め	淡水	富	860	−	−	−	0.02
お玉ヶ池	オタマガイケ	35°12′	139°02′	堰止め	淡水	富	760	−	−	−	0.03
震生湖	シンセイコ	35°21′	139°13′	堰止め	淡水	富	150	0.4	0.07	0.9	0.02
段上池	ダンジョウイケ	35°20′	139°20′	堰止め	淡水	富	5	0.05	0.05	0.17	0.002
新潟県											
福島潟	フクシマガタ	37°54′	139°15′	−	淡水	富	1	2.4	1.3	8.65	1.65
鳥屋野潟	トヤノガタ	37°53′	139°03′	−	淡水	富	1	3.1	1.0	9.05	1.67
清潟	キヨガタ	38°00′	139°18′	堰止め	淡水	−	10	−	−	−	0.03
内沼潟	ウチヌマガタ	37°53′	139°14′	海跡	−	−	0	−	−	−	0.01
十二潟	ジュウニガタ	37°52′	139°11′	河跡	淡水	−	4	−	−	−	0.03
清五郎潟	セイゴロウガタ	37°52′	139°04′	海跡	淡水	富	0	0.38	0.24	1.13	0.07
御手洗潟	ミタラセガタ	37°49′	138°53′	−	淡水	富	5	0.88	0.15	2.2	0.091
佐潟	サガタ	37°49′	138°53′	−	淡水	富	5	1.5	0.38	3.1	0.30
上堰潟	ウワセキガタ	37°47′	138°52′	−	淡水	富	15	1.4	0.4	1.1	0.06
鎧潟	ヨロイガタ	37°46′	136°56′	−	−	−	−	−	−	−	−
雨生池	アマゴイイケ	37°27′	139°38′	−	淡水	中	555	0.3	0.2	0.8	0.02
大池	オオイケ	37°27′	139°08′	−	淡水	中	475	0.26	0.2	0.6	0.02
鏡ヶ池	カガミガイケ	37°21′	139°04′	堰止め	淡水	中	205	0.3	0.12	0.8	0.02
山居池（佐渡島）	サンキョイケ	38°17′	138°28′	堰止め	淡水	中	345	0.3	0.2	0.8	0.05
御池（佐渡島）	オイケ	38°12′	138°28′	堰止め	淡水	富	260	0.3	0.2	0.8	0.05
加茂湖（佐渡島）	カモコ	38°04′	138°26′	海跡	汽水	富	0	5.0	1.7	17.06	4.95
松ノ木平池	マツノキダイライケ	38°21′	139°37′	堰止め	淡水	−	220	−	−	−	0.01
弁天潟	ベンテンガタ	37°58′	139°16′	−	淡水	−	5	−	−	−	0.02
升潟	マスガタ	37°56′	139°22′	堰止め	淡水	−	16	0.22	0.10	0.64	0.02
稚児池	チゴイケ	37°53′	139°81′	−	淡水	−	4	−	−	−	0.01
北山ノ池	キタヤマノイケ	37°52′	139°07′	−	淡水	−	4	−	−	−	0.06
六郷ノ池	ロクゴウノイケ	37°48′	139°10′	−	淡水	−	8	−	−	−	0.01
宮ヶ崎池	ミヤガサキイケ	37°36′	138°49′	堰止め	淡水	−	26	−	−	−	0.04
下池	シモイケ	37°23′	139°06′	堰止め	淡水	−	650	−	−	−	0.01
大羽ヶ谷地池	オオハガヤチイケ	37°22′	139°06′	堰止め	淡水	−	530	−	−	−	0.03
大池	オオイケ	37°06′	138°48′	堰止め	淡水	−	300	−	−	−	0.01
小海ノ池	コウミノイケ	37°10′	138°30′	堰止め	淡水	−	250	−	−	−	0.02

埋立面積(km²)	容積(km³)	最大深度(m)	平均深度(m)	肢節量	流入河川数	流出河川数	結氷の有無	湖岸改変状況(%) 自然湖岸	半自然湖岸	人工湖岸	公園の指定	文献
0	0.13	40.6	25.0	2.116	1	1	無	78	8	14	富士箱根伊豆国立公園	
0	—	—	—	—	—	—	—	—	—	—	〃	
0	—	—	—	—	—	—	—	—	—	—	〃	
0	0.00006	10.0	3.8	1.795	0	0	無	89	0	11		
0	0.000007	5.0	3.2	1.072	0	0	無	—	—	—		
2.2	0.0081	2.0	1.0	1.900	11	2	—	0	66.4	33.6		
—	—	—	—	1.975	11	1	—	0	80	20		
—	—	—	—	1.205	—	—	—	—	—	—		
—	0.00027	1.0	0.5	2.057	0	0	—	0	100	0	佐渡弥彦米山国定公園	
—	0.00009	1.0	0.5	1.597	1	1	—	0	100	0	〃	
0.06	—	—	—	1.267	2	1	—	0	76.6	23.4(埋没)		
—	—	—	—	—	—	—	—	(埋め立てにより消失)				
0	0.0002	19.7	6.6	1.596	3	1	無	100	0	0	奥早出粟守門県立自然公園	
0	0.0001	13.0	3.3	1.197	2	1	無	100	0	0	〃	
0	0.000036	6.1	1.8	1.596	0	1	無	0	100	0		
0	0.000045	8.6	4.5	1.009	0	0	有	100	0	0	佐渡弥彦米山国定公園	
0	0.00008	2.2	1.6	1.009	0	0	有	100	0	0		
0.07	0.025	9.0	5.2	2.163	7	1	無	3.3	28.0	68.7	佐渡弥彦米山国定公園	
—	—	—	—	—	—	—	—	—	—	—		
—	—	—	—	—	—	—	—	—	—	—		
—	—	—	—	1.277	—	—	—	—	—	—		
—	—	—	—	—	—	—	—	—	—	—		
—	—	—	—	—	—	—	—	—	—	—		
—	—	—	—	—	—	—	—	—	—	—		
—	—	—	—	—	—	—	—	—	—	—		
—	—	—	—	—	—	—	—	—	—	—		
—	—	—	—	—	—	—	—	—	—	—		

湖沼名	よみ方	緯度	経度	成因	淡水,汽水の区別	湖沼型	海抜高度(m)	長さ(km)	最大幅(km)	湖岸線長(km)	面積(km²)
鼻毛ノ池	ハナゲノイケ	37°05′	138°33′	堰止め	淡水	−	500	−	−	−	0.01
御手洗池	ミタライイケ	37°14′	138°21′	堰止め	淡水	−	10	−	−	−	0.01
中谷地池	ナカヤチイケ	37°13′	138°21′	堰止め	淡水	−	15	−	−	−	0.02
蜘ヶ池	クモガイケ	37°13′	138°20′	堰止め	淡水	−	15	−	−	−	0.02
中条ノ池	チュウジョウノイケ	37°14′	138°26′	堰止め	淡水	−	15	0.82	0.43	2.99	0.04
清生池	セイジョウイケ	37°14′	138°24′	堰止め	淡水	−	5	0.13	0.10	0.52	0.01
馬場谷池	ババヤチ	37°13′	138°25′	堰止め	淡水	−	15	−	−	−	0.02
大池	オオイケ	37°02′	138°22′	堰止め	淡水	−	350	−	−	−	0.02
谷内池	ヤチイケ	37°08′	138°21′	堰止め	淡水	−	23	−	−	−	0.02
多能池	タノウイケ	37°07′	138°22′	堰止め	淡水	−	80	−	−	−	0.02
阿弥陀寺池	アミダジイケ	37°08′	138°22′	堰止め	淡水	−	25	−	−	−	0.01
鏡池	カガミイケ	37°04′	138°09′	堰止め	淡水	−	400	0.21	0.12	0.52	0.01
東吉尾池	ヒガシヨシオイケ	37°07′	138°08′	堰止め	淡水	−	170	0.20	0.10	0.50	0.01
イモリ池	イモリイケ	36°52′	138°11′	堰止め	淡水	−	750	−	−	−	0.01
田海ヶ池	タウミガイケ	37°01′	137°50′	堰止め	淡水	−	15	−	−	−	0.03
(無名池)		37°10′	138°20′	河跡	淡水	−	10	−	−	−	0.06
坂田池	サカタイケ	37°15′	138°22′	堰止め	淡水	富	5	0.47	0.16	1.22	0.08
長峰池	ナガミネノイケ	37°15′	138°22′	堰止め	淡水	富	8	0.9	0.2	2.1	0.15
朝日池	アサヒイケ	37°14′	138°22′	堰止め	淡水	富	5	2.0	0.8	6.8	0.45
鵜ノ池	ウノイケ	37°13′	138°22′	堰止め	淡水	富	4	2.5	0.3	4.5	0.22
天ヶ池	アマガイケ	37°13′	138°20′	堰止め	淡水	富	5	0.4	0.4	1.2	0.09
小池	コイケ	37°11′	138°22′	堰止め	淡水	富	25	1.3	0.2	3.7	0.16
大池	オオイケ	37°11′	138°22′	堰止め	淡水	富	25	1.5	0.6	4.8	0.28
坊ヶ池	ボウガイケ	37°02′	138°22′	火山(マール)	淡水	貧	460	0.7	0.4	1.7	0.15
高浪池	タカナミイケ	36°55′	137°50′	堰止め	淡水	貧,石灰	535	0.3	0.19	0.7	0.025
白池	シライケ	36°51′	137°50′	堰止め	淡水	貧,腐植	1085	0.5	0.3	1.15	0.05
科鉢池	シナバチイケ	36°49′	137°50′	火山	淡水	貧	1800	0.12	0.08	0.38	0.010
長野県											
茶屋池	チャヤイケ	36°59′	138°24′	堰止め	淡水	貧	1075	0.4	0.2	1.0	0.032
桂池	カツライケ	36°55′	138°21′	堰止め	淡水	中	745	0.4	0.1	0.9	0.034
中古池	ナカフルイケ	36°55′	138°21′	堰止め	淡水	中	740	0.2	0.1	0.5	0.014
北竜池	ホクリュウイケ	36°54′	138°25′	火山	淡水	中	500	0.9	0.4	2.0	0.189
沼ノ池	ヌマノイケ	36°52′	138°18′	−	淡水	中	875	0.7	0.3	2.1	0.16

埋立面積(km²)	容積(km³)	最大深度(m)	平均深度(m)	肢節量	流入河川数	流出河川数	結氷の有無	湖岸改変状況(%) 自然湖岸	半自然湖岸	人工湖岸	公園の指定	文　献
—	—	—	—	—	—	—	—	—	—	—		
—	—	—	—	—	—	—	—	—	—	—		
—	—	—	—	—	—	—	—	—	—	—		
—	—	—	—	—	—	—	—	—	—	—		
0	—	—	—	4.217	—	—	—	100	0	0		
0	—	—	—	1.467	—	—	—	100	0	0		
—	—	—	—	—	—	—	—	—	—	—		
—	—	—	—	—	—	—	—	—	—	—		
—	—	—	—	—	—	—	—	—	—	—		
—	—	—	—	—	—	—	—	—	—	—		
—	—	—	—	—	—	—	—	—	—	—		
0	—	—	—	1.467	—	—	—	100	0	0		
0	—	—	—	1.410	—	—	—	100	0	0		
—	—	—	—	—	—	—	—	—	—	—		
—	—	—	—	—	—	—	—	—	—	—		
—	—	—	—	—	—	—	—	—	—	—		
0	0.00008	2.0	0.8	1.216	0	1	無	55.6	0	44.4		
0	0.0009	5.9	2.9	1.530	0	0	無	100	0	0		
0	0.0013	2.4	0.9	2.859	0	3	無	80.9	0	19.1		
0	0.0004	1.8	1.0	2.706	0	3	無	68.2	0	31.8		
0	0.0003	2.8	0.3	1.128	0	4	無	45.5	0	54.5		
0	0.0011	7.0	5.0	2.609	1	1	無	62.2	0	37.8	直峰松之山大池県立自然公園	
0	0.002	6.8	5.0	2.559	2	2	無	89.6	4.2	6.2	〃	
0	0.0021	33.0	13.8	1.238	1	1	無	100	0	0		
0	0.0002	12.9	5.8	1.249	0	0	—	78.6	21.4	0	白馬山麓県立自然公園	
0	—	2.0	—	1.451	0	1	有	100	0	0		
0	0.000002	3.0	1.6	1.072	0	0	有	100	0	0	中部山岳国立公園	
0	0.00015	8.2	4.7	1.576	0	1	有(11-5月)	90	0	10		
0	0.00018	9.0	5.3	1.377	1	1	有(12-4月)	100	0	0		
0	0.000038	5.0	2.7	1.192	1	1	有(12-4月)	93.6	0	6.4		
0	0.00086	8.0	4.6	1.298	1	1	有(12-4月)	95	5	0	長野県郷土環境保全地域	
0	0.00046	5.8	2.9	1.481	3	1	有(12-4月)	80.4	19.6	0		

湖沼名	よみ方	緯度	経度	成因	淡水,汽水の区別	湖沼型	海抜高度(m)	長さ(km)	最大幅(km)	湖岸線長(km)	面積(km²)
鎌池	カマイケ	36°52′	137°58′	堰止め	淡水	貧	1190	0.4	0.1	0.8	0.03
鎌ヶ池	カマガイケ	36°07′	138°10′	—	淡水	富, 腐植	1635	<0.2	<0.2	<0.2	<0.01
八島ヶ池	ヤシマガイケ	36°07′	138°10′	—	淡水	富, 腐植	1635	0.1	0.07	0.4	0.005
鬼ヶ泉水	オニガセンスイ	36°07′	138°10′	—	淡水	富, 腐植	1635	<0.2	<0.2	<0.2	<0.01
野尻湖	ノジリコ	36°49′	138°13′	—	淡水	貧	654	3.3	2.6	14.3	3.90
風吹大池	カゼフキオオイケ	36°49′	137°50′	火山	淡水	貧	1778	0.58	0.2	1.3	0.087
小敷池	コジキイケ	36°49′	137°50′	火山	淡水	貧	1780	0.17	0.07	0.52	0.021
血ノ池	チノイケ	—	—	—	淡水	貧	—	—	—	—	—
白馬大池	シロウマオオイケ	36°47′	137°48′	堰止め	淡水	貧	2379	0.4	0.25	1.1	0.06
古池	フルイケ	36°47′	138°06′	—	淡水	貧	1191	0.4	0.2	1.0	0.05
稚児池	チゴイケ	36°46′	138°31′	火山	淡水	貧, 腐植	2020	0.085	0.048	0.25	0.002
蓮池	ハスイケ	36°43′	138°30′	堰止め	淡水	富	1490	0.17	0.078	0.46	0.0075
琵琶池	ビワイケ	36°43′	138°29′	堰止め	淡水	富	1388	0.8	0.3	2.3	0.16
丸池	マルイケ	36°43′	138°29′	堰止め	淡水	富	1422	0.23	0.18	0.6	0.025
木戸池	キドイケ	36°42′	138°30′	堰止め	淡水	中	1630	0.19	0.14	0.6	0.02
渋池	シブイケ	36°41′	138°30′	堰止め	淡水	貧, 酸	1790	0.16	0.06	0.36	0.004
逆池	サカサイケ	36°43′	138°30′	堰止め	淡水	中	1600	<0.2	<0.2	<0.2	<0.01
三角池	ミスマイケ	36°42′	138°30′	堰止め	淡水	貧	1570	0.1	0.1	0.4	0.008
元池	モトイケ	36°41′	138°30′	堰止め	淡水	中	1800	<0.2	<0.2	<0.2	<0.01
長池	ナガイケ	36°42′	138°30′	堰止め	淡水	中	2630	0.07	0.04	0.16	0.0015
下ノ小池	シモノコイケ	36°43′	138°29′	堰止め	淡水	中	1550	<0.2	<0.2	<0.2	<0.01
上ノ小池	カミノコイケ	36°42′	138°29′	堰止め	淡水	中, 腐植	1550	<0.2	<0.2	<0.2	<0.01
志賀ノ小池	シガノコイケ	36°42′	138°30′	堰止め	淡水	貧	1940	<0.2	<0.2	<0.2	<0.01
一沼	イチヌマ	36°43′	138°29′	火山	淡水	中, 腐植	1410	<0.2	<0.2	<0.2	<0.01
鉢池	ハチイケ	—	—	火山	淡水	中	2020	—	—	—	—
お釜ノ池	オカマノイケ	36°42′	138°30′	火山	淡水	富	1945	<0.2	<0.2	<0.2	<0.01
黒姫池	クロヒメイケ	36°42′	138°31′	—	淡水	—	1940	<0.2	<0.2	<0.2	<0.01
大沼池	オオヌマイケ	36°42′	138°31′	堰止め	淡水	貧, 酸	1694	0.8	0.4	2.6	0.23
湧池	ワクイケ	36°35′	138°04′	堰止め	淡水	富	565	0.2	0.1	0.6	0.023
柳久保池	ヤナクボイケ	36°34′	137°57′	堰止め	淡水	中	630	0.8	0.17	2.0	0.073
青木湖	アオキコ	36°37′	137°51′	断層	淡水	貧	822	2.0	1.5	6.5	1.86
中綱湖	ナカツナコ	36°36′	137°51′	断層	淡水	中	815	0.7	0.3	1.5	0.14
木崎湖	キザキコ	36°33′	137°50′	断層	淡水	中	764	2.6	1.0	7.0	1.4
大池(姨捨上)	オオイケ(オバステカミ)	36°29′	138°05′	堰止め	淡水	中	830	0.3	0.2	0.9	0.06

埋立面積(km²)	容積(km³)	最大深度(m)	平均深度(m)	肢節量	流入河川数	流出河川数	結氷の有無	湖岸改変状況(%) 自然湖岸	半自然湖岸	人工湖岸	公園の指定	文献
0	0.00023	18.0	7.7	1.303	1	1	有(11-4月)	100	0	0	上信越高原国立公園	
0	—	0.5	—	—	—	—	有	100	0	0		
0	—	1.6	—	1.596	—	—	有	100	0	0		
0	—	1.0	—	—	—	—	有	100	0	0		
0	0.081	37.5	20.8	2.043	7	1	有(1-3月)	82.5	0	17.5	上信越高原国立公園	
0	0.0002	5.5	2.2	1.243	2	1	有	100	0	0	中部山岳国立公園	
0	0.000003	2.6	0.8	1.012	1	1	有	100	0	0	〃	
0	—	—	—	—	—	—	有	100	0	0	〃	
0	0.0004	13.5	6.7	1.267	0	0	有	100	0	0	〃	
0	—	7.0	3.6	1.262	2	1	無	74	0	26	上信越高原国立公園	
0	0.000003	0.8	0.3	1.577	0	0	有	100	0	0	〃	
0	0.00001	1.2	0.3	1.498	0	0	有(11-4月)	56	44	0	〃	
0	0.0016	27.9	9.5	1.622	2	1	有(11-4月)	100	0	0	〃	
0	0.00012	18.3	6.7	1.070	2	1	有(1-2月)	83	17	0	〃	
0	0.00004	6.0	2.0	1.197	2	1	有(12-4月)	100	0	0	〃	
0	0.000004	1.5	1.0	1.606	0	0	有	100	0	0	〃	
0	—	3.0	—	1.40	0	0	有	100	0	0	〃	
0	0.00003	8.5	3.8	1.262	0	0	有	100	0	0	〃	
0	—	3.0	—	—	0	0	有	100	0	0	〃	
0	—	1.0	—	1.165	0	0	有	100	0	0	〃	
0	—	1.1	—	1.13	0	0	有	100	0	0	〃	
0	—	4.9	—	1.21	3	0	有	100	0	0	〃	
0	—	1.9	—	1.65	0	0	有	100	0	0	〃	
0	—	5.7	—	—	0	0	有	100	0	0	〃	
0	—	—	—	—	0	0	有	100	0	0	〃	
0	—	6.0	—	—	0	0	有	100	0	0	〃	
0	—	1.5	—	—	0	0	有	—	—	—	〃	
0	0.003	26.2	13.0	1.529	2	1	有(12-5月)	100	0	0	〃	
0	0.00016	10.8	6.7	1.116	2	1	有(12-3月)	7	0	93		
0	0.0014	38.0	19.2	2.088	3	1	有(1-3月)	100	0	0		
0	0.054	58.0	29.0	1.344	10	1	無	62	1	37		
0	0.0008	12.0	5.7	1.131	6	1	有(12-2月)	13	74	13		
0	0.025	29.5	17.9	1.669	6	1	有(2-3月)	24	6	70		
0	0.000076	5.5	1.3	1.036	1	1	有(12-3月)	83	0	17	聖山高原県立公園	

付表　わが国に分布する湖沼の形態一覧表

湖沼名	よみ方	緯度	経度	成因	淡水, 汽水の区別	湖沼型	海抜高度(m)	長さ(km)	最大幅(km)	湖岸線長(km)	面積(km²)
大池 (姨捨下)	オオイケ (オバステシモ)	36°29′	138°05′	堰止め	淡水	中	830	0.14	0.1	0.45	0.013
聖湖 (猿ヶ番場池)	ヒジリコ (サルガバンバイケ)	36°29′	138°04′	−	淡水	中	950	0.4	0.3	1.1	0.06
鷲羽池	ワシバイケ	36°24′	137°37′	火山	淡水	貧, 酸	2730	0.14	0.11	0.4	0.01
宮川池Ⅰ (明神池)	ミヤカワイケ (ミョウジンイケ)	36°15′	137°40′	堰止め	淡水	貧	1550	0.13	0.13	0.4	0.01
宮川池Ⅱ (明神池)	ミヤカワイケ (ミョウジンイケ)	36°15′	137°40′	堰止め	淡水	貧	1550	0.09	0.08	0.3	0.005
宮川池Ⅲ (明神池)	ミヤカワイケ (ミョウジンイケ)	36°15′	137°40′	堰止め	淡水	貧	1550	<0.2	<0.2	0.3	<0.01
大正池	タイショウイケ	36°14′	137°37′	堰止め	淡水	貧	1490	1.5	0.2	2.4	0.15
田代池	タシロイケ	36°14′	137°37′	堰止め	淡水	貧	1510	0.2	0.16	0.6	0.013
二ノ池	ニノイケ	35°54′	137°29′	火山	淡水	貧, 酸	2910	0.2	0.14	0.6	0.02
三ノ池	サンノイケ	35°54′	137°29′	火山	淡水	貧	2710	0.2	0.1	0.7	0.02
濃ヶ池	ノウガイケ	35°47′	137°49′	氷蝕	淡水	中	2630	0.07	0.04	0.16	0.0015
八方池	ハッポウイケ	36°42′	137°47′	−	淡水	貧	2070	0.07	0.05	0.2	0.002
長湖	チョウコ	36°03′	138°28′	堰止め	淡水	富	1126	0.4	0.14	1.3	0.03
猪名湖	イナコ	36°03′	138°27′	堰止め	淡水	富	1123	0.5	0.35	2.0	0.12
鶉取池	ウズラトリイケ	36°03′	138°28′	−	淡水	−	1130	0.07	0.06	0.2	0.003
臼児池	チゴイケ				淡水						
王滝湖	オウタキコ	−	−	堰止め	淡水	貧					
オシデノウミ	オシデノウミ	−	−		淡水						
二子池 (雄池)	フタゴイケ (オスイケ)	36°06′	138°20′	堰止め	淡水	貧	2050	0.3	0.1	0.6	0.02
二子池 (雌池)	フタゴイケ (メスイケ)	36°06′	138°20′	堰止め	淡水	中	20	0.2	0.1	0.6	0.02
雨池	アメイケ	36°05′	138°21′	堰止め	淡水	貧, 腐植	2070	0.36	0.2	1.0	0.05
白駒池	シラコマイケ	36°03′	138°22′	堰止め	淡水	貧, 腐植	2115	0.5	0.3	1.4	0.11
緑池	ミドリイケ	36°02′	138°23′	堰止め	淡水	貧, 腐植	2090	0.1	0.07	0.3	0.003
亀甲池	キッコウイケ	36°06′	138°19′	堰止め	淡水	貧	2030	0.1	0.07	0.3	0.006
擂鉢池	スリバチイケ	−	−	堰止め	淡水	貧	2400	0.04	0.02	−	−
諏訪湖	スワコ	36°03′	138°05′	断層	淡水	富	759	5.6	4.1	18.1	13.70
深見池	フカミイケ	35°19′	137°49′	断層	淡水	富	484	0.26	0.14	0.7	0.022
山梨県											
四尾連湖	シビレコ	35°32′	138°31′	カルデラ	淡水	中	880	0.4	0.2	1.0	0.06
山中湖	ヤマナカコ	32°25′	138°52′	堰止め	淡水	中	981.5	6.0	2.0	13.5	6.89
河口湖	カワグチコ	35°31′	138°45′	堰止め	淡水	富	832.0	6.2	1.6	17.4	5.96
西湖	サイコ	35°30′	138°41′	堰止め	淡水	貧	901.5	4.0	1.1	9.5	2.17
精進湖	ショウジコ	35°29′	138°37′	堰止め	淡水	富	901.0	2.8	0.6	7.0	0.50

埋立面積(km²)	容積(km³)	最大深度(m)	平均深度(m)	肢節量	流入河川数	流出河川数	結氷の有無	湖岸改変状況(%) 自然湖岸	半自然湖岸	人工湖岸	公園の指定	文献
0	—	2.0	—	1.113	1	1	有(12-3月)	70	0	30	聖山高原県立公園	
0	0.00007	3.5	1.7	1.267	4	1	有(12-3月)	59	0	41	〃	
0	—	2.7	1.0	1.128	0	0	有	100	0	0	中部山岳国立公園	
0	0.000012	2.1	1.2	1.128	2	1	有	100	0	0	〃	
0	—	—	2.1	1.197	—	—	有	100	0	0	〃	
0	—	—	—	—	—	—	有	100	0	0	〃	
0	0.00035	4.0	2.3	1.748	1	1	—	86.9	4.4	8.7	〃	
0	0.00005	1.1	0.4	1.484	—	—	—	100	0	0	〃	
0	0.00002	3.5	1.0	1.197	0	0	有	100	0	0	御岳県立公園	
0	0.0001	13.3	5.0	1.396	0	0	有	100	0	0		
0	—	1.0	—	1.165	1	1	有	100	0	0		
0	0.000005	4.4	2.5	1.262	0	1	有(11-7月)	100	0	0	中部山岳国立公園	
0	0.00007	3.6	2.3	2.117	2	1	有(12-3月)	46.1	30.8	23.1	八ヶ岳中信高原国立公園	
0	0.00058	7.7	4.8	1.629	2	1	有(12-3月)	55	0	45	〃	
0	0.000004	2.8	1.3	1.030	—	—	—	100	0	0		
0	—	—	—	—	—	—	—	100	0	0		
0	—	—	—	—	2	1	—	100	0	0		
0	—	—	—	—	—	—	—	—	—	—		
0	0.00007	7.7	3.8	1.197	0	0	有(12-5月)	100	0	0	八ヶ岳中信高原国立公園	
0	0.00005	5.1	2.5	1.197	0	0	有(12-5月)	100	0	0		
0	0.00006	2.0	1.2	1.262	0	0	有(12-5月)	100	0	0		
0	0.00046	8.6	4.2	1.191	2	1	有(12-5月)	93	7	0		
0	0.000004	2.5	1.3	1.545	0	0	有	100	0	0		
0	0.000002	1.0	0.3	1.093	0	0	有	100	0	0		
0	—	0.5	—	—	0	0	有	100	0	0		
0	0.06	7.6	4.1	1.379	26	1	有(1-2月)	0	3	97		
1.2	0.00011	9.3	5.0	1.331	4	1	有	0	0	100		
0	—	9.5	—	1.152	0	0	有(1-2月)	100	0	0	県立四尾連湖自然公園	
0	0.0648	14.3	9.4	1.450	4	1	有(1-2月)	50	30	20	富士箱根伊豆国立公園	
0.62	0.0555	16.1	9.3	2.010	9	1	有(1-2月)	18	55	27	〃	
0	0.0836	73.2	38.5	1.818	4	0	無	42	55	3	〃	崑 長田(1981)
0	0.00352	16.2	7.0	2.793	1	0	有(1-3月)	60	40	0	〃	

湖沼名	よみ方	緯度	経度	成因	淡水,汽水の区別	湖沼型	海抜高度(m)	長さ(km)	最大幅(km)	湖岸線長(km)	面積(km²)
本栖湖	モトスコ	35°28′	138°35′	堰止め	淡水	貧	900.5	4.1	2.0	10.4	4.83
富山県											
十二町潟	ジュウニチョウガタ	36°50′	136°59′	堰止め	汽水	富	2	2.0	1.0	2.4	0.085
放生津潟	ホウジョウズガタ	36°46′	137°06′	—	汽水	—	—	—	—	—	—
足洗潟	アシアライガタ	—	—	—	汽水	—	—	—	—	—	—
緑ヶ池	ミドリガイケ	36°35′	137°36′	火山	淡水	—	2430	0.14	0.04	0.3	0.004
美久里ヶ池	ミクリガイケ	36°55′	137°36′	火山	淡水	貧	2410	0.15	0.1	0.63	0.027
りんどう池	リンドウイケ	—	—	—	淡水	—	—	—	—	—	—
血ノ池	チノイケ	—	—	—	淡水	—	—	—	—	—	—
松尾池	マツオイケ	36°33′	137°33′	火山	淡水	—	1340	0.2	0.1	0.54	0.02
多枝原池	タシハライケ	36°32′	137°33′	火山	淡水	中	1445	0.17	0.16	0.48	0.0124
刈込池	カリゴメイケ	36°33′	137°34′	火山	淡水	貧,腐植	1620	0.13	0.08	0.4	0.01
泥鰌池	ドジョウイケ	36°33′	137°33′	堰止め	淡水	中	1335	0.13	0.07	0.55	0.019
縄ヶ池	ナワガイケ	36°28′	136°56′	堰止め	淡水	—	805	—	—	—	0.027
つぶら池	ツブライケ	—	—	—	淡水	—	—	—	—	—	—
釜ヶ池	カマガイケ	36°38′	137°26′	—	淡水	—	685	—	—	—	0.014
仙人池	センニンイケ	36°38′	137°39′	—	淡水	—	—	—	—	—	—
池ノ平池	イケノダイライケ	36°38′	137°39′	—	淡水	—	—	—	—	—	—
石川県											
邑知潟	オウチガタ	36°55′	136°49′	海跡	汽水	富	1	5.3	1.7	7.4	0.69
河北潟	カホクガタ	35°40′	136°41′	海跡	汽水	富	0.5	10.0	4.2	24.8	8.17
木場潟	キバガタ	36°22′	136°27′	海跡	淡水	富	1	2.4	0.7	6.5	1.13
柴山潟	シバヤマガタ	36°21′	136°23′	海跡	淡水	富	2	2.5	1.2	6.2	1.71
今江潟	イマエガタ	36°23′	136°26′	海跡	淡水	富	—	—	—	—	—
赤浦潟	アカウラガタ	37°03′	136°57′	海跡	淡水	富	1	0.98	0.35	3.8	0.24
五色池	ゴシキイケ	36°09′	136°46′	—	淡水	貧	2520	—	—	—	0.00006
百姓池	ヒャクショウイケ	—	—	—	淡水	貧	2565	—	—	—	0.00010
油ヶ池	アブラガイケ	36°09′	136°46′	—	淡水	貧	2590	—	—	—	0.00087
血ノ池	チノイケ	—	—	火山	淡水	貧	2576	—	—	—	0.00068
紺屋ヶ池	コンヤガイケ	—	—	火山	淡水	貧	2680	—	—	—	0.0014
殿ヶ池(1池)	トノガイケ(イチイケ)	—	—	堰止め	淡水	貧,腐植	2025	—	—	—	—
殿ヶ池(2池)	トノガイケ(ニイケ)	—	—	堰止め	淡水	貧,腐植	2020	—	—	—	—

埋立面積(km²)	容積(km³)	最大深度(m)	平均深度(m)	肢節量	流入河川数	流出河川数	結氷の有無	湖岸改変状況(%) 自然湖岸	半自然湖岸	人工湖岸	公園の指定	文献
0	0.328	122.1	67.9	1.335	0	0	無	49	51	0	富士箱根伊豆国立公園	
0.06	−	1.1	−	2.322	1	1	無	0	50	50		
−	−	−	−	−	−	−	（埋め立てにより消失）					
−	−	−	−	−	−	−	（埋め立てにより消失）					
0	0.000002	1.6	0.5	1.338	0	0	有(12-6月)	100	0	0	中部山岳国立公園	
0	0.00008	15.3	3.0	1.082	0	0	有(12-6月)	100	0	0	〃	
−	−	−	−	−	−	−		100	0	0		
−	−	−	−	−	−	−		100	0	0		
0	0.00004	2.8	2.0	1.077	0	0	有(12-6月)	100	0	0		
0	0.00004	6.6	3.1	1.216	0	1	有(12-6月)	100	0	0	中部山岳国立公園	
0	0.000027	11.2	3.7	1.128	0	0	有	100	0	0	〃	
0	0.000012	2.7	0.6	1.126	0	1	有	100	0	0	〃	
−	−	−	−	−	−	−	−	−	−	−		
−	−	−	−	−	−	−	−	−	−	−		
−	−	−	−	−	−	−	−	−	−	−		
−	−	−	−	−	−	−	−	−	−	−		
3.74	−	8.0	4.0	2.513	3	1	無	0	0	100		
14.98	14.7	6.5	2.0	2.447	12	1	無	5	68	27		
−	2.2	6.3	1.6	1.725	28	1	無	0	98	2		
3.40	4.6	4.9	2.2	1.337	10	5	無	10	33	57	越前加賀海岸国定公園	
−	−	−	−	−	−	−	−	−	−	−		
−	−	3.6	−	2.188	2	1	無	4	60	36		
−	−	1.5	−	−	0	0	有	100	0	0	白山国立公園	
−	−	1.5	−	−	0	0	有	100	0	0	〃	
−	−	2.0	−	−	0	0	有	100	0	0	〃	
−	−	−	−	−	0	0	有	100	0	0	〃	
−	−	1.5	−	−	0	0	有	100	0	0	〃	
−	−	−	−	−	1	0	有	100	0	0	〃	
−	−	−	−	−	0	0	有	100	0	0	〃	

湖沼名	よみ方	緯度	経度	成因	淡水,汽水の区別	湖沼型	海抜高度(m)	長さ(km)	最大幅(km)	湖岸線長(km)	面積(km²)
ふくべ池	フクベイケ	−	−	−	淡水	貧,腐植	2445	−	−	−	−
南竜ノ池	ナンリュウノイケ	−	−	−	淡水	貧,腐植	2015	−	−	−	−
甚之助池	ジンノスケイケ	−	−	−	淡水	貧,腐植	1940	−	−	−	−
岐阜県											
翠ヶ池	ミドリガイケ	36°09′	136°46′	火山	淡水	貧	2570	−	−	−	−
権現池	ゴンゲンイケ	36°06′	137°33′	火山	淡水	貧	2810	0.33	0.22	0.9	0.04
鶴ヶ池	ツルガイケ	36°07′	137°33′	火山	淡水	貧	2700	0.5	0.14	1.0	0.03
亀ヶ池	カメガイケ	36°07′	137°33′	火山	淡水	貧	2660	0.2	0.06	0.4	0.005
不消池	キエズノイケ	36°07′	137°33′	火山	淡水	貧	2730	0.12	0.09	0.36	0.005
一ノ池	イチノイケ	36°07′	137°33′	火山	淡水	貧	2690	0.13	0.08	0.36	0.006
二ノ池	ニノイケ	36°07′	137°33′	火山	淡水	貧	2690	0.13	0.08	0.35	0.005
三ノ池	サンノイケ	36°07′	137°33′	火山	淡水	貧	2690	0.2	0.07	0.48	0.008
四ノ池	シノイケ	36°07′	137°33′	火山	淡水	貧	2690	0.19	0.08	0.50	0.01
五ノ池	ゴノイケ	36°07′	137°33′	火山	淡水	貧	2690	0.07	0.04	0.17	0.002
大丹池	オオニウイケ	36°08′	137°33′	火山	淡水	貧	2470	0.14	0.07	0.4	0.007
土樋池	ツチトイイケ	36°08′	137°32′	火山	淡水	−	2370	0.2	0.2	0.7	0.03
濁ヶ池	ニゴリガイケ	36°08′	137°29′	−	淡水	−	1470	0.3	0.2	0.9	0.05
双六池	スゴロクイケ	36°22′	137°36′	火山	淡水	−	2530	<0.2	<0.2	0.1	<0.01
西小島池	ニシオジマイケ	36°12′	136°37′	落堀	淡水	富	0	0.21	0.15	0.57	0.02
萱野池	カヤノイケ	36°12′	136°38′	落堀	淡水	富	0	0.21	0.17	0.59	0.01
稲山五丁池	イナヤマゴチョウイケ	35°11′	136°38′	−	淡水	富	0	0.36	0.08	−	0.03
梶屋池	カジヤイケ	−	−	−	淡水	富	0	−	−	−	−
本阿弥池	ホンアミイケ	−	−	−	淡水	富	0	−	−	−	−
八神池	ヤガミイケ	35°16′	136°41′	落堀	淡水	富	4	0.245	0.124	0.612	0.02
小敷池	コシキイケ	35°16′	136°41′	落堀	淡水	富	4	0.154	0.048	0.352	0.0059
福井県											
北潟湖	キタガタコ	36°16′	136°14′	海跡	汽水	富	0	4.0	1.2	19.4	2.14
武周ヶ池	ブシュウガイケ	36°01′	136°10′	堰止め	淡水	貧	270	0.9	0.2	2.1	0.11
夜叉ヶ池	ヤシャガイケ	35°40′	136°17′	侵食	淡水	貧	1006	0.2	<0.2	0.4	0.01
久々子湖	ククシコ	35°36′	135°54′	断層	汽水	富	0	3.0	0.8	7.6	1.40
日向湖	ヒルガコ	35°36′	135°53′	海跡	汽水	貧	0	1.4	1.0	4.1	0.94
菅湖	スガコ	35°35′	135°54′	断層	汽水	富	0	1.7	0.8	4.4	0.93

埋立面積(km²)	容積(km³)	最大深度(m)	平均深度(m)	肢節量	流入河川数	流出河川数	結氷の有無	湖岸改変状況(％)			公園の指定	文献
								自然湖岸	半自然湖岸	人工湖岸		
−	−	−	−	−	−	−	有	100	0	0	白山国立公園	
−	−	−	−	−	−	−	有	100	0	0	〃	
−	−	−	−	−	−	−	有	100	0	0	〃	
−	−	−	−	−	0	0	有	100	0	0	白山国立公園	
0	0.00013	5.5	3.3	1.269	0	0	有	100	0	0	中部山岳国立公園	
0	0.00005	4.4	1.6	1.629	0	0	有	100	0	0	〃	
0	0.000009	4.5	1.9	1.596	0	0	有	100	0	0	〃	
0	0.000009	2.8	1.8	1.436	0	0	有	100	0	0	〃	
0	0.0000052	1.9	0.9	1.311	0	0	有	100	0	0	〃	
0	0.000003	0.9	0.5	1.396	0	0	有	100	0	0	〃	
0	0.000005	1.3	0.6	1.514	0	0	有	100	0	0	〃	
0	0.000005	1.5	0.5	1.410	0	0	有	100	0	0	〃	
0	0.000001	1.0	0.5	1.072	0	0	有	100	0	0	〃	
0	0.000001	3.0	1.0	1.349	1	1	有	100	0	0	〃	
0	−	−	−	1.140	−	−	−	−	−	−	〃	
0	−	−	−	1.135	−	−	−	−	−	−		
0	−	−	−	−	−	−	有	100	0	0	〃	
0.002	−	5.5	−	1.137	0	0	無	−	−	−		
−	−	−	−	1.664	2	1	無	−	−	−		
							無	−	−	−		
							無					
0	−	−	−	1.220	5	1	無	100	0	0		
0	−	−	−	1.292	0	0	無	100	0	0		
0.01	0.0058	3.6	2.1	3.741	1	1	無	46	7	47	越前加賀海岸国定公園	
0	0.00119	38.0	10.8	1.786	1	1	無	100	0	0	〃	
0	−	7.7	−	1.128	0	0	有	100	0	0		
0	0.0027	2.3	1.8	1.812	6	1	無	4	0	96	若狭湾国定公園	
0	0.0136	39.4	14.3	1.193	1	1	無	0	0	100	〃	
0	−	13.7	−	1.287	0	1	無	50	0	50	〃	

湖沼名	よみ方	緯度	経度	成因	淡水,汽水の区別	湖沼型	海抜高度(m)	長さ(km)	最大幅(km)	湖岸線長(km)	面積(km²)
水月湖	スイゲツコ	35°35′	135°53′	断層	汽水	富	0	3.5	2.9	10.9	4.20
三方湖	ミカタコ	35°34′	135°53′	断層	淡水	富	0	3.3	1.7	9.7	3.54
猪ヶ池	イノガイケ	35°45′	136°02′	堰止め	淡水	富	2	0.12	0.08	1.0	0.05
静岡県											
一碧湖（吉田大池）	イッペキコ（ヨシダオオイケ）	34°56′	139°07′	火山	淡水	中	185	0.8	0.4	3.7	0.23
八丁池	ハッチョウイケ	34°51′	138°58′	火山	貧,腐植		1170	0.22	0.15	0.6	0.02
猪鼻湖	イノハナコ	34°47′	137°33′	海跡	汽水	中	0	3.8	2.8	14.1	5.45
浜名湖	ハマナコ	34°45′	137°35′	海跡	汽水	中	0	20.5	10.0	113.9	66.05
高塚池	タカツカイケ	34°41′	137°41′	海跡	淡水	−	2	1.8	0.2	4.0	−
佐鳴湖	サナルコ	34°43′	137°41′	海跡	汽水	富	3	2.3	0.6	5.5	1.23
悪沢ノ池	ワルサワノイケ	35°30′	138°11′	−	淡水	−	2910	<0.2	<0.2	1.0	<0.01
仁田池	ニタイケ	35°22′	138°08′	−	淡水	−	2510	<0.2	<0.2	0.2	<0.01
桜ヶ池	サクラガイケ	34°38′	138°09′	堰止め	淡水	富	48	−	−	−	0.01
桶ヶ谷沼	オケガヤヌマ	34°44′	137°53′	湧水	淡水	富,腐植	30	−	−	−	0.14
鶴ヶ池	ツルガイケ	34°45′	137°53′	涌水	淡水	富,腐植	30	−	−	−	0.07
明神池	ミョウジンイケ	35°00′	138°47′	海跡	淡水	富	1	0.28	0.13	0.73	0.024
野守ノ池	ノモリノイケ	34°56′	138°04′	−	淡水	富	145	0.330	0.272	1.150	0.0532
神池（大瀬崎）	カミイケ	−	−	−	淡水	富	2	0.110	0.083	0.295	0.00324
愛知県											
油ヶ淵	アブラガフチ	34°54′	137°01′	海跡	汽水	富	0	2.5	1.0	7.0	0.64
三重県											
白石湖	シライシコ	34°07′	136°15′	海跡	汽水	富	0	1.7	0.6	3.9	0.45
太田沼	オオタヌマ	34°08′	136°15′	−	淡水	−	10	0.9	0.3	2.5	−
琵琶池	ビワイケ	35°08′	136°40′	堰止め	淡水	富	1	0.43	0.14	1.12	0.02
甚六池	ジンロクイケ	35°08′	136°40′	堰止め	淡水	富	1	0.27	0.08	0.76	−
西田池	ニシダイケ	35°08′	136°40′	堰止め	淡水	富	0	0.24	0.16	0.75	0.01
大池	オオイケ	34°15′	136°52′	海跡	汽水	−	0	1.01	0.78	3.21	0.10
中須賀池	ナカスガイケ	34°16′	136°51′	海跡	−	−	0	−	−	−	0.02
こがれ池	コガレイケ	34°16′	136°33′	海跡	−	−	0	−	−	−	0.03
贄浦池	ニエウライケ	34°16′	136°33′	海跡	汽水	−	0	−	−	−	0.01
かさらぎ池	カサラギイケ	34°16′	136°32′	海跡	汽水	中	0	0.59	0.47	2.24	0.07

埋立面積(km²)	容積(km³)	最大深度(m)	平均深度(m)	肢節量	流入河川数	流出河川数	結氷の有無	湖岸改変状況(%)			公園の指定	文献
								自然湖岸	半自然湖岸	人工湖岸		
0	0.08	33.7	19.0	1.500	2	2	無	4	0	96	若狭湾国定公園	
0	0.0048	5.8	1.3	1.454	6	1	無	0	0	100	〃	
0	—	8.0	—	1.262	0	0	有	100	0	0	〃	
0	0.0005	7.0	2.2	2.176	6	1	無	80	3	17	富士箱根伊豆国立公園	
0	—	2.5	0.8	1.197	0	0	有	75	25	0	〃	
—	0.025	7.0	4.6	1.704	4	1	無	17	31	52	浜名湖県立自然公園	
—	0.35	16.6	4.8	3.953	13	1	無	8	17	75	〃	
0.2	—	1.2	—	2.523	—	—	—	(埋め立てにより消失)				
0.01	0.0018	3.9	1.5	1.399	3	1	無	0	27	73		
0	—	2.0	—	—	0	0	有	100	0	0		
0	—	0.8	—	—	—	—	—	100	0	0		
0	—	—	—	—	—	—	無	—	—	—		
0	—	—	—	—	—	—	無	100	0	0		
0	—	—	—	—	—	—	無	100	0	0		
0	—	—	—	1.329	1	1	無	100	0	0		
—				1.406	5	1	無	—	—	—		
0	—	—	—	1.462	0	0	無	0	0	100		
—	0.0020	4.5	3.1	2.468	2	2	無	0	0	100		
0.21	—	9.5	8.5	1.640	1	1	無	0	24	76		
0.18	—	—	—	1.662	—	—	無	(埋め立てにより消失)				
0	—	—	—	2.234	1	0	無	100	0	0		
0.02	—	6.0	—	1.516	0	0	無	(埋め立てにより消失)				
0	—	6.0	3.0	2.116	0	0	無	100	0	0		
—	—	—	—	2.863	—	—	無	—	—	—	伊勢志摩国立公園	
—	—	—	—	—	—	—	無	—	—	—	〃	
—	—	—	—	—	—	—	無	—	—	—	〃	
—	—	—	—	—	—	—	無	—	—	—	〃	
0	—	—	—	2.388	0	0	無	—	—	—	〃	

湖沼名	よみ方	緯度	経度	成因	淡水,汽水の区別	湖沼型	海抜高度(m)	長さ(km)	最大幅(km)	湖岸線長(km)	面積(km²)
座佐池	ザサイケ	34°13′	136°27′	海跡	−	−	2	0.69	0.25	1.86	0.05
薄月池	ウスヅキイケ	34°14′	136°28′	海跡	−	−	0	0.26	0.19	0.70	0.02
塩ヶ浜ノ池	シオガハマノイケ	34°16′	136°37′	海跡	−	−	0	−	−	−	0.01
片上池	カタカミイケ	34°13′	136°21′	海跡	汽水	富	2	0.75	0.24	2.06	0.11
諏訪池	スワイケ	34°11′	136°20′	海跡	淡水	富	2	0.20	0.18	0.59	0.017
鈴島池	スズシマイケ	34°09′	136°18′	海跡	−	−	5	0.11	0.06	0.36	0.01
芦浜池	アシハマイケ	34°13′	136°26′	海跡	−	−	5	0.26	0.17	0.70	0.01
船越池	フナコシイケ	34°07′	136°12′	海跡	淡水	富	10	0.20	0.13	0.52	0.014
大白池	オオジロイケ	34°08′	136°17′	海跡	淡水	富	5	0.28	0.25	1.33	0.024
前柱池	マエバシライケ	34°07′	136°14′	海跡	淡水	−	0	0.20	0.18	0.61	0.02
大池	オオイケ	34°08′	136°18′	海跡	−	−	8	0.49	0.21	1.28	0.04
山崎沼	ヤマザキヌマ	33°52′	136°04′	堰止め	−	−	5	−	−	−	0.25
壺ノ池	ツボノイケ	33°50′	136°04′	堰止め	淡水	富	0	0.37	0.21	1.25	0.06
大前池	オオマエイケ	33°51′	136°04′	堰止め	淡水	富	5	3.60	0.42	6.25	0.08
蓑ノ池	ミノイケ	33°50′	136°04′	堰止め	淡水	中	0	−	−	−	0.02
滋賀県											
余呉湖	ヨゴコ	35°31′	136°12′	断層	淡水	富	132	2.3	1.2	6.1	1.78
琵琶湖	ビワコ	35°15′	136°05′	断層	淡水	中	85	68.0	22.6	227.9	676.15
西之湖	ニシノコ	35°10′	136°07′	断層	淡水	富	90	3.0	1.60	18.5	2.17
伊庭内湖	イバナイコ	35°11′	136°07′	断層	淡水	富	85	1.23	0.78	5.6	0.49
小松内湖	オマツナイコ	35°14′	135°58′	断層	淡水	富	85	0.46	0.25	1.29	0.10
曽根沼	ソネヌマ	35°14′	136°11′	断層	淡水	富	85	0.84	0.40	3.40	0.20
松ノ木内湖	マツノキナイコ	35°19′	136°03′	−	淡水	富	85	0.64	0.41	1.99	0.12
乙女ヶ池	オトメガイケ	35°17′	136°01′	−	淡水	富	85	0.71	0.47	1.81	0.08
野田沼	ノダヌマ	35°17′	136°13′	−	淡水	富	85	0.40	0.33	1.86	0.08
平湖	ヒラコ	35°03′	135°56′	−	淡水	富	85	0.540	0.320	1.72	0.19
小屋場沼	コヤバヌマ	35°14′	136°10′	−	淡水	富	85	0.140	0.130	0.780	0.19
神上沼	シンジョウヌマ	35°14′	136°10′	−	淡水	富	85	0.240	0.150	1.340	0.03
権座沼	ゴンザヌマ	35°14′	136°10′	−	淡水	富	85	−	−	−	0.07
北之庄沢	キタノショウザワ	35°09′	136°06′	−	淡水	富	85	−	−	−	0.11
貫川内湖北湖	ヌケカワナイコホッコ	35°26′	136°02′	−	淡水	富	84	0.278	0.210	0.798	0.0316
貫川内湖南湖	ヌケカワナイコナンコ	35°26′	136°02′	−	淡水	富	84	0.509	0.300	1.415	0.05
野田沼	ノダヌマ	35°27′	136°12′	−	淡水	富	90	0.39	0.25	1.12	0.06

埋立面積(km²)	容積(km³)	最大深度(m)	平均深度(m)	肢節量	流入河川数	流出河川数	結氷の有無	湖岸改変状況(%) 自然湖岸	半自然湖岸	人工湖岸	公園の指定	文献
0	−	−	−	2.346	0	0	無	100	0	0	伊勢志摩国立公園	
−	−	−	−	1.396	0	0	無	100	0	0	〃	
−	−	−	−	−	−	−	無	−	−	−	〃	
−	−	−	−	1.752	1	1	無	−	−	−		
0	−	6.5	−	1.276	0	0	無	100	0	0		
0	−	−	−	1.016	0	0	無	100	0	0		
0	−	−	−	1.975	0	0	無	100	0	0		
0	−	−	−	1.240	0	0	無	60	0	40		
−	−	1.8	−	2.422	2	1	無	100	0	0		
−	−	−	−	1.217	0	1	無	−	−	−		
−	−	−	−	1.805	0	0	無	100	0	0		
−	−	−	−	−	−	−	無	−	−	−		
−	−	−	−	1.440	−	−	無	100	0	0		
−	−	−	−	6.233	2	1	無	100	0	0		
−	−	−	−	−	−	−	無	100	0	0		
0	0.012	12.7	7.4	1.290	1	2	無	29	0	71	琵琶湖国定公園	
28.8	27.8	103.8	41.2	2.472	120	1	無	38	27	35	〃	
0	−	−	1.5	3.542	9	2	無	66	16	18	〃	
0	−	2.5	−	2.257	6	1	無	57	6	37	〃	
0	−	−	−	1.150	3	1	無	62	0	38	〃	
0.90	−	2.2	1.4	2.145	2	1	無	36	30	34	〃	
−	−	−	−	1.620	1	1	無	−	−	−		
−	−	−	−	1.805	2	1	無	−	−	−		
−	−	−	−	1.855	3	2	無	−	−	−		
−	−	−	−	1.113	1	1	無	−	−	−		
−	−	−	−	−	−	−	無	−	−	−		
−	−	−	−	−	−	−	無	−	−	−		
−	−	−	−	−	−	−	無	−	−	−		
−	−	−	−	1.266	1	1	無	0	0	100		
−	−	−	−	1.785	1	1	無	0	0	100		
−	−	−	−	1.290	1	0	無	−	−	−		

湖沼名	よみ方	緯度	経度	成因	淡水、汽水の区別	湖沼型	海抜高度(m)	長さ(km)	最大幅(km)	湖岸線長(km)	面積(km²)
浜分沼	ハマブンヌマ	35°25′	136°03′	—	淡水	富	85	0.176	0.032	—	—
十ヶ坪沼	ジュウガツボヌマ	35°19′	136°04′	—	淡水	富	85	0.235	0.058	0.564	0.2
五反田沼	ゴタンダヌマ	35°19′	136°04′	—	淡水	富	85	0.182	0.043	0.422	0.0097
堅田内湖	カタダナイコ	35°07′	135°55′	—	淡水	富	85	—	—	—	0.06
京都府											
離湖（小浜湖）	ハナレコ（オバマコ）	35°41′	135°03′	海跡	淡水	富	0	1.5	0.5	4.1	0.36
久美浜湖（久美浜湾）	クミハマコ（クミハマワン）	35°38′	134°54′	海跡	汽水	中	0	4.4	4.4	28.28	7.30
阿蘇海（与謝内海）	アソカイ（ヨサナイカイ）	35°34′	135°11′	海跡	汽水	中	0	5.0	1.9	15.78	4.94
浅茂湖	アサモコ	35°41′	135°01′	海跡	汽水	—	0	0.6	0.4	1.5	—
蟻ヶ池	アリガイケ	35°04′	135°45′	堰止め	淡水	富, 腐植	90	0.4	0.2	0.5	0.015
深泥ヶ池	ミドロガイケ	35°03′	135°46′	堰止め	淡水	富, 腐植	80	0.5	0.3	1.6	0.02
轡池	クツワイケ	34°52′	135°50′	堰止め	淡水	中	230	0.120	0.074	0.50	0.0083
兵庫県											
大阪府											
奈良県											
和歌山県											
鳥取県											
多鯰ヶ池	タネガイケ	35°32′	134°14′	堰止め	淡水	富	17	0.8	0.5	3.1	0.18
湖山池	コヤマイケ	35°30′	134°09′	海跡	汽水	富	0	4.0	2.5	17.5	6.88
東郷池	トウゴウイケ	35°28′	133°53′	海跡	汽水	富	0	3.8	2.3	12.7	4.06
水尻池	ミズジリイケ	35°31′	134°06′	海跡	淡水	富	5	0.8	0.5	2.2	0.25
日光池	ニッコウイケ	35°21′	134°04′	海跡	淡水	—	3	<0.2	<0.2	<0.2	—
鵜ノ池	ウノイケ	35°14′	133°23′	堰止め	淡水	—	400	—	—	—	0.19
原ノ池	ハラノイケ	—	—	海跡	淡水	—	0	—	—	—	0.01
島根県											
男池	オイケ	36°12′	133°22′	堰止め	淡水	貧	0	0.3	0.2	0.9	0.03
女池（隠岐島）	メイケ	36°12′	133°22′	堰止め	淡水	貧	0	0.265	0.145	0.65	0.01

埋立面積(km²)	容積(km³)	最大深度(m)	平均深度(m)	肢節量	流入河川数	流出河川数	結氷の有無	湖岸改変状況(％)			公園の指定	文　献
								自然湖岸	半自然湖岸	人工湖岸		
－	－	－	－	－	1	2	無	62	0	38		
－	－	－	－	1.124	0	1	無	0	0	100		
－	－	－	－	1.208	0	1	無	0	0	100		
－	－	－	－	－	－	1	無	0	0	100		
0	0.0013	6.8	3.3	1.928	3	2	無	44	26	30		
0.03	－	20.6	－	2.953	10	0	無	38	5	57	山陰海岸国立公園	
0.32	0.03	14.0	8.4	2.002	7	0	無	2	0	98	若狭湾国定公園	
0.08	－	0.8	－	1.496	－	－	－	（埋め立てにより消失）				
0	0.000007	1.0	0.3	1.152	1	1	無	40	35	25		
0	－	3.5	－	3.191	1	1	無	46	40	14		
0	0.000015	5.5	2.5	1.548	1	1	無	66.7	0	33.3		
0	0.0014	13.8	7.0	2.061	3	1	有	87	13	0	山陰海岸国立公園	
0.03	0.02	7.0	2.9	1.882	6	1	無	12.6	33.1	54.3		
0.01	0.006	5.2	1.5	1.778	4	1	無	15.8	3.9	80.3	三朝東郷湖県立自然公園	
－	－	3.0	－	1.241	－	－	－	－	－	－	西因幡県立自然公園	
<0.01	－	－	－	－	－	－	－	（水田利用のため，ほとんど消失）				
0	－	－	－	1.466	0	0	無	100	0	0	大山隠岐国立公園	
0	－	－	－	1.834	0	0	無	100	0	0	〃	

付表　わが国に分布する湖沼の形態一覧表

湖沼名	よみ方	緯度	経度	成因	淡水.汽水の区別	湖沼型	海抜高度(m)	長さ(km)	最大幅(km)	湖岸線長(km)	面積(km²)
中海	ナカノウミ	35°29′	133°11′	海跡	汽水	富	0	20.2	10.8	105.9	100.15
宍道湖	シンジコ	35°27′	132°58′	海跡	汽水	富	0	18.0	6.2	47.7	80.92
神西湖	ジンザイコ	35°20′	132°42′	堰止め	汽水	富	0	2.2	1.3	5.5	1.17
蛇池	ジャイケ	35°18′	132°39′	堰止め	淡水	貧	10	0.6	0.6	2.3	0.13
浮布池	ウキヌノイケ	35°08′	132°36′	堰止め	淡水	富	380	0.8	0.3	2.2	0.14
蟠竜湖	バンリュウコ	34°41′	131°48′	堰止め	淡水	富	12	—	—	5.5	0.129
西潟ノ内	ニシカタノウチ	35°28′	133°01′	海跡	淡水	富	0	0.375	0.350	1.21	0.10
東潟ノ内	ヒガシカタノウチ	35°28′	133°01′	海跡	淡水	富	0	0.360	0.154	0.97	0.04
室ノ内池	ムロノウチイケ	35°07′	132°37′	火山	淡水	—	650	—	—	—	0.014
菰沢ノ池	コモサワノイケ	35°01′	132°16′	堰止め	淡水		20				0.071
地倉沼	チクラヌマ	34°28′	131°49′	堰止め	淡水	—	420	—	—	—	0.04
蓮池	ハスイケ	35°17′	132°39′	堰止め	淡水	富	20	0.35	0.172	0.90	0.043
只池	タダイケ	35°18′	132°40′	堰止め	淡水	中	20	—	—	—	0.02
大作古池	オオサコイケ	35°17′	132°39′	堰止め	淡水	富	20	0.12	0.072	0.325	0.006

岡山県

広島県

山口県

湖沼名	よみ方	緯度	経度	成因	淡水.汽水の区別	湖沼型	海抜高度(m)	長さ(km)	最大幅(km)	湖岸線長(km)	面積(km²)
青海湖 (青海島)	オウミコ	34°24′	131°11′	海跡	淡水	富	0	0.91	0.35	2.4	0.24

香川県

高知県

徳島県

湖沼名	よみ方	緯度	経度	成因	淡水.汽水の区別	湖沼型	海抜高度(m)	長さ(km)	最大幅(km)	湖岸線長(km)	面積(km²)
海老ヶ池	エビガイケ	33°37′	134°23′	海跡	汽水	富	0	1.5	0.4	3.3	0.18

愛媛県

福岡県

佐賀県

埋立面積(km²)	容積(km³)	最大深度(m)	平均深度(m)	肢節量	流入河川数	流出河川数	結氷の有無	湖岸改変状況(%)			公園の指定	文献
								自然湖岸	半自然湖岸	人工湖岸		
9.37	0.4	17.0	6.0	2.985	37	1	無	12	1.7	86.3		
2.17	0.27	6.4	4.2	1.496	17	2	無	12.4	11	76.6	宍道湖北山自然公園	
0	−	10	4.0	1.434	6	1	無	1.8	80	18.2		
0	−	10	−	1.799	0	0	無	91.3	8.7	0		
0	−	5.0	3.0	1.659	1	1	無	86.4	0	13.6	大山隠岐国立公園	
0	0.0005	9.0	5.0	4.320	0	0	無	91	0	9	蟠竜湖県立自然公園	
−	−	−	−	1.079	−	−	無	−	−	−		
−	−	1.5	1.0	1.368	−	−	無	−	−	−		
−	−	−	−	−	−	−	無	−	−	−		
−	−	−	−	−	−	−	無	−	−	−		
−	−	−	−	−	−	−	無	−	−	−		
0	−	15.0	−	1.224	0	0	無	100	0	0		
0	−	−	−	−	0	0	無	100	0	0		
0	−	−	−	1.183	0	0	無	90	10	0		
−	0.00024	2.0	1.0	1.382	3	1	無	87.5	0	12.5	北長門海岸国定公園	
−	0.36	5.5	2.0	2.194	1	1	無	54.6	24.2	21.2	室戸阿南海岸国定公園	

付表 わが国に分布する湖沼の形態一覧表

湖沼名	よみ方	緯度	経度	成因	淡水,汽水の区別	湖沼型	海抜高度(m)	長さ(km)	最大幅(km)	湖岸線長(km)	面積(km²)
大分県											
志高湖	シダカコ	33°16′	131°27′	火山	淡水	富	580	0.7	0.2	1.5	0.08
小田ノ池	オダノイケ	33°12′	131°18′	火山	淡水	富,腐植	770	0.8	0.4	1.9	0.14
立石池	タテイシイケ	33°12′	131°17′	火山	淡水	富,腐植	870	0.3	0.2	0.8	0.05
宮崎県											
不動池	フドウイケ	31°57′	130°51′	火山	淡水	貧,酸	1250	0.15	0.13	0.7	0.017
六観音御池	ロッカンノンミイケ	31°57′	130°51′	火山	淡水	貧,酸	1200	0.5	0.4	1.5	0.17
白紫池	ビャクシイケ	31°57′	130°50′	火山	淡水	貧,酸	1250	0.3	0.2	0.9	0.04
大幡池	オオハタイケ	31°56′	130°54′	火山	淡水	貧	1250	0.4	0.4	1.5	0.08
御池	ミイケ	31°53′	130°58′	火山	淡水	貧	305	1.1	1.0	3.9	0.72
小池	コイケ	31°52′	130°57′	火山	淡水	貧	430	0.5	0.2	1.1	0.05
長崎県											
川原大池	カワハラオオイケ	32°37′	129°50′	海跡	淡水	中	10	0.6	0.4	1.9	0.13
川原小池	カワハラコイケ	−	−	−	−	−	−	−	−	−	−
熊本県											
上江津湖[*]	カミエズコ	32°47′	130°44′	湧水(人工)	淡水	富	5	1.0	0.4	3.3	0.14
下江津湖[*]	シモエズコ	32°46′	130°45′	湧水(人工)	淡水	富	5	1.1	0.6	6.3	0.35
水前寺池[*]	スイゼンジイケ	32°47′	130°44′	湧水(人工)	淡水	−	5	−	−	−	0.012
草千里ノ池Ⅰ	クサセンリノイケ	32°52′	131°40′	火山	淡水	富	950	−	−	−	0.018
草千里ノ池Ⅱ	クサセンリノイケ	32°52′	131°30′	火山	淡水	富	950	−	−	−	0.03
鹿児島県											
新燃池	シンモエイケ	31°55′	130°53′	火山	淡水	貧,酸	1234	0.15	0.15	0.7	0.015
大浪池	オオナミイケ	31°55′	130°51′	火山	淡水	貧	1239	0.7	0.6	1.9	0.25
海鼠池	ナマコイケ	31°52′	129°52′	海跡	汽水	中	0	2.5	0.5	6.4	0.51
須口池	スグチイケ	31°51′	129°54′	海跡	汽水	富	0	0.5	0.3	1.5	0.10
貝池	カイイケ	31°51′	129°53′	海跡	汽水	富	0	0.7	0.4	2.6	0.16
鍬崎池	クワザキイケ	31°51′	129°53′	海跡	汽水	富	0	0.7	0.3	1.9	0.18
藺牟田池	イムタイケ	31°49′	130°28′	火山	淡水	富,腐植	295	1.1	0.8	2.7	0.63
住吉池	スミヨシイケ	31°46′	130°35′	火山(マール)	淡水	富	38	0.5	0.5	1.4	0.13

[*] 成因は人工湖であるが,天然湖として扱う場合が多く,参考までに示した.

埋立面積(km²)	容積(km³)	最大深度(m)	平均深度(m)	肢節量	流入河川数	流出河川数	結氷の有無	湖岸改変状況(%) 自然湖岸	半自然湖岸	人工湖岸	公園の指定	文献
0	0.00014	3.0	1.5	1.496	0	0	有(12-2月)	13.4	80	6.6	阿蘇くじゅう国立公園	
0	−	1.2	−	1.432	0	0	有(1-2月)	100	0	0	〃	
0	−	1.1	−	1.009	0	0	有(1-2月)	100	0	0	〃	
0	0.00008	9.0	4.7	1.514	0	0	有(1-2月)	71.4	28.6	0	霧島屋久国立公園	
0	0.0016	14.0	9.4	1.026	0	0	有(1-2月)	100	0	0	〃	
0	−	2.0	1.5	1.269	0	0	有(12-2月)	94	0	6	〃	
0	−	13.8	−	1.496	0	1	有(2月)	100	0	0	〃	
0	0.0375	93.5	57.7	1.297	4	1	無	35.9	64.1	0	〃	
0	−	12.3	−	1.388	1	0	無	100	0	0	〃	
−	0.0007	9.0	5.4	1.487	1	1	無	21	19	60	野母半島県立公園	
−	−	−	−	−	−	−	無	(埋め立てにより消失)				
0.01	0.00016	1.8	1.2	2.488	2	1	無	0	33	67		
−	0.0007	5.0	2.0	3.004	1	1	無	37	37	26		
−	−	−	−	−	−	−	無	−	−	−		
0	−	−	−	−	−	−	無	100	0	0		
0	−	−	−	−	−	−	無	100	0	0		
0	−	−	−	1.612	0	0	無	100	0	0	霧島屋久国立公園	
0	0.002	11.6	8.0	1.072	0	0	無	100	0	0	〃	
0	0.0055	22.6	10.7	2.528	0	0	無	96.9	3.1	0	甑島県立自然公園	
0	0.00006	1.0	0.6	1.338	0	1	無	100	0	0	〃	
0	0.001	11.5	4.2	1.834	0	0	無	100	0	0	〃	
0	0.0005	6.0	3.3	1.263	0	0	無	100	0	0	〃	
0	0.0005	2.7	0.8	1.07	0	1	無	7.5	88.8	3.7	藺牟田池県立自然公園	
0	0.003	31.5	23.1	1.095	2	1	無	100	0	0	〃	

付表 わが国に分布する湖沼の形態一覧表

湖沼名	よみ方	緯度	経度	成因	淡水、汽水の区別	湖沼型	海抜高度(m)	長さ(km)	最大幅(km)	湖岸線長(km)	面積(km²)
池田湖	イケダコ	31°14′	130°34′	カルデラ	淡水	中	66	4.7	3.4	14.3	10.88
鰻池	ウナギイケ	31°13′	130°36′	カルデラ	淡水	富	122	1.3	1.1	4.1	1.20
鏡池	カガミイケ	31°13′	130°33′	カルデラ	淡水	富	40	0.2	0.2	0.62	0.03
内海 (奄美大島)	ウチウミ	28°17′	129°27′	海跡	汽水	中	0	1.0	0.8	4.4	0.60
中原池 (薩摩湖)	ナカハライケ (サツマコ)	31°31′	130°21′	海跡	淡水	中-富	25	0.5	0.2	1.8	0.10
底無池 (中之島)	ソコナシイケ	—	—	堰止め	淡水	富	220	0.25	0.1	—	—
上池	カミイケ	31°51′	130°18′	堰止め	淡水	—	30	—	—	—	0.07
沖縄県											
大池 (南大東島)	オオイケ	25°51′	131°15′	ウバーレ	汽水	富	7	1.2	0.6	3.1	0.35
瓢箪池 (南大東島)	ヒョウタンイケ	25°50′	131°14′	ウバーレ	汽水	富	7	0.84	0.20	2.00	0.09
権蔵池 (南大東島)	ゴンゾウイケ	25°51′	131°14′	ドリーネ	汽水	富	7	0.40	0.20	1.10	0.05
鴨池 (南大東島)	カモイケ	25°51′	131°14′	ドリーネ	汽水	富	7	0.31	0.24	1.30	0.05
栄太郎池 (南大東島)	エイタロウイケ	25°50′	131°14′	ドリーネ	汽水	富	7	0.47	0.12	1.20	0.04
霞池 (南大東島)	カスミイケ	25°51′	131°14′	ドリーネ	淡水	富	7	0.32	0.21	1.10	0.04
淡水池 (南大東島)	タンスイイケ	25°51′	131°14′	ドリーネ	淡水	富	7	0.14	0.12	0.39	0.009
豊作池 (南大東島)	ホウサクイケ	25°51′	131°14′	ドリーネ	汽水	富	7	0.19	0.08	0.34	0.008
見晴池 (南大東島)	ミハラシイケ	25°51′	131°14′	ドリーネ	汽水	富	7	0.15	0.10	0.40	0.01
帯池 (南大東島)	オビイケ	25°51′	131°14′	ドリーネ	汽水	富	7	0.20	0.19	0.50	0.01
月見池 (南大東島)	ツキミイケ	25°50′	131°14′	ドリーネ	汽水	富	7	0.24	0.13	0.8	0.01
朝日池 (南大東島)	アサヒイケ	25°50′	131°14′	ドリーネ	汽水	富	7	0.15	0.12	0.41	0.01
阿弥陀池 (南大東島)	アミダイケ	25°50′	131°14′	ドリーネ	汽水	富	7	0.15	0.13	0.46	0.01
水汲池 (南大東島)	ミズクミイケ	25°50′	131°14′	ドリーネ	汽水	富	7	0.13	0.11	0.40	0.01
潮水池 (南大東島)	シオミズイケ	25°50′	131°14′	ドリーネ	汽水	富	7	0.105	0.086	0.354	0.009
忍池 (南大東島)	シノブイケ	25°51′	131°14′	ドリーネ	汽水	富	7	0.18	0.094	0.310	0.007
赤池 (北大東島)	アカイケ	25°56′	131°18′	—	淡水	—	1.2	0.1	0.09	0.3	0.006
大池 (北大東島)	オオイケ	25°56′	131°18′	—	淡水	—	7	0.1	0.09	0.4	0.009

埋立面積(km²)	容積(km³)	最大深度(m)	平均深度(m)	肢節量	流入河川数	流出河川数	結氷の有無	湖岸改変状況(%) 自然湖岸	半自然湖岸	人工湖岸	公園の指定	文献
0	1.38	233	125.5	1.223	4	1	無	90.1	9.9	0	霧島屋久国立公園	
0	0.04	56.5	34.8	1.055	0	0	無	79.5	20.5	0	〃	
0	0.00028	13.5	9.3	1.010	0	0	無	100	0	0	〃	
0.02	0.004	8.0	7.0	1.602	2	1	無	43	9	48		
0	0.00062	11.0	6.5	1.606	0	0	無	83	17	0	吹上浜県立公園	
0	—	4.5	—		0	0	無	100	0	0		
—	—	—	—	—			無					
0	0.0002	1.5	0.7	1.478	0	0	無	100	0	0		
0	—	4.0	—	1.881	0	0	無	95	0	5		
0	—	—	—	1.388	0	0	無	100	0	0		
0	—	—	—	1.640	0	0	無	98	0	2		
0	—	—	—	1.693	0	0	無	100	0	0		
0	—	—	—	1.551	0	0	無	100	0	0		
0	—	8.0	—	1.160	0	0	無	100	0	0		
0	—	6.0	—	1.072	0	0	無	100	0	0		
0	—	—	—	1.128	0	0	無	100	0	0		
0	—	—	—	1.410	0	0	無	100	0	0		
0	—	6.0	—	2.257	0	0	無	100	0	0		
0	—	—	—	1.157	0	0	無	100	0	0		
0	—	7.9	—	1.298	0	0	無	100	0	0		
0	—	—	—	1.128	0	0	無	100	0	0		
0	—	—	—	1.052	0	0	無	100	0	0		
0	—	—	—	1.045	0	0	無	100	0	0		
0	0.000006	2.5	1.0	1.093	0	0	無	100	0	0		
0	0.00001	3.9	1.1	1.189	0	0	無	100	0	0		

湖沼名索引
(斜体は見出しページを示す)

A

網走湖	20, 25, 29
阿川沼	*178-179*
天ヶ池	230
青池	147, *149-150*, 151
朝日池（頸城湖沼群）	230, *232-234*
朝日池（南大東島）	*312-313*
朝日池（勇払湖沼群）	110, 126
浅内沼	*173-174*
芦浜池	252

B

茨散沼	*83-86*
茨戸湖	30
別所沼	205, 208, *210-211*
琵琶湖	2, 174, 251, *262-266*, 269, 272, 325

C

千鳥池	147
知西別沼	*86-87*
千歳沼	*123-126*

D

大池（頸城湖沼群）	147, 230, *235-237*, 238
大池東池	147
大池西池	147

E

海老ヶ池	*294-296*
海老川沼	219, *220-221*
越後沼	*47-50*
エカイ沼	265
恵茶人沼	*90-92*

F

富士五湖	221
吹越小沼	144
吹越大沼	*144-146*
袋地沼	*50-52*
船越池	*253-254*
鮒沼	*39-40*, 45
二ツ目ノ池	147, 156, *158-159*

G

牛蒡ノ池	147
五反田沼	*264-265*

H

八郎潟	165, *174-177*
八景ノ池	147, 156, 158, *159-161*, 162
八光ノ池	147
白鳥湖	*122-123*
浜分沼	*266-269*
浜名湖	242
離湖	*274-277*
蓮池	*283-285*
平四郎沼	*223-224*
東潟ノ内	280, *282-283*
東沼	52, *54-57*, 67
日暮ノ池	147, *161-163*
乾草沼	*218-220*, 221
蟇沼	147
姫沼	*190-191*
日沼	*198-199*
平木沼	126
平湖	*272-273*
平滝沼	82
広浦	*187-189*
北光沼	*73-75*
幌向蓴菜沼	*65-67*
幌向大沼	*30-32*
ホロニタイ沼	*93-97*
幌岡大沼	*101-103*
豊作池	313, 317
瓢箪沼（胆振地方）	*133-135*

393

瓢箪池（南大東島）　*306-307*, 312, 315

I

伊庭内湖　262
一ノ目潟　*165-166*, 167-168
池田湖　297-298
藺牟田池　*298-299*
猪苗代湖　283
印旛沼　174, 201
井ノ頭池　202, 215
埋釜ノ池　147
伊佐沼　*212-214*
石殻ノ池　147
石狩古川　30
糸畑ノ池　147, *163-164*
伊豆沼　178, *182-183*, 184-185

J

十ヶ坪沼　*265-266*

K

蕪栗沼　*185-187*
兜沼　5
鏡池（鹿児島県）　298
鏡沼（石狩川流域）　*57-60*, 75
影坂ノ池　147
貝塚沼　205
鴨池　306, *308*
カムイト沼　*23-25*
金山ノ池　147
兼金沼　*80-83*
雁満沼　70
雁里沼　30
かさらぎ池　*259-260*
霞ヶ浦　201
霞池　*307-308*, 317
堅田内湖　*262-263*, 265
片上池　*255-256*
萱原ノ池　147
鶏頭場ノ池　147, 149, *150-152*, 156, 158, 161, 162
吉治落堀　*221-222*
北長沼　180
北浦　201
子宝ノ池　147
小池　230, 235, *237-238*

越口ノ池　147, *153-156*
小敷池　*247-249*
コウホネ沼　15
頸城湖沼群　229, *230-238*
蜘ヶ池　230
俱多楽湖　110

M

間々ノ浦　218
丸沼　60
松川浦　*194-198*
松ノ木内湖　262
女潟　170, *171-172*
メグマ沼　*20-23*
メメナイ沼　*15-19*
面子坂ノ池　147
女沼　*191-192*, 193
三宅沼　126, *130-133*
道芝ノ池　147
見晴池　307, *317*
南長沼　179, *180-182*
蓑ノ池　*260-261*
御手洗潟　239
宮島沼　60, *70-73*
水尻池　*291-293*
水汲池　*311-312*, 316
モエレ沼　*33-34*
明神池　*242-243*

N

長池（津軽十二湖）　147
長峰池　230
長沼（石狩川流域）　*45-47*
長沼（宮城県）　178, *184-185*
長沼（千葉県）　218
長沼（青森県）　283
中原池　*299-301*
仲道ノ池　147
中ノ池　147, 152, 154
猫沼　45
濁池　147
二ノ目潟　*167-168*
西潟ノ内　*280-282*, 283
錦小沼　*116-119*
錦大沼　110, *113-116*

西沼	52-54, 57, 67	三角沼	60-63
仁田沼	191	三ノ目潟	167, 168-170
野田沼（湖北町）	262	三宝寺池	215
野守ノ池	243-244	三蔵ノ池	147
能取湖	20	サロベツ原野の沼（調査番号10番沼）	6-10
貫川内湖北湖	269-272	サロベツ小沼	10, 11-15
貫川内湖南湖	269-272	サロベツ長沼	10-11

O

		サロマ湖	20
帯池	306, 308-310	佐々田沼	104-107
落口ノ池	147, 151, 152-153, 154	笹田沼	104-107
男潟	170-171	薩摩湖	299-301
小川原沼	321	小夜ノ池	147
沖根辺沼	87-88	清五郎潟	240-241
男沼	191, 192-194	千波湖	202-205
大池（南大東島）	302-306, 310	仙台大沼	179-180
大白池	254-255	洗足池	202, 215
大前池	258	四五郎ノ池	147
大沼（下北半島）	82	下北大沼	140-143
大沼（埼玉県）	206	新池	208
大沼（胆振地方）	110	宍道湖	280, 282
大作古池	285-287	新澪池	215
大瀬崎神池	242, 244-245	新沼	67-69
乙女ヶ池（天塩鏡沼）	75-79	不忍池	175, 202, 215-217
乙女ヶ池（琵琶湖内湖）	263-264	忍池	313-315
王池	147, 153, 154, 156-158, 162	しおっからいけ	316
王池東池	147, 156-158	潮水池	316-317
王池西池	147, 156-158	白石湖	252-253
		尻屋崎の池沼	138-140

P

		庄九郎池	222-223
パンケ沼	5, 10-12	外甚兵衛沼	225-226, 228
ペケレット湖	37-39	諏訪池	256-258
ペンケ沼	5	鈴島池	252
ピラ沼	40-42		

T

ポント沼	110, 111-113		
ポロト湖	110-111	只池	287-290
幌戸沼	92-93	大路池	215

R

		丹治沼	110, 122-123
		淡水池	310-311
リヤウシ湖	25-29	樽前小沼	119
龍神沼	126-129	樽前大沼	119-122

S

		田沢湖	165
		手賀沼	174, 201
佐潟	239	手形沼	60, 63-65
坂田池	230-232	天塩鏡沼	75-79
		鳥羽井沼	206-208, 247

湖沼名索引

トイドッキ沼　　107-109
トイ沼　　40, 42-45
床潭沼　　97-101
鳥ノ海　　189-190
洞爺湖　　110
鳥屋野潟　　239-240
椿海　　218
壺ノ池　　260
津軽十二湖　　137, 147-164
月見池　　306, 315-316
月沼　　67
鶴沼（樺戸郡）　　34-37, 40
鶴沼（夕張川流域）　　34

U

内甚兵衛沼　　225, 226-228
内沼　　178, 183-184, 185

浮布池　　290-291
鰻池　　298
鵜ノ池　　230, 234-235
ウトナイ沼（湖）　　82, 110, 122
ウツギ沼　　67

W

和田沼　　224-225
沸壺ノ池　　147, 152
渡散布沼　　89-90, 92

Y

破池　　147
八神池　　246-247
山ノ神沼　　205-206
余呉湖　　251, 325
油井ヶ島沼　　205, 208-210

《著者略歴》

田　中　正　明
　　　た　なか　まさ　あき

　　1949年　愛知県に生まれる
　　1971年　日本大学農獣医学部水産学科卒業
　　現　在　四日市大学環境情報学部教授，農学博士
　　著　書　『日本湖沼誌』（名古屋大学出版会，1992年）
　　　　　　『琵琶湖の自然史』（共著，八坂書房，1994年）
　　　　　　『湖沼学』（三恵社，2000年）
　　　　　　『日本淡水産動植物プランクトン図鑑』（名古屋大学出版会，2002年）他

日本湖沼誌 II

2004 年 9 月 30 日　初版第 1 刷発行

定価はケースに
表示しています

著　者　　田　中　正　明

発行者　　岩　坂　泰　信

発行所　　財団法人　名古屋大学出版会
〒464-0814　名古屋市千種区不老町 1 名古屋大学構内
電話(052)781-5027／FAX(052)781-0697

© Masaaki TANAKA, 2004　　　　　　　　　　　The Lakes in Japan II
印刷・製本 ㈱クイックス　　　　　　　　　　　　Printed in Japan
乱丁・落丁はお取替えいたします。　　　　　　ISBN4-8158-0492-3

Ⓡ〈日本複写権センター委託出版物〉
本書の全部または一部を無断で複写複製（コピー）することは，著作権法上
での例外を除き，禁じられています。本書からの複写を希望される場合は，
日本複写権センター（03-3401-2382）にご連絡ください。

田中正明著 **日本湖沼誌** ―プランクトンから見た富栄養化の現状― B5判・548頁・本体 15,000 円	従来のわが国の湖沼研究は，大型湖沼に限られ，小湖沼や地理的に不便な所では，現在でもほとんど知見がないのが実状である．本書は，その欠を埋めるべく，全国湖沼の動植物プランクトン相と水質の現状を調査した記録であり，今後の環境保全や有効利用を考える上で，『日本湖沼誌II』と併せ不可欠の一冊である．
田中正明著 **日本淡水産動植物プランクトン図鑑** A5判・602頁・本体 9,500 円	淡水産プランクトンは，近年環境指標生物としてその重要性を増している．本書は最新の分類学的知見に基づき，日本に棲息する約1800の動植物種を包括的に収録したものであり，種の重複を厭わずに図・写真を多用したり，特に同定を誤りやすい種については相違点を特記したりと，目で見て分類同定作業ができるように配慮した．
花里孝幸著 **ミジンコ** ―その生態と湖沼環境問題― A5判・256頁・本体 4,300 円	湖の食物連鎖の中で重要な役割を担うミジンコとその他の生物達は，複雑な生物間相互作用を保ちながら湖沼生態系を維持している．本書は人為的な環境改変の影響が微細なミジンコを介して生態系全体に及ぶ過程を解説．さらに人間と湖沼との付き合い方について貴重な示唆を与える．
西條八束/奥田節夫編 **河川感潮域** ―その自然と変貌― A5判・256頁・本体 4,300 円	海の潮汐の影響を受ける河川下流域を感潮域という．この流域では河川水と海水とが混合して複雑な流れや物質の分布を作り出し，それに応じて独特の生態系が維持されている．本書は河口堰建設で揺れた長良川を中心に，堰の運用前後の変化も含めた感潮域研究の初の成書．
広木詔三編 **里山の生態学** ―その成り立ちと保全のあり方― A5判・352頁・本体 3,800 円	今日急速に失われつつある里山は，縄文時代以来人間活動と密接に関わりながら，地域ごとに独自の発展を遂げてきた．本書は東海丘陵要素の起源に関する史地的考察や，原生林と異なる様相を持つ二次林植生の研究，トンボ・ギフチョウなど環境指標となり得る生物群の調査を通じ，多角的に里山の全体像に迫り，その保全に向けた提言を行う．
木村眞人編 **土壌圏と地球環境問題** A5判・256頁・本体 5,000 円	土壌生態系は，陸域における地球環境汚染物質の最大の浄化の場である．しかし，近年世界各地で土壌荒廃に伴い，土壌の有する地球環境浄化機能が急速に低下している．本書では土壌圏の現状と地球環境問題における役割を訴え，その機能保全と増進策を提言するための基礎的なデータを提供する．
出口晶子著 **川辺の環境民俗学** ―鮭遡上河川・越後荒川の人と自然― A5判・326頁・本体 5,500 円	春にはサクラマス，秋にはサケがさかのぼる新潟県荒川をフィールドに，昭和30年代前後から現代にいたる水辺に生きた川人と川の関わり方の生態，川辺の環境変動，またその変動の具体相等々，川辺の民俗と民俗の変遷を掘り起こし，環境保全を人文科学の立場から問いなおす．